U0251276

# 高受电比例下
# 浙江电网的供电安全

Power Supply Security in Zhejiang
Electric Grid with a High Proportion of Imported Electrity

◎ 徐　谦　主编

ZHEJIANG UNIVERSITY PRESS
浙江大学出版社

# 编写组成员

**主　　编**　徐　谦

**副 主 编**　辛焕海　刘卫东

**参编人员**　黄锦华　孙黎滢　戴　潘　兰　洲　王　蕾

　　　　　　张　媛　傅旭华　孙飞飞　杨升峰　范娟娟

　　　　　　乐程毅

# 前　言

本书是针对浙江电网供电安全的研究。

全书主要内容包括：浙江省电网及用电发展现状及预测；浙江省电力能源现状及新能源发展研究；浙江省外来电及其供电安全性研究；浙江省各级电网协调性研究；浙江省高可靠性配电网的研究；国内外供电安全性标准比较和配电网先进技术、市场研究；浙江省智能配电网的发展研究等。在浙江省一次能源奇缺和交直流混联,多馈入高比例受电的情况下,本书介绍了如何通过优化能源结构、分析确定受电能力及安全性判据、增强各级电网协调性、采用高可靠性配电网模型和发展智能配电网等方面,提高浙江电网供电的安全可靠性。

随着电力体制改革的不断深入,电网的安全性和供电的可靠性显得越来越重要,本书的研究成果可以借鉴。

本书第一章由黄锦华负责编写,第二章由孙黎滢负责编写,第三章由戴潘负责编写,第四章由兰洲负责编写,第五章由王蕾负责编写。刘卫东对第一章、第二章、第五章的编写工作进行了指导,辛焕海指导并参与了第三章的编写,同时对第二章有关公式进行了校审,徐谦主持参与了全书的编写工作并最后汇总校审。由于编者的水平有限,书中不妥和错误之处在所难免,恳切希望读者给予批评指正。

编　者

2015 年 12 月于杭州

# 目　　录

# 第一章 浙江省电网及用电发展情况

## 第一节 浙江电网发展现状

### 一、浙江省国民经济及电网发展概况

#### （一）浙江省经济发展概况

浙江省地处中国东南沿海长江三角洲南翼，东临东海，南接福建，西与江西、安徽相连，北与上海、江苏接壤。浙江省东西和南北的直线距离均为450公里左右。据全国第二次土地调查结果，浙江陆域面积10.18万平方公里，为全国的1.06%，是中国面积最小的省份之一[1]。2014年年底，全省常住人口5508万人，城镇化率为64.87%[2]。

浙江是中国经济最活跃的省份之一，在充分发挥国有经济主导作用的前提下，以民营经济的发展带动经济的起飞，形成了具有鲜明特色的"浙江经济"，至2014年人均居民可支配收入连续22年位居全国第一。全省产业结构以轻型工业为主，区域特色经济发达，轻纺、机械、电子、食品、皮革、纺织、工艺品、服装等行业在国内甚至国外市场有较强的竞争优势。浙江有"市场大省"之称，商品市场成交额已连年居全国榜首。义乌中国小商品城、绍兴中国轻纺城是全国经营规模最大的专业市场。浙江人还在境内外兴办了一批"浙江商城"、"温州街"和其他市场。浙江电子商务市场规模快速扩大，应用程度不断普及，经营业态日益丰富，产业化程度不断提高，已经成为浙江经济的重要增长点。诞生了阿里巴巴等国内外知名电商企业。依托浙江的块状经济优势，一批专业电子商务平台处于全国同行业领先地位。

浙江省下辖杭州、宁波、温州、绍兴、湖州、嘉兴、金华、衢州、舟山、台州、丽水11个城市，其中杭州、宁波为副省级城市；下分90个县级行政区，包括35个市辖区、20个县级市、34个县、1个自治县[3]。

**1. 地形**

浙江山地和丘陵占70.4%，平原和盆地占23.2%，河流和湖泊占6.4%，耕地面积仅208.17万公顷，故有"七山一水二分田"之说。地势由西南向东北倾斜，大致可分为浙北平原、浙西丘陵、浙东丘陵、中部金衢盆地、浙南山地、东南沿海平原及滨海岛屿等六个地形区。

**2. 气候**

浙江属亚热带季风气候，季风显著，四季分明，年气温适中，光照较多，雨量丰沛，空气湿润，雨热季节变化同步，气候资源配置多样，气象灾害繁多。年平均气温15～18℃，1月、7月分别为全年气温最低和最高的月份，5月、6月为集中降雨期。极端最高气温44.1℃，极端最低气温−17.4℃；浙江省年平均雨量在980～2000毫米，年平均日照时数1710～2100

小时。

春季,东亚季风处于冬季风向夏季风转换的交替季节,南北气流交会频繁,低气压和锋面活动加剧。浙江春季气候特点为阴冷多雨,沿海和近海时常出现大风,浙江省雨水增多,天气晴雨不定,正所谓"春天孩儿脸,一日变三变"。浙江春季平均气温 13～18℃,气温分布特点为由内陆地区向沿海及海岛地区递减;降水量 320～700 毫米,降水量分布为由西南地区向东北沿海地区逐步递减;春季雨日 41～62 天。春季主要气象灾害有暴雨、倒春寒等[4]。

夏季,随着夏季风环流系统建立,浙江境内盛行东南风,西北太平洋上的副热带高压活动对浙江天气有重要影响,而北方南下冷空气对浙江天气仍有一定影响。浙江省夏季各地雨日为 32～55 天。夏季主要气象灾害有台风、暴雨、旱涝等[5]。

秋季,夏季风逐步减弱,并向冬季风过渡,气旋活动频繁,锋面降水较多,气温冷暖变化较大。浙江省秋季平均气温 16～21℃,东南沿海和中部地区气温度偏高,西北山区气温偏低;降水量 210～430 毫米,中部和南部的沿海山区降水量较多,东北部地区虽降水量略偏少,但其年际变化较大;浙江省秋季各地雨日 28～42 天[6]。

冬季,东亚冬季风的强弱主要取决于蒙古冷高压的活动情况,浙江天气受制于北方冷气团(即冬季风)的影响,天气过程种类相对较少。冬季气候特点是晴冷少雨、空气干燥。冬季平均气温 3～9℃,气温分布特点为由南向北递减,由东向西递减;各地降水量 140～250 毫米,除东北部海岛偏少明显外,其余各地差异不大;浙江省冬季各地雨日为 28～41 天。冬季主要气象灾害有寒潮、大雪等[7]。

**3. 水资源**

浙江境内有西湖、东钱湖等容积 100 万立方米以上湖泊 30 余个,海岸线(包括海岛)长 6400 余公里。自北向南有苕溪、京杭运河(浙江段)、钱塘江、甬江、灵江、瓯江、飞云江和鳌江等八大水系,钱塘江为第一大河,上述 8 条主要河流除苕溪、京杭运河外,其余均独流入海[8]。

浙江地处亚热带季风气候区,降水充沛,年均降水量为 1600 毫米左右,是中国降水较丰富的地区之一。浙江省多年平均水资源总量为 937 亿立方米,但由于人口密度高,人均水资源占有量只有 2008 立方米,最少的舟山等海岛人均水资源占有量仅为 600 立方米[9]。

**4. 海洋资源**

浙江省海洋资源十分丰富,海域面积 26 万平方公里,大陆海岸线和海岛岸线长达约 6500 公里,占中国海岸线总长的 20.3%。拥有 3061 个面积大于 500 平方米的海岛,其陆域面积有 1940.4 万公顷,其中面积 495.4 平方公里的舟山岛(舟山群岛主岛)为中国第四大岛。港口、渔业、旅游、油气、滩涂五大主要资源得天独厚,组合优势显著。可建万吨级以上泊位的深水岸线 290.4 公里,占中国的 1/3 以上,10 万吨级以上泊位的深水岸线 105.8 公里。截至 2013 年,有港口 58 个,泊位 650 个,年吞吐量 2.5 亿吨。海岸滩涂资源有 26.68 万公顷,居中国第三。东海大陆架盆地有着良好的石油和天然气开发前景。舟山是浙江唯一的海岛市,是国家重点开发区域之一[9]。图 1-1 为浙江宁波港码头。

**5. 土地资源**

根据浙江省第二次土地调查的结果,至 2009 年 12 月 31 日(标准时点),全省耕地 2980.03 万亩,占 18.83%;园地 943.52 万亩,占 5.96%;林地 8530.94 万亩,占 53.91%;草地 155.76 万亩,占 0.97%;城镇村及工矿用地 1333.49 万亩,占 8.43%;交通运输用地

图 1-1 浙江宁波港码头

319.07 万亩,占 2.02%;水域及水利设施用地 1289.53 万亩,占 8.15%;其他土地 273.53 万亩,占 1.73%[1]。

**6. 矿产资源**

浙江省矿产种类繁多,有铁、铜、铅、锌、金、钼、铝、锑、钨、锰等金属矿产,以及明矾石、萤石、叶蜡石、石灰石、煤、大理石、膨润土、硼石等非金属矿产。明矾石矿储量居世界第一(60%),萤石矿储量居中国第二[8]。省域成煤地质条件差,煤炭资源贫乏;陆域尚无发现油气资源,但海域油气前景看好[10]。

**7. 二次能源**

电力生产:浙江省电力总装机容量为 7412.45 万千瓦,总发电量为 2913 亿千瓦时,其中 6000 千瓦及以上发电机组发电量为 2852.7 亿千瓦时。

热电联产:地方热电联产企业年发电量至少为 172 亿千瓦时,年集中供热量至少为 3.2 亿吉焦[11]。

**8. 可再生能源**

风能利用:浙江省已建成投产风力发电总装机容量为 73 万千瓦。风力发电量为 12.8 亿千瓦时。图 1-2 为浙江临海括苍山风力发电站。

太阳能利用:浙江省已建成投产的光伏利用示范项目装机容量为 59 万千瓦,累计推广太阳能热水器 920 万平方米。

垃圾焚烧发电:浙江省已建成投产的垃圾焚烧发电机组装机容量为 79.6 万千瓦,年发电量为 48.8 亿千瓦时。

生物质能:浙江省生物质能的技术可开发量约为 700 万吨标煤/年。其中,按目前全省农作物年产量计算,秸秆量约为 700 万吨(折标煤约为 350 万吨);林业废弃物约为 500 万吨(折标煤约为 250 万吨);人畜粪便约为 580 万吨,可开发沼气 14.5 亿立方米,折合标煤 103.4 万吨。

图 1-2　浙江临海括苍山风力发电站

**9. 经济**

"十一五"时期,浙江经济呈现快速增长态势。2005 年,全省生产总值为 13365 亿元,比上年增长 12.8%。其中:第一产业、第二产业和第三产业增加值分别为 873 亿元、7147 亿元和 5345 亿元,人均生产总值为 27552 元,比上年增长 13.8%。2006—2007 年 GDP 增长率分别达到 13.9%、14.7%,而 2008—2009 年,受国际金融危机影响,增速下降较明显,分别为 10.1%、8.9%,2010 年又快速回升至 11.9%。至 2010 年,全省实现生产总值 27227 亿元,比上年增长 11.9%。其中:第一产业、第二产业和第三产业增加值分别为 1361 亿元、14121 亿元和 11745 亿元,人均生产总值为 52059 元。"十一五"年平均增速达到 11.9%,人均生产总值达到 52059 元,全社会固定资产投资和社会消费品零售总额均突破万亿元,分别达到 12488 亿元和 10163 亿元,年均增长率 13.3% 和 16.9%,基础设施明显改善,消费对经济的拉动作用不断增强,进出口总额达到 2535 亿美元,其中出口达到 1805 亿美元,年均分别增长 18.7% 和 18.6%。浙江省国民经济发展概况如表 1-1 所示。

表 1-1　浙江省国民经济发展概况

| 年份<br>项目 | 2005 | 2006 | 2007 | 2008 | 2009 | 2010 | 2011 | 2012 | 2013 | 2014 |
|---|---|---|---|---|---|---|---|---|---|---|
| 行政面积<br>(万平方公里) | 10.18 | 10.18 | 10.18 | 10.18 | 10.18 | 10.18 | 10.18 | 10.18 | 10.18 | 10.18 |
| 常住人口(万人) | 4991 | 5072 | 5155 | 5212 | 5276 | 5447 | 5463 | 5477 | 5498 | 5508 |
| GDP(亿元) | 13365 | 15649 | 18638 | 21487 | 22832 | 27227 | 32000 | 34606 | 37568 | 40154 |
| 其中:第一产业 | 873 | 923 | 1025 | 1095 | 1162 | 1361 | 1581 | 1670 | 1785 | 1779 |
| 第二产业 | 7147 | 8438 | 10092 | 11580 | 11843 | 14121 | 16404 | 17312 | 18447 | 19153 |
| 第三产业 | 5345 | 6288 | 7521 | 8811 | 9827 | 11745 | 14015 | 15624 | 17337 | 19222 |
| 人均 GDP(元/人) | 27552 | 31684 | 37128 | 42214 | 44335 | 52059 | 58665 | 63266 | 68462 | 72967 |

注:1. 取自政府统计年鉴,填写 2005 年可比价。

2. 人均 GDP＝GDP/常住人口。

"十二五"以来,浙江省加快转变经济发展方式,加速推进经济结构战略性调整,全省经济保持平稳增长,2012年浙江人均GDP突破10000美元,达到10340.454美元,超出中国人均GDP 6100美元,并且所辖11个地级市的人均GDP均高于中国平均水平,发展十分均衡,发达程度高,达到中上等发达国家水平。2014年,全省生产总值(GDP)40154亿元,比上年增长7.6%。其中:第一产业增加值1779亿元,第二产业增加值19153亿元,第三产业增加值19222亿元,人均GDP为72967元(按年平均汇率折算为11878美元)。三次产业增加值结构由上年的4.7∶47.8∶47.5调整为4.4∶47.7∶47.9。第三产业比重首次超过第二产业[2]。进出口总额3551.5亿美元,比上年增长5.8%。其中:进口817.9亿美元,下降6.0%;出口2733.5亿美元,增长9.9%。月均出口228亿美元,其中7月份出口266亿美元,创历史新高。历年浙江省生产总值与增速情况如图1-3所示。

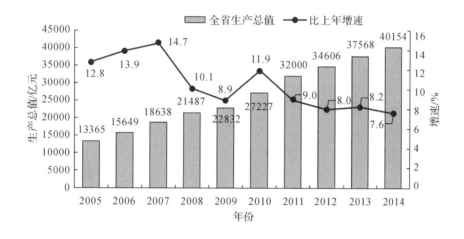

图1-3　历年浙江省生产总值与增速情况

从国内比较来看,2014年浙江省GDP位列全国第四位。从我省与全国人均GDP对比情况来看,自1978年浙江省有统计数据以来,浙江省人均GDP一直高于全国平均水平,并且与全国人均GDP绝对差值呈现逐年增加的态势。2014年,中国人均GDP为7485美元,而同年浙江人均GDP已接近1.2万美元。这说明浙江省经济社会整体发展水平在全国处于领先位置。

从国际比较来看,2013年浙江省的发展水平(2013年人均GDP为11075美元)处于美国1978—1979年的水平(1978年美国人均GDP为10587美元,1979年为11695美元)。

由于韩国在1998年受亚洲经济危机的影响,人均GDP在当年大幅度下降,而我国经济并未受到影响,因此我省2013年人均GDP与韩国有三个交点,分别位于为1993—1994年、1996—1997年和1999—2000年期间。中国与美国国内生产总值比较如图1-4所示;1960—2013年浙江省、中国、韩国、美国历年人均GDP如图1-5所示。

**(二)浙江省电网现状**

浙江电网是华东电网的重要组成部分,也是全国特高压网络的组成部分。全省通过皖南—浙北2回、浙北—沪西2回及浙南—福州2回共6回1000千伏特高压交流线路分别与安徽、上海和福建相连;全省通过汾湖—上海2回、瓶窑—江苏2回、瓶窑—安徽1回、富

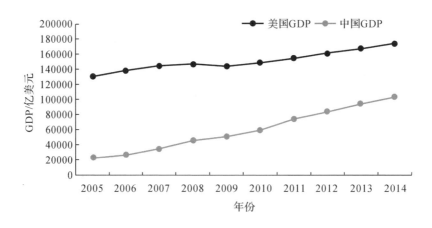

图 1-4　中国与美国国内生产总值比较

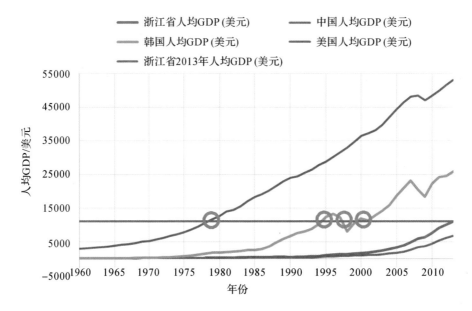

图 1-5　1960—2013 年浙江省、中国、韩国、美国历年人均 GDP

注:数据来源:中国、韩国、美国国家数据来自世界银行 World Development Indicators Database;浙江省数据来自历
　年《浙江统计年鉴》

阳—安徽 2 回及双龙—福建 2 回共 9 回 500 千伏超高压线路,分别与上海市、江苏省、安徽省及福建省电网相连。溪洛渡左岸—浙江金华±800 千伏特高压直流输电工程将长江下游的水电直接送入浙江电网。浙江电网包括杭州、嘉兴、湖州、绍兴、宁波、金华、衢州、丽水、台州、温州和舟山电网,以钱塘江为自然分割,形成南北电网,其间通过 4 回 500 千伏过江线路相连。浙江电网的交流电压等级包括 1000 千伏、500 千伏、220 千伏、110 千伏、35 千伏、20千伏、10 千伏及 0.4 千伏。直流电压等级包括±800 千伏、±500 千伏过境及±200 千伏柔性直流。目前,浙江电网以特高压交直流混联为特点、以 500 千伏电网为核心的坚强主网架已基本形成,220 千伏电网正逐步实现分层分区,110 千伏及以下电网已完全实现分层分区

运行[12]。

至 2014 年底,浙江电网拥有 1000 千伏变电站 3 座,变电容量 1800 万千伏安,线路总长度 1186 公里;±800 千伏换流站 1 座,换流容量 800 万千伏安,线路(含过境)总长度 416 公里;500 千伏变电站 36 座,变电容量 7665 万千伏安,线路总长度 7328 公里,±500 千伏过境输电线路总长度 472 公里;220 千伏公用变电站 280 座,变电容量 11292 万千伏安,线路总长度 15193 公里;110 千伏公用变电站 1158 座,变电容量 10900 万千伏安,110 千伏输电线路总回路长度 20508 公里。

2014 年浙江省电网规模统计表见表 1-2。

表 1-2 2014 年浙江省电网规模统计表

| 电压等级 | 变电站座数<br>(座) | 主变台数<br>(组) | 变电容量<br>(万千伏安) | 线路条数<br>(条) | 线路长度<br>(公里) |
|---|---|---|---|---|---|
| 1000 千伏电网 | 3 | — | 1800 | — | 1186 |
| 500 千伏电网 | 36 | 89 | 7665 | 140 | 7328 |
| 220 千伏电网 | 280 | 611 | 11292 | 849 | 15193 |
| 110 千伏电网 | 1158 | 2336 | 10900 | 2074 | 20508 |
| 35 千伏电网 | 593 | 1105 | 1316 | 1395 | 12797 |
| 10(20)千伏电网 | — | 249024 | 9373 | 21729 | 209216 |
| ±800 千伏 | 1 | — | 800 | — | 416 |
| ±500 千伏 | — | — | — | — | 472 |

2014 年底,浙江省电源装机共 7412 万千瓦,其中:常规水电 687 万千瓦,占 9%;抽水蓄能 308 万千瓦,占 4%;核电 548 万千瓦,占 7%;煤电 4271 万千瓦,占 58%;气电 1054 万千瓦,占 14%;风电 73 万千瓦,占 1%,光伏发电 50 万千瓦,占 1%,其他电源 421 万千瓦;占 6%。浙江省境内电源装机构成如图 1-6 所示。

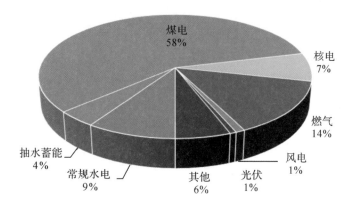

图 1-6 浙江省境内电源装机构成

2014 年浙江 500 千伏及以上电网接线详见图 1-7。

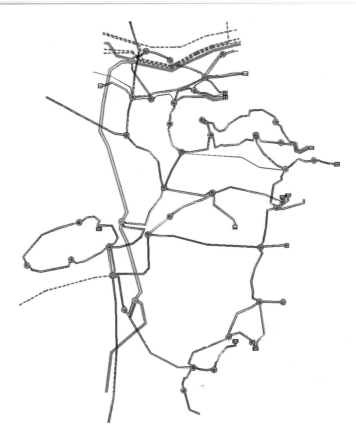

图 1-7　2014 年浙江 500 千伏及以上电网接线示意图

## 二、浙江电网分析及规划

### (一)电网发展速度与规模分析

#### 1. 电网发展与社会发展的协调性

2006—2014 年,浙江省经济增长方式转变和结构调整取得新进展,国民经济保持持续快速增长态势,GDP 年均增长率达 10.3%。随之,我省电力电量需求迅猛增长,全社会最大负荷年均增长率达 10.4%、用电量年均增长率达 8.8%。浙江电网发展速度协调性指标如表 1-3 所示。

表 1-3　浙江电网发展速度协调性指标　　　　单位:%

| 年份<br>指标名称 | 2006 | 2007 | 2008 | 2009 | 2010 | 2011 | 2012 | 2013 | 2014 |
|---|---|---|---|---|---|---|---|---|---|
| GDP 年增长率 | 13.9 | 14.7 | 10.1 | 8.9 | 11.9 | 9.0 | 8.0 | 8.2 | 7.6 |
| 全社会用电量年增长率 | 15.7 | 14.6 | 5.9 | 6.4 | 14.2 | 10.5 | 3.0 | 7.5 | 1.5 |
| 最高用电负荷年增长率 | 16.1 | 16.9 | 11.6 | 6.5 | 11.2 | 16.9 | 2.6 | 6.1 | 5.7 |
| 220 千伏及以上变电容量年增长率 | 20.0 | 18.1 | 19.9 | 23.1 | 10.8 | 6.3 | 5.2 | 5.6 | 8.3 |
| 110 千伏及以下变电容量年增长率 | 14.7 | 15.8 | 19.2 | 8.0 | 10.3 | 13.9 | 10.7 | 6.7 | 9.9 |

为满足经济社会发展需要,以及各类电源的电力送出需求,2006—2014 年期间,浙江电网 220 千伏及以上变电容量增长率为 13%;110 千伏及以下公用变电容量增长率为12.1%。图 1-7 为 2014 年浙江 500 千伏及以上电网接线示意图。

**2. 电网发展规模协调性**

(1)变电容载比

变电容载比整体上反映某一区域电网变电容量对于负荷的供电能力,其定义为区域内某一时刻投入的变电总容量与对应的负荷的比值。合理的容载比与恰当的网架结构相结合,对于故障时负荷的有序转移,保障供电可靠性,以及适应负荷的增长需求都是至关重要的。计算容载比的公式如下:

$$R_S = \frac{\sum S_{ei}}{P_{max}} \qquad (1\text{-}1)$$

式中:$R_S$——容载比,千伏安/千瓦;

$P_{max}$——该电压等级最大负荷日最大负荷,万千瓦;

$\sum S_{ei}$——该电压等级年最大负荷日投入运行的变电站的总容量,万千伏安。

2006—2014 年,我省用电负荷年均增长达到 10.4%,属中等增长水平。Q/GDW 156-2006《城市电力网规划设计导则》中规定各电压等级城网容载比的选择范围如表 1-4 所示。

表 1-4　各电压等级城网容载比选择范围

| 城网负荷增长情况 | 较慢增长 | 中等增长 | 较快增长 |
|---|---|---|---|
| 年负荷平均增长率(建议值) | 小于 7% | 7%～12% | 大于 12% |
| 500 千伏及以上 | 1.5～1.8 | 1.6～1.9 | 1.7～2.0 |
| 220～330 千伏 | 1.6～1.9 | 1.7～2.0 | 1.8～2.1 |
| 35～110 千伏 | 1.8～2.0 | 1.9～2.1 | 2.0～2.2 |

2014 年,全省 500 千伏电网的容载比为 1.80,220 千伏电网的容载比为 1.88,110 千伏电网的容载比为 1.99,处于《城市电力网规划设计导则》所规定的中等水平,因此,主变容量的配置相对是合理的。2014 年全省 500-35 千伏电网变电容载比如表 1-5 所示。

表 1-5　2014 年全省 500-35 千伏电网变电容载比

| 电压等级 | 500 千伏 | 220 千伏 | 110 千伏 | 35 千伏 |
|---|---|---|---|---|
| 容载比 | 1.80 | 1.88 | 1.99 | 1.88 |

(2)线路容载比

线路容载比反映电网线路的整体输电能力裕度,其定义为考虑线路长度作为权重系数,线路经济输送功率与系统最高负荷条件下线路输送潮流的比值,计算公式如下:

$$线路容载比 = \frac{\sum(线路经济输送功率 \times 线路长度)}{\sum(系统负荷时的线路潮流 \times 线路长度)}$$

根据系统最大负荷日各输电线路潮流分布情况,经计算,2014 年浙江省 500、220 千伏电压等级线路容载比分别为 2.38、2.29,各级电网建设能满足当前负荷供电需要,电网输电线路供电能力具有一定裕度。2014 年浙江省 500、220 千伏线路容载比见表 1-6。

表 1-6　2014 年浙江省 500、220 千伏电网线路容载比

| 电压等级 | 全省电网线路容载比 |
|---|---|
| 500 千伏 | 2.38 |
| 220 千伏 | 2.29 |

（3）可扩建主变容量占比

可扩建主变容量占比反映了变电站具备的扩建变电容量的潜力，其计算公式如下：

$$可扩建主变容量占比 = \frac{\sum(某变电站规划最终主变容量 - 目前已投运主变容量)}{该电压等级现有变电站已投运容量之和}$$

结合各电压等级已投运变电站的可扩建主变容量占比及负荷发展速度，分析变电建设对负荷发展的适应性，至 2014 年底，浙江电网 500 千伏现有变电站可扩建容量占比为 52%；220 千伏现有变电可扩建容量占比 49%；110 千伏现有公用站可扩建容量占比 25%；35 千伏现有公用站可扩建容量占比 3%。2014 年浙江电网规模发展裕度指标见表 1-7。

表 1-7　2014 年浙江电网规模发展裕度指标

|  | 占比值 |
|---|---|
| 500 千伏可扩建主变容量占比（%） | 52 |
| 220 千伏可扩建主变容量占比（%） | 49 |
| 110 千伏可扩建主变容量占比（%） | 25 |

（4）各级电压主变容量比例

2014 年浙江电网 500、220、110、35、10(20) 千伏电压等级变（配）电容量比为 19∶28∶27∶3∶23。2014 年浙江电网各电压等级变电容量比例如图 1-8 所示。

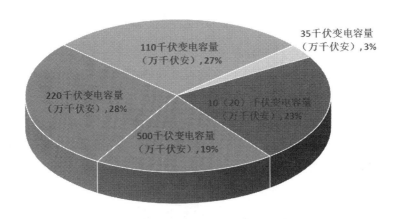

图 1-8　2014 年浙江电网各电压等级变电容量比例

（5）单位电网规模支撑装机和负荷

电网发展规模协调性指标主要有单位变电容量支撑等效装机、单位线路长度支撑等效装机、单位变电容量支撑用电负荷以及单位线路长度支撑用电负荷等，指标定义如下：

$$单位变电容量支撑等效装机 = \frac{等效电源装机}{变电容量之和},$$

$$单位线路长度支撑等效装机 = \frac{等效电源装机}{线路长度之和},$$

$$单位变电容量支撑用电负荷 = \frac{最高用电负荷}{变电容量之和},$$

$$单位线路长度支撑用电负荷 = \frac{最高用电负荷}{线路长度之和}.$$

2014 年 500 千伏电网单位变电支撑的等效电源装机为 0.71 万千瓦/万千伏安;单位线路支撑等效装机为 0.74 万千瓦/公里;220 千伏电网单位变电支撑用电负荷为 0.51 万千瓦/万千伏安;单位线路支撑用电负荷为 0.38 万千瓦/公里。总体来看,电网建设规模与电源、负荷规模的匹配性较好。2014 年浙江电网发展规模协调性指标见表 1-8。

表 1-8　2014 年浙江电网发展规模协调性指标

| 指标名称 | 电压等级 | |
|---|---|---|
| 单位变电支撑等效装机(万千瓦/万千伏安) | 500(750)千伏 | 0.71 |
| 单位线路支撑等效装机(万千瓦/公里) | 500(750)千伏 | 0.74 |
| 单位变电支撑用电负荷(万千瓦/万千伏安) | 220(330)千伏 | 0.51 |
| 单位线路支撑用电负荷(万千瓦/公里) | 220(330)千伏 | 0.38 |

注:变电容量、线路长度均为省域范围内对应电压等级的总变电容量和总线路长度。

**3. 电网结构**

浙江电网是华东电网的重要组成部分,也是全国特高压网络的组成部分。全省通过皖南—浙北 2 回、浙北—沪西 2 回及浙南—福州 2 回共 6 回 1000 千伏特高压交流线路分别与安徽、上海和福建相连;全省通过汾湖—上海 2 回、瓶窑—江苏 2 回、瓶窑—安徽 1 回、富阳—安徽 2 回及双龙—福建 2 回共 9 回 500 千伏超高压线路,分别与上海市、江苏省、安徽省及福建省电网相连。溪洛渡左岸—浙江金华±800 千伏特高压直流输电工程将长江下游的水电直接送入浙江电网。浙江电网包括杭州、嘉兴、湖州、绍兴、宁波、金华、衢州、丽水、台州、温州和舟山电网,以钱塘江为自然分割,形成南北电网,其间通过 4 回 500 千伏过江线路相连。浙江电网的交流电压等级包括 1000 千伏、500 千伏、220 千伏、110 千伏、35 千伏、20 千伏、10 千伏及 0.4 千伏。直流电压等级包括±800 千伏、±500 千伏过境及±200 千伏柔性直流。目前,浙江电网以特高压交直流混联为特点、以 500 千伏电网为核心的坚强主网架已基本形成,220 千伏电网正逐步实现分层分区,110 千伏及以下电网已完全实现分层分区运行[12]。

按规划设计导则要求,500 千伏电网电源采用大截面、少回路的送出方式接入电网,电源送出线路不仅满足事故方式下线路热稳定的要求,而且也满足暂态稳定校核的要求。500 千伏受端网络做到了遵循加强的原则,构筑以双环网形式为主的电网结构。受端电网的网络结构有较强的无功功率事故补偿的能力,当大容量送电电源线路突然失去 1 回,或受端电网中最大 1 台发电机突然切除时,应保持受端枢纽变电站高压母线事故后的电压下降不超过正常值的 5%～10%。500 千伏变电站的 220 千伏母线一般为双母线双分段接线,以 220 千伏上网的电源尽量采用了大截面、少回路的送出方式接入电网。电源既可采用单点接入的方式,也可采用两点接入同一分区电网的方式,以组成环形的电网结构。每一片 220 千伏远景分区电网原则上由 1 座 500 千伏变电站供电,实现分区落实。220 千伏受端电网的结构主要以 500 千伏变电站为中心,实现分区供电,正常方式下各分区间相对独立,各区之间具备线路检修或方式调整情况下一定的相互支援能力。为提高区域电网的供电可靠性和供电能力,防止事故下的变电站全停,220 千伏受端电网一般采用了双回路环网结构。

为满足经济社会发展需要,以及各类电源的电力送出需求,2010—2014 年期间,浙江电网 500 千伏变电站增加 5 座,变电容量增加 1240 万千伏安;220 千伏变电站增加 50 座,变电容量增加 2898 万千伏安。线路平均长度逐年下降。2014 年浙江电网 500-220 千伏电网结构指标如表 1-9 所示。

2010—2014 年期间,浙江电网 110 千伏变电站增加 293 座,变电容量增加 4318 万千伏安;35 千伏变电站增加 458 座,变电容量增加 977 万千伏安。线路平均长度逐年下降。全省各地区全地区 10(20)千伏电网互联率平均水平为 83.73%,全省配网的负荷转供能力较强。2014 年浙江电网 110-35 千伏单条线路长度见表 1-10;2014 年浙江电网 10(20)千伏电网线路互联率见表 1-11。

表 1-9　2014 年浙江电网 500-220 千伏电网结构指标

| 指标名称 ＼ 年份 | |
| --- | --- |
| 500 千伏平均单回线路长度(公里/回) | 52.3 |
| 220 千伏平均单回线路长度(公里/回) | 17.9 |

表 1-10　2014 年浙江电网 110-35 千伏单条线路长度　　　　单位:公里/条

| 供电区类型 | 电压等级 | |
| --- | --- | --- |
| 全省 | 110(千伏) | 8.5 |
| | 35(千伏) | 9.1 |

表 1-11　2014 年浙江电网 10(20)千伏电网线路互联率

| 供电区类型 | 条目 | |
| --- | --- | --- |
| 全省 | 总条数(条) | 21729 |
| | 互联条数(条) | 18851 |
| | 互联率(%) | 86.8% |

(二)电网发展安全与质量分析

**1. 220 千伏及以上电网安全性**

(1) N-1 通过率/同塔双回线 N-2 通过率

N-1 通过率用以检验电网结构坚强度和是否满足第一级安全稳定标准要求,其定义是在最大负荷运行方式下,在变电站出线开关停运后,该线路全部负荷可通过不超过两次操作就能转移到其他线路供电,此类线路所占的比例,即

$$N\text{-}1 \text{ 通过率} = \frac{\text{满足 } N\text{-}1 \text{ 的线路条数}}{\text{线路总数}} \times 100\%$$

同塔双回线 N-2 通过率用以考查电网结构坚强度和第二级安全稳定标准[13]的实现程度。

至 2014 年底,浙江 500 千伏、220 千伏电网 N-1 通过率为 100%,电网较为坚强,可承受大部分输电线路 N-2 故障的冲击。

由于变电所所址和线路走廊的落实越来越困难,同杆并架线路在工程上的应用越来越广泛,再加上台风、雷击等自然灾害频发,线路发生 N-2 故障的可能性也越来越大,对浙江电网的安全稳定运行构成一定的威胁。

（2）短路电流

浙江省地域面积小,电网负荷密度较高,网络结构紧密,系统短路电流水平高。随着电网规模的日益增大,特别是一批 500 千伏输变电和电源项目的投产,部分枢纽变电站的 500 千伏母线短路电流水平逐年上升,出现接近或超过设备允许值的现象。同时,随着 500 千伏主变接地点数量的不断增多,电网零序阻抗日益降低,也出现了部分枢纽变电站 500 千伏母线单相短路电流大于三相短路电流的现象。2014 年浙江省短路电流水平统计情况详见表 1-12。

为有效控制电网的短路电流水平,解决部分枢纽变电站 500 千伏母线短路电流超标的问题,采取了开断 500 千伏线路、枢纽变电站 500 千伏线路出串运行、加装主变中性点小电抗等措施。220 千伏电网主要通过实施分层分区运行来控制短路电流水平。为了解决部分枢纽变电站 220 千伏母线短路电流超标的问题,采取了开断 220 千伏线路、220 千伏母线分列运行、加装主变中性点小电抗等措施。

表 1-12　2014 年浙江电网短路电流水平统计表

| 电压等级 | 电网短路电流水平 | 母线节点占比 |
| --- | --- | --- |
| 500 千伏 | <50 千安 | 71.70% |
| | 50～63 千安 | 28.30% |
| | >63 千安 | 0.0% |
| 220 千伏 | <40 千安 | 90.44% |
| | 40～50 千安 | 9.56% |
| | >50 千安 | 0.0% |

（3）特殊方式安全隐患

根据国务院《电力安全事故应急处置和调查处理条例》（国务院令第 599 号）要求,电网负荷 600 兆瓦以上的其他设区的市电网减供负荷 60% 以上达到重大事故等级;其他设区的市电网减供负荷 40% 以上（电网负荷 600 兆瓦以上的,减供负荷 40% 以上 60% 以下）达到较大事故等级;其他设区的市电网减供负荷 20% 以上 40% 以下达到一般事故等级。

2014 年,在 N-2 或检修方式 N-1 等特殊方式下,浙江 500 千伏、220 千伏电网尚存在局部事故隐患。但通过加强计划管理、减少设备停役,做好负荷转移及 110 千伏备自投装置的运行管理,事故后转供部分负荷等运行方式的调整,以及电网的不断建设和加强,隐患将逐步消失。

**2.　110 千伏及以下电网可靠性**

（1）N-1 通过率

2014 年,全省 110 千伏主变 N-1 通过率已达到 94%。中压线路环网化率有较大提高,线路负载率控制在合理水平,能够满足事故条件下负荷转移的需要。与城市电网类似,经过近几年的电网建设,全省农村配电网也得到了逐步改善。2005 年和 2014 年浙江电网 N-1通过率比较如图 1-9 所示。

2005年至2014年间,110千伏电网 N-1 通过率从58%提高到97%;10(20)千伏线路互联率从47%上升到76%。2014年浙江省110-10千伏线路 N-1 通过率见表1-13。

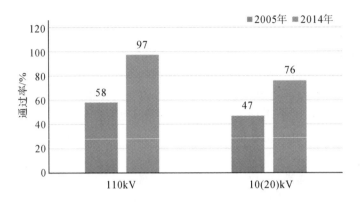

图1-9 2005年和2014年浙江电网 N-1 通过率比较

表1-13 2014年浙江省110-10千伏线路 N-1 通过率

| 供电区类型 | 条目 | 电压等级 | |
| --- | --- | --- | --- |
| | | 110 千伏 | 10 千伏 |
| 全 省 | 总条数(条) | 2074 | 21729 |
| | 满足 N-1 条数(条) | 2020 | 16609 |
| | 比例(%) | 97 | 76 |

(2)供电可靠性/综合电压合格率

供电可靠率指标反映了供电系统对用户持续供电的能力,其定义为在统计期间,对用户有效供电时间与统计期间时间的比值,记作 RS-1,公式为:

$$供电可靠率 = \left(1 - \frac{用户平均停电时间}{统计期间时间}\right) \times 100\%$$

若不计外部影响时,则记作 RS-2,公式为

$$供电可靠率(不计外部影响)$$
$$= \left(1 - \frac{用户平均停电时间—用户平均受外部影响停电时间}{统计期间时间}\right) \times 100\%$$

若不计系统电源不足限电时,则记作 RS-3,公式为

$$供电可靠率(不计系统电源不足限电)$$
$$= \left(1 - \frac{用户平均停电时间—用户平均限电停电时间}{统计期间时间}\right) \times 100\%$$

综合电压合格率为实际运行电压在允许电压偏差范围内累计运行时间(分钟)与对应总运行统计时间(分钟)的百分比,公式如下:

$$综合电压合格率 = \left(1 - \frac{电压超上限时间+电压超下限时间}{电压检测总时间}\right) \times 100\%$$

2014年,浙江电网市辖供电区供电可靠率(RS-3)为99.95%,综合电压合格率为99.997%;县级供电区供电可靠率(RS-3)为99.9497%,综合电压合格率为99.617%。

浙江省电网运行指标见表1-14;2014年浙江省供电可靠率(RS-3)分布表见表1-15。

表 1-14　浙江省电网运行指标

| 指标名称 | | 2014 年 |
|---|---|---|
| 市辖供电区 | 供电可靠率(RS-3)(％) | 99.95 |
| | 综合电压合格率(％) | 99.997 |
| 县级供电区 | 供电可靠率(RS-3)(％) | 99.9497 |
| | 综合电压合格率(％) | 99.617 |

表 1-15　2014 年浙江省供电可靠率(RS-3)分布

| 类型 | 供电企业个数(个) | <99.828％(15 小时) | 99.828％～99.897％(9～15 小时) | 99.897％～99.965％(3～9 小时) | 99.965％～99.99％(52 分钟～3 小时) | 99.99％～99.999％(5～52 分钟) | ≥99.999％(5 分钟) |
|---|---|---|---|---|---|---|---|
| | | 个数 | 个数 | 个数 | 个数 | 个数 | 个数 |
| 市辖供电区 | 11 | 1 | 0 | 8 | 1 | 1 | 0 |
| 县级供电区 | 64 | 0 | 0 | 58 | 5 | 0 | 1 |
| 全省 | 75 | 1 | 0 | 66 | 6 | 1 | 1 |

### 3.　电网设备水平

（1）设备可靠性

2014 年,浙江电网 500 千伏变压器强迫停运率为 0 次/百台·年,500 千伏架空线路强迫停运率为 0.075 次/百公里·年;220 千伏变压器强迫停运率为 0.17 次/百台·年,220 千伏架空线路强迫停运率为 0.171 次/百公里·年;110 千伏变压器强迫停运率为 0 次/百台·年,110 千伏架空线路强迫停运率也为 0 次/百公里·年。

2014 年,浙江电网 500 千伏变压器可用系数为 99.9141％,500 千伏架空线路可用系数 99.6898％;220 千伏变压器可用系数为 99.7016％,220 千伏架空线路可用系数 98.3472％;110 千伏变压器可用系数为 99.9083％,110 千伏架空线路可用系数 99.7233％。电网设备整体可靠水平较高,500-110 千伏输电设备强迫停运率及可用系数详见表 1-16。

表 1-16　2014 年浙江电网设备强迫停运率及可用系数统计

| 指标 | 500 千伏 | | 220 千伏 | | 110(66)千伏 | |
|---|---|---|---|---|---|---|
| | 变压器(次/百台·年) | 架空线路(次/百公里·年) | 变压器(次/百公里台·年) | 架空线路(次/百公里·年) | 变压器(次/百公里·年) | 架空线路(次/百公里·年) |
| 强迫停运率 | 0 | 0.075 | 0.17 | 0.171 | 0 | 0 |
| 可用系数(％) | 99.9141 | 99.6898 | 99.7016 | 98.3472 | 99.9083 | 99.7233 |

（2）设备运行年限

2014 年,浙江电网按 10 年以下、10～20 年和 20 年以上三个区段分别统计该运行年限内的设备数量占总设备数量的比例,详见图 1-10。

（3）输变电资产退役设备的平均寿命

浙江电力公司退役设备在 2008 年、2009 年、2010 年左右达到高峰,随着资产寿命周期管理的推进,退役设备数量逐年下降,但是寿命基本呈现出逐年提高的水平。浙江电力公司将进一步加强资产寿命管理,在确保安全可靠的前提下,不断降低运营成本。浙江电网

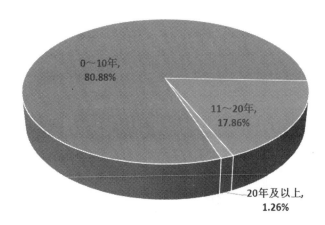

图 1-10　2014 年浙江电网变电设备运行年限分布

注:不含 35 千伏电网设备。

110(60)千伏及以上输变电资产退役设备的平均寿命统计见表 1-17。

表 1-17　浙江电网 110(60)千伏及以上输变电资产退役设备的平均寿命统计

| 年份 | 变压器 | | 断路器 | | 隔离开关 | | 全封闭组合电器（GIS） | |
|---|---|---|---|---|---|---|---|---|
| | 退役数量（台） | 平均退役寿命(年) | 退役数量（台） | 平均退役寿命(年) | 退役数量（台） | 平均退役寿命(年) | 退役数量（台） | 平均退役寿命(年) |
| 2014 | 2 | 40 | 3 | 28 | 9 | 10 | 0 | 0 |

注:退役设备平均寿命=Σ单台设备退役时寿命/退役设备数量。

（4）电网综合线损率

2014 年浙江电网综合线损率为 4.49%,其中 500 千伏和 10 千伏及以下电网配网线损率分别为 0.61% 和 3.76%。2014 年浙江电网综合线损率见表 1-18。

表 1-18　2014 年浙江电网综合线损率

| 名称 | 线损率 |
|---|---|
| 综合线损率(%) | 4.49 |
| 其中:500 千伏线损率(%) | 0.61 |
| 10 千伏及以下配网线损率(%) | 3.76 |

**（三）特高压电网规划**

2017 年规划建成南昌—浙南特高压交流输电线路工程,2018 年规划建成金沙江二期—浙江特高压直流输电工程。到 2020 年,初步形成坚强智能电网。

**（四）500 千伏电网规划**

**1. 2020 年主网架规划**

到 2020 年,浙江 500 千伏主网架将基本形成远景目标网架。以西线的特高压交、直流站为核心,以东线的沿海大电源为支撑的东西双向供电布局基本形成,主网结构坚强,供电安全可靠性较高。

2020 年浙江 500 千伏及以上电网接线示意图详见图 1-11。

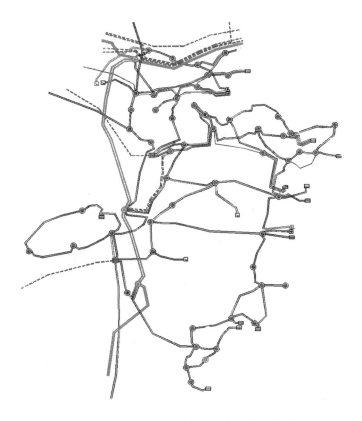

图 1-11　2020 年浙江 500 千伏及以上电网接线示意图

**2. 2030 年主网架规划**

（1）电源总体规划布局

远景浙江境内规划建成"三交三直"特高压站,即特高压交流浙北、浙中、浙南站,和特高压直流浙北、绍兴、浙西站,从落点位置与系统功能上形成特高压交、直流互济的总体格局。

浙江境内的大型火电、核电厂主要集中在东部沿海地区,特高压交、直流站主要落点在中西部地区,为满足浙江电网用电负荷需求,远景浙江电网将建成以西部特高压、东部大型电厂为支撑的双向供电格局。

（2）电网总体结构设想

根据浙江省的地理和电网特点,可将浙江主网架划分为浙北、萧绍、宁波（舟山）、金衢丽、台温五大片。根据电力平衡分析可知,远景高负荷方案在计及特高压直流定点输入的情况下,浙北电网电力缺口为 566 万千瓦、萧绍电网电力缺口为 888 万千瓦、宁波（舟山）电网电力盈余 595 万千瓦、金衢丽电网电力盈余 301 万千瓦、台温电网电力盈余 400 万千瓦。

台温电网保持回浦—丹溪、瓯海—浙南两个输电通道可基本满足盈余电力外送需求,因此暂不考虑增加往金华、丽水方向的东西向联网通道。宁波（舟山）电网保持江滨—古越、河姆—舜江、明州—舜江、宁海—苍岩四个输电通道与萧绍电网相连,可满足盈余电力外送需求,因此暂不考虑增加宁波向绍兴的方向的联网通道。金衢丽电网电力供需基本平衡,无大规模电力外送要求,因此暂不考虑增加金华西部往萧绍方向的联网通道。萧绍电网与浙北电网均为负荷较重的区域,且都有特高压交、直流站作为支撑,相互之间电力交换需求不大,因此浙北、浙南区域之间暂不增加跨钱塘江联网通道。

远景浙江电网仍保持目前的 9 回 500 千伏省际联络线。

2030 年浙江 500 千伏及以上电网接线示意图详见图 1-12。

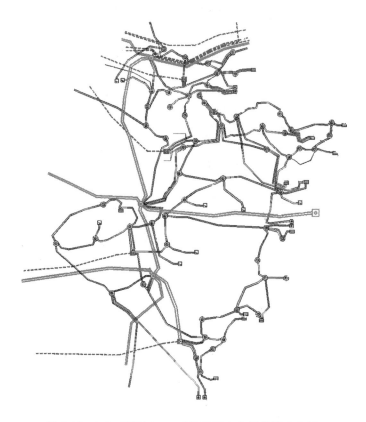

图 1-12　2030 年浙江 500 千伏及以上电网接线示意图

**(五) 220 千伏电网规划**

浙江 220 千伏电网规划建设方案重在"结构加强",通过电网安排建设,将全面建设以各 500 千伏变电站为中心的 220 千伏环形电网,通过分片运行控制电网短路短路电流水平,同时各 220 千伏电网片区之间具有足够的 220 千伏备用联络线,能够在电网发生严重多事故时,保障电网安全运行。

**(六) 110 千伏电网规划**

浙江省 110 千伏电网以提高供电可靠性为目标,全面建设结构合理、先进可靠、经济高效的现代配电网。一是结构合理,按照差异化的原则,将供电区域细分为 A+、A、B、C、D、E 类(详见表 1-19),分类制定相应的建设标准和发展重点,构建输配协调、强简有序、远景结合、标准统一的网络结构。二是先进可靠,采用集成、环保、低损耗的智能化设备,使得配电网具备自愈能力,供电可靠性和电能质量达到世界领先水平。三是经济高效,推行模块化设计和标准化建设,优化网络结构和运行方式,实现资源优化配置和资产效率最优。

表 1-19　供电分区划分标准

| 供电区域 | | A+ | A | B | C | D | E |
|---|---|---|---|---|---|---|---|
| 行政级别 | 直辖市 | 市中心区或 $\delta \geqslant 30$ | 市区或 $15 \leqslant \delta \leqslant 15$ | 市区或 $6 \leqslant \delta \leqslant 15$ | 城镇或 $1 \leqslant \delta \leqslant 6$ | 农村或 $0.1 \leqslant \delta \leqslant 1$ | —— |
| | 省会城市、计划单列市 | $\delta \geqslant 30$ | 市中心区或 $15 \leqslant \delta \leqslant 30$ | 市区或 $6 \leqslant \delta \leqslant 15$ | 城镇或 $1 \leqslant \delta \leqslant 6$ | 农村或 $0.1 \leqslant \delta \leqslant 1$ | —— |
| | 地级市（自治州、盟） | —— | $\delta \geqslant 15$ | 市中心区或 $6 \leqslant \delta \leqslant 15$ | 市区、城镇或 $1 \leqslant \delta \leqslant 6$ | 农村或 $0.1 \leqslant \delta < 1$ | 农牧区 |
| | 县（县级市） | —— | —— | $\delta \geqslant 6$ | 城镇或 $1 \leqslant \delta < 6$ | 农村或 $0.1 \leqslant \delta < 1$ | 农牧区 |

注：$\delta$ 为供电区域的负荷密度（MW/km²）。

按照《配电网规划设计技术导则》（Q/GDW1738-2012）中关于供电分区划分标准的要求：

中压配电网建设应重点考虑按照目标网架构建区域电网，注重电网建设规范性、统一性，同时加强对配电网组网方式合理性的规划研究，以及电网智能化规划研究。2020年浙江省将建成世界领先的现代配电网，适应分布式电源高渗透率接入以及电动汽车、储能装置的"即插即用"。

# 第二节　浙江省用电情况

## 一、全社会用电量及负荷增长情况

近些年，我省电力需求呈现持续较高增长，浙江省全社会用电量由2005年的1656亿千瓦时增长到2014年的3506亿千瓦时，全省用电量年均增长8.7%，其中第二、第三产业用电量年均增长率分别为8.1%、12.4%。第二产业特别是规模以上工业的用电量情况基本决定了全省用电增长，而第三产业与第二产业相比其用电量增速近年明显加快。居民生活用电量由2005年的173亿千瓦时增长到2014年的421亿千瓦时，年均增长率为10.4%。2005—2014年，全省最高负荷每年平均增加397万千瓦，年均增长率为10.2%。

"十二五"以来，全社会用电量增速明显变缓。2011年，全省全社会用电量累计3120亿千瓦时，同比增长10.47%；其中：第一产业用电量19.36亿千瓦时，同比增长11.93%；第二产业用电量2427.20亿千瓦时，同比增长10.0%；第三产业用电量317.72亿千瓦时，同比增长14.20%。城乡居民生活用电352.63亿千瓦时，同比增长10.56%。2012年，全省全社会用电量累计3210.6亿千瓦时，同比增长3%；其中：第一产业用电量21.09亿千瓦时，增长8.94%；第二产业用电量2448.75亿千瓦时，增长0.89%；第三产业用电量348.8亿千瓦时，增长9.78%。城乡居民生活用电391.9亿千瓦时，同比增长11.13%。2013年，全省全社会用电量累计3453亿千瓦时，同比增长7.46%；其中：第一产业用电量24.09亿千瓦时，增长14.2%；第二产业用电量2598.1亿千瓦时，增长6.1%；第三产业用电量390.7亿千瓦时，增长12.0%。城乡居民生活用电440.0亿千瓦时，同比增长12.27%。2014年，全省全社会用电量累计3506亿千瓦时，同比增长1.54%，从用电结构看，第二产业、第三产业用电比重提高,而第一产业和居民用电比重降低,工业用电稳步回升,全社会用电量随之稳步回升。2014 年,全社会最大负荷为 6109 万千瓦左右,同比增长 4.3%,统调非整点最大负荷 5774 万千瓦,同比增长 5.70%。2005—2014 年浙江用电情况见表 1-20。

"十二五"以来,全社会最大用电负荷由 2010 年的 4560 万千瓦增长到 2014 年的 6109 万千瓦,平均每年增加 387 万千瓦,年均增长率为 7.6%,2011 年增速最大达到 16.9%。2005—2014 年浙江用电情况表详见表 1-20,浙江省全社会用电量、最大负荷详见图 1-13。

表 1-20  2005—2014 年浙江用电情况

| 年份 | 2005 | 2010 | 2011 | 2012 | 2013 | 2014 | 2005—2014 年平均增长率(%) |
|---|---|---|---|---|---|---|---|
| 全省最高负荷(万千瓦) | 2540 | 4560 | 5331 | 5472 | 5857 | 6109 | 10.2 |
| 增长率(%) | 25.2 | 13.2 | 16.9 | 2.6 | 7.0 | 4.3 | — |
| 全省用电量(亿千瓦时) | 1656.8 | 2824.2 | 3120.0 | 3210.6 | 3453 | 3506 | 8.7 |
| 增长率(%) | 18.88 | 14.16 | 10.47 | 2.9 | 7.5 | 1.54 | — |
| 其中:第一产业用量(亿千瓦时) | 13.9 | 17.3 | 19.36 | 21.09 | 24.09 | 23.4 | 6.0 |
| 增长率(%) | 63.92 | 10.19 | 11.91 | 8.94 | 14.2 | -2.7 | — |
| 第二产业用量(亿千瓦时) | 1311.9 | 2206.5 | 2427.2 | 2448.8 | 2598.1 | 2652.5 | 8.1 |
| 增长率(%) | 18.79 | 14.07 | 10 | 0.89 | 6.1 | 2.1 | — |
| 第三产业用量(亿千瓦时) | 143.3 | 278.2 | 317.7 | 348.8 | 390.7 | 409.2 | 12.4 |
| 增长率(%) | 13.71 | 15.44 | 14.21 | 9.79 | 12.0 | 4.74 | — |
| 居民生活用电(亿千瓦时) | 173.2 | 318.9 | 352.6 | 391.9 | 440.0 | 421.2 | 10.4 |
| 人均用电量(亿千瓦时) | 3382.5 | 5399 | 5694 | 5862 | 6278 | — | — |

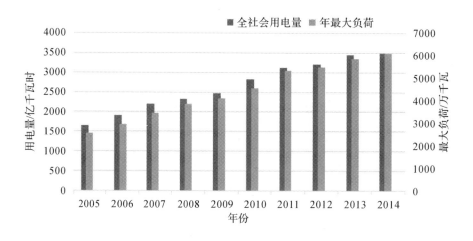

图 1-13  2005—2014 年浙江省全社会用电量及最大负荷

从国际上来看,表 1-21 列出了由国际能源机构(International Energy Agency,IEA)统计的 2012 年世界主要经济体及浙江省各产业用电量比重数据。

表 1-21　2012 年世界主要经济体及浙江省各产业用电量比重数据

| 地区 | 农业和林业<br>(第一产业) | 工业<br>(第二产业) | 商业、公共服务和交通<br>(第三产业) | 居民生活用电 |
|---|---|---|---|---|
| 全球 | 2.79% | 42.28% | 27.95% | 26.98% |
| 发达国家 | 1.32% | 32.02% | 35.15% | 31.51% |
| 欧盟 | 1.71% | 37.04% | 32.08% | 29.17% |
| 澳大利亚 | 1.11% | 38.20% | 31.05% | 29.64% |
| 法国 | 1.87% | 26.34% | 35.33% | 36.46% |
| 英国 | 1.22% | 30.80% | 31.86% | 36.12% |
| 日本 | 0.10% | 29.90% | 38.86% | 31.14% |
| 美国 | 0.83% | 22.70% | 39.59% | 36.88% |
| 韩国 | 2.51% | 52.06% | 32.16% | 13.27% |
| 中国台湾 | 1.22% | 57.67% | 21.65% | 19.46% |
| 巴西 | 4.92% | 44.32% | 25.88% | 24.88% |
| 印度 | 17.62% | 44.14% | 16.26% | 21.98% |
| 俄罗斯 | 2.10% | 45.74% | 34.30% | 17.86% |
| 中国 | 2.45% | 67.68% | 14.80% | 15.07% |
| 浙江 | 0.66% | 76.27% | 10.86% | 12.21% |

根据表 1-21 中所示各经济体的用电量结构数据,基本上可以将上述经济体分为三类:以印度为代表的经济体,第一产业用电量占比达到 17.62%;以中国、俄罗斯、巴西、韩国、中国台湾为代表的经济体,第一产业用电量占比低于 5%,第二产业用电量明显高于第三产业用电量;以发达国家为代表的经济体,其第三产业用电量与第二产业接近,甚至超过第二产业。由此可清晰地勾勒出电量产业结构的演变方向:随着经济社会发展,第二产业用电量比重逐渐减小,第三产业用电量比重逐渐增大,发展到第二、第三产业用电量比重相当。浙江省第二产业电量比重高于西方发达经济体,第三产业电量比重低于西方发达经济体,未来用电量比重结构有很大的调整空间,第三产业用电量比重仍可大幅提升。

此外,由表中数据还可以看出,浙江居民生活用电占全社会用电量的比重比全国高 1 个百分点,这说明当前我省居民生活水平超出全国平均。但是,浙江省居民生活用电在全社会用电量中的比重(12.21%)与发达国家差距悬殊(31.51%),甚至低于世界平均水平(26.98%)。究其原因主要是生活方式上的差异,相比美国、丹麦等发达国家,我省生活用电多元化程度相对较低。

图 1-14 给出了世界主要国家人均和浙江省人均用电量指标的对比,不难看出,不同国家的经济发展水平不同,人均用电量的差异也比较大。总的来说,发达国家人均用电量高于发展中国家的人均用电量。2011 年,以西方发达国家为代表的经济体人均用电量均高于 5000 千瓦时,而中国人均用电量为 3312 千瓦时与西方发达国家还有一定差距。但是浙江省人均用电量为 5694 千瓦时,远高于中国人均用电量,并略高于英国人均用电量,说明浙江省的经济发展在全国遥遥领先。

## 二、受电量情况

"十一五"时期浙江省供用电矛盾较为突出,浙江省区外购电保持增长势头(见

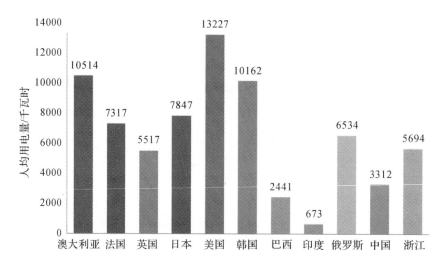

图 1-14　2011 年世界主要国家和浙江省人均用电量

表 1-22）。2005 年,区外购电负荷、电量分别达到 731 万千瓦、392 亿千瓦时,分别占全省最高用电负荷和用电量的 28.8％和 23.7％。"十一五"时期,区外购电量年均增长率分别为 7.4％、4.6％。至 2010 年,浙江省区外购电负荷、电量分别达到 1047 万千瓦、491 亿千瓦时,占全省最高用电负荷和用电量的 16.1％、17.4％;2014 年,全省区外购电负荷、电量(含省内华东装机分电)分别为 1791.2 万千瓦、910.8 亿千瓦时,占全省最高用电负荷和用电量的 29.3％、26.1％。由图 1-15 所示,2005—2014 年期间,区外购电负荷基本占年最大负荷 20％以上,而区外购电量自 2007 年起逐年增加,区外购电量占全社会用电量的比重约 14％～26％左右。

表 1-22　浙江省区外购电力电量情况(含华东直调分电)

| 年份 | 最高用电负荷（万千瓦） | 增长率（％） | 区外购电负荷（万千瓦） | 增长率（％） | 区外购电负荷占比（％） | 全社会用电量（亿千瓦时） | 增长率（％） | 区外购电量（亿千瓦时） | 增长率（％） | 区外购电量占比（％） |
|---|---|---|---|---|---|---|---|---|---|---|
| 2005 | 2540 | 21 | 731 | 9.3 | 28.8 | 1657 | 16.7 | 392 | 15.9 | 23.7 |
| 2006 | 2950 | 16.1 | 731 | 0.0 | 24.8 | 1916 | 15.6 | 337 | −14.0 | 17.6 |
| 2007 | 3450 | 16.9 | 849 | 16.1 | 24.6 | 2197 | 14.7 | 307 | −8.9 | 14.0 |
| 2008 | 3850 | 11.6 | 874 | 2.9 | 22.7 | 2326 | 5.9 | 394 | 28.3 | 16.9 |
| 2009 | 4100 | 6.5 | 902 | 3.2 | 22.0 | 2471 | 6.2 | 434 | 10.2 | 17.6 |
| 2010 | 4560 | 11.2 | 1047 | 16.1 | 23.0 | 2821 | 14.2 | 491 | 13.1 | 17.4 |
| 2011 | 5331 | 16.9 | 1530 | 46.1 | 28.7 | 3117 | 10.5 | 584 | 18.9 | 18.7 |
| 2012 | 5472 | 2.6 | 1535 | 0.3 | 28.0 | 3211 | 3.0 | 679.49 | 16.4 | 21.2 |
| 2013 | 5857 | 7.0 | 1476 | −27.8 | 25.2 | 3453 | 7.5 | 835.8 | 23.0 | 24.2 |
| 2014 | 6109 | 4.3 | 1791.2 | 35.6 | 29.3 | 3487 | 1.0 | 910.8 | 9.0 | 26.1 |

不计华东分公司在浙江省境内的机组,2014 年浙江省外购电量合计 663.7 亿千瓦时,占全社会用电量的 19.0％。不计华东分公司在浙江省境内的机组,2014 年浙江省外受电量合计 1503 万千瓦,占全省负荷的 24.6％。

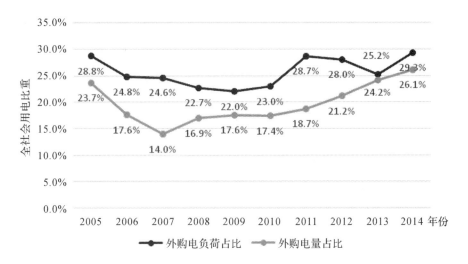

图 1-15　浙江省历年区外购电力及电量占全社会用电比重

### 三、用电结构分析

以下分别按分用户与分电压等级两种模式对浙江省用电结构进行分析。

从分电压等级看,我省用电量占比最大的电压等级是 10 千伏和 380 伏/220 伏,分别占总电量的 57.47％ 和 22.92％,占据了我省大部分的市场份额。浙江省 2014 年各电压等级用电量占比如图 1-16 所示:

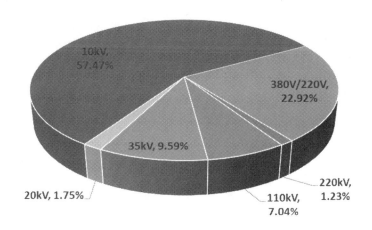

图 1-16　2014 年浙江省各电压等级用电量占比

我省用户从类别上分四大类:大工业用电、一般工商业及其他用电、农业生产用电、居民生活用电。从分用户类别来看,我省比重最大的是大工业用户,其次是一般工商业。这两类用户户数仅占 13.2％,但用电量占比却高达 83.8％。2014 年浙江省用户数量和用电量统计汇总见表 1-23。

表 1-23　2014 年浙江省用户数量和用电量统计汇总

| 用电类别 | 营业户数 | | 用电量 | | 电量占比 |
|---|---|---|---|---|---|
| | 户数（万户） | 占比 | 本年（亿千瓦时） | 户均（万千瓦时/户） | |
| 合计 | 2462.53 | 100% | 3016.78 | 1.23 | 100% |
| 一、大工业用电 | 5.36 | 0.22% | 1735.77 | 324.01 | 57.54% |
| 二、一般工商业及其他用电 | 319.30 | 12.97% | 792.71 | 2.48 | 26.28% |
| 　1. 非、普工业用电 | 149.10 | 6.05% | 407.76 | 2.73 | 13.52% |
| 　2. 非居民照明用电 | 40.05 | 1.63% | 174.11 | 4.35 | 5.77% |
| 　3. 商业用电 | 130.15 | 5.29% | 210.84 | 1.62 | 6.99% |
| 三、农业用电 | 34.31 | 1.39% | 21.87 | 0.64 | 0.72% |
| 四、居民用电 | 2103.57 | 85.42% | 466.43 | 0.22 | 15.46% |

## 四、用电负荷及特性分析

浙江电网年负荷曲线具有明显的季节性,年最大负荷一般出现在夏季 7、8 月份,最小负荷一般出现在 1、2 月份,最大负荷利用小时数逐渐降低,年最大峰谷差逐渐拉大,年最大峰谷差率在 0.41～0.50 之间波动,年负荷率逐渐下降,季不均衡系数约在 0.84 左右。2005—2014 年浙江电网负荷特性指标详见表 1-24。

"十一五"初期,我省电力供需严重不足,在较大范围内采取了错峰避峰、拉限电措施,抑制了高峰负荷的增长,2005—2007 年期间,尖峰负荷时间连续上升,2008 年尖峰负荷并不突出主要是由于夏季降雨降温过程频繁,持续高温时间较短。"十一五"时期,97% 以上尖峰持续小时数在 8～20 小时之间,95% 以上尖峰持续小时数在 35～52 小时之间,90% 以上尖峰持续小时数在 155～323 小时之间。如图 1-17 所示,2010—2014 年,通过有序用电等手段,有效施行了"削峰填谷"措施。97% 以上尖峰持续小时数约为 10 小时,95% 以上尖峰持续小时数在 20～41 小时之间,90% 以上尖峰持续小时数在 67～297 小时之间。

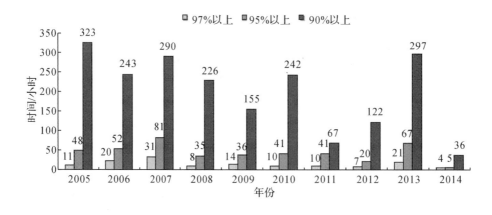

图 1-17　2005—2014 年浙江电网尖峰负荷持续时间

表 1-24    2005—2014 年浙江电网负荷特性简表

| | 最大负荷（万千瓦） | 最大负荷所处月份 | 年最大峰谷差（万千瓦） | 年最大峰谷差率 | 年负荷率 | 季不均衡系数 | 最大负荷利用小时数（小时） |
|---|---|---|---|---|---|---|---|
| 2005 | 2031.6 | 9 | 802.6 | 0.49 | 0.71 | 0.87 | 6220 |
| 2006 | 2530.6 | 8 | 915.6 | 0.46 | 0.66 | 0.85 | 5782 |
| 2007 | 3045.2 | 7 | 1006.4 | 0.41 | 0.66 | 0.84 | 5782 |
| 2008 | 3362.0 | 7 | 1085.2 | 0.48 | 0.66 | 0.85 | 5782 |
| 2009 | 3697.9 | 8 | 1237.2 | 0.49 | 0.64 | 0.84 | 5606 |
| 2010 | 4183.1 | 8 | 1407.3 | 0.46 | 0.66 | 0.84 | 5782 |
| 2011 | 4955.0 | 7 | 1786.6 | 0.45 | 0.63 | 0.82 | 5519 |
| 2012 | 5044.6 | 8 | 1807.9 | 0.50 | 0.63 | 0.84 | 5519 |
| 2013 | 5438.2 | 7 | 1913.8 | 0.48 | 0.63 | 0.83 | 5519 |
| 2014 | 5767.0 | 8 | 2130.9 | 0.46 | 0.60 | 0.82 | 5256 |

2013 年和 2014 年持续负荷曲线见图 1-18。从曲线可看出,2014 年尖峰时间比去年同期相比,持续时间有所减少。其中:最大负荷的 85% 为 4901.9 万千瓦,大于等于该负荷的持续时间为 97 小时,比 2013 年减少 183 小时;最大负荷的 90% 为 5190.3 万千瓦,大于等于该负荷的持续时间为 36 小时,比 2013 年减少 8 小时。

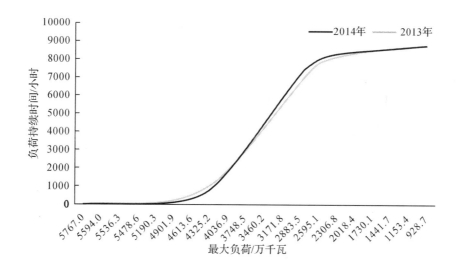

图 1-18    2013 年和 2014 年浙江电网持续负荷曲线

2014 年春季典型日最大负荷为 4256 万千瓦,出现在上午 10 点,最小负荷为 2874 万千瓦,出现在凌晨 4 点,峰谷差 793 万千瓦,峰谷差率 0.31;夏季典型日最大负荷为 4761 万千瓦,出现在下午 2 点,最小负荷为 3102 万千瓦,出现在凌晨 5 点,峰谷差 1659 万千瓦,峰谷差率 0.35;秋季典型日最大负荷 4370 万千瓦,出现在上午 10 点,最小负荷为 2914 万千瓦,出现在凌晨 4 点,峰谷差 1457 万千瓦,峰谷差率 0.33;冬季典型日最大负荷为 2544 万千瓦,出现在上午 10 点,最小负荷为 1751 万千瓦,出现在凌晨 5 点,峰谷差 793 万千瓦,峰谷差率 0.31。春、夏、秋、冬四季典型日及最大负荷日负荷曲线详见图 1-19。

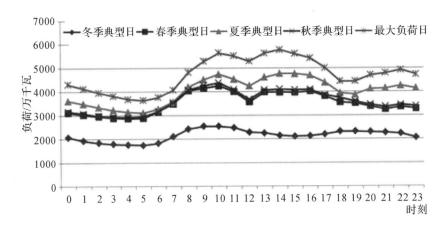

图 1-19　2014 年浙江省春、夏、秋、冬四季典型日及最大负荷日负荷曲线

# 第三节　浙江电网用电预测

## 一、电量及负荷预测

### (一) 电量预测方法

#### 1. 时间序列法

时间序列预测法,是根据多年积累的负荷历史资料进行统计分析处理,建立并合理选用"时间—电量"关系的数学模型,用这个数学模型一方面来描述电力负荷这个随机变量变化过程的统计规律性,另一方面在此基础上再确立负荷预测的数学表达式,对未来的负荷进行预测。

按时间序列预测法,根据浙江省历年用电量,选取 2000—2014 年的用电量作为基础数据进行预测,画出折线图(图 1-20)。

趋势外推结果显示:模型拟合优度 $R^2$ 为 0.9945,说明此模型的模拟效果较好。拟合优度(Goodness of Fit)是指回归直线对观测值的拟合程度。度量拟合优度的统计量是可决系数(亦称确定系数)$R^2$。$R^2$ 的取值范围是 $[0,1]$。$R^2$ 的值越接近 1,说明回归直线对观测值的拟合程度越好;反之,$R^2$ 的值越接近 0,说明回归直线对观测值的拟合程度越差。

趋势外推模型为线性模型,回归系数为 213.53,常数项为 418.46。

趋势外推模型如下:

$$y = 213.53t + 418.46 \qquad (1\text{-}2)$$

其中,$y$ 为全社会用电量,$t$ 为年份。根据趋势外推方程可预测:2020 年浙江省用电量将达到 4850 亿～4950 亿千瓦时。

#### 2. 回归分析法

回归分析法也称为解释性预测,它假设一个系统的输入变量和输出变量之间存在着某种因果关系,它认为输入变量的变化会引起系统输出的变化。通过研究输入变量与输出变

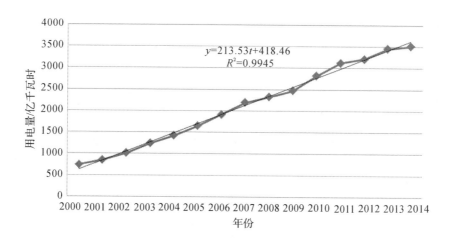

图 1-20　时间序列预测法电量预测结果

量之间的关系建立预测模型,明确相互关系的密切程度,然后以输入变量为依据预测输出变量的变化。

电力负荷回归模型预测法是根据负荷过去的历史资料,建立可进行数学分析的数学模型,对未来负荷进行预测,是目前广泛应用的定量预测方法[14]。

经相关性分析发现,全社会用电量和地区生产总值之间的相关系数为 0.9929,表现了强相关的关系,故选用地区生产总值做回归。对浙江省历年用电量和国内生产总值(GDP)等数据进行分析。根据经济模型高中低方案预测得到 2015 年地区生产总值的高中低方案预测值分别为 43923.40 亿元、43558.23 亿元、43197.40 亿元,同比增速分别为 7.6%,8.5%,9.4%。然后建立地区生产总值与全社会用电量的回归方程,得到相应参数:$R^2=0.9945,a=1142.1294,b=0.0604,\mathrm{AR}(1)=0.7367$。$\mathrm{AR}(p)$ 为 $p$ 阶自回归调整,表明该预测模型中 $y_t$ 与该变量自身 $t-p$ 时刻数据 $y_{t-p}$ 有关。

回归模型如下:

$$y=1142.1294+0.0604\mathrm{GDP}+[\mathrm{AR}(1)=0.7367] \tag{1-3}$$

其中,$y$ 为全社会用电量,GDP 为地区生产总值。把 2015 年地区生产总值的高中低方案预测值分别代入以上模型即可得出全社会用电量的高中低方案预测值。经计算分析,预计 2020 年浙江省用电量将达到 4550 亿~4650 亿千瓦时[15]。

**3. 产值单耗法**

产值单耗法,是通过单位产值用电量以及一段时间内增加产值,得到生产的总用电量,其中产值指实际产值而非名义产值。计算公式为

$$E=bg \tag{1-4}$$

式中,$E$ 为用电量,$b$ 为增加产值,$g$ 为单位产值耗电量。其中单位产值耗电量和产业结构密切相关,根据对产业结构与产值单耗关系的研究构建产业结构与产值单耗关系模型,运用模型对产值单耗进行预测,给出预测值 $\hat{g}$;用未来某时段的产值增加值的预测值 $\hat{b}$ 代替公式中的 $b$。用电量预测公式为

$$\hat{E}=\hat{b}\hat{g} \tag{1-5}$$

根据浙江省 2003—2014 年历史数据,对 GDP 单位产值单耗及第一产业增加值占比、第

二产业增加值占比、第三产业增加值占比进行尝试性回归。回归结果显示,第三产业增加值占比与 GDP 单位产值单耗回归的拟合效果最好。因此,最终选定第三产业增加值占比与 GDP 单位产值单耗进行一元线性回归分析,得到相关参数:模型拟合优度 $R^2$ 为 0.9005,回归系数为 $-0.5172$,常数项为 $-1.7610$。

回归模型如下:

$$\log(RE/GDP) = -1.7610 - 0.5172\log(RTGDP) \tag{1-6}$$

其中,$RE/GDP$ 为 GDP 单位产值单耗,$RTGDP$ 为第三产业增加值占比。首先据经济模型预测得到第三产业增加值,代入以上模型可推算得出 GDP 单位产值单耗。然后再根据经济模型得到增加产值的预测值,并代入用电量预测公式(1-5),得出全社会用电量。

根据浙江省 2003—2014 年历史数据,对 GDP 单位产值单耗及第一产业增加值占比、第二产业增加值占比、第三产业增加值占比进行尝试性回归,最终选定第三产业增加值占比与 GDP 单位产值单耗进行一元线性回归分析,得到相关参数:模型拟合优度 $R^2$ 为 0.93,回归系数为 $-3.86$,常数项为 $-1.88$。

回归模型如下:

$$R^{E/GDP} = -1.88 - 3.86 \cdot R^{TGDP} \tag{1-7}$$

其中,$R^{E/GDP}$ 为 GDP 单位产值单耗,$R^{TGDP}$ 为第三产业增加值占比。经计算分析,预计 2020 年浙江省用电量将达到 3950 亿~4150 亿千瓦时。

**4. 电力弹性系数法**

弹性系数法由以往的用电量和国民生产总值可以分别求出它们的平均增长率,记为 $K_y$ 和 $K_x$,从而求得电力弹性系数 $E = K_y/K_x$。如果用某种方法预测未来 $m$ 年的弹性系数为 $\hat{E}$,国民生产总值的增长率为 $\hat{K}_x$,可得电力需求增长率为

$$\hat{K}_y = \hat{E}\hat{K}_x \tag{1-8}$$

这样就可以按照上面的增长率得出第 $m$ 年的用电量:

$$A_m = A_0(1+\hat{K}_y)^m \tag{1-9}$$

式中 $A_0$ 为基准年(预测起点年)的用电量。电力弹性系数的预测通过构建电力弹性系数与产业结构关系模型来实现。产业结构的变化引起电力弹性系数的变化,最终影响到全社会用电量的变化。

浙江省电力弹性系数模型建立过程如下:首先,以 1990 年为基准年,依据 1991—2014 年历史数据,对电力弹性系数及第一产业增加值占比、第二产业增加值占比、第三产业增加值占比分别进行尝试性回归。回归结果显示,第二产业增加值占比与电力弹性系数回归的拟合效果最好。因此,最终选定电力弹性系数与第二产业增加值占比建立一元线性回归模型,模型拟合优度 $R^2 = 0.9468$,回归系数为 1.3150,常数项为 0.8134,MA(4) $= -0.9993$。MA($q$) 为 $q$ 阶移动平均调整,表明该预测模型中变量与自身过去 $t-1, t-2, \cdots, t-p$ 时刻数据的平均值有关

回归模型如下:

$$\log(E/GDP) = 0.8134 + 1.3150\log(SGDP) + [\mathrm{MA}(4) = -0.9993] \tag{1-10}$$

其中,$E/GDP$ 为电力弹性系数,$SGDP$ 为第二产业增加值占比。根据经济模型预测得到第二产业增加值占比,代入以上模型可推算得电力弹性系数。在给定 GDP 名义增速的情况下,把电力弹性系数和 GDP 名义增速代入电力需求增长率公式(1-8),得电力需求增速。

按照该增长率代入用电量公式(1-9),计算得浙江省全社会用电量,经计算分析,预计2020年浙江省用电量将达到4400亿~4500亿千瓦时。

**5. 经济电力传导法**

区域经济电力传导法通过对浙江省建立宏观经济模型和经济电力传导模型对浙江省电力需求进行预测。电力需求预测建立在宏观经济预测的基础上。其中经济模型构建基础为宏观经济学经济增长理论和国民经济核算理论,模型结构为联立计量模型。在具体的电力模型建模过程中,模型依据变量之间的直接和间接传导机制以及指标数据统计关联特征建立两大模块:居民用电模块、全行业用电模块。居民用电模块包含农村居民用电模块和城镇居民用电模块,全行业用电模块包括第一产业、第二产业和第三产业用电模块。最后由居民用电模块和全行业用电模块汇总得到全社会用电量。

根据国内外宏观经济形势及浙江省上半年经济发展形势,对未来规模以上固定资产投资增速进行设定,考虑到近期经济保持稳中趋缓态势,首先对2015—2020年固定资产投资累计增速高中低方案分别进行设置,经计算分析,预计2020年浙江省用电量将达到4350亿~4450亿千瓦时。

**6. ARIMA 分析法**

ARIMA 分析法通过对时间序列的自相关性的分析对序列的短期趋势进行预测。预测通过构造 ARIMA 模型(自回归移动平均模型)来实现。在 ARIMA 分析中既考虑了经济现象在时间序列上的依存性,又考虑了随机波动的干扰性,适用于短期趋势预测。ARIMA 分析法和趋势分析法、灰色预测法相比加入了对非系统性因素的考虑,但是其对未来经济形势、经济结构变化干扰性预测是不够准确的。在对用电量需求进行长期预测时,ARIMA 模型不是最好的选择。

采用差分自回归移动平均模型(ARIMA),分析2000—2014年全社会用电量历史数据,结果显示,AR(2)的系数为0.7843,MA(1)的系数为0.9493,常数项为8.5340。

ARIMA 模型如下:

$$\log(E) = 8.5340 + [AR(2) = 0.7843, MA(1) = 0.9493] \tag{1-11}$$

其中,$E$ 为全社会用电量,$AR(2)$ 为二阶自回归调整,$MA(1)$ 为一阶移动平均调整。经计算分析,预计2020年浙江省用电量将达到4200亿~4300亿千瓦时[15]。

**7. 人均电量法**

人均电量法主要是利用预测地区人口和单位人口平均用电量来计算年用电量。首先,利用现有数据对规划年的人口进行预测,然后预测规划年的单位人口平均用电量,对于城市生活用电,按照每人或每户的平均用电量计算;对于工业和非工业等用户,按照单位设备装接容量的平均用电量来计算。上述两种用电类型的现有和历史平均用电水平,可通过典型调查和资料分析获取;规划年的平均用电水平可通过规划部门和用户资料信息获取或通过外推预测,或者参照国内外相同类型城市的数据。人均电量法的预测公式如下:

$$A_h = R_f \times A_{Rf} + S_f \times A_{Sf} \tag{1-12}$$

式中 $A_h$ 为规划年总电力需求量;$R_f$ 为规划年预测人口;$A_{Rf}$ 为规划年预测人均用电量;$S_f$ 为规划年预测设备总量;$A_{Sf}$ 为规划年预测单位设备平均用电量。

人均电量法计算方便,方法简单,但所需统计数据量大,预测工作量也非常大。经计算分析,预计2020年浙江省用电量将达到4050亿~4150亿千瓦时。

#### 8．新型预测方法

1）灰色预测

灰色系统理论是研究解决灰色系统分析、建模、预测、决策和控制的理论,近年来,它已在气象、农业等领域得到广泛应用。从电力系统的实际情况可知,影响电力负荷的诸多因素中,一些因素是确定的,而另一些因素则是不确定的,故可以把它看作是一个灰色系统。灰色系统具有计算简洁、精度高、实用性好的优点,它在电力负荷预测中已有很多成功的应用。该方法适用于短、中、长三个时期的负荷预测。在建模时不需要计算统计特征量,可以使用于任何非线性变化的负荷指标预测。但其不足之处是其微分方程指数解比较适合于具有指数增长趋势的负荷指标。对于具有其他趋势的指标则有时拟合灰度较大,精度难以提高。

2）人工神经网络

人工神经网络是一门涉及生物、电子、计算机、数学和物理等学科的交叉学科,它从模仿人脑智能的角度出发,来探寻新的信息表示、存储和处理的方式,设计全新的计算处理结构模型,构造一种更接近人类智能的信息处理系统来解决传统计算机难以解决的问题,它必将大大促进科学的进步,并具有非常广泛的应用前景。神经网络具有很强的自主学习、知识推理和优化计算的特点,以及非线性函数拟合能力,很适合于电力负荷预测问题,它是在国际上得到认可的实用预测方法之一。用于负荷预测的人工神经元网络有 BP 网络、RBF 网络、Hopfield 网络、Kohonen 自组织特征映射等,以及将小波理论结合得到小波神经网络。

#### 9．电量预测小结

通过采用时间序列法、回归分析法、产值单耗法、电力弹性系数法、经济电力传导预测、ARIMA 预测方法、人均用电量法进行预测,测算了 2015—2020 年浙江省的全社会用电量,综合分析并确定用电量见表 1-25。根据今年以来浙江全社会用电实际情况,结合历史分月电量变化情况,并充分考虑宏观经济形势,推荐经济电力传导法预测结果,预计 2020 年全社会用电量 4350 亿～4450 亿千瓦时。

表 1-25　浙江省全社会用电量预测一览表　　　单位：亿千瓦时

| 预测方法 | 2014 年 | 2020 年 |
|---|---|---|
| 时间序列法 | | 4850～4950 |
| 回归分析法 | | 4550～4650 |
| 产值单耗法 | | 3950～4150 |
| 电力弹性系数法 | 3506.39 | 4400～4500 |
| 经济电力传导法 | | 4350～4450 |
| ARIMA 法 | | 4200～4300 |
| 人均用电量法 | | 4050～4150 |

#### （二）负荷预测方法

#### 1．中长期负荷预测

（1）几种中长期负荷预测的方法

以上电量预测方法(包括时间序列法、回归分析法、产值单耗法、电力弹性系数法、经济电力传导法、ARIMA 分析法)在已知负荷历史数据的情况下均可适用于中长期负荷预测。

（2）最大负荷利用小时法

得到电量预测结果后,可采用最大负荷利用小时数法预测最大负荷。电网年最大负荷的计算方法是利用电网年需电量除以电网最大负荷利用小时数得到。其中,年最大负荷利用小时数的选择,一种是根据历史数据由专家分析判断确定,另一种是以历史数据进行回归分析,找出负荷结构与年最大负荷利用小时数的关系,再由预测的负荷结构计算年最大负荷利用小时。

根据近年来统调最大负荷利用小时数的变动趋势,选取时间序列法预测年最大负荷利用小时的变化趋势,例如,预计 2015—2017 年最大负荷利用小时数为 5500～5700 小时,2018—2020 年最大负荷利用小时数为 5200～5400 小时,可预测得到 2015—2020 年统调负荷。

（3）经济电力传导法

使用经济电力传导法中全社会用电量的预测结果,同时,考虑到统调最大负荷与全社会用电量相关性极高,相关系数高达 0.99。我们使用回归分析法对浙江省历年统调最大负荷和全社会用电量等数据进行分析。然后建立统调最大负荷与统调用电量的回归方程,得到相应参数:$R^2=0.98836$,$a=1.1241$,$b=-0.3783$,$MA(1)=-0.9064$。

回归模型如下:

$$\log(y)=-0.3783+1.1241 \cdot x+[MA(1)=-0.9064] \tag{1-13}$$

其中,$y$ 为统调最大负荷,$x$ 为全社会用电量,$MA(1)$ 是一阶移动平均阶数。将统调用电量预测值代入以上模型即可得 2015—2020 年统调最大负荷的预测值。经计算分析,预计 2020 年浙江省统调最大负荷将达到 7520 万～7620 万千瓦。

**2. 饱和负荷预测方法**

（1）Logistic 曲线法[16]

1）Logistic 曲线预测模型

Logistic 曲线方程为

$$y=\frac{k}{1+ae^{-bt}} \tag{1-14}$$

其中 $k$、$a$、$b$ 为常数,且 $k>0$、$a>0$、$b>0$。

根据式(1-14),可以初步得出 Logistic 曲线,如图 1-21 所示。该曲线有如下特点:

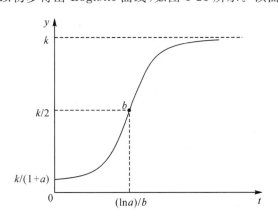

图 1-21　Logistic 曲线

1)饱和值 $k/(1+a)$ 决定曲线的高度,$k$ 越大,曲线的纵坐标越大;

2）曲线最低点为 $k/(1+1)$，当 $k$ 值确定时，由 $a$ 的大小决定曲线下界；

3）曲线以拐点 $((\ln a)/b, k/2)$ 为中心对称，故拐点纵坐标为 $k/2$，横坐标由 $a$、$b$ 确定，当 $a$、$k$ 值确定，$b$ 值较大时，曲线的中间部分越陡，增长速度快，反之，增长缓慢；当 $b$、$k$ 值确定，$a$ 值越大，曲线增长缓慢，反之，增长迅速。

Logistic 曲线负荷预测算法需要输入历史年份及历史负荷数据，还需要输入 Logistic 曲线的饱和值和预测目标年份，由此可以得出未来年及中间年负荷预测结果。

Logistic 曲线的饱和度为

$$BH\% = \frac{y_0}{k} \times 100\% \tag{1-15}$$

式中 $y_0$ 为当前年的负荷值。

通过对式（1-14）求一阶导数可知其一阶导数恒为正，求二阶导数可知其有一个零点 $(T_2, y_2)$，求三阶导数可知其有两个零点 $(T_1, y_1)$ 与 $(T_3, y_3)$。

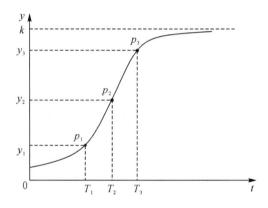

图 1-22 $y(t)$ 求 3 阶导数时 Logistic 曲线的 4 阶段划分（时间特征点）

由以上分析，得到了三个时间节点，可以按照这些时间点来划分 Logistic 函数，具体如下：

对 $y(t)$ 求 3 阶导数之后，得到时间特征点为 $T_1$、$T_2$、$T_3$。其中 $T_2$ 是加速度为 0 的点，即函数在 $T_2$ 增长速度最快。而 $T_1$ 和 $T_3$ 是急动度（又称加加速度）为 0 的两个点，在 $T_1$ 时加速度达到最大，而 $T_3$ 时加速度最小。而结合图 1-22 以及 Logistic 函数本身的特点，可以将发展阶段划分为：$0-T_1$ 为初始增长阶段，$T_1-T_2$ 为快速增长阶段，$T_2-T_3$ 增长速度有所减缓，称之为后发展阶段，$T_3-\infty$ 为饱和增长阶段。这里以增长率小于 2% 作为进入饱和阶段的判断标准，而 $T_3$ 对应的时间则作为饱和阶段的辅助参考。

2）Logistic 曲线法预测步骤

基于 Logistic 曲线法的饱和负荷预测步骤如下：

**步骤 1　输入历史数据**

输入用电量、最大负荷等历史数据。

**步骤 2　求取 Logistic 函数的待定参数**

采用 Logistic 模型对用电量及最高负荷序列进行建模分析，对曲线待定参数进行估计，根据得到的参数求取 Logistic 曲线的三个特征时间点。

**步骤 3　饱和负荷时间点和饱和规模预测**

用 Logistic 曲线分别对用电量和最高负荷序列进行分析预测,首先取增长率小于 2% 时对应的预测值和年份作为进入饱和阶段的规模和时间点;然后取曲线极值的 95% 对应的值和年份分别作为饱和规模和达到饱和规模的时间点。

**步骤 4　输出预测结果**

如果判定指标满足要求,则输出饱和负荷预测结果,否则将年份推后一年,再次计算对应的判定指标,直到各项必要指标都满足要求。基于 Logistic 预测方法饱和负荷分析思路和步骤如图 1-23 所示。

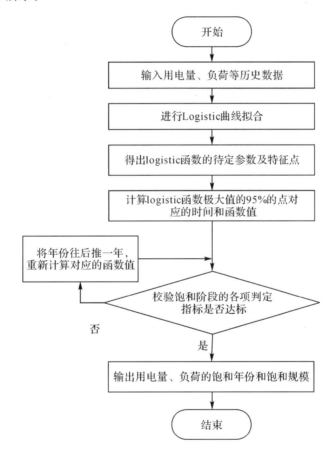

图 1-23　Logistic 法饱和负荷计算流程图

3)预测结果

根据 Logistic 曲线的预测结果,预计浙江省全社会用电量增长率均小于 2% 的年份是 2019 年,全社会最大负荷增长率小于 2% 的年份是 2020 年。

(2)人均电量法

1)人均电量法预测模型

该方法根据城市总体规划和各类专项规划,首先研究与环境、资源相适应的最大人口规模,并参考国外主要发达国家人均电量情况,确定城市的人均饱和用电量,在此基础上计算得出城市饱和负荷的规模,推测城市电力需求进入饱和大致的到达时间。采用人均用电方法进行饱和负荷预测的思路为饱和年份的人口总量与人均饱和用电量相乘,即得该地区的全社会饱和用电量规模,如式(1-16)所示。最大负荷的饱和规模则可根据公式(1-17)求得。

$$Q_s = N_s * Q_a \tag{1-16}$$

$$P_s = Q_s / T_{\max} \tag{1-17}$$

式中,$Q_s$ 为全社会用电量饱和规模,$Q_a$ 为人均用电量饱和规模,$P_s$ 为最大负荷饱和规模,$N_s$ 为人口饱和规模,$T_{\max}$ 为最大负荷利用小时数。

人均电量法的预测准确程度依赖于人均饱和用电量、人口规模以及最大负荷利用小时数的预测精度。其中,最大负荷利用小时数的发展变化规律往往难以准确把握。因此这里对传统的人均电量法进行了改进,通过人均用电负荷的饱和规模和人口饱和规模,得出最大负荷的饱和规模。其负荷预测模型如式(1-18)所示:

$$P_s = N_s * P_a \tag{1-18}$$

式中 $P_a$ 表示人均用电负荷饱和规模,$N_s$ 的定义与式(1-16)相同,为人口饱和规模。

必须强调的是,应用人均用电量作为衡量某个地区或国家的用电负荷饱和特征,需要建立在该地区或国家一定时间内人口规模变化不大、人口流动性不强这一前提下,对于尚在人口高速增长或剧烈变动的地区,该指标的使用需要仔细斟酌。

2)人均电量法预测步骤

人均电量法的饱和负荷预测步骤如下:

**步骤 1　输入历史数据**

输入人均用电量、人均用电负荷、人口等历史数据。

**步骤 2　预测人均用电量、人均用电负荷和人口**

采用 Logistic 模型对人均用电量及人均用电负荷序列进行建模分析,对曲线待定参数进行估计。对于人口的预测可以根据预测地区的人口发展特点采用 Logistic 模型、修正指数模型或其他预测模型进行预测。

**步骤 3　确定饱和负荷时间点和饱和规模**

首先取增长率小于 2% 时对应年份作为进入饱和阶段的时间点;然后取 Logistic 曲线极值的 95% 对应年份作为达到饱和规模的时间点,用对应年份的人口预测值计算全社会用电量和最大负荷的饱和规模。

**步骤 4　输出预测结果**

如果判定指标满足要求,则输出饱和负荷预测结果,否则将年份推后一年,再次计算对应的判定指标,直到各项必要指标都满足要求为止。

3)预测结果

根据人均电量法的预测结果,预计浙江省全社会用电量增长率均小于 2% 的年份是 2023 年,全社会最大负荷增长率小于 2% 的年份是 2024 年。

(3)基于影响因素分析的多维度负荷预测方法

1)多维度法预测模型

影响电力电量饱和负荷的因素很多,包括经济、人口、电价、气候环境以及政策因素等。其中所研究区域的电量、经济、人口的数据相对容易获得,而电价变动的因素由于中国国内电价基本由政府根据当地情况规定,而非市场化的电价,所以电价因素的变动实际的数据难以获得,而且在本文中研究意义不是很大;气候环境以及政策因素的变动往往比较笼统,难以有一个定量的指标来进行分析,且政策的变动会直接性的或者间接性的影响到经济与人口的情况。所以本书中选取比较容易获得且容易进行影响程度评价的经济与人口因素作为主要影响因素与自变量来建立饱和负荷预测的多维度数学模型。在本书电力电量饱和负荷预测中,依据多维度预测的数学模型,我们把电力、电量作为因变量,而人口、经济作为自变量来建立相应的数学模型如下:

$$E_t = f(GDP_t, POP_t) \tag{1-19}$$

$$P_t = g(GDP_t, POP_t) \tag{1-20}$$

其中,$E_t$ 表示所研究区域时间 $t$ 年份对应的用电量;$GDP_t$ 表示所研究区域时间 $t$ 年份对应的生产总值;$POP_t$ 表示所研究区域时间 $t$ 年份对应的人口数量。多维度饱和负荷预测方法的基本思路如图 1-24 所示。

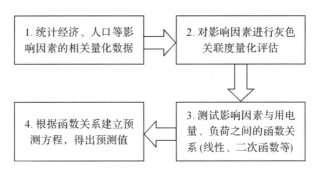

图 1-24　多维度饱和负荷预测基本思路

通过电量对各自变量求偏导,即可求得对应自变量值的灵敏度,$\dfrac{\partial E_t}{\partial GDP_t}$ 可以求得 GDP (经济因素)变动对电量的影响程度及大小,从而对影响程度进行具体量化分析;$\dfrac{\partial E_t}{\partial GDP_t}$ 可以求得人口变动对电量的影响程度及大小,从而对影响程度进行具体量化分析。这样即便用电量达到了饱和,我们依然可以分析经济因素与人口因素变动对饱和电量的影响与冲击大小。当国际金融环境变动对经济造成冲击与变动时,或者一些政策的变动引起所研究区域人口的变动,比如电量饱和时北京出台了相应的政策鼓励更多的人移居到北京去或者鼓励更多的人离开北京到其他地方发展,可以通过这样的建模方法计算评估这些经济因素、人口因素的变动对饱和用电量带来的影响与冲击。

在运用多维度预测方法进行建模分析时,除了选取 GDP 和人口之外,也可以根据某地区的发展定位、产业结构等具体情况以及本书第三章中适应于我国中长期电力需求预测的经济社会发展指标体系的研究情况选取更多的因素进行建模,如人均 GDP、第三产业增加值占 GDP 比重、城镇化率、居民消费水平等影响因素。

在确定模型待定参数时,为提高预测精度,可以对原来的多维度模型进行改进,即采用滚动预测的方法,即首先根据前 8 期的指标实际值 $(L_{n-8}, L_{n-7}, L_{n-6}, L_{n-5}, L_{n-4}, L_{n-3}, L_{n-2}, L_{n-1})_{4 \times 8}$ 来确定模型的参数值,并预测下 4 期的指标值 $(L'_n, L'_{n+1}, L'_{n+2}, L'_{n+3})_{4 \times 4}$;然后根据此 4 期预测值与前 4 期实际值 $(L_{n-4}, L_{n-3}, L_{n-2}, L_{n-1}, L'_n, L'_{n+1}, L'_{n+2}, L'_{n+3})_{4 \times 8}$ 对修正模型的参数值进行修正,根据修正后的参数值预测接下来 4 期的指标值 $(L'_{n+4}, L'_{n+5}, L'_{n+6}, L'_{n+7})_{4 \times 8}$;以此类推,经过多步的滚动优化可最终确定滚动多维度预测模型预测值。

2）多维度法预测步骤

基于影响因素分析的多维度饱和负荷预测步骤如下：

**步骤 1　输入历史数据**

输入用电量、负荷、人口、经济等历史数据。

**步骤 2　预测经济、人口等影响因素**

对 GDP、人口、产业结构、城镇化率、居民消费水平等影响因素的历史数据序列进行建模分析。对于这些影响的预测可以根据预测地区的发展特点采用 Logistic 模型、灰色 GM(1,1)模型或其他模型进行预测。

**步骤 3　进行模型测试**

根据预测地区的实际情况选取合适的影响因素进行多元回归建模分析，测试影响因素与用电量和最高负荷之间的函数关系（线性函数、二次函数、指数函数等），并运用最小二乘法确定待定参数。

**步骤 4　确定饱和负荷时间点和饱和规模**

首先取增长率小于2%时对应的预测值和年份作为进入饱和阶段的规模和时间点；然后取函数极值的95%对应的函数值和年份作为最终饱和规模和达到饱和规模的时间点。

**步骤 5　输出预测结果**

如果判定指标满足要求，则输出饱和负荷预测结果，否则将年份推后一年，再次计算对应的判定指标，直到各项必要指标都满足要求为止。

3）预测结果

根据多维度法的预测结果，在系统可预测的时间范围（2030 年）内，预计浙江省全社会用电量增长率均小于2%的年份是2023年。

## 二、负荷特性预测

结合 2005—2014 年负荷特性指标数据，预测 2023 年浙江电网日负荷率为 0.82～0.85，最小负荷率为 0.61～0.65，日峰谷差率为 0.35～0.39。春、夏、秋、冬各季节的典型日负荷特性如下：春季典型日负荷率为0.83，最小负荷率为0.65，日峰谷差率为0.35；夏季典型日负荷率为0.85，日最小负荷率为0.65，日峰谷差率为0.35；秋季典型日负荷率为0.82，最小负荷率为0.64，日峰谷差率为0.36；冬季典型日最大负荷为7909.1万千瓦，日负荷率为0.82，最小负荷率为0.61，日峰谷差率为0.39。各季节的典型日负荷特性详见表1-26。

**表 1-26　浙江电网负荷特性预测表**

|  |  | 日负荷率 | 最小负荷率 | 日峰谷差率 |
|---|---|---|---|---|
| 2023 年 | 春季 | 0.83 | 0.65 | 0.35 |
|  | 夏季 | 0.85 | 0.65 | 0.35 |
|  | 秋季 | 0.82 | 0.64 | 0.36 |
|  | 冬季 | 0.82 | 0.61 | 0.39 |

2023 年浙江电网春季、夏季、秋季、冬季典型日负荷预测曲线详见图1-25。

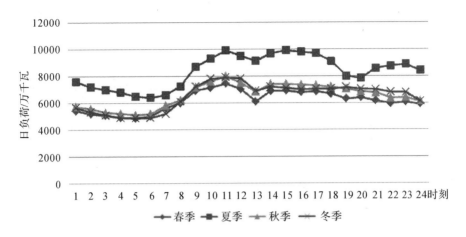

图 1-25　2023 年浙江电网春夏秋冬典型日负荷预测曲线

# 第二章　浙江省电力能源研究

## 第一节　浙江省能源发展现状和特点

### 一、国内外能源发展趋势

#### （一）国内外能源发展趋势

能源是指自然界中能为人类提供某种形式能量的资源。当今世界，能源的作用在社会发展中已无可替代，它是发展工业、农业、科学技术以及提高人民生活水平的重要物质基础，对其开发利用的广度和深度，是衡量一个国家综合国力的主要标志之一。

受世界人口增长、工业化、城镇化等诸多因素拉动，1965 年到 2013 年期间，全球一次能源消费从 53.8 亿吨标准煤增长到 181.9 亿吨标准煤，近 50 年时间增长了 2.4 倍，年均增长 2.6%；年人均能源消费从 2.1 吨标准煤增长到 2.6 吨标准煤，增长了 23.8%，年均增长 0.4%[17]。根据 2014 年版《BP2035 世界能源展望》预测，到 2035 年，世界能源消费总量将增加到 253.5 亿吨[18]。世界能源消费不论其发展速度还是消费总量都已经到了一个令人担忧的程度，一方面，世界能源消费总量的不断增长，另一方面，世界化石燃料资源已十分有限。

值得高兴的是，在全球一次能源消费不断升高的背后，化石能源所占比重正在逐步下降，而水能、核能、风能、太阳能等清洁能源所占比重逐步上升。2014 年全球煤炭消费总量为 55.45 亿吨，增长 0.4%，远低于十年平均水平 2.9%。煤炭占全球一次能源比例降至 30.0%。与此同时，2014 年全球核能发电量折合标准煤 8.20 亿吨，增长 1.8%，水电产出折合标准煤 12.56 亿吨，增长 2.0%，用于发电和交通领域的可再生能源持续增长，在全球能源消费比重中达到创纪录的 3.0%[19]。

中国是世界上最大的发展中国家，同时也是世界上最大的能源消费国、生产国和净进口国，2014 年，我国能源消费总量占全球能源消费的 23%，占世界能源净增长率的 61%，主导着世界能源市场。图 2-1 展示了各国能源消耗占世界能源总消耗的比例。

2014 年，中国能源消费量在 2013 年 41.40 亿吨标准煤的基础上增长 2.6%，增长率创 1998 年以来最低值，增速不到过去十年平均水平 6.6% 的一半。在化石能源中，消费量增长最快的是天然气，增长了 8.6%，其次是石油 3.30%，而煤炭只增长了 0.1%。三种化石燃料增长率都远低于其过去十年的平均水平。非化石燃料中，水电增长最快，涨幅达到 15.7%，水电约占中国发电总量的五分之一（19%）；可再生能源全年增长 15.1%，可再生能源总量占全球总量的 16.7%，而这一数字在十年前还只有 1.2%；核能增长 13.2%，高于过

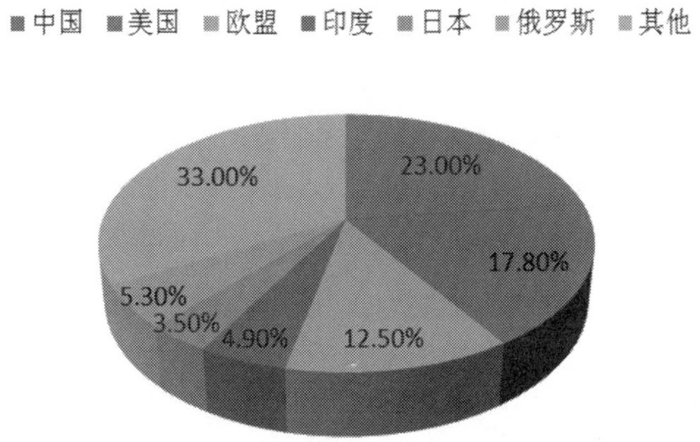

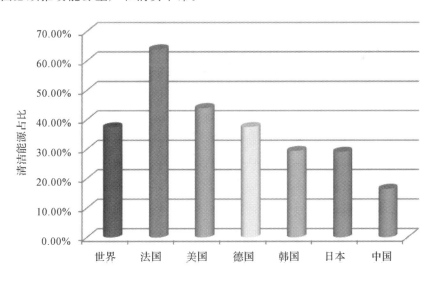

■中国 ■美国 ■欧盟 ■印度 ■日本 ■俄罗斯 ■其他

图 2-1　世界各经济体能源消费占比

去七年平均水平的两倍[19]。

　　这些数字固然令人欣喜,化石能源在中国能源中的比重正在不断下降,而同时清洁能源的比重得到大幅提升,但是也需要清晰地认识到,中国的能源发展与欧美发达国家之间的巨大差距。欧美发达国家已普遍把发展清洁能源和可再生能源确立为国家战略,2014 年核电、天然气、可再生能源(包含水电)合计占比已达到 37％以上,法国的清洁能源比重更是达到了 63％,美国 43％,德国 37％,韩国和日本为 29％,中国为 16％,如图 2-2 所示。在能源变革和调整的关键时期,面对能源供需格局新变化、国际能源发展新趋势,保障国家能源安全,我国必须推动能源生产和消费革命。

图 2-2　2014 年世界及各国清洁能源占比

### (二)电力行业能源消耗趋势

　　能源领域的一个最长期既定趋势是电力行业扮演的角色日益重要。无论是在工业化的发展中国家还是成熟经济体,发电在一次能源消费中的比重都有所提高,成熟经济体的主要增长动力来自服务行业。

2012 年,全球范围内 42％的一次能源用于发电,而 1965 年的比例为 30％。据 2014 版《BP2035 世界能源展望》,到 2035 年,这一比例将升至 46％。2012 年到 2035 年期间,发电燃料将占一次能源消费增长的 57％。而且,电力行业日趋成为所有燃料相互竞争的一个舞台。图 2-3 清楚地显示了全球范围内发电在一次能源消费中所占比例不断上升,相比较而言,经济合作和发展组织国家发电对一次能源的占比略高于非经合组织。

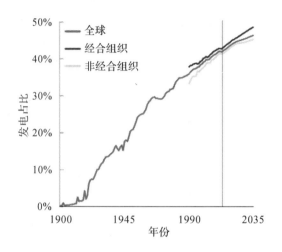

图 2-3　发电在一次能源消费中占比

在全球层面,到 2035 年煤炭仍将是最大的发电燃料,尽管在经合组织煤炭将被天然气超越。提高电煤在煤炭消费中的比例,可提高煤炭利用效率,减少污染排放,根据国际能源署统计,2011 年世界电煤消费比重约为 62.7％,发达国家电煤比重大多在 80％以上。从世界主要国家来看,2011 年美国有 91％的煤炭都用于发电,欧盟这一比例为 76.2％,即使是印度和俄罗斯都高于我国的 53.3％。根据最新数据,2013 年我国电煤比例已达到 55％,预计到 2020 年,中国电煤比例将达到 60％以上[20]。无碳能源(可再生能源、水电和核能)在发电行业的总体比重将从 2012 年的 32％上升至 2035 年的 37％。"超过核能"即纵坐标跨度更大。这个图 2-4 中,横坐标为时间。纵坐标为百分比,各种发电能混合起来 100％到 2028年,可再生能源在纵坐标跨度上大于核能。其在发电中的比重将从现在的 5％上升至 2035年的 13％,如图 2-4 所示。而且在未来的一段时间内,可再生能源在发电中的比重还将继续增加。

欧洲引领着可再生能源在电力行业的应用,特别是欧盟出台了强有力的推动政策;欧盟将继续保持全球最高的可再生能源普及率。如图 2-5 所示,欧洲发电燃料中的可再生能源比重将从 2012 年的 13％增至 2035 年的 32％。

可再生能源成本降低和性能的持续改进,将减少其对政策支持的需求。从 2020 年左右开始,风电在无需补贴的情况下参与竞争的能力日益提高——特别是在高碳价市场。到2030 年,风能将成为所有新建电厂的重要竞争对手,特别是在碳价达到或超过 40 美元/吨的区域。这使可再生能源继续在欧洲得到普及,而且将可再生能源推广到其他区域。如图 2-6所示,在可再生能源总增量方面,欧盟将被中国赶超,而美国也将与欧盟持平。

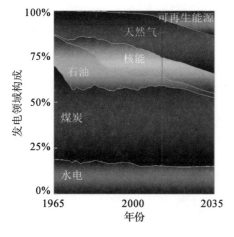
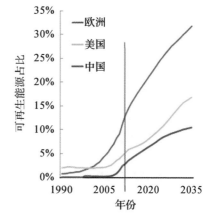

图 2-4　发电消耗的一次能源比例　　　　图 2-5　可再生能源在电力行业中的占比

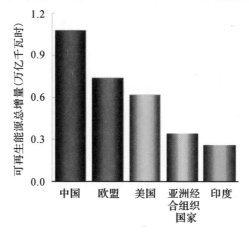

图 2-6　2012—2035 年可再生能源增量

**（三）能源使用造成的碳排放趋势**

根据《BP2035 世界能源展望》，在 2035 内能源使用造成的全球二氧化碳排放将增加 29%，即年均增长 1.1%。限制排放的政策将日趋严格，排放增长速度将放慢，但排放仍远高于科学界建议的路径（国际能源署"450 情景"）。2035 年，全球排放将比 1990 年的水平高出近一倍。图 2-7 中，非经合组织 1990 年水平根据横坐标对应纵坐标为 90 亿吨二氧化碳。因为该图中纵坐标为经合与非经合的总和，所以非经合需放总量减去经合组织。而到 2035 年，非经合相减之后应为 300 亿吨二氧化碳，可以说三倍以上。另外经合组织为下方的曲线，2035 年的量与 1990 年差不多。

数据显示，2013 年全球人类活动碳排放量达 360 亿吨，人均碳排放量达 5 吨。其中，中国是碳排放总量最大的国家，占 29%，为 104.4 亿吨；其次是美国，占 15%；欧洲占 10%，而印度占 7.1%。

随着能源结构逐步去碳化，排放增长速度将低于能源消费的增速。从燃料种类来看，煤炭和天然气在排放增长中各占 38%，石油的比重为 24%。如图 2-8 所示，按人均计算，中国二氧化碳排放量将于 2017 年超过欧盟，在 2033 年超过经合组织平均水平，但在 2035 年仍远低于美国的水平。

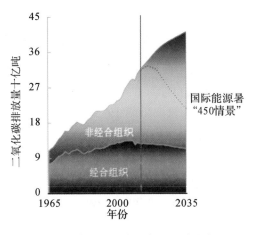

图 2-7　经合组织和非经合组织碳排放量

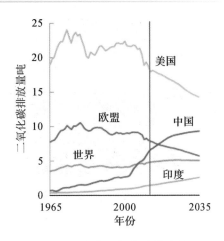

图 2-8　人均二氧化碳排放量

## 二、浙江省能源发展现状及特点

随着经济社会的持续快速发展,我省的能源消费呈现了较快的增长趋势。虽然我省的经济实力在国内名列前茅,但是能源资源储量相对较少,特别是一次常规能源资源匮乏,目前全省的煤炭、石油、天然气等一次能源绝大部分靠省外调入。相对一次常规能源,我省有一定的可再生能源资源,如风能、生物质能、太阳能等。

### (一) 能源资源

#### 1. 化石能源

**煤炭**

浙江省化石燃料消费总量占一次能源比重达 88%,其中煤炭消费占 56.8%(不含外来火电),但是全省的原煤探明储量很少,为 1.68 亿吨,主要集中在浙北煤田,其中长广矿区原煤储量为 1.36 亿吨,长(兴)—吴(兴)矿区为 0.11 亿吨[21]。这些煤矿大部分已开采利用。目前,我省的原煤产量很低,且近年来产量持续下降,煤炭自给率已不到 0.1%。同时,我省的原煤煤质较差,如灰分高、含硫量高。预计未来几年间省内煤炭生产将逐步退出。

**石油和天然气**

浙江省陆域内迄今尚未发现有开采价值的油和天然气资源,油资源和天然气资源全部依靠进口和外省调入。自 20 世纪 80 年代以来,有关单位在距上海东南 500 公里、宁波 350 公里的东海海域的东海西湖凹陷区勘探发现多个油气田和含油气构造,占地面积 2.2 万平方公里,探明的天然气储量达 700 亿立方米以上。根据规划,东海天然气将通过 350 公里海底输气管至宁波上岸后向浙江供气[22]。

#### 2. 水能

浙江省水能资源丰富,水电技术可开发装机容量约 800 万千瓦。其中,小水电(100 千瓦～5 万千瓦)资源理论储量 675.3 万千瓦,技术可开发装机容量 462.5 万千瓦。2013 年,全省水电装机容量 678.3 万千瓦,年发电量 191 亿千瓦时,开发率 85%左右,其中小水电总装机容量近 390 万千瓦,年发电量约 96 亿千瓦时,小水电装机容量占 57.5%。

截至 2014 年,全省共有中大型水库 191 座,其中大型水库 33 座[23],按库容量排名前十的依次为新安江水库、滩坑水库、湖南镇水库、珊溪水库、紧水滩水库、富春江水库、长潭水库、牛头山水库、横锦水库、白水坑水库,这些水库都是集防洪、发电、灌溉于一体的综合性多用途水库。另外,浙江省内水电站数量大约为 2000 个,其中装机容量较大的水电工程有新安江水电站、滩坑水电站、大均水电站、紧水滩水电站、湖南镇水电站、珊溪水电站、富春江水电站等。

### 3. 风能

浙江省属于第 IV 类风资源区,2014 年全省风电平均利用小时数 2196 小时。风能资源主要分布在浙江近海和沿海以及内陆高山区,分布由内陆向海洋递增,离岸较远的海上风能资源最好。陆域可开发利用的风能资源主要分布在浙北和浙中的沿海海岸带及近海岛屿,主体内陆区也有一定数量可开发区域,主要分布在高山山脊,全省陆上 70 米高度年平均风功率密度分布如图 2-9 所示。据推算,全省技术可开发面积 839 平方公里。我省近海海域 70 米高度年平均风速在 6.5~7.5 米/秒,风功率密度普遍大于陆地。我省风功率密度近海 70 米高度年平均风功率密度分布如图 2-10 所示。据推算,我省海岸到近海 20 米等深线内海域风能资源理论储量约 6200 万千瓦,技术开发量约 4100 万千瓦。

海上风电运行环境复杂、技术高,海上风电风机的单机容量大且要求的可靠性高,其控制策略等动态因素复杂,故海上风力机群及同步发电机群间的动态耦合过程更加复杂,进而对电网的稳定性、可靠性和电能质量等带来影响,随着电网的不断建设,浙江电网能够满足本省海上风电的发展目标。

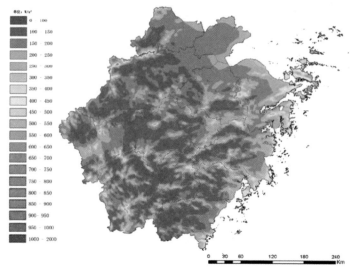

图 2-9 浙江省陆上 70 米高度年平均风功率密度分布图

### 4. 光能

根据我国太阳能分布图,浙江属于第 III 类资源可利用区,多年平均总辐射量在 4220~4950 兆焦/平方米之间,全省平均为 4440 兆焦/平方米;多年平均直接辐射量在 1870~2550 兆焦/平方米之间;多年平均日照数在 1650~2105 小时之间,累年平均日照时数在 6 小时以上的可利用天数在 153~200 天之间。太阳能发电技术分为光热发电和光伏发电两种方式。光热发电是将光能转变为热能后,再通过热力循环做功发电的技术;光伏发电是由光子使电子跃迁形成电位差,直接将光能转变为电能技术。目前,我国形成产业化的太阳能发电以光

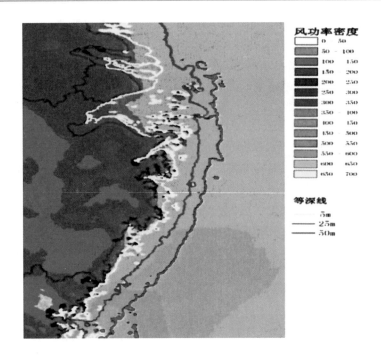

图 2-10　浙江省近海海域 70 米高度年平均风功率密度分布图

伏发电为主。

但是光伏发展依然存在落实难、融资难、并网难等一系列问题,光伏发展形势严峻。截至 2014 年底,浙江省已备案光伏电站累计容量 230 万千瓦,已并网光伏电站累计并网容量 73 万千瓦,其中 90% 以上为分布式。随着电网的不断建设以及政策的不断完善,浙江省电网与政策基本能满足光伏发展要求。

**5．其他新能源**

**生物质能**

浙江省生物质能的技术可开发量约 700 万吨标煤/年。其中,按目前全省农作物年产量计算,秸秆量 700 万吨左右(折标煤约 350 万吨);林业废弃物约 500 万吨(折标煤约 250 万吨);人畜粪便约 580 万吨,可开发沼气 14.5 亿立方米,折标煤约 103.4 万吨。

**潮汐能**

浙江省的潮汐能资源位居全国前列,不仅潮差大,而且港湾众多,电站建坝的地质条件好,还可与围垦和水产养殖等实现综合开发。据 1985 年完成的全国沿海潮汐资源普查资料,浙江省的潮汐能可开发资源量为 880.16 万千瓦,年发电量 264.04 亿千瓦时,分别占全国可开发量的 40.79% 和 42.68%。

**(二)能源消费**

如图 2-11 所示,浙江省的能源消费中化石燃料消费占据绝大部分,2013 年,浙江省共消耗一次能源消费总量共 1.88 亿吨标准煤,比上年增长 4.1%,其中终端能源消费 1.837 亿吨标准煤,增长 3.8%。煤炭、石油及制品、天然气和电力消费量分别为 14591 万吨、2814 万吨、55.5 亿立方米和 3453 亿千瓦时,比上年分别增长 1.5%、2.3%、17.6% 和 7.5%。能源品种消费结构仍以煤炭为主。其中,煤炭占 57%,比上年下降 1.5 个百分点。所有煤炭

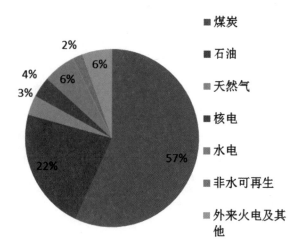

图 2-11　2013 年浙江省能源消费结构

消费中发电与集中供热占用 71.9%,剩余的 28.1% 用于分散锅炉与原料用煤。石油占总能源消费的 22%,比上年下降 0.3 个百分点。天然气占 3%,比上年上升 0.5 个百分点。水电、核电、非水可再生共 12%,比上年下降 0.9 个百分点。外来火电及其他能源品种占 6%,比上年上升 2.2 个百分点。

从产业分布来看,第二产业占据了绝大部分能源消费。如图 2-12 所示,2013 年,三大产业及生活能源消费分别为 409 万、13199 万、3098 万和 2114 万吨标准煤,分别占全社会能耗的 2.2%、70.1%、16.5% 和 11.2%。

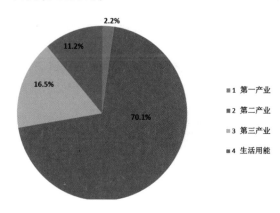

图 2-12　2013 年浙江省能源消费产业分布

2013 年,万元 GDP 能耗 0.53 吨标准煤(2010 价),比上年下降 3.7%。其中,第一、第二和第三产业万元增加值能耗分别为 0.28、0.73 和 0.20 吨标准煤。万元 GDP 电耗 978 千瓦时,比上年下降 0.6%。人均能源消费 3.4 吨标准煤,比上年增长 3.7%。其中,人均生活用能 385 千克标准煤,增长 8.9%。人均用电 6281 千瓦时,增长 7.1%。其中,人均生活用电 800 千瓦时,增长 11.9%。

（三）能源生产

2013 年,全省一次能源生产总量为 1608 万吨标准煤(等价值),比上年下降 6.0%。净调入和进口能源 17020 万吨标准煤,比上年增长 5.1%。一次能源自产率为 3.8%(当量值),比上年下降 0.6 个百分点。

**1. 一次能源**

主要能源品种依靠外部调入。2013 年,浙江省共调入和进口煤炭 14485 万吨,比上年增长 1.1%;原油 2861 万吨,比上年增长 4.7%;天然气 55.5 亿立方米,比上年增长 17.6%。

核电、水电生产较为平稳。至 2013 年底,核电装机容量 440 万千瓦,全年核电发电量 346 亿千瓦时,均与上年基本持平。水电装机容量 678 万千瓦(不含抽水蓄能机组),比上年增长 0.3%,受干旱天气影响,全年水电发电量 163 亿千瓦时,比上年下降 14.9%。

风电和太阳能利用快速增长。至 2013 年底,风电装机容量 44.6 万千瓦,全年风力发电量 9.7 亿千瓦时,比上年分别增长 12.3% 和 24.4%;已并网发电的光伏利用示范项目装机容量 18 万千瓦,比上年增长 1.5 倍。

**2. 二次能源**

至 2013 年底,电力总装机容量 6484 万千瓦,比上年增长 5.1%。6000 千瓦以上发电机组发电量 2885 亿千瓦时,比上年增长 3.8%;供热机组装机容量 628 万千瓦,其中地方热电联产企业装机容量 411 万千瓦,发电量 201 亿千瓦时,集中供热量 3.45 亿吉焦。

2013 年,加工原油 2851 万吨,比上年增长 4.4%。生产各类成品油及石油制品 3225 万吨,增长 10.2%。

至 2013 年底,城镇生活垃圾焚烧发电机组装机容量 56.8 万千瓦,年发电量约 29.8 亿千瓦时,年供热量 470 万吉焦。污泥焚烧发电企业发电机组装机容量 13.3 万千瓦,年污泥焚烧量为 136 万吨,发电量约 7.6 亿千瓦时,年供热量 252 万吉焦[24]。

**(四)终端能源电气化水平**

终端能源是指作为原料、燃料和动力消费的能源,它们的消费过程体现了能源消费的终止,不会再重新作为能源投入使用。

煤炭最清洁的利用方式是转化为电能,风能和太阳能等清洁能源主要的利用途径也是转化为电能。电能具有突出的经济和清洁优势,使得提升电气化水平是终端能源结构发展进化的主要方向。

从全球终端能源比重演变看来,全球终端能源消费中化石能源比重持续下降,电力比重持续上升。这说明随着技术和人类认识的进步和深入,越来越多的煤炭、天然气等化石燃料被转化成电力而被使用,这是人类能源利用的巨大进步。

图 2-13 直观地表示出了各种能源终端占有率的变化趋势。可以看出,2005—2012 年浙江终端能源结构中,煤炭、石油、电力是最主要的能源消费品种。其中,石油在终端能源消费结构中所占比重一直较为稳定,2005—2008 年略有下降,2009 年开始又有所反弹,一直维持在 30% 左右。随着节能减排和产业结构调整不断深化,浙江省高能耗行业发展变缓。煤炭在终端能源消费结构中所占比重逐年下降,2007 年之前煤炭占 30% 以上,是第一大终端能源,到 2008 年、2009 年分别被石油和电力超过,降至第三大终端能源,到 2012 年煤炭在终端能源消费结构中所占比重已降至 24% 左右。电力是终端能源消费结构中最为活跃的因素,每年增加比例都超过 1%,在 2009 年超过煤炭成为第二大终端能源,2011 年又超过石油,成为浙江省第一大终端能源。随着天然气和电力等清洁能源所占比重逐年上升,煤炭等所占比重逐年下降,浙江省终端能源消费结构正处于优化调整之中。同时,浙江省的终端能

源结构演化符合"电能替代化石燃料,化石燃料转化为电能使用"这一国际能源终端能源结构发展的基本规律。

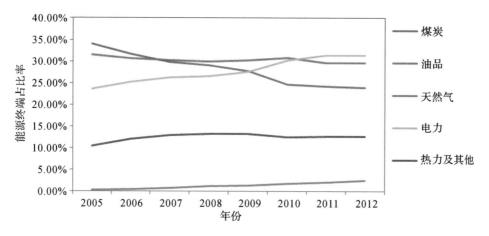

图 2-13 2005—2012 年浙江省各能源的终端消费量及占有率

从表 2-1 中可以看出,与俄罗斯以及印度相比,中国和浙江的电力在终端能源结构中比重更高,煤炭比重更低,说明中国以及浙江在发展中国家中终端能源结构处于相对成熟的水平。2012 年,浙江省煤炭在终端能源中的比重比全国低 8.9 个百分点,石油比重比全国高 4.8 个百分点,电力比重比全国高 10.4 个百分点。可见,浙江省终端能源合理化进程又处于全国前列。

表 2-1 2012 年浙江省以及全国和世界部分国家和地区的终端能源消费结构

| 地区 | 煤炭 | 石油 | 天然气 | 电力 | 热力及其他 |
|---|---|---|---|---|---|
| 全球 | 10.1% | 40.7% | 15.2% | 18.1% | 15.9% |
| 发达国家 | 3.4% | 47.6% | 19.8% | 22.3% | 7.0% |
| 欧盟 | 4.4% | 41.1% | 22.0% | 21.7% | 10.8% |
| 澳大利亚 | 4.2% | 51.7% | 15.6% | 22.7% | 5.9% |
| 法国 | 2.0% | 45.0% | 19.6% | 24.1% | 9.3% |
| 英国 | 1.9% | 40.5% | 33.6% | 21.4% | 2.6% |
| 日本 | 8.7% | 53.1% | 11.3% | 25.7% | 1.3% |
| 美国 | 1.5% | 50.2% | 20.7% | 22.4% | 5.2% |
| 韩国 | 5.8% | 50.7% | 13.8% | 24.9% | 4.9% |
| 中国台湾 | 11.2% | 55.2% | 3.7% | 29.4% | 0.5% |
| 巴西 | 3.5% | 47.2% | 5.7% | 18.1% | 25.5% |
| 印度 | 17.3% | 29.0% | 5.1% | 14.6% | 34.0% |
| 俄罗斯 | 5.7% | 25.4% | 27.8% | 13.8% | 27.4% |
| 中国 | 32.8% | 24.8% | 4.7% | 20.9% | 16.9% |
| 浙江 | 23.9% | 29.6% | 2.5% | 31.3% | 12.6% |

但是与西方发达国家相比,浙江煤炭不经转化直接终端使用的比例依然过高,2012 年分别高于美国 22.4 个百分点,欧盟 19.5 个百分点,高于日本 15.2 个百分点。在电能比重指标上,浙江省基本与发达国家处于同一水平或者有一定超出,在石油比重这一指标上,浙江省虽

高出全国的 5 个百分点,但普遍低于发达国家 10 个百分点以上,其中一个重要原因是浙江与发达国家相比,在人均汽车拥有量上仍有巨大差距,2014 年美国平均 1.3 人就拥有一辆汽车,而国内人均汽车保有量最大的杭州市,仅达 3.5 人拥有一辆车的水平,而汽车燃料是终端石油消耗最重要途径。此外,由于浙江省天然气资源缺乏,天然气在浙江的终端能源消费中只占了 2.48%,甚至低于全国的 4.74%,这在一定程度上提高了电能在终端能源中的占比。

由此分析可见,就体现电气化水平的终端能源结构指标而言,浙江省处于全国前列,也领先主要发展中国家,但是能源结构相对于发达国家仍有一定差距,主要体现在煤炭比重依然过高。

## 三、浙江省能源发展要求

目前,我省正处于经济增速调整期、经济结构转型期,能源需求进入一个难得的平缓期,保供压力有所减轻,我省要抓住这一契机大力发展非化石能源,促进化石能源高效清洁利用,加快推进能源转型,保护生态环境。

### (一)能源总量与能源结构

国务院印发《能源发展行动计划(2014—2020)》,对我国到 2020 年的能源发展做出了明确的发展要求。行动计划中明确指出,我国要提高能源生产能力以保证国家能源安全。与此同时,要严格控制能源消费过快增长,提高能源利用效率,到 2020 年,我国的能源消费总量要控制在 48 亿吨左右。

在能源结构方面,行动计划中指出到 2020 年,全国煤炭消费比重降至 62% 以下,天然气比重提高到 10% 以上,非化石能源比重达到 15% 以上。其中核电装机容量达到 5800 万千瓦,在建 3000 万千瓦以上;水电装机 3.5 亿千瓦左右;太阳能与风能 3 亿千瓦左右[25]。

浙江省在国家能源行动计划的基础上结合省情提出了更加明确的要求。见表 2-2。

表 2-2　浙江省能源结构优化表

| 年份 | 类别 | 总量(亿吨标煤) | 煤炭(亿吨) | 油品(万吨) | 天然气(亿立方米) | 核电(亿千瓦时) | 水电(亿千瓦时) / 外来水电(亿千瓦时) | 非水可再生能源(万吨标煤) | 外来火电及其他(万吨标煤) |
|---|---|---|---|---|---|---|---|---|---|
| 2013 | 实物量 | 1.88 | 1.459 | 2814 | 55.5 | 240 | 380 / 200 | 340 | 1065 |
| | 结构 | 100% | 56.8% | 22.3% | 3.6% | 3.8% | 6.0% / 3.1% | 1.8% | 5.6% |
| 2017 预测 | 实物量 | 2.22 | 1.49 | 2970 | 130 | 580 | 625 / 430 | 535 | 1670 |
| | 结构 | 100% | 48% | 19% | 7% | 8% | 8% / 6% | 2% | 9% |
| 2023 预测 | 实物量 | 2.70 | 1.43 | 3100 | 260 | 1280 | 625 / 430 | 920 | 2350 |
| | 结构 | 100% | 38% | 17% | 12% | 14% | 7% / 5% | 3% | 9% |

(1)控制能源消费总量。到 2017 年,全省一次能源消费总量控制在 2.22 亿吨标准煤左

右；到 2023 年，全省一次能源消费总量控制在 2.7 亿吨标准煤左右，力争早于全国五年出现拐点。

（2）降低煤炭消费比重。到 2017 年，煤炭消费占一次能源的比重控制在 50% 左右（含外来火电 55% 左右），预计比全国平均水平低 12 个百分点，煤炭消费总量基本达到峰值，到 2023 年，煤炭消费比重控制在 40% 左右（含外来火电 50% 以内），预计比全国平均水平低 20 个百分点；散煤利用得到有效控制，煤炭消费集中用于发电和供热，电煤占煤炭消费总量比重提高到 90% 以上。

（3）提高非化石能源占比。到 2017 年，非化石能源占一次能源消费的比重提高到 18% 左右，预计比全国平均水平高 5 个百分点；到 2023 年，进一步提高到 24% 左右，预计比全国平均水平高 7 个百分点。

（4）提高化石能源清洁化利用水平。到 2017 年，优于天然气机组排放标准的清洁煤电装机占煤电装机的比重达到 85% 左右；到 2023 年，清洁煤电装机占煤电装机的比重达到 90% 左右，天然气消费比重从 2013 年的 3.6% 提高到 12%[26]。

**（二）碳排放与碳强度**

《京都议定书》规定的温室气体有：二氧化碳、甲烷、氧化亚氮、氢氟碳化物、全氟碳和六氟化硫。二氧化碳是最主要的温室气体。数据显示，2013 年全球人类活动碳排放量达 360 亿吨，平均每人排放 5 吨二氧化碳。其中，碳排放总量最大的经济体为中国，占 29%，为 104.4 亿吨；其次是美国，占 15%；欧洲占 10%，而印度占 7.1%[27]。1990 年后我国温室气体排放增量占世界增量的 60% 左右，其中 2000—2010 年占世界排放增量的 65% 以上，2006—2010 年占世界排放增量的 90% 以上。控制排放对我国发展模式提出严峻挑战。

在 2014 年的 APEC 会议上，中美联合签署的声明明确了"到 2030 年左右二氧化碳排放量达到峰值"，"非化石能源占一次能源比重提高到 20% 左右"的承诺。体现了我国在减少二氧化碳排放上的决心和信心。浙江省在分析本省能源发展情况的基础上，提出了力争能源领域碳排放较全国提前五年达到峰值。能源领域单位 GDP 碳强度从 2013 年的 1.34 吨/万元减少到 2017 年的 1.0 吨/万元，2023 年更是要控制在 0.9 吨/万元以下。

**（三）大气主要污染物**

2013 年以来，我国约 1/4 国土出现雾霾，受影响人口达 6 亿人[28]，雾霾中的 PM2.5 是加重天气污染的主要原因。大气污染物排放对 PM2.5 有直接影响，汽车尾气排放与燃煤电厂烟气中不仅包括直接排放的 PM2.5 一次颗粒物，二氧化硫、氮氧化物等污染物也是生成二次颗粒物的重要前体物。大气环境保护事关人民群众根本利益，事关经济持续健康发展。国务院在《大气污染防治行动计划》中明确指出到 2017 年，全国地级以上城市可吸入颗粒物浓度比 2012 年下降 10% 以上，京津冀、长三角、珠三角等区域细颗粒物浓度分别下降 25%、20%、15% 左右。在控制 PM2.5 的同时，加强综合治理强度，减少二氧化硫、氮氧化物等多种污染物的排放[29]。浙江省旨在通过五年的努力，全省环境空气质量明显改善，多种污染物排放量显著下降，重污染天气大幅减少；到 2017 年，全省细颗粒物（PM2.5）浓度在 2012 年的基础上下降 20% 以上[30]。

大量的大气污染物（二氧化硫、氮氧化物、粉尘）产生于化石能源（煤炭、石油、天然气）燃烧过程，浙江省主要能源品种的污染物排放如表 2-3 所示，从中可以看出，2012 年我省化石燃料燃烧共产生二氧化硫 542789 吨，氮氧化物 789989 吨，烟尘 198280 吨，其中煤炭燃烧产生二氧化硫为 523642 吨,氮氧化物 546389 吨,烟尘 150649 吨,占总量的比例分别为 96.47％、69.16％、75.98％[26]。

表 2-3 列出了浙江省主要能源品种消费产生的主要污染物。从表中可以看出,煤炭的污染物排放远大于油品与天然气的污染物排放量,这一方面是由于煤炭在一次能源中所占的比例较大,另一方面是由于煤炭中的硫氮含量明显高于其他燃料。

表 2-3　浙江省一次能源产生的主要污染物量

| 能源品种 | 污染物（吨） | 年份 | | | 2017 年比 2012 年下降率 | 2023 年比 2012 年下降率 |
|---|---|---|---|---|---|---|
| | | 2012 | 2017 | 2023 | | |
| 煤炭 | 二氧化硫 | 523642 | 52000 | 40000 | 90.07％ | 92.36％ |
| | 氮氧化物 | 546389 | 106000 | 88000 | 80.60％ | 83.89％ |
| | 烟尘 | 150649 | 15000 | 13000 | 90.04％ | 91.37％ |
| 油品 | 二氧化硫 | 4942 | 1900 | 1900 | 61.55％ | 61.55％ |
| | 氮氧化物 | 216750 | 100000 | 100000 | 53.86％ | 53.86％ |
| | 烟尘 | 43416 | 25000 | 25000 | 42.42％ | 42.42％ |
| 天然气 | 二氧化硫 | 14205 | 17000 | 25000 | −19.68％ | −75.99％ |
| | 氮氧化物 | 26850 | 43000 | 35000 | −60.15％ | −30.35％ |
| | 烟尘 | 4215 | 5500 | 5500 | −30.49％ | −30.49％ |
| 合计 | 二氧化物 | 542789 | 70900 | 66900 | 86.94％ | 87.67％ |
| | 氮氧化物 | 789989 | 249000 | 223000 | 68.48％ | 71.77％ |
| | 烟尘 | 198280 | 45500 | 43500 | 77.05％ | 78.06％ |

从表中还可以看出,2017 年与 2023 年煤炭产生的二氧化硫、氮氧化物以及烟尘都降低了 80％以上。油品产生的污染物也有大幅下降。这主要是由于 2012 年的数据是实际值,而 2017 年的数据是按 GB 13223-2011《火电厂大气污染物排放标准》的燃气机组的排放限制值测算,燃煤热电联产机组按重点区域燃煤电厂的排放限制标准测算,成品油污染物按国 V 标准计算;2023 年除天然气锅炉的排放标准进一步严格到二氧化硫 35mg/m³、氮氧化物 100mg/m³、烟尘 10mg/m³。这也从一个侧面反映了脱硫、脱氮以及除尘技术依然是减少大气污染物排放最有效的途径。

此外,我们还可以看出,由天然气产生的污染物均有不同程度的上升,这是由于当前浙江省天然气使用量较低,随着天然气使用的普及,由天然气产生的污染物会不可避免的增加。但是天然气是清洁能源,其产生的污染物远低于产生同样热值的其他燃料,所以天然气的使用仍有利于减少污染物排放。

# 第二节　浙江省电力能源情况及发展展望

## 一、浙江省电力能源情况

### （一）浙江省电力现状

2014 年底,浙江省总装机容量 7412.45 万千瓦,同比增长 14.3％,净增装机容量928.19 万千瓦。其中:火电装机 5737 万千瓦、占比 77.4％,比全国平均水平（67.4％）高出 10 个百分点(高于韩国的 69.2%、日本的 64.4%);水电装机 993 万千瓦、占比 13.4%,比全国平均水平(22.2%)低 8.8 个百分点(高于韩国的 6.9%、低于日本的 16.7%);核电装机 549 万千瓦、占比 7.4%,比全国平均水平(1.5%)高出 5.9 个百分点(低于韩国的 22.0%、日本的 15.1%);风电装机 73 万千瓦、占 1.0%,光伏发电 59 万千瓦、占 0.8%,因此非水可再生能源装机占比 1.8%,较全国平均水平(9.0%)低 7.2 个百分点(低于韩国的 2.0%、日本的 3.8%)。水、火、核电、新能源结构占比为 13.4∶77.4∶7.4∶1.8。按发电能源种类划分,省内电源装机容量与分布结构见图 2-14。

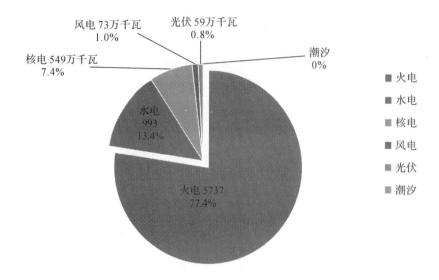

图 2-14　2014 年底浙江省电源装机结构

表 2-4　2014 年浙江省各类发电机组发电量及设备平均利用小时

|  | 发电量(亿千瓦时) | 设备平均利用小时 |
|---|---|---|
| 合计 | 2913.2 | 4095 |
| 常规水电 | 203.3 | 2042 |
| 抽蓄 | 28.1 | 911 |
| 火电 | 2339.8 | 4284 |
| 核电 | 354.25 | 6374 |
| 风电 | 12.8 | 2196 |
| 太阳能 | 2.59 | 727 |
| 潮汐 | 0.1 | 1860 |

如表 2-4 所示,总发电量 2913.2 亿千瓦时,常规水电发电量 203.3 亿千瓦时、设备平均利用小时数 2042 小时,抽蓄发电量 28.1 亿千瓦时,设备平均利用小时数 911 小时,火电发电量 2339.75 亿千瓦时,设备平均利用小时数 4284 小时,核电发电量 354.25 亿千瓦时,设备平均利用小时数 6374 小时,风电发电量 12.8 亿千瓦时,设备平均利用小时数 2196 小时,太阳能发电量 2.59 亿千瓦时,设备平均利用小时数 727 小时,潮汐发电量 0.1 亿千瓦时,利用小时数 1860 小时。图 2-15 为 2014 年浙江省各类发电机组发电量及其占比。

(二)浙江省省外来电情况

2014 年浙江最大省外来电 1503 万千瓦,全年外购电量合计 663.7 亿千瓦时,占全社会

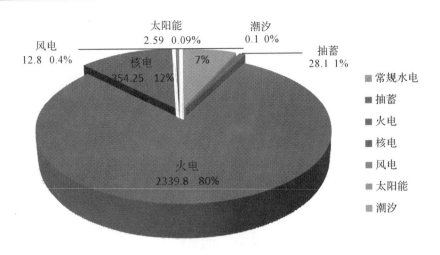

图 2-15　2014 年浙江省各类发电机组发电量及其占比

用电量 19%。浙江规划的省外来电主要包括三峡水电、溪洛渡水电、宁东火电、皖电东送、特高压交流等。三峡水电站是世界上规模最大的水电站,装机容量达到 2240 万千瓦。浙江省分得三峡水电 165 万千瓦,通过省际 500 千伏联络线受入。溪洛渡水电站是国家"西电东送"骨干工程,位于四川和云南交界的金沙江上,是仅次于三峡水电站的中国第二大水电站,装机容量达到 1260 万千瓦。2014 年起,溪洛渡水电按 800 万千瓦扣除网损后参与浙江电网电力平衡。宁东火电群通过灵州—绍兴±800 千伏特高压直流向浙江送电。灵州—浙西±800 千伏特高压直流工程额定输送容量 800 万千瓦。2017 年起,宁东火电按 800 万千瓦扣除网损后参与浙江电网电力平衡;两淮火电通过东、中、西三个 500 千伏交流输电通道向浙江、上海、江苏送电。浙江省分得两淮火电 360 万千瓦,通过省际 500 千伏联络线受入。浙江已建成投产浙北、浙中、浙南 3 个特高压交流变电站,总变电容量达到 1800 万千伏安,特高压交流电网初步形成。2014 年特高压交流电网下送电力按 332 万千瓦参与浙江电网电力平衡。

## 二、浙江省规划期电力能源结构

### (一)浙江省电源装机结构变化

电力能源作为一种决定经济社会发展的重要二次能源,在全社会的能源结构中占据了非常大的比例,很多一次能源都是通过转化为电能传输给消费者。为构建清洁高效的现代能源消费模式,电力能源必须在相关方面做出调整,引领浙江省整个能源结构的调整,控制能源消费总量,提高化石能源清洁高效利用水平,提高非化石能源在整个能源消费中的比例。

根据规划,2015—2017 年期间,浙江净增电源装机 2209 万千瓦,其中抽蓄 150 万千瓦、核电 359 万千瓦、火电 1096 万千瓦、新能源 601 万千瓦。至 2017 年底,境内电源装机容量 9622 万千瓦。其中:常规水电 698 万千瓦,占 7.3%;抽蓄 450 万千瓦,占 4.7%;核电 907 万千瓦,占 9.5%;火电 6842 万千瓦,占 71.1%;新能源 724 万千瓦,占 7.5%。

2018—2023 年期间,浙江净增电源装机 2831 万千瓦,其中抽水蓄能电站 650 万千瓦、核电 1000 万千瓦、煤电 543 万千瓦,减少气电 112 万千瓦。至 2023 年底,我省境内电源装机容量将达 12452 万千瓦,其中:常规水电 698 万千瓦,占 5.6%;抽水蓄能电站 1100 万千瓦,占 8.8%;核电 1907 万千瓦,占 15.3%;火电 7290 万千瓦,占 58.5%;新能源 1457 万千瓦,占 11.7%。2015—2013 年浙江省总装机安排如表 2-5 所示:

表 2-5　2015—2023 年浙江省总装机安排表　　　　单位:万千瓦

| 年份 | 2015 | 2016 | 2017 | 2018 | 2019 | 2020 | 2023 |
|---|---|---|---|---|---|---|---|
| 总装机容量 | 8160 | 8788 | 9622 | 9717 | 10031 | 10570 | 12452 |
| 常规水电 | 698 | 698 | 698 | 698 | 698 | 698 | 698 |
| 抽蓄 | 300 | 375 | 450 | 450 | 450 | 555 | 1100 |
| 火电 | 6209 | 6414 | 6842 | 6829 | 7041 | 7111 | 7290 |
| 其中:煤电 | 4558 | 4738 | 5179 | 5162 | 5482 | 5548 | 5722 |
| 燃油 | 261 | 261 | 243 | 243 | 243 | 243 | 243 |
| 燃气 | 1227 | 1247 | 1247 | 1247 | 1135 | 1135 | 1135 |
| 生物质发电 | 14 | 18 | 22 | 27 | 31 | 36 | 40 |
| 垃圾发电 | 80 | 80 | 80 | 80 | 80 | 80 | 80 |
| 余热余压余气 | 70 | 70 | 70 | 70 | 70 | 70 | 70 |
| 核电 | 657 | 782 | 907 | 907 | 907 | 1157 | 1907 |
| 新能源 | 294 | 518 | 724 | 833 | 935 | 1048 | 1457 |
| 其中:风电 | 102 | 152 | 213 | 246 | 280 | 313 | 416 |
| 光伏 | 192 | 366 | 507 | 581 | 649 | 727 | 1030 |
| 海洋能 | 0 | 0 | 4 | 5 | 6 | 8 | 10 |

至 2023 年浙江省电源装机结构以及火电装机结构分别如图 2-16、图 2-17 所示。

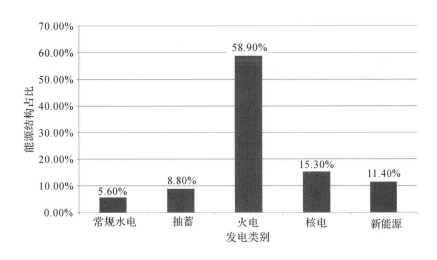

图 2-16　2023 年浙江电源装机结构示意图

根据美国能源信息署(EIA)公布的 2012 年世界各国发电设备容量统计数据,美国、英国火电装机占比分别达到 73.5%、70.7%,与我省规模相近的韩国、日本火电装机占比分别达到 69.2%、64.4%。到 2023 年我省火电机组装机容量占比为 58.5%,将低于韩国、日本的现状水平,接近丹麦的 56.8%,核电、抽蓄装机的占比与发达国家水平相当,能源清洁化水平基本达到国际先进水平。具体比较情况详见表 2-6。

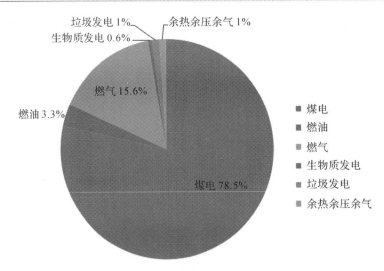

图 2-17    2023 年浙江火电装机结构示意图

表 2-6    浙江与一些国家电源装机结构对比图

|  | 美国 | 加拿大 | 韩国 | 日本 | 英国 | 德国 | 法国 | 挪威 | 丹麦 | 全国 | 浙江<br>2023 年 |
|---|---|---|---|---|---|---|---|---|---|---|---|
| 火电 | 73.5% | 25.7% | 69.2% | 64.4% | 70.7% | 45.7% | 20.3% | 4.3% | 56.8% | 69.7% | 58.5% |
| 水电 | 7.4% | 55.8% | 1.9% | 7.6% | 1.8% | 2.5% | 14.2% | 88.6% | 0.1% | 21.2% | 5.6% |
| 非水电<br>可再生 | 7.4% | 8.3% | 2.0% | 3.8% | 14.7% | 41.2% | 11.2% | 2.9% | 43.1% | 6.2% | 11.7% |
| 核电 | 9.6% | 10.0% | 22.0% | 15.1% | 9.8% | 6.8% | 48.8% | 0.0% | 0.0% | 1.1% | 15.3% |
| 抽蓄 | 2.1% | 0.1% | 5.0% | 9.1% | 2.9% | 3.8% | 5.4% | 4.2% | 0.0% | 1.8% | 8.8% |

　　总体上,作为常规能源相对匮乏的省份,目前浙江的电源装机结构中火电装机比重偏大、可再生能源比重偏小。随着清洁能源示范省的创建,2023 年浙江电源装机结构得到了一定的优化,火电装机比重不断下降,与全国 2020 年规划水平相当(将略低于韩日现状水平);核电、抽蓄装机的占比远超全国平均水平,特别是核电规模预计占全国总量的 20% 左右;风电、光伏等可再生能源低于全国平均水平。

　　(二)电源项目落地概况

　　**1. 可再生能源**

　　2015 年及以后浙江风电规划新增 330 万千瓦,其中海上风电 200 万千瓦、陆上风电 130 万千瓦均已落实到项目,各地风电规划 2020 年建设需求总量为 622 万千瓦以上,超出实施方案的目标。浙江光伏规划建成 1023 万千瓦,其中集中式 281 万千瓦、分布式 742 万千瓦,集中式光伏均已落实到项目,分布式光伏各地收资反馈规划总量 388 万千瓦,低于规划预期。

　　**2. 核电**

　　2015 年及以后规划建设三门核电一至三期、苍南核电、象山核电,其中三门核电一期已核准在建,三门核电二期已取得国家"路条",其他核电机组共 750 万千瓦尚未取得前期工作的许可,占规划目标的 39.2%。

　　**3. 抽蓄电站**

　　2015 年及以后规划建设仙居、长龙山、宁海、缙云及备选 1 座抽蓄电站,其中仙居抽蓄电站已核准在建,长龙山、宁海、缙云抽蓄电站均已取得省能源局前期工作路条。

**4. 煤电机组新建**

根据实施方案,2015 年及以后浙江还将规划建设台州电厂二期、温州电厂四期、乌沙山电厂二期、舟山电厂三期、乐清电厂三期、玉环电厂三期、镇海电厂迁建、台州电厂二期扩建等煤电机组。

**5. 热电联产新建**

根据实施方案,2015 年及以后浙江规划新建燃煤热电联产机组 200 万千瓦、分布式冷热电三联供系统 100 万千瓦,根据各地市公司调研收资,目前掌握各地区规划的热电联产(煤、气)总装机容量为 209.2 万千瓦,另有冷热电三联供系统 4 个、容量 6.53 万千瓦。

**(三)电源结构变化在浙江省能源目标中的贡献**

**1. 电源结构变化对非化石能源比重的影响**

(1)水电:浙江省 2013 年水电消费量为 380 亿千瓦时,占一次能源消费比重为 6.0%。2014 年,浙江省将建成溪洛渡至浙江特高压直流,年输电量 380 亿千瓦时。2014 年后,浙江省年水电消费量将为 623 亿千瓦时,折合 0.184 亿吨标准煤,2017 年、2023 年占一次能源消费量比重分别 8.0%和 7.0%左右。

(2)核电:浙江省 2013 年核电消费量为 240 亿千瓦时,占一次能源消费比重为 3.8%。2017 年前,浙江省将建成三门核电一期 250 万千瓦,合计新增核电 466 万千瓦,年新增电量 340 亿千瓦时,合计 580 亿千瓦时,折合 0.17 亿吨标准煤,占 2017 年一次能源消费量的 8%。2023 年前,浙江省将建成三门核电二、三期 500 万千瓦和苍南核电一期 250 万千瓦、象山金七门核电 250 万千瓦,合计新增核电装机 1000 万千瓦,年新增电量 750 亿千瓦时,合计 1300 亿千瓦时,折合 0.38 亿吨标准煤,占 2023 年一次能源消费量的 14.0%。

(3)非水可再生能源:浙江省 2013 年非水可再生能源消费量为 340 万吨标准煤,占一次能源消费总量的 1.8%。预计 2017 年前,浙江省将新增非水可再生能源消费量 195 万吨标准煤,使全省非水可再生能源消费量达到 535 万吨标准煤,占 2017 年一次能源消费量的 2.0%左右。2023 年前,浙江省将再新增非水可再生能源消费量 385 万吨标准煤,使全省非水可再生能源消费量达到 920 万吨标准煤,占 2023 年一次能源消费量的 3.0%左右。

(4)综上,预计 2017 年浙江省非化石能源占一次能源消费总量的比重将达 18.0%,比 2013 年增加了 55.2%,比全国平均水平高 5 个百分点;预计 2023 年比重将达 24.0%,比 2013 年增加了 106.9%,预计比全国平均水平高 7 个百分点。具体情况如表 2-7 所示。

**表 2-7 浙江省非化石能源比重及其增加百分比**

| 年份 | 2013 | 2017 | | 2023 | |
|---|---|---|---|---|---|
| 种类 | 占一次能源消费比 | 占该年一次能源消费比 | 比 2013 年比重增加百分比 | 占一次能源消费比 | 比 2013 年比重增加百分比 |
| 水电 | 6.0% | 8.0% | 33.3% | 7.0% | 16.7% |
| 核电 | 3.8% | 8.0% | 110.5% | 14.0% | 268.4% |
| 非水可再生能源 | 1.8% | 2.0% | 11.1% | 3.0% | 66.7% |
| 总计 | 11.6% | 18.0% | 55.2% | 24.0% | 106.9% |

注:非化石能源比重是非化石能源(含核电、可再生能源)消费量与一次能源消费总量之比,可集中反映非化石能源发展总体水平。计算方法:非化石能源比重=非化石能源消费量/一次能源消费量×100%。

**2. 电源结构变化对碳排放和污染物排放的影响**

从第一节中我们可以了解到,汽车尾气、燃煤电厂烟气以及其他一些化石燃料燃烧产生的污染物排放对 PM2.5 有直接或间接的影响。图 2-18 为浙江省 PM2.5 成分分布图,从图

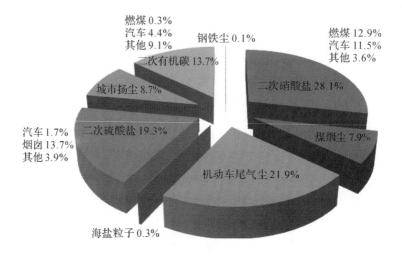

图 2-18　浙江省 PM2.5 成分布局图

中可以看出燃煤产生的污染物占 PM2.5 的 21.06%,而我国电煤比例为 55% 左右,若单位电煤与其他燃煤产生的污染物相同,则电煤产生的污染物占煤炭燃烧产生污染物的一半以上,占总 PM2.5 的 11.58%。图中也可以看出,对 PM2.5 影响最大的为机动车排放的尾气,占 37.78%。根据浙江省大气污染防治行动计划要求大力发展清洁交通,使用纯电动等新能源汽车来控制机动车尾气排放。这意味着对电源发电量和电源结构的要求进一步提高。

因此,改变电源结构进而实现"碳排放"和大气污染物排放的有效控制,对于减少 PM2.5减轻弥漫在空气中的雾霾,维持经济发展的可持续与人民生活水平不断提升,有极其重要的经济与社会意义。

这里定义新能源机组发电减少的污染物(碳排放)量如下:

$$Q = \lambda \times \Delta P \qquad (2-1)$$

其中:$Q$ 为新能源机组发电减少的污染物(碳排放)量,$\Delta P$ 为该年比 2014 年新增发电量,$\lambda$ 为燃煤产生的污染物排放因子。燃煤二氧化碳排放因子为 2.4567 吨二氧化碳/吨标煤;燃煤二氧化硫排放因子为 0.0165 吨二氧化硫/吨标煤;燃煤氮氧化物排放因子为0.0156吨氮氧化物/吨标煤;燃煤烟尘排放因子为 0.0096 吨烟尘/吨标煤。

到 2017 年、2023 年通过增加新能源机组发电而减少的碳排放及大气污染物排放量如表 2-8 所示:

表 2-8　浙江省新能源机组发电减少的碳排放及大气污染物

| 污染物 | 水电 | | 核电 | | 风电 | | 光电 | |
|---|---|---|---|---|---|---|---|---|
| | 2017 年 | 2023 年 | 2017 年 | 2023 年 | 2017 年 | 2023 年 | 2017 年 | 2023 年 |
| 新增发电量(亿千瓦时) | 40.1 | 208.1 | 293.4 | 1113.0 | 30.8 | 75.5 | 35.1 | 76.0 |
| 二氧化碳减少量(万吨) | 33.39 | 173.30 | 244.34 | 926.88 | 25.65 | 62.87 | 29.23 | 63.29 |

| 污染物 | 水电 | | 核电 | | 风电 | | 光电 | |
|---|---|---|---|---|---|---|---|---|
| | 2017 年 | 2023 年 | 2017 年 | 2023 年 | 2017 年 | 2023 年 | 2017 年 | 2023 年 |
| 二氧化硫减少量(万吨) | 0.22 | 1.16 | 1.64 | 6.23 | 0.17 | 0.42 | 0.20 | 0.43 |
| 氮氧化物减少量(万吨) | 0.21 | 1.10 | 1.55 | 5.89 | 0.16 | 0.40 | 0.19 | 0.40 |
| 烟尘减少量(万吨) | 0.13 | 0.68 | 0.95 | 3.62 | 0.10 | 0.25 | 0.11 | 0.25 |
| 合计(万吨) | 33.96 | 176.24 | 248.48 | 942.62 | 26.08 | 63.94 | 29.73 | 64.37 |

### 三、浙江省新能源发展及目标

#### (一)浙江省新能源发展规模与分布

**1. 风电发展**

目前,浙江尚无海上风电项目投产,陆上风电主要分布于中东部地区,靠近负荷中心,各地区风电场分布见图 2-19 所示。除温州地区的试验风电机组外,已投运的陆上风电场单场装机容量在 1.09 万千瓦至 5.85 万千瓦不等,各风电场均以 35 千伏、110 千伏电压等级接入电网。2014 年,浙江陆上风电发电量 12.88 亿千瓦时,未发生限电、弃风现象,年发电平均利用小时数达到 2196 小时,较全国风电平均利用小时数高 300 小时左右。

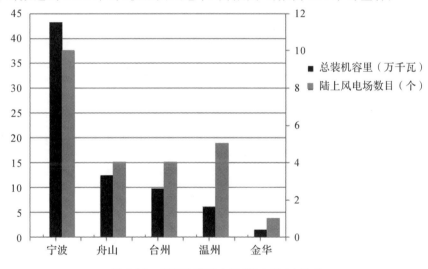

图 2-19　浙江已建风电场(陆上风电)分布

**2. 光伏发电发展**

浙江省已投产光伏发电容量 59.56 万千瓦,其中分布式光伏发电容量 56.42 万千瓦,集中式光伏电站装机容量 3.14 万千瓦。浙江省各地市光伏发电装机情况如图 2-20 所示。

浙江省已投产的 35 千伏及以上集中式光伏电站 2 座,年平均利用小时数 1221 小时。截至 2014 年底,我省已投产的分布式光伏发电容量 56.42 万千瓦,光伏发电量 2.79 亿千瓦时,上网电量 6052 万千瓦时,年平均利用小时数 840 小时。浙江省分电压等级的分布式光伏容量占比如图 2-21 所示。

**3. 生物质能**

目前,我省生物质发电总容量有 79.79 万千瓦。其中,沼气发电约占 61%,垃圾焚烧发电约占 28%,还有少量的农林生物质发电。浙江省各地市生物质发电容量统计如图 2-22 所示。

目前浙江省光伏发电装机情况（万千瓦）

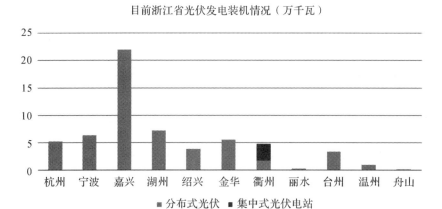

图 2-20　浙江省各地市光伏发电分布

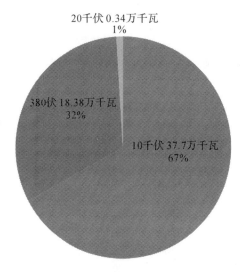

图 2-21　浙江省各电压等级接入的分布式光伏容量

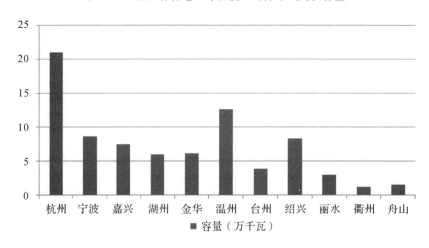

图 2-22　浙江省各地市生物质发电容量统计

**4. 潮汐发电发展计划**

浙江省的潮汐发电工程尚处在成规模建设的前期试验阶段。我省仅有一座潮汐发电厂,即为温岭江厦潮汐试验电站,发电容量为 0.4243 万千瓦。每年发电量 725.52 万千瓦时。

**(二)浙江省新能源发电规划项目安排**

《浙江省创建国家清洁能源示范省实施方案》要求,构建清洁安全的现代能源供给体系。加快推进水能、风能、太阳能、生物质能、海洋能、地热能等可再生能源规模化发展,重点推进分布式光伏发电发展和海上风电示范工程建设,加强潮汐能、潮流能、洋流能等的研究开发。2017 年前,全省风电装机达到 200 万千瓦,光伏装机达到 500 万千瓦,生物质(垃圾)发电装机达到 100 万千瓦,建成 2 个以上潮流能、波浪能示范项目,全省可再生能源装机占电力装机比重达 20% 以上。2023 年前,全省风电装机达到 400 万千瓦(其中海上风电 200 万千瓦),光伏装机达到 1000 万千瓦,生物质(垃圾)发电装机达到 120 万千瓦,海洋能发电达到 10 万千瓦以上,全省可再生能源装机占电力装机比重达 25% 以上。见表 2-9。

**表 2-9 浙江省新能源规模发展目标**

| 规划指标 | 2017 年 | 2023 年 |
|---|---|---|
| 风电累计装机(万千瓦) | 200 | 400 |
| 光伏累计装机(万千瓦) | 500 | 1000 |
| 生物质(垃圾)发电累计装机(万千瓦) | 100 | 120 |
| 海洋能发电累计装机(万千瓦) | — | 10 |
| 可再生能源装机占电力装机比重(%) | 20 | 25 |

**1. 风电规划项目安排**

根据我省创建国家清洁能源示范省的创建目标,综合考虑我省风能资源储量分布、技术开发条件以及风电场开发布局和时序,提出各规划年限的项目规模安排:2015—2017 年,规划建设风电项目 33 项,装机容量 139.99 万千瓦。其中陆上风电 32 项,装机容量 129.99 万千瓦;海上风电 1 项,装机容量 10 万千瓦。2018—2023 年,规划建设风电项目,全部为海上风电,装机容量 190 万千瓦。风电项目建设规模见表 2-10。

**表 2-10 浙江省新能源发电建设规模安排**

| 新能源发电 | | 2015—2017 年建设规模(万千瓦) | 2018—2023 年建设规模(万千瓦) |
|---|---|---|---|
| 风电 | 陆上风电 | 129.99 | 0 |
| | 海上风电 | 10 | 190 |
| | 合计 | 139.99 | 190 |
| 光伏 | 集中式光伏电站 | 172 | 66 |
| | 分布式光伏发电 | 276 | 450 |
| | 合计 | 448 | 516 |
| 生物质能发电 | | 35.43 | 5.25 |
| 潮汐发电 | | 0.34 | 47.75 |

2015—2017 年,我省风电建设以陆上风电为主,主要集中在台州、丽水、湖州、金华等地区;海上风电建设集中在普陀 6♯工程,实现建成容量 10 万千瓦。2018—2023 年间,我省陆上风电将保持有序稳健增长,陆上风电项目建设主要集中在宁波、金华、衢州等地区;海上风

电在 2017 年后将迎来高速发展,主要集中在杭州湾海域基地。

至 2017 年,实现风电累计装机容量达 213 万千瓦,其中陆上风电 203 万千瓦,海上风电 10 万千瓦;至 2023 年,风电累计装机容量达 403 万千瓦,其中陆上风电 203 万千瓦,海上风电 200 万千瓦。

**2. 光伏规划项目安排**

根据我省创建国家清洁能源示范省的目标,综合考虑我省太阳能资源分布、土地资源以及浙江太阳能发展"十三五"规划,提出各规划年限的项目规模安排:2015—2017 年,规划建设光伏装机容量 448 万千瓦,其中分布式 276 万千瓦,集中式 172 万千瓦。2018—2023 年,规划建设光伏装机容量 516 万千瓦,其中分布式 450 万千瓦,集中式 66 万千瓦。光伏项目建设规模见表 2-10。届时风电、光伏发电装机占全省装机容量 11%,发电量占全社会用电量 3.2%,低于德国 2012 年装机占比 35.6%、发电量占比 13.0%。

**3. 生物质能及潮汐能发电规划项目安排**

2015—2017 年,规划建设生物质能发电装机容量 35.43 万千瓦,潮汐发电装机规模 0.34 万千瓦。2018—2023 年,规划建设生物质能发电装机容量 5.25 万千瓦,潮汐发电装机规模 47.75 万千瓦。

# 第三节　适应新能源发展的电网研究

## 一、新能源接入的影响及对策

### (一)新能源接入对电网的影响

新能源的间歇性与随机性,以及各种各样电力电子设备的接入,对电力系统调峰、电能质量、供电可靠性、继电保护、短路电流等各方面都产生了不可避免的影响。

**1. 电网调峰的影响**

风力、太阳能电源大多具有出力间歇性的特点,其出力随风速和太阳辐射强度变化,具有极大的随机性。为了保证用户的持续电能供应,电网运行需要留有充足的备用容量,适应新能源发电的随机出力波动。

风电具有一定的反调峰特性,即负荷高峰时可再生能源发电出力较低,负荷低谷时出力较高。随着风电接入电网规模的逐步扩大,电力系统负荷特性将发生一定改变,负荷峰谷差将进一步加大,将逐步占用常规能源的调峰能力,直接影响低谷调峰平衡时燃煤机组调峰深度,降低燃煤机组调峰运行的经济性,削弱电网的调峰裕度。

**2. 电源发电空间影响**

2011 年以来,我省用电需求增速变缓,而装机容量增速快于负荷增速,统调燃煤机组平均发电利用小时数大幅下降。风电、光伏发电等新能源发电的大量发展将进一步压缩电源企业的发电空间。预计 2023 年,风电、光伏发电 176 亿千瓦时,影响煤电利用小时数为 340 小时。

**3. 电能质量的影响**

(1)电压分布及波动

传统的单向辐射型网络中,潮流由源节点流向负荷节点,电压沿潮流流向逐渐下降。光伏、风电等新电源接入配网后,配电系统从放射状结构变为多电源结构,会引起潮流大小和方向发生改变。不同类型、容量的分布式电源分散在不同位置,电网运行中会出现靠近分布式电源的地方电压幅值有所升高,甚至超过电压要求上限的情况。另外新能源出力受到气象影响大,出力随机性大,使电压波动变大,容易出现闪变。

（2）谐波

新型的变速风力发电机组中装设有大容量的电力电子设备,在向电网送出有功功率的同时,必然会向电网注入一定量的谐波。机组的输出功率大小决定谐波电流的大小,在正常运行状态下,变流器装置的结构设计及其安装的滤波系统状况决定谐波干扰的程度。

光伏并网发电系统通过逆变器并网时,高频过流保护会使逆变器开关速度延缓,导致输出产生谐波;在太阳光急剧变化、输出功率过低、变化过于剧烈的情况下,产生谐波会很大。随着光伏发电在配电网系统的渗透率的增加,多个谐波源叠加造成的谐波含量会严重影响电能质量,不仅如此,多个谐振源还有可能在系统内激发高次谐波的功率谐振,使并网点的谐波分量有可能接近或超过相关规定。

（3）三相不平衡度

电压的不平衡度是电能质量的重要评价标准。配电网中大量单相分布式电源的无序接入会增加电压的三相不平衡度。

**4. 供电可靠性的影响**

分布式电源对配电网可靠性影响具有双重特性。分布式电源的接入相当于增加了系统备用电源的数量与容量,一定程度上提高了系统的可靠性。当分布式电源的渗透率提高至一定程度后,系统的部分负荷必将由分布式电源承担,此时配电网上级降压变电站的容量可以小于系统总负荷。在这种情况下,由于风电机组光伏阵列等可再生分布式电源出力的波动性及其自身可靠性等原因,分布式电源的出力不足或退出运行可能会导致系统缺电,进而影响系统的可靠性。

**5. 继电保护的影响**

配电网目前广泛应用的是三段式电流保护。当分布式电源接入配电网后,放射状的配电结构变成多电源结构。当高渗透率分布式电源对配电网故障电流的大小、方向以及持续时间将造成影响时,分布式电源本身的故障行为也会对系统运行和保护产生影响。原有的保护方式将发生较大的转变,需要在实践中不断摸索和完善。

**6. 短路电流的影响**

配电系统中,短路保护一般采用过流保护加熔断保护。一般认为在配电侧发生短路时,分布式电源对短路电流贡献不大。例如,光伏配网稳态短路电流一般比额定输出电流大10%～20%。短路瞬间的峰值电流和光伏逆变器自身的储能元件和输出控制性能有关,另外,光伏逆变器一般也配置了低电压保护和过电流输出保护。

**（二）新能源接入电网规范**

国家、电力行业以及国家电网公司提出了一系列规范新能源接入的标准,从而降低新能源接入对电网的影响,保证电网安全稳定经济运行,提高电源质量[31]。

**1. 风电场接入规范**

（1）有功功率

风电场具有有功功率调节能力,并能根据电网调度部门指令控制其有功功率输出。为了实现对风电场有功功率的控制,风电场需安装有功功率控制系统,能够接收并自动执行调度部门往远方发送的有功出力控制信号,确保风电场最大输出功率及功率变化率不超过电网调度部门的给定值。

风电场应限制输出功率的变化率。最大功率变化率包括 1 分钟功率变化率和 10 分钟功率变化率。在风电场并网以及风速增长过程中,风电场功率变化率应当满足此要求。这也适用于风电场的正常停机,但可以接受因风速降低(或超出最大风速)而引起的超出最大变化率的情况。

在电网紧急情况下,风电场应根据电网调度部门的指令来控制其输出的有功功率,并保证风电场有功控制系统的快速性和可靠性。

(2)无功功率

风电场应具备协调控制机组和无功补偿装置的能力,能够自动快速调整无功总功率。风电场的无功电源包括风电机组和风电场的无功补偿装置。首先充分利用风电机组的无功容量及其调节能力,仅靠风电机组的无功容量是不能满足系统电压调节需要的,需在风电场集中加装无功补偿装置。需风电场无功补偿装置能够实现动态的连续调节以控制并网点电压,其调节速度应能满足电网电压调节的要求。

风电场在任何运行方式下,应保证其无功功率有一定的调节容量,该容量为风电场额定运行时功率因数 0.98(超前)～0.98(滞后)所确定的无功功率容量范围,风电场的无功功率能实现动态连续调节,保证风电场具有在系统事故情况下能够调节并网点电压恢复至正常水平的足够无功容量。

(3)风电场电压范围

当风电场并网点的电压偏差在−10%～+10%之间时,风电场内的风电机组应能正常运行。当风电场并网点电压偏差超过+10%时,风电场的运行状态由风电场所选用风电机组的性能确定。

风电场应配置无功电压控制系统,根据电网调度部门指令控制并网点电压。在其容量范围内,控制风电场并网点电压在额定电压的−3%～+7%。

(4)低压穿越

图 2-23 为对风电场的低电压穿越要求。风电场并网点电压在图中电压轮廓线及以上的区域内时,场内风电机组必须保证不间断并网运行;并网点电压在图中电压轮廓线以下时,场内风电机组允许从电网切出。

对故障期间没有切出电网的风电场,其有功功率在故障切除后快速恢复,以至少 10% 额定功率/秒的功率变化率恢复至故障前的值。

(5)风电场运行频率[32]

风电场可以在表 2-11 所示电网频率偏离下运行。

表 2-11  风电场频率异常允许运行时间

| 电网频率范围 | 要求 |
| --- | --- |
| 低于 48 | 根据风电场内风电机组允许运行的最低频率而定 |
| 48～49.5Hz | 频率低于 49.5Hz 时,要求至少能运行 10min |
| 49.5～50.5Hz | 连续运行 |

续表

| 电网频率范围 | 要求 |
| --- | --- |
| 50.5～51Hz | 频率高于50.5Hz时,要求至少能运行2min;并且当频率高于50.5Hz时,风电场须执行电网调度部门下达的高周切机策略,不允许停止状态的风电机组并网 |
| 高于51Hz | 根据电网调度部门的指令限功率运行 |

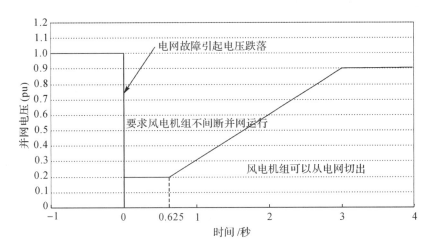

图 2-23　风电场低电压穿越要求的规定

（6）电能质量

风电场电能质量要符合相关电能质量文件,包括电压偏差、电压变动、闪变、谐波等,如果风电场供电区域内存在对电能质量有特殊要求的重要用户,可提高对风电场电能质量的相关要求。

（7）其他

除上诉要求外,风电场并网还要求风电场开发商提供风电机组、电力汇集系统及风电机组/风电场控制系统可用于系统仿真计算的模型及参数;二次设备及系统应符合电力二次部分技术规范、电力二次部分安全防护要求及相关设计规程;并在接入电网前接受拥有相关资质的部门检测。

**2. 光伏电站接入规范**

综合考虑不同电压等级电网的输配电容量、电能质量等技术要求,根据光伏电站接入电网的电压等级,可分为小型、中型或大型光伏电站。小型光伏电站——接入电压等级为0.4千伏低压电网的光伏电站。中型光伏电站——接入电压等级为10～35千伏电网的光伏电站。大型光伏电站——接入电压等级为66千伏及以上电网的光伏电站。小型光伏电站的装机容量一般不超过200千峰瓦。根据是否允许通过公共连接点向公用电网送电,可分为可逆和不可逆的接入方式。

（1）电能质量

光伏电站向当地交流负载提供电能和向电网发送电能的质量,在谐波、电压偏差、电压不平衡度、直流分量、电压波动和闪变等方面应满足国家相关标准。光伏电站应该在并网点装设满足IEC 61000-4-30《电磁兼容（EMC）试验和测量技术——电能质量测量方法》标准要求的 A 类电能质量在线检测装置。对于大型或中型光伏电站,电能质量数据应能够远程传送到电网企业,保证电网企业对电能质量的监控。对于小型光伏电站,电能质量数据应具备一年及以上的存储能力,必要时供电网企业调用。

(2)功率控制和电压调节

大型和中型光伏电站应具有有功功率调节能力,并能根据电网调度部分指令控制其有功功率输出。为了实现对光伏电站有功功率的控制,光伏电站需要安装有功功率控制系统,能够接收并自动执行电网调度部门远方发送的有功出力控制信号,根据电网频率值、电网调度部门指令等信号自动调节电站的有功功率输出,确保光伏电站最大输出功率及功率变化率不超过电网调度部门的给定值,以便在电网故障和特殊运行方式时保证电力系统稳定性。大型和中型光伏电站应具有限制输出功率变化率的能力,但可以接受因太阳光辐照度快速减少引起的光伏电站输出功率下降速度超过最大变化率的情况。

大型和中型光伏电站的功率因数应能够在 0.98(超前)～0.98(滞后)范围内连续可调,有特殊要求时,可以与电网企业协商确定。在其无功输出范围内,大型和中型光伏电站应具备根据并网点电压水平调节无功输出,参与电网电压调节的能力,其调节方式、参考电压、电压调差率等参数应可由电网调度机构远程设定。小型光伏电站输出有功功率大于其额定功率的 50% 时,功率因数应不小于 0.98(超前或滞后),输出有功功率在 20%～50% 之间时,功率因数应不小于 0.95(超前或滞后)。

(3)电网异常时相应特性

对于小型光伏电站,当并网点处电压超出规定的电压范围时,应停止向电网线路送电。大型和中型光伏电站应具备一定的耐受电压异常的能力,避免在电网电压异常时脱离,引起电网电源的损失。当并网点电压在图 2-24 中电压轮廓线及以上的区域内时,光伏电站必须保证不间断并网运行;并网点电压在图 2-24 中电压轮廓线以下时,允许光伏电站停止向电

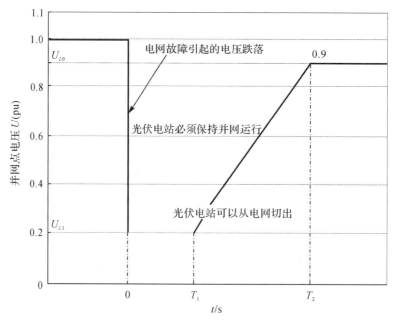

图 2-24  大中型光伏电站低压穿越能力要求

网线路送电。

对于小型光伏电站,当并网点频率超过 $49.5\sim50.2\,\mathrm{Hz}$ 范围时,应在 $0.2\mathrm{s}$ 内停止向电网线路送电。如果在指定的时间内频率恢复到正常的电网持续运行状态,则无需停止送电。大型和中型光伏电站应具备一定的耐受系统频率异常的能力。

(4)其他

光伏电站或电网异常、故障时,为保证设备和人身安全,应具有相应继电保护功能,保证电网和光伏设备的安全运行,确保维修人员和公众人身安全。光伏电站的保护应符合可靠性、选择性、灵敏性和速动性的要求。光伏电站必须在逆变器输出汇总点设置易于操作、可闭锁且具有明显断开点的并网总断路器,以确保电力设施检修维护人员的人身安全。

此外,对于防雷、接地、抗干扰等通用技术条件、电能计量、通信与信号以及系统测试方面也有要求,具体可见 Q1GDW 617—2011《国家电网公司光伏电站接入电网技术规定》。

## 二、适应风电接入的电网研究

### (一)风电系统概述

#### 1. 风机分类

风力发电机组由以下几个方面组成:风力机叶片、传动齿轮、轴承、发电机、变流器及其控制系统、风电机组中央控制系统。从电力系统建模角度而言,发电机、变流器及其控制系统为核心部分。

风力发电就是将风能转化为机械能进而转化为电能的过程。风力机作为风力发电系统的关键部件之一,作用是将风能转化为机械能,关系着整个风力发电系统的效率和性能,其结构上主要有水平轴和垂直轴两种结构形式,前者是当前最常见和最成熟的设计方案。实现风能采集与变换的风力机功率调节是风力发电系统的关键技术之一,目前投入运行的风力机主要有定桨距失速控制和变桨距控制两种调节方式。发电机及其控制系统是风力发电系统的另一个核心部分,它负责将机械能转换为电能,决定着整个发电系统的性能、效率和输出电能质量。它们的配置关系和拓扑结构如图 2-25 所示,根据不同标准可进行以下分类:

按照发电机运行特征,可以分为恒速恒频和变速恒频风电系统两大类,其中变速恒频风电系统按照所采用电力电子功率变换器相对于发电机功率等级的大小,还可进一步分为全功率电力电子变换器系统和部分功率电力电子变换器系统两类。在变速恒频风电系统中,若按照风力机与发电机之间机械传统系统不同,又可分为变速齿轮箱系统和无齿轮箱直驱系统,其中传统变速齿轮箱系统包括多级变速齿轮箱和一台高速发电机。目前也有单级变速齿轮箱和一台较低速发电机构成的所谓"半直驱"系统。

国内风力发电机主要包括永磁直驱风机和双馈式风机两种。相较于双馈式电机,永磁直驱风机更能适应低风速,且能耗较少、后续维护成本低。我国低风速的三类风区占到全部风能资源的 $50\%$ 左右,更适合使用永磁直驱式风电机组。综合来看,永磁直驱风机将是我国风力发电机未来发展趋势之一。

#### 2. 风机及其控制原理

(1)机械功率

风机桨叶是将风能转化为机械能的关键元件,其主要作用是捕获风能。在研究风机并

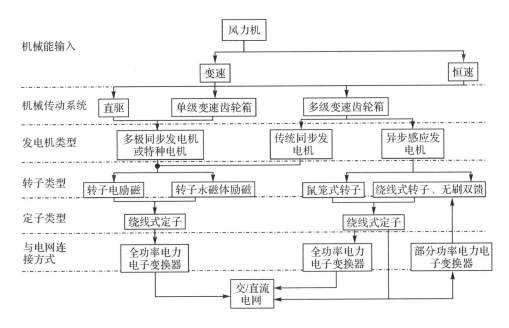

图 2-25　风力发电系统的分类示意图

网对电力系统运行特性影响时,电力系统几乎所有文献都忽略风的气动特性而认为动态风从一个平衡点到另一个平衡点是不需要时间的。风能转化为机械能的功率(即风机的输入功率)由桨距角和风速决定,其大小为

$$P_M = 0.5\rho_{AIR}V^3\pi R^2 C_p(\lambda,\theta) \tag{2-2}$$

其中,$\theta$ 是桨叶的桨距角;$V$ 是风速;$\omega_M$ 是风机的角速度;$R$ 是风轮的半径;$C_P(\lambda,\theta)$ 是厂家提供的一个静态功率系数,它反映风机的固有特性,一般利用表格形式给出;$\lambda$ 为叶尖速比,其定义为:

$$\lambda = \frac{\omega_M R}{V} \tag{2-3}$$

由式(2-2)可以发现,对于一定的风速,调节风机的受力可以从两个方面入手:一是调节叶尖速比 $\lambda$(即风轮的角速度 $\omega_M$);二是调节桨距角 $\theta$。这两种调节方式的本质都是调节功率系数的值,因此在风机建模中,功率系数的模型至关重要。

(2) 功率系数

由式(2-2)可知,风机的输入功率为 $P_M = 0.5\rho_{AIR}V^3\pi R^2 C_p(\lambda,\theta)$,则

$$P_M = 0.5\rho_{AIR}V^3\pi R^2 C_p(\lambda,\theta) = 0.5\rho_{AIR}\pi R^2\left(\frac{\omega R}{\lambda}\right)^3 C_p(\lambda,\theta) := K_o\omega^3 \tag{2-4}$$

其中,$K_o$ 和风机的功率系数类似,当空气密度是常数时,此系数可以反映风机特性,其定义为

$$K_o = 0.5\rho_{AIR}\pi R^2\left(\frac{R}{\lambda}\right)^3 C_p(\lambda,\theta) \tag{2-5}$$

此功率对应的力矩为

$$T = K_o\omega^2 \tag{2-6}$$

风机分为定桨距和变桨距两种,变桨距风力机的功率系数为一簇 $C_p(\lambda)$ 曲线,其典型曲

线如图 2-26 所示[33]。

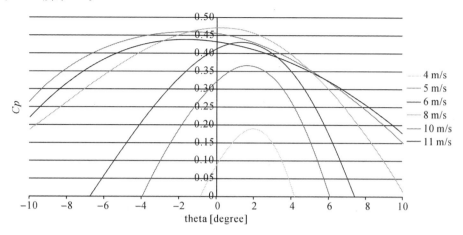

图 2-26　不同风速下功率系数与桨距角关系曲线

由图 2-26 可发现,对于一台确定的风机,在一定的风速下,每条功率系数曲线都存在一个最大值,其对应最大风能利用系数 $C_{Pmax}$,风力机输出功率最大。因此,在某一风速下,调节风力机桨距角,就能捕获到最大风能。

(3)风机工作区域特性

一般风机的运行区域可分为如图 2-27 所示的几个部分。

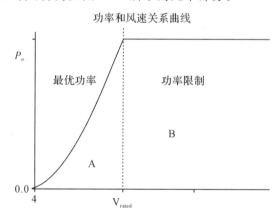

图 2-27　风机工作区域

当风速小于风力机切入风速 $V_{in}$ 时,由于风能无法为风力机转子提供启动转速,所以风力机不能转换电能,此时功率输出为零;

当风速高于切入风速但低于系统工作的额定风速 $V_{rated}$ 时,桨距角基本不变,使风能利用系数保持最大。根据最大功率算法得到系统输入到电网的最大功率,由此得到发电机的最佳转速。

当风速高于系统的额定风速但小于切除风速 $V_{out}$ 时,通过变桨来保持风能利用系数最大。发电机和变流器都运行在额定条件时,系统输出到电网的功率最大。

当风速超过系统的切除风速时,系统停机,输出到电网的功率为零。

为提高风力机的转换效率,需要在区域 A 跟踪最大功率,在区域 B 保持额定功率运转。

为了获取最大风能,风力发电系统可以通过控制机械或电气控制来实现最大风能捕获;对区域 $B$,则可以通过控制风力机桨距角的方式实现。

(4)最大功率跟踪

一般是根据设计曲线确定输入输出功率的,典型曲线如图 2-28 所示。

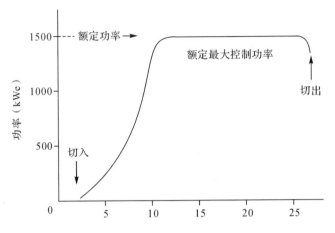

图 2-28　风机最优出力与转速关系图

图 2-29 曲线的含义是:要使得风机功率出力在最大,其运行点必须在此曲线上面。理论上,原始曲线获取步骤是:根据不同的风速 $v$,根据式(2-4)确定最优的功率 $P^*(v)$ 及其对应的转速 $\omega^*(v)$ 和桨叶角度 $\beta^*(v)$,从而可得 $P^*(v)$—$\omega^*(v)$ 生产的最优曲线。由于此曲线仅仅是理论上的值,损耗等因素会引起一些偏差,所以此曲线一般由风机厂家通过实验数据给出,可见其名牌或者手册。

有些厂家给出的是设计系数,即式(2-4)中的 $K_o$,曲线的解析表达式为

$$P=\begin{cases} P_{\min}, & \omega < \omega_{rated}^{\min} \\ K_o\omega^2, & \omega_{rated}^{\min} \leqslant \omega \leqslant \omega_{rated}^{\max}, \omega_{rated}^{\min} \leqslant \omega \leqslant \omega_{rated}^{\max} \\ P_{rated}, & \omega > \omega_{rated}^{\max} \end{cases} \tag{2-7}$$

总之,在实现最大功率跟踪算法时,需要设计控制器使得平衡点落在此曲线上。

(5)桨距角控制

由式(2-4)可知,确定最优的转速后,需要调节桨叶角跟踪最优的桨距角,其控制一般用框图如图 2-29 所示。

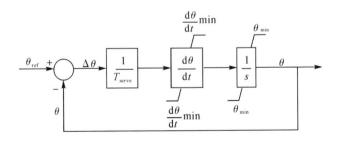

图 2-29　桨距角控制框图

转角的参考信号一般可以有三种来源:1)通过比较转子转速和额定转速,经过 $PI$ 环节输出;2)通过比较输出总功率和额定功率,再经过 $PI$ 环节输出;3)前两种的综合体,通过调节合适的参数达到控制的目的。

**3.风电场模型及发电功率预测**

(1) 风电场模型

一个风电场由许多台风电机组构成,如 300 兆瓦的风电场,需要安装 1.5 兆瓦的风电机组 200 台,或者安装 2 兆瓦风电机组 150 台。由于风电机组的容量远远小于常规机组的容量,则以详细拓扑结构和风电机组模型模拟风电场时,计算量和累计误差都会很大。所以,必须对风电机群进行等值。

风电场等值参数计算是风电场动态等值的重要步骤,风电场在经过分群处理后,同群的风电机组将等值成为一台等值风电机组,以容量加权原则计算风电机组的等值参数,以损耗不变原则计算风电场内部集电网络等值参数。

1)风电场结构

风电场组成比较复杂,从风电机组到并入电网的升压变电站共分为风电机组到箱式变压器、箱式变压器到馈线、馈线到电网等几个部分,此外,风场高压侧通常配备无功补偿装置 SVC 等。拓扑结构如图 2-30 所示。

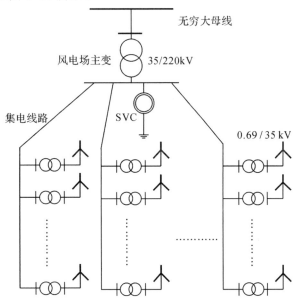

图 2-30　风电场拓扑结构示意图

2)风机等值参数计算

假定 $m$ 台双馈式风力发电机组等值成一台机组,等值机容量参数视在功率($S$),有功功率($P$),无功率($Q$)如式(2-8)所示。

$$\begin{cases} S_{eq} = \displaystyle\sum_{i=1}^{m} S_i \\[2mm] P_{eq} = \displaystyle\sum_{i=1}^{m} P_i \\[2mm] Q_{eq} = \displaystyle\sum_{i=1}^{m} Q_i \end{cases} \quad (2\text{-}8)$$

式中,下标 $eq$ 代表等值参数。

惯性时间常数($H$)、轴系阻尼系数($K$)、轴系刚度系数($D$)采用加权平均的方法,如下式所示。

$$\begin{cases} H_{eq} = \dfrac{1}{S_{eq}} \displaystyle\sum_{i=1}^{m} H_i S_i \\[3mm] K_{eq} = \dfrac{1}{S_{eq}} \displaystyle\sum_{i=1}^{m} K_i S_i \\[3mm] D_{eq} = \dfrac{1}{S_{eq}} \displaystyle\sum_{i=1}^{m} D_i S_i \end{cases} \quad (2\text{-}9)$$

对于阻抗参数的等值,则假定同机群的风电机组出口电压相同,结合异步机的 $\Gamma$ 型等值电路进行串并联计算。

对风力机的机械转矩模型采用等效扫风面积来近似模拟,即假定等值前后的风力机扫风面积相同,等值前后风力机所捕获的风能相同。

若 $m$ 台双馈式风力发电机组的型号都相同,则可将双馈式风力发电机组的参数等值为

$$\begin{cases} S_{eq} = \displaystyle\sum_{i=1}^{m} S_i, P_{eq} = \displaystyle\sum_{i=1}^{m} P_i, Q_{eq} = \displaystyle\sum_{i=1}^{m} Q_i \\[3mm] x_{m-eq} = \dfrac{x_m}{m}, x_{s-eq} = \dfrac{x_s}{m}, x_{r-eq} = \dfrac{x_r}{m}, r_{s-eq} = \dfrac{r_s}{m}, r_{r-eq} = \dfrac{r_r}{m} \\[3mm] H_{eq} = \displaystyle\sum_{i=1}^{m} H_i, K_{eq} = \displaystyle\sum_{i=1}^{m} K_i, D_{eq} = \displaystyle\sum_{i=1}^{m} D_i \end{cases} \quad (2\text{-}10)$$

(2)风电场发电功率预测

大规模风电的接入将对电网的规划建设、分析控制、经济运行和电能质量等产生一定的影响,风力发电的间歇性和不确定性将增加风电的整体运行成本。因此,需加强大规模风电并网调度运行技术的研究,具体包括风力发电调度模式研究、风电调度运行支撑系统研发、风力发电优化调度系统研发、区域风电协调调度控制系统研发、风电功率预测系统研发等。

目前风力发电功率中期预测主要依赖数字气象预报模型通过基于风速的物理方法或基于功率的统计方法、学习方法完成,短期预测则主要依靠基于风速或功率历史实测值的统计方法和学习方法完成。

以我国某风电场为例,针对提前一个观测时间段进行超短期(0~4 小时)预测的要求,对风力发电功率的预测方法进行了研究,提出了以混沌理论为基础、基于相空间重构的风电出力混沌时间序列预测的方法,对相空间重构参数的优化进行了综合计算,定性分析了风电出力时间序列的混沌特征,同时对应用嵌入维空间的具体预测方法进行了研究。

（二）适应风场接入总体思路

结合我省风电项目布局、开发建设时序以及电网资源情况，提出适合浙江风电接入电网的规划思路。

陆上风电场单座容量规模主要分布在 2 万～8 万千瓦之间，可以"分散接入"为原则就近接入至各地区 110 千伏、35 千伏电网消纳。

根据浙江海上风电场工程规划，我省将逐步形成杭州湾海域、舟山东部海域、宁波象山海域、台州海域、温州海域五大海上风电基地，规划海上风电总装机容量超过 600 万千瓦，单个海上风电场装机主要分布在 25 万～40 万千瓦之间。虽然我省目前暂无海上风电场建成投运，但随着我省 5 项海上风电场工程共计 90 万千瓦被列入国家能源局《全国海上风电开发建设方案（2014—2016）》[34]，浙江海上风电建设将迎来快速发展。从电力平衡的角度，浙南东部电网用电需求分布呈现北大于南的特点，且浙江沿海自北向南受台风影响程度逐渐增加，考虑海上风电规划中杭州湾海域基地在风电规划容量上占主导地位，我省海上风电的开发建设将遵循从北到南、逐步开发、海上风电在浙江东部沿海分区域就近接入电网消纳的基本思路。在海上风电接入方式上，采用"分散＋集中"的模式，即在海上风电项目数量较多，布局紧密的杭州湾海域等地区，考虑采用多个风电场通过 220 千伏线路汇集后升压至 500 千伏集中接入电网的方式，利用风力发电的时空互补性平滑出力，有效利用输电线路输送容量，节约廊道资源；在海上风电项目分布相对稀疏的台州海域、温州海域等地区，采用各风电场分散接入 220 千伏电网的方式，提高接入系统经济性。

（三）风电接入电网研究

**1. 海上风场接入弱电网稳定问题**

虽然现有的电网架构相对坚强，新能源装机比例相对较小，但在火电机组逐步退役，大规模海上风电（甚至远海风场）远距离输送以及大量光伏电源接入系统后，未来浙江电网可能存在安全隐患。因此，提前预见和分析大规模风电等新能源接入浙江电网后所潜在的电网安全稳定隐患，提出相应的解决措施，在电网规划阶段就规避这些问题，可以大幅度减少运行成本和风险，显著提高电网接纳新能源的能力以及新能源接入后产生的综合经济效应。在此背景下，研究风场连接弱电网的稳定问题及其解决措施具有前瞻性和非常重要的意义。

（1）并网风机频域分析[35]

为了分析其控制的性能和鲁棒性，可以从反馈控制的角度来进行分析风机。

图 2-31 所示的简单的单自由度反馈控制结构：Reference Procedure 为参考信号处理模块，此处用 $RP$ 表示，其输入为 $r$，通常用来对参考信号的滤波或者延时处理；$K$ 为控制器，用于从误差 $e$ 到控制信号 $u$ 的产生；$G$ 为被控对象，其输入为控制信号 $u$；$G_d$ 为扰动传递函数，扰动信号 $d$ 通过 $G_d$ 后附加在 $G$ 的输出上形成输入 $y$；Feedback Procedure 为反馈处理模块，此处用 $FP$ 可以用于模拟对输出信号的滤波或其他处理。

被控对象的模型可以表示为

$$y = T * r + S * d \tag{2-11}$$
$$S = (I + G * K * FP)^{-1} G_d \tag{2-12}$$
$$T = (I + G * K * FP)^{-1} G * K * FP * RP \tag{2-13}$$

$S$ 是由输出扰动到输出的闭环传递函数，称为灵敏度；而 $T$ 是由参考输入信号到输出的闭环传递函数，称为互补灵敏度，满足 $S + T = I$。

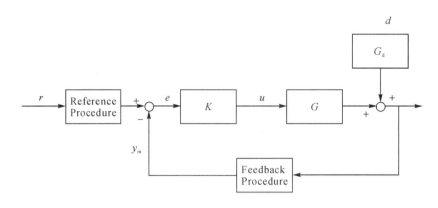

图 2-31　反馈控制系统结构图

因此不管风机采用何种控制,只需要求出从参考信号到输出信号之间的闭环传递函数,就可以得到互补灵敏度 $T$,以及灵敏度 $S$。灵敏度函数 $S(s)$ 可以很好地表示闭环系统的控制性能,而互补灵敏度函数 $T(s)$ 则可以表示闭环系统的鲁棒稳定性。

互补灵敏度反映的是控制系统对指令跟踪的能力即控制性能,而灵敏度反映的是系统对抗扰动(此处为输出扰动)的能力即控制鲁棒性。根据经典控制理论,控制系统的灵敏度需小于 2(6db),互补灵敏度要小于 1.25(2db),并且需要低频段的灵敏度尽量小于 0db[36]。以此为依据,可得出两种控制各自有关短路比(Short Circuit Ratio SCR)的稳定边界条件:(1)功率矢量控制风机定子侧的 SCR 应该大于 2.5,如图 2-32;(2)同步控制风机定子侧的 SCR 应该小于 1.5,如图 2-33。其中,图 2-32 中的纵坐标为灵敏度矩阵的最大奇异值,横坐标为指数形式下的频率(rad/s),而图 2-33 中的纵坐标为灵敏度矩阵的最后一个元素 $S_{22}$,用分贝的形式来表示,代表无功控制的抗干扰能力。

利用灵敏度和互补灵敏度的频域指标分析了并网运行的双馈风电机组的稳定性及控制鲁棒性,从而得出采用功率矢量控制方式的风机和采用同步控制的风机各自关于短路比的稳定运行边界。通过风机极端的临界短路比,可以得出风电场接入规划时已知风电接入点的风电接入极限容量。并且可以采用同步控制来提高弱电网可接纳的风电场极限容量。

从频域分析可以看出:功率矢量控制更适用于强电网下的运行,而同步控制更适用于弱网下的运行,也可解释功率矢量控制的风机为何在低短路比的电网下运行性能不佳的现象。如图 2-34 所示。

(2)风机接入弱电网的解决措施

从上面的频域分析中可以看出,功率矢量控制的风机在强网下表现出比同步控制更好的控制性能和鲁棒性,但在弱电网下动态性能不好。同步控制在弱电网下的有功控制能力要优于功率矢量控制,但其在强电网下会产生振荡,使电网电压发生波动。在短路比[37]-[40]为 7 的情况下采用单纯同步控制的风电机组在故障期间以及故障恢复后都可能产生振荡。相比而言,功率矢量控制适合在强电网下运行,在弱电网时容易发生振荡以及电压失稳。如在机端短路比为 1.2 的工况下,在低压穿越过后,100% 矢量控制的风场会发生低频的振荡以及机端电压持续低落。虽然振荡问题可以通过调整低压穿越的控制参数解决,但是电压仍然持续低落,很难恢复到故障之前的电压值,说明功率矢量控制在弱电网下的电压稳定性更差。

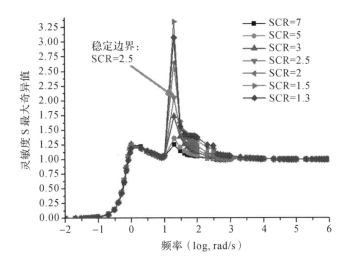

图 2-32　功率矢量控制额定工况灵敏度 S 最大奇异值

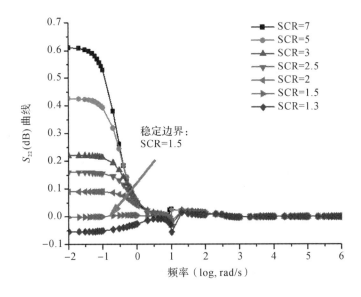

图 2-33　同步控制额定工况 S22 曲线

　　此外,在故障穿越的过程中也可以看出,相比功率矢量控制,采用同步控制方式的风机由于工作在电压源模式而能够发出更多的无功。在故障发生时,电网瞬间跌落对直流母线电压所造成的冲击会更小并且能够维持电网电压在一个相对较高的水平,在故障穿越之后也不容易发生电压失稳现象。

　　根据以上分析可知,两种控制方式各有优势,故针对工况变化较大的电网,采用风场内的混联控制可以取得更好的效果。研究表明,配置了一定比例的同步控制风场,矢量控制风机的直流母线电压冲击会高于采用单纯功率矢量控制时矢量控制风机的直流母线电压,而且同步控制的比例越高,直流母线电压上升的幅度越大,并且同步控制风机的直流母线电压冲击越小。随着电网的短路比不同,风场内两种控制方式的风机配置典型曲线如图 2-34 所示。

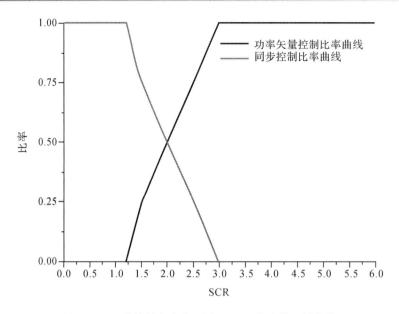

图 2-34　两种控制方式在不同 SCR 下的最佳比例曲线

（3）风电接入弱电网故障穿越

风电接入弱电网最突出的问题就是电压稳定以及故障穿越问题。在弱电网下,功率的波动会引起较大的电网电压波动,而且由于阻抗较大的原因,系统的稳定运行域相对较小,在收到干扰后很容易运行到电压不稳定的运行区域。低压穿越曾经成为制约风电接入电网的一个技术瓶颈,但随着技术的发展,低压穿越技术已经日渐成熟。但是,目前常用的故障穿越控制策略只适用于风电场接入强电网的应用场合,而风机在弱电网和孤网运行下的故障穿越问题目前还没有引起广泛的关注。

在功率矢量控制的风机中,最常用的故障穿越控制是采用无功电流优先的策略,原理如图 2-35 所示。

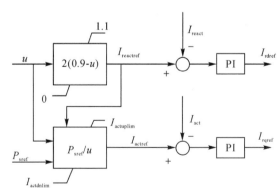

图 2-35　功率矢量控制的低压穿越控制策略

在电网故障造成电压跌落后,故障穿越信号被触发后,转子变流器外环从功率模式切换到有功和无功电流控制模式。在故障穿越无功电流的指令优先,公式如下:

$$I_{actup\lim} = \sqrt{I_{max}^2 - I_{reactref}^2} \qquad (2-14)$$

在故障切除的瞬间,很有可能出现暂态过电压现象,此时风机还需要吸收无功来抑制过电压现象。在故障恢复的暂态彻底消失后,风机才能从电流模式切换回功率模式。

在同步控制的风机中,可采用如图 2-36 所示的故障穿越控制策略。

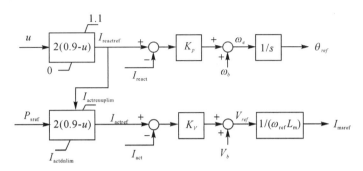

图 2-36　同步控制低压穿越策略

在电网故障造成电压跌落后,故障穿越信号被触发后,转子变流器外环从功率模式切换到有功和无功电流控制模式。在故障穿越无功电流的指令优先。基于同步控制的故障穿越控制策略在不改变硬件配置的基础上解决了弱电网连接和孤网运行的风机的故障穿越问题,具有如下两个优点:1)在故障过程中,利用相同的无功电流输出下提供更大的剩余电压,提高了故障过程中系统的电压稳定裕度;2)在故障清除的系统恢复过程中,能够维持风电场公共连接点的电压稳定,从而有效地避免了可能出现的电压崩溃现象。

**1. 风电装机容量及输电系统规划**

风电具有随机性、间歇性、不可调度性和部分可预测性,大规模的风电并网运行将会影响系统的供电质量和可靠性。因此,评估一个系统可以接纳的最大风电装机容量,即风电接入能力,是风电场规划阶段需要解决的关键问题。此外,为解决风电接入电力系统带来的不确定因素,提高系统的风险抵御能力,为大型风电场的并网创造条件,还应该解决输电系统规划问题,提出稳定可靠的输电系统规划方案。

在实际的电力系统中,虽然风电预测技术已经得到了很大的发展,但是往往还是不能完全描述风电功率的精确的概率分布,而只能得到关于风电出力概率分布的部分信息。基于风电以及其他不确定因素的部分信息,评估一个系统的风电接入能力,以及制定稳定可靠的输电系统规划方案,是一个困难的问题。为此,提出了以下两种风电装机容量及输电系统规划方法:

基于最大熵原理的最大风电装机容量计算。考虑风电功率和负荷的随机性,根据最大熵原理,研究系统中的随机变量"最可能"的概率分布。在此基础上,考虑输电网络约束、常规机组的出力限制和系统的旋转备用要求等,确定电网允许的风电场最大装机容量。

基于概率分布鲁棒优化的含风电场输电系统规划。考虑风电功率的不确定性,重点研究对于风电功率的未知概率分布鲁棒的最优输电系统规划方案,使得系统在任何一种风电功率可能的概率分布下都满足电力输送的要求,同时最小化输电系统投资成本。

(1)基于最大熵原理的最大风电装机容量计算

1)基于最大熵原理的概率密度函数求解

1957 年 E. T. Jaynes 提出:在只掌握部分信息的情况下要对概率分布作出判断时,应该取符合约束条件但熵值最大的概率分布,这是可做出的唯一的不偏不倚的选择,任何其他的选择都意味着添加了其他的约束或假设。这一准则被称为最大信息熵原理[41]。

最大熵模型如公式(2-15)—(2-17)所示,目标为求得使得熵最大的概率密度函数。约束式(2-16)表示求得的概率密度函数的矩必须满足已知条件。约束式(2-17)则表示概率总和为 1.

目标函数:

$$\max h(x) = -\int p(x)\ln p(x)\mathrm{d}x \tag{2-15}$$

约束条件:

$$E[\phi_n(x)] = \int \phi_n(x)p(x)\mathrm{d}x = \mu_n \tag{2-16}$$

$$\int p(x)\mathrm{d}x = 1 \tag{2-17}$$

式中,$h(x)$ 为随机变量 $x$ 的熵,$p(x)$ 为 $x$ 的概率密度函数,函数 $\phi_n(x)$,$n=1,\cdots,N$ 为多项式,为 $\phi_n(x)=x^n$。$\mu_n$,$n=1,\cdots N$ 为变量的各阶矩的值,为已知的量。

上述基于最大熵模型的优化问题可采用文献[42]中提出的牛顿迭代算法求解。

2)风电场的概率输出模型

风电场的输出功率由风速和装机容量决定,风速具有随机性,所以风电出力也是随机的。如果风速的历史数据以及风电场装机容量已知,那么风电场输出功率的历史数据可以通过风电功率曲线计算得到,进而可以通过统计得出风电功率的信息。

3)风电装机容量机会约束规划模型

对于考虑风电功率和负荷不确定性的风电装机容量最大化问题,其机会约束规划模型如下:

目标函数:

$$\max e_w^T \boldsymbol{P}_R \tag{2-18}$$

约束条件:

$$\Pr\{\boldsymbol{P}_l(\boldsymbol{v},\boldsymbol{P}_R,\boldsymbol{P}_g,\boldsymbol{P}_d)\leqslant \boldsymbol{P}_{l\max}\}\geqslant \alpha \tag{2-19}$$

$$\Pr\{c_g^T(\boldsymbol{P}_{g\max}-\boldsymbol{P}_g)\geqslant \boldsymbol{P}_{re}\}\geqslant \beta \tag{2-20}$$

$$\boldsymbol{P}_{g\min}\leqslant \boldsymbol{P}_g\leqslant \boldsymbol{P}_{g\max} \tag{2-21}$$

$$e_w^T \boldsymbol{P}_w(\boldsymbol{v},\boldsymbol{P}_R)+c_g^T \boldsymbol{P}_g = e_d^T \boldsymbol{P}_d \tag{2-22}$$

模型中:

● 目标函数(2-18)表示所有风电场的装机容量总和。其中 $\boldsymbol{P}_R$ 为包含装机容量值的向量,$e_w$ 为与 $\boldsymbol{P}_R$ 的维数相同、所有元素为 1 的向量。

● 概率不等式约束(2-19)表示支路过负荷机会约束。其中 $\boldsymbol{P}_l$ 为线路有功功率向量,其为风速向量 $\boldsymbol{v}$,风电装机容量 $\boldsymbol{P}_R$,常规发电机组有功功率向量 $\boldsymbol{P}_g$ 和负荷向量 $\boldsymbol{P}_d$ 的函数。系统各个节点的负荷为随机变量,$\boldsymbol{P}_{l\max}$ 是各条线路的热稳定极限,$\alpha$ 为事先给定的置信度水平。

● 不等式约束(2-20)表示关于系统备用的机会约束。其中 $\boldsymbol{P}_{g\max}$ 为常规机组出力的最大值。$c_g$ 为一个向量,其维数和 $\boldsymbol{P}_g$ 相同,$c_g$ 中对应于 $\boldsymbol{P}_g$ 中非零元素位置上的元素取值为 1,其他元素取值为 0。$\boldsymbol{P}_{re}$ 表示系统要求的旋转备用,$\beta$ 为系统旋转备用的置信水平。

● 不等式约束(2-21)表示常规机组出力值必须在允许范围内。其中 $P_{g\min}$ 为机组的最小出力值。

● 等式约束(2-22)表示系统潮流平衡方程。其中 $P_w$ 为风电输出功率,其为风速 $v$ 和风电场装机容量 $P_R$ 的函数,$e_d$ 和 $e_w$ 定义类似。

上述机会约束优化模型在保证系统稳定运行的概率大于一定的置信度水平下,最大化风电装机容量以充分利用风能。

4)基于最大熵原理的概率潮流分析[43]

在风电装机容量机会约束规划问题中,系统潮流的最优的概率密度函数可通过最大熵模型求解,如式(2-19)中的线路有功潮流 $P_l$ 的概率密度函数,以及式(2-20)中的常规机组出力 $P_g$ 的概率密度函数。

为了得到系统中潮流的概率分布,可以先运用概率论的知识通过已知的风电功率和负荷的矩的信息,计算系统中潮流的矩的信息。再把关于潮流的矩的信息输入最大熵模型中,求解得到潮流的概率分布。

在基于风电功率和负荷的矩的信息计算潮流的矩的信息时,为了简化运算,这里采用半不变量法,把关于矩的卷积运算转化成关于半不变量的简单运算。最后再把随机变量的半不变量转化为随机变量的矩的值。

整个风电装机容量机会约束优化问题可以采用模式搜索法进行求解。其中采用最大熵模型计算模式搜索法产生的探测点对应于线路不过载概率。

(2)基于概率分布鲁棒优化的含风电场输电系统规划

1)关于风电功率概率分布鲁棒的输电系统规划模型[44]

在实际情况中,一般只能得到关于风电功率向量 $P_w$ 概率分布的若干阶矩的信息,如 $m$ 个风电场输出功率的期望值向量 $\mu = [\mu_1, \cdots, \mu_m]^T$,以及协方差矩阵 $\Gamma$;并且已知风电功率 $P_w$ 的分布范围为 $\Xi = \{P_w \in \mathbb{R}^n : 0 \leqslant P_w \leqslant P_N\}$,其中 $P_N$ 中的每个元素为相应的风电场的最大输出功率。

上述已知信息并不能确定一个唯一的概率分布函数,而是存在一族概率分布函数满足这些信息,记这一族概率分布函数组成的集合为 $\mathcal{P}_\Xi$。在进行输电网规划时,为了得到一个对于风电功率的所有可能概率分布鲁棒的解,采用概率分布鲁棒机会约束(2-26)来表示电网在风电功率"最恶劣"的概率分布情况下,对线路不过负荷的概率要求。

输电系统规划概率分布鲁棒优化模型如下:

目标函数:

$$\min_n \left( \sum_{(i,j) \in \Omega} c_{ij} n_{ij} + \alpha_\varepsilon \sum_{(i,j) \in \Omega} \varepsilon_{ij} \right) \tag{2-23}$$

约束条件:

功率平衡约束:
$$S^T P_L + P_G + P_W = P_D \tag{2-24}$$

直流潮流方程:
$$p_{ij} - \gamma_{ij} (n_{ij}^0 + n_{ij})(\theta_i - \theta_j) = 0 \tag{2-25}$$

线路安全约束:
$$\inf_{\mathbb{P} \in \mathcal{P}_\Xi} \mathbb{P} \{|p_{ij}| \leqslant (n_{ij}^0 + n_{ij}) \cdot \phi_{ij}\} \geqslant \beta - \varepsilon_{ij} \tag{2-26}$$

出力极限约束:
$$0 \leqslant P_G \leqslant \overline{P}_G \tag{2-27}$$

扩建线路条数约束:
$$0 \leqslant n_{ij} \leqslant \overline{n}_{ij} \tag{2-28}$$

$$n_{ij} \text{ 为整数,} \qquad (i,j) \in \Omega \tag{2-29}$$

式中,$n_{ij}$ 为节点 $i-j$ 之间可扩展的线路数目,$\Omega$ 为可规划的线路集,$n_{ij}^0$ 为节点之间已建成的线路条数;$\overline{n}_{ij}$ 为可扩展的线路数目上限,$\boldsymbol{n}$ 为所有 $n_{ij}$ 值的向量;$\alpha_\varepsilon \sum\limits_{(i,j)\in\Omega} \varepsilon_{ij}$ 为线路过负荷的惩罚项;$\boldsymbol{S}$ 为节点-线路关联矩阵,$\boldsymbol{P}_L$ 为所有线路的有功潮流向量,$\boldsymbol{P}_G$ 为常规机组出力向量,$\boldsymbol{P}_w$ 表示风电功率向量,$\boldsymbol{P}_D$ 为负荷向量;$p_{ij}$ 表示支路 $i-j$ 上的有功潮流,$\gamma_{ij}$ 为节点 $i-j$ 之间每条线路的电纳,$\theta_i$ 为节点 $i$ 的电压相角;$f(\boldsymbol{P}_w)$ 表示风电功率的概率密度函数;$\phi_{ij}$ 为节点 $i-j$ 之间每条线路的热稳定极限值,$\beta$ 为设定的置信度水平;$\overline{P}_G$ 为常规机组出力上限。

惩罚项 $\alpha_\varepsilon \sum\limits_{(i,j)\in\Omega} \varepsilon_{ij}$ 中,$\varepsilon_{ij}$ 为支路 $i-j$ 的过负荷程度,其表达式为

$$\varepsilon_{ij}=\begin{cases} 0, & \mathbb{P}\{|p_{ij}|\leqslant(n_{ij}^0+n_{ij})\cdot\phi_{ij}\}\geqslant\beta \\ \beta-\mathbb{P}\{|p_{ij}|\leqslant(n_{ij}^0+n_{ij})\cdot\phi_{ij}\}, & \mathbb{P}\{|p_{ij}|\leqslant(n_{ij}^0+n_{ij})\cdot\phi_{ij}\}<\beta \end{cases} \quad (2\text{-}30)$$

$\alpha_\varepsilon$ 为线路过负荷惩罚因子。如果支路 $i-j$ 上的有功潮流概率分布满足 $\mathbb{P}\{|p_{ij}|\leqslant(n_{ij}^0+n_{ij})\cdot\phi_{ij}\}\geqslant\beta$,则视为该线路无过负荷;否则该支路就是过负荷,其过负荷程度大于 0。设置该惩罚项有助于在应用启发式算法求解输电规划问题时保留违反约束的线路规划备选方案,从而增加备选方案的多样性,加快求解速度。

在概率分布鲁棒机会约束规划模型(2-23)—(2-29)中,式(2-26)即为概率分布鲁棒机会约束,其中,$\inf\limits_{\mathbb{P}\in\mathcal{P}_\Xi}\mathbb{P}\{\cdot\}$ 为在所有可能的概率分布下,事件·成立的最小的概率,也就是在"最恶劣"的风电功率概率分布下事件·成立的概率。在该输电规划问题中,符号"·"即代表各条线路不过载。约束(2-26)表示在所有可能的风电功率概率分布情况下,各条线路不过负荷的概率都要大于置信度水平 $\beta-\varepsilon_{ij}$。当 $\varepsilon_{ij}$ 增大时,该置信度水平降低,但是惩罚成本提高。

2)概率分布鲁棒机会约束确定性转化

输电网概率分布鲁棒机会约束规划模型(2-23)—(2-29)为一个含随机变量的非线性优化问题,其求解的难点是如何处理概率分布鲁棒机会约束(2-26)。根据直流潮流计算,式(2-26)中的线路有功潮流可以表示为风电功率的函数,进一步地,对偶理论、无损 S-procedure 以及 Schur 公式等可用于消去式(2-26)中的随机变量——风电功率,从而将含有随机变量的概率分布鲁棒机会约束转化为一个确定性的约束。整个输电系统规划问题即转化为一个确定性的优化问题,可采用启发式算法如遗传算法、粒子群算法等进行求解。

**2. 含风电场的电网开停机组合问题**

随着供电成本的快速下降,太阳能、风能等新能源将在电力系统供应结构中占据日益重要的地位[45]。新能源的间歇性与预测困难也给电力系统运行带来严峻挑战,如在新环境下要求系统计划更多备用容量以及更多具有优越爬坡性能的机组。

由于风电场的预测技术、风速段以及预测的时间尺度等因素不同,风电功率预测误差的概率分布呈现出不同的特征[46]。考虑用单一的概率分布模型难以准确描述不同条件下的预测误差概率分布,可以利用具有相同期望和协方差的概率分布不确定集来刻画风电功率预测误差概率分布的不确定性,从而使得鲁棒优化问题能够适应含风电场的机组组合问题[44][47]。

(1)考虑风电场出力概率分布鲁棒的机组组合

考虑风电功率预测误差的不确定性,重点研究对于风电功率预测误差的概率分布鲁棒

的最优开停机方案,使得系统在任何一种风电功率预测误差可能的概率分布下都满足优先调度大规模风电的要求,同时最小化机组组合方案成本[48]。

(2)考虑风电场出力概率分布鲁棒的机组组合模型

用随机变量 $P_{wi}$ 表示风电功率,利用风电功率预测点和预测误差统计数据的两阶矩构成 $P_{wi}$ 的期望和协方差,得到期望向量 $\mu=[\mu_1,\cdots\mu_m]^T$ 和协方差矩阵 $\Gamma$。变量 $P_{wi}$ 的概率分布 $\phi$ 属于集合 $\Phi_{(\mu,\Gamma)}$,集合 $\Phi_{(\mu,\Gamma)}$ 中的概率分布均具有上述的期望和协方差。

目标函数:

$$\min\sum_{t=1}^{T}\left\{\sum_{i=1}^{n}\left[o_i^t SU_i^t+v_i^t SD_i^t+u_i^t f_i(p_i^t)\right]+\gamma_t \sup_{\phi\in\Phi_{(\mu,\Gamma)}}E(S(q_w^t))\right\} \tag{2-31}$$

约束条件

功率上下限: $$u_i^t \underline{p}_i \leqslant p_i^t \leqslant u_i^t \overline{p}_i \tag{2-32}$$

最小开停机约束:
$$(u_i^{t-1}-u_i^t)(T_i^{t-1}-\underline{T}_i^{on})\geqslant 0$$
$$(u_i^t-u_i^{t-1})(-T_i^{t-1}-\underline{T}_i^{off})\geqslant 0 \tag{2-33}$$

爬坡约束:
$$p_i^{t-1}-p_i^t \leqslant p_i^{up}$$
$$p_i^t-p_i^{t-1}\leqslant p_i^{down} \tag{2-34}$$

旋转备用约束: $$\sum_{i=1}^{n}(u_i^t \overline{p}_i-u_i^t p_i^t)\geqslant R^t \tag{2-35}$$

负荷平衡: $$\sum_{i=1}^{n}q_i^t+\hat{q}_w^t=P_D^t \tag{2-36}$$

机会约束: $$\inf_{\phi\in\Phi_{(\mu,\Gamma)}}\Pr\{\hat{q}_w^t\geqslant\beta q_w^t\}\geqslant 1-\varepsilon \tag{2-37}$$

欠发功率: $$S(q_w^t)=\max(0,\hat{q}_w^t-q_w^t) \tag{2-38}$$

开停机变量:
$$u_i^{t-1}-u_i^t \leqslant v_i^t$$
$$u_i^t-u_i^{t-1}\leqslant o_i^t \tag{2-39}$$

式(2-31)是目标函数,其中 $f_i(P_i^t)$ 为机组 $i$ 在第 $t$ 时段的发电费用;$SU_i$ 和 $SD_i$ 为机组 $i$ 的开机/停机费用;$o_i^t$ 和 $v_i^t$ 为代表开机/停机的0-1变量;$n$ 为机组总数,$i=1,\cdots,n$ 为机组编号;$T$ 为时段总数,$t$ 为时段编号;$u_i^t\in\{0,1\}$ 表示机组运行状态;$\hat{q}_w^t$、$q_w^t$ 和 $S(q_w^t)$ 分别表示系统消纳风电功率、风电实发功率和风电欠发功率,$\lambda$ 为风电欠发功率期望值的惩罚系数。其中,$f_i(p_i^t)=\alpha_i+\beta_i p_i^t+\gamma_i(p_i^t)^2$,$\hat{q}_w^t=\sum_{i=1}^{m}\hat{q}_{wi}^t$,$q_w^t=\sum_{i=1}^{m}q_{wi}^t$,$t=1,2,\cdots,T$;式(2-32)是火电机组的功率上下限约束,其中 $\underline{P}_i$ 和 $\overline{P}_i$ 分别代表机组出力下限和上限;式(2-33)是火电机组最小开停机时间约束,其中的 $\underline{T}_i^{on}$ 和 $\underline{T}_i^{off}$ 为机组 $i$ 的最小开机/停机时间,且 $T_i^t=T_i^{t-1}u_i^t+u_i^t$,$-T_i^t=-T_i^{t-1}\cdot(1-u_i^t)-(1-u_i^t)$;

约束(2-33)为非线性约束,可表达为如下线性组合模型:

$$\begin{cases}\sum_{\tau=t}^{a(\underline{T}_i^{on})}u_i^t\geqslant(u_i^t-u_i^{t-1})b(\underline{T}_i^{on})+\delta(t-1)a_i^0\\\sum_{\tau=t}^{a(\underline{T}_i^{off})}(1-u_i^t)\geqslant(u_i^{t-1}-u_i^t)b(\underline{T}_i^{off})+\delta(t-1)b_i^0\end{cases} \tag{2-40}$$

参数 $a(\cdot)$、$b(\cdot)$、$a_i^0$、$b_i^0$ 分别由下面的公式确定：

$$a(z) = \min\{t + z - 1, T\}; a_i^0 = u_i^1 u_i^0 \max(0, \underline{T_i^{on}} - T_i^0);$$

$$b(z) = \min\{z, T - t + 1\}; b_i^0 = (1 - u_i^1)(1 - u_i^0) \cdot \max(0, \underline{T_i^{off}} + T_i^0);$$

$T_i^0$ 为机组组合时段前的连续开机／停机时间；$\delta(t)$ 为单位冲击函数。

式（2-34）是火电机组爬坡约束，其中 $P_i^{down}$ 和 $P_i^{up}$ 为机组 $i$ 的功率下降率和上升率的限制；式（2-35）为常规机组的旋转备用约束，其中 $R^t$ 为时段 $t$ 系统的旋转备用；式（2-36）为负荷平衡约束，$P_D^t$ 为 $t$ 时段系统总负荷预测值；式（2-37）为风电利用率机会约束，$\phi$ 表示风电预测功率的概率分布；式（2-38）为风电欠发功率的计算式，并在目标函数中统计了其期望值。风电欠发功率也为第二层规划的目标函数；式（2-39）表示开停机变量与机组状态变量之间关系的线性不等式。

**概率分布鲁棒机会约束确定性转化**

该模型在所有可能的风电预测误差的概率分布下，均可保障每个调度时段以高概率优先调度风电。求解该模型时，利用 S-procedure 和 Schur 补将对偶后的机会约束和第二层目标函数的期望转化为半定规划（SDP）[49]。再结合半定松弛技术求解混合整数规划问题时可全局寻优的优势[50]，将机组组合模型也转化为半定规划形式，从而将含风电不确定出力的机组组合这一高维、非凸、离散的随机优化问题转化为确定性凸优化问题。

## 三、适应光伏发展的电网研究

### （一）光伏系统概述

#### 1．光伏电池分类

太阳能是人类近 20 年来开发利用的新能源，光电转换（即光伏发电）是太阳能利用的重要形式，指利用半导体界面（硅或其他材料）将光能直接转变为电能，技术较复杂，从单户供电到接入电网，应用范围广泛。当前光伏发电主流技术为硅（包括单晶硅／多晶硅／非晶硅）产品，约占 90% 以上市场份额，其他技术还包括铜铟镓硒、锑化镉等。由于在制造成本、污染控制等方面具优势，硅产品在较长时期内仍将居主导地位。

（1）单晶硅光伏电池

单晶硅光伏电池是开发较早、转换率最高和产量较大的一种光伏电池。目前单晶硅光伏电池转换效率在我国已经平均达到 16.5%，而实验室记录的最高转换效率超过了 24.7%。这种光伏电池一般以高纯的单晶硅硅棒为原料，纯度要求达到 99.9999%。

（2）多晶硅光伏电池

多晶硅光伏电池是以多晶硅材料为基体的光伏电池。由于多晶硅材料多以浇铸代替了单晶硅的拉制过程，因而生产时间缩短，制造成本大幅度降低。再加之单晶硅硅棒呈圆柱状，用此制作的光伏电池也是圆片，因而组成光伏组件后平面利用率较低。与单晶硅光伏电池相比，多晶硅光伏电池就显得具有一定竞争优势。

（3）非晶硅光伏电池

非晶硅光伏电池是用非晶态硅为原料制成的一种新型薄膜电池。非晶态硅是一种不定形晶体结构的半导体。用它制作的光伏电池厚度只有 1 微米，相当于单晶硅光伏电池的 1/300。它的工艺制造过程与单晶硅和多晶硅相比大大简化，硅材料消耗少，单位电耗也降低了很多。

**2. 光伏电池及其逆变器原理**

（1）太阳能发电原理

太阳能电池是利用光能转换原理使太阳辐射的光通过半导体物质转变为电能的器件，这种光电转换过程通常叫作"光生伏打效应"。光生伏打效应简称为光伏效应，是指光照使不均匀半导体或半导体与金属组合的不同部位之间产生电位差的现象。

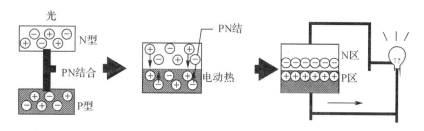

图 2-37　太阳能电池构成原理图

如图 2-37 所示，太阳能电池由 P 型半导体和 N 型半导体结合而成，P 型半导体由单晶硅通过特殊工艺掺入少量的三价元素组成，会在半导体内部形成带正电的空穴。N 型半导体由单晶硅通过特殊工艺掺入少量的五价元素组成，会在半导体内部形成带负电的自由电子。当 N 型和 P 型两种不同型号的半导体材料接触后，由于扩散和漂移作用，在界面处形成由 P 型指向 N 型的内建电场。当光照在太阳能电池的表面后，能量大于禁带宽度的光子便激发出电子和空穴对，这些平衡的少数载流子在内电场的作用下分离开，在太阳能电池的两级累积形成电势差，这样电池便可以给外接负载提供电流，如图 2-38 所示。

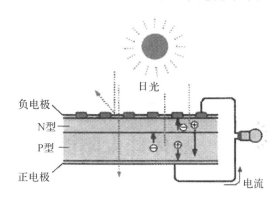

图 2-38　PN 结形成电源示意图

（2）太阳能电池 I-V 特性

太阳能电池组件的电气特性主要是指 I-V 输出特性，也称为 V-I 特性曲线，如图 2-39 所示。太阳能电池的 I-V 特性与二极管的特性相似，一般称为 I-V 曲线特性。在太阳能 I-V 曲线中，短路电流（$I_{sc}$）、开路电压（$V_{oc}$）及最大功率（$P_m$）是太阳能电池的主要技术参数。

V-I 特性曲线显示了通过太阳能电池组件传送的电流 $I_m$ 与电压 $V_m$ 在特定的太阳辐照度下的关系。$I_m$ 是最大工作电流，即最大输出状态时的电流；$V_m$ 是最大工作电压，即最大输出状态时的电压。如果太阳能电池组件电路短路（$V=0$），此时的电流称为短路电流 $I_{sc}$；如果电路开路（$I=0$），此时的电压称为开路电压 $V_{oc}$。太阳能电池组件的输出功率等于流经

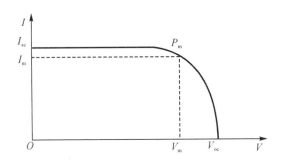

图 2-39　太阳能电池的 I-V 特性曲线

该组件的电流与电压的乘积,即 $P=VI$。

　　当太阳能电池组件的电压上升时,例如通过增加负载的电阻值或组件的电压从零开始增加时,组件的输出功率也从 0 开始增加;当电压达到一定值时,功率可达到最大,这时若阻值继续增加,功率将跃过最大点,并逐渐减少至零,即电压达到开路电压 $V_{oc}$。太阳能电池的内阻呈现出强烈的非线性。组件输出功率的最大点称为最大功率点;该点所对应的电压称为最大功率点电压 $V_m$(又称为最大工作电压);该点所对应的电流称为最大功率点电流 $I_m$(又称为最大工作电流);该点的功率称为最大功率 $P_m$。

　　(3)逆变器主要功能

　　光伏并网逆变器是光伏并网发电系统的核心部件和关键技术,其主要功能是将太阳能电池方阵发出的直流电转换为可并网的交流电,并根据实际需求对输出交流电的频率、电压、电流、相位、有功功率与无功功率、电能质量等进行控制。除此之外,并网逆变器还应具有如下功能:

　　1)利用最大功率点跟踪控制功能,跟随太阳能电池方阵表面温度变化和太阳辐照度变化而产生的输出电压与电流的变化进行跟踪控制,使太阳能电池方阵保持在最大功率输出的工作状态。因此,逆变器可使得光伏系统在不同光照条件下能跟随最大功率点自动运行。

　　2)因光伏功率输出接入电网,可能导致并网点电压上升,超过公共电网的运行范围,为保持系统的电压正常,逆变器在运行中要能够自动调整无功,以防止并网点电压越限。

　　3)当大电网发生故障或并网逆变器自身故障时,其需要具备安全解除并网,控制逆变器停止运行,同时诊断故障并显示报警的功能。

　　(4)逆变器控制策略

　　并网逆变器的控制技术是并网逆变器的关键。光伏并网逆变器的控制结构包括功率控制、光伏电池最大功率跟踪(MPPT)控制、功率因数补偿和升压控制等。其中,功率控制和MPPT 控制为系统控制的核心。其总体控制框图如图 2-40 所示。

　　1)功率控制

　　功率控制是指单元控制器能够通过一定策略控制逆变器平稳地输出既定的有功功率和无功功率。逆变器在功率控制时,输出的电压和频率跟踪微电网母线的电压频率。在系统电压稳定时,功率控制只通过改变线路前后的电压的相位差控制其输出电流。

　　常用的功率控制采用电网电压定向的双环控制策略,外环采用定无功功率和定直流电压控制,内环采用电流控制。控制框图如图 2-41 所示。

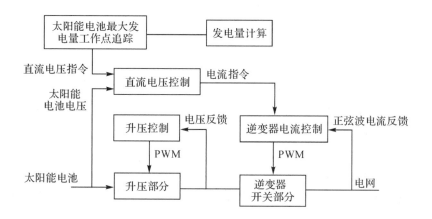

图 2-40　光伏并网逆变器控制框图

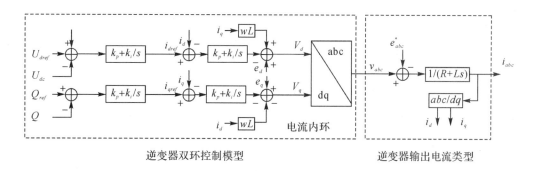

图 2-41　光伏功率控制框图

首先,通过 park 变换将三相电压变换到旋转坐标系 dq 轴,逆变器理论输出 dq 轴电压方程为:

$$v_d = Ri_d + L\frac{\mathrm{d}i_d}{\mathrm{d}t} + \omega Li_q + e_d$$
$$v_q = Ri_q + L\frac{\mathrm{d}i_q}{\mathrm{d}t} - \omega Li_d + e_q$$

$$(2\text{-}41)$$

式中,$v_d$ 和 $v_q$ 为逆变器输出电压的 dq 轴分量;$\omega Li_q$、$\omega Li_d$ 为电感的交叉耦合项,可利用前馈控制将其消除。

外环功率控制采用 PI 控制器。其数学模型如下:

$$i_{dref} = (U_{dcref} - U_{dc})(k_p + \frac{k_i}{s})$$
$$i_{qref} = (Q_{ref} - Q)(k_p + \frac{k_i}{s})$$

$$(2\text{-}42)$$

式中,$U_{dcref}$、$Q_{ref}$ 为直流电压和无功功率的参考值;$i_{dref}$、$i_{qref}$ 为 d 轴和 q 轴的参考电流。

如果电网电压保持恒定,则逆变器输出有功功率和 d 轴电流 $i_d$ 成正比,无功功率和 q 轴电流 $i_q$ 成正比。$v_d$ 和 $v_q$ 与逆变器输出 dq 轴电流之间的传递函数由控制所决定,即通过 dq 轴电流可以控制 dq 轴电压。一般采用 PI 控制即可实现内环的电流控制,其数学表达式为

$$v_{d1} = (i_{dref} - i_d)(k_p + \frac{k_i}{s})$$

$$v_{q1} = (i_{qref} - i_q)(k_p + \frac{k_i}{s})$$

$$(2\text{-}43)$$

在此基础上,加入补偿项就可以消除电网电压和 $dq$ 轴交叉耦合的影响,实现电流的解耦控制,得到的 $dq$ 轴电压再通过 park 反变换得到逆变器控制实际输出电压。

2)MPPT 控制

对于光伏发电而言,光照强度是随机变化的,受天气影响较大,使得电源输出功率具有不可控制性。而且由于光伏电源的初始投资成本高、运行成本低,为最大效率地利用可再生能源,其控制目标应该是如何保证可再生能源的最大利用率,为此逆变器的控制还应加入最大功率跟踪控制(MPPT)。

常用的 MPPT 方法主要有三种:恒电压法、扰动观察法和电导增量法。其中,电导增量法精度高,在外界环境比较稳定时,可采用修改逻辑判断式来减小稳态时的振荡,但往往步长和阈值的选择使得算法实现复杂化。近年来出现了许多以数学中二次插值法为思想基础的 MPPT 算法,相较于其他的数值方法,牛顿法的 MPPT 算法在精度和快速性方面更具优越性,但是牛顿法的跟踪效果直接受插值点选取的影响[51]。

不同的 MPPT 算法有其自身的优点和不足,以及相应的应用的场合,采用合理的控制方法,可以提高发电效率,节约成本投资。

**3. 光伏出力模型**

(1)太阳辐射强度

光伏出力主要由单位面积在单位时间内接受的太阳辐射能称为太阳辐射强度决定,通常以 $I$ 表示,其单位为(W/m²)。太阳辐射分为太阳直接辐射和散射辐射。可以利用数学公式进行计算或者用观测法测量辐射量。

太阳辐射直射强度计算方法

到达地球大气层外表面的平均太阳辐射强度为 1353(W/m²),通常称之为太阳常数。由于地球绕太阳旋转的轨道是椭圆的,各月大气层外表面接收到的太阳辐射强度 $I_0$ 是不同的。太阳高度 $\alpha_s$ 是指太阳光入射方向和地平面之间的夹角,是决定地球表面获得太阳热能最主要的因素。此外,到达地球表面的太阳强度还与大气透过率 $P$ 有关,大气透过率又取决于大气厚度 $L$,大气吸收太阳光能力的消光系数 $K$ 等因素有关。图 2-42 为太阳辐射直射强度示意图。

若已知上述各值,即可以计算任意时刻的太阳辐射强度 $I_{DN}$:

$$I_{DN} = I_0 P^{(1/\sin \alpha_s)}$$

$$(2\text{-}44)$$

根据 $I_{DN}$ 可算出与水平面成任意夹角的斜面所接受的太阳辐射直射强度 $I_B$:

$$I_B = I_{DN} \cos i_s$$

$$(2\text{-}45)$$

式中,$i_s$ 为太阳直射光线与该表面法线间的夹角。

太阳辐射的散射强度

太阳辐射到达地面以后有一部分被反射,在大多数情况下,这种反射属于漫反射,加之天空散射,构成对地面物体的总散射辐射强度:

$$I_D = I_{ds} + I_{dg}$$

$$(2\text{-}46)$$

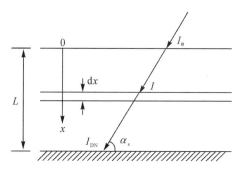

图 2-42　太阳辐射直射强度示意图

式中，$I_D$ 为总散射辐射强度（$\text{W/m}^2$）；$I_{ds}$ 为天空散射强度（$\text{W/m}^2$）；$I_{dg}$ 为地面反射辐射强度（$\text{W/m}^2$）。值得一提的是，天空辐射是一个相当复杂的问题，迄今为止研究还不完善，只能采用一些经验公式近似。

太阳辐射总辐射强度及云遮影响修正

由上述的计算结果即可得到任意平面接受的太阳总辐射强度 $I_t$：

$$I_t = I_B + I_D = I_B + I_{ds} + I_{dg} \tag{2-47}$$

其中，式中所示的太阳辐射强度计算是针对晴天进行的，然而天气状况变化无常，天空中云层对太阳辐射的影响之大是显而易见的，这就需要对基于晴天计算的太阳辐射强度做出云遮修正。

在得到云遮修正系数之后即可对太阳辐射强度进行修正：

$$I_{tc} = I_t C_c \tag{2-48}$$

其中，$C_c$ 是云遮修正系数，其数值是与太阳高度角、云量和云类相关的参数。

（2）光伏发电出力模型

光伏发电原理示意图如图 2-43 所示。

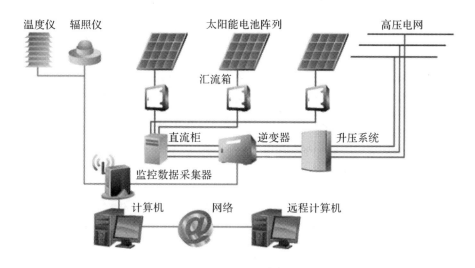

图 2-43　光伏发电原理示意图

一般通用光伏发电模型如下：

$$I = I_{so}\left[1 - C_1\exp\left(\frac{V}{C_2V_\infty} - 1\right)\right] \tag{2-49}$$

$$C_1 = \left(1 - \frac{I_m}{I_{so}}\right)\exp\left(-\frac{V}{C_2V_\infty}\right) \tag{2-50}$$

$$C_2 = \left(\frac{V_m}{V_\infty} - 1\right)\bigg/\ln\left(1 - \frac{I_m}{I_{so}}\right) \tag{2-51}$$

$$P = IV \tag{2-52}$$

式中,$I$、$V$ 为光伏电池单元的输出直流电流、电压,$P$ 为输出有功功率;$I_{so}$、$V_\infty$、$I_m$、$V_m$ 分别为参考条件下短路电流、开路电压及最大功率下的最大电流和电压。除此之外,有时还需考虑日照强度,环境温度,光伏电池串联电阻 $R_s$ 以及太阳光入射角等因素。

（3）光伏电站功率计算模型

假设光伏阵列由 $m$ 串电池并联,而每串又由 $n$ 块电池串联而成,且输出总电流为 $I_{t1}$,端电压为 $U_{t1}$,总功率为 $P_{t1}$,则有:

$$I_{t1} = m * I \tag{2-53}$$

$$U_{t1} = n * V \tag{2-54}$$

$$P_{t1} = \eta_R I_{t1}U_{t1} = \eta_R * m * n * I * V = \eta_R * m * n * P \tag{2-55}$$

式中,$I$、$V$、$P$ 为电池单元参数,$\eta_R$ 为光伏阵列综合效率。

若该电池板接入效率为 $\eta_I$ 的并网逆变器和效率为 $\eta_T$ 的变压器,则并网输出功率还需乘以 $\eta_I$ 与 $\eta_T$。

（二）适应光伏接入总体思路

目前,我省大型集中式光伏电站主要集中在浙西南部衢州、丽水等地区,分布式光伏发电主要集中在嘉兴、宁波、绍兴、杭州地区。受太阳辐射量、建筑物、负荷、电网吸纳条件、建设成本等因素制约,我省光伏发电尚未规模化发展。随着创建国家清洁能源示范省工作目标的提出,近期我省光伏发电将得到有序快速发展,潜在太阳能资源的开发将得到逐步深入。

分布式发电与集中式发电的比较:

集中式光伏发电要求电站内部配置有功、无功功率控制系统,具备实现电能质量在线监测、集中治理的场地,便于电网运行指标集中管理和控制。但是,对于电网公共并网点而言,光伏电站接入容量相对集中,对周边电网运行的影响更为明显。同时,集中式光伏发电接入的配套电网建设工程投资大,与电站本体建设时间较难配合。集中式光伏电站开发建设过程中还会面临土地资源利用、土地性质认定不明、生态环境破坏等问题。

分布式光伏发电容量小且分布较为分散,就近接入电网平衡负荷,降低线损,发展初期对电网的影响相对较小;分布式光伏发电大多接入用户内部,基本不涉及公共电网配套工程建设。当分布式光伏发展达到一定规模后,对电网的影响会日益凸显,将对电网建设的智能化水平提出更高的要求。从发电本体而言,分布式光伏项目可充分利用建筑物表面,有效节约土地资源,对生态环境影响小,审批环节少且流程周期短,专业化运行管理要求低,运行维护成本少。再者,分布式光伏的发展会对电网公司的市场占有率产生一定影响,接入用户内部的容量越多,电网损失的用户越多。

浙江省建筑密集、人口稠密、土地开发强度大,闲置土地大多集中在衢州、丽水及我省西部地区。而与此同时,这些地区的电网也是我省电力需求基数较小、电网结构相对薄弱的地方,电网接纳新能源的能力和接入条件有限。因此,立足浙江实际,我省光伏发电发展应本着"就近接入,就地消纳"的原则,以国家级光伏发电应用示范区建设为依托,重点推进与工业厂房、公共建筑相结合的屋顶分布式光伏发电发展;在电网接入条件允许的区域,适当发展集中式光伏电站。

清洁能源示范省规模方案消纳建议分地区规模:

根据国家有关政策及我省的资源禀赋,我省光伏发展应遵循"就近接入、当地消纳"的原则,光伏消纳能力测算中考虑以地市为单位平衡消纳。同时,根据《关于改善电力运行调节促进清洁能源多发满发的指导意见》(发改运行〔2015〕518号),在保障电网安全稳定的前提下全额安排可再生能源发电。浙江省用电负荷峰谷差大、季节性差异大,而光伏发电随机性特征突出,按照清洁能源示范省1000千万光伏的水平,建议各地市的光伏总量不超过表2-12。

由于电网运行具有连续性和实时性的特点,而节假日与正常工作日的负荷差异又非常大,因此若要在保障节假日(不含春节)电网正常运行的条件下,仍然能够安全消纳光伏发电电力,全省及各地市的光伏发电装机规模还将进一步下降。特别是在春节等极端情况下,我省光伏等新能源消纳能力严重不足,随着新能源规模的快速增长,需配套采取切实有效的措施。

表 2-12　清洁能源示范省规模方案消纳建议浙江分地区规模表　单位:万千瓦

| 地区 | 2020 年 | 2023 年 | 2030 年 |
| --- | --- | --- | --- |
| 杭州 | 137 | 172 | 283 |
| 嘉兴 | 137 | 175 | 283 |
| 湖州 | 80 | 100 | 165 |
| 绍兴 | 103 | 130 | 212 |
| 宁波 | 80 | 101 | 165 |
| 金华 | 92 | 113 | 188 |
| 衢州 | 52 | 62 | 69 |
| 台州 | 57 | 71 | 118 |
| 丽水 | 15 | 20 | 24 |
| 温州 | 34 | 43 | 71 |
| 舟山 | 11 | 15 | 24 |
| 地区合计 | 798 | 1002 | 1602 |

### (三)光伏接入电网研究

**1. 电能质量研究**

光伏出力受光照影响电压、电流波动明显,光伏接入对电网的谐波水平、三相不平衡度有所贡献,对电压波动和闪变有所影响,目前仍可满足国标要求。随着分布式光伏的持续发展,在局部区域光伏渗透率达到一个较高的水平后,会加剧对电能质量的影响,在一些工程仿真中示范园区已经出现电压越限的风险。因此,需要进一步结合评估与实测数据,深入开展分布式电源对电能质量影响程度的研究。

大规模光伏发电接入电网的适应性研究,应重点关注光伏电站接入对电网电压波动、谐波电流等方面的影响。2009至2014年,我省已大量开展了光伏电站入网电能质量评估和电能质量运行实测。结果表明,1)光伏电站出力变化引起周围电网主要节点的电压变化还小,电站并网运行对各节点电压偏差基本无影响;2)光伏电站对公共连接点的电压波动与闪变影响主要取决于光伏电站装机容量大小,个别装机容量较大的集中式光伏电站对电网电压波动与闪变的影响超出国标要求,个别集中式光伏电站存在 11 次、13 次谐波电流超国标限值的情况,可在光伏电站侧采取相应的治理措施来解决。如并网逆变器采用高质量、并网前对太阳能资源、逆变器、箱变等主设备进行背景测试和验收、并网后委托有资质单位进行运行特性测试、安装动态无功补偿装置、预留滤波支路、加装有功功率控制装置、加装电能质量在线监测装置。

因此,适应大规模光伏接入的浙江电网规划配套建设,应根据光伏发电项目实际情况、电力平衡与电能质量评估结果,合理选择电站并网接入系统方案,制定电压调节措施与谐波治理方案,着力于改善电网系统结构,增强电网输送能力,加快智能电网建设,实现灵活优化调控,使各类能源资源得到更大范围的优化配置。

**2. 光伏规划模型**

针对分布式电源并入配电网的研究,本章以经济性为基本规划模型,将折算至每年的分布式电源投资及运行费用、线路运行费用以及首次提出的影子配电网投资三者费用总和最小作为目标函数;并从可靠性角度把网络节点电压越限惩罚、导线电流越限惩罚、允许分布式电源接入配电网总量的越限惩罚三个不等式约束条件通过惩罚因子的形式引入原经济性模型,建立了归一化目标函数。同时,考虑了各节点分布式电源可开发资源上限、短路电流限制等因素。鉴于人工智能算法在解决各类优化问题中的优越性,本章采用标准的遗传算法解决分布式电源规划选址和定容问题。

(1)目标函数

本章将折算至每年的分布式电源投资及运行费用、线路运行费用以及首次提出的影子配电网投资三者费用总和最小作为目标函数,提出如下目标函数模型:

$$\min Z_{\cos t} = C_{DG} + C_L + C_{en} \tag{2-56}$$

$C_{DG}$ 为折算到每年的 $DG$ 建设投资及运行费用,$C_L$ 折算到每年的线路运行费用 $C_{en}$ 为影子配网投资(每年的购电费用)

(2)不等式约束

不等式约束,采用越限偏差值的惩罚函数表示,主要是为了将其引入到目标函数,以得到不含不等式约束的优化问题。

$DG$ 的可开发资源约束

可以由 $DG$ 的最大开发容量 $DG\max_i$ 表示:

$$S_i \leqslant DG\max_i \tag{2-57}$$

由于 $DG$ 的最大开发容量属于刚性约束,因此不能纳入归一化目标函数。同时,一般的 $S_i$ 是决策变量,因此不等式约束作为决策变量可行选择,即如果优选的解中有个别节点的 $DG$ 容量选择超过了最大开发容量,则将该节点的容量直接置为最大开发容量,即:

$$S_i^p = \begin{cases} DG\max_i, & \text{当 } S_i^o \geqslant DG\max_i \\ S_i^o, & \text{当 } S_i^o \leqslant DG\max_i \end{cases} \tag{2-58}$$

式中,$S_i^o$ 为计算机给出的可选优化决策,$S_i^p$ 为计算机给出的最终优化决策。

**最大短路电流约束**

设定配电线路所有负荷为 0,在变电站 10 千伏母线侧产生接地短路,计算所有 DG 对该母线的最大短路电流之和。10 千伏配电网短路电流按 20 千安控制,现状 10 千伏母线侧短路电流假设为 15 千安,因此,DG 的最大短路电流约束为 5 千安。此约束不纳入目标函数进行计算,而作为校验用;违反该约束的 $DG$ 决策将被放弃。

**节点电压约束**

节点电压约束不等式为

$$K_U(U_i)=\begin{cases}K_u(U_{imin}-U_i)^2, & U_i<U_{imin}\\K_u(U_{imin}-U_i)^2, & U_i>U_{imax}\\0, & U_{imin}\leqslant U_i\leqslant U_{imax}\end{cases}\qquad(2\text{-}59)$$

式中,$U_i$ 为节点 $i$ 处电压实际值;$U_{imin}$、$U_{imax}$ 分别为电压上下限;$K_U$ 为电压越限的惩罚系数,一般取较大的值,如 100。

**导线电流不等式约束**

这是为了满足热、动稳定的要求。

$$K_I(I_j)=\begin{cases}K_I(I_j-I_{jmax})^2, & I_j\geqslant I_{jmax}\\0, & I_j<I_{jmax}\end{cases}\qquad(2\text{-}60)$$

式中,$I_j$ 为导线段 $j$ 处的电流实际值;$I_{jmax}$ 为第 $j$ 条导线段允许通过的电流最大值;$K_I$ 为电流越限惩罚系数,一般取值也较大,实际应用时中可取 100。

**分布式电源运行约束**

分布式电源接入配电网后势必导致该系统潮流分布的改变。为了使整个电网潮流处于可控范围,尤其是防止在变电站出线关口出现逆潮流,本章提出的算法对分布式电源接入的总容量进行了限制,即假设分布式电源在配电网的最大接入容量不超过其最大负荷总量的 10%。

$$K_{\sum DG}(S_{\sum DG})=\begin{cases}K_{\sum DG}(S_{\sum DG}-S_L)^2, & S_{\sum DG}>S_L\\0, & S_{\sum DG}\leqslant S_L\end{cases}\qquad(2\text{-}61)$$

式中,$S_{\sum DG}$ 为 $DG$ 接入配电网的总容量;$S_L$ 为配电网负荷总量的 10%;$K_{\sum DG}$ 为 $DG$ 越限惩罚系数,也取值为 100。

(3)考虑不等式约束的目标函数

将上述整个系统各项电压、电流、DG 容量经过越限判断后,其计算所得值加入原目标函数,并求取最小值(最经济的运行方式),得到新的优化函数:

$$\min Z_{\cos t}=C_{DG}+C_L+C_{en}+\sum_{i=1}^n K_U(U_i)+\sum_{j=1}^L K_I(I_j)+K_{\sum DG}(S_{\sum DG})\qquad(2\text{-}62)$$

综合考虑当前各种规划算法的优缺点以及其对本文数据量和约束条件的适应性,本章采用遗传算法作为求解方法。相对于传统采取符号、记号等方式的人工智能方法,遗传算法在信息操作以及处理类似于"组合爆炸问题"上更具优越性。目前,遗传算法在操作的过程和编码的形式上所具有的独特的简便性使其越来越受到配电网 DG 规划领域的青睐,使用该算法与其他方法相比,明显存在巨大的优势,并且在该领域已经卓有成效。

**3. 家用光伏经济性评价**

(1)阶梯电价与国家光伏补贴

浙江省居民电价为阶梯计价方式,峰谷电价略有不同。对于光伏补贴分为三部分:1)初装补贴:按照初装容量进行补贴;2)发电电量补贴;3)发电余量上网电价。按照以上计价方式与补贴方式,可得如图 2-44 的典型光伏发电用户电费曲线。实线为无光伏下的用户电费曲线,虚线为有光伏的用户电费曲线。

从图中可以看出,无光伏时,用户用电分别在时间 $T_1$ 和 $T_2$ 越过第一阶梯的用电量 2760 和第二阶梯的用电量 4800;阶梯三段中,随着用电越过阶梯门槛,其单位电量电价上升,因此,电费曲线向上的斜率变大。当用户具有光伏发电后,其发电将首先满足自用,因此其与电网交易口从电网的购电曲线将下降,如图中的电划蓝线,不仅从电网中的每月的购电量降低,该曲线与第 1 阶梯的门槛的交叉点也有大大的滞后,即 $T'_1 > T_1$;同时与第 2 阶梯的门槛的交叉点也会大的滞后,即 $T'_2 > T_2$;在某些安装比较大的光伏发电容量,有可能导致在一年中不出现 $T'_2$,甚至不出现 $T'_1$,从而使得一年中可避免使用高的购电价格,从而使得购电费用大大降低。

(2)光伏材料性价比分析

对某小区已建屋顶光伏发电的调查,如表 2-13 所示,以 5kWp 的屋顶光伏为例,则其采用多晶硅光伏电池技术的总投资为 38848.42 元。考虑到 1Wp 补贴 1 元钱的初装投资补贴,则总投资为 33848.42 元。

单晶硅的效率尽管为 17%,高于多晶硅的 15.5%,但显然对于相同的太阳日照,其两者的发电出力比为 17%/15.5%=1.0968;而两者的单位造价比为 11000/7769.68=1.4158 远大于 1.0968,因此从性价比,单晶硅性价比小于多晶硅。薄膜不仅在效率上远小于多晶硅,且单位造价大于多晶硅,因此是性价比最差的。以下分析只推荐采用多晶硅技术的光伏发电。

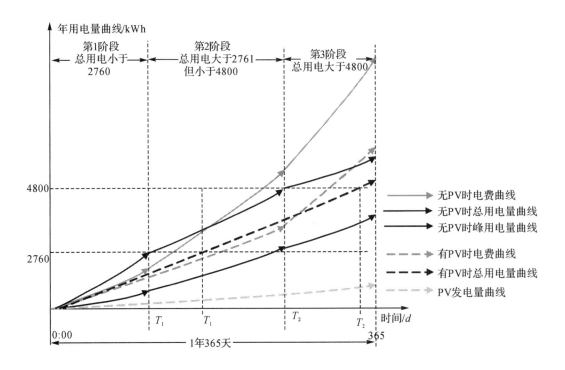

图 2-44　典型用户电费曲线

表 2-13　已建屋顶光伏发电的调查结果

| 光伏电池技术 | 多晶硅 | | | 单晶硅 | 薄膜 |
|---|---|---|---|---|---|
| 已建户 | 1 | 2 | 3 | 1 | 1 |
| 光电转换效率(%) | 15.5 | 15.5 | 15.5 | 17 | 12 |
| 装机容量(kWp) | 6.38 | 12.6 | 7.75 | 4.16 | 4.05 |
| 工程造价(元) | 51038 | 95000 | 85250 | 45760 | 43335 |
| 单位造价(元/kWp) | 7999.69 | 7539.68 | 11000 | 11000 | 10700 |
| 均值(元/kWp) | 7769.68 | | | 11000 | 10700 |

（3）投资回报年分析

设初始总投资为 $A$（元），年利率为 $r$，则过了 $N$ 年时的投资复利终值为 $A(1+r)^N$，设年收益为 $B$（元），当不考虑光伏电池年性能衰减时，过了 $N$ 年时的累计收益为 $NB$（元），要使在过了 $N$ 年时收益与投资复利终值恰好平衡，则需满足下式：

$$A(1+r)^N = NB \tag{2-63}$$

考虑到光伏材料的寿命为 20 年，故当 $N=20$ 时，年收益率为

$$r = \exp\left(\frac{1}{N}\ln\frac{NB}{A}\right) - 1 \tag{2-64}$$

当考虑光伏电池年性能衰减时，设每年衰减 $a\%$，则过了 $N$ 年时的累计收益为 $B\dfrac{1-(1-a\%)^N}{a\%}$（元），要使在过了 $N$ 年时收益与投资复利终值恰好平衡，则需满足下式：

$$A(1+r)^N = B\frac{1-(1-a\%)^N}{a\%} \tag{2-65}$$

考虑到光伏材料的寿命为 20 年，故当 $N=20$ 时，年收益率为

$$r = \exp\left[\frac{1}{N}\ln\frac{B\dfrac{1-(1-a\%)^N}{a\%}}{A}\right] - 1 \tag{2-66}$$

典型用户投资回收年如表 2-14 所示。

从上表可以看出，按现行上网电价、用户用电电价、发电余量上网，均不能达到 8% 的回报率。光伏的年衰减由 0 增为 1%，则会使得回报利率下降 1%～2%，并导致回收期下降，表明光伏的年衰减对收益的影响很显著。

在政府无初装补贴时，光伏的年衰减由 0 增为 1%，则会使得回报下降 2%，是影响最大的因素。

政府的初装补贴由 1 元/每瓦降为 0，则对于无光伏衰减的影响主要在回报年的增加，而对于有衰减的光伏而言，则回报利率将下降 1%，表明政府初装补贴具有意义，主要是降低了初期一次性投资。

用户的用电大小，如若全部自发自用到全部上网（即自己用电为 0 或很小），对于无光伏衰减的情况下，其回报利率将下降 1%；而对于年衰减 1% 的光伏而言，其回报利率将下降 2%；表明用户自发自用比例高低，对投资的回报率影响较为显著。

表 2-14　典型用户投资回收年

| 光伏年衰减率 | 0 | | | | | | | | | |
|---|---|---|---|---|---|---|---|---|---|---|
| 政府初装补贴 | 0 | | | | | | | | | |
| 用户发用电行为 | 发电全部上网 | | | | | 光伏发电量3档梯级平均冲抵 | | | | |
| 用户投资利率 | 0 | 4% | 5% | 6% | 7% | 0 | 4% | 5% | 6% | 7% |
| 回报年 | 8 | 13 | 19 | ∞ | ∞ | 7 | 9 | 11 | 14 | ∞ |
| 20年回收年收益率 | 5.03% | | | | | 6.04% | | | | |
| 政府初装补贴 | 1元/W | | | | | | | | | |
| 用户发用电行为 | 发电全部上网 | | | | | 光伏发电量3档梯级平均冲抵 | | | | |
| 用户投资利率 | 0 | 4% | 5% | 6% | 7% | 0 | 4% | 5% | 6% | 7% |
| 回报年 | 7 | 10 | 12 | ∞ | ∞ | 7 | 8 | 8 | 10 | ∞ |
| 20年回收年收益率 | 5.75% | | | | | 6.78% | | | | |
| 光伏年衰减率 | 1% | | | | | | | | | |
| 政府初装补贴 | 0 | | | | | | | | | |
| 用户发用电行为 | 发电全部上网 | | | | | 光伏发电量3档梯级平均冲抵 | | | | |
| 用户投资利率 | 0 | 3% | 4% | 5% | 6% | 0 | 4% | 5% | 6% | 7% |
| 回报年 | 7 | 11 | 14 | ∞ | ∞ | 7 | 10 | 12 | ∞ | ∞ |
| 20年回收年收益率 | 4.54% | | | | | 5.55% | | | | |
| 政府初装补贴 | 1元/W | | | | | | | | | |
| 用户发用电行为 | 发电全部上网 | | | | | 光伏发电量3档梯级平均冲抵 | | | | |
| 用户投资利率 | 0 | 3% | 4% | 5% | 6% | 0 | 4% | 5% | 6% | 7% |
| 回报年 | 7 | 9 | 11 | 14 | ∞ | 6 | 8 | 8 | 10 | ∞ |
| 20年回收年收益率 | 5.52% | | | | | 6.28% | | | | |

# 第三章　浙江省外来电情况及安全性

## 第一节　浙江省供用电形势分析

### 一、浙江经济发展概况

"十一五"时期,浙江经济呈现快速增长态势。2005年,全省生产总值为13417.7亿元,比上年增长8.0%。其中:第一产业、第二产业和第三产业增加值分别为892.8亿元、7164.75亿元和5360.1亿元,人均生产总值27703元,比上年增长13.8%。2005—2007年GDP的增长率分别达到15.2%、17.1%和19.3%,而2008—2009年,受国际金融危机影响,增速下降较明显,分别为14.4%和8.9%,2010年又快速回升至11.8%。至2010年,全省生产总值达到27227亿元,比上年增长13.1%。其中:第一产业、第二产业和第三产业增加值分别为1360.56亿元、14297.93亿元和12063亿元,分别增长3.6%、9.1%和9.4%。人均生产总值51711元,比上年增长18.0%。"十一五"时期年平均增速达到11.9%,人均生产总值达到52059元,全社会固定资产投资和社会消费品零售总额均突破万亿元,分别达到12488亿和10163亿元,年均增长率分别为13.3%和16.9%,基础设施明显改善,消费对经济的拉动作用不断增强,进出口总额达到2535亿美元,其中出口总额达到1805亿美元,年均增长率分别为18.7%和18.6%。

"十二五"以来,浙江省经济发展方式加快转变,经济结构战略性调整加速推进,全省经济保持平稳增长,全省生产总值从2010年的27722亿元增加到2014年的40153亿元,年均增长率为9.7%,其中第一产业年均增长6.9%,第二产业年均增长7.6%,第三产业年均增长12.4%。人均生产总值从2010年的51711元增加到2014年的72967元,已突破1万美元。产业结构持续优化,三次产业增加值的比例从2010年的4.9:51.6:43.5调整为2014年的4.4:47.7:47.9。

到2014年,浙江省增速平稳,全省生产总值已告别两位数增长,开始进入经济发展的换档期[52]。

### 二、浙江省用电需求及供电形势变化

近些年,我省电力需求呈现持续较高增长,浙江省全社会用电量由2005年的1656亿千瓦时增长到2014年的3506亿千瓦时,全省用电量年均增长8.7%,其中第二、第三产业用电量年均增长率分别为8.1%和12.4%。第二产业特别是规模以上工业的用电量情况基本决定了全省用电增长,而第三产业与第二产业相比其用电量增速近年明显加快。居民生活

用电量由 2005 年的 173 亿千瓦时增长到 2014 年的 421 亿千瓦时,年均增长率为 10.4%。2005—2014 年,全省最高负荷每年平均增加 397 万千瓦,年均增长 10.2%。

2005—2014 年浙江用电情况表详见表 3-1。

表 3-1　2005—2014 年浙江用电情况表　　单位:亿千瓦时、万千瓦、%

| 年份 | 2005 | 2010 | 2011 | 2012 | 2013 | 2014 | 2005—2014 年平均增长率(%) |
|---|---|---|---|---|---|---|---|
| 全省最高负荷(万千瓦) | 2540 | 4560 | 5331 | 5472 | 5857 | 6109 | 10.2 |
| 增长率(%) | 25.2 | 13.2 | 16.9 | 2.6 | 7.0 | 4.3 | — |
| 全省用电量(亿千瓦时) | 1656.8 | 2824.2 | 3120.0 | 3210.6 | 3453 | 3506 | 8.7 |
| 增长率(%) | 18.88 | 14.16 | 10.47 | 2.9 | 7.5 | 1.54 | — |
| 其中:第一产业用电量(亿千瓦时) | 13.9 | 17.3 | 19.36 | 21.09 | 24.09 | 23.4 | 6.0 |
| 增长率(%) | 63.92 | 10.19 | 11.91 | 8.94 | 14.2 | -2.7 | — |
| 第二产业用电量(亿千瓦时) | 1311.9 | 2206.5 | 2427.2 | 2448.8 | 2598.1 | 2652.5 | 8.1 |
| 增长率(%) | 18.79 | 14.07 | 10 | 0.89 | 6.1 | 2.1 | — |
| 第三产业用电量(亿千瓦时) | 143.3 | 278.2 | 317.7 | 348.8 | 390.7 | 409.2 | 12.4 |
| 增长率(%) | 13.71 | 15.44 | 14.21 | 9.79 | 12.0 | 4.74 | — |
| 居民生活用电量(亿千瓦时) | 173.2 | 318.9 | 352.6 | 391.9 | 440.0 | 421.2 | 10.4 |
| 人均用电量(千瓦时) | 3382.5 | 5399 | 5694 | 5862 | 6278 | — | |
| 统调最高负荷(万千瓦时) | 2031 | 4183 | 4955 | 5044 | 5463 | 5774 | 12.3 |
| 增长率(%) | 21.0 | 11.2 | 16.9 | 2.6 | 8.3 | 5.7 | |
| 统调用电量(亿千瓦时) | 1266 | 2418 | 2758 | 2779 | 3021 | 3034 | |
| 增长率(%) | — | 17.12 | 14.04 | 0.76 | 8.7 | 0.44 | |

(1)"十一五"时期我省用电需求变化

2005—2010 年期间,我省电力需求呈现持续较高增长,电力供应处于严重短缺状态。浙江省全社会用电量由 2005 年的 1656.8 亿千瓦时增长到 2010 年的 2824.2 亿千瓦时,年均增长率为 11.4%,其中第二、第三产业用电量年均增长率分别为 11.0%、14.2%。第二产业特别是规模以上工业的用电量情况基本决定了全省用电增长。居民生活用电量由 2005 年的 173.2 亿千瓦时增长到 2010 年的 318.9 亿千瓦时,年均增长率为 16.8%,第三产业和居民用电结构由 2005 年的 0.8%:82.2%:7.9%:9.1%调整为 2010 年的 0.6%:80.4%:8.8%:10.2%。

(2)"十二五"以来我省供用电形势

"十二五"以来,全社会用电量增速明显变缓。"十二五"前四年全省全社会用电量增加 681.8 亿千瓦时,年均增长 5.6%;"十二五"前四年全省最高用电负荷增加 1549 万千瓦,年均增长 7.6%。其中第二、第三产业用电量年均增长率分别为 4.7%、10.1%。居民生活用电量由 2010 年的 318.9 亿千瓦时增长到 2014 年的 421.2 亿千瓦时,年均增长率为 7.2%,第三产业和居民用电结构由 2010 年的 0.6%:78.2%:9.9%:11.3%调整为 2014 年的 0.6%:76.0%:11.7%:12.1%。

如图 3-1 和图 3-2 所示,2005—2014 年浙江省全社会用电量增速逐渐放缓,年增长率总体呈逐渐下降趋势,到 2014 年,全省全社会用电量达到 3506.39 亿千瓦时、最大负荷达到 6109 万千瓦。

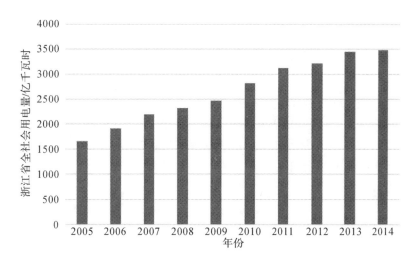

图 3-1 2005—2014 年期间浙江省全社会用电量

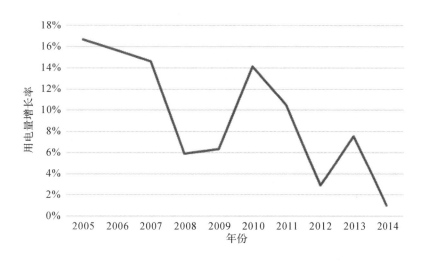

图 3-2 2005—2014 年期间浙江省全社会用电量增长率

"十二五"前三年浙江共限电 241 天,最大缺口约 600 万千瓦,是全国缺电最为严重的地区。为缓解电力紧张状况,省委、省政府 2011 年推出了三年电力保障行动计划,取得了显著的效果。

2014 年下半年开始,随着用电增速的下滑、省内大量新机组投产及溪洛渡—浙西特高压直流工程正式投产后区外计划来电的增加,我省发用电平衡由多年来的紧张状态转为平衡有余,省内统调常规燃煤机组的发电利用小时数大幅下降[53]。

### 三、浙江省内电源发电概况

截至 2005 年末,全省全口径发电装机容量 3774.34 万千瓦,其中 6000 千瓦及以上发电装机容量 2854.78 万千瓦,其中:浙江省统调装机容量 1660.6 万千瓦,非统调装机 626.57 万千瓦,华东分部统一调度电厂装机容量 567.57 万千瓦;到 2010 年末,全省全口径发电装机容量 5727.55 万千瓦,比 2005 年末增长 1953.21 万千瓦,其中 6000 千瓦及以上发电装机容量 5173.94 万千瓦,比 2005 年末增长 2319.16 万千瓦,其中:浙江省统调装机容量 3710.55 万千瓦,比 2005 年末增长 2049.91 万千瓦;非统调装机 701.08 万千瓦,比 2005 年末增长 74.51 万千瓦;华东分部统一调度电厂装机容量 762.32 万千瓦,比 2005 年末增长 194.75 万千瓦。

到 2014 年末,全省全口径发电装机容量 7412.45 万千瓦,其中 6000 千瓦及以上发电装机容量 6926.41 万千瓦,比 2010 年末增长 1752.47 万千瓦。其中:浙江省统调装机容量 5127.9 万千瓦,比 2010 年末增长 1417.35 万千瓦;非统调装机 861.02 万千瓦,比 2010 年末增长 159.94 万千瓦;华东分部统一调度电厂装机容量 937.5 万千瓦,比 2010 年末增长 175.18 万千瓦。

由图 3-3 可以看出,与"十一五"时期省内机组建设的快速发展相比,2011—2014 年省统调电厂装机容量的增长速度大大减缓,年平均增速不及"十一五"时期增速的 1/2,6000 千瓦及以上非统调电厂装机的年平均增长速度由 2.3% 增长为年均 5.3%。总体来说,全口径发电装机容量不再快速增长,增速逐年趋于下降。

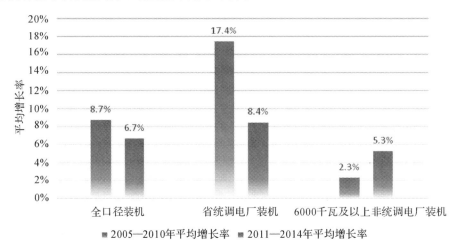

图 3-3　浙江省"十一五"与"十二五"时期装机容量增长速度对比

2005 年,全省 6000 千瓦及以上电厂(含华东直调电厂)发电量 1402.05 亿千瓦时,浙江统调电厂发电量 1119.8 亿千瓦时,其中:水电发电量 62.4 亿千瓦时;火电发电量 831.3 亿千瓦时;核电发电量 226.1 亿千瓦时。2010 年,全省 6000 千瓦及以上电厂(含华东直调电厂)发电量 2502.97 亿千瓦时。浙江统调电厂发电量 1927.99 亿千瓦时,其中:水电发电量 41.94 亿千瓦时;火电发电量 1862.81 亿千瓦时,主要包括煤电发电量 1776.98 亿千瓦时、气电 81.22 亿千瓦时;核电发电量 23.24 亿千瓦时。2014 年,全省 6000 千瓦及以上电厂(含华东直调电厂)发电量 2852.7 亿千瓦时,同比下降 1.13%。浙江统调电厂发电量 2120.6 亿千瓦时,同比下降 2.95%,其中:水电发电量 38.9 亿千瓦时;火电发电量 2055.5 亿千瓦时;核电发电量 26.2 亿千瓦时。

由图 3-4 可以看出,2011—2014 年,统调电厂中煤电发电量年均增速大大减缓,仅为 2005—2010 年期间年均增速的 1/7,但其中天然气热电机组发电量由 2010 年的 81.22 万千瓦增至 2014 年的 171.69 万千瓦,所占当年火电发电量的比例由 4.3% 增至 8.3%。

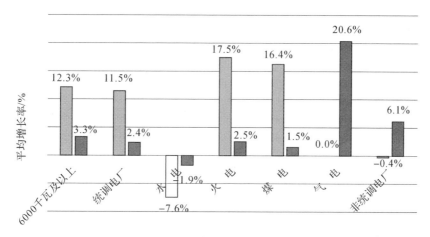

图 3-4　浙江省"十一五"与"十二五"时期不同类型电厂发电量年均增速对比

6000 千瓦以上统调电厂中,2005 年火电机组利用小时数为 6625 小时,水电机组利用小时数为 1595 小时,核电利用小时数 7375 小时;到 2010 年,火电机组利用小时数降低 1296 小时,水电机组增加 996 小时,核电机组利用小时数降低 114 小时;2011—2014 年期间,火电机组利用小时数降低 868 小时,其中煤电降低 634 小时、气电降低 390 小时,核电利用小时数由 7261 小时增至 8196 小时。2005—2014 年 6000 千瓦以上各类型发电厂利用小时数详见表 3-2。

表 3-2　2005—2014 年 6000 千瓦以上各类型发电厂利用小时数　　　　单位:小时

| 年份<br>类别 | 2005 | 2010 | 2014 |
|---|---|---|---|
| (1)华东区域网公司统一调度电厂 | 4321 | 4159 | 4027 |
| (2)浙江省统一调度电厂 | 5722 | 5225 | 4407 |
| 水　电 | 1595 | 2591 | 2263 |
| 火　电 | 6625 | 5329 | 4461 |
| 其中:煤电 | — | 5879 | 5245 |
| 油电 | — | 426 | 12 |
| 气电 | — | 2151 | 1761 |
| 核　电 | 7375 | 7261 | 8196 |
| (3)非统调电厂 | 4931 | 3908 | 4214 |
| 水　电 | 2526 | 3016 | 2873 |
| 火　电 | 5656 | 4324 | 5009 |
| 其中:气电 | — | — | 3717 |
| 风　电 | 1622 | 2010 | 2202 |
| 太阳能 | — | — | 783 |

总体来说,2005—2014 年,电力需求及供电形势具备如下特征(如图 3-5、3-6 所示):

(1)2005—2014 年,浙江省全社会用电量增速逐渐放缓。2005—2010 年,全社会用电量净增 1167 亿千瓦时、最大用电负荷净增 2020 万千瓦,2011—2014 年全社会用电量净增

367亿千瓦时、用电负荷净增778万千瓦,年增长率总体呈逐渐下降趋势,全省用电需求受天气原因及经济增长放缓趋势影响,随之增长速度减缓。随着我国以及浙江经济发展进入新常态,告别以往快速增长的态势,浙江电力需求增速放缓将持续较长一段时间。

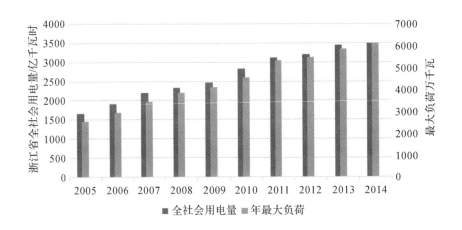

图 3-5　2005—2014 用电量及最大负荷增长柱状图

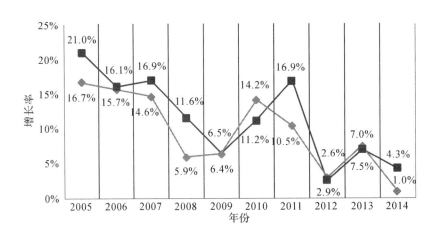

图 3-6　2005—2014 用电量及负荷增长率变化趋势图

　　(2)2005—2014 年,省内统调 6000 千瓦及以上机组装机持续增加,如图 3-7 所示。2005—2010 年,统调 6000 千瓦及以上装机净增 2319 万千瓦,2011—2014 年净增 1752 万千瓦,2014 年统调机组发电量约占到全省用电量的 72%。

　　从负荷增长情况对比来看,2005—2010 年,统调装机增量与最高负荷增量基本相当;2011—2014 年,统调装机增量比最高负荷增量高 974 万千瓦,浙江电力供应也由原来的缺电形势转为基本平衡并有盈余。

　　(3)2005—2014 年,火电机组中煤电、气电等机组自然利用小时数持续降低。从经济电力发展客观趋势来看,负荷利用小时数在不断降低。从 2005—2014 年火电利用小时变化情况来看,其变化规律基本能够反映客观情况,如图 3-8、3-9 所示。

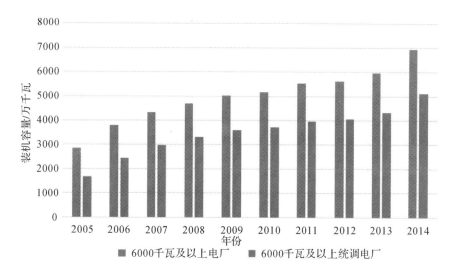

图 3-7 2005—2014 年省内 6000 千瓦及以上机组装机柱状图

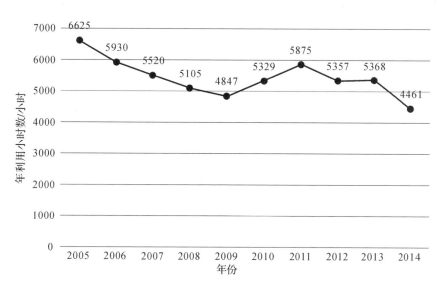

图 3-8 2005—2014 年统调火电机组利用小时数[54]

## 四、全口径电力平衡分析[55]

### (一)平衡原则

(1)考虑国家及省内核准及发放路条的全部电源项目,具体建设投产进度按照工程实际情况考虑,上半年投产电源参与当年电力平衡,下半年投产电源不参与当年电力平衡;

(2)特高压直流输入电力扣除 6% 网损后参与平衡;

(3)参照历年夏季高峰发电情况统调水电按 40% 装机容量参与平衡;统调天然气机组因气源不足等原因按 80% 装机容量参与平衡;

(4)非统调火电按 50% 装机容量参与平衡,非统调水电按 20% 装机容量参与平衡;

(5)风电、光伏、海洋能等新能源发电由于调度属性未定,暂时归入非统调电源(下同),

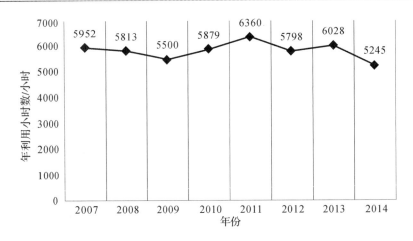

图 3-9　2007—2014 年统调煤电机组利用小时数

按 5% 装机容量参与平衡考虑;

(6)2020 年前负荷备用率考虑为总负荷的 8%。

2015—2020 年浙江各类电源参与电力平衡情况详见表 3-3 和表 3-4。

表 3-3　统调电源出力情况　　　　　　　　　　　　　　　单位:万千瓦

| 年份 | 2015 | 2016 | 2017 | 2018 | 2019 | 2020 |
|---|---|---|---|---|---|---|
| **统调装机容量** | **6581** | **6878** | **7078** | **7318** | **7518** | **7803** |
| 常规水电 | 296 | 296 | 296 | 296 | 296 | 296 |
| 抽水蓄能 | 300 | 375 | 450 | 450 | 450 | 485 |
| 火电 | 5328 | 5425 | 5425 | 5665 | 5865 | 5865 |
| 其中:煤电 | 4131 | 4228 | 4228 | 4468 | 4668 | 4668 |
| 气电 | 1197 | 1197 | 1197 | 1197 | 1197 | 1197 |
| 核电 | 657 | 782 | 907 | 907 | 907 | 1157 |
| **统调出力** | **5787** | **6284** | **6609** | **6812** | **7086** | **7086** |
| 常规水电 | 118 | 118 | 118 | 118 | 118 | 118 |
| 抽蓄 | 300 | 338 | 413 | 450 | 450 | 450 |
| 火电 | 4711 | 5170 | 5170 | 5336 | 5610 | 5610 |
| 其中:煤电 | 3806 | 4213 | 4213 | 4379 | 4653 | 4653 |
| 燃气 | 905 | 957 | 957 | 957 | 957 | 957 |
| 核电 | 657 | 657 | 907 | 907 | 907 | 907 |

表 3-4　非统调电源出力情况　　　　　　　　　　　　　　单位:万千瓦

| 年份 | 2015 | 2016 | 2017 | 2018 | 2019 | 2020 |
|---|---|---|---|---|---|---|
| **非统调装机容量** | **1533** | **1857** | **2122** | **2237** | **2344** | **2462** |
| 常规水电 | 395 | 395 | 395 | 395 | 395 | 395 |
| 抽蓄 | 8 | 8 | 8 | 8 | 8 | 8 |
| 火电 | 836 | 937 | 995 | 1002 | 1006 | 1011 |
| 新能源 | 294 | 518 | 724 | 833 | 935 | 1048 |
| 其中:风电 | 102 | 152 | 213 | 246 | 280 | 313 |
| 光伏 | 192 | 366 | 507 | 581 | 649 | 727 |

续表

| 年份 | 2015 | 2016 | 2017 | 2018 | 2019 | 2020 |
|---|---|---|---|---|---|---|
| 海洋能 | 0.39 | 0.39 | 4 | 5 | 6 | 8 |
| **非统调出力** | **398** | **460** | **499** | **508** | **515** | **523** |
| 常规水电 | 79 | 79 | 79 | 79 | 79 | 79 |
| 抽蓄 | 8 | 8 | 8 | 8 | 8 | 8 |
| 火电 | 296 | 347 | 376 | 379 | 382 | 384 |
| 新能源 | 15 | 26 | 36 | 42 | 47 | 52 |
| 其中:风电 | 5 | 8 | 11 | 12 | 14 | 16 |
| 光伏 | 10 | 18 | 25 | 29 | 32 | 36 |
| 海洋能 | 0.02 | 0.02 | 0.20 | 0.25 | 0.30 | 0.40 |

### （二）平衡结果

从浙江"十三五"时期电力平衡结果来看,随着省内机组的规划建设、灵绍直流及准东直流(分电)的电力注入,全省新增装机容量 2151 万千瓦,新增省外电力 1152 万千瓦,浙江电力盈余 515 万～1518 万千瓦。到 2020 年,全省最高负荷 8092 万千瓦,省外受入电力 2798 万千瓦,占最高负荷的 35%,全口径装机容量 10265 万千瓦,在全省备用率 8% 的情况下,电力盈余 1199 万千瓦。

从我省电力供应的途径来看,"十三五"时期省外来电比例将逐步增高,省外来电占最高负荷比率从 2016 年的 24% 提高到 2020 年的 35%。

2015—2020 年浙江省全口径电力平衡表详见表 3-5。

表 3-5　全口径电力平衡表　　　　　　　　　　单位:万千瓦

| | 年份 | 2015 | 2016 | 2017 | 2018 | 2019 | 2020 |
|---|---|---|---|---|---|---|---|
| 一 | 需要装机容量(万千瓦) | 6879 | 7404 | 7751 | 8090 | 8412 | 8739 |
| | 全省最高负荷(万千瓦) | 6369 | 6856 | 7177 | 7491 | 7789 | 8092 |
| | 备用率(%) | 8 | 8 | 8 | 8 | 8 | 8 |
| 二 | 全口径装机容量(万千瓦) | 8114 | 8735 | 9200 | 9555 | 9862 | 10265 |
| 三 | 统调装机容量(万千瓦) | 6581 | 6878 | 7078 | 7318 | 7518 | 7803 |
| 四 | 非统调装机容量(万千瓦) | 1533 | 1857 | 2122 | 2237 | 2344 | 2462 |
| 五 | 统调下半年投产机组容量(万千瓦) | 279 | 163 | 38 | 74 | 0 | 285 |
| 六 | 统调受阻容量(万千瓦) | 515 | 432 | 432 | 432 | 432 | 432 |
| 七 | 统调出力(万千瓦) | 5787 | 6284 | 6609 | 6812 | 7086 | 7086 |
| 八 | 非统调出力(万千瓦) | 398 | 460 | 499 | 508 | 515 | 523 |
| 九 | 省内电源可用出力(万千瓦) | 6185 | 6743 | 7108 | 7320 | 7602 | 7609 |
| 十 | 外送华东电力(万千瓦) | 469 | 469 | 469 | 469 | 469 | 469 |
| 十一 | 省外机组输入电力(万千瓦) | 1646 | 1646 | 2398 | 2398 | 2798 | 2798 |
| | 其中:水电(万千瓦) | 986 | 986 | 986 | 986 | 986 | 986 |
| | 三峡直流(万千瓦) | 165 | 165 | 165 | 165 | 165 | 165 |
| | 葛沪直流(万千瓦) | 69 | 69 | 69 | 69 | 69 | 69 |
| | 溪洛渡—浙西直流(万千瓦) | 752 | 752 | 752 | 752 | 752 | 752 |
| | 火电(万千瓦) | 660 | 660 | 1412 | 1412 | 1812 | 1812 |
| | 灵州—绍兴直流(万千瓦) | | | 752 | 752 | 752 | 752 |

续表

| 年份 | 2015 | 2016 | 2017 | 2018 | 2019 | 2020 |
|---|---|---|---|---|---|---|
| 准东—皖南直流（万千瓦） | | | | | 400 | 400 |
| 皖电东送（万千瓦） | 360 | 360 | 360 | 360 | 360 | 360 |
| 特高压交流（万千瓦） | 300 | 300 | 300 | 300 | 300 | 300 |
| 省外受电占最大负荷比例 | 26% | 24% | 33% | 32% | 36% | 35% |
| 十二 电力平衡结果（万千瓦） | 484 | 515 | 1285 | 1159 | 1518 | 1199 |

## 五、全口径电量平衡分析

### （一）平衡原则

（1）统调装机年发电利用小时数考虑：常规水电 2000 小时，抽蓄 800 小时，燃气 1500 小时，核电 7800 小时；

（2）6000 千瓦及以上非统调装机年发电利用小时数考虑：常规水电 2800 小时，煤电 4500 小时，燃气 3700 小时，生物质发电 4000 小时，垃圾发电 6000 小时，余热余压余气 5500 小时；

（3）区外来电：三峡直流、葛沪直流 4600 小时，溪洛渡—浙西直流 4200 小时，灵州—绍兴直流 5000 小时，皖电东送和特高压交流均按 5000 小时考虑。

（4）新能源：风电 2000 小时，光伏 900 小时，海洋能 1900 小时。

2020 年，省内全口径装机发电量为 2910 亿千瓦时，其中统调机组发电量 2315 亿千瓦时，占 79.5%；非统调机组发电量 595 亿千瓦时，占 20.5%。2015—2020 年，全省境内统调机组发电量情况详见表 3-6，非统调机组发电量情况详见表 3-7。

表 3-6  统调电源出力情况　　　　　　　　　　　　　　　单位：亿千瓦时

| 发电量　　　年份 | 2015 | 2016 | 2017 | 2018 | 2019 | 2020 |
|---|---|---|---|---|---|---|
| **境内统调机组发电量** | **2570** | **2589** | **2276** | **2418** | **2290** | **2315** |
| 常规水电 | 59 | 59 | 59 | 59 | 59 | 59 |
| 抽蓄 | 24 | 30 | 36 | 36 | 36 | 39 |
| 火电 | 1974 | 1890 | 1473 | 1615 | 1487 | 1314 |
| 其中：煤电 | 1794 | 1710 | 1294 | 1435 | 1308 | 1135 |
| 燃气 | 180 | 180 | 180 | 180 | 180 | 180 |
| 核电 | 513 | 610 | 708 | 708 | 708 | 903 |

表 3-7  非统调电源出力情况　　　　　　　　　　　　　　单位：亿千瓦时

| 发电量　　　年份 | 2015 | 2016 | 2017 | 2018 | 2019 | 2020 |
|---|---|---|---|---|---|---|
| **非统调机组发电量** | **426** | **497** | **548** | **565** | **579** | **595** |
| 常规水电 | 106 | 106 | 106 | 106 | 106 | 106 |
| 抽蓄 | 1.44 | 1.44 | 1.44 | 1.44 | 1.44 | 1.44 |
| 火电 | 280 | 325 | 352 | 354 | 356 | 358 |
| 其中：煤电 | 178 | 221 | 246 | 247 | 247 | 247 |
| 燃油 | 0 | 0 | 0 | 0 | 0 | 0 |
| 燃气 | 11 | 11 | 11 | 11 | 11 | 11 |
| 生物质发电 | 6 | 7 | 9 | 11 | 12 | 14 |

| 发电量＼年份 | 2015 | 2016 | 2017 | 2018 | 2019 | 2020 |
|---|---|---|---|---|---|---|
| 垃圾发电 | 48 | 48 | 48 | 48 | 48 | 48 |
| 余热余压余气 | 38 | 38 | 38 | 38 | 38 | 38 |
| 新能源 | 38 | 63 | 89 | 103 | 115 | 130 |
| 其中:风电 | 20 | 30 | 43 | 49 | 56 | 63 |
| 光伏 | 17 | 33 | 46 | 52 | 58 | 65 |
| 海洋能 | 0.07 | 0.07 | 0.76 | 0.95 | 1.14 | 1.52 |

（二）平衡结果

浙江"十三五"时期,全社会用电量增长451亿千瓦时,年均增长2.4%;省外购入电量增加537亿千瓦时,外购电量占全社会用电量比例由21%增长到31%;境内统调装机容量增加1222万千瓦,其中核电500万千瓦、煤电537万千瓦。

从浙江"十三五"电力平衡结果来看,随着全社会用电量增速的放缓、省内电源的建设以及省外来电的增长,"十三五"时期浙江省统调煤电机组年利用小时呈急剧下降趋势,从2016年的4045小时下降到2020年的2431小时。2020年,预计全社会用电量达到4099亿千瓦时,全口径装机发电量2910亿千瓦时,省外购电量1290亿千瓦时,占全社会用电量31%,此时省内统调煤机利用小时仅为2431小时,若省外购电量占比维持在25%以内,则统调煤机利用小时提高568小时,为2999小时。2015—2020年浙江省全口径电量平衡表见表3-8。

表3-8　全口径电量平衡表　　　　　　单位:亿千瓦时

| 电量＼年份 | 2015 | 2016 | 2017 | 2018 | 2019 | 2020 |
|---|---|---|---|---|---|---|
| **全社会用电量** | **3648** | **3738** | **3853** | **4011** | **4058** | **4099** |
| **全口径装机发电量** | **2996** | **3086** | **2825** | **2983** | **2869** | **2910** |
| 常规水电 | 165 | 165 | 165 | 165 | 165 | 165 |
| 抽蓄 | 25 | 31 | 37 | 37 | 37 | 40 |
| 火电 | 2254 | 2215 | 1825 | 1969 | 1843 | 1672 |
| 其中:煤电 | 1972 | 1931 | 1540 | 1682 | 1554 | 1382 |
| 燃油 | 0 | 0 | 0 | 0 | 0 | 0 |
| 燃气 | 190 | 190 | 190 | 190 | 190 | 190 |
| 生物质发电 | 6 | 7 | 9 | 11 | 12 | 14 |
| 垃圾发电 | 48 | 48 | 48 | 48 | 48 | 48 |
| 余热余压余气 | 38 | 38 | 38 | 38 | 38 | 38 |
| 核电 | 513 | 610 | 708 | 708 | 708 | 903 |
| 新能源 | 38 | 63 | 89 | 103 | 115 | 130 |
| **外送华东电量** | **101** | **101** | **101** | **101** | **101** | **101** |
| **外购电量** | **753** | **753** | **1129** | **1130** | **1290** | **1290** |
| 水电 | 423 | 423 | 423 | 423 | 423 | 423 |
| 三峡直流 | 76 | 76 | 76 | 76 | 76 | 76 |
| 葛沪直流 | 32 | 32 | 32 | 32 | 32 | 32 |
| 溪洛渡—浙西直流 | 316 | 316 | 316 | 316 | 316 | 316 |
| 火电 | 330 | 330 | 706 | 706 | 866 | 866 |

续表

| 电量 ＼ 年份 | 2015 | 2016 | 2017 | 2018 | 2019 | 2020 |
|---|---|---|---|---|---|---|
| 灵州—绍兴 | 0 | 0 | 376 | 376 | 376 | 376 |
| 准东—皖南直流 | 0 | 0 | 0 | 0 | 160 | 160 |
| 皖电东送 | 180 | 180 | 180 | 180 | 180 | 180 |
| 特高压交流 | 150 | 150 | 150 | 150 | 150 | 150 |
| 外购电量占比 | 21% | 20% | 29% | 28% | 32% | 31% |
| 电量平衡 | 0 | 0 | 0 | 0 | 0 | 0 |
| 统调煤机利用小时 | 4343 | 4045 | 3060 | 3212 | 2801 | 2431 |
| 外购电量占比25%时统调煤机利用小时 | 3960 | 3617 | 3453 | 3496 | 3390 | 2999 |

# 第二节 浙江省外来电电源情况[56]

浙江省一次能源缺乏,长期以来都需要大量购电。浙江省区外来电主要通过以下几个渠道:

(1)三峡直流

三峡水电站是世界上规模最大的水电站,装机容量达到2240万千瓦。三峡水电站通过三峡—常州以及三峡—上海2条±500千伏直流向华东电网送电。其中,三峡—常州±500千伏直流工程额定输送容量300万千瓦,西起华中电网的龙泉换流站,东至江苏常州市的政平换流站,线路全长约890公里;三峡—上海±500千伏直流工程额定输送容量300万千瓦,西起华中电网的宜都换流站,东至上海青浦区的华新换流站,线路全长约1040公里。浙江省分得三峡水电165万千瓦,通过省际500千伏联络线受入。

(2)葛沪直流

葛洲坝水电站是长江上第一座大型水电站,距离上游的三峡水电站38公里,装机容量达到271.5万千瓦。葛洲坝水电站通过葛洲坝—上海±500千伏直流向华东电网送电。2010年,葛沪直流增容改造工程投产后,葛洲坝—上海±500千伏直流额定输送容量300万千瓦,西起华中电网的宋家坝换流站,东至上海奉贤区的南桥换流站,线路全长约1050公里。浙江省分得葛洲坝水电69万千瓦,通过省际500千伏联络线受入。

(3)溪洛渡—浙西特高压直流

溪洛渡水电站是国家"西电东送"骨干工程,位于四川和云南交界的金沙江上,是仅次于三峡水电站的中国第二大水电站,装机容量达到1260万千瓦。溪洛渡水电站通过溪洛渡—浙西±800千伏特高压直流向浙江送电。溪洛渡—浙西±800千伏特高压直流工程额定输送容量800万千瓦,西起四川宜宾市的双龙换流站,东至浙江金华市的金华换流站,线路全长约1669公里。2014年起,溪洛渡水电按800万千瓦扣除网损后参与浙江电网电力平衡。

(4)灵州—绍兴特高压直流

宁夏东部地区是国家规划建设的13个大型煤炭基地之一,具备建设大规模煤电基地的有利条件,其煤炭资源分布广、储量大、煤质好、埋藏浅、易开采,相对于中东部地区地域辽阔,两控区(酸雨控制区或者二氧化硫污染控制区)范围小,环保空间较大,电源建设成本及发电成本均相对较低。宁东火电群通过灵州—绍兴±800千伏特高压直流向浙江送电。灵州—浙西±800千伏特高压直流工程额定输送容量800万千瓦,西起宁夏灵武市的灵州换流站,东至浙江绍兴市的绍兴换流站,线路全长约1720公里。2017年灵州—绍兴特高压直流建成投产后,宁东火电按800万千瓦扣除网损后参与浙江电网电力平衡。

(5)准东—皖南特高压直流

新疆准东煤电基地规划配套火电电源项目包括五彩湾北一电厂、北二电厂、北三电厂、国网能源准东大井电厂、潞安准东电厂、华电昌吉英格玛电厂、神华神东电力准东五彩湾二期电厂等,总装机容量1320万千瓦。准东火电通过准东—皖南±1100千伏特高压直流向华东电网送电。准东—皖南±1100千伏特高压直流工程额定输送容量1200万千瓦,西起新疆准东将军庙换流站,东至安徽皖南换流站,线路全长约3257公里。根据规划,2019年起浙江省将分得准东火电400万千瓦,通过特高压交流受入。

(6)皖电东送500千伏交流

两淮大型煤电基地包括淮南、淮北两个矿区,位于安徽省中北部,是国家规划建设的13个大型煤炭基地之一。基地内保有煤炭资源储量252亿吨,占华东地区煤炭资源储量的45%。两淮基地煤炭资源丰富,煤质优良,开采条件较好,地表水资源丰富,适宜于建设大型、特大型矿井和特大型坑口电站。两淮火电通过东、中、西三个500千伏交流输电通道向浙江、上海、江苏送电。浙江省分得两淮火电360万千瓦,通过省际500千伏联络线受入。

(7)特高压交流

浙江已建成投产浙北、浙中、浙南3个特高压交流变电站,总变电容量达到1800万千伏安,特高压交流电网初步形成。

# 第三节　浙江电网与省外联络线受电及能力分析

## 一、热稳定限额分析

从浙江电网省际联络线输送能力看,随着特高压交直流骨干网架的基本形成,浙江接受区外电力的能力大大加强。2020年,浙江电网与省外联络将主要通过“三交两直”特高压电网以及9回500千伏省际联络线:特高压电网层面,通过浙北、浙中、浙南3个特高压交流变电站以及溪洛渡—浙西、灵州—绍兴2个特高压直流线路与全国特高压电网相连;500千伏电网层面,通过汾湖—上海2回、瓶窑—江苏2回、瓶窑—安徽1回、富阳—安徽2回、浙西—福建2回共9回500千伏线路分别与上海市、江苏省、安徽省以及福建省电网相连。

在潮流分布理想状态下,理论上浙江省规划区外最大受电能力约为3814万千瓦,占2020年最大负荷的47.1%,其中点对点特高压直流最大受入能力为1504万千瓦,特高压交流受入约1080万千瓦,500千伏省际联络线最大受入1230万千瓦。各500千伏省际断面最大受电能力分别为:上海方向最大受入260万千瓦,江苏方向最大受入300万千瓦,安徽方向最大受入490万千瓦,福建方向最大受入180万千瓦。

浙江500千伏省际联络线正常方式稳定限额表见表3-9。

2020年浙江电网最大受电能力示意图见图3-10。

表 3-9　浙江 500 千伏省际联络线正常方式稳定限额表

| 序号 | 线路名称 | 送端省份 | 送端 | 受端 | 导线型号 | 稳定限额<br>单位:万千瓦 |
|---|---|---|---|---|---|---|
| 1 | 汾三 5902 | 上海 | 三林 | 汾湖 | 4×LGJ-400/35 | 260 |
| 2 | 汾林 5912 | 上海 | 三林 | 汾湖 | 4×LGJ-400/35 | |
| 3 | 瓶武 5905 | 江苏 | 武南 | 瓶窑 | 4×LGJ-400/35 | 300 |
| 4 | 窑武 5915 | 江苏 | 武南 | 瓶窑 | 4×LGJ-400/35 | |
| 5 | 敬瓶 5901 | 安徽 | 敬亭 | 瓶窑 | 4×LGJ-400/35 | 170 |
| 6 | 沥富 5921 | 安徽 | 河沥 | 富阳 | 4×LGJ-630/45 | 320 |
| 7 | 沥阳 5931 | 安徽 | 河沥 | 富阳 | 4×LGJ-630/45 | |
| 8 | 宁金 5906 | 福建 | 宁德 | 金华站 | 4×LGJ-400/35 | 180 |
| 9 | 宁华 5916 | 福建 | 宁德 | 金华站 | 4×LGJ-400/35 | |

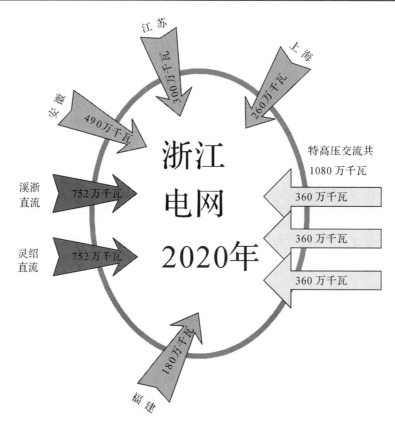

图 3-10　2020 年浙江电网最大受电能力示意图

## 二、暂态稳定校验

在最大省外受电占比方式下对 2020 年浙江电网进行暂稳稳定校验。设置主要故障如下:

(1)皖南—浙北 2 回线在 5 周波发生三相金属性永久接地,10 周波 2 回线同跳;

(2)上海—浙北 2 回线在 5 周波发生三相金属性永久接地,10 周波 2 回线同跳;

(3)浙北—浙中 2 回线在 5 周波发生三相金属性永久接地,10 周波 2 回线同跳;

（4）浙中—浙南 2 回线在 5 周波发生三相金属性永久接地,10 周波 2 回线同跳;

（5）浙南—福州 2 回线在 5 周波发生三相金属性永久接地,10 周波 2 回线同跳;

（6）三林—汾湖 2 回线在 5 周波发生三相金属性永久接地,10 周波 2 回线同跳;

（7）武南—瓶窑 2 回线在 5 周波发生三相金属性永久接地,10 周波 2 回线同跳;

（8）敬亭—瓶窑 1 回线在 5 周波发生三相金属性永久接地,10 周波单线跳开;

（9）河沥—富阳 2 回线在 5 周波发生三相金属性永久接地,10 周波 2 回线同跳;

（10）浙西—宁德 2 回线在 5 周波发生三相金属性永久接地,10 周波 2 回线同跳;

经校核特高压交流并列线路 N-2 故障及 500 千伏并列联络线 N-2 故障,系统均能保持暂态稳定,各线路 N-2 故障下的功角曲线见图 3-11 到图 3-20。

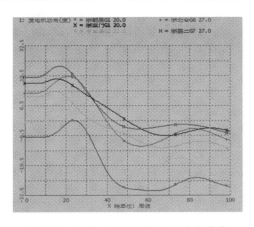

图 3-11　皖南—浙北双线 N-2 功角曲线

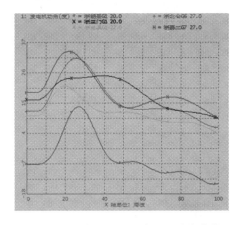

图 3-12　上海—浙北双线 N-2 功角曲线

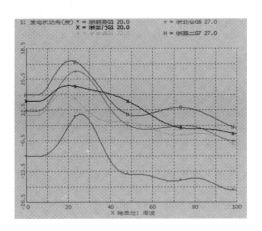

图 3-13　浙北—浙中双线 N-2 功角曲线

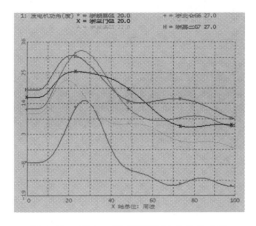

图 3-14　浙中—浙南双线 N-2 功角曲线

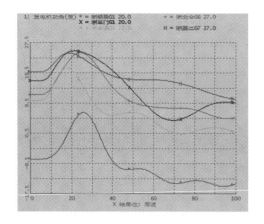

图 3-15　浙南—福州双线 N-2 功角曲线

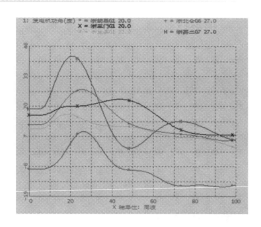

图 3-16　三林—汾湖双线 N-2 功角曲线

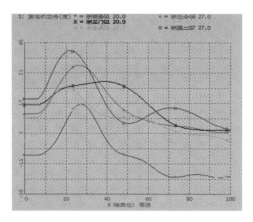

图 3-17　武南—瓶窑双线 N-2 功角曲线

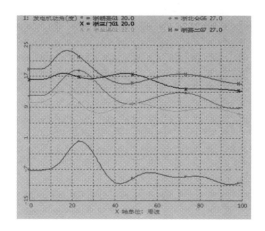

图 3-18　敬亭—瓶窑单线 N-1 功角曲线

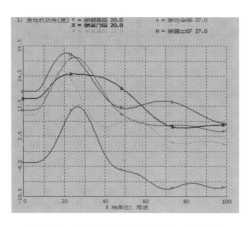

图 3-19　河沥—富阳双线 N-2 功角曲线

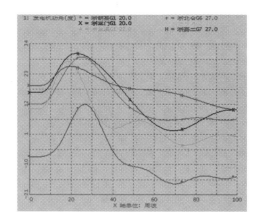

图 3-20　宁德—浙西双线 N-2 功角曲线

# 第四节　交直流混联多馈入直流受端电网安全性分析

## 一、直流系统受端电网静态电压稳定分析方法

随着我国电网的建设和特高压直流（High Voltage Direct Current，HVDC）输电技术的发展，多回直流输电线路馈入浙江电网是必然趋势。HVDC 系统对于受端交流系统表现为不利的"无功负荷特性"，它在为受端交流系统提供电力的同时，需要消耗的无功功率约为直流传输功率的 $40\%\sim60\%$[57]，这给交流系统的电压支撑能力带来了压力，也使得多馈入直流受端电网的电压稳定性问题变得日益突出。

本书从静态角度，探讨多直流馈入浙江电网的电压稳定问题。分析交直流输电系统的静态电压稳定分析时，使用的单馈入和多馈入直流系统简化模型分别如图 3-21 和图 3-22 所示，并且在分析过程中，忽略交流和直流系统的动态过程，则整个系统方程式可简化为纯代数方程。

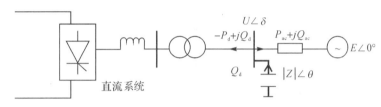

图 3-21　单馈入直流系统简化模型

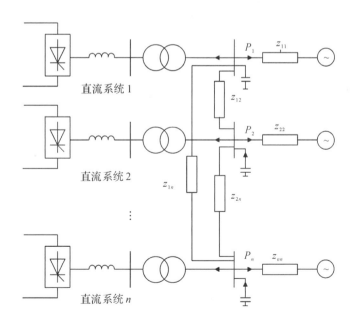

图 3-22　多馈入直流系统简化模型

图中 $P_{ac}$、$Q_{ac}$ 分别为交流系统的有功功率、无功功率；$P_d$、$Q_d$ 分别为直流系统的有功功率和直流换流器消耗的无功功率；U 为换流母线的电压；E 为戴维南等值电势；Z 为交流系统等值阻抗。

在电压稳定极限研究中，主要侧重于在给定的系统模式下求取系统的极限状态、当前运行点和系统电压崩溃点的距离以及电压稳定评估指标等[58]。这类研究基于简单的模型，忽略交直流系统的动态特性，具有计算快捷、简单等特点，其分析方法主要包括以下几种[59-62]：

（1）最大功率曲线法：在 HVDC 系统中，沿用交流系统中的经典电压稳定分析 P-U 方法，将直流系统处理成挂在换流母线上的一个可变负荷，通过建立换流母线电压和直流功率间的关系来指示直流功率水平导致整个系统临近电压崩溃的程度。由于直流电流更能反映直流输电系统控制的变化，所以常采用 P-I 曲线方法，即最大直流功率曲线法。

（2）短路比法：交流和直流系统相互作用的性质和相关问题在很大程度上取决于交流系统相对于直流输电容量的强弱程度。在规划前期，通常引入短路比（Short Circuit Ratio，SCR）来衡量交直流系统中交流系统的强弱。短路比定义为交流系统短路容量和直流换流器额定容量的比值。

（3）电压稳定因子法：电压稳定因子（Voltage Stability Factor，VSF）定义为对某一给定的功率水平，无功功率的变化引起的换流母线电压变化。

（4）控制灵敏度法：控制灵敏度（Control Sensitivity Index，CSI）定义为系统在某特定直流控制方式下，系统两变量间的变化关系。

（5）特征值分析法：将潮流的雅可比矩阵的最小特征值作为电压稳定指标，并利用相应的特征向量来识别系统电压稳定薄弱点。

（6）崩溃点法：基于潮流的崩溃点法不仅可以得到系统的功率裕度及电压崩溃时系统的状态量，而且还可以得到系统崩溃时对应的零特征值的左右特征向量，且这种算法速度快，因此在电压稳定分析中得到了广泛应用。

（7）非线性规划法：非线性规划法将求解电压稳定临界点的问题作为一个以负荷增量最大值为目标函数，同时考虑系统中各种约束的非线性规划问题，即转化为负优化问题，并采用非线性规划方法进行求解。

上述各方法均有自己的优缺点，且互相之间有内在的等价联系。本书主要介绍短路比在交直流混联多馈入系统中的应用，下文将进一步分析多馈入直流系统静态电压稳定和短路比之间的联系。

## 二、单、多馈入直流系统短路比理论

### （一）单馈入有效短路比定义

对于交流电力系统，短路容量是描述电网电压强度的一个量值。若取交流系统的基准电压 U 为换流站交流母线的电压额定值 $U_N$，基准功率 $P_d$ 为额定直流功率 $P_{dN}$，$S_{ac}$ 为换流母线的短路容量，$Q_{CN}$ 为换流站交流滤波器和并联电容器无功补偿设备的无功出力，Z 为交流系统的等值阻抗，$Z_B$ 为基准功率和基准电压下的阻抗基准值，$Z_{pu}$ 为系统等值阻抗标幺值（下同），则短路容量计算公式为

$$S_{ac}=\frac{U_N^2}{|Z|} \tag{3-1}$$

短路容量值大,表明所考察的短路点至系统(等值)电源之间的阻抗小,系统(等值)电源对所考察节点的电压支撑强;短路容量值小,则表示系统弱。因此,交流系统的短路容量可以看作是描述系统强弱的一个"绝对"量化指标。

短路比(SCR)是描述交流系统"相对"强弱的一个常用量化指标,是指被考察节点处的短路容量与有关设备额定容量的比值。在只有一回直流输电系统接入交流系统时,短路比可以表示为

$$SCR = \frac{S_{ac}}{P_{dN}} = \frac{U_N^2}{P_{dN}} \times \frac{1}{|Z|} = \frac{1}{\frac{|Z|}{Z_B}} = \frac{1}{|Z_{pu}|} \tag{3-2}$$

式(3-2)说明,短路比等于以直流额定容量为基准的系统阻抗标幺值倒数,反映了交流系统的相对强度。短路比指标可以用于评估设备投入时对系统运行影响的大小,其值越大,意味着设备投入或运行状态变化对系统的影响小。若在直流换流母线上考虑并联无功补偿影响,则可定义有效短路比(ESCR)为

$$ESCR = \frac{S_{ac} - Q_{CN}}{P_{dN}} \tag{3-3}$$

一般认为,$SCR > 3$ 时为强交流系统($SCR = 3$ 称为边界短路比),$SCR < 2$ 时为极弱交流系统($SCR = 2$ 称为临界短路比)[62-64]。按照上述临界和边界短路比的定义,并根据潮流方程可得两个短路比对应的静态电压稳定点,如图3-23和图3-24所示。从图3-23可以看出,当 $SCR$ 在2附近时,直流系统在额定运行点与电压稳定极限点几乎重合;从图3-24可以看出,实线为功率—电压曲线,虚线为功率—换相重叠角曲线,虚线上的点对应直流换相重叠角。可以发现,当达到功率极限点时,换相重叠角约为30°,故可说明直流换相重叠角为30°时系统到达电压稳定极限[64]。上述两幅图是典型的静态电压崩溃的曲线图,其顶点对应两个极限短路比,故短路比可用于刻画交直流系统的静态电压稳定裕度,其中崩溃点可通过试探法逐步增加功率得到。

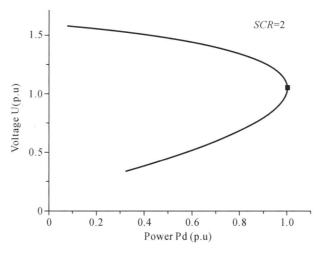

图 3-23　临界短路比下功率—电压曲线示意图

**（二）多馈入有效短路比定义**

多馈入直流输电系统运行过程中,人们关心的是,当多个换流站母线间的电气距离较近

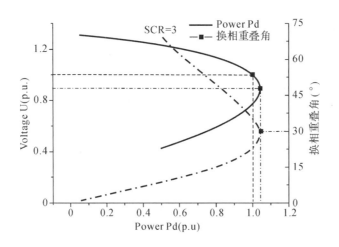

图 3-24　边界短路比下功率—电压曲线示意图

时，在某一站交流母线附近发生故障，是否会导致多个站同时发生换相失败；当交流故障切除后，由于多馈入交直流系统中存在着复杂的相互作用，使得多馈入直流输电系统的恢复也变得复杂，不利情况下，其恢复会因后继换相失败的发生而减慢，有时甚至不能恢复。可见，在多馈入直流输电系统规划、设计时，采用一种量化指标来定性分析多馈入直流系统中邻近逆变站相互作用特性以及交流系统相对强弱非常有必要。

在单馈入的基础上，CIGRE B4.41 工作组 2007 年 8 月的研究报告中提出了用于刻画多直流落点系统基本特性的两种指标[65]：

（1）多直流落点相互作用系数（Multi Infeed Interaction Factor，MIIF）：

$$MIIF_{ji} = \frac{\Delta V_j}{\Delta V_i} \qquad (3\text{-}4)$$

式中：$\Delta V_i$ 是施加电压阶跃变化的某一回直流输电逆变站母线电压变化量（以百分数表示），按要求约为 1%；$\Delta V_j$ 是另一回直流输电逆变站换流母线电压变化量响应值（以百分数表示）。

对于多馈入直流系统换相失败研究的意义在于通过 MIIF 可以了解一个换流站电压下降时其他换流站电压对它的灵敏度。从理论上讲，若减小逆变站之间的电压交互影响，可降低多个逆变站同时发生换相失败的风险。对于受端系统中存在 3 个直流输电逆变站的情况，可以应用上述方法分别计算 $MIIF_{ji}$ 值，最终可以按式（3-4）的定义形成一个 3×3 矩阵。

由 $MIIF_{ji}$ 的定义可知：MIIF 矩阵非对角因子的值在 0～1 范围内，该值的大小反映逆变站 $i,j$ 之间电气耦合的紧密程度，可以作为描述逆变站 $i,j$ 之间电气距离的量化指标。如果 $MIIF_{ji}=0$，表示换流母线 $i,j$ 之间的电气距离为无穷大，即两母线之间在电气上是隔离的；当 $i,j$ 是同一母线时，$MIIF_{ji}=1$ 成立，故 MIIF 矩阵的对角线元素全部为 1。多馈入相互作用因子的引入使多馈入直流系统中各逆变站间电气距离能够清晰地由量化数据表示，见表 3-10。

表 3-10 三馈入系统 MIIF 矩阵

| MIIF | | 观察母线 j | | |
|---|---|---|---|---|
| | | 逆变器 1 | 逆变器 2 | 逆变器 3 |
| 电压自扰动母线 i | 逆变器 1 | $MIIF_{1,1}=\dfrac{\Delta V_1}{\Delta V_1}$ | $MIIF_{2,1}=\dfrac{\Delta V_2}{\Delta V_1}$ | $MIIF_{3,1}=\dfrac{\Delta V_3}{\Delta V_1}$ |
| | 逆变器 2 | $MIIF_{1,2}=\dfrac{\Delta V_1}{\Delta V_2}$ | $MIIF_{2,2}=\dfrac{\Delta V_2}{\Delta V_2}$ | $MIIF_{3,2}=\dfrac{\Delta V_3}{\Delta V_2}$ |
| | 逆变器 3 | $MIIF_{1,3}=\dfrac{\Delta V_1}{\Delta V_3}$ | $MIIF_{2,3}=\dfrac{\Delta V_2}{\Delta V_3}$ | $MIIF_{3,3}=\dfrac{\Delta V_3}{\Delta V_3}$ |

（2）多直流落点有效短路比（Multi Infeed Effective Short Circuit Ratio，MIESCR）：

与单直流落点的有效短路比的计算类似，多直流落点的有效短路比的计算方法如下[66]：

$$MIESCR_i = \frac{(SCC_i - Qf_i)}{Pdc_i + \sum_{\substack{j=1 \\ j\neq i}}^{k}(MIIF_{j,i} \times Pdc_j)} \tag{3-5}$$

其中，$SCC_i$ 表示第 $i$ 个直流落点的短路容量，$Qf_i$ 表示第 $i$ 个直流落点逆变侧滤波器和电容器提供的无功总和，$P_{dc}$ 表示直流线路 $i$ 的额定功率。

有效短路比是与直流输电系统故障恢复以及逆变侧电压稳定直接相关的一个通用的指标。对于多馈入直流系统的情况，多个逆变站的综合无功—电压特性、交流系统故障后的功率恢复特性，是所有逆变站共同与受端系统相互作用的结果。因此，对于多馈入直流系统中的逆变站，其短路比和有效短路比的计算应该计入其他逆变站的影响，故计算短路比和有效短路比的直流功率就不仅仅是所研究某个直流输电系统本身的额定功率，而必须综合考虑落点于同一交流电网中所有其他直流输电逆变站的共同作用，MIESCR 的定义式（3-5）定性地表明了某直流输电逆变站与其他所有逆变站共同与受端系统相互作用特性。表 3-11 给出了一个三馈入系统 MIESCR 分母部分的计算方法。

表 3-11 三馈入系统 *MIESCR* 计算方法

| $MIIF_{j,i} \times P_{dcj}$ | | 逆变器 1 $P_{dc1}$ | 逆变器 1 $P_{dc2}$ | 逆变器 1 $P_{dc3}$ | $\sum MIIF_{j,i} \times P_{dcj}$ |
|---|---|---|---|---|---|
| 电压自扰动母线 i | 逆变器 1 | $MIIF_{1,1} \cdot P_{dc1}$ | $MIIF_{2,1} \cdot P_{dc2}$ | $MIIF_{3,1} \cdot P_{dc3}$ | $P_{dc1} + MIIF_{2,1} \cdot P_{dc2} + MIIF_{3,1} \cdot P_{dc3}$ |
| | 逆变器 2 | $MIIF_{1,2} \cdot P_{dc1}$ | $MIIF_{2,2} \cdot P_{dc2}$ | $MIIF_{3,3} \cdot P_{dc3}$ | $MIFF_{1,2} \cdot P_{dc1} + P_{dc2} + MIIF_{3,2} \cdot P_{dc3}$ |
| | 逆变器 3 | $MIIF_{1,3} \cdot P_{dc1}$ | $MIIF_{2,3} \cdot P_{dc2}$ | $MIIF_{3,3} \cdot P_{dc3}$ | $MIFF_{1,3} \cdot P_{dc1} + MIIF_{2,3} \cdot P_{dc2} + P_{dc3}$ |

多直流落点相互作用系数及多馈入有效短路比的说明[65-67]：

a）多直流落点相互作用系数 MIIF 表示了各直流落点之间靠近的程度，一般认为当 MIIF 小于 0.1 时，两个直流落点之间的相互作用可以忽略。

b）一般认为，单落点直流输电系统 ESCR 一般不能小于 2.5，即临界有效短路比（Critical Effective Short Circuit Ratio，CESCR）约为 2.5；多直流落点的有效短路比 MIESCR 也一般不能小于 2.5，即临界多馈入有效短路比（Critical Multi-infeed Effective Short Circuit

Ratio，CMIESCR)也约为 2.5，否则运行时可能会存在问题。

c)要控制多直流落点的有效短路比 MIESCR 在 2.5 以上，则在一个固定区域内(指的是直流落点承压区)的直流输电容量一般不能超过当地装机容量的 50%。

**（三）多馈入有效短路比作用**

目前由于高压直流输电换流站中基频电流滞后于电源电压，因此需要交流系统提供无功功率；而无功功率与电压相关，因此换相电压的稳定水平直接影响到直流系统的正常运行。多直流落点相互作用系数 MIIF 是由 CIGRE WG B4 工作组提出的在工程规划阶段用于衡量多馈入直流系统中换流站之间电压交互作用的指标。它是基于实际电网模型衡量两个逆变站之间的电压交互作用的指标，并且综合考虑了逆变站间电气距离、各换流母线的有效短路比、实际直流传输功率等因素。

参见 MIIF 的定义，可以通过以下仿真方法获得 MIIF 数值：直流输电系统运行于额定功率时，在其逆变站换流母线 $i$ 上投入并联无功负荷以造成换流母线电压约 1% 的阶跃跌落 $\Delta V_i$，计算其他逆变站换流母线 $j$ 的电压变化百分数 $\Delta V_j$，则逆变站 $i$ 对逆变站 $j$ 的相互作用因子就是这两个电压百分数的比值。

多个逆变站换流母线电压的交互作用是造成同时发生换相失败的主要因素，而多直流落点相互作用系数 MIIF 是两换流母线电压交互影响的度量值，故可将其看作是衡量同时发生换相失败一个较好的指标，其意义在于：通过 MIIF 可以了解一个换流站电压下降时其他换流站电压对它的参与度；同时，当某换流站电压遭受大扰动，通过 MIIF 可以估计其他换流站电压受扰程度，结合最小电压降落法确定的电压阈值，可以得出多个逆变站同时或者相继经历换相失败的可能组合及风险大小。需要指出的是，MIIF 指标也有不足之处，因为它只是一个实验性指标，难以预见电网结构变化对该因子值的影响。

另外，根据多直流落点的有效短路比 MIESCR 的定义可知，MIESCR 与直流落点处的短路水平、滤波器与无功补偿设备的容量、本身直流线路输送的功率、多直流落点相互作用系数 MIIF、其他直流输送的功率都有关系。一般情况下，MIESCR 不能小于 2.5，否则运行时可能会存在问题，主要包括以下 4 方面的问题：

（1）暂态过电压

大多数情况下，直流逆变侧交流端的暂态过电压是由于该换流站直接相连的直流线路闭锁引起的。高压直流换流站所需的无功功率大约是有功功率的一半，一旦直流线路闭锁，就会使这些无功功率涌入交流系统，无功功率的过剩会引起电压的升高，从而导致暂态过电压。在多直流落点的情况下，直流逆变侧交流端的暂态过电压不仅取决于与该逆变侧所在的直流输电系统的影响，而且也取决于其他与该点电气距离相近的直流逆变侧对应的直流输电系统的影响。

在精确评估时需要仔细研究多直流落点的影响，图 3-25 给出了由不同 MIESCR 在闭锁时引起的暂态过电压(TOV)的期望值。暂态过电压需要在设计时考虑好绝缘等级和防雷措施，而在一般正常运行时不需要考虑。

（2）换相失败和故障恢复

换相失败通常在逆变侧交流电压突然下降时发生。交流电压下降得越多，在三相电压恢复之前，换相失败持续的时间就越长。对于单直流落点的情况，从故障发生到重新建立三相电压后，故障恢复到直流全功率正常运行的情况取决于逆变侧对应的交流系统的强度，而

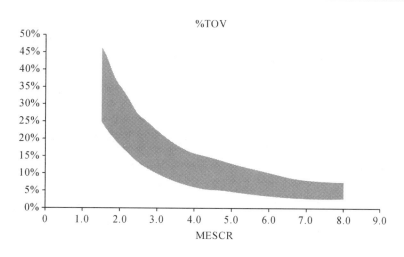

图 3-25　暂态过电压与 $MIESCR$ 的关系

这个强度由 ESCR 来衡量,也就是说故障恢复与 ESCR 密切相关。对于多直流落点的情况,问题尤其突出,因为交流母线的故障可能会引起两个或者更多直流逆变侧换相失败,当直流线路传输的功率很大时,换相失败时逆变侧有功功率的中断会对交流系统造成重大影响。如果一条或者多条直流线路因为交流线路的单一故障而引起换相失败,那么当故障切除后,直流线路恢复到全功率运行状态的响应是由直流线路各自的 MIESCR 的值决定的。但是 MIESCR 的值小并不代表换相失败的概率就大,反之亦然。MIESCR 的值越高通常只意味着故障发生时,故障影响交流网络的范围更广。

（3）谐波相互作用

对于多直流落点系统,需要仔细研究可能的谐波相互作用。这里的谐波相互作用指的是一个换流站的电压畸变或者滤波器负荷对另一个换流站的基频以外的谐波影响。经验表明,当系统的 MIIF 系数小于 0.1 时,不会出现谐波相互作用影响。对于换流站位于同一母线上的双极直流系统（MIIF＝1.0）,滤波器的调节将直接相互作用。对于 MIIF 在 0.1 和 1.0 之间的系统,通常会有一定程度的谐波通过网络阻抗相互作用,MIIF 的值越大,谐波相互作用就更加严重。

（4）控制交互影响和功率/电压不稳定

在交直流混联的系统中,与高压直流系统相关联的控制策略可能会使情况恶化。缓解功率/电压不稳定情况通常需要保证相对于高压直流注入交流系统的功率,有足够大的短路水平。在单一直流落点的情况下,这种现象可以比较容易地理解:控制策略的改变,ESCR 就会改变,如果 ESCR 过小,小于其临界值 CESCR,就会触发电压崩溃。当然良好的调度可以避免这种运行情况的发生。

在多直流落点的情况下,任一终端的 MIESCR 的临界值或者 CMIESCR 与单一直流落点的值类似。将 MIESCR 与临界 MIESCR 相比较,可以得出每个换流站接近不稳定的程度。

（四）相互作用系数计算方法

在实际多直流馈入电网的 MIIF 和 MIESCR 计算中,目前主要有 3 类主要计算方法,其实现过程及存在问题如下所述。

方法 1:电压偏差比值计算方法。

该方法严格遵循 MIIF 的定义,即在多直流馈入系统中,利用电力系统稳定计算程序(如 PSD-BPA、PSASP、PSS/E 等),在第 $i$ 回直流系统换流母线上投入小容量电抗器,使得该母线电压降落幅度恰好为 1%,其他直流系统换流母线电压变化量与第 $i$ 回直流系统换流母线电压 1%变化量的比值。

该方法简便、直观,在小规模的电力系统中,具有很好的操作性,但对于实际的复杂大电网而言,存在一些困难难以克服。例如我国华东多直流馈入受端系统,其网架结构复杂、系统规模庞大。通过投入小容量电抗器使得某一换流母线电压降落幅度恰好为 1%,如此小的电压变化量对其他直流换流母线电压的影响往往被大系统转动惯量的惰性、扰动杂波等干扰因素所湮没,很难测量各直流系统换流母线电压变化;上述计算过程通常是在稳定计算程序中实现(若利用潮流程序中求取,则可能引起换流变压器变比等边界条件的变化,背离 MIIF 的基本定义),面临计算波形测量时刻差异、杂波等干扰因素带来的误差,会对计算结果带来严重影响。

为了能够在大系统中实现该计算方法,通常需要增大换流母线投入电抗器的容量,引起较大的换流母线电压变化结果,测量对其他换流母线的影响,使计算结果能够在杂波等干扰因素影响下突显出来。然而,这种实用化的操作方式已背离 MIIF 的初始定义,且投入电抗器引起换流母线多大的变化量因人而异,导致计算结果不可信。

方法 2:等值阻抗比值计算方法。

虽然 MIIF 的定义明确,但为了避免第 1 种方法在实际大电网应用中面临的问题,在忽略元件外特性影响、并假设各节点电压相角相等的条件下,有文献也利用 MIIF 的另一种计算方法[68-69],即不同直流换流母线电压变化量比值可以用对应节点的互阻抗和自阻抗比值替代,公式为

$$MIIF_{ji} = \frac{\Delta U_j}{\Delta U_i} \approx \frac{Z_{eqij}}{Z_{eqii}} \tag{3-6}$$

式中:$Z_{eqii}$ 为等值阻抗矩阵中第 $i$ 回换流母线所对应的自阻抗;$Z_{eqij}$ 为等值阻抗矩阵中第 $i$ 回换流母线和第 $j$ 回换流母线之间的等值互阻抗。该方法是建立在对交流电网静态等值的基础上,通过求解受端交流电网节点阻抗矩阵,求取各直流系统之间的 MIIF 值。

该方法解决了第 1 种方法难以精确获得复杂大电网 MIIF 的技术难题,但在计算过程中,该方法忽略了接入电网中的电力系统元件影响,特别是直流系统、FACTS、负荷等电压敏感元件的外特性,计算结果与实际情况存在偏差。例如,多回直流系统集中落点于同一交流系统中,当任一直流系统换流母线施加小幅度的无功扰动引起母线电压发生变化后,必然引起其他直流系统及电力系统元件外特性的变化,这种变化包含了通过交流电网建立联系的各直流系统之间的相互叠加效果。对于落点密集的多直流馈入系统,受端电网集中了大量的电力系统元件,产生的误差将会对计算结果产生质的影响。因此,有必要在第 2 种方法的基础上,建立能够考虑电力系统元件特性影响的计算方法。

方法 3:考虑直流外特性、电阻等影响的 MIIF 改进求解法。

对于多直流馈入系统,当某一直流换流母线处出现无功变化时,需要考虑所有直流线路的外特性影响。与采用等值阻抗相比计算 MIIF 的方法不同的是,此方法考虑了直流系统等元件的外特性影响[70];与采用 MIIF 初始定义电压扰动计算方法相比,此方法避免了在大

电网计算中其他无关扰动和测量误差的影响。此改进方法在计算 MIIF 值时,考虑了直流系统外特性,克服了传统计算方法难以适用于复杂大电网的困难,并同时考虑电力系统元件特性对 MIESCR 值的影响,使多馈入有效短路比的计算更为精确。

如要更精确地计算直流系统外特性的影响,可进一步计及直流系统有功功率、线路电阻和角度等因素[64],计算原理和流程与前述基本相同,但需要处理的雅可比矩阵规模较大,在实际电网中应用不是很方便,且计算结果与方法 3 所述的过程差异不大,最近研究表明方法 3 可作为实用计算方法[70]。

### 三、浙江电网多馈入有效短路比分析

2020 水平年浙江电网内将有 3 回直流输电线路,包括宁东直流、金沙江直流和溪洛渡—浙西特高压直流;华东电网将主要包含 9 回直流输电线路,分别为浙江 3 回直流输电线路、龙泉—政平直流、宜都—华新直流、复奉直流、团林—枫泾直流、锦苏直流和皖换直流。由于浙江电网多个直流落点对各自直流线路的安全稳定运行有影响,为此需要考虑多直流落点之间的相互影响。表 3-12 给出 2020 水平年华东电网各直流落点相互作用强度 MIIF (使用方法 1 求得)和有效短路比 MIESCR 的计算过程及结果。

表 3-12　2020 年华东电网各直流落点相互作用强度 MIIF

| | 浙西站 | 绍兴站 | 浙北站 | 政平 | 华新 | 奉贤 | 枫泾 | 同里 | 皖换 |
|---|---|---|---|---|---|---|---|---|---|
| 浙西站 | 1.00 | 0.11 | 0.09 | 0.04 | 0.07 | 0.04 | 0.07 | 0.04 | 0.06 |
| 绍兴站 | 0.14 | 1.00 | 0.17 | 0.04 | 0.11 | 0.08 | 0.11 | 0.05 | 0.06 |
| 浙北站 | 0.10 | 0.14 | 1.00 | 0.14 | 0.15 | 0.18 | 0.16 | 0.10 | 0.16 |
| 政平 | 0.05 | 0.02 | 0.16 | 1.00 | 0.08 | 0.05 | 0.08 | 0.33 | 0.21 |
| 华新 | 0.05 | 0.06 | 0.11 | 0.06 | 1.00 | 0.34 | 0.47 | 0.11 | 0.06 |
| 奉贤 | 0.05 | 0.07 | 0.19 | 0.05 | 0.44 | 1.00 | 0.54 | 0.10 | 0.07 |
| 枫泾 | 0.04 | 0.05 | 0.09 | 0.04 | 0.34 | 0.31 | 1.00 | 0.08 | 0.04 |
| 同里 | 0.02 | 0.01 | 0.06 | 0.20 | 0.09 | 0.05 | 0.09 | 1.00 | 0.07 |
| 皖换 | 0.05 | 0.03 | 0.16 | 0.18 | 0.07 | 0.04 | 0.07 | 0.12 | 1.00 |

表 3-13　2020 年华东电网各直流落点有效短路比 MIESCR

| 浙西 | 宁东 | 金沙江 | 龙泉—政平 | 宜都—华新 | 复奉 | 团林—枫泾 | 锦苏 | 皖换 |
|---|---|---|---|---|---|---|---|---|
| 3.61 | 3.34 | 3.21 | 4.85 | 3.89 | 3.43 | 3.13 | 3.02 | 4.23 |

由表 3-13 和图 3-26 可知,2020 水平年运行方式下,华东电网 9 回直流落点的有效短路比 MIESCR 均在 3.0 以上;其中锦苏直流和团林—枫泾直流落点的有效短路比 MIESCR 最小,分别为 3.02 和 3.13。浙江电网 3 回直流线路金沙江直流、宁东直流和浙西直流的有效短路比 MIESCR 分别为 3.21、3.34、3.61。可见,华东电网各直流落点的有效短路比 MIESCR 均大于 2.5,从多直流落点的有效短路比 MIESCR 的角度来看,浙江电网的 3 回直流与 500 千伏网架结构具有较好的协调性,能够确保具有直流多落点华东电网能够具有良好运行性能。

### 四、多馈入有效短路比适用性算例分析

为了验证多馈入有效短路比指标在判断多馈入直流系统功率稳定性方面的有效性,以

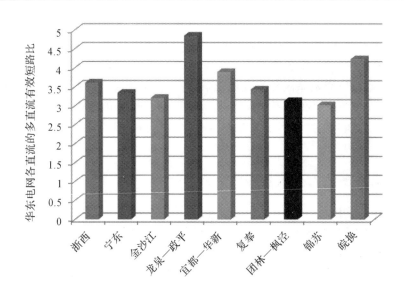

图 3-26　2020 年华东电网各直流落点有效短路比 MIESCR

一个两馈入直流系统简化模型为基础,系统分析 MIESCR 与直流系统功率稳定性之间的定量关系,并对以下三个关键问题进行探讨:

1)MIESCR 能否完全反映多馈入直流系统的功率稳定性?

2)多馈入直流系统的临界有效短路比(CMIESCR)是多少?

3)能否沿用单馈入直流系统中的有效短路比判据,即以 MIESCR 是否小于 2.5 判断多馈入直流系统的功率稳定性及其交流系统相对强弱?

基于上述关键问题,采用如图 3-27 所示的两馈入直流系统简化模型进行研究。在该模型中,交流系统采用戴维南等值电路表示,在计算等值阻抗时,发电机用暂态电抗表示。由于逆变运行时,直流系统对交流系统强度的要求更为突出,因此,在上述模型中,假定两个换流站均为逆变站。两回直流线路的控制方式均为整流侧采用定电流控制方式,逆变侧采用定熄弧角控制方式。

图 3-27 中,$E_i \angle \delta_i$ 为交流系统等值电势;$Z_i \angle \varphi_i$ 为交流系统等值阻抗;$Z_{12} \angle \varphi_{12}$ 为交流系统之间的耦合阻抗;$B_{ci}$ 为换流站内交流滤波器和并联电容器的等值导纳;$U_{k2}$ 为换流变压器的短路比;$T_i$ 为换流变压器变比;$P_i$、$Q_i$ 为交流系统的有功和无功功率;$P_{ij}$、$Q_{ij}$ 为交流系统之间的有功和无功交换功率;$Q_{ci}$ 为换流站内交流滤波器和并联电容器所提供的无功功率;$V_i \angle \theta_i$ 为换流母线电压;$P_{di}$、$Q_{di}$ 为直流系统的有功和无功功率;$V_{di}$、$I_{di}$ 为直流电压和电流;$\gamma_i$、$\mu_i$ 为逆变器的熄弧角和换相角;其中 $i,j=1,2$,且 $i \neq j$。

(1)多馈入直流功率稳定性分析

图 3-27 所示的两馈入直流系统在数学上可用如下一组代数方程描述:

$$P_i + P_{ij} - P_{di} = 0 \tag{3-7}$$

$$Q_i + Q_{ij} + Q_{di} - Q_{ci} = 0 \tag{3-8}$$

$$P_i = [V_i^2 \cos \varphi_i - E_i V_i \cos(\theta_i + \varphi_i - \delta_i)]/Z_i \tag{3-9}$$

$$Q_i = [V_i^2 \sin \varphi_i - E_i V_i \sin(\theta_i + \varphi_i - \delta_i)]/Z_i \tag{3-10}$$

$$P_{ij} = [V_i^2 \cos \varphi_{ij} - V_i V_j \cos(\theta_i - \theta_j + \varphi_{ij})]/Z_{ij} \tag{3-11}$$

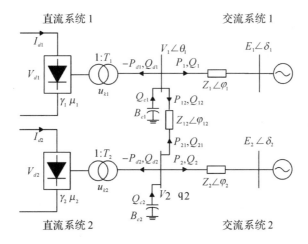

图 3-27　两馈入直流系统简化模型

$$Q_{ij} = [V_i^2 \sin \varphi_{ij} - V_i V_j \sin(\theta_i - \theta_j + \varphi_{ij})] / Z_{ij} \tag{3-12}$$

$$Q_{ci} = V_i^2 B_{ci} \tag{3-13}$$

$$P_{di} = V_{di} I_{di} \tag{3-14}$$

$$Q_{di} = P_{di} \frac{2\mu_i + \sin 2\gamma_i - \sin 2(\gamma_i + \mu_i)}{\cos 2\gamma_i - \cos 2(\gamma_i + \mu_i)} \tag{3-15}$$

$$V_{di} = 3\sqrt{2} \frac{V_i}{T_i} (\cos \gamma_i - \frac{u_{ki}}{2} \times \frac{I_{di}}{I_{dNi}} \times \frac{V_{acN}}{V_i} \times \frac{T_i}{T_{Ni}}) \tag{3-16}$$

$$\mu_i = \cos^{-1}(\cos \gamma_i - u_{ki} \times \frac{I_{di}}{I_{dNi}} \times \frac{V_{acN}}{V_i} \times \frac{T_i}{T_{Ni}}) \tag{3-17}$$

式中：$V_{acN}$ 为交流系统额定电压；$I_{dNi}$ 为直流系统额定电流；$T_{Ni}$ 为换流变压器额定变比；其中 $i,j=1,2$，且 $i \neq j$。

假设在额定工况下，交直流系统均运行于额定状态，直流系统所消耗得无功功率完全由换流站内部交流滤波器和并联电容器提供，两个交流系统之间的有功交换功率 $P_{12}$ 为某一设定的计划量，即

$$V_i = V_{acN} \tag{3-18}$$

$$I_{di} = I_{dNi} \tag{3-19}$$

$$V_{di} = V_{dNi} \tag{3-20}$$

$$\gamma_i = \gamma_{Ni} \tag{3-21}$$

$$Q_{di} = Q_{ci} \tag{3-22}$$

$$P_{12} = P_{12,0} \tag{3-23}$$

式中：$V_{dNi}$、$\gamma_{Ni}$ 为直流系统额定电流和额定熄弧角；$P_{12,0}$ 为额定工况下 $P_{12}$ 的计划值；其中 $i=1,2$。

将式（3-7）—（3-23）中所有变量分为两类：第一类为系统参数，包括 $E_i$、$\delta_i$、$Z_i$、$\varphi_i$、$Z_{12}$、$\varphi_{12}$、$B_{ci}$、$u_{ki}(i=1,2)$，共计 14 个变量；第二类为系统运行状态变量，包括 $P_i$、$Q_i$、$P_{ij}$、$Q_{ij}$、$Q_{cj}$、$V_i$、$\theta_i$、$P_{di}$、$Q_{di}$、$V_{di}$、$I_{di}$、$\gamma_i$、$\mu_i$、$T_i(i,j=1,2$，且 $i \neq j)$，共计 28 个变量。

假设 $V_{acN}$、$V_{dNi}$、$I_{dNi}$、$\gamma_{Ni}$、$P_{12,0}$、$Z_i$、$\varphi_i$、$Z_{12}$、$\varphi_{12}$、$u_{ki}(i=1,2)$ 均已事先给定。令 $\delta_1=0$，联

立方程(3-7)—(3-23),共计 34 个等式约束;除去上述已事先给定的变量之外,剩余待定的系统参数和运行状态变量为 34 个,因此可以被完全确定。

通过上述方法确定所有系统参数之后,保持这些系统参数不变,并假定在准稳态过程中换流变压器分接头固定,对于给定的 $I_{d1}$、$I_{d2}$、$\gamma_1$、$\gamma_2$,通过联立求解方程(3-7)—(3-23),可以确定在非额定工况下系统所有的运行状态变量。

对于多馈入直流系统,逐步增加某一回直流线路 $i$ 的直流电流整定值,并保持其他直流线路的直流电流整定值、所有直流线路的熄弧角整定值为额定值不变,则可求取直流线路 $i$ 的最大功率曲线 $P_{di}(I_{d1})$,如图 3-28 所示。

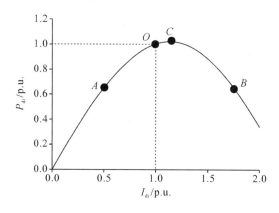

图 3-28　最大功率曲线

对于直流系统 $i$ 最大功率曲线上的任一运行点,定义其在最大功率曲线上的斜率为直流系统 $i$ 在该运行点处的功率稳定裕度指标 $I_{\mathrm{PSI},i}$(Power Stability Index,PSI),即

$$I_{\mathrm{PSI},i}=\left.\frac{\mathrm{d}P_{di}}{\mathrm{d}I_{di}}\right|_{\Delta I_{dj}=0}, \quad i\neq j \tag{3-24}$$

当 $I_{\mathrm{PSI},i}>0$(图 3-28 中的 $A$ 点)时,直流系统 $i$ 在该运行点下可以保持功率稳定;当 $I_{\mathrm{PSI},i}<0$($B$ 点)时,直流系统 $i$ 在该运行点下无法保持功率稳定;当 $I_{\mathrm{PSI},i}=0$($C$ 点)时,直流系统 $i$ 在该运行点下处于临界稳定。

通常,直流系统在额定运行点处(图 3-28 中的 $O$ 点)的功率稳定性及其功率稳定裕度是电网运行和规划中最关心的问题。当直流系统在额定运行点下处于临界功率稳定时,其所对应的(有效)短路比被定义为临界(有效)短路比。因此,在后续分析中,将以两馈入直流简化模型中的直流系统 1 为研究对象,讨论在额定运行点处,直流系统 1 的功率稳定性(指标 $I_{\mathrm{PSI},1}$)与其有效短路比 $I_{\mathrm{MIESCR},1}$ 之间的定量关系。

(2)多馈入直流功率稳定性和短路比的关系

对于两馈入直流简化模型,在 $V_{acN}$、$V_{dNi}$、$I_{dNi}$、$\gamma_{Ni}$、$P_{12,0}$、$Z_i$、$\varphi_i$、$Z_{12}$、$\varphi_{12}$、$u_{ki}(i=1,2)$ 给定的条件下,系统的运行状态将被完全确定。也就是说,直流系统 1 在额定运行点处的 $I_{\mathrm{PSI},1}$ 只与上述给定参数有关。为了分析直流系统功率稳定性与其有效短路比指标的关系,在后续分析中将不直接给定 $Z_1$、$Z_2$ 和 $Z_{12}$,而是通过给定 $I_{\mathrm{MIESCR},1}$、$I_{\mathrm{MIESCR},2}$ 和 $I_{\mathrm{MIESCR},21}$,继而确定满足要求的 $Z_1$、$Z_2$ 和 $Z_{12}$ 的具体数值。

记直流线路 $i$ 所输送的直流功率占总直流输送功率的比例为 $P_{ri}$。可以证明,当直流系统 1 的基准功率和基准电压值分别取其额定直流功率 $P_{dN1}=V_{dN1}I_{dN1}$ 和额定直流电压 $V_{dN1}$

时，$I_{PSI,1}$的标幺值将只与$I_{MIESCR,1}$、$I_{MIESCR,2}$、$I_{MIIF,21}$、$\varphi_i$、$\varphi_{12}$、$\gamma_{Ni}$、$u_{ki}$、$P_{12,0}$以及$P_{ri}$($i=1,2$)的给定值有关。以下将在该标幺值系统下，逐一分析这些因素对$I_{PSI,1}$的影响。

1）调整受端系统参数，使得$I_{MIESCR,2}=1.5$、$I_{MIIF,21}=0.5$、$\varphi_1=\varphi_2=\varphi_{12}=90°$、$\gamma_{N1}=\gamma_{N2}=15°$、$u_{k1}=u_{k2}=18\%$、$P_{12,0}=0$和$P_{r1}=0.5$，考察$I_{PSI,1}$随$I_{MIESCR,1}$的变化情况，如图3-29所示。由图3-29可知，在保持系统其他给定参数不变的前提下，$I_{PSI,1}$随$I_{MIESCR,1}$的下降而单调下降。这说明直流系统1的功率稳定性与其多馈入短路比$I_{MIESCR,1}$直接相关；多馈入短路比越大，直流系统的功率稳定性越好。另外，由图3-29还可以看到，在上述给定参数条件下，直流系统1的临界有效短路比指标$I_{MIESCR,1}$约为1.15。

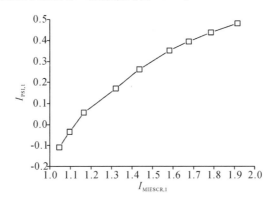

图3-29 $I_{PSI,1}$随$I_{MIESCR,1}$的变化情况

2）保持1）中$I_{MIIF,21}$、$\varphi_i$、$\varphi_{12}$、$\gamma_{Ni}$、$u_{ki}$、$P_{12,0}$和$P_{r1}$不变，改变$I_{MIESCR,1}$，考察$I_{MIESCR,2}$分别为1.0、1.5和2.0时，$I_{PSI,1}$随$I_{MIESCR,2}$的变化情况，如图3-30所示。由图中3条曲线的对比可看出：在保持系统其他给定参数不变的前提下，当$I_{MIESCR,1}$相同时，不同的$I_{MIESCR,2}$对应的$I_{PSI,1}$差别很小；相应的，直流系统1的临界有效短路比$I_{MIESCR,1}$差别也很小。这说明某一回直流线路的功率稳定性与其他直流线路的多馈入短路比无关。

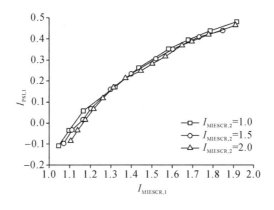

图3-30 $I_{MIESCR,2}$取不同的值的$I_{PSI,1}$的变化情况

3）保持1）中$I_{MIESCR,2}$、$\varphi_i$、$\varphi_{12}$、$\gamma_{Ni}$、$u_{ki}$、$P_{12,0}$和$P_{r1}$不变，改变$I_{MIIF,21}$，考察$I_{MIESCR,21}$分别为0.2、0.5和0.8时，$I_{PSI,1}$随$I_{MIESCR,1}$的变化情况，如图3-31所示。由图中3条曲线的对比可看出：在保持系统其他给定参数不变的前提下，当$I_{MIESCR,1}$相同时，$I_{MIIF,21}$较大的直流系统的

$I_{\text{PSI},1}$也相对较大;相应的,其临界有效短路比$I_{\text{CMIESCR},1}$较小。但总体来说,当$I_{\text{MIESCR},1}$相同时,不同$I_{\text{MIIF},21}$下直流系统的$I_{\text{PSI},1}$和$I_{\text{CMIESCR},1}$差别并不明显;当$I_{\text{MIIF},21}$在$0.2\sim0.8$范围内变化时,$I_{\text{CMIESCR},1}$的变化范围为$1.1\sim1.3$。

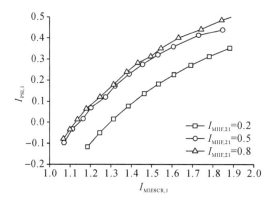

图 3-31　不同$I_{\text{MIIF},21}$下$I_{\text{PSI},1}$的变化情况

4)保持1)中$I_{\text{MIESCR},2}$、$I_{\text{MIIF},21}$、$\gamma_{Ni}$、$u_{ki}$、$P_{12,0}$和$P_{r1}$不变,改变$\varphi_i$、$\varphi_{12}$,考察$\varphi_{11}=\varphi_{22}=\varphi_{12}=70°$、$80°$和$90°$时,$I_{\text{PSI},1}$随$I_{\text{MIESCR},1}$的变化情况,如图3-32所示。由图中3条曲线的对比可看出:在保持系统其他给定参数不变的前提下,当$I_{\text{MIESCR},1}$相同时,$\varphi_{11}$、$\varphi_{22}$和$\varphi_{12}$取不同的值直流系统的$I_{\text{PSI},1}$和$I_{\text{CMIESCR},1}$差别并不明显。

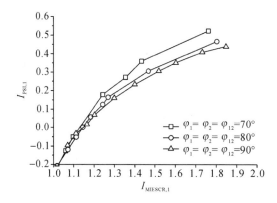

图 3-32　不同$\phi_1$、$\phi_2$和$\phi_{12}$下$I_{\text{PSI},1}$的变化情况

5)保持1)中$I_{\text{MIESCR},2}$,$I_{\text{MIIF},21}$、$\varphi_i$、$\varphi_{12}$、$u_{ki}$、$P_{12,0}$和$P_{r1}$不变,改变$\gamma_{N1}$、$\gamma_{N2}$,考察$\gamma_{N1}=\gamma_{N2}=15°$、$18°$和$21°$时,$I_{\text{PSI},1}$随$I_{\text{MIESCR},1}$的变化情况,如图3-33所示。由图中3条曲线的对比可看出:在保持系统其他给定参数不变的前提下,当$I_{\text{MIESCR},1}$相同时,不同的$\gamma_N$对应的$I_{\text{PSI},1}$差别很小,相应的$I_{\text{CMIESCR},1}$差别也很小。这说明不同的逆变器熄弧角整定值对直流系统的功率稳定性影响较小。

6)保持1)中$I_{\text{MIESCR},2}$,$I_{\text{MIIF},21}$、$\varphi_i$、$\varphi_{12}$、$\gamma_{Ni}$、$P_{12,0}$和$P_{r1}$不变,改变$u_{k1}$、$u_{k2}$,考察$u_{k1}=u_{k2}=16\%$、$18\%$和$20\%$时,$I_{\text{PSI},1}$随$I_{\text{MIESCR},1}$的变化情况,如图3-34所示。由图中3条曲线的对比可看出:在保持系统其他给定参数不变的前提下,当$I_{\text{MIESCR},1}$相同时,$u_{k1}$取不同的值对应的$I_{\text{PSI},1}$差别很小,相应地$I_{\text{CMIESCR},1}$差别也很小。这说明不同的换流变压器短路比对直流系统

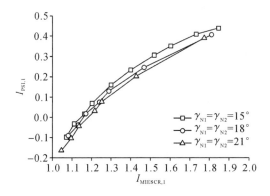

图 3-33　$\gamma_N$ 取不同的值时 $I_{\mathrm{PSI},1}$ 的变化情况

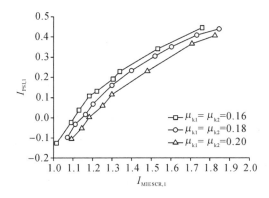

图 3-34　$\mu_k$ 取不同的值时 $I_{\mathrm{PSI},1}$ 的变化情况

的功率稳定性影响也较小。

7）保持 1）中 $I_{\mathrm{MIESCR},2}$，$I_{\mathrm{MIIF},21}$、$\varphi_i$、$\varphi_{12}$、$\gamma_{Ni}$、$u_{ki}$、和 $P_{r1}$ 不变，改变 $P_{12,0}$，考察 $P_{12,0}=P_{dN1}/2$、0 和 $-P_{dN1}/2$ 时，$I_{\mathrm{PSI},1}$ 随 $I_{\mathrm{MIESCR},1}$ 的变化情况，如图 3-35 所示。由图中 3 条曲线的对比可看出：在保持系统其他给定参数不变的前提下，当 $I_{\mathrm{MIESCR},1}$ 相同时，$P_{12,0}$ 取不同的值对应的 $I_{\mathrm{PSI},1}$ 差别很小，相应的 $I_{\mathrm{CMIESCR},1}$ 差别也很小。这说明换流站附近交流系统的潮流分布情

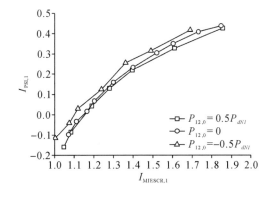

图 3-35　$P_{12,0}$ 取不同的值时 $I_{\mathrm{PSI},1}$ 的变化情况

况对直流系统的功率稳定性影响也较小。

8）保持 1）中 $I_{\mathrm{MIESCR},2}$、$I_{\mathrm{MIIF},21}$、$\varphi_i$、$\varphi_{12}$、$\gamma_{Ni}$、$u_{ki}$ 和 $P_{12,0}$ 不变，改变 $P_{r1}$，考察 $P_{r1}=0.1$、$0.5$ 和 $0.9$ 时，$I_{\mathrm{PSI},1}$ 随 $I_{\mathrm{MIESCR},1}$ 的变化情况，如图 3-36 所示。由图中 3 条曲线的对比可看出：在保持系统其他给定参数不变的前提下，当 $I_{\mathrm{MIESCR},1}$ 相同时，$P_{r1}$ 取不同的值对应的 $I_{\mathrm{PSI},1}$ 差别非常明显，相应的 $I_{\mathrm{CMIESCR},1}$ 差别也很明显。

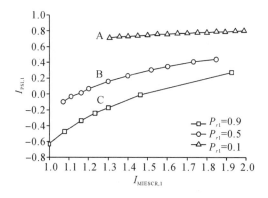

图 3-36　$P_{r1}$ 取不同的值时 $I_{\mathrm{PSI},1}$ 的变化情况

以图 3-36 所示的 $A$、$B$ 和 $C$ 这三个运行点为例。在这三个运行点下，直流系统 1 的有效短路比 $I_{\mathrm{CMIESCR},1}$ 均为 1.30，但直流系统 1 的功率稳定指标 $I_{\mathrm{PSI},1}$ 分别为 0.71、0.16 和 $-0.17$。也就是说，虽然在这三个运行点下直流系统 1 的有效短路比相同，但其功率稳定性存在着明显的差别。图 3-37 进一步给出了这三个运行点下直流系统 1 的最大功率曲线。从图 3-37 可以明显看出，在运行点 $A$，直流系统 1 具有充足的功率稳定裕度；在运行点 $B$，直流系统 1 处于最大功率点的左侧，但其功率稳定裕度已经很小；而在运行点 $C$，直流系统 1 是功率不稳定的。

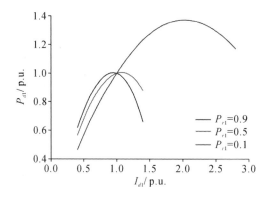

图 3-37　直流系统 1 的最大功率曲线

## 五、小结

从上述有效性分析结果可以看出，直流系统的功率稳定性除与其自身的有效短路比有关外，还与直流功率密切相关，故不能简单依据直流系统的有效短路比判断直流系统的功率

稳定性。特别地,对于直流功率比较小的直流系统,其临界有效短路比可能远小于 1.5,若仍沿用传统单馈入直流系统中的判据,根据有效短路比是否小于 2.5 来判断直流系统的功率稳定性及其交流系统相对强弱,所得分析结果将可能过于保守。

单馈入短路比和静态电压稳定有着直接的联系,而传统多馈入短路比则缺乏这种明确的物理机理。通过前面对多馈入有效短路比的适用性分析可知 MIESCR 不能准确反映多馈入直流系统的功率稳定性。且多馈入直流系统的临界有效短路比不是一个确定的数,而在较大的范围内波动,说明在多馈入直流系统中多馈入有效短路比判据将失效,即不能以 MIESCR 是否小于 2.5 判断多馈入直流系统的功率稳定性及其交流系统相对强弱[71-74]。

现有的短路比均不适用于考虑整流器接入的交直流多馈入系统,即在分析含整流站的这种特殊多馈入系统时,多馈入短路比难以刻画交直流交互影响。针对此问题,已有学者对多馈入短路比定义进行了一定的修正[75-76],但应用时仍然难以定量分析系统的稳定性,也缺乏有效的理论依据。

多馈入交直流系统中存在各种交互作用现象(如谐波谐振及谐波不稳定、次同步振荡、换相失败、暂态不稳定、动态过电压等),能否通过短路比来分析其物理机理及其影响因素还需要进一步探讨[77]。

短路比是分析多馈入直流系统静态电压稳定的指标,而交直流系统是一个复杂的非线性系统,如何定义动态短路比来分析多馈入直流系统的动态电压稳定仍需要进一步研究[72]。

## 第五节　浙江电网调峰能力分析

### 一、调峰平衡计算原则

(1)考虑全口径电力平衡,在满足负荷低谷电力平衡的前提下调停统调煤电机组的,在此基础上校验负荷高峰电力平衡;

(2)分别校验夏季高峰日、平均高峰日、平均汛期高峰日 3 个典型日的电网调峰能力,平均高峰和平均汛期高峰时段负荷取高峰负荷的 80％,日最小负荷率取 0.65;

(3)平均汛期高峰日省外受入电力取夏季高峰日的 70％;

(4)高峰电力平衡中负荷备用率取 8％,低谷电力平衡考虑负荷波动取负备用−2％;

(5)夏季高峰日和平均高峰日,负荷高峰时段机组出力参照全口径电力平衡原则,负荷低谷时段抽水蓄能电站满容量抽水,水电和统调气电不出力,统调煤电和非统调火电按照 50％装机容量出力,风电按照 40％装机容量出力,光伏发电、海洋能发电不出力,省外受入电力中的水电不出力,火电按照 60％容量出力;

(6)平均汛期高峰日,全天统调水电按照 100％装机容量出力,非统调水电按照 80％容量出力,其他电源出力原则同(4)。

### 二、夏季高峰负荷日调峰能力分析

2015 年,浙江夏季高峰负荷日的高峰负荷 6369 万千瓦,低谷负荷 4140 万千瓦,峰谷差

2229万千瓦。按照上述平衡原则,负荷低谷时段全口径装机出力2639万千瓦,省外受入电力1375万千瓦,电力缺口23万千瓦,即在负荷低谷时段无需调停统调煤电机组。在此基础上,负荷高峰时段全口径装机出力6185万千瓦,省外受入电力1646万千瓦(占全社会最高负荷的26%),电力盈余484万千瓦。因此,夏季高峰负荷日浙江电网调峰能力满足需求。

2020年,浙江夏季高峰负荷日的高峰负荷8092万千瓦,低谷负荷5260万千瓦,峰谷差2832万千瓦。负荷低谷时段全口径装机出力3293万千瓦,省外受入电力2055万千瓦,电力盈余214万千瓦,即在负荷低谷时段需调停统调煤电机组427万千瓦。在此基础上,负荷高峰时段全口径装机出力7182万千瓦,省外受入电力2798万千瓦(占全社会最高负荷的35%),电力盈余772万千瓦。因此,夏季高峰负荷日浙江电网调峰能力满足需求。

### 三、平均高峰负荷日调峰能力分析

2015年,浙江平均高峰负荷日的高峰负荷5095万千瓦,低谷负荷3312万千瓦,峰谷差1783万千瓦。负荷低谷时段全口径装机出力2639万千瓦,省外受入电力1375万千瓦,电力盈余789万千瓦,即在负荷低谷时段需调停统调煤电机组1578万千瓦。在此基础上,负荷高峰时段全口径装机出力4608万千瓦,省外受入电力1646万千瓦(占全社会最高负荷的26%),电力盈余282万千瓦。因此,平均高峰负荷日浙江电网调峰能力满足需求。

2020年,浙江平均高峰负荷日的高峰负荷6474万千瓦,低谷负荷4208万千瓦,峰谷差2266万千瓦。负荷低谷时段全口径装机出力3293万千瓦,省外受入电力2055万千瓦,电力盈余1244万千瓦,即在负荷低谷时段需调停统调煤电机组2489万千瓦。在此基础上,负荷高峰时段全口径装机出力5121万千瓦,省外受入电力2798万千瓦(占全社会最高负荷的35%),电力盈余458万千瓦。因此,平均高峰负荷日浙江电网调峰能力满足需求。

### 四、平均汛期高峰负荷日调峰能力分析

2015年,浙江平均汛期高峰负荷日的高峰负荷5095万千瓦,低谷负荷3312万千瓦,峰谷差1783万千瓦。负荷低谷时段全口径装机出力3250万千瓦,省外受入电力963万千瓦,电力盈余988万千瓦,即在负荷低谷时段需调停统调煤电机组1976万千瓦。在此基础上,负荷高峰时段全口径装机出力4624万千瓦,省外受入电力1152万千瓦(占全社会最高负荷的18%),电力缺口196万千瓦。因此,平均汛期高峰负荷日浙江电网调峰能力无法满足需求,需通过合理安排机组启停或增加机组调峰容量来满足平均汛期高峰负荷日调峰需求。

2020年,浙江平均汛期高峰负荷日的高峰负荷6474万千瓦,低谷负荷4208万千瓦,峰谷差2266万千瓦。负荷低谷时段全口径装机出力3904万千瓦,省外受入电力1439万千瓦,电力盈余1239万千瓦,即在负荷低谷时段需调停统调煤电机组2479万千瓦。在此基础上,负荷高峰时段全口径装机出力6474万千瓦,省外受入电力1959万千瓦(占全社会最高负荷的24%),电力盈余43万千瓦。因此,平均汛期高峰负荷日浙江电网调峰能力满足需求。

### 五、省外受电比例的调峰约束分析

2015年,浙江全社会最高负荷6369万千瓦,规划省外受电比例26%,在平均汛期高峰负荷日满足低谷负荷情况下,最小需调停统调煤电机组1976万千瓦,此时高峰负荷时刻电

力缺口 196 万千瓦,无法满足调峰需求。见表 3-14。若省外受电比例降低到 18%,刚好满足夏季高峰负荷电力需求,在平均汛期高峰负荷日满足低谷负荷情况下,最小需调停统调煤电机组 1576 万千瓦,此时高峰负荷时刻电力缺口 135 万千瓦,仍无法满足调峰需求。见表 3-15。在此基础上若省外受入火电调峰深度增加到 50%,在平均汛期高峰负荷日满足低谷负荷情况下,最小需调停统调煤电机组 1554 万千瓦,此时高峰负荷时刻电力缺口 113 万千瓦,仍无法满足调峰需求。因此,为满足电网调峰需求,需合理安排机组启停或增加省内机组的调峰容量。

2016 年,浙江全社会最高负荷 6856 万千瓦,规划省外受电比例 24%,在夏季高峰负荷日、平均高峰负荷日和平均汛期高峰负荷日最小需调停煤电机组 0、1471 万千瓦、1869 万千瓦,均能满足电网调峰需求。在满足 3 种典型日电网调峰需求的基础上,省外受电比例最大可提高至 30%。

2017 年,浙江全社会最高负荷 7177 万千瓦,随着灵州—绍兴特高压直流及三门核电一期 250 万千瓦机组的建成投产,规划省外受电比例增加至 33%,在平均汛期高峰负荷日满足低谷负荷情况下,最小需调停统调煤电机组 2620 万千瓦,此时高峰负荷时刻电力缺口 90 万千瓦,无法满足调峰需求。为满足 3 种典型日电网调峰需求,省外受电比例需降低至 23% 以下。

2018 年,浙江全社会最高负荷 7491 万千瓦,规划省外受电比例 32%,在夏季高峰负荷日、平均高峰负荷日和平均汛期高峰负荷日最小需调停煤电机组 384 万千瓦、2293 万千瓦、2425 万千瓦,均能满足电网调峰需求。在满足 3 种典型日电网调峰需求的基础上,省外受电比例最大可提高至 37%。

2019 年,浙江全社会最高负荷 7789 万千瓦,规划省外受电比例 36%,在夏季高峰负荷日、平均高峰负荷日和平均汛期高峰负荷日最小需调停煤电机组 782 万千瓦、2766 万千瓦、2757 万千瓦,均能满足电网调峰需求。在满足 3 种典型日电网调峰需求的基础上,省外受电比例最大可提高至 38%。

2020 年,浙江全社会最高负荷 8092 万千瓦,规划省外受电比例 35%,在夏季高峰负荷日、平均高峰负荷日和平均汛期高峰负荷日最小需调停煤电机组 427 万千瓦、2489 万千瓦、2479 万千瓦,均能满足电网调峰需求。在满足 3 种典型日电网调峰需求的基础上,省外受电比例最大可提高至 39%。

表 3-14　规划省外受电比例调峰结果表

| | | 2015 | 2016 | 2017 | 2018 | 2019 | 2020 |
|---|---|---|---|---|---|---|---|
| 全社会最高负荷(万千瓦) | | 6369 | 6856 | 7177 | 7491 | 7789 | 8092 |
| **省外受电占全社会最高负荷比例(%)** | | **26** | **24** | **33** | **32** | **36** | **35** |
| 夏高 | 最小需调停煤电机组容量(万千瓦) | 0 | 0 | 660 | 384 | 782 | 427 |
| | 高峰电力平衡结果(万千瓦) | 484 | 515 | 626 | 774 | 736 | 772 |
| 平高 | 最小需调停煤电机组容量(万千瓦) | 1578 | 1471 | 2488 | 2293 | 2766 | 2489 |
| | 高峰电力平衡结果(万千瓦) | 282 | 525 | 347 | 484 | 434 | 458 |
| 平汛高 | 最小需调停煤电机组容量(万千瓦) | 1976 | 1869 | 2620 | 2425 | 2757 | 2479 |
| | 高峰电力平衡结果(万千瓦) | −196 | 48 | −90 | 47 | 19 | 43 |
| 调峰需求是否满足 | | 否 | 是 | 否 | 是 | 是 | 是 |

注:夏高=夏季高峰负荷日;平高=平均高峰负荷日;平汛高=平均汛期高峰负荷日。

表 3-15　省外受电比例极限调峰结果表

| | | 2015 | 2016 | 2017 | 2018 | 2019 | 2020 |
|---|---|---|---|---|---|---|---|
| 全社会最高负荷(万千瓦) | | 6369 | 6856 | 7177 | 7491 | 7789 | 8092 |
| **省外受电占比(％)** | | **18** | **30** | **23** | **37** | **38** | **39** |
| 夏高 | 最小需调停煤电机组容量(万千瓦) | 0 | 174 | 0 | 823 | 954 | 826 |
| | 高峰电力平衡结果(万千瓦) | 0 | 723 | 573 | 707 | 710 | 711 |
| 平高 | 最小需调停煤电机组容量(万千瓦) | 1007 | 1921 | 1648 | 2731 | 2939 | 2888 |
| | 高峰电力平衡结果(万千瓦) | 369 | 457 | 475 | 417 | 408 | 397 |
| 平汛高 | 最小需调停煤电机组容量(万千瓦) | 1576 | 2184 | 2032 | 2732 | 2877 | 2759 |
| | 高峰电力平衡结果(万千瓦) | −135 | 0 | 0 | 0 | 0 | 0 |
| 调峰需求是否满足 | | 否 | 是 | 是 | 是 | 是 | 是 |

注:夏高＝夏季高峰负荷日;平高＝平均高峰负荷日;平汛高＝平均汛期高峰负荷日。

　　2020 年,浙江电网规划省外受入电力 2798 万千瓦,占全社会最高负荷 35％,规划省外受入电量 1289 亿千瓦时,占全社会用电量 31％。考虑浙江电网与省外联络线受电能力极限,省外受电比例最大可达 47％;考虑调峰容量需求,省外受电比例最大可达 39％,若考虑合理安排发电机组启停,省外受电比例上限可提高到 39％～47％之间。如图 3-38 所示。

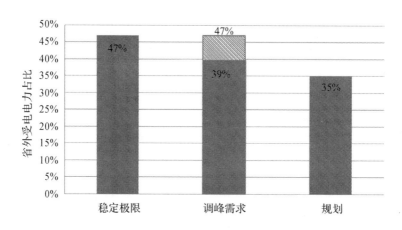

图 3-38　不同情况下省外受电电力占比

# 第四章　浙江电网各级电网协调性

　　我国是世界能源消费大国,煤炭消费总量居世界第一位,电力消费总量居世界第二位,但由于我国地域广阔,一次能源分布和生产力发展水平很不均衡。水能、煤炭主要分布在西部和北部,能源和电力需求主要集中在东部和中部经济发达地区,导致西北部地区出现负荷增长缓慢,电源却呈现加速增长的局势,电源布局与电力需求格局极不匹配,电源规划建设缺乏协调性。

　　电网是连接电源和用户的复杂网络,覆盖范围广,设备数量大、种类多、层次多。因此,电网各个部分之间的相互协调发展显得非常重要,需要深入研究。电网协调程度是电网安全性和经济性的重要基础,实现各个部分的充分协调,不在个别地方形成瓶颈,也不在个别环节形成过大浪费。否则,电网的安全性和经济性都难以保证。因此,通过研究电网协调模型,对提高电网不同组成部分之间的协调程度,具有重要意义。目前,国内在电网发展协调性方面的研究只是停留在理论分析阶段,且现有理论研究成果多从单一的方面进行协调性分析,未能站在全局的立场对影响到电网发展协调性的各主要环节综合考虑进行细致分析,对电网建设的协调性评价和指导不佳。电网协调性评估理论将指导电网的运行和发展,为电网规划提供决策,促进形成高效的电网规划、投资机制,促进电网科学、合理、有序的发展。

## 第一节　国内外电网接线形式研究

　　电网是电力传输的关键载体,需要有坚强的网架结构,以保障强大和安全可靠的电力输送和供应能力,满足能源资源大范围优化配置的需要,提高能源利用效率。规划建设坚强的电网网架结构及充足的灵活调节电源,是保证电力系统安全稳定的基础。

　　电网具有网络经济特征,单个输变电工程无法发挥其电网作用,只有尽快形成主网架后,才能实现其电网功能。目前,世界各国电网经过多年的发展和积累,形成了形式多样且相对比较坚强的网架。

### 一、国外电网典型接线形式研究

　　自1956年以来,全球共发生电力负荷损失800万千瓦以上的大停电事故21起,其中6起发生在美国。自由联网结构是构成潮流转移,引发连锁反应,导致电压崩溃和失稳振荡,直至系统四分五裂,最后大停电的根本原因。

　　为了满足经济社会发展的新需求和实现电网的升级换代,以欧盟、美国为代表的一些组织和国家开始重点研究分布式电源、可再生能源发电以及微电网技术,近年来又相继开展了对智能电网的研究。欧洲发展智能电网的出发点是应对能源危机和温室气体减排,促进可再生能源的开发利用;美国的智能电网规划采用信息技术、新材料和新设备来推动陈旧老化的电网升级改造,也逐步将发展可再生能源发电作为智能电网的重要组成部分。以上述原则为基础,欧洲和美国分别提出了适应于自己的未来输电网架结构远景设想,即欧洲"Super Grid 2050"和美国"Grid 2030"电网结构。

(一) 美国电网

美国电力系统经历百余年的发展,由初期孤立的私营和公营电力系统逐步演变成双边、多边协定或联合经营的联合电力系统。目前,美国电网由西部、东部及德克萨斯系统3个直流互联的同步电网构成,3个大区电网均为自由联网。所谓自由联网就是不分层、不分区、不分大区间联络线,大量功率通过电网对电网输送。

美国电网以私营为主,形成了各自为政的局面,因此电压等级较多,从110千伏到765千伏就有8个电压等级。美国第一条765千伏交流输电线路于1969年5月投入运行,目前已达到3900公里。直流输电线路大部分采用±400千伏和±450千伏电压等级,个别采用±500千伏电压等级。

设备及基础设施老化以及机制方面的问题,使得美国的电力系统面临严重的问题。近二十年来,电网更新升级的投资严重不足,其主要原因是几方面的不确定:技术的不确定性、监管的不确定性和金融的不确定性。吸引投资困难,难以满足不断增长的需要。这种状况的结果是非常严重的:发生阻塞的输电走廊大大增加,发生停电事故的可能性大大增加,近年来停电事故不断,每年停电及电能质量事件造成的损失为250亿～1800亿美元。基于以上原因,美国提出了"Grid 2030"电网预想,如图4-1。

CONCEPTUAL DESIGN OF THE
"GRID 2030" VION1

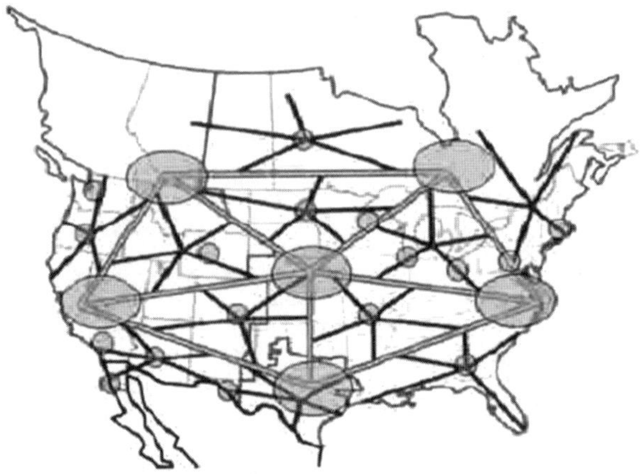

Electricity Backbone, Regional Interconnection, Plus
Local Distribution, Mini-and Micro-Grids

图4-1　美国"Grid 2030"输电网架结构

根据美国2030年电网预想,美国未来电网将建立由东岸到西岸、北到加拿大,南到墨西哥,主要采用超导技术、电力储能技术和更先进的直流输电技术的骨干网架。初步确定为直流双回干线,按实际需要分别输送3×106～3×107千瓦容量。

美国电网的运行主要由电力可靠性组织(Electric Reliability Organization，ERO)协调，ERO 是在政府支持下依法成立的国际性自律机构，受联邦电力能源监管委员会(Federal Energy Regulatory Commission，FERC)委托实施大电网监管职能，保证电网的可靠性、充裕度和安全性。

受美国电力体制的影响，美国没有全国统一的输电线路典型设计，其各个电力公司铁塔型式各异，有各自的定型塔。美国的输电线路设计标准体系较为完善，协调性好，国际化程度高，主要由以下 4 部分组成：

(1)国家法规和安全规定执行美国国家电力规定(National Electrical Code of USA，NEC)和美国国家电力安全规范(National Electrical Safety Code of USA，NESC)。

(2)电气部分以 IEC60826 为主，在 IEC 标准不适用时采用相应的英国标准或美国国家标准。

(3)结构设计以美国土木工程协会(The American Society of Civil Engineers，ASCE)导则(简称 ASCE 导则)和美国的 ANSI/ASCE 10-90 及 LRFD-2001 标准为主。

(4)杆塔材料执行美国测试和材料协会(American Society for Testing and Materials，ASTM)标准。

**(二)法国电网[78]**

1946 年以前，法国存在多家电力公司，分区分片管理，导致中压配电电压等级繁多。20 世纪 60 年代开始，法国开始对电网进行升压改造，电网升压改造是全国性的决策，直到 20 世纪 90 年代中期基本结束。升压前法国输电电压等级为 400、225、90、63 千伏，配电为 20、15、10 千伏和 400 伏；升压后输电电压等级为 400、225 千伏，配电为 20 千伏、400 伏。

法国电网拥有完善的输电和配电网络，能很好地满足供电质量和可靠性的要求，只要不发生因自然灾害引起的区域大面积停电，均可实现转供电。目前，法国的电力网已形成以400 千伏网架为主体的全国统一电网，其分布状态是以巴黎为中心，呈辐射状向外延伸。

法国 400 千伏电网规划分为长期、中期和短期规划，规划时段分别为 10 年以上、5～10年和 3～6 年。规划项目在长期至短期得以逐步明确和细化。长期规划主要考虑未来新建电源的规模及分布，研究对应负荷及装机增长的电网规模与电压水平，考虑是否引入更高一级电压等。中期规划结合电源建设与当前电网情况，分析目标网架能否解决电网受到的限制。中期规划将充分考虑自然环境约束，分析网架结构，分解电网项目，指导短期规划。短期规划主要是深入研究电压、短路容量和负荷预测变化等问题，确定调峰机组和 3～5 年内需建设的电网项目，以指导地区电网规划。短期规划将重新校验电网发展规划是否满足需求，确定项目实施的日期和投资，形成 RTE 的决策文件。

法国巴黎城市的分区供电十分清晰，超高压电网为 400 千伏电压等级，形成双环网，通过 400/225 千伏的变电站向 225 千伏高压网供电。巴黎市中心区的高压电网为 225 千伏电压等级，由 27 条 225 千伏电缆向 36 座 225/20 千伏变电站供电，36 座变电站主接线完全一致，主变容量仅有 70 兆伏安或 100 兆伏安两种。36 座变电站形成外、中、内三个地域同心圆，每条 225 千伏的高压电缆挂接的变电站不容许超过 3 个，变电站的高压进线大都采用线路变压器组。每个变电站的供电区域十分明确，中压供电集群(共有 6 条公用中压馈线)与另一个变电站的中压集群手拉手互相支援，供电的区域边界清晰，对于高压或变电站故障，此中压结构可提供 N-2 的能力。每座变电容量 4320 兆伏安，其 20 千伏电缆线路有 800 条，共 5300 千米；225 千伏变电站低压侧接线方式采用单母线分段方式，每个变电站出 4 条 20 千伏馈线，每条馈线的设计容量为 40000 千瓦，馈线最大负荷能力为 20000 千瓦，负载率约 50%；每条馈线由 6 条电缆组成，每条电缆设计容量为 7000 千瓦。两变电站之间利用电缆相连实现手拉手结构，市区环网。而在市区中压配电网形成 20 千伏三回路环形结构网，一条馈线的 6 条线路覆盖一条街道，所带负荷户数约为 1 万～2 万户，公用变压器挂在两条电缆上，一主一备两回路供电，互为备用，有利于提高电网供电可靠性。

225/20 千伏变电站形成外环、中环和内环，三环又将巴黎电网分割成 4 个分区，各个变电站就处于分区之间，每个环内的变电站向两侧的分区供电。图 4-2 为巴黎城市特征示意图。巴黎共分为 20 个区，由里往外延展，一圈圈布置，巴黎的典型三环设计是根据巴黎城市地形地域设计的。当负荷增加时，可在分区之间增加一变电站，将分区再一分为二，显示了良好的可扩展性。

具体来说，36 座 225/20 千伏变电站为 3 个 20 千伏环路供电。如图 4-4 所示，在这种模式下，如果在一个 225 千伏线路上出现停电，可以从临近的变电站恢复供电。法国巴黎主城区 225/20 千伏变电站中的变压器则存在两种配置，一种是 1 台 100 兆伏安变压器，一种为 2 台 70 兆伏安变压器。城郊地区的 225/20 千伏变电站中的变压器配置为 3 台 70 兆伏安变压器，而 90(63)/20 千伏变电站中的变压器配置为 3 台 36 兆伏安变压器。

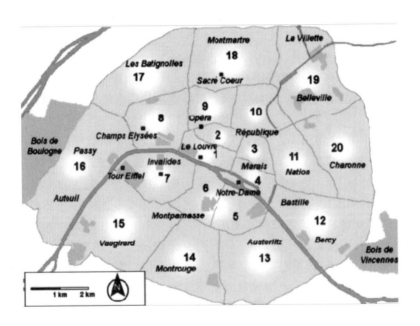

图 4-2　巴黎城市特征示意图

巴黎电网采用类似开闭所的"手拉手"的供电模型，即每个变压器接一段母线，引出 4 条（左右各出 2 回）大截面电缆。每条电缆出线（类似开闭所）又出 6 条馈线和一条大用户专线向外供电，覆盖一条街道，通常在道路两侧人行道各敷设 3 回，分别向道路两边用户供电。这 6 条馈线为一组，其与相邻变电所的另一组形成"手拉手"方式，实现 N-2。

（三）日本电网

日本电力系统由于历史原因，西部频率为 60 赫兹，由关西电力公司负责调频，东北部为

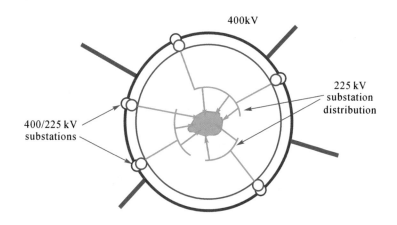

图 4-3　法国巴黎高压输电网结构

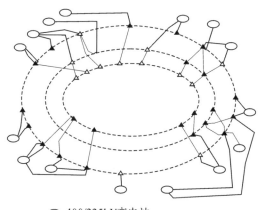

○　400/225kV变电站
△　225/20kV变电站（100MVA）
▲　225/20kV变电站（70MVA）

图 4-4　法国巴黎城市电网结构示意图

50 赫兹，由东京电力公司负责调频，通过两个公司可控硅变频站将东、西电网联在一起。日本电力输电的主要电压等级为 66 千伏、77 千伏、110 千伏、154 千伏、220 千伏、275 千伏和500 千伏。500 千伏电网用于东北电网、东京电网、中部电网、关西电网、中国电网、四国电网和九州电网；275 千伏用于北海道电网和北陆电网；132 千伏用于冲绳电网。北陆电网也于1995 年投入 500 千伏输电线路运行。大的负荷中心如东京、名古屋和大阪等，500 千伏已形成外环网络，由多个电源向其供电。图 4-5 为日本电网的骨干网架。

　　日本主要有九大地区电网，多以 500 千伏输电线路为骨干网架，由于分属于不同的电力公司，电网缺乏统一规划，跨区电网项目建设协调难度较大，整体网架结构不合理。东京地区以 500 千伏输电线路为骨干网络，形成环线东京湾的钳形网架，其电源离负荷中心都比较近，因此大部分输电线路只有十几至几十千米长。2011 年，震惊世界的日本"3·11"的特大地震事件中，东京电力公司停运的发电装机约占其总装机的三分之一，虽然东京电网内部网

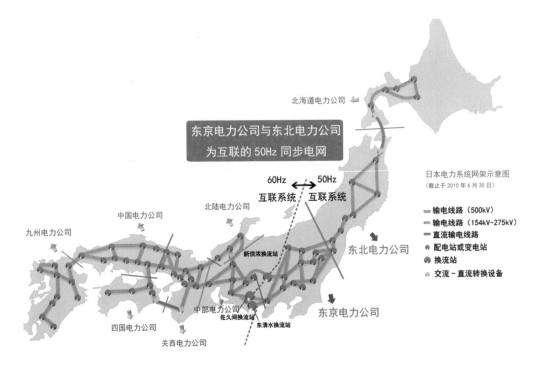

图 4-5　日本电网的骨干网架

架结构较为坚强,但其与周边电网联系较为薄弱,仅有 2 条 500 千伏线路与东北电网相连,两个换流站与中部电网相连。在东京电网范围内发电装机大量停运后,从周边电网对其供电就遇到了瓶颈,因此发生了大面积停电。

图 4-6 为东京电力公司骨干网架。日本东京电力公司的供电区域是以东京都各市区部为中心约 100~150 公里的范围,供电面积约 39500 平方公里。从电源布局来看,大电厂多分布在东京湾和沿海地区,其次是东京外围地区。目前,东京电网存在 1000、500、275、66、22、6.6 千伏及以下电压等级,1000 千伏目前降压为 500 千伏运行。东京骨干输电网主要为 1000、500、275 千伏,地区供电主要采用 154 千伏和 66 千伏电压,22 千伏以下电压为配电系统。为了满足更大潮流的输送,东京电力公司已在东京外围建设了 3 回 1000 千伏电压等级的线路,由于近年日本的电力需求增长放缓,目前已降压为 500 千伏运行。

东京电力公司的骨干网架由 500 千伏线路构成,电网围绕东京核心区域,呈多重圆弧形的网状结构;3 大主电源位于电网的东北、西北和南部;电网西侧有新信浓、佐久间和东清水 3 座变频站与中部电力公司互联,总交换容量为 1 千兆瓦。

根据东京地区的电源布局和负荷分布,东京电网潮流呈现从东京都外围向东京都内部大量送电状态,同时因电网西部电源较多而东西部负荷相差不大,还存在较大的西部电力东送。为适应大潮流电力输送,东京 500 千伏主干网为环网结构,基本形成了三层环网,并加强了西部至东部的通道。

（四）韩国电网

韩国电网发电装机以火电为主,其次为核电,并有少量的水电。由于一次能源严重依赖进口,韩国注重发电能源多样化,火电构成包括煤电、气电和油电。韩国电力系统是由多个

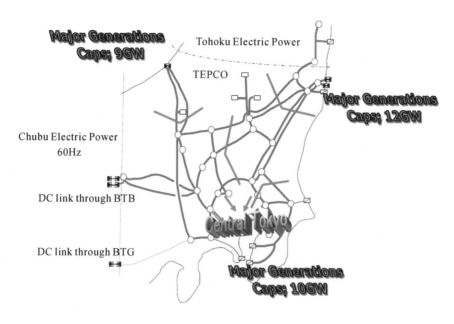

图 4-6　东京电力公司骨干网架

电压等级构成的统一输电网络,没有与其他国家互联。韩国现有输配电系统电压等级如表 4-1 所示。韩国全国电网采用统一调度模式,所有的发电机组及 765 千伏、345 千伏和部分 154 千伏输电网均由韩国国家调试中心(KPX)直接调管,KPX 下设 11 个区域调度机构,主要负责 154 千伏及以下配电网络的调度。所有 154/22.9 千伏高压变全部为有载调压,无功补偿度 10%。

表 4-1　韩国输配电系统电压等级

| 输电系统 | 配电系统 | |
|---|---|---|
| | 高压侧 | 低压侧 |
| (765kV),345kV,154kV,66kV | 22.9kV,6.6kV | 380V,220V |

　　韩国电力公司有直属的输变电设计部门,有关变电站的设计标准从 1962 年就开始制定。自 2001 年开始,随着 765 千伏输变电工程的建设,韩国电力公司开始整合有关变电站的设计标准,形成了按电压等级划分的变电站标准化设计,与我国的变电站典型设计非常相似。

　　韩国的输变电设计具有很突出的地域特点。一方面,朝鲜半岛的总面积为 22 万多平方公里,韩国所占的总面积为 9 万多平方公里;韩国的人口总数约为 2014 年数据 5041.85 万,人口密度达 503 人/平方公里以上,加之其地形多为山地,丘陵平原较少,国土资源显得尤为珍贵。另一方面,韩国民众的环境保护意识日益增强,电网建设的外部环境日益复杂。例如韩国第一条 765 千伏输电线路新瑞山至新安城输电线路全长 138 公里,路径曲折系数为 2,绝大部分经由山地,其原因就是因为外部环境的限制。因此,韩国变电站标准化设计首先考虑的是变电站周围的环境条件和站址的地质条件,再综合考虑各方面的经济性和建设周期问题。

高受电比例下浙江电网的供电安全

图 4-7 为韩国变电站 765 千伏、345 千伏典型接线示意图(3/2 接线)。目前韩国已有 4 座投运的 765 千伏变电站(新安城变电站、新瑞山变电站、新加平变电站和新太白变电站)和 2 座规划中的 765 千伏变电站(北庆南变电站和西庆北变电站),全部采用了统一模式的标准化设计。具体规模和设备选型为:765 千伏出线 8 回,345 千伏出线 12 回,主变 4×2000 兆伏安,备用 1 组;765 千伏和 345 千伏变电站全部采用 3/2 接线;主变压器采用单相变压器;765 千伏采用户外封闭式组合电器(Gas Insulated Switchgear, GIS)设备,额定电压为 800 千伏,额定电流为 8 千安,额定短路电流为 50 千安;345 千伏采用 GIS 设备,额定电压为 362 千伏,额定电流为 4/8 千安,额定短路电流为 40/50/63 千安。

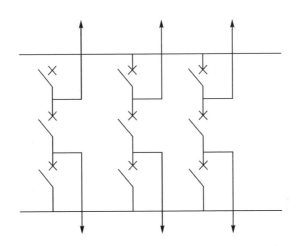

图 4-7　韩国变电站 765、345 千伏典型接线示意图(3/2 接线)

韩国 765 千伏变电站标准设计有以下 3 个技术特点:①设备选型方面。韩国电力公司对于 765 千伏变电站采用空气绝缘开关(Air-Insulated Switchgear, AIS)设备或 GIS 设备进行过调研和技术经济分析,其重点是变电站的占地比较。若采用 AIS 设备,变电站占地面积约 20 公顷,采用 GIS 设备变电站占地约 10 公顷。由于土地资源宝贵,最终决定采用 GIS 方案;②无功补偿方面。韩国电力公司认为在 765 千伏侧进行无功补偿,需要制造 765 千伏无功补偿设备,这在技术和经济方面都是不合理的。所以,韩国 765 千伏变电站的无功补偿装置都设置在 345 千伏侧;③站内设备连接。韩国 765 千伏变电站内,765 千伏、345 千伏 GIS 和主变压 345 千伏 GIS 及电抗器都采用了 GIB(气体封闭母线)方式连接,站内无裸露的导体和架空引线,由此实现了变电站的高可靠性以及与周围环境的协调。

韩国电网以 345 千伏电压等级构成主干线,345 千伏变电站一般建设在城市的郊区。345 千伏变电站标准化设计的模式是:345 千伏出线 10 回,154 千伏出线 18 回,主变 4×500 兆伏安,备用一组;345 千伏采用一个半断路器接线,145 千伏采用双母线接线。考虑其经济性和技术合理性,多采用金属封闭组合电器(Hybrid Gas Insulated Switchgear, HGIS)设备,当受环境影响时也采用户内 GIS 布置方式。

韩国 154 千伏变电站的设计受周围环境影响大,有多种标准设计。据了解,154 千伏变电站多建设在负荷和人口都比较密集的地方,多采用 GIS 设备。截至 2004 年末,韩国共有 154 千伏及以上变电站 615 个,其中 GIS 变电站(户内或户外)共 333 个,占 55%;HGIS 变电站 156 个,占 25％;AIS 变电站 126 个,占 20％。

韩国输电线路设计具有很突出的地域特点:一方面,朝鲜半岛的总面积约为 22 万平方公里,韩国所占的总面积约为 9 万平方公里;韩国的人口总数约为 5041.85 万,人口密度达 503 人/平方公里以上,加之其地形多为山地,丘陵平原较少,国土资源显得尤为珍贵。另一方面,韩国民众的环境保护意识日益增强,电网建设的外部环境日益复杂。这样造成韩国输电线路大部分建在山区,而且在采用了同塔双回路等压缩走廊宽度的技术后,曲折系数仍然较大、造价相对较高。例如,韩国第一条 765 千伏输电线路——新瑞山至新安城输电线路全长 138 公里,路径曲折系数为 2,经由的部分绝大多数为山地,究其原因就是因为外部环境的限制。

### 二、国内电网主网架结构分析[79]

目前,我国已形成华北、东北、华东、华中、西北和南方电网共 6 个跨省区电网以及海南、新疆和西藏 3 个独立省网,500 千伏线路已成为各大电力系统的骨架和跨省、跨地区的联络线,电网发展滞后的矛盾基本得到缓解,如图 4-8 所示。

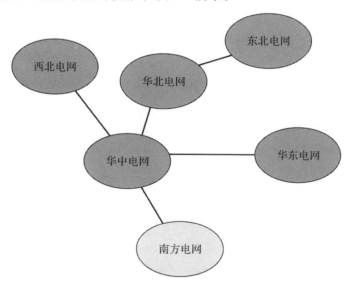

图 4-8 全国电网结构图

"十一五"时期江苏电网 500 千伏"四横四纵"主网架建成,福建电网实现 500 千伏大环网,山东电网 500 千伏"五横两纵"主网架建成,内蒙古电网 500 千伏"三横四纵"主网架形成,"十二五"时期山西电网将完成 500 千伏"四纵四横"主网架,我国 500 千伏主网架已经初步形成,220 千伏电网已部分实现分层分区,110 千伏及以下电网实现完全分层分区运行。通过合理的通道组织与资源优化,构建以特高压电网为核心、500 千伏电网为骨干,结构坚强、安全可靠的主网架结构,实现全国电网升级换代。

如图 4-9 所示,中国规划至 2020 年构筑华北—华中—华东、东北、西北和南方 4 个同步电网,以"三华"特高压受端系统为核心,通过直流线路或直流背靠背与东北、西北、南方电网互联。"三华"特高压电网规模近 $7 \times 10^8$ 千瓦,同步功率大、阻尼特性好、抗冲击能力强,能够为规划中的 20 回左右特高压直流提供坚强的网架支撑。

图 4-9　2020 年"三华"特高压电网规划

《几种未来输电网架结构模式初探》一文提出在中国"三北"地区建立广域可再生能源电网的远景设想。

第一阶段,采用特高压直流输电技术将新能源电力点对点送往几百至几千千米外的负荷中心,配合抽水蓄能电站、燃气轮机调峰电站等,优化协调间歇式发电与可控备用容量的关系,或进行"风光储"一体化外送,减小新能源电力的间歇性对系统的冲击。第二阶段,在点对点直流输电的基础上,采用新型直流输电技术扩建多端直流输电网络,形成覆盖新疆、青海、甘肃、内蒙古等广阔地区的可再生能源直流骨干网架,实现新能源基地与受端系统落点的多端直流互联。

(一)华北电网

如图 4-10,华北电网由京津唐电网、河北南部网、山西电网、山东电网和蒙西电网组成。20 世纪 80 年代京津唐电网、河北南网、山西电网和蒙西电网通过 220 千伏输电线逐步实现了交流并联,形成了华北电网。2005 年,华北电网、西北电网相继通过河南电网,与华中电网联成一体,三电网成功联网后成为世界第一大电网。

目前山西、蒙西电网通过 500 千伏高压输电线路与主网联络,华北电网已形成"七横三纵"500 千伏骨干网架,"七横"为西电东送走廊,"三纵"为南北电力通道。

华北电网存在"卡脖子"问题的区域主要是山西南部的运城、内蒙古自治区西部(蒙西)的乌海,原因主要是这两个地区高耗能企业集中且超常发展,电网建设跟不上;京津唐地区500 千伏电网降压容量紧张。山东电网孤立运行,富余约 2 千兆瓦装机容量却无法外送。河北南部网目前还是 500 千伏单回"十"字型结构,主网架仍显薄弱。

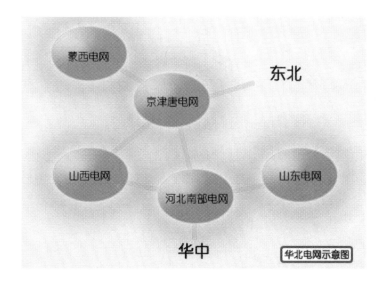

图 4-10　华北电网结构图

**（二）东北电网**

东北电网由辽宁、吉林、黑龙江及内蒙古东部电网组成，目前，东北电网 500 千伏主网架已经形成，北起呼伦贝尔的伊敏电厂，南至大连的南关岭变电站，西自赫峰的元宝山厂，东达黑龙江的佳木斯、七台河厂，500 千伏变电站 41 座，输电线路已经覆盖了东北地区的绝大部分电源基地和负荷中心。辽吉省间、吉黑省间 500 千伏联络线均已达到四回，东北电网与华北电网通过 500 千伏高岭直流背靠背相连，实现了跨大区交流联网。

由于东北地区能源与电力负荷中心在地理位置上分布不平衡，导致东北电网呈现"北电南送、西电东送"的输电局面，而呼辽直流输电工程双极投运，标志着国家电网公司系统内第 1 个交直流混联运行电网正式形成，使东北电网形成了"两交一直"的交直流混联输电格局，具体见图 4-11。

**（三）华东电网**

目前华东电网已形成 500 千伏的骨干网架，但 220 千伏电网仍为各省、市内部的主要输电网络。在长江三角洲地区，220 千伏电网已有相当规模，受短路电流的限制，某些地区急需在 500 千伏电网发展的基础上分片运行以降低短路电流水平，而其他地区的 220 千伏电网相对较弱。

目前华东电网的 500 千伏核心骨干网架主要位于长三角地带，如图 4-12 所示。

从图 4-12 可以看出，特高压双回路大环网覆盖长三角的核心地带后，通过芜湖、南京、南京北、泰州、苏州、沪西及浙北等特高压变电站向长三角负荷中心供电。以上述特高压变电站为中心，辐射了上海北部、上海南部、江苏西部、江苏东部、安徽南部及浙江北部等六大供电板块，结合不同的 500 千伏电网规划方式，考虑各板块之间的联系模式，对远景 2020 年拟定了以下几种主网架方案。

500 千伏全部解环模式。该模式下，华东长三角主网架六大板块间的 500 千伏联系全部解开，只通过特高压电网相连，每个板块有不低于 2 个特高压站点供电。华东 500 千伏主

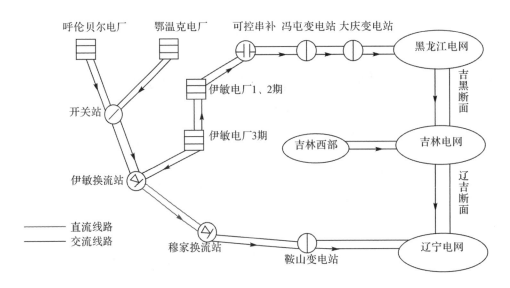

图 4-11　东北电网交直流混联结构图

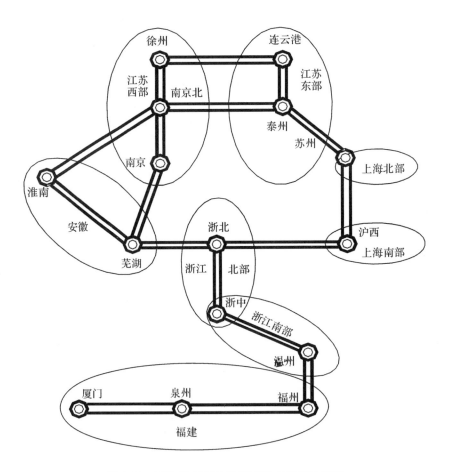

图 4-12　2020 年华东地区特高压主网架示意图

网架相应分成上海北部、上海南部、江苏西部、江苏东部、安徽南部及浙江北部等六大片区分片运行。该方案采用的是各板块各自为政的思路,特高压站点直接供电各板块,就地消纳,与板块外的联络依靠特高压线路。

500千伏部分解环模式。该模式下,华东长三角主网架六大板块中部分板块间的500千伏解开运行,部分则保持联系。与方案一相比,上海北部与上海南部两板块之间、江苏西部、安徽南部与浙江北部三板块之间的500千伏保持联系,华东500千伏主网架相应分成上海、江苏东部、江苏西部/安徽南部/浙江北部等三大片区分片运行。本方案与方案一相比不同的是板块范围扩大,特高压电力的消纳范围扩大,大区域间仍依靠特高压线路保持联系。

板块间500千伏不解环模式。该模式下,华东长三角主网架各板块间除通过特高压电网相连外,500千伏仍保持联系。本方案旨在通过建设500千伏和特高压2个核心层来构建华东主网架。其中特高压核心层是构建特高压双回路环网以接受、分配区外来电;500千伏核心层是构建华东长三角多回路大截面环网,通过特高压站点受入电力至华东500千伏多回路核心环网上,再由500千伏多回路核心环网将电力分散输送到各地区负荷点。

（四）华中电网

华中地区处于我国中原腹地,华中电网与全国其他四大电网比较具有特殊的战略地位,是西电东送及北电南送的必经之地,也是全国统一大电网的枢纽,华中电网主干网架将是输送西部三峡和西南水电资源至东南部江西等负荷中心的桥梁,也是承上启下从晋陕向南部输送火电衔接南北大通道的纽带,大量电力在500千伏主干网架汇集穿越交换与吞吐,然后转送至各负荷中心。

配合三峡工程建设,华中主网架将逐步发展为结构坚固,稳定性高,聚散容量大,成为西电东送、北电南送,水火电调剂的强大枢纽。华中500千伏主网架结构见图4-13。

（五）西北电网

2009年5月24日,西北电网750千伏兰州东—平凉—乾县输变电工程正式投运,与青海拉西瓦、宁夏银川东形成倒"A"字型西北750千伏主网架,标志着连接陕甘青宁四省区骨干网架形成,西北电网进入高电压、大电网、大机组时代。

（六）南方电网

南方电网自1993年8月运行以来,西电东送的容量、网架已形成一定的规模。南方电网是国内第一个形成远距离、大容量、超高压输电,交直流混合运行的大电网,既有电触发直流技术,又有光触发、可控串补、超导电缆等世界顶尖技术。南方电网覆盖五省(区),东西跨度2000公里,500千伏主网架采用交、直流混合运行,至2011年底已形成500千伏"八交五直"13条西电东送大通道,每回通道输送距离均在1000公里以上,最大输电能力达到24.15千兆瓦。

目前,南方互联电网的500千伏主网架已经基本形成,它以天生桥一、二级水电站为送端枢纽。贵州电网通过1回500千伏和1回220千伏交流线路,云南电网通过1回220千伏交流线路分别与天生桥地区电网相联,云南、贵州电网在天生桥地区汇集后经天广2回500千伏交流线路与广西、广东电网相联。随着天生桥水电站机组的全部投产以及电网在建项目的陆续投产,到2001年6月,南方电网已形成2回500千伏交流(天生桥—平果—来宾—梧州—罗洞)和1回±500千伏直流(天生桥换流站—广州北郊)并列运行的西电东送大通道,4省(区)电网之间的联系已变得十分紧密。

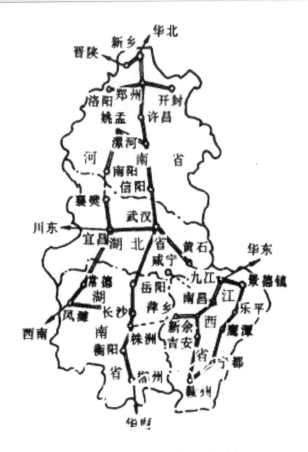

图 4-13 华中 500 千伏主网架结构

目前，广东电网已形成 500 千伏环网，并向东西北三个方向延伸；广西电网已形成 500 千伏四边形环网结构；云南、贵州电网已形成 500 千伏"日"字形主干环网结构；随着琼州海峡海底电缆跨海联网工程正式启动，结束了海南电网长达数年的"电力孤岛"情况。

"十二五"时期，西电东送主网架形成"九直八交"的送电大通道，广东电网形成以珠江三角洲双回路内环网为核心、适应东西两翼电源接入需要、便于接受外区来电和省内电力交换的骨干网架；广西电网形成类"井"字型网架结构，逐步转变成为南方电网统一主网架中另一个重要的受端电网；云南电网形成适应本省负荷和西电东送需要的"两横一纵一中心"的省内 500 千伏输送电网络和"五交五直"外送通道；贵州电网形成适应各类电源分层接入和电力可靠供应的 500 千伏网格型主网架；海南电网、南部加强为三回，北部形成以海口为中心的环网结构。

珠江三角洲负荷中心地区的 500 千伏网架建设，将继承和发展双回路内外环网的主网架基本构网思想。到 2015 年，广东电网粤中地区 500 千伏双环网已有所延伸，扩展至珠江口西部的江中珠地区。由于电网结构上的特点，粤中 500 千伏双环网已分成两部分，即江中珠、广佛南部地区的国安—香山—顺德—江门—五邑—恩平—狮洋—上稔—加林—国安骨干环网及珠三角其他地区的联合骨干环网；粤中与粤北电网、粤中与粤东电网以及粤中与粤西电网之间均实现多回路联系，区域间联系大大加强。

"十二五"时期，云南溪洛渡送电广东±500 千伏直流落点广州，接入规划建设的溪洛渡换流站；云南糯扎渡送电广东±800千伏直流落点江门，接入规划建设的江门换流站。到2015年，广东电网将通过"八交六直"线路与西南地区电网互联。

"十二五"时期，随着广东电网的迅速发展，电网结构日益紧密，导致环网运行时珠三角地区大部分500千伏变电站500千伏、220千伏母线及其出线短路电流接近或超过短路器的额定开断电流，局部地区潮流不合理，严重威胁着电网的安全稳定运行。

### （七）蒙西电网

由内蒙古电力集团运营的蒙西电网是我国唯一独立的省级电网，蒙西电网承担着保障自治区中西部八个盟市经济社会发展电力供应和汇集电源向京津唐电网供电的双重任务。2005年9月，位于鄂尔多斯准格尔地区的宁格尔500千伏变电站投入运行，标志着蒙西电网500千伏主网架已经形成"三横三纵"格局，220千伏电网呈辐射状供电，既可为区内众多发电商提供上网支持，又可为自治区"西电东送"开辟若干通道。

"十二五"时期，蒙西电网将形成以"三横四纵"结构为核心，向北延伸至边境地区、向南延伸至鄂尔多斯南部地区、向西延伸至巴彦浩特、向东延伸至白音华的坚强500千伏电网，500千伏变电站布点覆盖蒙西主要城市和重点工业园区，主要供电区东西、南北向形成多回路紧密联系。

### （八）香港电网

香港地区由两家电力公司负责供电：一是中华电力有限公司（即中电）；二是香港电灯有限公司（即港灯）。中电供电区的范围包括九龙、新界以及青衣、竹篙屿、大屿山等一些离岛，供电区的面积约占香港地区总面积的91%。港灯供电区的范围为香港本岛及南丫岛。两家电力公司在自己的供电区内分别设有发电厂、输变电网络、系统控制中心，并拥有各自的电力用户。

香港地区电网为全电缆结线形式。港灯公司拥有的南丫岛发电厂（装机总量为330.5万千瓦）生产的电力，以8条275千伏超高压电缆输送至香港岛7座275千伏变电所，7座275千伏变电所拥有10台275/132千伏变压器。部分275千伏电网已形成双环网结构。由于受短路容量的限制，港灯电网分成两片运行，各分片间有2回275千伏线路联络。

港灯电网拥有10座132千伏开关站和19座132千伏变电所，总变电容量为3240兆伏安。为了加强132千伏电网的供电可靠性，电网由多个环形结构组成，互相联络，互为备用。132千伏变电所容量一般为4×60兆伏安的规模建设。

1992年5月香港地区400千伏电网与广东省的500千伏电网通过500/400千伏联络变正式联网。至1994年初，送电潮流主要是香港地区送广东。1994年大亚湾核电站及广蓄机组的发送电均逐步运行正常后，电力输送潮流才发生明显变化——主要由广东送香港。如图4-14所示。

香港地区的输电线路除400千伏输电线大部分采用架空外，其他电压等级的输电以及配电线路绝大部分使用电缆，包括海底、隧道、地下电缆。

香港地区变电站一般布置紧凑，占地很少，例如一个400千伏级的变电站，主变容量6×240兆伏安，全部设备都布置在一幢4层楼房里，一楼是主变（半露天），二楼是主变附件，三楼是132千伏的GIS控制设备，四楼是400千伏的GIS控制设备，所有保护、通讯、直流等设施都布置在主楼的两端，全站占地面积为7000平方米。变电站普遍实行无人值守，操作由系统控制中心遥测、遥控、遥调，故障处理由巡检组负责。

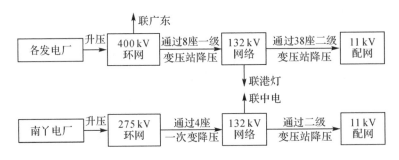

图 4-14　香港地区输变电设施

现阶段,香港地区已形成了比较合理的发电能源结构,基荷正往以核电和对环境更为有利、热效率更高、燃烧天然气的联合循环发电方向发展。

### 三、国内外电网的差异性分析[78]

我国的输电线路设计水平与美国等发达国家相近,但我国的输电线路典型设计工作具有明显的优势。一方面我国在电网的统一规划、集约化管理等方面具有美国所不具备的优势,另一方面我国电网发展的历史性机遇为典型设计提供了广泛应用的舞台。美国电网的建设高峰期在 20 世纪六七十年代,其电网结构有许多不合理之处,但目前美国电力科研方面人力和物力的投入,以及很多领域的研究均处于领先水平,同时美国在工程投资管理方面也有很多先进的经验,值得我国学习和借鉴。

中美两国在输电线路建设方面仍有许多不同之处,有些方面我国还与美国有差距:

(1)在输电线路建设标准方面。美国电网建设、运行标准体系具有良好的系统性、协调性和完备性,而我国相对不足。美国输电线路设计覆冰的最小组合风速取值不小于 17.6 米/秒,大于我国规程中的要求,我国一般地区为 10 米/秒,特殊地区为 15 米/秒。美国输电线路边线范围外房屋是否需拆迁,主要根据线路噪声是否超过标准来决定,其噪声标准较严格,最低为 35 分贝(A);而我国线路边线范围外房屋是否拆迁主要由电磁环境(场强)是否超标来决定。

(2)在输电线路规划方面。美国从规划开始注重在一个线路通道内考虑多回线路的建设问题,而我国由于种种原因,一个通道内多回路较少,综合利用资源效率不高。美国重视对线路建设前的环境影响评价和征求公众意见,这需要我国进一步研究和重视。

(3)在输电线路设计方面。美国输电线路设计、校核工作采取咨询工程师制度,设计和校核分别由 2 个责任主体(公司)完成,分工明确,切实落实责、权、利;我国输电线路设计、校核由一家设计单位(1 个主体)完成,依靠设计单位内部工作体系保证设计质量,机制上有不足之处。美国输电线路软件的集成化程度较高,一套软件基本可解决线路设计中的所有问题;而我国输电线路软件缺乏整合和集成。

美国高电压等级的输电线路广泛采用 V 型绝缘子串,有些线路(单回或双回)三相全部采用了 V 型绝缘子串;而我国的应用仍相对较少。美国输电线路重要跨越处双挂点的悬垂串极少,可省工程投资;这与我国在重要交叉跨越的地段均采用双挂点悬垂串的设计方案有较大区别。美国输电线路杆塔型式全面、多样,设计精度高,通常不考虑非设计因素(材质缺陷、计算误差等),设计导则采用的基本压力曲线高于我国,因此其杆塔外观简洁、结构轻巧,从而节省材料、降低造价。

（4）在输电线路建设方面。美国输电线路从前期规划至立项批复时间较长，有的工程甚至达 10 年之久（如美国 AEP 公司新建的 90 千米从怀俄明州县 Oceana 至弗吉尼亚州 Jackson 的 765 千伏线路）；我国建设 1000 千伏特高压交流试验示范工程从规划至立项批复仅用 2 年时间。

美国对输电线路每个新型塔均做真型塔试验，而我国只对有代表性的新型塔进行试验。美国输电线路跨越树木时原则上采用砍树方案；而我国原则上采取高塔跨越方案。美国输电线路走廊全部征地，其走廊宽度由铁塔宽度控制，而不是铁塔基础，因此，其铁塔塔身较缓、基础普遍占地较大，节省塔材；我国线路走廊不征地，征地范围由铁塔基础大小决定，因此基础占地较小，但铁塔和基础偏大。

（5）在输电线路材料方面。美国铁塔应用高强度钢较为普遍，其强度达到 Q460 标准；我国铁塔应用高强钢处于起步阶段，目前主要采用 Q420 标准。美国输电线路绝缘子材质以瓷绝缘子为主，其中又以悬式瓷绝缘子串为主，对复合绝缘子的采用较为慎重，需引起注意。美国钢管杆的应用极为广泛，尤其是 230 千伏电压等级以下的输电线路；相比较我国钢管杆应用较少，应用的线路电压等级较低。

对于两国输电线路建设的不同点，要分析原因、吸取经验，并结合我国国情，开展相关研究，找出解决问题的办法和对策。

法国电网是世界范围内发展较为成熟的电力系统之一，管理与运作体制也与我国相似。法国 400 千伏、225 千伏输变电工程设计与我国 500 千伏、220 千伏输变电工程设计相类似，但设计思路差异较大。法国不专注于设计方案的优化和改进工作，从单个项目看，其所采用方案的可靠性、经济性并不追求"最优"，但总体设计、选用设备、布置结构均向标准化、工业化方向靠拢，整个电网系统的建设、运行、维护因为标准化而简捷、高效。我国近年来电力工业的发展特点与法国电网的高速发展期有许多相似之处，法国电网在规划、建设等方面的发展历程与措施，对我国电网发展具有重要的参考价值。

韩国 765 千伏、345 千伏、154 千伏输变电工程与我国西北地区 750 千伏、330 千伏、110 千伏输变电工程设计类似，但韩国变电站工程多采用少维护的 GIS、HGIS 设备，比我国西北地区采用的设备可靠性水平高；线路工程以同塔双回为主、曲折系数大。韩国同样追求单项工程的设计最优，其标准化设计方面与法国相比更深入、更细化，形成了输变电工程标准化设计方案，变电站和线路设计型式较少。

法国、韩国电网建设的成功经验，更加凸显开展输变电典型设计的必要性。对典型设计进行滚动修改、加强典型设计的深度、拓展典型设计的领域是一项非常紧迫的任务。规划程序法国、韩国分别属于发达国家和中等发达国家，负荷密集，社会用电量大，并且民众的维权意识强烈，输变电工程的外部环境协调难度较大。两国政府非常重视电网的规划，要求两国的电力公司编制全国范围内电网规划，适时进行滚动修改。

法国、韩国的电力公司，在电网规划阶段准备周期较长，并投入大量人力、物力，开展细致周到的工作，如开展公众调查和召开公众听证会等。通过较充分的前期工作，电力公司为电网建设赢得了多方面的许可和认可。

电网规划被政府批准后，就形成相应的法律，电力公司依此进行具体的项目建设。两国政府只介入电网规划的管理，并使电网规划具有法律效应，但不对单个项目进行管理和核准，基本不管理电网项目建设。

　　一方面,我国由于经济快速发展,电网建设的任务非常紧迫,电网规划等前期工作的周期较短,工作深度不够,造成部分项目在建设期间外部环境难以协调,矛盾较多。另一方面,政府有关部门对电网建设的每个项目进行单独核准,但其在政策、外部环境协调和统筹规划方面支持力度有待进一步加大。

　　相比而言,我国现行的项目核准制可以控制电网建设的总体投资,但不太适用于大规模、快速的电网建设,并且政府对电网建设的法律保障力度仍有欠缺。

　　在法国、韩国,与电网设计和评审相关的部门都直属电力公司。在以整个公司效益最大化的目标下开展工作,这些部门的利益目标高度一致。通过这种有效的组织方式,法国电网公司可以实现在"利润＋成本"的财务模式下,满足国家规定的每年成本下降3％的要求。

　　我国电网设计、评审都由独立的单位负责,其中有实力的单位专业水平较高,可以实现单个工程项目的优化。但是,由于设计、评审从业人员较多,各个单位利益目标不能保持高度一致,不利于国家整体效益的最大化。

　　韩国典型设计的组织方式与我国的情况类似,韩国电力公司有直属的设计部门,具体的设计组织方式可分为三个层次:第一个层次是标准化设计,相当于我国的典型设计;第二个层次是一般设计,相当于我国的初步设计;第三个层次是详细设计,相当于我国的施工图设计。

　　法国则不同,法国电网公司没有专门的设计部门,而是分为一次设备采购、二次保护设备采购和建筑安装等部门。每个部门都有详尽的设备、材料规范书和工作过程管理文件。具体项目由各个部门分头实施,项目经理负责部门间的协调,最终在现场进行整合。

　　相比而言,我国的典型设计组织方式严密,基础雄厚,在设计优化方面胜过法国和韩国。

　　法国、韩国电力公司以项目寿命期内的效益最大化为原则,综合考虑对周边环境的影响、基建投资费用、运行/维护的成本等诸多因素后,确定变电站的占地面积,并不单一追求压缩占地面积。我国在进行变电站设计时,占地面积作为一项重要指标,力求变电站少占用土地,或不占用耕地。这是与我国制定了严格的保护耕地措施相一致的;但在以后的项目建设中,宜进一步综合考虑各相关因素,优化设计,减少占地面积。

　　法国、韩国变电站均采用较先进的设备,单个变电站的可靠性较高,接线以简单、实用为指导思想;同时追求合理的电网规划,建设坚强的电网,以提高整个电力系统的可靠性,增强电网抵御事故的能力。

　　目前,我国的电网建设有了长足的发展,设备水平,设计、施工水平,运行、维护的能力都有了很大的改进。在这种背景下,应协调好"点(单个变电站)"和"面(整个电力系统)"的可靠性之间的关系,单个变电站应以简单、实用为原则,电网应以"坚强"为原则。

　　韩国765千伏和345千伏系统大多数采用3/2断路器接线(345千伏系统也采用双断路器接线),其他电压等级的主接线多采用双母线接线。在我国500(330)千伏变电站典型设计中,500千伏系统都采用3/2断路器接线;同时考虑到在超高压环网系统中双母线接线具有优势,330千伏变电站的GIS方案采用了双母线接线。

　　我国与法国、韩国之间的差异是由所处的电网发展阶段不同造成的。我国正处于一个电网加快建设、逐步完善网架结构的阶段,电力需求增长迅速,电网建设任务十分繁重;法国和韩国则处于电网网架完善,电力需求稳定、无明显增长,电网建设任务较少的阶段。

　　法国和韩国输变电工程的设计内容往往是针对新的建设条件,对标准化的设计方案进行适应性设计的工作。由于设计方案的高度标准化,所以设计工作相对简化,更多的是验证性工作,提高了设计效率、保证了设计质量。

虽然法国和韩国输变电工程设计在设计方案和技术路线上有很大差异,但其共同的特点是高度的标准化,这正是法国和韩国多年电网发展的重要经验。尽管我国与法国、韩国在电网设计机构、方法、内容、重点以及管理体制的差异较大,但是其提高电网建设水平的重要经验——输变电工程设计的标准化,仍然值得我国进行深入研究和借鉴。

# 第二节　各级电网通用设计与典型网架

变电站典型设计是通过对现有变电站样本进行评估、类比、组合,形成典型化设计方案,并以新技术为依托,不断优化,形成一系列定制化产品,满足城市电网建设需求。通过变电站典型设计,归并工程流程,统一技术标准,提高工作效率,降低项目实施不确定性,加快工程建设进度,降低将来运行成本。变电站典型设计是将技术与管理相结合,通过典型化、标准化,提高工程整体效益。它主要有以下特点和优势:

(1)典型设计其实质就是技术方案和设备选型的统一,是设计标准和设计思想的统一。典型设计体现了工程建设的先进性、适用性、可靠性和经济性。

(2)变电站设计结合大城市发展要求,注重以人为本,节约用地,与周围环境相协调。

(3)运用新技术,提高技术含量。如在变电站采用变电站综合自动化技术,采用分体式自冷变压器等。

(4)内部统一标准,外形丰富多彩。对变电站电气部分采用典型化,对建筑外形实行多样化。依据不同情况形成主变一体化布置、左右分体布置、上下分体布置等多种型式。

(5)设计文本统一,形成典型文本、设备材料清册等,方便规划选址、设计评审和设备订货。

(6)依据典型设计,统一技术标准和原则,方便制定通用订货标准和框架协议。

(7)结合工程实践优化设计,不断推出新的典型设计方案。

(8)制定典型设计实施流程,提高工作效率,减少设计差错。

(9)为电力公司各管理部门提高工作效率创造条件。

变电站典型设计工作坚持"以人为本"和"可持续发展"的理念,各个方案、各个模块的设计综合考虑每个设备选择的合理性、每个布置尺寸的合理性、每项革新和改进的合理性、每个问题解决方案的合理性。

变电站工程设计的主要原则:可靠的安全性保障、先进的技术、合理化的投资、统一的标准以及高效的运行效率。努力做好统一性与灵活性、适应性以及经济性、可靠性之间的协调和统一。

变电站工程典型设计的相关设计人员通过自身以往的设计经验以及根据我国相关的技术要求进行总结,对变电站典型设计的外部基本条件进行了设置。环境的外部条件:在海拔1000m 以下、地震的峰值加速度为 0.1g(g 为重力加速度)、所设计的风速为 30 米/秒、地基所能承载的力量特征值为 150 千帕、地下水没有影响、国际标准Ⅲ级污秽区域。所设计的范围:在变电站的围墙以内,所设计的标准高度在 0 米以上。设计的深度:按照相关变电站深度要求的内容对变电站的深度进行设计。

线路工程设计的主要原则在线路工程的设计中要着重处理好典型设计方案的经济性、

可靠性以及灵活性和先进性、统一性与适应性之间的辩证统一的关系。

线路工程：

**线路的回路数：**我国的输变电线路主要采用的是同塔双回路以及单回路2种回路数,因为输电线路的走廊很困难,因此,同塔的多回路以及紧凑型的铁塔也投入使用。但是采用这2种方式,使得工程的设计过分突出,不具有普遍性,为此,输变电工程典型设计只考虑同塔双回路以及单回路2种型式。

**考虑的地形条件：**按照输变电工程典型设计的标准对其地形条件进行划分,主要分为平地、丘陵、河网泥沼以及高山大岭和山地5种。但是从对铁塔的设计影响角度来看,又概括分为平地和山区2个大类。考虑的气象条件:由于我国的地形比较复杂,气候又具有多样性的特点,这就使得输变电工程的典型设计相对复杂,但从气象条件来看,对铁塔的设计影响最大的就是设计的最大冰厚以及所设计的最大风速。

在实际的设计过程中,两者要进行合理的归并。

**考虑的海拔高度：**输变电工程典型设计一般不考虑1000米以上的情况,那么对于330千伏的线路来说,它是处于西北部高海拔的地区,因此要按照1000米、1700米、2500米3种海拔高度进行设计。对于导线截面的设计:典型设计330千伏线路要考虑运用2根400平方毫米和2根300平方毫米这2种导线;典型设计500千伏线路部分考虑运用4根630平方毫米和4根400平方毫米这2种导线;典型设计110千伏线路考虑运用2根300平方毫米、2根240平方毫米和1根240平方毫米这3种导线。

我国幅员辽阔、地形复杂、气候具有多样性,各地区的气象条件变化较大。若要使典型设计满足国家电网公司系统所有地区的气象条件,则该典型设计会十分复杂。因此典型设计模块数量、气象条件组合的合理选择是典型设计工作的难点和重点。

典型设计模块主要根据调研结果确定,从对铁塔尺寸和重量影响较大的线路回路数、气象条件、导线截面、地形条件、铁塔型式和海拔高度等方面来考虑。

## 一、500 千伏

（一）500 千伏通用设计（表 4-2）

表 4-2　500 千伏变电站典型设计的技术方案组合

| 方案编号 | 主变台数及容量 | 出线回路数 | 电气主接线型式 | 配电装置型式 |
|---|---|---|---|---|
| A-1 | 2/3 台,750 兆伏安(三相) | 4/8(500 千伏), 8/16(220 千伏) | 500 千伏一个半断路器接线,220 千伏双母线双分段,35 千伏单母线单元接线 | 500 千伏户外 GIS,220 千伏户外 GIS,35 千伏户外支持管母线中型布置、瓷柱式断路器 |
| A-2 | 2/3 台,1000 兆伏安(单相) | 4/8(500 千伏), 8/16(220 千伏) | 500 千伏一个半断路器接线,220 千伏双母线双分段,35 千伏单母线单元接线 | 500 千伏户外 GIS,220 千伏户外 GIS,35 千伏户外支持管母线中型布置、瓷柱式断路器 |

| 方案编号 | 主变台数及容量 | 出线回路数 | 电气主接线型式 | 配电装置型式 |
|---|---|---|---|---|
| A-3 | 2/4 台，1000 兆伏安（单相） | 4/8（500 千伏），8/16（220 千伏） | 500 千伏一个半断路器接线，220 千伏双母线双分段，35 千伏单母线单元接线 | 500 千伏户外 GIS，220 千伏户外 GIS，35 千伏户外支持管母线中型布置、瓷柱式断路器 |
| A-4 | 2/4 台，1200 兆伏安（单相） | 4/8（500 千伏），8/16（220 千伏） | 500 千伏一个半断路器接线，220 千伏双母线双分段，66 千伏单母线单元接线 | 500 千伏户外 GIS，220 千伏户外 GIS，66 千伏户外支持管母线中型布置、瓷柱式断路器 |
| B-1 | 2/3 台，750 兆伏安（三相） | 4/8（500 千伏），8/16（220 千伏） | 500 千伏一个半断路器接线，220 千伏双母线双分段，35 千伏单母线单元接线 | 500 千伏户外悬吊管母线中型、HGIS 三列布置，220 千伏户外 GIS，35 千伏户外支持管型母线中型布置、瓷柱式断路器 |
| B-2 | 2/3 台，1000 兆伏安（单相） | 4/8（500 千伏），8/16（220 千伏） | 500 千伏一个半断路器接线，220 千伏双母线双分段，35 千伏单母线单元接线 | 500 千伏户外悬吊管母线中型、HGIS 三列布置，220 千伏户外 GIS，35 千伏户外支持管型母线中型布置、瓷柱式断路器 |
| B-3 | 2/4 台，750 兆伏安（单相） | 4/8（500 千伏），8/16（220 千伏） | 500 千伏一个半断路器接线，220 千伏双母线双分段，35 千伏单母线单元接线 | 500 千伏户外悬吊管母线中型、HGIS 三列布置，220 千伏户外 GIS，35 千伏户外支持管型母线中型布置、瓷柱式断路器 |
| B-4 | 2/4 台，1200 兆伏安（单相） | 4/8（500 千伏），8/16（220 千伏） | 500 千伏一个半断路器接线，220 千伏双母线双分段，66 千伏单母线单元接线 | 500 千伏户外悬吊管母线中型、HGIS 三列布置，220 千伏户外悬吊管母线中型、HGIS 双列布置，35 千伏户外支持管母线中型布置、瓷柱式断路器 |
| B-5 | 2/4 台，1000 兆伏安（单相） | 4/8（500 千伏），8/16（220 千伏） | 500 千伏一个半断路器接线，220 千伏双母线双分段，35 千伏单母线单元接线 | 500 千伏户外悬吊管母线中型、HGIS 三列布置，220 千伏户外 GIS，35 千伏户外支持管型母线中型布置、瓷柱式断路器 |
| C-1 | 1/2 台，1000 兆伏安（单相） | 4/10（500 千伏），6/12（220 千伏） | 500 千伏一个半断路器接线，220 千伏本期双母线单分段，远景双母线双分段，35 千伏单母线单元接线 | 500 千伏户外悬吊管母线中型、瓷柱式断路器三列布置，220 千伏户外支持管母线中型、瓷柱式断路器双列布置，35 千伏户外支持管母线中型布置、瓷柱式断路器 |

续表

| 方案编号 | 主变台数及容量 | 出线回路数 | 电气主接线型式 | 配电装置型式 |
|---|---|---|---|---|
| C-2 | 2/3 台，1000 兆伏安（单相） | 4/10（500 千伏），8/16（220 千伏） | 500 千伏一个半断路器接线，220 千伏本期双母线单分段，远景双母线双分段，35 千伏单母线单元接线 | 500 千伏户外悬吊管母线中型、瓷柱式断路器三列布置，220 千伏户外支持管母线中型、瓷柱式断路器双列布置，35 千伏户外支持管母线中型布置、瓷柱式断路器 |
| C-3 | 2/3 台，1200 兆伏安（单相） | 4/10（500 千伏），8/16（220 千伏） | 500 千伏一个半断路器接线，220 千伏本期双母线单分段，远景双母线双分段，66 千伏单母线单元接线 | 500 千伏户外悬吊管母线中型、瓷柱式断路器三列布置，220 千伏户外支持管母线中型、瓷柱式断路器双列布置，66 千伏户外支持管母线中型布置、瓷柱式断路器 |
| C-4 | 2/4 台，1000 兆伏安（单相） | 4/10（500 千伏），8/16（220 千伏） | 500 千伏一个半断路器接线，220 千伏本期双母线单分段，远景双母线双分段，35 千伏单母线单元接线 | 500 千伏户外悬吊管母线中型、瓷柱式断路器三列布置，220 千伏户外支持管母线中型、瓷柱式断路器三列布置，35 千伏户外支持管母线中型布置、瓷柱式断路器 |
| D-1 | 1/2 台，1000 兆伏安（单相） | 4/10（500 千伏），6/12（220 千伏） | 500 千伏一个半断路器接线，220 千伏本期双母线，远景双母线单分段，66 千伏单母线接线 | 500 千伏户外悬吊管母线中型、瓷柱式断路器三列布置，220 千伏户外悬吊母线中型、罐式断路器单列布置，66 千伏户外支持管母线中型布置、瓷柱式断路器 |
| D-2 | 2/3 台，1000 兆伏安（单相） | 4/10（500 千伏），6/12（220 千伏） | 500 千伏一个半断路器接线，220 千伏本期双母线，远景双母线双分段，66 千伏单母线接线 | 500 千伏户外悬吊管母线中型、瓷柱式断路器三列布置，220 千伏户外悬吊母线中型、罐式断路器双列布置，66 千伏户外支持管母线中型布置、罐式断路器 |
| D-3 | 2/4 台，1000 兆伏安（单相） | 4/10（500 千伏），6/16（220 千伏） | 500 千伏一个半断路器接线，220 千伏本期双母线，远景双母线双分段，66 千伏单母线接线 | 500 千伏户外悬吊管母线中型、瓷柱式断路器三列布置，220 千伏户外悬吊母线中型、罐式断路器双列布置，66 千伏户外支持管母线中型布置、罐式断路器 |

其中浙江 500 千伏变电站通用设计推荐方案技术组合采用 A-3、B-5、C-4，如表 4-3 所示。

表 4-3　500 千伏输电线路典型设计模块划分

| 方案编号 | 回路 | 导线 | 覆冰/mm | 风速/(m/s) | 塔型 | 地形 | 海拔高度/m |
|---|---|---|---|---|---|---|---|
| 5A | 单回路 | 4×LGJ-400/35 | 10 | 30 | 酒杯/猫头/干字 | 山区/平地 | ≤1000 |
| 5B | 单回路 | 4×LGJ-400/35 | 10 | 32 | 酒杯/猫头/干字 | 山区/平地 | ≤1000 |
| 5C | 单回路 | 4×LGJ-630/45 | 10 | 30 | 酒杯/猫头/干字 | 山区/平地 | ≤1000 |
| 5D | 双回路 | 4×LGJ-400/35 | 10 | 30 | 鼓型塔 | 山区/平地 | ≤1000 |
| 5E | 双回路 | 4×LGJ-400/35 | 10 | 32 | 鼓型塔 | 山区/平地 | ≤1000 |
| 5F | 双回路 | 4×LGJ-400/35 | 5 | 35 | 鼓型塔 | 山区/平地 | ≤1000 |
| 5G | 双回路 | 4×LGJ-630/45 | 10 | 30 | 鼓型塔 | 山区/平地 | ≤1000 |
| 5H | 双回路 | 4×LGJ-630/45 | 5 | 35 | 鼓型塔 | 山区/平地 | ≤1000 |

**（二）500 千伏典型网架**

1）500 千伏变电站供电能力：200 万～250 万千瓦；

2）500 千伏变电站供电半径：20～80 公里；

3）500 千伏母线短路电流水平：63 千安；

4）500 千伏导线单回线路输电能力：240 万千瓦（4×400 平方毫米）、320 万千瓦（4×630平方毫米）、360 万千瓦（4×720 平方毫米）、385 万千瓦（4×800 平方毫米）；

5）500 千伏变电站出线回路：6～8 回，电源接入较多且系统短路电流水平控制较好的地区可根据需要增加至 10 回；

6）电源送出类型：特高压直流换流站、火力发电厂、核电厂、抽水蓄能电站等；

7）电源送出容量：特高压换流站（800 万千瓦）、大型发电厂（200 万千瓦、300 万千瓦、400 万千瓦、500 万千瓦、600 万千瓦、700 万千瓦、800 万千瓦）；

8）受端电网负荷水平分类：根据单个 500 千伏变电站的供电能力，受端电网负荷水平分类考虑如下，0～200 万千瓦；200 万～500 万千瓦；500 万～800 万千瓦。

**1．送端电网**

（1）200 万千瓦级电源送出

SC-1-1：200 万千瓦级电源考虑通过 2 回 500 千伏线路接入 1 座 500 千伏变电站，导线截面暂按 4×400 平方毫米考虑。

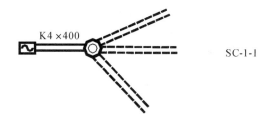

（2）300 万～400 万千瓦级电源送出

300 万～400 万千瓦级电源送出模型考虑以下 3 种情况：

1）SC-2-1：通过 2 回 500 千伏线路接入 1 座 500 千伏变电站，导线截面暂按 4×630 平方毫米或 4×800 平方毫米考虑。

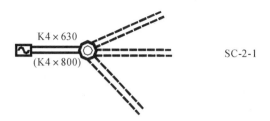

SC-2-1

2)SC-2-2：通过 3 回 500 千伏线路接入 1 座 500 千伏变电站，导线截面暂按 4×400 平方毫米考虑。

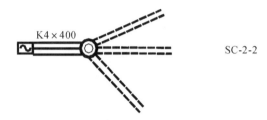

SC-2-2

3)SC-2-3：通过 4 回 500 千伏线路接入 2 座 500 千伏变电站，导线截面暂按 4×400 平方毫米考虑。

SC-2-3

(3)500 万～600 万千瓦级电源送出

500 万～600 万千瓦级电源送出模型考虑以下 2 种情况：

1)SC-3-1：通过 3 回 500 千伏线路接入 1 座 500 千伏变电站，导线截面暂按 4×630 平方毫米考虑。

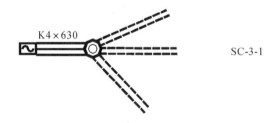

SC-3-1

2)SC-3-2：通过 4 回 500 千伏线路接入 2 座 500 千伏变电站，导线截面暂按 4×630 平方毫米考虑，结合具体实际情况，其中 2 回 500 千伏线路导线截面可按 4×800 平方毫米考虑。

对于容量超过 600 万千瓦级的大型电厂，若考虑所有机组合并送出，可考虑直接接入特

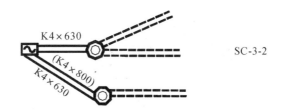

SC-3-2

高压换流站送出。

（4）800 万千瓦级特高压直流换流站送出

800 万千瓦级特高压直流换流站送出模型考虑如下：结合输电网主网架构建的实际情况，考虑通过 8～10 回 500 千伏线路送出，导线截面结合具体情况选择。另外，800 万千瓦级特高压直流换流站送出也可考虑直接接入特高压电网。

（5）特高压交流换流站送出

特高压交流换流站送出模型考虑如下：结合输电网主网架构建的实际情况，考虑通过 8～10 回 500 千伏线路送出，导线截面结合具体情况选择。

（6）多电厂接入特高压直流换流站

对于特高压直流输电工程，在送电端存在多电厂汇集接入特高压直流换流站，通过特高压直流线路将电力送达负荷中心。

**2. 受端电网**

（1）0～200 万千瓦负荷水平

对于 200 万千瓦左右负荷水平的区域，根据 500 千伏变电站的供电能力及线路通道的受电能力，可考虑通过 1 座 500 千伏变电站及 1～2 个 500 千伏受电通道（2～4 回 500 千伏线路）供电，500 千伏受电通道线路的导线截面暂按 4×630 平方毫米考虑。在此情况下，1 座 500 千伏变电站有可能以终端变电站的形式出现，此时需考虑通过 220 千伏电网加强该 500 千伏变电站供区与其他 500 千伏变电站供区之间的联络。

1）SD-1-1：1 座 500 千伏变电站通过 2 回 500 千伏受电线路与外部电网相联。

SD-1-1

2）SD-1-2：1 座 500 千伏变电站通过 3 回 500 千伏受电线路与外部电网相联。

SD-1-2

（2）200 万～500 万千瓦负荷水平

对于 200 万～500 万千瓦负荷水平的区域，根据 500 千伏变电站的供电能力及线路通道的受电能力，可考虑通过 2～3 座 500 千伏变电站及 2 个 500 千伏受电通道（4 回 500 千伏线路）供电，500 千伏受电通道线路的导线截面暂按 4×630 平方毫米考虑。

1）2 站 2 通道模型

SD-2-1：2 座 500 千伏变电站通过 2 个 500 千伏受电通道与外部电网形成双环网结构。

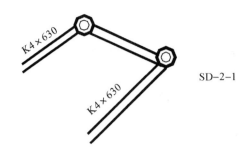

SD-2-1

2）3 站 2 通道模型

①SD-2-2：3 座 500 千伏变电站形成双环网结构，通过 2 个 500 千伏受电通道从外部受电。

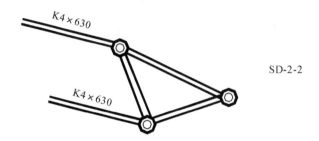

SD-2-2

②SD-2-2：3 座 500 千伏变电站形成链式结构，通过 2 个 500 千伏受电通道从外部受电。

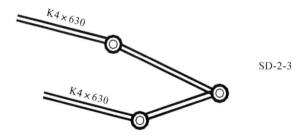

SD-2-3

（3）500 万～800 万千瓦负荷水平

对于 500 万～800 万千瓦负荷水平的区域，根据 500 千伏变电站的供电能力及线路通道的受电能力，可考虑通过 3～4 座 500 千伏变电站及 3 个 500 千伏受电通道（6 回 500 千伏线路）供电，500 千伏受电通道线路的导线截面暂按 4×630 平方毫米考虑。

1）3 站 3 通道模型

①SD-3-1/SD-3-2：3 座 500 千伏变电站形成双环网结构，通过 3 个 500 千伏受电通道从外部受电。

②SD-3-3/SD-3-4：3 座 500 千伏变电站形成链式结构，通过 3 个 500 千伏受电通道从外部受电。

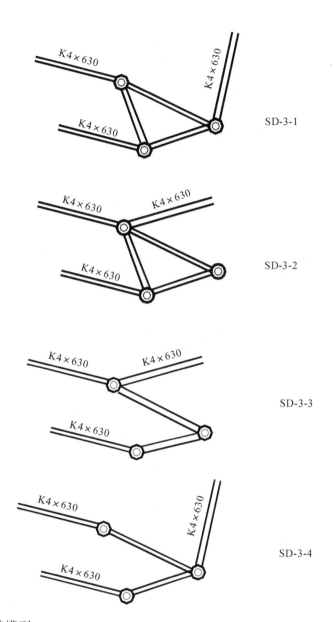

2)4 站 3 通道模型

①SD-3-5：4 座 500 千伏变电站形成双环网结构,通过 3 个 500 千伏受电通道从外部受电。

②SD-3-6：4 座 500 千伏变电站形成链式结构,通过 3 个 500 千伏受电通道从外部受电。

**3. 联结输电网典型结构模型**

联结输电网典型结构模型主要考虑送端输电网与受端输电网之间的联结、受端输电网与受端输电网之间的联结等。

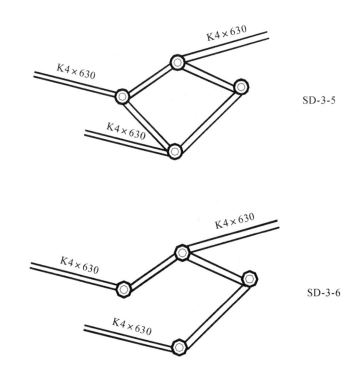

SD-3-5

SD-3-6

（1）拼接模型

PJ-1-1：典型网架之间直接通过 500 千伏线路进行联结。

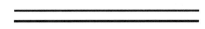

PJ-1-1

PJ-1-2：典型网架之间直接通过 500 千伏变电站及相关线路进行联结。

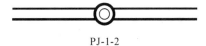

PJ-1-2

（2）分层电网模型

为降低输电网的短路电流水平，区域间的输电网之间的互联可以考虑采用分层电网模型，通过增大电气距离，达到控制短路电流水平的目的。具体模型结构如下：

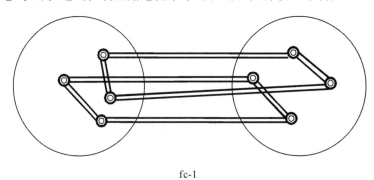

fc-1

## 二、 220 千伏

### （一）220 千伏通用设计

220 千伏变电站典型设计技术方案共 13 个。在这 13 个方案中：A 类为户外变电站，编号为 A-1～A-8，共 8 个方案；B 类为户内变电站，编号为 B-1～B-5，共 5 个方案。如表 4-4 所示。

表 4-4　220 千伏变电站典型设计的技术方案组合

| 方案编号 | 主变台数及容量 | 出线回路数 | 电气主接线型式 | 配电装置型式 |
|---|---|---|---|---|
| A-1 | 1/2 台，120 兆伏安 | 2/4（220 千伏），4/8（110 千伏），5/10（35 千伏） | 220、110 千伏双母线，35 千伏单母线分段 | 220、110 千伏软母线改进半高型，35 千伏户内开关柜 |
| A-2 | 1/3 台，150 兆伏安 | 4/6（220 千伏），4/8（110 千伏），6/10（35 千伏） | 220、110 千伏双母线，35 千伏单母线分段 | 220、110 千伏支持管母线中型，35 千伏户内开关柜 |
| A-3 | 1/3 台，180 兆伏安 | 4/6（220 千伏），5/10（110 千伏），8/24（10 千伏） | 220、110 千伏双母线，10 千伏单母线分段 | 220、110 千伏支持管母线中型，35 千伏户内开关柜 |
| A-4 | 1/3 台，180 兆伏安 | 4/6（220 千伏），5/10（110 千伏），0（10 千伏） | 220、110 千伏双母线，10 千伏单母线 | 220 千伏悬吊管母线中型，110 千伏支持管母线中型，10 千伏户内开关柜 |
| A-5 | 2/4 台，180 兆伏安 | 4/8（220 千伏），8/16（110 千伏），6/12（35 千伏） | 220、110 千伏双母线单分段，35 千伏单母线分段 | 220、110 千伏支持管母线中型，35 千伏户内开关柜 |
| A-6 | 1/3 台，180 兆伏安 | 4/4（220 千伏），4/8（110 千伏），5/10（35 千伏） | 220、110 千伏双母线，10 千伏单母线分段 | 220 千伏户外 GIS，110 千伏户外 GIS，全架空，35 千伏户内开关柜 |
| A-7 | 1/3 台，180 兆伏安 | 4/6（220 千伏），4/10（110 千伏），12/24（10 千伏） | 220、110 千伏双母线，10 千伏单母线分段 | 220 千伏户外 GIS，110 千伏户内 GIS，10 千伏户内开关柜 |
| A-8 | 1/2 台，180 兆伏安 | 2/4（220 千伏），8/16（66 千伏） | 220 千伏双母线，66 千伏双母线 | 220 千伏软母线中型，66 千伏软母线中型 |
| B-1 | 2/2 台，180 兆伏安 | 2/2（220 千伏），8/8（110 千伏），24/24（10 千伏） | 220 千伏内桥，110、10 千伏单母线分段 | 220、110 千伏户内 GIS，10 千伏户内开关柜 |
| B-2 | 2/3 台，180 兆伏安 | 2/3（220 千伏），8/12（110 千伏），24/36（10 千伏） | 220 千伏线路变压器组，110 千伏双母线，10 千伏单母线分段 | 220、110 千伏户内 GIS，10 千伏户内开关柜 |
| B-3 | 2/3 台，240 兆伏安 | 2/3（220 千伏），8/12（110 千伏），20/30（35 千伏） | 220 千伏线路变压器组，110、35 千伏单母线分段 | 220、110 千伏户内 GIS，35 千伏户内开关柜 |
| B-4 | 2/4 台，240 兆伏安 | 4/4（220 千伏），6/12（110 千伏），28/42（10 千伏） | 220、110 千伏单母线分段，10 千伏单母线分段 | 220、110 千伏户内 GIS，10 千伏户内开关柜 |
| B-5 | 2/3 台，180 兆伏安 | 2/3（220 千伏），10/20（66 千伏） | 220 千伏线路变压器组，66 千伏双母线单分段 | 220、66 千伏户内 GIS |

表 4-5　220 千伏输电线路典型设计模块划分

| 方案编号 | 回路 | 导线 | 覆冰/mm | 风速/(m/s) | 塔型 | 地形 | 海拔高度/m |
|---|---|---|---|---|---|---|---|
| 2A | 单回路 | 2×LGJ-400/35 | 5 | 25 | 猫头/干字 | 山区 | ≤1000 |
| | 单回路 | 2×LGJ-400/35 | 5 | 25 | 酒杯/猫头/干字 | 平地 | ≤1000 |
| 2B | 单回路 | 2×LGJ-400/50 | 15 | 25 | 酒杯/猫头/干字 | 山区/平地 | ≤1000 |
| 2C | 单回路 | 2×LGJ-300/40 | 10 | 30 | 猫头/干字 | 山区 | ≤1000 |
| | 单回路 | 2×LGJ-300/40 | 10 | 30 | 酒杯/猫头/干字 | 平地 | |
| 2D | 单回路 | 2×LGJ-400/35 | 10 | 30 | 猫头/干字 | 山区 | ≤1000 |
| | 单回路 | 2×LGJ-400/35 | 10 | 30 | 酒杯/猫头/干字 | 平地 | |
| 2E | 双回路 | 2×LGJ-630/45 | 5 | 25 | 鼓型塔 | 平地 | ≤1000 |
| 2F | 双回路 | 2×LGJ-300/40 | 10 | 30 | 鼓型塔 | 山区/平地 | ≤1000 |
| 2G | 双回路 | 2×LGJ-400/35 | 10 | 30 | 鼓型塔 | 山区/平地 | ≤1000 |
| 2H | 双回路 | 2×LGJ-400/35 | 5 | 35 | 鼓型塔 | 山区/平地 | ≤1000 |
| 2I | 双回路 | 2×LGJ-400/35 | 5 | 25 | 鼓型塔 | 平地 | ≤1000 |

**（二）220 千伏典型网架**（表 4-5）

（1）220 千伏受端电网的结构应主要以 500 千伏变电站为中心，实现分片供电，正常方式下各分区间相对独立，各区之间具备线路检修或方式调整情况下一定的相互支援能力。

（2）为提高区域电网的供电可靠性和供电能力，防止事故下的变电站全停，220 千伏受端电网一般采用双回路环网结构。

（3）为兼顾相邻 500 千伏变电站供区之间的事故备用，部分 220 千伏变电站可采用双回路链式结构，每 1 链中 220 千伏变电站的数量不宜超过 2 座。

（4）220 千伏变电站不采用 T 接线方式构网。

（5）在电网发展的过渡年份，分区电网可采用从 2 座 500 千伏变电站受电的结构，包括采用链式结构，但每 1 链中所接 220 千伏变电站的数量不宜超过 3～4 座。

典型的 220 千伏网络结构见图 4-15。

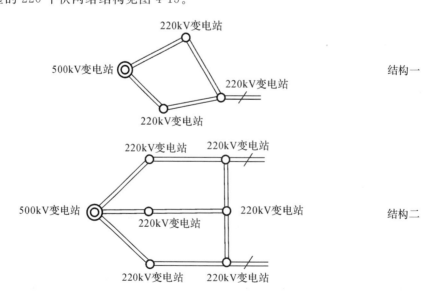

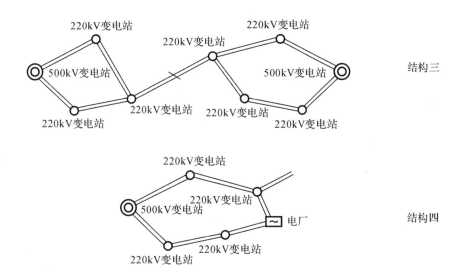

图 4-15 220 千伏典型网络结构示意图

# 三、110 千伏

## （一）110 千伏通用设计（表 4-6）

表 4-6 110 千伏输电线路典型设计模块划分

| 方案编号 | 回路 | 导线 | 覆冰/mm | 风速/(m/s) | 塔型 | 海拔高度/m |
|---|---|---|---|---|---|---|
| 1A | 单回路 | 1×LGJ-240 | 5 | 25 | 猫头/干字 | ≤1000 |
| 1B | 单回路 | 1×LGJ-240 | 10 | 30 | 猫头/干字 | ≤1000 |
| 1C | 单回路 | 2×LGJ-240 兼顾1×400 | 5 | 25 | 猫头/干字 | ≤1000 |
| 1D | 单回路 | 2×LGJ-240 兼顾1×400 | 10 | 30 | 猫头/干字 | ≤1000 |
| 1E | 单回路 | 2×LGJ-300 | 5 | 25 | 猫头/干字 | ≤1000 |
| 1F | 单回路 | 2×LGJ-300 | 10 | 30 | 鼓型塔 | ≤1000 |
| 1G | 双回路 | 1×LGJ-240 | 5 | 25 | 鼓型塔 | ≤1000 |
| 1H | 双回路 | 1×LGJ-240 | 10 | 30 | 鼓型塔 | ≤1000 |
| 1I | 双回路 | 2×LGJ-240 兼顾1×400 | 5 | 25 | 鼓型塔 | ≤1000 |
| 1J | 双回路 | 2×LGJ-240 兼顾1×400 | 10 | 30 | 鼓型塔 | ≤1000 |
| 1K | 双回路 | 2×LGJ-300 | 5 | 25 | 鼓型塔 | ≤1000 |
| 1L | 双回路 | 2×LGJ-300 | 10 | 30 | 鼓型塔 | ≤1000 |
| 1M | 双回路 | 1×LGJ-240 | 5 | 25 | 钢管杆 | ≤1000 |
| 1N | 双回路 | 2×LGJ-240 | 5 | 25 | 钢管杆 | ≤1000 |
| 1O | 双回路 | 2×LGJ-300 | 5 | 25 | 钢管杆 | ≤1000 |

表 4-7　110 千伏变电站典型设计的技术方案组合

| 方案编号 | 主变台数及容量 | 出线回路数 | 电气主接线型式 | 配电装置型式 |
|---|---|---|---|---|
| A-1 | 1/2 台,31.5 兆伏安 | 2/4(110 千伏),4/6(35 千伏),7/12(10 千伏) | 110 千伏单母线分段,35 千伏单母线分段,10 千伏单母线分段 | 110 千伏户外软母中型,35 千伏户外软母半高型,10 千伏户内开关柜 |
| A-2 | 1/2 台,40 兆伏安 | 2(110 千伏),8(35 千伏),16(10 千伏) | 110 千伏内桥,35 千伏单母线分段,10 千伏单母线分段 | 110 千伏户外改进半高型,35、10 千伏户内开关柜 |
| A-3 | 2/3 台,50 兆伏安 | 2/3(110 千伏),24/36(10 千伏) | 110 千伏线路变压器组,10 千伏单母线分段 | 110 千伏户外中型,10 千伏户内开关柜 |
| B-1 | 2/2 台,50 兆伏安 | 2(110 千伏),24/24(10 千伏) | 110 千伏内桥,10 千伏单母线分段 | 110 千伏户内 GIS,10 千伏户内开关柜 |
| B-2 | 2/3 台,50 兆伏安 | 2/3(110 千伏),24/36(10 千伏) | 110 千伏线路变压器组,10 千伏单母线分段 | 110 千伏户内 GIS,10 千伏户内开关柜 |
| B-3 | 2/2 台,50 兆伏安 | 2(110 千伏),24(10 千伏) | 110 千伏内桥,10 千伏单母线分段 | 110 千伏户内 GIS,10 千伏户内开关柜 |
| B-4 | 2/3 台,50 兆伏安 | 2/3(110 千伏),24/36 回电缆(10 千伏) | 110 千伏线路变压器组,10 千伏单母线分段 | 110 千伏户内 GIS,10 千伏户内开关柜 |
| B-5 | 2/3 台,50 兆伏安 | 4/6(110 千伏),24/36(10 千伏) | 110 千伏环入环出,10 千伏单母线分段 | 110 千伏户内 GIS,10 千伏户内开关柜 |
| C-1 | 2/3 台,50 兆伏安 | 2/3(110 千伏),24/36(10 千伏) | 110 千伏线路变压器组,10 千伏单母线分段 | 110 千伏户内 GIS,10 千伏户内开关柜 |
| C-2 | 2/4 台,50 兆伏安 | 4(110 千伏),28/56(10 千伏) | 110 千伏单母线分段,10 千伏单母线分段 | 110 千伏户内 GIS,10 千伏户内开关柜 |

**(二)110 千伏典型网架**

110 千伏高压配电网的接线应规范化、标准化,力求简化,运行时一般采用辐射型结构。

为便于平衡两个电源系统之间的正常供电负荷,且具备故障时两个电源系统间的负荷转供能力,110 千伏变电站宜采用双侧电源进线,对于负荷密度较小、分布较为分散或不具备双电源供电条件的地区,可采用单座 220 千伏变电站(可接入不同段母线)供电的方式。

在采用双侧电源进线、单台主变规模不大于 50 兆伏安的 10 千伏供电区域,可根据现有电网结构采用方式 A、B、C 的 110 千伏电网接线进行过渡,在三台主变的情况下可根据电网布点采用方式 D(四线六变)、方式 E(含联络线四线六变)的 110 千伏电网接线。详见图 4-16。

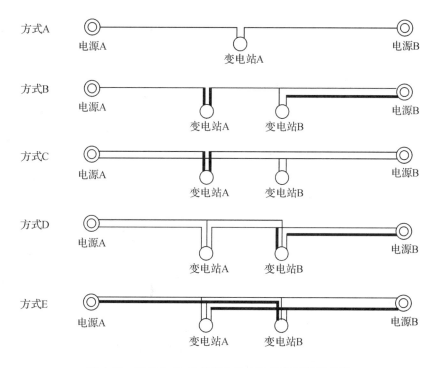

图 4-16　低压为 10 千伏供电的 110 千伏网络接线图

当采用单座 220 千伏变电站供电或电网发展的过渡阶段,可采用双"T"接线方式,详见图 4-17。

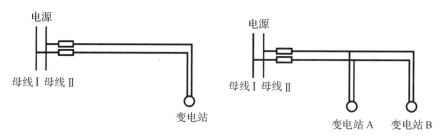

图 4-17　单一电源接线示意图

在单台主变规模为 80、100 兆伏安的 20 千伏供电区域,可根据负荷分布、电网布点和廊道条件等,选择采用方式 C(六线六变)的 110 千伏电网接线,或者选择采用方式 D(四线六变)、方式 E(含联络线四线六变)的 110 千伏接线模式,但此时 110 千伏线路需考虑采用分裂导线或相应大截面的电缆。在电网发展的过程中,可采用方式 A(三线三变)、方式 B(四线四变)的 110 千伏电网接线过渡。详见图 4-18。

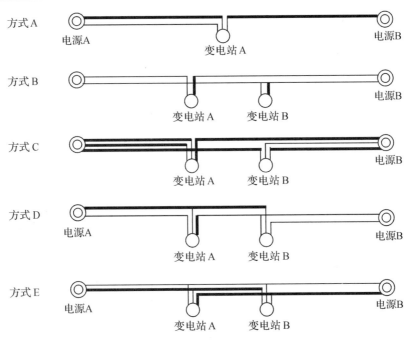

图 4-18  低压为 20 千伏供电的 110 千伏网络接线图

# 第三节  各级电网典型网架协调配合

## 一、 边界条件

浙江省 2011 年版通用设计深化应用成果如表 4-8 所示,常用的线路通用设计如表 4-9 所示。

表 4-8  浙江省 2011 年版通用设计深化应用成果

| 方案 | 主变额定电压<br>(千伏) | 远期主变规模<br>(兆伏安) | 高中压侧远期出线<br>(回) |
|---|---|---|---|
| 500-A-3 | 500/220/35 | 4×1000 | 8/16 |
| 500-B-5 | | | |
| 500-C-4 | | | |
| 220-A1-1 | 220/110/35 | 3×240 | 6/12 |
| 220-A1-2 | | | |
| 220-A2-2 | | | |
| 220-A3-3 | | | |
| 220-C-1 | | | |
| 110-A1-1 | 110/10 | 3×50 | 3/36 |
| 110-A3-3 | | | |
| 110-A2-3<br>(派生) | | | |
| 110-A2-4 | | | |

表 4-9　浙江省输变电工程线路通用设计

| 电压等级/千伏 | 导线截面<br>（平方毫米） | 最大允许载流量<br>（安） | 最大输送容量<br>（兆伏安） | 最大输送有功功率<br>（兆瓦） |
|---|---|---|---|---|
| 220 | 2×400 | 1580 | 602 | 542 |
| | 2×630 | 2102 | 801 | 721 |
| | 4×400 | 3157 | 1203 | 1083 |
| 110 | 300 | 672 | 128 | 115 |
| | 400 | 787 | 150 | 135 |
| 10(20) | 300 | 423.1 | 7.3 | 6.6 |
| | 400 | 482.5 | 8.4 | 7.6 |

## 二、10 千伏配电网与 110 千伏电网的协调配合

### （一）10 千伏标准单元

高可靠性的 10 千伏配电网标准单元可以采用双环式、扩展型"三双"接线等。

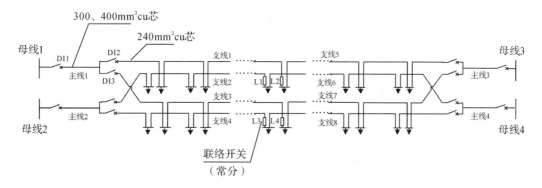

图 4-19　一个 10 千伏标准单元

如图 4-19 所示的 10 千伏标准单元，主线 4 条，由上一级 110 千伏变电站 10 千伏出线。主线一般采用导线截面为 300 或 400 平方毫米的铜芯电缆。支线一般采用导线截面为 240 平方毫米的铜芯电缆。

### （二）110 千伏变电站组团供电模式

为实现高可靠性目标，1 座 110 千伏变电站全停时，其负荷需全部转由相邻 2 座 110 千伏变电站供电。因此，至少需要 3 座 110 千伏变电站一起组团供电。1 座 220 千伏变电站可带 4～5 座 110 千伏变电站，2 座 220 千伏变电站之间可接入 1 个如图 4-20 所示的 110 千伏变电站组团模式。

### （三）10 千伏配电网与 110 千伏电网的规模配合

为达到一座 220 千伏变电站全停时，其负荷能够全部转由相邻 2 座 220 千伏变电站供电的高可靠性目标，正常方式下 1 座 110 千伏变电站的最高供电负荷为 100 兆瓦($1.0×3×50/(1+1/2)=100$)左右，可带 6～8 个 10 千伏标准单元。

由于每个 10 千伏标准单元拥有 4 回 10 千伏主干线，因此 6～8 个 10 千伏标准单元需要 24～32 个 10 千伏出线间隔。浙江省通用设计标准中的 110 千伏变电站 10 千伏出线为

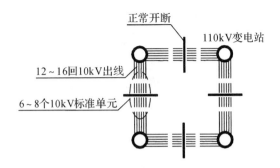

图 4-20 一个 110 千伏变电站组团模式

36 回,可以满足 6～8 个 10 千伏标准单元的接入。

## 三、110 千伏与 220 千伏电网的协调配合

### (一) 110 千伏标准单元

为达到高可靠性的目标,在电网规划中可以采用 110 千伏变电站双侧电源进线"含联络线四线六变"接线,如图 4-21 所示。

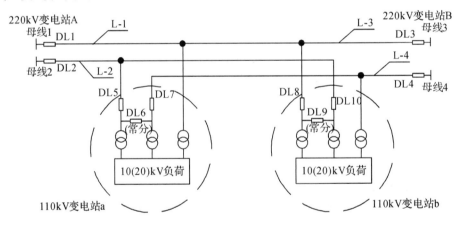

图 4-21 一个 110 千伏标准单元

每个 110 千伏标准单元由 2 座 110 千伏变电站作为双侧电源,需要 4 个 110 千伏间隔。如上图所示的 110 千伏标准单元中,母线 1、母线 2、母线 3、母线 4 为 220 千伏变电站的 110 千伏母线。

### (二) 220 千伏变电站组团供电模式

为实现高可靠性目标,1 座 220 千伏变电站全站停电时,其负荷需全部转由相邻 2 座 220 千伏变电站供电,因此至少需要 3 座 220 千伏变电站一起组团供电。本章提出 3 座或 4 座 220 千伏变电站构成一个组团模式,如图 4-22 所示。

### (三) 110 千伏与 220 千伏电网的规模配合

为达到 1 座 220 千伏变电站全停时,其负荷能够全部转由相邻 2 座 220 千伏变电站供电的高可靠性目标,1 座 220 千伏变电站所带负荷至多为 480 兆瓦[$1.0 \times 3 \times 240/(1+1/2)$ $=480$]。考虑到负荷分布的不均衡性,1 座 220 千伏变电站供电负荷为 400～480 兆瓦左

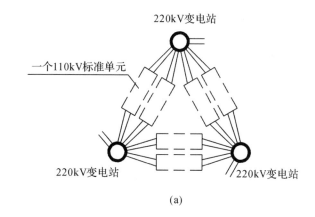

(a)

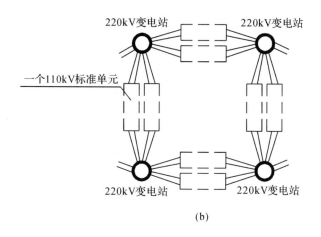

(b)

图 4-22　一个 220 千伏组团模式

右,可带 4～5 座 110 千伏变电站。

　　由于平均每座 110 千伏变电站由 2 回 110 千伏线路供电,因此 4～5 座 110 千伏变电站需要 8～10 个 110 千伏间隔。浙江省通用设计标准中,220 千伏变电站的 110 千伏出线为 12 回,可以满足 110 千伏标准单元的接入。

## 四、220 千伏与 500 千伏电网的协调配合

### (一) 220 千伏标准单元

　　为实现高可靠性目标,在电网规划中 220 千伏受端电网一般采用双回路环网结构,高可靠的 220 千伏标准单元结构如图 4-23 所示。

### (二) 500 千伏变电站组团供电模式

　　此时,3 座 500 千伏变电站形成组团模式,1 座 500 千伏变电站的 220 千伏出线大致朝 2 个方向,每个方向所带的 220 千伏变电站为 3 或 4 座,与 220 千伏标准单元完全一致。1 座 500 千伏变电站带 6～7 座 220 千伏变电站,供电负荷为 2400～2667 兆瓦。

　　500 千伏变电站组团模式如图 4-24 所示。

### (三) 220 千伏与 500 千伏电网的规模配合

　　为达到 1 座 500 千伏变电站全停时,其负荷能够全部转由相邻 2 座 500 千伏变电站供

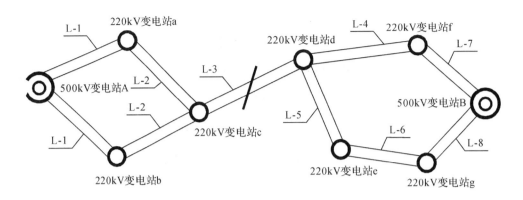

图 4-23 一个 220 千伏标准单元

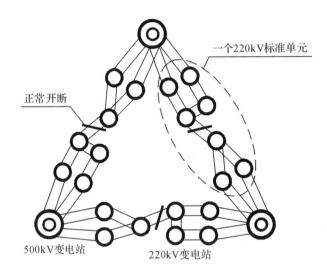

图 4-24 一个 500 千伏组团模式

电的高可靠性目标,1 座 500 千伏变电站所带负荷至多为 2667 兆瓦[1.0×4×1000/(1+1/2)＝2667],所带的 220 千伏变电站为 6~7 座。

6~7 座 220 千伏变电站形成 2 个双环网,需要 8 个 220 千伏出线间隔。浙江省通用设计标准中,500 千伏变电站的 220 千伏出线为 16 回,可以满足 220 千伏标准单元的接入,且富余较多。

# 第四节　各级电网协调性评估模型

## 一、电网综合协调性评价指标

在电网的规划过程中,协调性表现为规划方案的经济性和可靠性之间的相互配合,通过各元件和参数的合理配置,形成以电网供电的高可靠性为目标,适合电网发展的、各电压等级相互协调配合的最优全电压电网。因此全电压电网规划方案协调性评价是基于"可靠、优质、经济"的前提下对电网规划方案的综合性评价;评价指标主要包括两方面:一是"可靠性、优质性、经济性"指标,二是"协调性"指标。全电压电网规划综合协调性评价指标体系结构图如图 4-25 所示[9-12]。

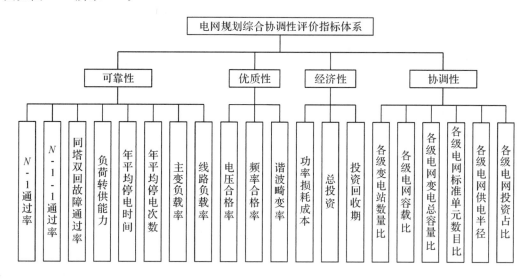

图 4-25　综合协调性评价指标体系结构

**(一)可靠性指标**

**1. N-1 通过率**

《电力系统安全稳定导则》关于"N-1"的规定如下:正常运行方式下,如发生单一元件(含发电机、线路、变压器)故障应能保证负荷的正常供应。N-1 通过率指电网中满足 N-1 准则的元件数与元件总数的比值。

**2. N-1-1 通过率**

N-1-1 通过率指电网中单一元件计划检修方式下,仍满足 N-1 准则的元件数与元件总数的比值。

**3. 同塔双回故障通过率**

同塔双回故障通过率指将电网中的同塔双回路看作一个单一元件后,满足 N-1 准则的元件数与元件总数的比值。

**4. 年平均停电时间(SAIDI)**

年平均停电时间是指由电网供电的用户在一年中经受的平均停电持续时间。

$$SAIDI = \frac{\sum\limits_{i} N_i U_i}{\sum\limits_{i} N_i}(小时／户·年) \tag{4-1}$$

**5. 年平均停电次数(SAIFI)**

年平均停电次数为单位时间(一年)内,电网由于故障而不满足可靠性准则,结果造成用户停电或缺电的平均次数。

$$SAIFI = \frac{\sum\limits_{i} \lambda_i N_i}{\sum\limits_{i} N_i}(次／户·年) \tag{4-2}$$

式中:$\lambda_i$为负荷点$i$的等值故障率。

**6. 主变负载率**

$$\lambda_{Ti} = \frac{P_{Ti}}{S_{Ti}} \times 100\% \qquad (4-3)$$

式中:$P_{Ti}$、$S_{Ti}$分别是变压器$i$的最大负荷和容量。

**7. 线路负载率**

$$\lambda_{Li} = \frac{P_{Li}}{S_{Li}} \times 100\% \qquad (4-4)$$

式中:$P_{Li}$、$S_{Li}$分别是线路$l$的最大负荷和容量。

（二）优质性指标

**1. 电压合格率**

根据 GB/T-12325-2008《电能质量/供电电压偏差》对电压合格率的定义:

$$电压合格率(\%) = \left(1 - \frac{电压超限时间}{总运行统计时间}\right) \times 100\% \qquad (4-5)$$

式中:电压超限时间指实际运行电压偏差在限值范围外的累计运行时间。

**2. 频率合格率**

根据 GB/T-15945-2008《电能质量　电力系统频率偏差》规定:电力系统正常运行条件下频率偏差限值为$\pm 0.2\text{Hz}$,频率合格率为实际运行频率偏差在限值范围内累计运行时间与对应的总运行统计时间的百分比。

**3. 谐波畸变率**

周期性交流量中的谐波含量的方均根值与其基波分量的方均根值之比。电压谐波畸变率以 $THD_u$ 表示,电流谐波畸变率以 $THD_i$ 表示。

（三）经济性指标

**1. 年功率损耗成本**

年功率损耗成本指电网在一年的运行期间所花费的成本,主要考虑电网运行有功功率损耗的成本。

$$C_O = \sum_i P_{loss,i} \times T_i \times C_E \qquad (4-6)$$

式中:$P_{loss,i}$为第$i$条线路上的功率损耗平均值,$T_i$为第$i$条线路的运行时间,$C_E$为每千瓦时的电价,取 0.4 元/度。

**2. 总投资**

总投资指电网在建设、改建过程中,正式运行前所付出的一次性成本,主要包括变电站设备和线路的一次投资。

**3. 投资回收期**

投资回收期是考查建设方案收支情况的首要指标。对于电网,每年的支出由电网总投资贷款产生的利息、建设成本以及电网运行维护费用构成,每年的投资效益来源于出售电能。在计算成本回收年限时,假设建设方案是在若干年后全部完成,且在建成之后立刻投入运行,而且每年在年末用本年度的纯利润偿还贷款,则:

$$投资回收期 = \frac{投资成本}{投资效益} \qquad (4-7)$$

**(四)协调性指标**

**1. 各级电网变电站数量比**

该指标表示一个上级变电站能带的本级变电站个数。

$$N_{本级} = \frac{本级变电站数量}{上级变电站数量} \tag{4-8}$$

**2. 各级电网容载比**

该指标表示各级电网变电站主变容量与负荷的关系,反映电网的供电能力的大小。

$$R_{本级} = \frac{本级变电站主变总容量}{最大负荷} \tag{4-9}$$

**3. 各级电网变电总容量比**

该指标表示本级变电站主变容量与上级变电站主变容量的匹配程度。

$$TR_{本级} = \frac{本级变电站主变容量}{上级变电站主变容量} \tag{4-10}$$

**4. 各级电网标准单元数目比**

各级电网采用设计规划导则推荐接线方式的标准单元数目比例。

$$NB_{本级} = \frac{本级标准单元数量}{上级标准单元数量} \tag{4-11}$$

**5. 各级电网供电半径**

各级电网供电半径表示本级电网一座变电站的供电范围。

$$r_{本级} = \sqrt{\frac{S}{本级变电站数量 \times \pi}} \tag{4-12}$$

式中 S 为本级电网供电范围

**6. 各级电网投资占比**

各级电网投资占比表示本级电网的建设占全网建设总投资的比例。

$$I_{本级} = \frac{本级总投资}{全网总投资} \times 100\% \tag{4-13}$$

## 二、电网综合协调性评价方法

**(一)组合赋权法介绍**

权重也称加权系数,它体现了各项指标的相对重要程度。评价各网架结构对电网的影响,首先需要确定各影响指标的权重,权重直接影响到综合评价结果的科学性与合理性。确定指标权重的方法主要分为主观赋权法和客观赋权法。

主观赋权法是一种定性的分析方法,它基于决策者主观偏好和经验来确定指标权重,主要包括层次分析法(Analytic Hierarchy Process,AHP)、专家咨询法、最小平方法、TAC-TIC法、二项系数法等。其中层次分析法在实际应用中使用较为广泛,因为它能将复杂的问题层次化,为定量地求取指标权重带来了方便。

客观赋权法不依赖决策者的主观判断,主要依据原始数据之间的关系来确定权重,主要思想是根据统计数据在不同等级所占比例大小的变异程度来确定指标权重。例如对于某一评价问题中涉及的指标 1 和指标 2,指标 1 的统计数据在所有等级范围内均匀分布(变异程度很小),而指标 2 的数据全部集中于某一等级(变异程度很大),那么显然指标 1 对于评价结果不起作用,而指标 2 则更为关键,因此应该将指标 2 赋予较大的权重。这种根据数据变异程度来确定权重的方法为客观赋权法,主要包括熵权法、独立信息数据波动赋权法、变异系数法、离差分析法、主成成分分析法等。客观赋权法决策结果具有较强的数学理论依据,但是这种方法应用在实际领域完全不能体现出实际问题中决策者的偏好,所以得到的权重结果又会与属性实际的重要性程度相悖。

采用单一方式确定权重,容易受赋权方式的影响而造成赋权结果的偏倚,因此本研究采用组合赋权法将几种典型的主、客观赋权法相结合,对电网的评价指标进行赋权,既能有效反映决策者的主观意愿,又可以将客观数据之间的统计反映在权重中,使得赋权的结果更加公正。

组合赋权法首先利用多种单一赋权法(包括主观赋权法和客观赋权法)确定各项指标的权重,然后基于矩估计法的理论确定指标综合权重,再通过改进的灰色关联系数方法,确定指标等级,并结合综合权重,从而对评价对象进行综合评价。

**(二)专家咨询法确定主观权重**

专家咨询法是各位专家根据经验判断和个人的理解,对各指标的权重进行初步打分,再通过研究数位专家打分的偏移程度来对打分结果进行综合,从而确定主观权重的一种主观赋权法。利用专家咨询法确定各指标的主观权重的基本方法如下:

**1. 专家原始打分**

针对有 $n$ 个待确认权重指标的评价问题,对 $m$ 位相关专家进行调查,每位专家针对所研究的所有指标进行权重打分,形成原始权重矩阵 $Q$,其中 $Q=(q_{ij})_{m\times n}$。$q_{ij}$ 表示第 $i$ 位专家对第 $j$ 个指标评价得到的原始权重,且满足条件: $\sum_{j=1}^{n} q_{ij}=1$。

**2. 计算每一项指标的平均权重**

$$\overline{q_j}=\sum_{i=1}^{m} q_{ij}/m \qquad (4\text{-}14)$$

式中: $\overline{q_j}$ 表示所有专家对第 $j$ 个指标评价得到的平均权重。

**3. 计算原始权重相对于平均权重的偏移量**

$$q_{ij}^{*}=\left| q_{ij}-\overline{q_j} \right| \qquad (4\text{-}15)$$

**4. 根据计算得到的偏移量,重新确定新权重**

$$p_j=\frac{\sum\limits_{i=1}^{m} q_{ij}p_{ij}}{\sum\limits_{i=1}^{m} p_{ij}} \qquad (4\text{-}16)$$

式中: $p_{ij}=\dfrac{\max\limits_{i} q_{ij}^{*}-q_{ij}^{*}}{\max\limits_{i} q_{ij}^{*}-\min\limits_{i} q_{ij}^{*}}$。

对 $p_j=[p_1,p_2,\cdots,p_n]$ 进行归一化处理,得

$$\begin{cases} w_j=\dfrac{p_j}{\sum\limits_{j=1}^{n} p_j} \\ \sum\limits_{i=1}^{n} w_j=1,0\leqslant w_j\leqslant 1 \end{cases} \qquad (4\text{-}17)$$

**（三）熵权法确定客观权重**

熵是系统无序程度的度量，表示系统的混乱程度。熵的概念起初应用在热力学中，反映能量在空间中分布的均匀程度，能量分布得越均匀，熵就越大；反之，能量分布越杂乱，熵就越小。香农（Shannon）首次将熵的概念引入信息论，定理认为一个系统有序程度越高，所包含的信息量越大，其熵的值就越小；反之，系统无序程度越高，所包含的信息量就越小，则熵也就越大。

熵权法是一种被广泛应用的客观赋权法。熵可以来度量信息量的多少，并可以度量获取数据所提供的有用信息。按照熵的思想，在决策中获得信息的数量和质量，是决策的精度和可靠性大小决定的因素之一。

在具体使用中，它根据各指标统计数据，利用熵的定义计算出各指标的熵，即可以度量数据变异程度的大小。熵越大，则数据的变异程度越小，提供的信息量越小，那么在综合评价中该指标所起的作用越小，其权重应该越小；熵越小，则数据的变异程度越大，提供的信息量越多，那么在综合评价中该指标所起的作用越大，其权重也应该越大。

对于多项指标的综合评价问题，假设评价的因素集为 $U=\{u_1,u_2,\cdots,u_n\}$，是由 $n$ 个指标组成的集合。评判集为 $Q=\{q_1,q_2,\cdots,q_m\}$，是由该问题中各因素的 $m$ 种评价结果所构成，通常可以分为 3、5、7、9、11 个等级，以 5 个等级为例，可以分别取优秀、良好、合格、较差、很差。

利用熵权法确定指标客观权重的过程如下：

**1. 数据标准化形成评判矩阵**

将各指标数据标准化为同一量纲，并形成评判矩阵。对于一般的决策性问题，设有 $n$ 个评价指标，$m$ 个评价对象，按照定性与定量相结合的原则取得多个对象关于多指标的评价矩阵：

$$F'=(f'_{ij})=\begin{bmatrix} f'_{11} & f'_{12} & \cdots & f'_{1m} \\ f'_{21} & f'_{22} & \cdots & f'_{2m} \\ & \cdots & \cdots & \cdots \\ f'_{n1} & f'_{n2} & \cdots & f'_{nm} \end{bmatrix} \tag{4-18}$$

由于评价指标存在量纲不一的问题，难以进行直接比较，所以必须对这些指标进行标准化处理，经标准化处理后得到的矩阵为 $F=(f_{ij})_{n\times m}$。

对电网网架的综合评价，对于评价因素 $U$ 中每一指标 $u$ 做一个评价 $f(u_i)$，则可得 $U$ 到 $Q$ 一个模糊映射，即

$$u_i \rightarrow f(u_i)=\{f_{i1},f_{i2},\cdots,f_{in}\}\in F(q) \tag{4-19}$$

其中：$F(q)$ 是 $Q$ 上的模糊集合全体。根据模糊变化的定义，模糊映射可以确定一个模糊关系 $F$，称为模糊评判矩阵：

$$F=(f_{ij})=\begin{bmatrix} f_{11} & f_{12} & \cdots & f_{1m} \\ f_{21} & f_{22} & \cdots & f_{2m} \\ \cdots & \cdots & \cdots & \cdots \\ f_{n1} & f_{n2} & \cdots & f_{nm} \end{bmatrix} \tag{4-20}$$

有很多方法可以用来确定评判矩阵中 $f_{ij}$ 的值，例如统计法、直觉法、角模糊集、神经网络、遗传算法等。一般采用概率统计的方法来确定 $f_{ij}$ 的值，由此形成的评判矩阵具有同一

的量纲,也即是标准化后的评判矩阵。

**2. 计算各评价指标的熵值**

在有 $n$ 个评价指标,$m$ 个评价等级的评估问题中,第 $i$ 个评价指标的熵值定义为

$$H_i = -\frac{1}{\ln m}\sum_{j=1}^{m} f_{ij}\ln f_{ij} \qquad i = 1,2,\cdots,n \tag{4-21}$$

为了避免某等级的概率为 0 而造成对数函数无意义,这里补充定义:当 $f_{ij} = 0$ 时,$f_{ij}\ln f_{ij} = 0$。

**3. 计算各评价指标的熵权**

第 $i$ 个评价指标的熵权定义为

$$w_i = \frac{1-H_i}{n-\sum_{i=1}^{n} H_i} \tag{4-22}$$

且满足条件:$\sum_{i=1}^{n} w_i = 1,0 \leqslant w_i \leqslant 1$。

由此计算得出的 $W = \{w_1,w_2,\cdots,w_n\}$ 便是利用熵权法确定的各项指标的客观权重值。

根据上述定义和熵函数的性质可以得到熵权的如下性质:

(1)各被评价对象在指标 $i$ 上的值完全相同时,熵值达到最大值 1,熵权为零。这也意味着该指标未向决策者提供任何有用信息,该指标可以考虑被取消。

(2)当各被评价对象在指标 $f$ 上的值相差较大、熵值较小、熵权较大时,说明该指标向决策者提供了有用的信息,同时还说明在该问题中,各对象在该指标上有明显差异,应重点考察。

(3)指标的熵越大,其熵权就越小,该指标就越不重要,而且满足 $\sum_{i=1}^{n} w_i = 1$ 和 $0 \leqslant w_i \leqslant 1$。

(4)作为权数的熵权,有其特殊意义,它并不是在决策或评估问题中某指标的实际意义上的重要性系数,而是在给定被评价对象集后各种评价指标值确定的情况下,各指标在竞争意义上的相对激烈程度系数。

(5)从信息角度来考虑,它代表了该指标在该问题中,提供有用信息量的多少。

**(四)组合赋权法确定指标权重**

主观赋权法依据评价者对不同指标的重视程度来赋权,与实际问题相符,但是不能考虑数据对权重的影响;客观赋权法的权重值取决于数据值的分布,但评价结果可能会脱离现实问题的需要。因此,需要一种能够将主观和客观赋权法结合起来的组合赋权法,既能与现实问题的需要相符,又能兼顾数据分布对权重的影响,从而弥补主、客观赋权方法各自的不足。

本节将采用基于矩估计法理论的优化组合模型,该组合赋权模型的核心思想是:组合权向量对应的评价值向量与原权向量对应的评价值向量之间的偏差应尽可能小。

设有 $k$ 种赋权方法,其中有 $p$ 种主观赋权法,$k-p$ 种客观赋权法,假设 $n$ 个评价指标的综合权重向量为 $\boldsymbol{A} = [a_1,a_2,\cdots,a_j,\cdots,a_n]$,可以将 $k$ 种赋权方法看作从总体中抽取的样本。对于主观权重,如果赋权的数量趋于很大时,由统计学的大数定理可知其判断的权重向量的综合结果应该接近综合权重向量 $\boldsymbol{A}$;对于客观权重,采用不同的算法得到的结果具有重复性。因此可以用已有的主、客观权重来估计综合权重向量 $\boldsymbol{A}$。

设分别从主观权重总体中抽取 $p$ 个样本,客观权重总体中抽取 $k-p$ 个样本,对于第 $i$ 个评价指标,有 $k$ 个权重样本,组成了该评价指标的综合权重 $a_i$,需要满足 $a_i$ 与 $k$ 个主客观权重的偏差越小越好。基本模型如下:

$$\begin{cases} \min \quad B = \sum_{s=1}^{p}\sum_{i=1}^{n}\alpha(g_{is}-a_i)^2 + \sum_{t=1}^{k-p}\sum_{i=1}^{n}\beta(g_{it}-a_i)^2 \\ s.t. \quad \sum_{i=1}^{n}a_i = 1, 0 \leqslant a_i \leqslant 1 \end{cases} \tag{4-23}$$

式中:$a_i$——第 $i$ 个指标组合后的权重值;

$\alpha,\beta$——分别为主观、客观权重的相对重要程度系数;

$g_{is},g_{it}$——分别为第 $s$ 种主观赋权法和第 $t$ 种客观赋权法对第 $i$ 个指标的赋权结果;

$k,p$——采用了 $k$ 种赋权法,其中包含 $p$ 种主观赋权法,$k-p$ 种客观赋权法。

$k$ 个样本来自两个总体,对于第 $i$ 个评价指标,根据数理统计的原理,计算指标的主观权重 $g_{is}$ 和客观权重 $g_{it}$ 的期望值:

$$\begin{cases} E(g_{is}) = \dfrac{\sum_{s=1}^{p}g_{is}}{p} \quad (1 \leqslant s \leqslant p) \\ E(g_{it}) = \dfrac{\sum_{t=1}^{k-p}g_{it}}{p} \quad (1 \leqslant t \leqslant k-p) \end{cases} \tag{4-24}$$

根据上式,按照矩估计的基本思想,对于第 $i$ 个指标,其主客观重要性系数分别为

$$\begin{cases} \alpha_i = \dfrac{E(g_{is})}{E(g_{is})+E(g_{it})} \\ \beta_i = \dfrac{E(g_{it})}{E(g_{is})+E(g_{it})} \end{cases} \tag{4-25}$$

对于 $n$ 个指标,可以看成从两个总体中分别取出 $n$ 个样本,同样按照矩估计的基本思想,可以得到综合指标中主、客观重要性系数:

$$\begin{cases} \alpha = \dfrac{\sum_{j=1}^{n}\alpha_j}{\sum_{j=1}^{n}\alpha_j + \sum_{j=1}^{n}\beta_j} = \dfrac{\sum_{j=1}^{n}\alpha_j}{n} \\ \beta = \dfrac{\sum_{j=1}^{n}\beta_j}{\sum_{j=1}^{n}\alpha_j + \sum_{j=1}^{n}\beta_j} = \dfrac{\sum_{j=1}^{n}\beta_j}{n} \end{cases} \tag{4-26}$$

$A = [a_1, a_2, \cdots, a_j, \cdots, a_n]$ 为 $k$ 种赋权法组合所得的最终权重向量。基于总偏差最小的优化组合赋权法不仅要利用权重信息,还将评估向量作为组合的基础,将权重向量与评估值融合建立优化模型。

为了求解 $a_i$,对该模型构造拉格朗日函数:

$$L(a_i,\lambda) = \sum_{s=1}^{p}\sum_{i=1}^{n}\alpha(g_{is}-a_i)^2 + \sum_{t=1}^{k-p}\sum_{i=1}^{n}\beta(g_{it}-a_i)^2 + \lambda(\sum_{i=1}^{n}a_i-1) \tag{4-27}$$

根据极值存在的必要条件,分别对 $a_i$,$\lambda$ 求一阶偏导数,并令其为零:

$$\begin{cases} \dfrac{\partial L}{\partial a_i} = -2\sum_{s=1}^{p}\alpha(g_{is}-a_i) - 2\sum_{t=1}^{k-p}\beta(g_{it}-a_i) + \lambda = 0 \\ \dfrac{\partial L}{\partial \lambda} = \sum_{i=1}^{n}a_i - 1 = 0 \end{cases} \tag{4-28}$$

以 $i=1,2,\cdots,n$ 分别展开,可以得到

$$a_i = \frac{n\left(2\alpha\sum\limits_{s=1}^{p}g_{is} + 2\beta\sum\limits_{t=1}^{k-p}g_{it}\right) - \sum\limits_{i=1}^{n}\left(2\alpha\sum\limits_{s=1}^{p}g_{is} + 2\beta\sum\limits_{t=1}^{k-p}g_{it}\right)}{n[2\alpha p + 2\beta(k-p)]} + \frac{1}{n} \tag{4-29}$$

经证明,$0 \leqslant a_i \leqslant 1$ 满足要求,于是便可以求得由主、客观权重组合而得的综合权重向量 $A = [a_1, a_2, \cdots, a_j, \cdots, a_n]$。

**(五)灰色关联分析法**

主观赋权法依灰色关联分析法的思想是根据某个问题的实际情况确定出理想的最优序列,然后通过方案的序列曲线和几何形状与理想最优序列的曲线和几何形状的相似程度来判断两者的关联程度;曲线和几何形状越接近则说明其关联度越大,方案越接近理想最优,反之亦然。最后,依据关联度大小排序,判断方案的优劣。

灰色关联分析是建立在充分利用客观数据的基础上,它能够处理信息不完全明确的灰色系统,对于小样本无规律指标的评价问题决策准确性较高,结合综合赋权法,能代替其利用平均处理或者专家赋权的主观性,使之更加客观。

设有 $n$ 个对象,每个对象有 $m$ 项指标,对评价指标数据进行规范化处理,规范化后的数据为 $\boldsymbol{x}_1, \boldsymbol{x}_2, \cdots, \boldsymbol{x}_m$。$\boldsymbol{x}_i = [x_i(1), x_i(2), \cdots, x_i(n)]^{\mathrm{T}}$, $i=1,2,\cdots,m$。令 $x_0$ 为理想方案,则 $x_0$ 与 $x_i$ 关于第 $k$ 个元素的关联系数为

$$\xi_i(k) = \frac{\Delta_{\min} + \rho\Delta_{\max}}{\Delta x_i(k) + \rho\Delta_{\max}} \tag{4-30}$$

其中:$\Delta_{\min} = \min\limits_{i}\left[\min\limits_{k}(|x_0(k)-x_i(k)|)\right]$, $\Delta_{\max} = \max\limits_{i}\left[\max\limits_{k}(|x_0(k)-x_i(k)|)\right]$, $\Delta x_i(k) = |x_0(k)-x_i(k)|$,$\rho$ 为分辨系数,取值区间为 $[0,1]$,这里取 $0.5$。

第 $i$ 个评价方案与理想方案的关联度为

$$\gamma_i = \sum_{k=1}^{m}w_k\xi_i(k) \tag{4-31}$$

根据每个方案与理想方案的关联度大小来对方案进行排序,并在此基础上选择最优方案。

## 三、综合评价步骤

基于组合赋权法的全电压电网规划方案综合协调性评价的详细计算步骤如下。

步骤1:对某一区域、某一负荷下,若干个电网的各电压等级综合协调性指标进行计算,根据各指标的计算结果,确定各指标的等级范围。

步骤2:对于某一电压等级的各指标,分别利用主观赋权法和客观赋权法求取各指标的权重值。

步骤3:对于某一电压等级的各指标,利用组合赋权法确定各指标的综合权重。

步骤 4：对于某一电压等级的各指标，利用灰色关联分析法确定各方案指标与典型方案指标的关联度系数。

步骤 5：对于某一电压等级的各指标，利用灰色关联系数结合综合权重得到某一电压等级下各方案的关联度，即评价结果。

步骤 6：对电网的各电压等级重复步骤 2～步骤 5，求出各方案在各电压等级下的评价结果。

步骤 7：对各电压等级下的评价结果求取算术平均值，即该电网全电压综合协调性的最终评价结果。

综合评价的主要步骤如图 4-26 所示。

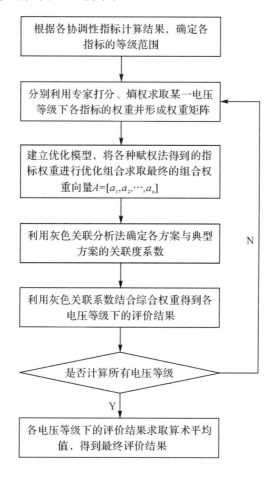

图 4-26　综合评价步骤

# 第五章 浙江配电网供电可靠性和 未来发展趋势

## 第一节 浙江省配电网供电可靠性及城乡差异分析

### 一、浙江电网供电可靠性水平及国际比较

供电可靠性是衡量配电网运行水平最重要的指标之一。对多个国家和地区的可靠性数据进行了收集比较,并结合其他发达国家配电网发展模式的成功经验和先进理念,给出了浙江省未来配电网的发展方向及具体举措。

（一）配电网技术装备及运行水平比较[80]

与经济发展水平相一致,浙江省配电网技术装备水平位居全国前列,但跟一些发达国家相比,在一些关键性指标上仍有较大差距。

表 5-1 浙江电网和国外及部分地区电网电缆化率对比

| 电网 | 电缆化率 |
| --- | --- |
| 丹麦 20～6 千伏（2008 年） | 91.63% |
| 丹麦 0～4 千伏（2008 年） | 93.73% |
| 丹麦全网（2008 年） | 87.19% |
| 德国鲁尔工业区配电网（2014 年） | 89.00% |
| 慕尼黑周边 Freising,Pasing 等地区配电网（2014 年） | 95.00% |
| 浙江省市辖供电区 10(20)千伏（2014 年） | 50.40% |

以电缆化率为例,表 5-1 和图 5-1 给出了浙江电网和丹麦以及德国电网电缆化率的对比。可见,丹麦和德国配电网电缆化水平极高,其电缆化率指标普遍在 90% 左右,其中慕尼黑周边的 Freising,Pasing 等卫星城集聚地区配电网电缆化率达到 95%,丹麦 0～4 千伏配电网电缆化率达到 93.73%,而浙江省市辖供电区 2014 年底的 10(20)千伏电网电缆化率只有 50.4%,差异较为明显。

在绝缘化水平方面,浙江与先进国家相比,也有相当的差距。日本在 1976 年电网绝缘化率就达到了 76%;德国鲁尔工业区、慕尼黑周边的 Freising,Pasing 等地区的配网架空线绝缘化率在 2014 年更是达到了 100%。而 2014 年底,浙江省市辖供电区 10(20)千伏架空线路绝缘化率才达到 100%。

表 5-2 和图 5-2 给出了浙江及浙江杭州和宁波 2014 年供电可靠性主要指标与部分国家及地区的对比情况。可见,浙江的供电可靠性水平对比过去已有较大提升,用户平均年停电

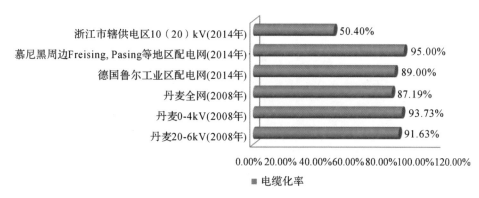

图 5-1　浙江电网和国外及部分地区电网电缆化率对比

时间为 138 分钟,供电可靠率达到 99.9737％。但仍与国际先进水平有一定差距,浙江杭州
和宁波供电可靠率已接近国际先进水平,2014 年,杭州供电可靠率为 99.9936％,户均停电
时间为 34 分钟,宁波供电可靠率为 99.9908％,户均停电时间为 49 分钟;欧洲小国卢森堡
2013 年供电可靠率达到了 99.9981％,用户平均停电时间仅为 10 分钟;德国慕尼黑周边
Freising,Pasing 等卫星城地区,其用户平均停电时间低至 8 分钟,供电可靠率达到
99.9985％;浙江省的友好州—德国石荷州其用户平均停电时间为 11 分钟,供电可靠率达到
99.9979％。欧洲卢森堡等国家国土面积极小,体量仅相当于国内大城市。而德国、法国等
国家整体体量与我国的省级行政单位接近,因此比较意义较大。2013 年,法国全境户均停
电时间为 66 分钟,德国为 15 分钟,英国为 53 分钟,相比于浙江省的 138 分钟,领先优势也
很明显。

表 5-2　浙江与部分国家及地区的供电可靠率水平对比

| 国家/地区 | 年份 | 可靠率 | 停电时间 min |
|---|---|---|---|
| 瑞典 | 2013 | 99.9863％ | 72 |
| 法国 | 2013 | 99.9874％ | 66 |
| 英国 | 2013 | 99.9899％ | 53 |
| 意大利 | 2013 | 99.9920％ | 42 |
| 荷兰 | 2013 | 99.9937％ | 33 |
| 德国 | 2013 | 99.9971％ | 15 |
| 瑞士 | 2013 | 99.9971％ | 15 |
| 丹麦 | 2013 | 99.9977％ | 12 |
| 卢森堡 | 2013 | 99.9981％ | 10 |
| 汉堡周边地区(德国) | 2014 | 99.9962％ | 20 |
| 北威州(德国) | 2014 | 99.9966％ | 18 |
| 纽伦堡周边地区(德国) | 2014 | 99.9970％ | 16 |
| 杜塞尔多夫周边地区(德国) | 2014 | 99.9971％ | 15 |
| 鲁尔工业区(德国) | 2014 | 99.9977％ | 12 |
| 石荷州(德国,浙江省友好州) | 2014 | 99.9979％ | 11 |
| 慕尼黑周边 Freising,Pasing 等地区(德国) | 2014 | 99.9985％ | 8 |
| 浙江 | 2014 | 99.9737％ | 138 |
| 杭州 | 2014 | 99.9936％ | 34 |
| 宁波 | 2014 | 99.9908％ | 49 |

根据统计,2011 年杭州城市核心区由配电网故障引起的停电时间占 12％,其中用户原

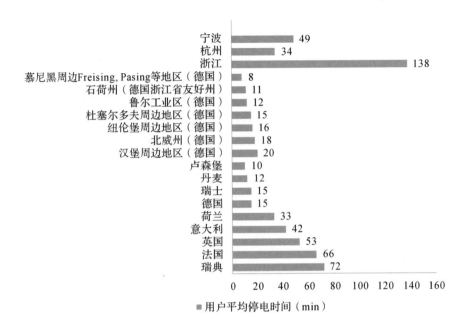

图 5-2　浙江与部分国家及地区的户均停电时间对比

因引起的故障停电时间占 3.97%，设备原因引起的故障停电时间占 5.51%，自然灾害引起的故障停电时间占 2.52%；计划停电时间占 88%，其中业扩引起的停电时间占 9.95%，检修停电时间占 28.39%，工程停电时间占 49.66%。宁波城市核心区由配电网故障引起的停电时间占 11%，其中外力破坏引起的故障停电时间占 1.16%，设备原因引起的故障停电时间占 4.62%，自然灾害引起的故障停电时间占 5.22%；计划停电时间占 89%，其中业扩引起的停电时间占 5.51%，检修停电时间占 21.75%，工程停电时间占 61.74%，见图 5-3。

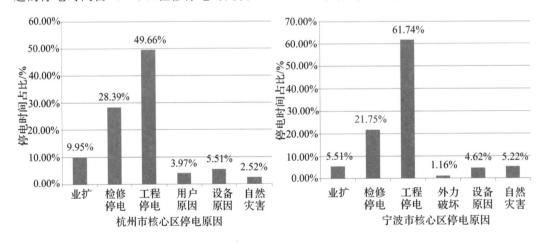

图 5-3　杭州、宁波城市核心区域可靠性分析[81]

我国供电可靠性与国际先进水平间的差距主要在于预安排停电影响，所以应加强停电管理，尽量减少预安排停电。

图 5-4 给出了浙江省与德国部分地区中压线路平均供电半径的对比情况。德国鲁尔工

业区中压线路平均供电半径为 3.2 千米,慕尼黑周边 Freising,Pasing 等地区为 2.9 千米。浙江省 2014 年中压线路平均供电半径为 9.11 千米,与德国鲁尔工业区、慕尼黑周边地区相差较大。

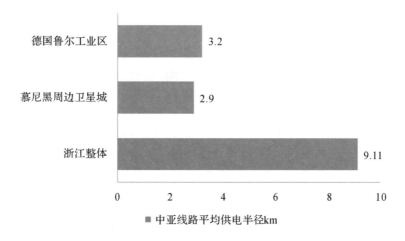

图 5-4 浙江省与德国部分地区配电网中压线路平均供电半径对比情况

"十三五"时期,浙江县级供电区将新增、扩建 110 千伏主变 491 台,新增变电容量 24575 兆伏安。改造 110 千伏变电站 47 座,新增容量 1529 兆伏安。新(扩)建 35 千伏变电站 43 座,新增主变 72 台,新增变电容量 698.9 兆伏安,改造主变 19 台,新增容量 130.27 兆伏安。新增 10(20)千伏配变 45488 台,容量 18137 兆伏安;新建 10(20)千伏架空线路 11251.1 千米,电缆线路 6790.1 千米。新建 0.38 千伏架空线路 11492.6 千米,电缆线路 10455.1 千米[82]。

表 5-3 浙江省"十三五"配电网规划成效分析

| 电压等级 | 类型 | 绝缘化率 | | 电缆化率 | |
|---|---|---|---|---|---|
| | | 2014 年 | 2020 年 | 2014 年 | 2020 年 |
| 10kV | 市级供电区 | 99.78% | 100.00% | 48.59% | 63.54% |
| | 县级供电区 | 48.58% | 65.60% | 19.98% | 25.92% |
| | 浙江省 | 60.04% | 73.66% | 27.53% | 35.80% |

由表 5-3 可见,随着"十三五"配电网规划项目的投入,浙江省配电网技术装备和运行水平将有显著提升,其中绝缘化率由 60.04% 提升至 73.66%,电缆化率由 27.53% 提升至 35.80%。但是在一些关键技术指标上相对于国际先进水平仍有较大差距,尤其是县级供电区域整体发展滞后的局面仍没有根本扭转。例如:经过"十三五"规划后,县级供电区绝缘化率由 48.58% 提升至 65.60%,提升显著,然而日本在 1976 年电网绝缘化率就达到了 76%,差距仍然明显;电缆化率"十三五"规划后增长至 25.92%,但丹麦 2008 年电缆化率已达到 91.93%,浙江省与发达国家相比仍存在较大差距。

(二)浙江配电网国际比较

就配电网装备和运行水平而言,跟发达国家相比,浙江省配电网在一些关键性指标上有较大差距。

在电缆化率方面,浙江省 2013 年达到 26%,相对欧洲国家差距较大。究其原因主要是欧洲国家电网设施投建年份较早,目前普遍已到更新换代阶段,且欧洲国家体量较小,各国往往借此机会对电网进行电缆化改造,例如法国规定新建的中压线路至少 90% 都要使用地埋电缆,并且法国等国家采用铝制电缆,采用直埋方式敷设,因此电缆经济性有很大优势。因此,欧洲国家电缆化水平比浙江有明显优势,如丹麦、德国当前已经接近 90%。

在绝缘化率方面,同样由于设备更新换代,德国部分地区在 2014 年已经达到 100%,而浙江省城市配电网仅达到 48.7%,10 千伏架空线则更低;在中压线路供电半径方面,浙江省 2014 年配电网供电半径平均为 9.11 千米,与德国鲁尔工业区、慕尼黑周边卫星城集聚地区总体相差较大。

在供电可靠性方面,用户年平均停电时间这一指标,与浙江省体量接近的欧洲国家普遍水平为 65 分钟以内,2013 年法国全境户均停电时间为 66 分钟,英国为 53 分钟,而代表欧洲可靠性管理最高水平的德国,2013 年户均停电时间仅为 15 分钟,而浙江省 2014 年这一指标为 138 分钟。

## 二、浙江城乡电网发展水平差异分析

### (一)浙江城乡配电网网架结构的差异[80]

截至 2014 年底,浙江城乡 10 千伏配电网在网架结构上存在较大差异,见图 5-5。

10 千伏架空网:乡镇架空网仍以单联络为主,比例为 74.59%,并且存在 3.71% 的辐射式线路,多联络比例为 21.70%。城市架空网已不存在辐射式线路,并且单联络比例为 55.83%,远低于乡镇,而多联络比例为 44.17%,远高于乡镇。

10 千伏电缆网:乡镇电缆网以单环网为主,比例为 61.60%,并且存在 13.93% 的单射和双射辐射式线路。城市电缆网以双环网为主,比例高达 48.30%,比乡镇双环网比例高将近 30 个百分点,电缆网单射和双射辐射比例仅为 1.32%。

通过比较可知,浙江城乡配电网网架结构水平差距较大,城市配电网的架空网多联络比例和电缆网双环网比例都远高于乡镇配电网相应指标。

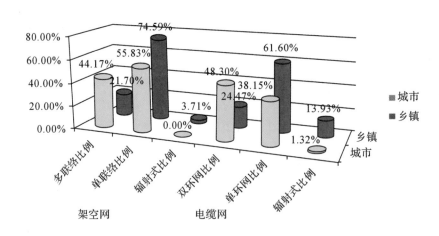

图 5-5　2013 年浙江省 10 千伏电网架空线和电缆线城乡对比图

**（二）浙江城乡配电网装备水平的差异**

截至 2014 年底,浙江城乡 10 千伏配电网在架空线绝缘化率、电缆化率等装备水平指标上仍存在较大差异,如图 5-6 所示。

10 千伏架空线绝缘化率:城市架空线绝缘化率为 59.78％,乡镇的仅为 38.58％,城乡仍有 20 个百分点以上的差距,乡镇过低的架空线绝缘化率存在较大安全隐患。

10 千伏电缆化率:城市电缆化率为 48.59％,乡镇配电网为 19.98％,差距也较大。

因此,浙江城乡配电网装备水平在电缆化率、架空线绝缘化率上存在较大差距,以 10 千伏配电网电缆化率为例,城市配电网电缆化率是乡镇的两倍多,乡镇电缆化率有待提高。

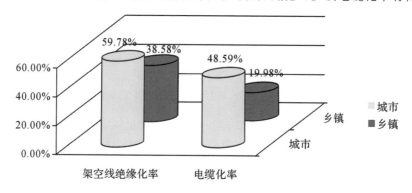

图 5-6　2014 年浙江省城乡 10 千伏配电网装备水平指标

设备运行年限:截至 2014 年底,浙江城乡 10 千伏配电网主要设备运行年限对比详见图 5-7。

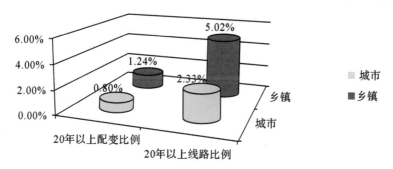

图 5-7　浙江城乡 10 千伏配电网主要设备运行年限对比

可见,乡镇配电网主要设备仍存在运行年限较长的问题,其中,乡镇配电网运行年限 20 年以上的配变比例为 1.24％,而运行年限 20 年以上的线路的比例为 5.02％,比城市同指标高出 2.69 个百分点。相比于城市,乡镇配电网仍存在可靠性差、安全隐患大的问题。

**（三）浙江城乡配电网运行水平的差异**

浙江城乡负载率、可靠性等参数上有较大差异。见图 5-8。

负载率:作为衡量容载最大负荷能力的指标,浙江城市配电网负载率大于等于 60％的配变占 9.07％,农村这一比例为 18.36％。浙江城市配电网线路最大负载率平均值为 42.84％,乡镇为 44.53％,而线路平均负载率城市为 35.51％,乡镇为 38.26％,比城市高出近三个百分点,这说明乡镇配电网运行压力较大,有一定隐患。

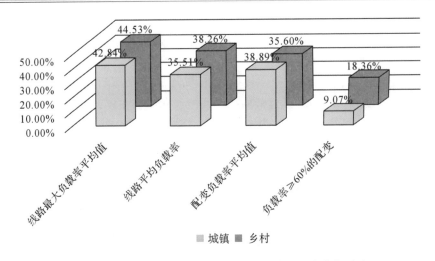

图 5-8　2013 年浙江省城乡 10 千伏电网主要运行指标对比

可靠性：浙江省城乡用户供电可靠率历年变化趋势详见图 5-9。可见，浙江省城乡用户供电可靠性大致趋势都是逐年增加，乡镇用户供电可靠性与城市用户供电可靠性之间的差距逐年减小，但是仍低于城市用户供电可靠性。

图 5-9　浙江省城乡用户供电可靠率历年变化趋势

# 第二节　高可靠性配电网接线模型研究

## 一、国内外配电网典型接线

### （一）国外发达城市配电网典型接线[81]

#### 1. 法国巴黎三环网接线

巴黎城区 20 千伏配电网以双环网或三环网结构为主，见图 5-10。由两座变电站的 20 千伏出线相互联络，开环运行。每座配电室双路电源分别 T 接自三环网中任意两回不同电缆,其中一路为主供,另一路为热备用。双环网(或三环网)的分段开关和联络开关具有远程遥控功能,中/低压配电室主备两路电源电缆直接从主干电缆上 T 接,电缆故障时,配电室主供负荷开关在变电站开关掉闸 3 秒后分闸,之后 5 秒备用负荷开关合闸,恢复配电室供电,即通过设备自动装置完成,停电时间短,且故障处理方式简单。

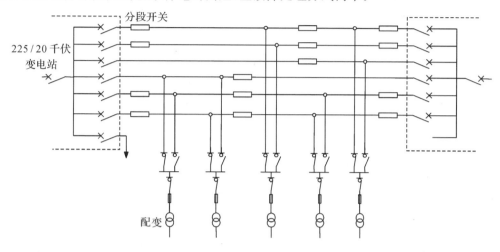

图 5-10　巴黎三环网接线

巴黎城区 20 千伏配电网主干线路采用"集群"的方式,即每两座高压变电站(电压等级为 225/20 千伏,主变规模为 1×10 万千伏安或 2×7 万千伏安)相互以 2 组或 4 组 20 千伏"集群"中压线路互联供电,见图 5-11。

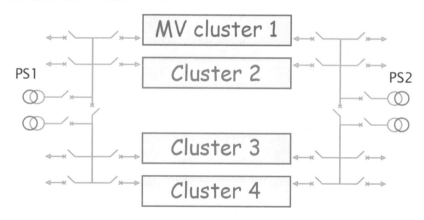

图 5-11　高压变电站间以 4 组 20 千伏中压集群线路拉手互联

每组 20 千伏"集群"由 6 条中压线路(环网)组成,根据情况提供第 7 条中压线路,作为大用户接入线路,见图 5-12。

该中压"集群"接线方式,在输电线路或变电站发生"N-1"甚至"N-2"故障时,仍满足电网的供电要求,见图 5-13。

配电室一般配置 1 台变压器,城区部分配电室配置 2 台变压器,单台容量为 250～1000 千伏安,电源采取一用一备方式,见图 5-14。

巴黎电网的设备档次不高,电缆主要采用集束导线,90%采用直埋敷设方式,电缆过街

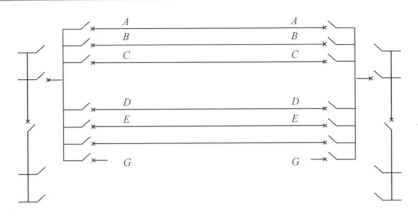

图 5-12　一组中压集群

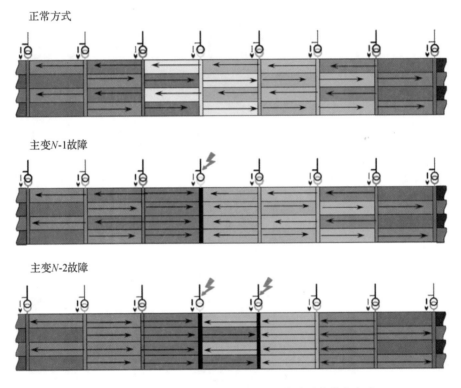

图 5-13　中压电网在主变"*N*-1"、"*N*-2"故障时的供电方式

时,才采用预埋电缆保护管的敷设方式,电缆埋深约在 0.8 米,其上以钢板或玻璃钢盖板保护。电缆基本采用单芯绞合集束电缆,主干线大多为 240 平方毫米的铝芯电缆,分支电缆截面为 95 平方毫米。

巴黎电网设备的冗余度较高。根据 2000 年的统计数字,巴黎城区负荷为 270 万千瓦,20 千伏馈出线路 980 回,平均每回线路的负荷约为 2800 千瓦,变电容量也比较充裕,20 千伏线路和配电变压器的平均负载率仅为 40% 左右,故障情况下,电网有足够的备用容量实现负荷转供。由此可见,巴黎配电网的高可靠性主要是依靠合理的设备冗余和坚强的网架结构来实现的。

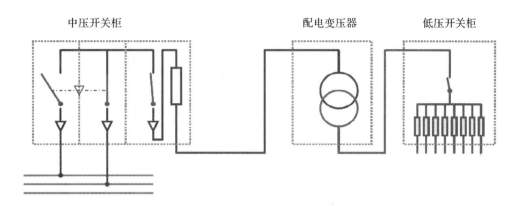

图 5-14　典型配电室接线示意图

## 2. 日本东京三射网接线

东京 22 千伏电缆采用三射网络结构，每一个中压用户的双路电源分别 T 接自三回路中任意两回不同电缆，其中一路为主供，另一路为热备用，如图 5-15 所示。

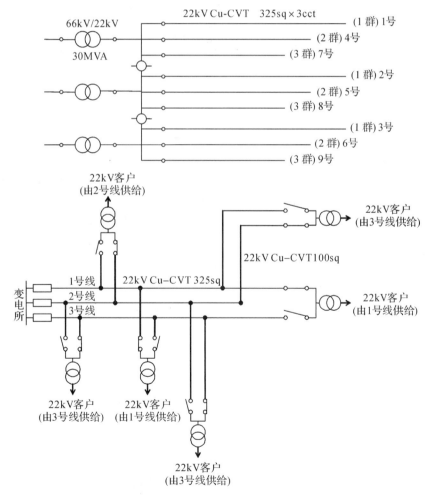

图 5-15　东京三射网接线示意图

### 3. 伦敦低压互联接线

英国伦敦配电网采用低压互联供电模式,由不同中压线路供电的配电变压器的低压侧互联,中压线路发生故障时,可实现不间断供电。每一个网络分区的供电负荷大约为2~3兆伏安,如图5-16所示。

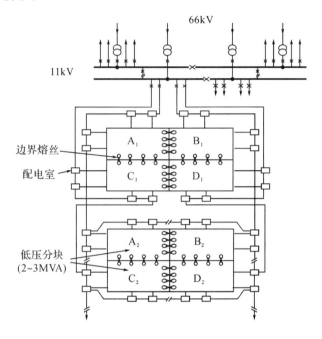

图5-16  伦敦配电网低压互联供电模式

### 4. 新加坡"花瓣式"接线

新加坡22千伏配网采用以变电站为中心的"花瓣形"接线,即同一个双电源变压器并联运行的变电站(66/22千伏)的每两回馈线构成环网,闭环运行,环网最大负荷电流不超过400安培,环网的设计容量为1.5万千伏安。不同电源变电站的花瓣间设置1~3个备用联络,开环运行,事故情况下可通过远方操作,全容量恢复供电。新加坡22千伏中压配网"花瓣式"接线如图5-17所示,22千伏典型电气接线如图5-18所示。

新加坡电网22千伏及以上电压等级设备均采用合环运行方式,中压线路均装设纵差保护,发生单一故障不会造成用户短时间停电。但系统短路电流水平较高,且配电站的二次保护配置比较复杂。

### (二)国内目前应用的中压配电网典型接线[83-86]

### 1. 架空网

中压架空网的典型接线方式主要有辐射式、多分段单联络、多分段多联络3种类型,其特点、适用范围和接线示意图如下所述。

(1)辐射式

特点:辐射式接线简单清晰、运行方便、建设投资低。当线路或设备故障、检修时,用户停电范围大,但主干线可分为若干(一般2~3)段,以缩小事故和检修停电范围;当电源故障时,将导致整条线路停电,供电可靠性差,由于不考虑故障备用,主干线正常运行时的负载率

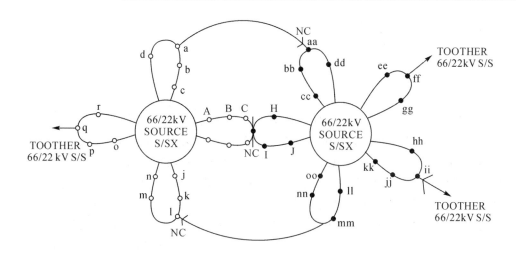

图 5-17 新加坡 22 千伏中压配电网"花瓣式"接线

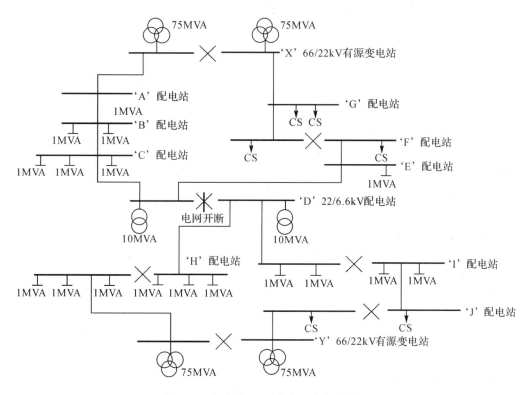

图 5-18 新加坡 22 千伏典型电气接线图

可达到 100％。

适用范围：辐射式接线是架空网中最原始的形式，一般仅适用于负荷密度较低、用户负荷重要性一般、缺少变电站布点的地区。辐射式接线如图 5-19 所示。

（2）多分段单联络

特点：通过一个联络开关，将来自不同变电站（开关站）中压母线或相同变电站（开关站）不同中压母线的两条馈线连接起来。任何一个区段故障，闭合联络开关，将负荷转供到相邻

图 5-19　辐射式

馈线,完成转供。满足"N-1"要求,但主干线正常运行时的负载率仅为 50%。

　　该接线模式的最大优点是可靠性比辐射式接线模式大大提高,接线清晰、运行比较灵活。线路故障或电源故障时,在线路负荷允许的条件下,通过切换操作可以使非故障段恢复供电,由于考虑了线路的备用容量,线路投资将比辐射式接线有所增加。

　　随着电网的发展,在不同回路之间通过建立联络,就可以发展为更为先进、有效的接线模式,线路利用率进一步提高,供电可靠性也相应增强,便于过渡,适合负荷的发展。

　　适用范围:单联络是架空线路中最为基本的形式,适用于电网建设初期、较为重要的负荷区域,能保证一定的供电可靠性。

　　单联络一般有两种:本变电站单联络和变电站间单联络。单联络接线如图 5-20 所示。

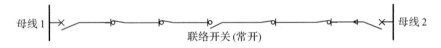

图 5-20　多分段单联络

（3）多分段多联络

　　架空线路采用环网接线开环运行方式,分段与联络数量应根据用户数量、负荷密度、负荷性质、线路长度和环境等因素确定,一般将线路分为 3 段、建立 2～3 个联络。线路分段点的设置应随网络接线及负荷变动进行相应调整,优先采取线路尾端联络,逐步实现对线路大分支的联络。

　　该接线模式的最大优点是:由于每一段线路具有与其相联络的电源,任何一段线路出现故障时,均不影响其他线路段正常供电,这样使每条线路的故障范围缩小,提高了供电可靠性。另外,由于联络较多,也提高了线路的利用率,两联络和三联络接线模式的负载率可分别达到 67% 和 75%。

　　适用范围:适用于负荷密度较大,可靠性要求较高的区域。

　　典型的多分段多联络有三分段两联络和三分段三联络两种接线,如图 5-21 所示。

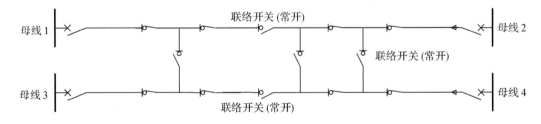

图 5-21　三分段两（三）联络

**2. 电缆网**

中压电缆网的典型接线方式主要有单射式、双射式、单环式、双环式、N 供一备、"N-1"单环网 6 种类型,其特点、适用范围和接线示意图如下所述。

(1)单射式(图 5-22)

特点:自一个变电站(开关站)的一条中压母线引出一回线路,形成单射式接线方式。该接线方式不满足"N-1"要求,由于不考虑故障备用,主干线正常运行时的负载率可达到 100%。

适用范围:一般仅作为一种过渡方式,随着网络的加强,可逐步发展为单环式接线。

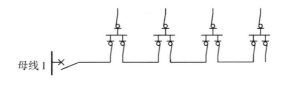

图 5-22　单射式

(2)双射式(图 5-23)

特点:自一个变电站(开关站)的不同中压母线引出双回线路,形成双射式接线方式;或自同一供电区域不同方向的两个变电站(开关站),或同一供电区域一个变电站和一个开关站的任一段母线引出双回线路,形成双射式接线方式。

该接线方式不满足"N-1"要求,由于不考虑故障备用,主干线正常运行时的负载率可达到 100%。与单射式电缆网相比,双射网更易于为用户提供双路电源供电,一条电缆故障时,用户配变可切换到另一条电缆上。

适用范围:双环网一般也作为一种过渡方式,随着网络的加强,可逐步发展为双环式接线。

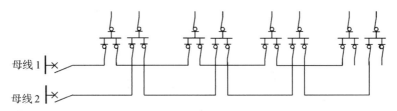

图 5-23　双射式

(3)单环式(图 5-24)

特点:自同一供电区域的两个变电站(开关站)的中压母线,或一个变电站(开关站)的不同中压母线馈出单回线路构成单环网,开环运行。任何一个区段故障,闭合联络开关,将负荷转供到相邻馈线,完成转供,在满足"N-1"的前提下,主干线正常运行时的负载率仅为 50%。由于各个环网点都有两个负荷开关(或断路器),可以隔离任意一段线路的故障,客户的停电时间大为缩短,只有在终端变压器(单台配置)故障时,客户的停电时间是故障的处理时间,供电可靠性比单电源辐射式大大提高。

一般采用异站单环接线方式,不具备条件时采用同站不同母线单环式接线方式;在单环网尚未形成时,可与现状架空线路暂时拉手。

189

适用范围:单环式接线主要适用于城市一般区域(负荷密度不高、可靠性要求一般的区域),工业开发区以及中小容量单路用户集中的电缆化区域。

这种接线模式可以应用于电缆网络建设的初期阶段,对环网点处的环网开关考虑预留,随着电网的发展,在不同的环之间通过建立联络,就可以发展为更为复杂的接线模式。所以,它还适用于城市中心区、繁华地区建设的初期阶段。

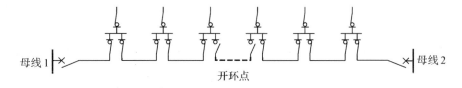

图 5-24  单环式

(4)双环式(图 5-25)

特点:自同一供电区域的两个变电站(开关站)的不同段母线各引出一回线路或同一变电站(开关站)的不同段母线各引出一回线路,构成双环式接线。如果环网单元采用双母线不设分段开关的模式,双环网本质上是两个独立的单环网。在满足"N-1"的前提下,主干线正常运行时的负载率仅为50%。与电缆单环网相比,双环网更易于为用户提供双路电源供电,一条电缆故障时,用户配变可切换到另一条电缆上。

适用范围:双环式接线适用于负荷密度大,对可靠性要求高的城市核心区、繁华地区,如高层住宅区、多电源用户集中区的配电网。

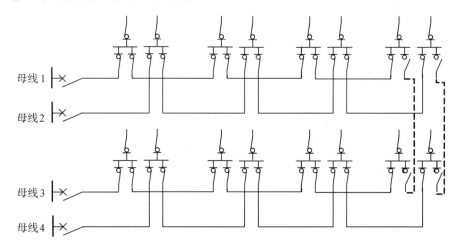

图 5-25  双环式

(5)N 供一备(图 5-26)

特点:指 N 条电缆线路连成电缆环网运行,另外一条线路作为公共的备用线路。非备用线路可满载运行,若某条运行线路出现故障,可以通过切换将备用线路投入运行,其设备利用率为 $N/(N+1)$。

该模式的"N"值越大,设备利用率越高,但是运行操作复杂,一般 N 最大取 4。大于 4的接线运行方式复杂,同时联络线的长度较长,投资较大,线路负载率的提高也不再明显。

适用范围:N 供一备接线方式适用于负荷密度较高、较大容量用户集中、可靠性要求较高的区域,建设备用线路亦可作为完善现状网架的改造措施,用来缓解运行线路重载,以及增加不同方向的电源。

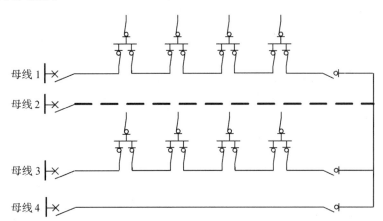

图 5-26　N 供一备

(6)"N-1"单环网

"N-1"单环网接线为电缆单环网接线的衍生模式,是南方电网配电网中应用的一种典型接线。"2-1"单环网即普通的电缆单环网接线,"3-1"单环网和"4-1"单环网分别如图 5-27 和图 5-28 所示。"2-1"单环网接线简单,运行方便,可满足"N-1"安全准则,但线路负载率较低,仅为 50%。"3-1"单环网和"4-1"单环网接线运行方式较为复杂,但运行可靠性更高,线路负载率也相应提高。

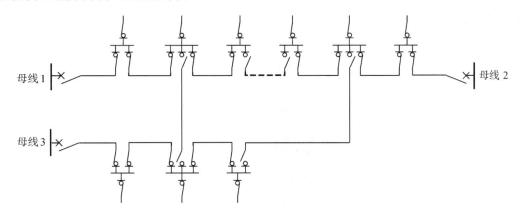

图 5-27　"3-1"单环网

**(三)浙江配电网典型接线应用情况**

影响供电可靠性的主要因素可以归结为网络、设备、技术和管理四个方面。由上述统计分析可以看出,由于我国正处于经济快速发展时期,城市不断扩张,工程施工是造成停电的主要因素之一,故障停电所占比例较低,目前尚可通过技术和管理手段提高可靠性水平。但是,这些因素能有效发挥效用的前提是网架结构比较完善,能够提供负荷转供的合理运行方式和充裕的承载能力。因此,网架结构是影响可靠性水平最关键的因素,大量的施工停电、

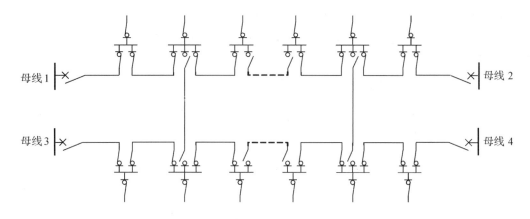

图 5-28  "4-1"单环网

计划检修停电都可以通过优化网架结构、提高转供能力来避免。

配电网网架的可靠性与其分段数、线路的备用容量、故障排查时间等因素有着密切的关系，见图 5-29。

(1)合理的分段数可以减小故障隔离引起的停电用户数量。尤其是对于架空网和采用 T 接方式的电缆网来说，合理设计主干线的分段数，对于提高可靠性的效果十分明显。但对于国内的电缆网接线，由于配变主要通过环网单元接入主干线，任意一段主干线发生故障，都可以通过操作环网单元的进线开关将故障进行隔离，不会造成用户的长时间停电，因此，增加分段数并不能提高这一类电缆网的可靠性。

(2)充足的线路备用容量是实现故障情况下负荷转供的重要前提，在计划检修等情况下，如果能够提前转供部分负荷，也可以大大减小停电的影响范围和时间。因此，充足的线路备用容量是实现高可靠性的必要条件。

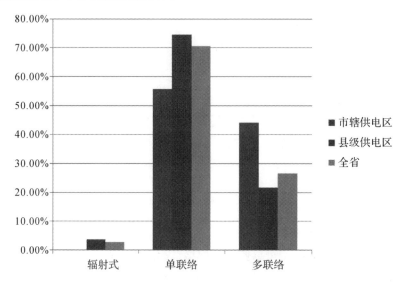

图 5-29  2014 年浙江省架空网结构比例

(3)故障排查时间对于可靠性水平有着最直接的影响。在实施配电自动化之前，故障判

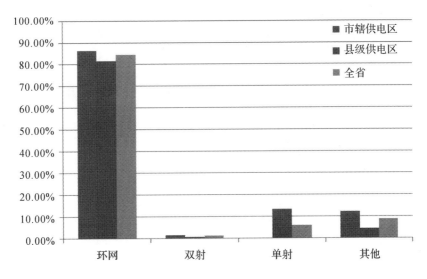

图 5-30 2014 年浙江省中压电缆网结构比例

断、查找、隔离以及网络重构的过程需要人工实现,往往要花费几个小时的时间。采用配电自动化之后,以上过程所花费的时间可以缩短到几十分钟。

目前浙江省中压架空网以单联络和多联络接线方式为主,2014 年,单联络接线比例达到 70.5%,多联络接线比例为 26.6%;在缺少上级变电站布点的区域,采用辐射式接线,所占比例为 2.9%。

浙江省中压电缆网以单环网、双环网接线方式为主,2014 年,环网比例已经达到 84.4%;在缺少上级变电站布点的区域,采用单射式和双射式接线,单射式和双射式综合所占比例为 6.9%,其他结构比例为 8.7%,见图 5-30。

## 二、浙江高可靠性配电网接线模型研究

对国内外配电网接线模型进行了广泛调研和对比研究,以法国接线模型为参考,并结合浙江电网的实际特点,提出一种新型的配电网"三双"接线模型,"三双"是指"双电源、双线路、双接入",形象地概括了该接线模型拓扑结构的主要特点。其中,"双电源"指两个上级高压变电站,"双线路"指连接"双电源"的两条中压电缆或架空线路,"双接入"指公用配变通过自动投切的开关接入"双线路"。本章节将详细阐述"三双"接线模型的主要特点、运行方式、设备配置情况,并分析该模型的可靠性和经济性,见图 5-31。

### (一)电缆网扩展型"三双"接线模型

**1. 方案描述**

该接线方式 110 千伏变电站的每条 10 千伏出线经站外分路开关分为两支路,每一支路可与来自不同母线段的另一条支路同路径铺设,构成电缆双环网结构。4 回 10 千伏出线组成两个电缆双环网,通过线路首端交叉,使每一个双环网都具有来自 4 个不同方向的电源。采用"一分二"开关站的作用主要体现在:

1)相比单个双环(或双射)结构,"一分二"的双环结构具有更灵活和经济的实施方案。在同等供电能力的情况下,增加了主干电缆的覆盖范围,更易于为分布广、数量多的小容量

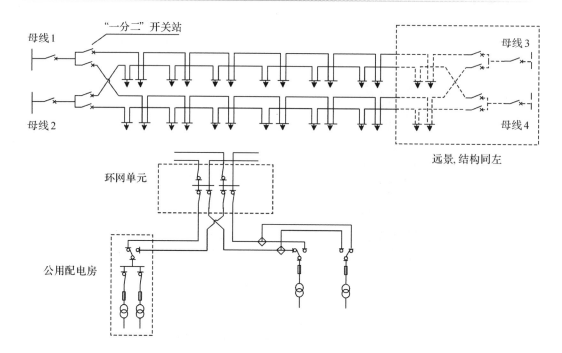

图 5-31  电缆网扩展型"三双"接线模型

配电变器提供双路电源供电,也更适应负荷成长区域电网的分期扩展。

2)"一分二"双环结构增加了主干电缆的冗余度,单根主干电缆故障或施工所引起的停电范围缩小,同时,增加了预安排停电方式下负荷转供的灵活性。

该接线方式的每台公用配变均从不同的主干电缆上引入两路电源,一路为主供电源,另一路为热备用。正常情况下,通过主备电源的切换实现线路和主变的配载均匀;故障方式下,通过自动投切装置实现主备电源之间的切换,恢复对配变的供电,实现故障的自动隔离。

**2.系统一次**

(1)主要设备选型

变电站出口至"一分二"开关站的主干电缆可采用截面为 300 平方毫米、400 平方毫米的铜芯电缆;"一分二"开关站引出的支路电缆采用截面为 240 平方毫米的铜芯电缆;由环网单元引出的馈线分支采用截面为 120 平方毫米的铜芯电缆。

变电站出线开关及"一分二"开关站采用断路器,环网单元的环入线和环出线开关采用负荷开关,配变分支线开关可采用负荷开关或断路器。负荷开关、断路器等设备的额定电流按 630 安培设计。

每个环网单元含两段母线,每段母线设一路环入线、一路环出线,每段母线引出的馈线一般不超过 4 回。配电房的两台变压器可通过同一个双向切换开关接入主干线。环网单元的馈线上可以 T 接,从而减少环网单元配置的开关柜数量。

配电室一般配置两台变压器,箱式变电站配置一台变压器,油浸式变压器单台容量一般不超过 630 千伏安,干式变压器一般不超过 1250 千伏安。

(2)运行方式

图 5-32 为电缆网扩展型"三双"接线的一个标准单元。"三双"接线的主干线为"手拉

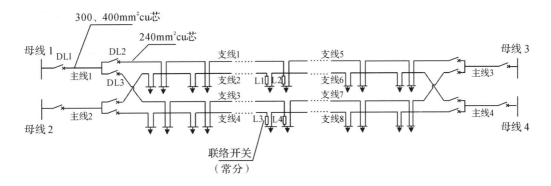

图 5-32　电缆网扩展型"三双"接线的一个标准单元

手"联络,开环运行。正常运行方式下,联络开关(L1、L2、L3、L4)处于常分状态。

当支线 1 发生故障时,"一分二"开关站的 DL2 开关跳闸,支线 1 失电,其所供配变通过自动投切开关切换至支线 2,待故障排除后,支线 1 恢复供电,其所带配变切换回支线 1 供电。

当主线 1 发生故障时,变电站出线断路器 DL1 跳闸,支线 1、支线 3 失电,其所供配变通过自动投切开关分别切换至支线 2、支线 4,待故障排除后,配变再切换回支线 1、支线 3 供电。

当变电站发生全停故障时,母线 1 和母线 2 失电,其出线断路器 DL1 和 DL4 跳闸,通过远程操作(有配电自动化)闭合联络开关 L1、L2、L3 和 L4,主线 1、主线 2 所带负荷转供至主线 3、主线 4。

(3)供电能力

通过以上的运行方式分析可知,任一条支线或主线发生故障时,配变通过自动投切开关切换至运行线路,由于自动投切开关动作之前无法判断线路的负载情况,因此为保证线路不发生过载,必须严格控制线路的负载率小于 50%。若主线采用 300 平方毫米的铜芯电缆,最大载流量按照 400 安培考虑,则扩展型"三双"接线每一个标准单元的供电负荷为 1.2 万千瓦;若主线采用 400 平方毫米的铜芯电缆,最大载流量按照 500 安培考虑,则扩展型"三双"接线每一个标准单元的供电负荷为 1.5 万千瓦。

(4)与上级电源的配合

若扩展型"三双"接线每一个标准单元的供电负荷按 1.2 万千瓦控制,考虑向 100 万千瓦的用电负荷供电,大约需要 84 个标准单元,占用 336 个 10 千伏间隔。假定每个 110 千伏变电站的规模为 3×5 万千伏安,有 30 个 10 千伏间隔(预留一部分大用户专线间隔),则需要 110 千伏变电站 12 座,容载比可以达到 1.8 左右。

若扩展型"三双"接线每一个标准单元的供电负荷按 1.5 万千瓦控制,考虑向 100 万千瓦的用电负荷供电,大约需要 67 个标准单元,占用 268 个 10 千伏间隔,需要 110 千伏变电站 10 座,容载比可以达到 1.5 左右。

由上述分析可知,"三双"接线的供电能力能够与上级高压电源的供电能力相匹配。

**3.系统二次**

"一分二"开关站保护配置方案

为实现主线和支线保护的选择性,缩小分支线故障的影响范围,"一分二"开关站的保护配置主要考虑如下几种方案:

（1）定时限配合的过电流保护，如图 5-33 所示。变电站出线断路器（D1、D2）配置阶段式过电流保护，分支线断路器（D3、D4、D5、D6）配置阶段式过电流保护，主线保护过流元件延时较支线保护过流元件增加 $\Delta t$ 级差（$\Delta t$ 一般取 0.3 秒），从而保证支线故障时保护动作的选择性。

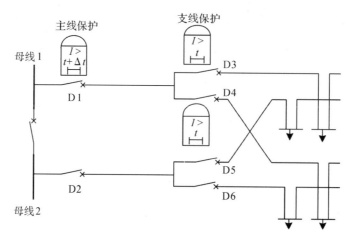

图 5-33　分路开关保护配置方案 1：定时限配合的过电流保护

该方案的主要优点是保护配置简单，无需光纤通信，投资省；运行维护界面清晰；原变电站 10 千伏线路保护无需更换，只需修改整定值。主要缺点为变电站出线开关至分路开关之间的主干线故障时，切除故障时间长（$t+\Delta t$），约 0.6s。

（2）反时限配合的过电流保护，变电站出线断路器（D1、D2）配置阶段式过电流保护，分支线断路器（D3、D4、D5、D6）配置反时限过电流保护。反时限保护配合曲线如图 5-34 所示。

该方案的主要优点为反时限保护结构简单，无需光纤通信，投资省；运行维护界面清晰；原变电站 10 千伏线路保护无需更换。主要缺点为分支线保护存在与变电站出线保护配合困难的问题，根据线路长度不同，存在失配的可能。

（3）光纤差动保护，变电站出线断路器（D1、D2）配置差动保护（主保护）＋阶段式过流保护（后备保护），分支线断路器（D3、D4、D5、D6）配置差动保护（主保护）＋阶段式过流保护（后备保护），如图 5-35 所示。

该方案实现了主线开关与分支开关之间的快速保护，动作时间＜60ms；主线保护与分支保护有光纤连接，加强了保护之间的通讯。但需要在变电站与分支开关站之间铺设专用光纤；需要更换变电站现有的 10 千伏线路保护装置；三端差动保护装置相对复杂，不利于检修和维护；另外，主线保护在变电站内，由主网检修人员维护，而分支保护安装在户外，由配网检修人员维护，保护联调涉及多家单位，协调比较困难。

（4）光纤闭锁式过流保护，分支线断路器（D3、D4、D5、D6）配置过流保护，变电站出线断路器（D1、D2）配置两段式过流保护，其中一段过流保护（通过 GOOSE 信号与分支保护实现闭锁逻辑）作为变电站出线开关到分支开关之间线路的主保护，另一段过流保护作为后备保护。过流保护时限配合关系与方案 1 一致，如图 5-36 所示。

该方案实现了主线开关与分支开关之间的快速保护，动作时间＜60ms；主线保护与分

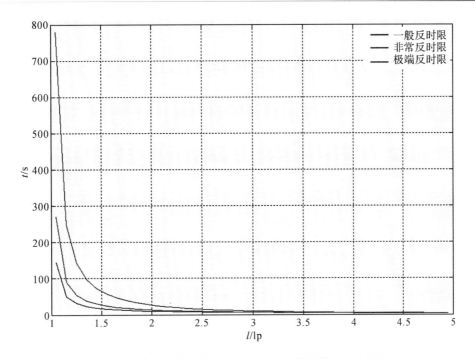

图 5-34 分路开关保护配置方案 2：反时限保护配合曲线图

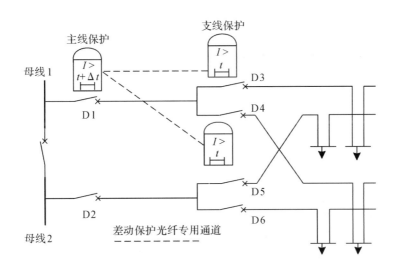

图 5-35 分路开关保护配置方案 3：光纤差动保护

支保护用光纤连接，加强了保护之间的通讯。但需要在变电站与分支开关站之间铺设专用光纤；需要改造变电站现有的 10 千伏线路保护装置，新增光纤保护信号接收模块；另外，主线保护在变电站内，由主网检修人员维护；而分支保护被安装在户外，由配网检修人员维护，保护联调涉及多家单位，协调比较困难。

**配变备自投**

配变的双向负荷开关具有自动投切功能，可实现在主备电源之间的自动切换。方式一和方式二分别对应 1♯进线和 2♯进线互为备用的两种动作方式，如图 5-37 所示。

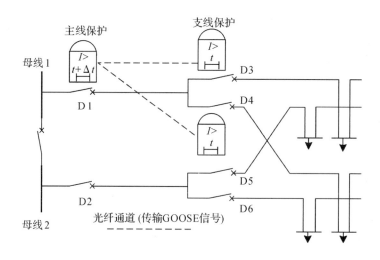

图 5-36　分路开关保护配置方案 4：光纤闭锁式过流保护

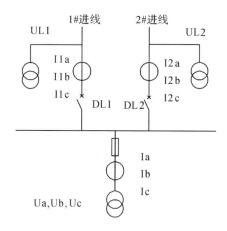

图 5-37　配变备自投

方式一：1♯进线电源为主供电源，2♯进线电源为备用电源，即 DL1 合位，DL2 分位。当 1♯进线电源因故障或其他原因失电，2♯进线备用电源有电，断开 1♯进线电源开关，自动投入 2♯进线电源开关。当 1♯进线电源恢复来电，又自动切换到 1♯进线电源。

方式二：2♯进线电源为主供电源，1♯进线电源为备用电源，即 DL2 合位，DL1 分位。当 2♯进线电源因故障或其他原因失电，1♯进线备用电源有电，断开 2♯进线电源开关，自动投入 1♯进线电源开关。当 2♯进线电源恢复来电，又自动切换到 2♯进线电源。

备自投装置含有的保护功能主要包括三段式过流保护，保护装置用于判断故障范围。当进线主电源失电前，保护装置判断故障点位于配电变压器或配电变压器与进线端，闭锁备自投动作。

**取电方式**

配变备自投、分支线保护可采用 PT 取电方式。PT 取电功率大，可靠性高，电源电压稳定，除配网装置外，还能够为开关的电动操作机构及通信设备提供电源，适合各种配电网场所，装置可实现通信、测控、保护等多种功能；与蓄电池或超级电容结合使用，可提供较长时间的持续电源。

装置可同时接纳交流、直流供电方式,主供电源来自供电 PT,后备电源采用蓄电池或者超级电容,主备电源间无缝切换。一旦交流电源中断,装置在无扰动情况下自动切换到后备电源供电方式;当主供电源恢复供电时,装置自动切回主供电源供电方式。电源切换过程中,装置可持续正常工作。

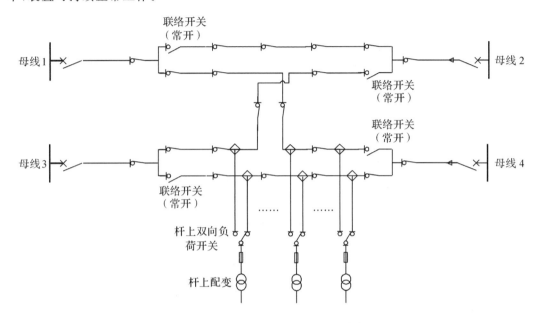

图 5-38　架空网"三双"接线模型[81]

**4. 方案描述**

如图 5-38 所示,架空线路主干网架采用四分段交叉联络接线,110 千伏变电站的每条10 千伏出线在负荷集中区经分路开关分为两支路,近期与来自同一变电站不同母线的分支线路自环,远景实现站间"手拉手"结构,任一条主干线均有来自三个不同方向的电源。主干线平行交错布置,更易于为用户提供双路电源供电,如果用户采用可即时切换的双电源接入,用户平均停电时间将大大缩短,供电可靠性得到提高。同时,适当增加主干线分段数,每段挂接负荷相应减少,可缩小单段线路故障的停电范围。

**5. 系统一次**

(1)主要设备选型

主干线采用截面为 240 平方毫米的架空绝缘线路,最大载流量按 400 安培考虑。分段开关和联络开关的额定电流按 630 安培设计。单台杆上变压器的容量一般不超过 400 千伏安。

变电站出线开关至分路开关之间的主干线不宜接入分支线。

每条主干线(从本侧 110 千伏站的 10 千伏出线断路器至常分点)的分段数不宜超过4 段。

(2)运行方式

如图 5-39 所示,架空网"三双"接线的一个标准单元由 4 条主干线组成,4 条主干线平行

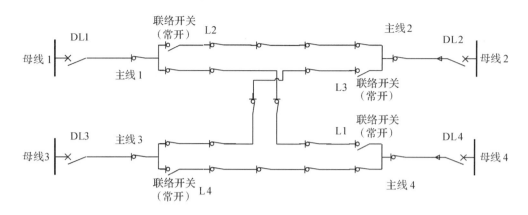

图 5-39　架空网"三双"接线的一个标准单元

交错布置,相互联络,开环运行。变电站出口断路器 DL1 至常分联络开关 L1 之间的线路定义为主线 1,主线 2~主线 4 的定义与此类似。

当主线 1 发生故障时,变电站出口断路器 DL1 跳闸,整条线路失电,其所供配变通过自动投切开关分别切换至主线 2 和主线 4 供电。待故障排除后,主线 1 恢复供电,配变切换回原线路供电。

当发生变电站全停故障时,母线 1、母线 3 同时失电,主线 1、主线 3 所供配变通过自动投切开关分别切换至主线 2 和主线 4 供电。待故障排除后,主线 1、主线 3 恢复供电,配变切换回原线路供电。

(3)供电能力

通过以上的运行方式分析可知,主干线路发生"N-1"、"N-2"故障时,配变通过自动投切开关切换至运行线路,由于自动投切开关动作之前无法判断线路的负载情况,因此为保证线路不发生过载,必须严格控制线路的负载率小于 50%。架空网"三双"接线主干线的最大载流量按 400 安培考虑,则每个标准单元的供电能力为 1.2 万千瓦。

(4)与上级电源的配合

考虑向 100 万千瓦的用电负荷供电,大约需要 84 个架空网"三双"标准单元,占用 336 个 10 千伏间隔。假定每个 110 千伏变电站的规模为 3×5 万千伏安,有 30 个 10 千伏间隔(预留一部分大用户专线间隔),则需要 110 千伏变电站 12 座,容载比可以达到 1.8 左右。由此可见,架空网"三双"接线的供电能力能够与上级高压电源的供电能力相匹配。

(二)"三双"接线的主要特点[81]

**1. 可靠性高**

由理论可靠性计算结果可知,扩展型电缆网"三双"接线的理论用户平均停电时间仅为 0.01428 小时/用户·年,供电可靠率可以达到 99.999%,与国内目前应用较为广泛的电缆双环网相比,可靠性水平明显提升。架空网"三双"接线的理论用户平均停电时间为 0.545 小时/用户·年,与目前应用较为广泛的多分段多联络接线相比,可靠性水平也得到明显提升。

**2. 模型标准化,易于扩展**

目前,国内配电网网架规划设计往往与负荷发展相脱节,负荷发展过程中网架结构变动较大,负荷切改频繁,造成投资浪费,并严重影响了供电可靠性水平的提高。"三双"接线采用标准化的配电网接线模式,每一个标准单元的供电能力相对固定,可根据远景饱和负荷预测进行配电网网架设计和高压变电站布点规划,并制订逐年实施方案。同时,接线模型的每一个标准单元结构相对独立,易于扩展,可根据当前负荷情况确定标准单元挂接的配变数量,并根据近期负荷预测提前进行网架的拓展和延伸,避免了负荷发展过程中频繁调整中压配电网网架结构,节约投资。

**3. 故障处理方式简单**

目前,国内配电网自动化大多采用主站集中控制的模式,自动化水平直接决定了故障停电时间。而配电网点多、量大、面广,集中控制系统处理的数据量大,使可靠性难以得到保证。"三双"接线采用就地方式将故障进行隔离,配变在主供电源故障时可自动切换至备用电源,并恢复供电,故障停电时间短,处理逻辑简单。主干线故障诊断和愈合的时间不会直接影响用户停电时间和供电可靠性,因此,该接线方式的可靠性水平对配电自动化的依赖程度较低。

# 第三节 国际国内供电安全性与供电可靠性标准

随着社会经济的迅速发展和人民生活水平的不断提高,地区的配电网对供电安全性和供电可靠性水平提出了更高的要求,如何以适度的投资满足用户可接受的供电安全性和供电可靠性要求,成为我国配电网面临的主要问题和技术难点。

英国是世界上最早研究供电安全判据的国家,早在 1968 年就颁布了第一个城市电网供电安全标准(Engineering recommendation P2/4 ER P2/4)。随着分布式电源的迅速发展,英国的能源网络联合会经过两年的咨询,于 2006 年 7 月 1 日颁布了新的供电安全标准 ER P2/6。四十多年来,英国的城市电网供电安全标准一直在电网的规划和设计中起着重要的指导作用,并逐渐由推荐性标准过渡为强制性标准,成为电力公司获得经营许可的首要条件。

而我国对于供电安全判据的研究起步较晚,直到 2006 年才修订完成并出版了《城市电力网规划设计导则》,该导则未能将供电安全性评价指标具体量化,即没有具体规定停运后供电的恢复时间和恢复容量,在电网的规划和评估中缺乏实际操作性。此外,导则对供电等级的划分也比较粗糙,高压配电网统一要求采用"N-1"安全准则[87];没有进行风险分析和成本效益研究,可能导致对较小负荷的供电安全性要求过高,对较大负荷的供电安全性要求过低,对小风险事件投资过大,而对某些大风险事件又不够重视,不利于提高城市电网的整体供电安全性。基于 2006 年《城市电力网规划设计导则》的不足,吸取英国 ER P2/6 的经验,国家能源局于 2012 年发布了《中华人民共和国电力行业标准》,该标准中包括《城市电网供电安全标准》与《供电系统用户供电可靠性评价规程》,对我国的城市电网供电安全与可靠性作了具体的定量的规定,成为电力系统规划的指导性文件。

本章节将从供电可靠性与供电安全性两方面对我国与英国相应标准进行比较,并进行细致和深入的分析;希望能汲取先进的理念和成熟的方法,并根据我国城市电网的实际情况,为我国城市电网供电安全标准的发展与完善提供理论依据和方法保障。

## 一、供电可靠性及其评价指标

供电可靠性（Reliability of power supply）是指运行条件下电网向负荷连续供电的能力。供电可靠性真实地反映了电力系统发电、输电和配电各环节对用户的供电能力；反映了电力工业对国民经济电能需求的满足程度。

### （一）我国电网供电可靠性的指标与规定[88]

早在 1985 年，我国就成立了水利电力部电力可靠性管理中心，专门从事供电可靠性管理工作。2006 年，更名为国家电力监管委员会电力可靠性管理中心，将可靠性管理工作正式纳入电力监管委员的监管体系，每年定期发布电网供电可靠性指标。

供电系统用户供电可靠性统计评价指标，按不同电压等级分别计算，并分为主要指标和参考指标两大类。

#### 1. 供电可靠性主要指标

在我国，广泛使用的供电可靠性指标与国际上普遍采用的供电可靠性指标稍有不同。根据 2012 年的《中华人民共和国电力行业标准》中的《供电系统用户供电可靠性评价规程》，通常统计和考察的主要指标有用户平均停电时间（$AIHC$）和供电可靠率（$RS$）等：

(1)供电可靠率：在统计期间内，对用户有效供电时间总小时数与统计期间小时数的比值，记作 $RS$-1。

$$供电可靠率 = \left(1 - \frac{用户平均停电时间}{统计期间时间}\right) \times 100\%$$

若不计外部影响，则记作 RS-2。

供电可靠率（不计外部影响）

$$= \left(1 - \frac{用户平均停电时间 - 用户平均受外部影响停电时间}{统计期间时间}\right) \times 100\%$$

若不计系统电源不足限电时，则记作 RS-3。

供电可靠率（不计系统电源不足限电）

$$= \left(1 - \frac{用户平均停电时间 - 用户平均限电停电时间}{统计期间时间}\right) \times 100\%$$

供电可靠率（$RS$-1）是计入所有对用户的停电后得出的，真实地反映了整个电力系统各环节对用户的供电能力；$RS$-3 则是扣除限电因素后的供电可靠率，直接反映了目前我国城市电网的现状和供电部门的综合管理水平，所以 $RS$-1、$RS$-3 是我国评价城市电网终端用户供电可靠性水平的关键指标。

(2)用户平均停电时间：用户在统计期间内的平均停电小时数，记作 $AIHC$-1（小时/户）。

$$用户平均停电时间 = \frac{\sum 用户每次停电时间}{总用户数}$$

$$= \frac{\sum (每次停电持续时间 \times 每次停电用户数)}{总用户数}$$

若不计外部影响时，则记作 $AIHC$-2（小时/户）。

用户平均停电时间（不计外部影响）＝ 用户平均停电时间 － 用户平均受外部影响停电

时间

用户平均受外部影响停电时间

$$= \frac{\sum(每次外部影响停电持续时间 \times 每次受其影响的停电户数)}{总用户数}$$

若不计系统电源不足限电时,则记作 $AIHC\text{-}3$(小时/户)。

用户平均停电时间(不计系统电源不足限电影响)

$=$ 用户平均停电时间 $-$ 用户平均限电停电时间用户平均限电停电时间

$$= \frac{\sum(每次限电停电持续时间 \times 每次限电停电户数)}{总用户数}$$

$AIHC\text{-}1$、$AIHC\text{-}3$ 分别与供电可靠率 $RS\text{-}1$、$RS\text{-}3$ 对应,所以也是评价配电网供电可靠性水平的关键指标。

(3)用户平均停电次数:用户在统计期间内的平均停电次数,记作 $AITC\text{-}1$(次/户)。

$$用户平均停电次数 = \frac{\sum 每次停电用户数}{总用户数}$$

若不计外部影响时,则记作 $AITC\text{-}2$(次/户)。

用户平均停电次数(不计外部影响)

$$= \frac{\sum 每次停电用户数 - \sum 每次受外部影响的停电用户数}{总用户数}$$

若不计系统电源不足限电时,则记作 $AITC\text{-}3$(次/户)。

用户平均停电次数(不计系统电源不足限电)

$$= \frac{\sum 每次停电用户数 - \sum 每次限电停电用户数}{总用户数}$$

(4)用户平均短时停电次数:用户在统计期间内的平均短时停电次数,记作 $ATITC$(次/户)。

$$用户平均短时停电次数 = \frac{\sum 每次短时停电用户数}{总用户数}$$

系统停电等效小时数:在统计期间内,因系统对用户停电的影响折(等效)成全系统(全部用户)停电的等效小时数,记作 $SIEH$(小时)。

$$系统停电等效小时数 = \frac{\sum(每次停电容量 \times 每次停电时间)}{系统供电总容量}$$

**2. 供电可靠性参考指标**

除上述主要指标以外,我国电力行业统计和考察的参考指标主要有用户平均预安排停电时间($AIHC\text{-}S$),用户平均预安排停电次数($ASTC$)和故障停电平均持续时间($MID\text{-}F$)等 20 余项,具体参见《供电系统用户供电可靠性评价规程》。

**(二)国外电网供电可靠性的指标与规定**[89-90]

国际上通用的供电可靠性主要评价指标(按使用频率由高到低排列)包括平均供电可用率指标($ASAI$)、系统平均停电持续时间指标($SAIDI$)、系统平均停电频率指标($SAIFI$)、用户平均停电持续时间指标($CAIDI$)和用户平均停电频率指标($CAIFI$)。

（1）*SAIDI*——单位时间内每个系统用户的平均停电持续时间，该指标相当于国内主要可靠性指标中的 *AIHC*-1。

*SAIDI*＝总的用户停电持续时间/总的系统用户数

有：

$$SAIDI = \frac{用户断电持续时间总和}{用户总数} = \frac{\sum U_i N_i}{\sum N_i} \tag{5-1}$$

（2）*SAIFI*——单位时间内每个系统用户的平均停电次数。

*SAIFI* ＝ 总的用户停电次数 / 总的系统用户数

有：

$$SAIFI = \frac{用户断电总次数}{用户总数} = \frac{\sum \lambda_i N_i}{\sum N_i} \tag{5-2}$$

（3）*CAIDI*——单位时间内每次停电用户经受的平均停电持续时间，满足 *CAIDI* ＝ *SAIDI* / *SAIFI*。

*CAIDI* ＝ 总的用户停电持续时间 / 总的用户停电次数

（4）*CAIFI*——单位时间内每个受停电影响的用户经受的平均停电次数。

*CAIFI* ＝ 总的用户停电次数 / 受停电影响的用户数

（5）*ASAI*——全部用户平均供电时间占全年时间的百分数，*ASAI* 相当于国内可靠性指标中的 *RS*-1，满足 *ASAI* ＝ 1 － *SAIDI*/8760。

有：

$$ASAI = \frac{用户用电小时数}{用户需电小时数} = \frac{N_总 \times 8760 - \sum U_i N_i}{N_总 \times 8760} \tag{5-3}$$

上述式中，$N_总$ 为系统中总用户数，$N_i$ 为故障时受影响的用户数，与平均年停运时间 $U_i$ 相对应；8760 为一年的小时数。

## 二、供电安全性及其评价指标

供电安全性（Security of power Supply）是指停运条件下，电网向负荷连续供电的能力。供电安全性需要靠元件冗余和容量裕度来保证。电网中的元件冗余度越大，运行中的容量裕度越大，停运后的响应时间越短，电网的供电安全性越高。

### （一）国外（英国）ER P2/6 供电安全标准[91-92]

国外大多数国家和地区都有比较完善的供电可靠性与安全性标准，其中既包括技术性标准又包括经济性标准，既有确定性标准又有概率性标准，为供电可靠性的科学管理与不断改善提供了基本保障。但除英国、新西兰等少数国家和地区外，大多数国家对供电安全判据的研究不够重视，目前仍没有形成独立的或正式的供电安全标准，仅采用"$N-1$"及"$N$-1-1"准则来衡量电网的供电安全性。因此本章节主要概述英国的供电安全及可靠性标准与规定。

英国是世界上研究供电安全性标准最早的国家，所以英国终端用户的供电安全性标准具有重要的参考价值。英国工程安全设计推荐标准 P2/5 始于 1978 年，并于 1979 年编写了指导 ER P2/5 应用的供电安全工程建议应用方法报告。同时完善了国家标准事故和停电报表。标准中，以区域负荷的大小与安全的关系来修正"$N$-1"理论，将最大容量设备故障后系统能提供的供电容量定为"可靠容量"。

近年来,英国、新西兰等发达国家逐渐采用"定量"指标代替"定性"指标,以电网故障后,一组用户或变电站的综合负荷所受到的影响作为衡量依据,包括停运后负荷的恢复时间和恢复容量。随着我国电网精细化管理进程的不断深入,供电安全性指标必然要像英国配网那样从"定性"指标过渡为"定量"指标,即包括以下三个基本要素:停运类型、停运后负荷的恢复时间和恢复容量。

**1. 英国配电网供电安全简介**

英国城市电网供电安全标准 ER P2/6 包括引言(Introduction)、推荐的供电安全水平(Recommended levels of security)、网络满足负荷需求的能力(Ability of a network to meet demand)、定义(definitions)和附录(appendix)五部分及两个表格;其中,第 1 个表给出了各供电等级应达到的最低供电安全水平,第 2 个表给出了负荷组中包含的发电机组对电网提供的有效出力。第 1 个表在城市电网规划、设计和运行中经常需要用到,第 2 个表则很少用到。因此 ER P2/6 标准的核心为表 1,其内容如表 5-4 所示。

**表 5-4　不同供电等级应达到的最低供电安全水平**

| 供电等级 | 组负荷的范围(兆瓦) | "N-1"停运后的供电能力 | "N-1-1"停运后的供电能力 |
|---|---|---|---|
| A | ≤1 | 维修完成后:恢复组负荷 | 不要求 |
| B | (1,12] | (a)3 小时内:恢复负荷≥(组负荷－1兆瓦);<br>(b)维修完成后:恢复组负荷 | 不要求 |
| C | (12,60] | (a)15 分钟内:恢复负荷≥min(组负荷－12 兆瓦,2/3 组负荷);<br>(b)3 小时内:恢复组负荷 | 不要求 |
| D | (60,300] | (a)即刻:恢复负荷≥[组负荷－20 兆瓦(自动断开)];<br>(b)3 小时内:恢复组负荷 | (a)3 小时内:对于组负荷大于100 兆瓦的负荷组,恢复负荷≥(组负荷－100 兆瓦,1/3 组负荷);<br>(b)在计划停运所需时间内:恢复组负荷 |
| E | (300,1500] | (a)即刻:恢复组负荷 | (c)瞬时:恢复 2/3 组负荷;<br>(d)在计划停运所需时间内:恢复组负荷 |
| F | >1500 | 根据输电网的相关要求 | |

表 5-4 对负荷组的供电安全性水平进行了明确地规定,考虑的停运类型包括"N-1"停运和"N-1-1"停运,要求负荷组的组负荷增加时,其停运后负荷的恢复时间相应缩短,恢复程度相应提高。这种具体量化的供电安全标准被越来越多的电力公司、专家学者所接受和采纳,成为各国修订或完善城市电网供电安全标准的重要参考依据。

**2. 英国配电网供电安全判据相关规定**

英国城市电网供电安全标准 ER P2/6 综合考虑了负荷组的供电等级、变压器常见容量系列、变电站典型设计、网络结构和电网自动化水平等因素,根据详细的经济性分析结果设定了合理的供电安全性水平,既保证了较高的供电可靠性,又有效地避免了投资不平衡的问题。ER P2/6 共包括四个与供电安全性密切相关的概念：供电等级、停运类型、恢复时间和恢复容量。

（1）供电等级

ER P2/6 根据组负荷的大小将负荷组划分为 A～F 六个等级，负荷越大，回路停运后的供电恢复时间越短，负荷恢复程度越高。具体划分依据如下（如图 5-40 和表 5-5 所示）。

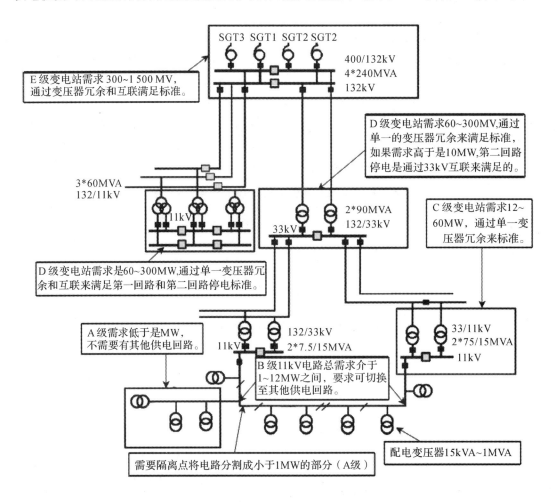

图 5-40 英国城市电网典型结构图

表 5-5 ER P2/6 供电等级的划分依据

| 供电等级 | 组负荷大小（兆瓦） | 电网中的组成部分 | 变压器容量系列（兆伏安） | 变压器数量（台） |
|---|---|---|---|---|
| A | ≤1 | 11 千伏线路上的一个分段 | 1,0.8,0.5,0.315,0.2,0.1,0.05,0.025,0.015 | 1～3 |
| B | (1,12] | 一条 11 千伏线路 | | |
| C | (12,60] | 一座 33/11 千伏变电站 | 38,24,20/40,15,12/24,10,7.5 | 2 |
| D | (60,300] | 一座 132/33 千伏变电站 | 120,90,60,45,30,15 | 2～3 |
| | | 一座 132/11 千伏变电站 | 60,45,30,15/30 | 3 |

| 供电等级 | 组负荷大小（兆瓦） | 电网中的组成部分 | 变压器容量系列（兆伏安） | 变压器数量（台） |
|---|---|---|---|---|
| E | (300,1500] | 一座 400/132 千伏变电站 | 460,240 | 3～4 |
| | | 一座 275/132 千伏变电站 | 240,180,120 | 3～4 |
| F | >1500 | 输电网 | | |

（2）停运类型

"N-1"停运与"N-1-1"停运概念，即"N-1"停运（Firsteireuitoutage）是指任一回路的故障停运或计划停运；"N-1-1"停运（Secondeireuitoutage）是指在一条回路计划停运的情况下，另一回路发生故障停运（不包括接连发生两次故障或同时发生双重故障的情况）。

对于每一个供电等级来说，"N-1"停运和"N-1-1"停运均可能包含多种情况，但最严重的"N-1-1"停运情况是：一个回路计划停运的情况下，另一个等同作用的回路再发生故障停运，例如某变电站的一条变压器回路（或一条进线）计划停运的情况下，该变电站的另一条变压器回路（或另一条进线）又故障停运。对于一个负荷组，如果其最严重的"N-1-1"停运情况能满足供电安全标准的要求，那么其他"N-1-1"停运情况均能满足要求，因此本文只讨论最严重的情况。

由表 5-6 可知，对于"N-1"停运情况，A1 和 B1 虽属于不同的供电等级，但描述的是同一停运状态，此外还有"B2 和 C1"、"（C1、C3）和 D1"、"D3 和 E1"描述的都是相同的停运状态；对于"N-1-1"停运情况，"（C4、C6）和 D4'"虽属于不同的供电等级，但描述的是同一停运状态，此外还有 D6 和 E4。

**表 5-6　"N-1"和"N-1-1"停运状态及其供电能力的详细说明**

| 供电等级 | 组负荷范围(MW) | 电网中的组成部分 | 电压等级 | "N-1"停运 | "N-1"停运后的供电能力（分状态） | "N-1"停运后的供电能力（综合） | "N-1-1"停运 | "N-1-1"停运后的供电能力（分状态） | "N-1-1"停运后的供电能力（综合） |
|---|---|---|---|---|---|---|---|---|---|
| A | ≤1 | 中压线路上的一个分段 | 11kV | (A1)分段内的一个元件故障停运或计划停运 | (a)维修完成后：恢复组负荷 | (a)维修完成后：恢复组负荷 | | | 不需要 |
| B | (1,12] | 一条中压线路 | 11kV | (B1)分段内的一个元件故障停运或计划停运 | (a)3 小时内：恢复负荷≥（组负荷-1MW）；(b)维修完成后：恢复组负荷。 | (a)3 小时内：恢复负荷≥（组负荷−1MW）；(b)维修完成后：恢复组负荷 | | | 不需要 |
| | | | | (B2)中压主干线上的开关、保护等设备故障停运或计划停运 | (a)3 小时内，恢复组负荷 | | | | |

续表

| 供电等级 | 组负荷范围（MW） | 电网中的组成部分 | 电压等级 | "N-1"停运 | "N-1"停运后的供电能力（分状态） | "N-1"停运后的供电能力（综合） | "N-1-1"停运 | "N-1-1"停运后的供电能力（分状态） | "N-1-1"停运后的供电能力（综合） |
|---|---|---|---|---|---|---|---|---|---|
| C | (12,60] | 一座33kV变电站 | 33kV | （C1）一条中压出线故障停运或计划停运 | (a)15分钟内：恢复负荷≥组负荷－12MW；(b)3小时内：恢复组负荷 | (a)15分钟内:恢复负荷≥min(组负荷－12MW,2/3组负荷);(b)3小时内:恢复组负荷。 | （C4）一条中压出线计划停运,另一条中压出线（与计划停运的出线站内手拉手）故障停运 | 不要求 | 不需要 |
| | | | | （C2）一条变压器回路故障停运或计划停运 | (a)15分钟内：恢复负荷≥2/3组负荷；(b)3小时内：恢复组负荷 | | （C5）一条变压器回路计划停运,另一条变压器回路故障停运 | 不要求 | |
| | | | | （C3）一条33kV进线故障停运或计划停运 | (a)15分钟内：恢复组负荷 | | （C6）一条33kV进线计划停运,另一条33kV进线故障停运 | 不要求 | |
| D | (60,300] | 一座132kV变电站 | 132kV | （D1）一条33kV(11kV)出线故障停运或计划停运 | (a)即刻:恢复负荷≥[组负荷－20MW的负荷（自动断开）];(b)15分钟（3小时）内:恢复组负荷 | (a)即刻:恢复负荷≥[组负荷－20MW的负荷（自动断开连接）];(b)3小时内:恢复组负荷 | （D4）一条11kV出线计划停运,另一条11kV出线（与计划停运的出线站内手拉手）故障停运;或一条33kV出线计划停运,另一条33kV出线（为故障停运） | 不要求 | (c)3小时内:对于组负荷大于100MW的负荷组,恢复负荷≥(组负荷－100MW,1/3组负荷);(d)恢复计划停运所需时间内:恢复组负荷 |
| | | | | （D2）一条变压器回路故障停运或计划停运 | (a)即刻:恢复组负荷 | | （D5）一条变压器回路计划停运,另一条变压器回路故障停运 | (c)3小时内:对于组负荷大于100MW的负荷组,恢复负荷≥(组负荷－100MW,1/3组负荷);(d)恢复计划停运所需时间内:恢复组负荷 | |
| | | | | （D3）一条132kV进线故障停运或计划停运 | (a)即刻:恢复组负荷 | | （D6）一条132kV进线计划停运,另一条132kV进线故障停运 | (b)即刻:恢复组负荷 | |

续表

| 供电等级 | 组负荷范围(MW) | 电网中的组成部分 | 电压等级 | "N-1"停运 | "N-1"停运后的供电力(分状态) | "N-1"停运后的供电能力(综合) | "N-1-1"停运 | "N-1-1"停运后的供电能力(分状态) | "N-1-1"停运后的供电能力(综合) |
|---|---|---|---|---|---|---|---|---|---|
| E | (300，1500] | 一座400kV(275kV)变电站 | 400kV(275kV) | (E1)一条132kV出线故 | (a)即刻：恢复组负荷 | (a)即刻：恢复组负荷 | (E4)一条132kV出线计划 | (b)即刻：恢复组负荷 | (b)即刻：恢复2/3组负荷；(c)恢复计划停运所需时间内：恢复组负荷 |
| | | | | (E2)一条变压器回路故障停运或计划停运 | (a)即刻：恢复组负荷 | | (E5)一条变压器回路计划停运，另一条变压器回路故障停运 | (b)即刻：恢复2/3组负荷；(c)恢复计划停运所需时间内：恢复组负荷 | |
| | | | | (E3)一条400kV(275kV)进线故障停运或计划停运 | (a)即刻：恢复组负荷 | | (E6)一条400kV(275kV)进线计划停运，另一条400kV(275kV)进线故障停运 | (b)即刻：恢复组负荷 | |

（3）恢复时间

为了避免投资的不平衡，ER P2/6 并不要求所有负荷组都严格地满足"N-1"或"N-1-1"安全准则，而是各供电等级差别对待、具体量化。ER P2/6 根据电网的自动化水平，将供电恢复时间划分为以下几个阶段，如表 5-7 所示。

表 5-7　ER P2/6 停运后供电恢复时间的设定依据

| 序号 | 恢复时间 | 划分依据 |
|---|---|---|
| 1 | 维修完成后 | 根据维修对象不同，时间从几小时到几天不等 |
| 2 | 3 小时 | 基于人工重构电网恢复供电所需要的时间 |
| 3 | 15 分钟 | 基于遥控重构电网恢复供电所需要的时间 |
| 4 | 即刻 | 完成自动切换所需要的时间，最长不超过 60 秒 |

（4）恢复容量

与供电恢复时间相似，在供电容量恢复程度方面，ER P2/6 对各级供电等级的负荷组也是差别对待、具体量化。主要划分为以下几种程度：

■组负荷－1 兆瓦

单台 11/0.4 千伏变压器的典型容量为 15 千伏安～1 兆伏安。相邻两个分段开关将多台 11/0.4 千伏变压器隔离成一个单元，每个单元的负荷约为 1 兆瓦。

1 兆瓦为中压线路上一个分段的最大负荷，"组负荷－1 兆瓦"表示一条中压线路的负荷减去停运分段的负荷。

■组负荷－12 兆瓦

一条 11 千伏线路的负荷约为 12 兆瓦。12 兆瓦为一条中压线路的最大负荷，"组负荷－12 兆瓦"表示一座 33/11 千伏变电站的总负荷减去一条中压线路的负荷。

■2/3 组负荷

对于 C 级负荷组,规划时通常按照:"N-1"安全准则来设计,即对于配置两台主变的变电站,正常运行的峰荷负载率一般不超过 50%(不考虑过载率)。随着负荷的增长,变电站逐渐无法满足"N-1"安全准则,但如果供电可靠性尚在用户允许范围内,可以不立即新建变电站,而是以年度为单位对新建变电站的经济性进行评估以确定适宜的投资时机。结果表明:对于英国城市电网中典型设计的变电站,当其正常运行时的峰荷负载率达到或接近 75%时,新建变电站的成本和收益相匹配。此时,如果发生"N-1"停运,遥控操作重构电网后至少可以恢复 2/3 的组负荷。另外,英国城市电网通常在夏季进行检修,夏季的典型负荷水平为年最大负荷的 2/3(典型负荷,即所评估的时段中,80%的时间,负荷在该值以下),所以 C 级负荷组在检修"N-1"停运情况下不损失负荷,在故障"N-1"停运情况下,损失部分负荷:15 分钟后,可以恢复 2/3 的组负荷;3 小时后,恢复全部组负荷。

同样,对于负荷较大的 E 级负荷,在"N-1-1"停运后,能即刻恢复 2/3 的组负荷就足以保证不损失负荷,不必严格要求其具有恢复全部组负荷的能力。

■组负荷-20 兆瓦

20 兆瓦为一条 33 千伏线路的最大负荷。"组负荷-20 兆瓦",表示一个 132/33 千伏变电站的总负荷减去一条 33 千伏线路的负荷。

■1/3 组负荷

随着组负荷的增大,负荷组的供电安全性水平也随之提高,要求在"N-1-1"停运情况下,也能在短时间内具有一定的供电恢复能力。

(5)供电安全水平与网络结构的关系

电网的供电安全水平需要通过有效的电网结构来保障,也就是说供电安全水平的差异主要表现为网络结构的不同,包括备用电源、备用元件、冗余容量、电网自动化水平等多个方面。ER P2/6 中,供电安全水平与网络结构的关系如表 5-8 所示。

表 5-8　ER P2/6 不同供电安全水平的网络结构

| 供电等级 | 网络结构 | | |
| --- | --- | --- | --- |
| | 备用电源 | 回路 | 切换方式 |
| A | 无 | 单回路 | 无 |
| B | 有 | 单回路 | 现场手动 |
| C | 有 | 双回路或多回路 | 遥控 |
| D | 有 | 双回路或多回路 | 自动 |
| E | 有 | 多回路 | 自动 |
| F | 按输电网的相关规定 | | |

**(二)我国早期(2006 年)供电安全水平相关规定**[87]

我国在 2006 年尚未颁布正式的电网供电安全标准,在《城市电力网规划设计导则》中对城市电网的供电安全水平有所规定。但此时的相关规定与英国的 ER P2/6 相比,在完整性和理论性方面尚有很大差距。

可参照 ER P2/6 表 1 的表达形式,将我国城市电网供电安全规定(2006 年)归纳见表 5-9:

表 5-9　我国城市电网供电安全规定

| 供电等级 | 电压等级（千伏） | "N-1"停运后的供电能力 | "N-1-1"停运后的供电能力 |
|---|---|---|---|
| A | 0.4 | 维修完成后:恢复组负荷 | 不要求 |
| B | 10 | 除故障段外不停电 | 规定的时间内:恢复组负荷 |
| C | 110 | 组负荷 | 规定的时间内:恢复组负荷 |
| D | 220 及以上 | 组负荷 | 两回路供电:不要求;<br>三回路供电:恢复<br>50%～70%的组负荷 |

**1. 我国配电网供电安全判据相关规定（2006 年）**

我国 2006 年城市电网供电安全规定考虑了负荷组的供电等级、变压器典型容量系列、变电站典型设计和网络结构等因素,根据大量的工程实践经验设定了推荐的供电安全性水平,为不断提高城市电网供电可靠性水平提供了基本保障。我国城市电网供电安全规定共包括三个与供电安全性密切相关的概念:供电等级、停运类型和停运后恢复容量。

（1）供电等级

我国 2006 年城市电网供电安全规定根据电压等级将负荷组划分为 A～D 四个等级,电压等级越高,停运后的负荷恢复程度越高,如表 5-10 所示。

表 5-10　我国城市电网供电等级划分依据

| 供电等级 | 电压等级（千伏） |
|---|---|
| A | 0.4 |
| B | 10 |
| C | 110 |
| D | 220 及以上 |

（2）停运类型

我国 2006 年配电网供电安全规定,所考虑的"N-1"停运情况以及"N-1-1"停运情况与 ER P2/6 基本相同。只是我国配电网供电安全规定采用电压等级来划分供电等级,一个停运状态只涉及一个供电等级,如表 5-11 所示。

表 5-11　"N-1"和"N-1-1"停运状态的详细说明（2006）

| 供电等级 | 电压等级（千伏） | "N-1"停运 | "N-1-1"停运（最严重情况） |
|---|---|---|---|
| A | 0.4 | (A1)低压配电网中一个元件故障停运或计划停运 | |
| B | 10 | (B1)分段内的一个元件故障停运或计划停运 | |
| | | (B2)中压主干线上的开关、保护等设备故障停运或计划停运 | |
| C | 110 | (C1)一条变压器回路故障停运或计划停运 | (C3)一条变压器回路计划停运,另一条变压器回路故障停运 |
| | | (C2)一条 110 千伏进线故障停运或计划停运 | (C4)一条 110 千伏进线计划停运,另一条 110 千伏进线（为同一座变电站供电）故障停运 |

续表

| 供电等级 | 电压等级（千伏） | "N-1"停运 | "N-1-1"停运（最严重情况） |
|---|---|---|---|
| D | 220 及以上 | （D1）一条变压器回路故障停运或计划停运 | （D3）一条变压器回路计划停运，另一条变压器回路故障停运 |
| | | （D2）一条进线故障停运或计划停运 | （D4）一条进线计划停运，另一条进线（为同一座变电站供电）故障停运 |

（3）恢复容量

我国 2006 年城市电网供电安全规定中所推荐的供电安全水平，大多是定性要求，即停运后是否允许损失负荷，这些定性要求是根据城市电网多年的运行经验或简单的经济性分析结果而设定的，如下表所示。其只对 D 级三回路供电的负荷组发生"N-1-1"停运后的供电恢复容量有比较模糊的量化规定"恢复 50%～70% 的组负荷"。

对于 D 级三回路供电的负荷组，如果能满足"N-1"停运后的恢复容量要求（恢复全部组负荷），即说明正常运行时的峰荷负载率不高于 67%（不考虑过载率），那么发生"N-1-1"停运后，可在电网重构后恢复 50% 的组负荷；考虑一定的过载率，即可以恢复 70% 左右的组负荷。

（4）供电安全水平与网络结构的关系

城市电网的供电安全水平需要通过有效的网络结构来保障，包括备用电源、备用元件、冗余容量、电网自动化水平等多个方面。我国 2006 年城市电网供电安全规定尚未对电网自动化水平进行规定，但对网络结构有如下要求，具体要求如表 5-12 所示。

表 5-12　我国城市电网供电安全水平与网络结构的关系（2006 年）

| 供电等级 | 电压等级（千伏） | 电网中的组成部分 | 网络结构 | |
|---|---|---|---|---|
| | | | 备用电源 | 回路 |
| A | 0.4 | 低压配电网 | 无 | 单回路 |
| B | 10 | 中压配电网 | 有 | 单回路 |
| C | 110 | 高压配电网 | 有 | 双回路或多回路 |
| D | 220 及以上 | 高压配电网 | 有 | 双回路或多回路 |

（三）我国城市电网供电安全标准（2012 年）[93]

由于我国 2006 年的城市电网供电安全规定有许多不足，为了满足安全生产的需要，更好地指导电力系统规划，我国借鉴英国城市电网供电安全标准 ER P2/6 于 2012 年制定了《城市电网供电安全标准》。

该标准结合我国城市电网的实际情况，参照 ER P2/5 的应用方法报告，应用大量的可靠性研究成果，研究中采用了故障统计和风险分析的方法，考虑了故障、风险与系统改造成本之间的关系以及损耗的影响。

**1. 我国城市电网供电安全标准（2012 年）简介**

我国城市电网供电安全标准包括引言、范围、规范性引用文件、术语和定义、电网供电能力评估方法、推荐的供电安全水平和附录（Appendix）七部分及两个表格；表 5-13 为我国城市电网的供电安全水平。

表 5-13 不同供电等级应达到的供电安全水平

| 供电等级 | 组负荷的范围(兆瓦) | "N-1"停运后的供电能力 | "N-1-1"停运后的供电能力 |
|---|---|---|---|
| A | ≤2 | 维修完成后:恢复组负荷 | 不要求 |
| B | (2,12] | (a)3 小时内:恢复负荷≥(组负荷－2 兆瓦);<br>(b)维修完成后:恢复组负荷 | 不要求 |
| C | (12,180] | (a)15 分钟内:恢复负荷≥min(组负荷－12 兆瓦,2/3 组负荷);<br>(b)3 小时内:恢复组负荷 | 不要求 |
| D | (180,600] | (a)即刻:恢复负荷≥[组负荷－60兆瓦(自动断开)];<br>(b)15 分钟内:恢复组负荷 | (a)3 小时内:对于组负荷大于 300 兆瓦的负荷组,恢复负荷≥(组负荷－300 兆瓦,1/3 组负荷);<br>(b)在计划停运所需时间内:恢复组负荷 |
| E | (600,2000] | 即刻:恢复组负荷 | (a)瞬时:恢复 2/3 组负荷;<br>(b)在计划停运所需时间内:恢复组负荷 |
| F | >2000 | 遵守 DL755-2001 | |

**2. 我国城市电网供电安全标准(2012 年)相关规定**

我国的城市电网供电安全标准(2012 年)参照英国 ER P2/6 标准,综合考虑了负荷组的供电等级、变压器常见容量系列、变电站典型设计、网络结构和电网自动化水平等因素。本节就 4 个与供电安全性密切相关的概念进行分析。

(1)供电等级

我国城市电网供电安全标准根据组负荷的大小将负荷组划分为 A~F 六个等级,负荷越大,回路停运后的供电恢复时间越短,负荷恢复程度越高。具体划分依据如表 5-14 和图 5-41 所示。

表 5-14 我国供电等级的划分依据

| 供电等级 | 组负荷大小(兆瓦) | 电网中的组成部分 | 变压器容量系列(兆伏安) | 变压器数量(台) |
|---|---|---|---|---|
| A | ≤2 | 10 千伏线路上的一个分段 | 0.05,0.1,0.2,0.315,0.4,0.5,0.63,0.8,1 | 1~3 |
| B | (2,12] | 一条 10 千伏线路 | | |
| C | (12,180] | 一座 110/10 千伏变电站 | 20,31.5,40,50,63 | 2~3 |
| D | (180,600] | 一座 220/110 千伏变电站 | 90,120,150,180,240 | 2~3 |
| D | (180,600] | 一座 220/110/35(10)千伏变电站 | 120,150,180,240 | 3 |
| E | (600,2000] | 一座 500/220 千伏变电站 | 750,1500 | 3~4 |
| F | >2000 | 输电网 | | |

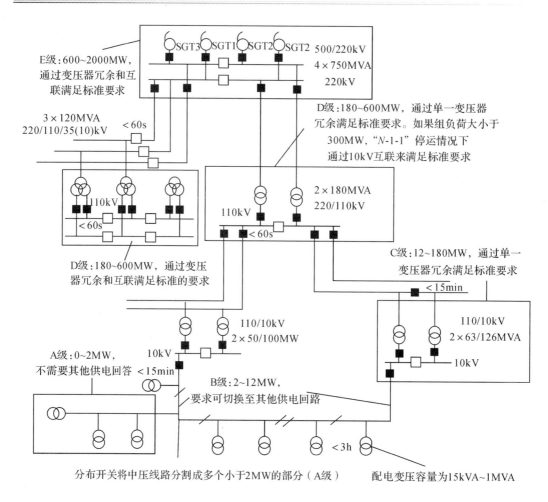

图 5-41　我国城市电网典型结构图

（2）停运类型

我国城市电网供电安全标准对各供电等级"N-1"和"N-1-1"停运状态及其供电能力的详细说明与英国 ER P2/6 基本相同,本节不作具体分析。

（3）恢复时间与恢复容量

我国城市电网供电安全标准根据电网的自动化水平,将供电恢复时间划分为以下几个阶段,如表 5-15 所示。

表 5-15　城市电网供电安全标准停运后供电恢复时间的设定依据

| 序号 | 恢复时间 | 划分依据 |
|---|---|---|
| 1 | 维修完成后 | 根据维修对象不同,时间从几小时到几天不等 |
| 2 | 3 小时 | 基于人工重构电网恢复供电所需要的时间 |
| 3 | 15 分钟 | 基于遥控重构电网恢复供电所需要的时间 |
| 4 | 即刻 | 完成自动切换所需要的时间,最长不超过 60 秒 |

与供电恢复时间相似,在供电容量恢复程度方面,我国城市电网供电安全标准对各级供电等级的负荷组也是差别对待、具体量化。主要划分为以下几种程度:

■组负荷－2兆瓦

单台10/0.4千伏变压器的典型容量为50千伏安～1兆伏安。组负荷为2兆瓦的分段是采用分布开关将中压线路分割而成的,一般有几台变压器组成。

"组负荷－2兆瓦"表示一条中压线路的负荷减去2兆瓦停运分段的负荷。

■组负荷－12兆瓦

一条10千伏线路的负荷约为12兆瓦,即12兆瓦为一条中压线路的最大负荷,"组负荷-12兆瓦"表示一座110/11千伏变电站的总负荷减去一条中压线路的负荷。

■组负荷－60兆瓦

60兆瓦为一条110千伏线路的最大负荷。"组负荷－60兆瓦",表示一个220/110千伏变电站的总负荷减去一条110千伏线路的负荷。

（4）供电安全水平与网络结构的关系

电网的供电安全水平需要通过有效的电网结构来保障,也就是说供电安全水平的差异主要表现为网络结构的不同,包括备用电源、备用元件、冗余容量、电网自动化水平等多个方面。依据我国2012年城市电网供电安全标准规定,供电安全水平与网络结构的关系与英国ER P2/6基本相同:

■ A 0～2兆瓦

"N-1"停运时,维修完成后恢复组负荷,此类负荷组不需要备用电源,系统的性能取决于故障维修时间的长短。

■ B 2～12兆瓦

"N-1"停运时,必须在3小时内恢复"组负荷－2兆瓦"。3小时是基于人工重构电网来恢复供电所需要的时间,通常指人工到现场完成手动操作所需要的时间,所以此类负荷组需要备用电源。未恢复的2兆瓦自动降级为A级负荷,维修完成后恢复即可。

■ C 12～180兆瓦

"N-1"停运时,必须在15分钟内恢复min(组负荷－12兆瓦,2/3组负荷)。15分钟不足以到现场去完成手动操作,是基于遥控重构电网恢复供电所需要的时间,所以需要双回路供电。

3小时内,恢复组负荷。基于人工重构电网恢复供电,即通过中压线路转供的方式来恢复其余未恢复的负荷。

■ D 180～600兆瓦

"N-1"停运时,要求即刻恢复供电,即要求双回路供电和备用电源自动投入。

■ E 600～2000兆瓦

"N-1"停运时,立即恢复供电。即要求双回路供电和备用电源自动投入。

"N-1-1"停运时,即刻恢复2/3组负荷。不但要求多回路供电和备用电源自动投入,还要求网络连通性强(通常成环形结构)、备用容量充足、自动操作迅速。

负荷组的供电安全水平与网络结构的关系可归纳为表5-16。

表 5-16　不同供电安全水平的网络结构

| 供电等级 | 网络结构 | | |
|---|---|---|---|
| | 备用电源 | 回路 | 切换方式 |
| A | 无 | 单回路 | 无 |
| B | 有 | 单回路 | 现场手动 |
| C | 有 | 双回路或多回路 | 遥控 |
| D | 有 | 双回路或多回路 | 自动 |
| E | 有 | 多回路 | 自动 |
| F | 按输电网的相关规定 | | |

**3. 我国 2012 年版城市电网供电安全标准与 ER P2/6 对比**

（1）法律地位

ER P2/6 是英国电网公司必须遵守的经营许可条款，由 Ofgem 负责监管，违反该规定将被吊销经营许可证，因此 ER P2/6 具有一定的法律效应，位于法律之下，国家及行业标准之上。英国城市电网的实际供电安全水平通常高于 ER P2/6 的推荐值。

我国目前的标准体系共分三层，从上到下依次为法律、国家及行业标准、企业标准。2012 年的城市电网供电安全标准属于国家及行业标准一层，虽然仍略低于 ER P2/6 的法律地位，但与 2006 年的城市电网供电安全规定（属于国家电网公司企业标准，即位于标准体系的第三层）相比，已有明显提升。

（2）负荷级别

相比于 2006 年城市电网供电安全规定直接采用"电压等级"作为供电等级的划分依据，我国 2012 年的城市电网供电安全标准与英国 ER P2/6 不直接采用"电压等级"，而是采用"组负荷大小"作为划分依据，使用起来更灵活。

我国 2012 年的城市电网供电安全标准与英国 ER P2/6 的负荷级别划分对比结果见表 5-17，负荷级别划分结果的不同，一方面是由于电压等级序列选取的差异性造成，另一方面是由于变电站主变容量选型的不同，这与电网的发展历程以及地域的差异性有很大关系。总的来说，我国负荷划分范围较大，而英国电网的 ER P2/6 对电网安全性的负荷划分更加精细，因此英国的标准对供电安全的描述更加准确。

中国与英国负荷级别划分对比如表 5-17 所示。

表 5-17　中国与英国负荷级别划分对比

| 负荷级别 | 英国 | 中国 |
|---|---|---|
| A | ≤1 | ≤2 |
| B | (1,12] | (2,12] |
| C | (12,60] | (12,180] |
| D | (60,300] | (180,600] |
| E | (300,1500] | (600,2000] |
| F | ＞1500 | ＞2000 |

（3）故障后负荷恢复情况

1）A 级负荷组

英国 ER P2/6 标准要求中压线路每个分段的负荷不大于 1 兆瓦，线路 N-1 时，1 兆瓦的组负荷在维修完成后恢复供电。我国供电安全标准要求每个分段的负荷不大于 2 兆瓦，低于英国 ER P2/6 标准。按照浙江省配电网典型供电模式的要求，根据负荷性质的不同，单回主干线路的分段数推荐为 3～6 段，除辐射式接线外，如果分段数大于 5 段，则每个分段的负荷也可以控制在 1 兆瓦以内。

2）B 级负荷组

我国和英国对于 B 级负荷组供电安全标准要求的本质是一致的，"当一段线路发生故障后"均要求非故障段负荷在基于人工手动操作重构电网所需时间内恢复供电，剩余故障段负荷则为 A 级，遵从抢修时间。由于我国与英国中压线路分段原则的不同，造成故障恢复负荷的大小存在一定差异，在我国只能手动操作恢复非故障段负荷，即负荷组减去 2 兆瓦，而英国则可恢复负荷组减去 1 兆瓦。

通过对比发现，我国对线路分段的建设标准与英国电网存在一定差异，单段线路所带负荷不同，从而导致线路故障段损失负荷不同。

3）C 级负荷组

我国标准和英国标准相比，由于电压等级和主变容量配置的不同，因此组负荷大小不同，但"N-1"故障时，恢复供电的负荷相对值以及恢复时间的要求是一致的。

4）D 级负荷组

我国标准和英国标准相比，由于电压等级和主变容量配置的不同，因此组负荷大小不同。负荷级别越高，电网停运影响范围则越大，造成的损失就越大。因此，负荷级别越高，对电网的供电安全性要求则越高。按照我国标准，"N-1"故障时，瞬时未恢复的负荷不大于 60 兆瓦，但要求在 15 分钟内恢复全部组负荷，按照浙江省配电网设计标准，恢复供电的时间可以达到更高要求。按照英国 ER P2/6 标准，"N-1"故障时，瞬时未恢复的负荷不大于 20 兆瓦，但恢复供电的时间要求比我国标准低，为 3 小时。

5）E 级负荷组

我国标准和英国标准相比，由于电压等级和主变容量配置的不同，因此 E 级组负荷大小不同。但"N-1"时均要求瞬时恢复组负荷，"N-1-1"时，恢复供电的负荷相对值以及恢复时间的要求是一致的。

6）F 级负荷组

对于英国电网：该级负荷组根据 ER P216 标准执行。对于我国供电安全标准，负荷组超过 2000 兆瓦，该级负荷组根据 DL 755—2001 相关要求执行。

（4）总结

通过对比发现，我国与英国供电安全标准直观上存在的差异主要体现在恢复负荷组的大小上。通过进一步分析发现我国在电网架构、发展阶段、管理模式等方面与英国均存在一定差异。首先是我国与英国电网建设模式存在差异。我国电网正处于大力发展建设时期，负荷发展空间很大，要求设备的容量裕度较高，对于我国城市电网来说，电网建设的最低要求是要满足 N-1 原则。而英国电网基本处于负荷的饱和期，设备的容量裕度较低，在进行电网建设改造时会反复对比建设投资与停电损失赔付等经济问题，在经济较合理的情况下允许部分负荷的损失。

另外，我国与英国供电可靠性管理模式也存在很大差异。英国高供电可靠性电价机制、赔付机制、可靠性目标绩效管理、激励机制等，均是英国供电安全标准得以存在的有利环境。

目标管理将被动管理转变为主动预防,很大程度上减少了无序检修停电。目前,我国供电企业的可靠性管理模式,更多以事故后分析统计汇总的管理模式为主。

**(四)国网公司配网供电安全标准及浙江配网供电安全现状分析**

根据《中华人民共和国电力行业标准》之《城市电网供电安全标准》规定:鉴于全国各地城市电网基础条件和发展水平不同,在执行此标准时,供电企业可以从实际情况出发,结合地区特点,确定具体的实施方案。

国家电网基于《城市电网供电安全标准》针对 110 千伏及以下的配电网发布了公司的配电网供电安全标准,针对不同地区的负荷密度与供电安全等级作了具体要求。表 5-18 为国家电网配电网供电安全标准与《城市电网供电安全标准》的对应部分,其中配电网供电安全标准的 1、2、3 与《城市电网供电安全标准》中的 A、B、C 一一对应。

表 5-18　配电网供电安全部分标准

| 供电等级 | 组负荷范围(兆瓦) | 对应范围 | 单一故障条件下组负荷的停电范围及恢复供电的时间要求 |
|---|---|---|---|
| 1 | ≤2 | 电压线路、配电变压器 | 维修完成后:恢复对组负荷的供电 |
| 2 | (2,12] | 中压线路 | (a)3 小时内:恢复负荷≥(组负荷－2 兆瓦);<br>(b)维修完成后:恢复对组负荷的供电 |
| 3 | (12,180] | 变电站 | (a)15 分钟内:恢复负荷≥min(组负荷－12 兆瓦,2/3 组负荷);<br>(b)3 小时内:恢复对组负荷的供电 |

**1. 第 1 级供电安全水平要求**

对于停电范围不大于 2 兆瓦的组负荷,允许故障修复后恢复供电,恢复供电的时间与故障修复时间相同。

该级停电故障主要涉及低压线路故障、配电变压器故障,或采用特殊安保设计(如分段及联络开关均采用断路器,且全线采用纵差保护等)的中压线路故障。停电范围仅限于低压线路,或配电变压器故障所影响的负荷,或特殊安保设计的中压线段,中压线路的其他线段不允许停电。

该级标准要求单台配电变压器所带的负荷不宜超过 2 兆瓦,则变压器发生故障时,损失的负荷不超过 2 兆瓦,变压器在故障修复后恢复供电即可。此外,采用特殊安保设计的中压分段上的负荷也不宜超过 2 兆瓦。

浙江省配电网目前尚无采用特殊安保设计的中压线路。根据《国网浙江省电力公司配电网典型供电模式技术规范》,10(20)千伏配变容量最大不超过 1000 千伏安,可以满足第一级供电安全标准。

**2. 第 2 级供电安全水平要求**

对于停电范围在 2～12 兆瓦的组负荷,其中不小于组负荷减 2 兆瓦的负荷应在 3 小时内恢复供电;余下的负荷允许故障修复后恢复供电,恢复供电的时间与故障修复时间相同。

停电故障主要涉及中压线路故障,停电范围仅限于故障线路上的负荷,而非故障段应在 3 小时内恢复供电,故障段所带负荷应小于 2 兆瓦,可在故障修复后恢复供电。

在满足《城市电网供电安全标准》(DL/T 256-2012)[94]的基础上,国网公司《配电网规划设计技术导则》对供电安全水平提出了差异化的要求。A+类供电区域的故障线路的非故障段应在 5 分钟内恢复供电,A 类供电区域在 15 分钟内恢复供电,B、C 类供电区域在 3 小时内恢复供电。对于 D、E 类供电区域,可因地制宜制定相应的供电安全标准,条件不具备的地区,故障停电后恢复供电时间可与故障修复时间相同。

该级标准要求中压线路应合理分段,每段上的负荷不宜超过 2 兆瓦,且线路之间应建立适当的联络。

根据《国网浙江省电力公司配电网典型供电模式技术规范》,中压架空线路除 D 类区域可采用辐射式接线之外,其余供区采用多分段单联络和多分段适度联络接线,主干线路选用截面为 185 平方毫米、240 平方毫米的架空绝缘线路,根据线路的热稳定极限,单条线路的供电能力分别为 3.44 兆瓦、4.09 兆瓦(负载率按 50% 控制),综合考虑线路的供电半径、负荷性质、可靠性要求和投资效益,每条线路分为 3～5 段,每个分段的负荷均小于 2 兆瓦。当线路发生单一故障时,故障段损失的负荷小于 2 兆瓦,在故障修复后恢复供电。A+、A 类供区配置馈线自动化或采用"三双"接线,均可使非故障段的恢复供电时间控制在 15 分钟以内。B、C 类供区采用人工倒闸操作的方式恢复非故障段供电,根据公司供电服务"十项承诺",供电抢修人员到现场的时间一般不超过:城区范围 45 分钟、农村地区 90 分钟、特殊边远地区 2 小时,再加上现场手动操作的时间,一般不超过 3 小时,可以满足第 2 级供电安全标准。

**3. 第 3 级供电安全水平要求**

对于停电范围在 12～180 兆瓦的组负荷,其中不小于组负荷减 2 兆瓦的负荷应在 3 小时内恢复供电;余下的负荷允许故障修复后恢复供电,恢复供电的时间与故障修复时间相同。

该级停电故障主要涉及变电站的高压进线和主变压器,停电范围仅限于故障变电站所带的负荷;其中大部分负荷应在 15 分钟内恢复供电,余下的负荷应在 3 小时内恢复供电。

A+、A 类供电区域故障变电站所带的负荷应在 15 分钟内恢复供电,B、C 类供电区域的故障变电站所带的负荷,其大部分负荷(不小于三分之二)应在 15 分钟内恢复供电,其余负荷应在 3 小时内恢复供电。

该级标准要求变电站的中压线路之间宜建立站间联络,变电站主变及高压线路可按 N-1 原则配置。

根据《浙江省电网规划设计技术原则》及 110 千伏变电站典型设计,110 千伏变电站一般配置 2 台 50 兆伏安主变,远景按 3 台 50 兆伏安主变考虑;110 千伏电气主接线采用内桥接线,远景采用内桥+线变组接线;10 千伏电气主接线采用单母线分段接线。110 千伏主变压器和高压进线按照 N-1 要求配置,发生单一故障时,负荷通过 10 千伏母线转移到非故障变压器和线路进行供电,恢复供电时间可控制在 15 分钟以内,满足第 3 级供电安全标准。实际运行中,若变压器或线路负载较重,无法满足负荷转供的要求,可以通过相互联络的中压线路转移部分负荷。

## 第四节　国内外配电网先进技术和配售电市场放开情况[95]

### 一、国外先进配电网技术

（一）国外配电网新兴技术

**1. 智能配电网**

世界上不同国家针对本国的能源和电网现状制定了不同的智能电网发展目标，其重心大部分都在配电侧。2001 年美国电科院（Electric power research institute，EPRI）启动的智能电网研究计划，致力于开发智能电网架构，目标是未来的电网及其设备间通信与信息交换。2004 年，其完成了集成能源及通信系统体系结构研究；2005 年发布的成果中包含了 EPRI 称为"分布式自治实时架构（DART）"的自动化系统架构。2008 年 9 月发布的《欧洲未来电网发展策略》提出了欧洲智能电网的发展重点和路线图。优先关注的重点领域包括：优化电网的运行和使用；优化电网基础设施；大规模间歇性电源接入；信息和通信技术；主动配电网；电力市场和能效（通过虚拟电厂提高能源利用效率）。

在智能配电网中，配电自动化（DA）改为高级配电自动化（ADA）。如图 5-42 所示，ADA 包括高级配电运行（Advanced distribution operation）和高级配电管理（Advanced distribution management）两方面的技术内容。ADA 是配电网革命性的管理与控制方法，是电能进行智能化分配的技术核心，是智能配电网中的配电自动化。

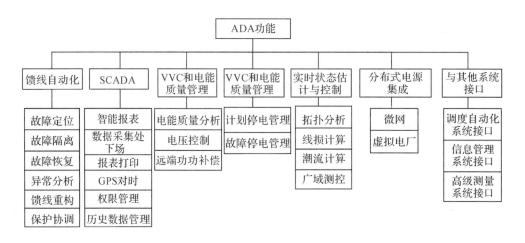

图 5-42　ADA 主要功能

**2. 微电网**

微电网从系统观点看问题，将发电机、负荷、储能装置及控制装置等结合，形成一个单一可控的单元，同时向用户供给电能和热能。微电网中的电源多为微电源，亦即含有电力电子界面的小型机组（小于 100 千瓦），包括微型燃气轮机、燃料电池、光伏电池以及超级电容飞轮蓄电池等储能装置。它们接在用户侧，具有低成本、低电压、低污染等特点。

(1)美国微电网的研究

美国 CERTS 提出的微电网主要由基于电力电子技术且容量小于等于 500 千瓦的小型微电源与负荷构成,并引入了基于电力电子技术的控制方法。

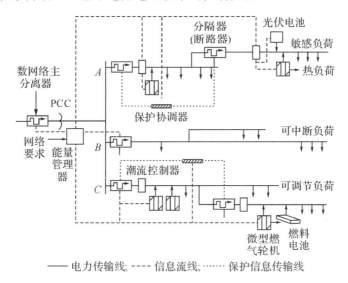

—— 电力传输线；---- 信息流线；…… 保护信息传输线

图 5-43　美国微电网基本结构

图 5-43 展示了光伏发电、微型燃气轮机和燃料电池等微电源形式,其中一些接在热力用户附近,为当地提供热源。微电网中配置能量管理器和潮流控制器,前者可实现对整个微电网的综合分析控制,而后者可实现对微电源的就地控制。当负荷变化时,潮流控制器根据本地频率和电压信息进行潮流调节,当地微电源相应增加或减少其功率输出以保持功率平衡。

(2)日本微电网研究

日本立足于国内能源日益紧缺、负荷日益增长的现实背景,也展开了微电网研究,但其发展目标主要定位于能源供给多样化、减少污染、满足用户的个性化电力需求。

对于微电网的定义,日本三菱公司将微电网从规模上分为 3 类,具体如表 5-19 所示。

表 5-19　日本三菱公司对微电网的分类

| 类型 | 发电容量/兆瓦 | 燃料 | 应用场合 | 市场规模(个) |
|---|---|---|---|---|
| 大规模 | 1000 | 石油或煤 | 工业区 | 10～20 |
| 中规模 | 100 | 石油或煤、可再生能源 | 工业园 | 100 |
| 小规模 | 10 | 可再生能源 | 小型区域电网、住宅楼和偏远地区 | 3000 |

基于上述框架,目前日本已在其国内建立了多个微电网工程。此外,日本学者还提出了灵活可靠性和智能能量系统,并将该系统作为其微电网的重要实现形式之一。

(3)能源互联网

美国著名学者杰里米·里夫金在其新著《第三次工业革命》一书中,提出了能源互联网的概念:以新能源技术和信息技术的深入结合为特征的一种新的能源利用体系,即"能源互联网(Energy internet)"即将出现。而以能源互联网为核心的第三次工业革命将给人类社会的经济发展模式与生活方式带来深远影响。

由于能源领域的变革对于工业与社会发展具有决定性影响,一些主要发达国家的政府已开始关注和重点推动能源互联网的发展。2012 年 5 月 29 日,欧盟在布鲁塞尔召开了题为"成长任务:欧洲领导第三次工业革命"的会议,欧盟理事会副主席 Antonio Tajani 在会上明确提出"第三次工业革命将围绕能源互联网展开"。在美国,国家科学基金会(National science foundation)支持建立了 FREEDM(Future renewable electric energy delivery and Management)研究中心,目的是研发可以实现分布式设备即插即用的下一代电力系统,并以此作为能源互联网的原型。德国已经率先提出了"E-Energy"计划,力图打造新型能源网络,在整个能源供应体系中实现数字化互联及计算机控制和监测,如表 5-20 所示。

表 5-20　德国 E-Energy 技术创新促进计划

| 项目名称 | 项目地点 | 项目目的 |
| --- | --- | --- |
| eTelligence 项目 | 库克斯港 | 利用价格杠杆进行自动控制,重点对象为生产型企业和地方用电大户 |
| RegModHarz 项目 | 哈茨 | 对可再生能源发电与抽水蓄能水电站进行协调调度,使其目标效果达到最优 |
| E-DeMa 项目 | 莱茵-鲁尔 | 加强消费者与电力系统之间的互动,消费者也可以作为小型电力供应商发挥更积极的作用 |
| Smart W@TTS 项目 | 亚琛 | 营建完全自由零售市场 |
| MOMA 项目 | 莱茵-内卡 | 采用开源软件 OGEMA 直接控制次日价格的提示与家电供电 |
| MEREGIO 项目 | 斯图加特 | 利用智能电表及各种 ICT 技术,在很大程度上实现对电力生产、电网负荷、电力消耗的自动调节,以达到有效控制二氧化碳减排的效果 |

(4)交直流混合配电网

近些年,柔性直流技术已经在输电领域得到了快速的发展。根据所搜集到的工程信息统计,1997—2011 年国内外已投运柔性直流输电工程约 15 个,总容量约 2460 兆瓦;而 2012—2015 年在建工程约 16 个,总容量约 11885 兆瓦。而为了将高压直流电送入用户,往往需要采用高压大容量变流器对其进行电能变换,并转换为高压交流电后进行配电。若直接采用直流技术进行配电,则可以省去大容量的 DC/AC 变换设备及工频变压器等。因此,迫切需要研究与高压直流输电技术相配套的低压直流配电技术。

未来园区型配电交直流混合配电网以其强大的经济和技术优势具有巨大的发展前景。目前,一些国家已经纷纷开展了相关研究,如表 5-21 所示。

表 5-21　交直流混合配电网发展情况

| 项目名称 | 研究机构 | 技术特征 |
| --- | --- | --- |
| SBN | 美国弗吉尼亚理工大学 CPES 中心 | 两个电压等级的直流母线分别给不同等级的负载供电;交直流配电分层连接 |
| FREEDM | 美国北卡罗来纳大学 | 有 DC400V 直流母线和 AC120V 交流母线;采用智能能量管理装置 IEM;建立开放标准的分布式电网操作系统 |
| 双极结构的交直流配电系统 | 日本大阪大学 | 双向整流器变换为直流电压;电源均通过 DC—DC 变换器连接到直流母线 |

| 项目名称 | 研究机构 | 技术特征 |
|---|---|---|
| 智能微电网研究中心 | 韩国明知大学 | 计划于2007年至2012年建立起交直流配电系统；重点研究直流电分配、功率变换技术和控制及通信技术三方面 |

### （二）国外配电网供电模式

#### 1. 电压等级

随着工业化程度的不断提高,世界上工业发达国家相继建立起各自不尽相同的电压等级,目前发达国家部分城市电网电压等级的情况如下:法国巴黎400/225/20/0.4千伏,罗马380/150(120)/20/0.4千伏,美国纽约345/138/25(33)千伏,英国伦敦400/225/132/22/0.4千伏,新加坡230/66/22/6.6千伏,日本东京500/275/154/66/22/6.6千伏,德国柏林380/220/110/30/10/6千伏,韩国首尔765/345/154/22.9/0.4千伏。很多国家由于现有电压等级过多过密,设计上显得十分繁杂,针对上述弊端,各国都在致力于改造现有电网,减少电压等级,提高各级配电电压,采用优化电压等级及标准化、系列化设备等。目前国际电工委员会确定的标准电压为:3.3/6.3/10/22/33/63/77/110/154/187/220/275/500千伏。

世界上部分工业国家的现行电压等级及改造方向如表5-22所示。

**表5-22　世界上部分工业国家的现行电压等级及改造方向**

| 国家（地区） | 现有主要电压制（千伏） | 拟改造的新电压制（千伏） |
|---|---|---|
| 英国 | 400/275/132/66/33/11/0.415 | 400/132/33/0.415 |
| 法国 | 380/225/150/90/63/20/5/0.38 | 380/225/63/20/0.38 |
| 日本 | 500/275/77/66/22/6.6/3.3/0.2 | 500/275/66/22/0.2 |
| 德国 | 380/220/110/60/25/5/0.4<br>380/220/110/60/25/10/5/0.4<br>380/220/110/60/25/6/0.4 | 380/110/10(20)/0.4 |
| 美国 | 765/345/138/69/34.5/23/12.5/4.16/0.2<br>500/230/138/69/34.5/23/12.5/4.16/0.2<br>345/230/115/69/34.5/23/12.5/4.16/0.2 | 765/345/138/34.5/23/0.2<br>500/230/69/12.5/0.2 |

#### 2. 配电网接线方式

选取新加坡、日本、德国和我国香港等地的典型配电网接线方式为例,对国内外发达城市较先进的配电网典型供电模式进行简要说明。新加坡新能源电网在80年代开始采用花瓣状环形配电网供电,经过多年的实践经验,花瓣状环形配电网设计有效地缩短了停电时间以及减少了停电频率。日本东京地区以500千伏为主网架,以环网建设、开环运行的275千伏为高压送电网,以66千伏为高压配电网,以6.6千伏(22千伏)为中压配电网,以100伏(200伏)为低压配电网的坚强的网架结构。22千伏采用单侧或双侧电源双回T形接线或三电源点对点(SNW)接线,6.6千伏采用三分段四连接,这样具有高可靠性和高效性。德国的中压配电网主要是采用环型/网孔型的接线模式,低压配电网主要是采用环网接线(开环运行)和放射形接线模式。在柏林,380千伏的电网是最高的互联等级。110千伏配电系统分层布置,由7个分网组成。柏林西部的110千伏环网通过110/10千伏枢纽变电站向外供电。而柏林东部则为串型布置,由3条或更多的架空线路向外送电。柏林东西部的中压电网均为开环结构。我国香港港灯电网主要采用环形接线,互相联络,互为备用。

典型配电网接线方式如表 5-23 所示。

表 5-23　典型配电网接线方式

| 国家(地区) | | 接线方式 |
|---|---|---|
| 新加坡 | | 花瓣状环形配电网设计 |
| 日本东京 | | 22 千伏采用单侧或双侧电源双回 T 形接线或三电源点对点(SNW)接线,6.6 千伏采用三分段四连接 |
| 德国柏林 | 西部 | 110 千伏环网通过 110/10 千伏枢纽变电站向外供电 |
| | 东部 | 串型布置,由 3 条或更多的架空线路向外送电 |
| 中国香港 | | 环形接线,互相联络,互为备用 |

## 二、国内外配售电市场放开情况

### (一)国外配售电市场放开情况

开放售电侧市场、赋予用户自由选择权,是电力市场化改革的核心内容之一。韩国、日本、英国、德国、美国德州、澳大利亚等国家和地区在近几十年来陆续进行相关配售电侧市场改革。通过总结其经验教训,为我国深化电力体制改革、进一步在售电侧引入竞争,提供有益的借鉴。各国配售电市场改革历程如表 5-24 所示。

表 5-24　各国配售电市场改革历程

| 国家 | 改革历程 |
|---|---|
| 日本 | 2000 年日本开始电力市场化改革;2004 年日本允许超过 6 千伏的客户自由选择其售电商;2005 年日本允许小型工厂、小型大楼等客户选择其零售商;2007 年日本开放居民客户零售市场 |
| 英国 | 1990 年英国拆分中央发电局,建立发电侧市场;2001—2005 年建立双边交易为主的电力交易制度;2010 年为适应新能源的发展提出新的改革方案 |
| 美国德州 | 德州电力改革始于德州 7 号法案,其规定了不同的售电主体的认定、资质管理和支付售电公司费用方法;规定了价格管制双轨制及天然气决定售电价格 |
| 澳大利亚 | 1998 年澳大利亚建立国家电力市场,以实现厂网分离、输配分开、竞价上网和售电市场自由化为目标进行改革。目前已实现发电端竞价上网、售电端竞争供电的格局 |
| 法国 | 2000 年,输电业务与法国电力公司其他业务分离;2001 年底建立电力交易所,市场主体自愿参与集中竞价;2005 年输电分公司成为法国电力公司的全资子公司 |
| 德国 | 1998 年,发布电力市场管制的行业协会分析报告;1998 年 4 月,德国开启电力市场自由化改革,拆分垂直垄断的能源供应商,实现了厂网分开、输配分离、配售分开、自由交易、能源转型 |

### 1. 典型国家售电侧市场放开情况

日本、英国、美国德州、澳大利亚等国家和地区在近几十年来陆续进行相关配售电侧市场改革。通过放开售电侧市场,引入多元化竞争机制,打破了一家或多家垄断的电力市场现状,为实现用户自主选择、构建具有价格自我调节能力的经济化竞卖市场提供了可能性,表 5-25 为典型国家售电侧市场放开基本情况的总结。

表 5-25　典型国家售电侧市场放开基本情况总结

| 国家 | | 法国 | 英国 | 日本 |
|---|---|---|---|---|
| 电力行业结构重组模式 | | 维持垂直一体化公司下引入独立发电公司和独立售电公司 | 输电独立,发、配、售电逐步合并 | 维持垂直一体化公司下引入独立发电公司和独立售电公司 |
| 售电市场结构 | | 发输配售垂直一体化公司 EDF 占 82.4%;配售一体化公司占 4.3%;独立售电公司占 13.3% | 六大发配售一体化公司占 88%;在家庭用户市场中,独立售电公司占 44.9%。 | 十大一体化电力公司占 97%;独立售电公司(PPS)占 2.11% |
| 营销业务 | 抄表、计费、收费 | 主要由发输配售一体化公司和配售一体化公司提供 | 三种方式:一是配电公司;二是独立售电公司;三是第三方公司 | 主要由十大电力公司提供 |
| | 业扩报装、计量、事故抢修等供电服务 | 主要由发输配售一体化公司和配售一体化公司提供 | 主要由拥有用户表计等资产的公司(配电公司或独立售电公司)提供 | 主要由十大电力公司提供 |
| | 增值服务 | 所有从事售电业务公司 | 所有从事售电业务公司 | 所有从事售电业务公司 |

通过对以上几个国家和地区电力体制改革的经验教训进行总结,为我国深化电力体制改革、进一步在售电侧引入竞争,提供有益的借鉴。

(1) 坚持先行立法、逐步放开售电市场

各国在推行电力市场化改革时,都修改或制定了电力工业的相关法律法规,如表 5-26 所示。通过法律规定,明确了改革的总体进程和具体步骤,保证了改革计划的顺利实施。

基本都按照电压等级和用电容量,分阶段、逐步放开用户选择权,同时构建独立售电主体。第一阶段放开用户的市场份额基本在 30% 以内,见表 5-27。

表 5-26　各个国家和地区颁布的涉及电力改革的相关法律

| 国家 | 法律名称/颁布时间 |
|---|---|
| 日本 | 《电力公共事业法》/1995 年 |
| 法国 | 《关于公共电力服务现代化和发展法》/2000 年<br>《电力法》/2004 年 |
| 英国 | 《电力法》/1989 年<br>《公共事业法》/2000 年<br>《能源法》/2004 年 |
| 美国 | 《7 号法案》/1999 年 |
| 德国 | 《电力和天然气自由化法》/1998 年<br>《能源工业法案 2005》/2005 年 |

表 5-27　各国放开用户选择权的具体进程

| 国家 | 用户放开的过程（时间、条件、市场份额） | | |
| --- | --- | --- | --- |
| | 第一阶段 | 第二阶段 | 第三阶段 |
| 日本 | 2000 年 3 月 | 2004 年 4 月 | 2005 年 4 月 |
| | 20 千伏、2000 千瓦以上（30%） | 500 千瓦以上（40%） | 50 千瓦以上（63%） |
| 英国 | 1990 年 | 1994 年 | 1999 年 5 月 |
| | 1000 千瓦以上（30%） | 100 千瓦以上（50%） | 全部用户（100%） |
| 韩国 | 2000 年 3 月 | 2004 年 4 月 | 2005 年 4 月 |
| | 20 千伏、2000 千瓦以上（30%） | 500 千瓦以上（40%） | 50 千瓦以上（63%） |
| 澳大利亚 | 1993 年 | 1994 年 | |
| | 50 兆瓦以下 | 全部用户（100%） | |

（2）改革初期仅在发电、售电侧引入竞争

日本、英国、韩国、法国在维持发输配售垂直一体化结构不变的情况下，在售电侧引入竞争，允许独立的售电主体从事售电业务。在售电侧引入竞争之前，韩国和英国还率先在发电侧引入竞争。但他们在改革过程中都始终保持着对输电过程的控制，同时也采取将输电公司从发、售电利益体系中剥离，以保证其公平性。

（3）售电公司具有一定实力

售电公司的发展呈现两个主要趋势：一是随着市场发展，在市场初期存在的较多小经纪人公司逐渐被具有一定资本规模、实力较强的公司（如燃气公司等）吞并；二是发电公司与售电公司的大规模并购重组成为市场发展趋势，发售一体化公司占据了主要的市场份额。如英国六大发售一体化公司售电市场份额达到 87% 以上；日本则要求 PPS 公司必须具有自己的发电能力，这在一定程度上提高了售电公司的门槛。

（4）建立电力批发市场、双边交易等多种途径实现电力交易

售电公司购买电力一般有三种途径。一是与发电公司签订双边交易合同；二是参加电力批发市场；三是向其他售电公司购买电力。售电公司参与批发市场是售电公司购买电力的一个重要途径。从这几个国家的情况来看，趸卖市场的建设促进了售电侧市场的放开，后者也促进了趸卖市场的发展。所有国家都允许售电公司从批发市场买电，一些国家也允许大用户参与批发市场交易。

（5）制定较为完善的电价体系（见表 5-28）

各国在放开售电侧市场之前，都制定了独立的输配电价体系，或已明确了输配电价的定价机制，为电网向所有第三方无歧视放开奠定了价格基础。日本的输配电价和用户的输配电价与用户的位置没有关系，只与用户接网的电压等级和容量有关。英国输配电价采用了体现位置信号的定价方法，将用户分成不同区域，不同区域价格不同，同一区域内、相同电压等级的用户输配电价相同。美国德州的电价采用双轨制，基准价格制定只与天然气的价格有关。法国按边际成本理论制定了一套完整的电价体系，分为绿色电价（大工业用户）、黄色电价（中小工业和商业用户）和蓝色电价（民用）3 种。

表 5-28　典型国家电价体系

| 国家 | 电价体系 |
|------|----------|
| 日本 | 电价套餐,鼓励错峰 |
| 美国德州 | 阶梯电价,双轨制 |
| 英国 | 根据区域、电压等级定价 |
| 法国 | 根据边际成本理论分类定价 |

（6）售电侧放开并没有给存续售电公司产生较大竞争压力

新的售电公司进入市场后必然与存续售电公司展开竞争,但由于续存售电公司的体量以及用户黏性等原因,新的售电公司在大多数国家并没有给存续售电公司带来较大压力。下面的数据可以说明:法国电力公司(EDF)售电市场份额达 82.4%,独立售电公司所占市场份额仅为 13.3%;只有 7.4% 非居民用户和 5.4% 居民用户更换了供电商;日本十大电力公司所占市场份额达 93.9%,独立售电公司(PPS)的市场份额仅为 6.1%;英国六大售电公司所占市场份额达到 87%;而在美国德州,新的售电公司与存续售电公司采用同样的营销策略,形成了"合谋垄断"。分析其原因,主要是各国存续售电公司拥有大量输配电资产,即使开放的售电侧市场,因其硬件条件上的优势及其多年发展的结果,其市场份额受市场竞争影响仍较小。

**3. 国外配售电市场营销模式**

随着电力市场改革的不断深化,尽管电力工业是一项基础产业,供电企业也必须按照市场经济规律来调整自己的营销模式,采用先进的营销理念和提供优质的服务来提升自己的核心竞争力,形成自己独特的竞争优势。由于国外电力改革已开始多年,其在优质化服务和差异化服务方面更加先进,也更具特色。

（1）先进的营销理念

1）需求侧管理理念

市场营销可以看作是为了发挥商品的更大价值,卖方采取的手段。电能也是一种商品,但是有其特殊性。我国电力行业很长时间内处于垄断和计划经济模式,电力营销也没有太大的作用,营销部门只需按计划即可。而国外电力企业在多年以前已经引入需求侧管理(DSM)理念促使电网企业与用户加强沟通,有助于树立电网企业的良好形象。

国外开展 DSM 较早,经验丰富,可为我国 DSM 和电力营销工作提供参考。美国是最早实施 DSM 的国家,部分州采用电费附加的方式解决 DSM 资金问题;欧洲非常重视需求侧管理和能效工作,在机制、政策方面,做了许多细致的工作;需求侧管理被作为一种解决澳大利亚部分地区负荷特性转变的方案,主要对象是居民用户;日本的能源利用效率很高,精细化和可操作性强是其 DSM 工作的重要特点。其中以美国和澳大利亚的研究成果最具代表性。

（a）美国 DSM 研究现状

美国是最早实施 DSM 的国家,相继出台了《公共电力公司管制法》和《国家节约能源法》等法规。开展的 DSM 工作有:①信息推广;②制定、实施价格政策和激励措施;③推广和安装节能产品;④提供 DSM 技术支持;⑤为 DSM 项目提供资金或补贴。实施 DSM 的效果喜人,削减峰荷 0.4%～1.4%(2000 年数据),平均成本为 \$0.03/千瓦时,仅为新建电厂成本的 1/3～1/2(2008 年数据)。美国的 DSM 管理模式可以分为政府管理型、电力公司管理型、第三方机构管理型和混合型四种模式。能效项目其工作的亮点,包括工业电机驱动系统项目、工业非电机能效项目、变压器项目、丧失机会的制冷制热项目、丧失机会的商业照明项目、新商业建筑项目、制冷制热和照明设备改造项目以及居民照明和电器项目。经过约40年的发展,美国在以下三个方面的成果很有借鉴性:①解决了DSM的资金问题。例如加州和俄勒冈州都是通过在电费中加收一定比例(2%～3%)的费用,用于支持开展DSM。②重视标准的统一。此举有利于规范市场,促进技术更新。③做好示范工程。示范工程不仅是衡量技术可行性的平台,更是向公众展示DSM效果的窗口。

(b)澳大利亚DSM研究现状

需求侧管理在制定温室气体标准和电力市场规划设计过程中发挥了作用,并能降低用电成本,提高电网经济型,但是其同样面临诸如可再生能源的不确定性等带来的可靠性问题。澳大利亚多个典型能源利用项目采用DSM均取得了较好的效果,见表5-29。

表5-29 澳大利亚典型能源利用项目

| 项目名称 | 项目简称 | 实施地区 | 参与对象 | 实施方式 | 处罚方式 |
|---|---|---|---|---|---|
| 新南威尔士温室气体减排计划 | GGRS | 新南威尔士和澳大利亚首都直辖区 | 电力零售商 | 购买新南威尔士州温室气体减排许可证(NGACs),可交易 | 每吨 $CO_2$ 当量 15.60 澳元 |
| 维多利亚能效目标计划 | VEET | 维多利亚州 | 电力和天然气零售商 | 创建维多利亚节能证书(VEECs),可交易 | 每吨 $CO_2$ 当量 40 澳元 |
| 南澳大利亚住宅能效计划 | REES | 南澳大利亚州 | 所有电力和天然气持牌零售商 | 累计信用度,可交易 | 短缺处罚 |

2)客户忠诚度理念

1965年,最早提出客户满意度的学者卡道佐(Cardozo)将客户满意度的概念引进营销领域,认为客户满意度可以促进客户的再次购买。随着研究的深入,越来越多的学者将研究重心转移到如何提高客户满意度与客户忠诚度上。大量案例表明,有效的客户占有,建立起长期的客户忠诚,才能为企业带来更大更稳定的利润。艾略特·艾登伯格以客户忠诚度为目标,提出4R理论,如图5-44所示。

4R理论的最大特点是以竞争为导向,在新的层次上概括了营销的新框架,根据市场不断成熟和竞争日趋激烈的形势,着眼于企业与客户的互动与双赢,不仅积极地适应客户的需求,而且主动地创造需求,运用优化和系统的思想去整合营销,通过关联、关系、反应等形式与客户形成独特的关系,把企业与客户联系在一起,形成竞争优势。

随着电力市场改革的深入,国外电力企业已将客户忠诚度理论应用于实际的营销过程中。英国电网公司、法国电力公司、奥地利能源中心和香港中华电力在市场营销方面都把"客户至上"作为营销工作的原则,把客户的满意率作为检验市场营销工作的指标,作为检验市场营销工作的原则,确保客户的忠诚度。由于欧洲电力将配电网分离出来,实行电力联营市场,将电力作为一种商品进行出售。为适应越来越激烈的竞争,电力公司对客户忠诚度的维护和提升如同普通商品客户,通过价格调控及丰富的服务内容来获得更多的用户,从而获得更多的利润。所以电力客户忠诚在发达国家体现的是积极的一面,消费者对于长时间购买的产品具有依赖性,并且不容易改变,就如许多知名品牌均具有属于自己的忠诚客户群体。

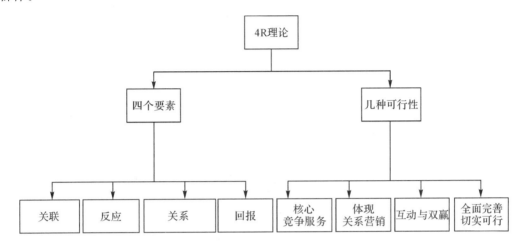

图 5-44　4R 理论要素及可行性

(2)优质配电服务

1)个性化服务

很多发达国家的电力公司针对不同客户的供电需求和服务要求,采取了个性化服务手段提高自身服务水平和服务质量,从而提升了行业竞争力。

日本电力公司对于不同级别的客户采用了不同的服务策略,针对大客户主要的服务方案是:为客户提供各种电价方案和电气设备方案的优化组合方案;针对用户的具体需求设计相应的服务,以提升服务质量。针对零售侧市场已经开放的情况,日本电力公司还结合自身优势,为客户提供了多种特色服务,主要包括蓄热托管服务、电费付款通知、抄表服务、能源诊断、协助编制节能法规和室内配电诊断等。随着日本电力市场化改革进程的推进和零售市场的不断开放,东京电力公司预计客户对以能源管理和设备维护等为中心的服务需求会大量增加。

韩国电力公司为了更好地体现客户价值,对不同类型客户制定了不同的服务措施。为减轻个体户创业初期经济压力,目前电力合同中约定支付定金的额定功率由 5 千瓦改为 20 千瓦;同时,对于经济困难的居民,在冬季每月免费用电功率从 220 瓦提高到 660 瓦。针对体育馆、游乐园、水上乐园等娱乐场所的客户资产电力设施进行特巡特检,减少由此带来的公共影响;公司建立了智能手机充值 APP,提高用户支付便利性,目前使用用户达 903 万户。

2)差异化服务

国外配电网注重供电品质的差异化,其根据不同的用户以及不同的用户需求来指定不同的供电策略和供电品质。

新加坡能源电网公司(Singapore Power)根据用户的不同重要程度进行分级,规范了不同等级用户的典型接线模式。不仅如此,其配网变电站的土建主要由用户承担,配电室的设计和建设结合建筑设施共同建设。由用户提供土建,一般由新能源公司出电气布置图,设计平面布置及设备选型均标准化,用户在建筑一层预留设备安装位置,新能源提供电气设备并负责安装。电气资产归新能源公司,土建归用户所有。

法国电力公司(EDF)则根据区域和用户的不同,指定不同的供电方案和标准。其面对日益严峻的环境约束和质量要求差异的矛盾,提出以下对策:合同规定适于绝大多数用户要求的基本质量水平;针对某些用户特殊需要的专用质量改进措施目标。而对于用户与公司间的协调则依据以下原则:用户提供高于基本标准的质量;保证公司资金最佳使用的经济优化原则。某些情况下,法国电力公司可给予某一客户或一组客户所提供的供电安全水平需要超过通用标准的要求。这往往是由于客户提出要求更高的供电可靠性。在这种情况下,如果客户和供电企业能就提高供电可靠性所需的成本达成一致,则可以通过专门的设计和安排以满足客户的需要。

### (三)国内配售电市场放开试点情况

#### 1. 深圳市输配电价改革

在2014年11月,国家发改委下发了《关于深圳市开展输配电价改革试点的通知》和《深圳市输配电价改革试点方案》,标志着深圳市作为试点开展电力市场改革工作的开始。依照通知要求,国家直接核定深圳市的电网输配电价,电力公司的盈利模式由原来的获取购销差价变更为收取过网费用。

#### 2. 大用户直接交易演变历程

我国的电力市场改革从2002年起步,并逐步地推进和深化,大用户直接交易作为改革的目标之一,经历了早期的试点,2015年国务院关于进一步深化电力体制改革的若干意见中再次提及"引导市场主体开展多方直接交易"。

我国早期正式批准的大用户直接交易试点,分别是吉林与广东。吉林和广东的试点改变了原有的电力交易机制,出台了较为规范的实施方案与交易规则,可供进一步深化电力市场化改革借鉴。

参与试点的大用户,近期暂定于用电电压等级110千伏(66千伏)及以上、符合国家产业政策的大型工业用户。参与试点的发电企业,近期暂定为2004年及以后新投产、符合国家基本建设审批程序并取得发电业务许可证的火力发电企业(含核电)和水力发电企业。其中,火力发电企业为单机容量300兆瓦及以上的企业,水力发电企业为单机容量100兆瓦及以上的企业。由国家统一分配电量的跨省(区)供电项目暂不参与试点。

交易结算方式,在各方自愿协商基础上,可由大用户分别与发电企业和电网企业进行结算,也可由电网企业分别与大用户和发电企业进行结算。具体结算方式由大用户、电网企业、发电企业在合同中约定。

在浙江省大用户直接交易开展工作方面,为积极推进电力供求双方直接交易,进一步完善电价形成机制,促进浙江经济加快结构调整和转型升级,浙江省经信委于2014年11月1日下发《浙江省电力用户与发电企业直接交易试点实施方案(试行)》。方案核定了直接交易试点企业的准入条件,确定了交易电量规模、组织方式以及电价机制,并确定了参与首批试点的用电企业及发电企业名单。

# 第五节 浙江省智能配电网建设概况

## 一、智能配电网概述

### (一)智能电网概述[96]

美国电科院 EPRI 在 2000 年前后提出了"智能电网"的未来电网发展概念。智能电网研究计划致力于开发智能电网架构,目标是为未来的电网建立一个全面、开放的技术体系,支持电网及其设备间的通信与信息交换。其提出的智能电网可由多个自动化的输电和配电系统构成,以协调、有效和可靠的方式运作,快速响应电力市场和企业需求;能利用现代通信技术,实现实时、安全和灵活的信息流,为用户提供可靠、经济的电力服务;具有快速诊断、消除故障的自愈功能。

目前对国内建设智能电网主要基于以下特征:

(1)集成新能源、新材料、新设备和先进的信息技术、电网控制技术,实现电力在发、输、配、用过程中的数字化管理、智能化决策、互动化交易,优化资源配置,充分满足用户对电力的需求,确保电力供应的安全、可靠和经济,满足环保约束,适应电力市场化发展。

(2)一个完全自动化的供电网络,网络的每一个用户和节点都得到实时监控,发电厂到用户的电力流和信息流双向流动。市场交易实时进行,电网上各成员之间的无缝连接和实时互动。

(3)利用传感器对发电、输电、配电等关键设备的运行状态进行实时监控,把获得的数据通过网络系统进行收集、整合,通过对数据的分析和挖掘,达到对整个电力系统运行的优化管理。

(4)在开放的系统和共享的信息模式的基础上,通过电子终端在用户之间、用户和电网公司之间形成网络互动和即时连接,实现电力、电信、电视、远程家电控制和电池集成充电等多用途开发。

(5)互动电网可以整合系统中的数据,优化电网管理,将电网提升为互动运转的全新模式,形成电网全新的服务功能,提高电网的可靠性、可用性和综合效率。

### (二)智能配电网的概念

#### 1. 智能配电网的定义

智能配电网(Smart distribution grid)是以配电网高级自动化技术为基础,通过应用和融合先进的测量和传感技术、控制技术、计算机和网络技术、信息与通信等技术,利用智能化的开关设备、配电终端设备,在坚强电网架构和双向通信网络的物理支持以及各种集成高级应用功能的可视化软件支持下,允许可再生能源和分布式发电单元的大量接入和微网运行,鼓励各类不同电力用户积极参与电网互动,以实现配电网在正常运行状态下完善的监测、保护、控制、优化和非正常运行状态下的自愈控制,最终为电力用户提供安全、可靠、优质、经济、环保的电力供应和其他附加服务。

要保证智能配电网安全、可靠、经济地运行和向用户供电,不仅需要有电力网络和通信网络的物理支持,还需要有各种集成高级应用功能的软件支持。从网架结构上来讲,智能配电网应该具有可靠而灵活的分层、分布局的拓扑结构,满足配电系统运行控制、故障处理、系统通信的要求;从运行控制上来讲,智能配电网应该既具有正常运行时实时可靠地系统监视、隐患预测、智能调节、优化运行的能力,又具有系统非正常运行时的预防校正、紧急恢复、检修维护控制能力;从通信上来讲,智能配电网应该具有建立在开放的通信架构和统一的技术标准基础之上的高速、双向、集成的通信网络设施,以实现电力流、信息流、业务流的一体化;从软件组成上来讲,智能配电网应该是基于 UNIX、Windows NT 平台的完整系统,高度集成 SCADA、PAS、DA、GIS、DMS,既满足配电系统安全运行的要求,又满足各类用户方便使用的要求[97]。

智能配电网主要结构包括主站系统、子站系统、通信系统、配电远方终端,结构图如图5-45 所示,通过对配电网各个环节、模块和设备的智能化,同时结合地理信息系统 GIS 应用,实现正常情况下配电网与电力系统各个环节的协调和优化运行以及故障情况下的快速定位、隔离、恢复、负荷转移等功能,从而为用户提供优质可靠的电能,为电力企业提供便捷、高效的管理平台和途径,进而实现电力企业管理者、电力用户、系统运行操作的协调和统一。

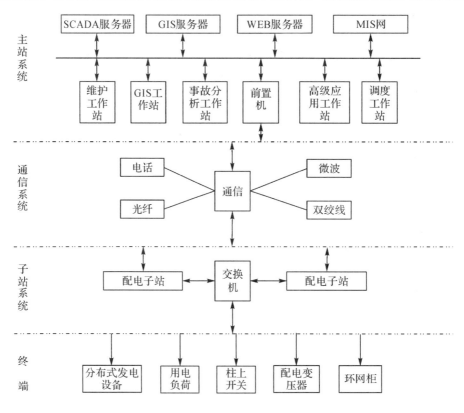

图 5-45  智能配电网的结构

### 2. 智能配电网的特征[98]

智能配电网不是传统配电网的提高和改进,而是将各种配电新技术进行有机的结合,使系统的性能出现革命性的变化。区别于传统配电网,智能配电网具备以下特征:

(1)自愈能力。自愈是指智能配电网能够及时检测出已发生或正在发生的故障并进行相应的纠正性操作,使其不影响对用户的正常供电或将其影响降至最小。自愈主要是解决

"供电不间断"的问题,是对供电可靠性概念的发展,其内涵要大于供电可靠性。

(2)具有更高的安全性。智能配电网能够很好地抵御战争攻击、恐怖袭击与自然灾害的破坏,避免出现大面积停电;能够将外部破坏限制在一定范围内,保障重要用户的正常供电。

(3)提供更高的电能质量。智能配电网实时监测并控制电能质量,使电压有效值和波形符合用户的要求,即能够保证用户设备的正常运行并且不影响其使用寿命。

(4)支持分布式发电的大量接入。这是智能配电网区别于传统配电网的重要特征。在智能配电网里,不再像传统电网那样,被动地硬性限制分布式发电接入点与容量,而是从有利于可再生能源足额上网、节省整体投资出发,积极地接入分布式发电并发挥其作用。通过保护控制的自适应以及系统接口的标准化,支持分布式发电的"即插即用"。通过分布式发电的优化调度,实现对各种能源的优化利用。

(5)支持与用户互动。与用户互动也是智能配电网区别于传统配电网的重要特征之一。主要体现在两个方面:一是应用智能电表,实行分时电价、动态实时电价,让用户自行选择用电时段,在节省电费的同时,为降低电网高峰负荷做贡献;二是允许并积极创造条件让拥有分布式发电(包括电动汽车)的用户在用电高峰时向电网送电。

(6)对配电网及其设备进行可视化管理。智能配电网全面采集配电网及其设备的实时运行数据以及电能质量扰动、故障停电等数据,为运行人员提供高级的图形界面,使其能够全面掌握电网及其设备的运行状态,克服目前配电网因"盲管"造成的反应速度慢、效率低下问题。对电网运行状态进行在线诊断与风险分析,为运行人员进行调度决策提供技术支持。

(7)更高的资产利用率。智能配电网实时监测电网设备温度、绝缘水平、安全裕度等,在保证安全的前提下增加传输功率,提高系统容量利用率;通过对潮流分布的优化,减少线损,进一步提高运行效率;在线监测并诊断设计的运行状态,实施状态检修,以延长设备使用寿命。

(8)配电管理与用电管理的信息化。智能配电网将配电网实时运行与离线管理数据高度融合、深度集成,实现设备管理、检修管理、停电管理以及用电管理的信息化。

(三)智能配电网的发展现状

**1. 国内外智能配电网的发展现状**

世界上不同国家针对本国的能源和电网现状制定了不同的智能电网发展目标,其重心大部分都在配电侧。美国侧重于对已有落后的电网基础设施进行改造升级、建设现代化电力系统,并注重需求侧管理和可再生能源的大力应用;欧洲则侧重推广分布式发电,其智能电网技术研究主要包括电网资产、电网运行和控制、需求侧和计量、发电和电能存储4个方面;日本将构建以应对新能源为主的智能电网,进行可再生能源与电力系统相融合、高可靠性系统技术等智能电网研究。中国提出建设国际领先、自主创新、中国特色的"坚强智能电网",包含电力系统的发电、输电、变电、配电、用电和调度共6个环节,具有信息化、自动化、数字化、互动化的智能技术特征[97]。

在智能电网建设方面,美国EPRI已经创建了智能电网的体系结构并在配电和用户侧的智能化研究方面取得了较多的成果。2008年,美国提出了发展智能电网产业的策略,随后在《复苏计划尺度报告》中宣布,将铺设或更新3000英里输电线路,并为4000万美国家庭安装智能电表。同时,美国还有很多知名公司也积极倡导并参与到智能电网的研发和建设中。IBM的"智能电网"解决方案涵盖了完整、规范的数据采集,基于IP协议的实时数据传输,应用服务无缝集成,完整、结构化的数据分析,有针对性的信息展现等 5 个层次。谷歌也宣布了一个与太平洋煤气电力公司的测试合作项目。

欧盟在 2006 年推出了研究报告,全面阐述了智能电网的发展理念和思路。通过于 2005 年成立的欧洲智能电网论坛,欧盟已发表 3 份报告:《欧洲未来电网的愿景和策略》重点研究了未来欧洲电网的愿景和需求;《战略性研究议程》主要关注优先研究的内容;《欧洲未来电网发展策略》提出了欧洲智能电网的发展重点和路线图。

日本东京电力公司的电网被认为是世界上唯一接近于智能电网的系统。通过光纤通信网络,它正在逐步实现对系统范围内 6 千伏中压馈线的实时量测和自动控制。为了配合智能电网建设,日本政府于 2009 年公布了包括推动普及可再生资源、次世代汽车等政策在内的政府发展战略原案。

我国的智能电网系统性研究虽然开展的稍晚,但在智能电网相关技术领域开展了大量的研究和实践。2007 年,华东电网公司启动了高级调度中心、统一信息平台等智能电网试点工程。此外,华北电网公司也于 2008 年启动了数字电表等用户侧的智能电网相关实践。2009 年,国家电网公司公布了"智能电网"的发展计划,制定了我国"智能电网"的战略目标,其目标为坚强化和智能化,为我国智能电网的发展奠定了基础。

智能配电网是统一坚强智能电网的重要组成部分,关系到我国电网的智能化是否能够顺利实现。目前,虽然我国在大力推进和实施配电自动化项目,但由于我国各地区配电设备水平、配电自动化水平参差不齐,部分地区配电网架相对薄弱,不能解决大量的可再生能源接入对电网影响的问题,还远未达到智能配电网所要求的鼓励用户参与电网互动、支持新型混合动力电动汽车、支持需求侧管理,还不能够做到配电网优化运行、自愈控制。配电网自愈控制关键技术、可再生能源发电的政策和市场运行问题也有待于进一步研究。因此,加快配电网的智能化工作,建设坚强智能配电网,已经显得刻不容缓[99]。

**2. 国内智能配电网的实施情况**

智能配电网的建设是一个循序渐进的过程,要有一个科学的长远规划,而在建设的早期阶段打好基础最为关键。我国智能配电网实施过程中存在的主要问题体现在以下 5 个方面。

(1)信息有效集成方面

信息的有效集成是智能化的前提,需要解决配电网通信系统的全覆盖,在部分涉及智能分布式处理的区域要具有双向对等通信能力;由于智能配电网的通信系统不可避免地采用多种通信方式,其网络安全问题特别是采用公共通信网络的信息安全问题需要解决;配电信息模型的一致性验证技术是保证配电网信息交互与共享的关键;配电网基础信息准确完备是保证配电网信息可用性的基础。

在中国,目前存在配电网通信组网困难,公网通信的网络安全问题无有效解决方案,配电信息模型不统一、缺少一致性与互操作的验证工具以及配电网基础信息不准确、不完备等方面的问题。

(2)电网可靠自愈方面

配电网一次网架具有 N-1 及以上的供电能力是实施自愈的网架基础;配电网一次设备具有满足自动化的基本条件,包括电动操作机构、互感器以及相应的电源配置;配电自动化系统本身的实用化程度是实施自愈的自动化系统基础。

在中国,目前存在配电网一次网架基础薄弱、配电网一次设备缺少传感器与电动操作机构及配电自动化实用化程度不高等基础性问题。

（3）供需灵活互动方面

供需灵活互动的市场基础是要建立电力市场的互动交易规则,这是激励各交易主体方的互动积极性的政策和市场保证;配用电互动的能源服务技术体系的建立则是供需灵活互动的技术保证。

在中国,目前存在缺少电力市场的互动交易机制、零售市场尚未能够开放等机制问题,需要电力体制改革的深入进行方能解决;另外,技术上还缺少能源服务技术体系、相关产品以及标准。

（4）新能源兼容接入方面

新能源兼容接入的推广应用,首先需要新能源及大规模储能技术具有好的性价比;另外,配电网本身的接纳能力需要提高,需要从规划、运行以及自动化和保护技术等多方面的技术改进与创新。

在中国,目前新能源及大规模储能产品价格昂贵,电网的接纳能力亟待建设与改进。

（5）决策优化高效方面

决策优化高效的管理基础是需要建立跨部门横向集成以及纵向贯通、完备电网企业信息系统,同时,要建立电力系统以外的公共部门（如银行、气象、政府机关等）的信息共享;技术上需要建立企业级的多能源互补的优化决策模型。

在中国,目前电网企业信息系统有很大的进步,但是信息的有效性以及跨部门、跨行业的信息交互机制尚未建立起来;多能源互补的优化决策模型和机制缺乏成熟的应用。

当前,在世界范围内智能配电网的研究与建设都还处于起步阶段,一些发展较好的国家或地区也大多仅完成了智能表计的铺设。准确把握智能电网技术的发展方向有利于提高中国电力工业的自主创新能力与技术装备水平。

## 二、智能配电网建设的相关技术研究

本章针对智能配电网发展的几个关键技术进行研究,分析其当前的研究状况以及研究过程中遇到的问题。

### （一）智能配电网的关键技术研究[98]

为了保证配电网安全、可靠、经济的运行和向用户供电,智能配电网是以实时方式就地或远方、分布或集中对电网进行数据收集、控制和调节及事故处理,不仅需要有电力网络和通信网络的物理支持,还需要有集成各种高级应用功能的软件支持,因此智能配电网是集现代各种电力新技术于一体的配电系统,具体内容主要有以下几个方面。

（1）配电数据采集与监控技术。采用光纤、无线与载波等组网技术,构成一个覆盖配电网中所有节点（控制中心、变电站、分段开关、用户端口等）,支持各种配电终端与系统"上网"的广域 IP 通信网。支持多种通信方式,具有强大的通信处理功能,它将彻底解决配电网的通信瓶颈问题,实现电力流、信息流、业务流的统一。

（2）先进的保护控制技术。一个基于同步信息的广域保护和紧急控制一体化理论与技术,包括广域保护、自适应保护、配电系统快速模拟仿真、网络重构等技术。

（3）高级配电自动化（AMA）。配电自动化的主要技术内容包括配电运行自动化（数据采集与监控、变电所综合自动化、馈线自动化）、配电管理自动化（设备管理、检修管理、停电管理、规划设计管理等）以及用户自动化（自动抄表、客户信息管理）。ADA 是传统配电自动化（DA）的发展，也可认为是智能配电网中的配电自动化。ADA 的新内容主要支持 DER 的"即插即用"，它采用 IP 技术，强调系统接口、数据模型与通信服务的标准化与开放性。

（4）客户信息系统（CIS）。又称用电管理系统，对用户及其用电信息进行计算机管理。

（5）高级量测体系（AMA）。高级量测体系是一个使用智能电表通过多种通信介质，按需或以设定的方式测量、收集并分析用户用电数据的系统，AMA 是支持用户互动的关键技术，是传统 AMR 技术的新发展，属于用户自动化的内容。

（6）分布式发电并网技术。包括分布式发电在配电网的"即插即用"、优化调度以及微电网三部分技术内容。分布式发电的"即插即用"包括分布式发电高度渗透的配电网的规划建设、分布式发电并网保护控制与调度管理、系统与设备接口的标准化等；优化调度指将分散安装的分布式发电进行统一调度，以达到优化分布式发电的利用，提高供电的可靠性；微电网是指接有分布式电源的配电子系统，可以脱离主网独立运行。

（7）先进的传感测量技术。通过电缆温度测量、电力设备状态在线监测、电能质量测量等技术采集网络各节点的信息并对配电网进行数据挖掘，诊断出智能配电网的健康和完整度，先进的传感测量技术的应用能够有效地提高配电网的安全防御能力。

（8）柔性交流配电（DFACTS）技术是柔性交流输电（FACTS）技术在配电网的延伸，又称电力定制技术，包括电能质量与动态潮流控制两部分内容。DFACTS 设备包括静止无功发生器（SVC）、静止同步补偿器（STATCOM）、有源电力滤波器（APF）、动态不停电电源（UPS）、动态电压恢复器（DVR）与固态断路器（SSCB）、统一潮流控制器（UPFC）等。

（9）故障电流限制技术。指利用电力电子、高温超导技术等技术限制短路电流。

综上所述，智能配电网技术包含一次系统与二次系统两个方面的内容。一项具体的智能配电网功能的实现，往往涉及多项技术的综合应用。以自愈功能的实现为例，首先配电网的规划应该更加合理，一次网架的设计应该更加灵活，并应用快速断路器、故障电流限制器等新设备；在二次系统中，应用广域保护、在线监测、就地快速故障隔离等新技术，以及时检测出故障并进行快速自愈操作。

（二）智能配电网的相关标准

智能配电网标准体系是指智能配电网技术、管理方面的标准、规范以及试验、认证、评估体系。智能配电网标准体系也是建设智能配电网的制度依据。

当前，以国际电工委员会（IEC）、美国国家标准与技术研究院（NIST）和美国电气与电子工程师协会（IEEE）等为代表国际标准组织已经建立了系统性的智能电网的相关标准。近几年，在国家有关部委指导下，国内各标准化组织、科研机构、高校、制造企业等在标准化方面开展了大量工作，取得了丰富成果。国家电网公司也于 2009 年启动了智能电网技术标准体系研究，成立专家工作组开展工作，发布了相关标准。国内形成的智能电网标准体系涵盖基础与通用、发电、输电、变电、配电、用电、调度、通信信息等方面[100]。

（三）技术经济评价方法研究

智能配电网的技术经济综合评价是对当前智能配电网发展水平做出整体性的判断，衡量智能配电网建设经济效益、社会效益以及指导未来智能配电网的发展，为电网规划、设计以及运行管理人员进行科学的决策提供重要依据。

本节在已有研究的基础上,基于智能配电网的核心价值提出一套系统的智能配电网评价指标体系与方法,用于智能配电网的综合评价,科学、准确地判断智能配电网发展水平,量化反映智能配电网的建设效果,为今后智能配电网建设提供切实有效的依据。

**1. 指标体系的建立**

(1) 指标体系构建原则

智能配电网技术经济综合评价指标体系是由若干个单项评价指标组成的整体,其应反映出所要解决问题的各项目标要求,需要做到科学、合理且实用。在构建评价指标体系时,需解决如下关键问题。

1)指标归类和赋权问题。一般而言,指标范围较宽,数量较多,则评价对象之间的差异越明显,越有利于判断和评价,但同时对指标的归类和赋权也就越困难,出现错误评价的可能性也就越大,所以指标归类及其赋权非常关键。

2)各评价指标之间的相互关系问题。在设计单项指标时,应使各评价指标之间尽量互相解耦、相互独立,在有交叉处必须明确并加以划分。

3)评价指标体系的提出和确定问题。所提出的评价指标体系如何在评价内容的多样性下,尽可能地做到科学、合理且实用,这要求对指标进行反复的筛选与归纳综合。

为了能够很好地解决以上关键性问题,本节建立评价指标体系遵循客观性、系统性、实用性及科学性的构建原则。

(2) 指标体系的基本内容

根据上述指标体系的构建原则,从技术性、智能化水平、经济性和社会性四维度出发,设计了 55 个基础评价指标。智能配电网综合评价指标体系结构如图 5-46 所示。

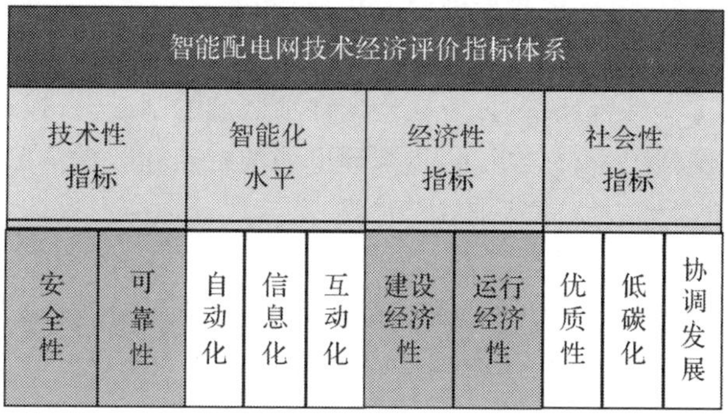

图 5-46　智能配电网技术经济评价指标体系

1)技术性指标

技术性指标体系结构设计目标为智能配电网技术性能评价,分别考虑其安全性和可靠性。安全性主要从供电裕度、负载能力及事故应对能力角度出发,可靠性主要从系统可靠性、设备可靠性和技术管理可靠性出发,进行基础指标的设计。其中,设计了应急电源配备率这一创新性指标,用于评价配电网事故情况下,应急电源对配电网的支撑能力。

2)智能化指标

智能化指标体系结构设计目标为智能配电网的智能化水平评价,分别考虑其自动化、信息化和互动化水平,基础指标涵盖上级电源、自动电压控制系统、配电自动化实施情况、信息通信、信息系统、与分布式电源/储能互动及与用户互动情况。

其中,智能配电网模式下,由于分布式电源的并网运行,配电网电压并不一定沿着馈线呈现下降趋势,可能出现馈线末端电压升高,馈线上的最大电压也可能出现在分布式电源所在节点的情况,为此自动电压控制系统的应用有着重要意义,应选取其覆盖率进行评价。

3)经济性指标

经济性指标体系结构重点考虑智能配电网建设经济性和运行经济性。建设经济性选取单位资产供电负荷、单位投资增售电量及资产年利用率作为基础指标,运行经济性选取峰谷差率、110千伏主变压器负载率、配电变压器负载率及中压线路负载率等作为基础指标。

应指出的是,智能配电网建设是一个庞大的系统工程,其经济性并不能以单一的经济性指标进行简单判断,还应考虑智能配电网建设所体现的社会价值,即外部间接的经济效益,在进行综合评价时应与社会性指标相协调考虑。

4)社会性指标

社会性指标体系结构从智能配电网带给电力用户电能质量情况、对社会的节能减排情况以及与经济社会发展相协调的情况出发,提出优质性、低碳化和协调发展指标。

智能配电网的重要驱动力之一是其社会价值所在体系结构提出了将电力损耗、电动汽车及分布式发电等转变为碳减排量的指标,有助于量化智能配电网建设所带来的效益。

**2. 指标权重和评分方法**

应用层次分析法中同一层次内的因素确定重要度的方法对评价指标体系的各个评价因素确定其权值,即通过两两比较重要度的9位分度法最终确定每个因数的权重因子,将权重向量运用于综合评价中。

指标评价采用百分制评分,将指标做归一化处理,通过一定的标度体系,将各种原始数据转换成可直接比较的规范化格式。

在对智能配电网进行综合评价时,应在确定评估区域的基础上,根据获得的配电网基础数据对评价电网的基本情况进行分析,初步掌握电网的特点和数据情况;然后根据指标定义进行计算,得到各评价指标数值;之后根据指标权重与评分标准进行综合评价;最后,依据评价结果,按照需要进行分析,如图5-47所示。

根据上述流程计算可得到该地区的相应综合评分,综合评分越高,表明电网的整体情况越好。根据评分标准,本文认为智能配电网综合评价结果可分为:60分以下,整体评价为"差";60~75分,整体评价为"一般";75~90分,整体评价为"较好";90~100分,整体评价为"好"。

## 三、浙江省智能配电网的发展基础及目标

(一)智能配电网发展情况

国网浙江省电力公司担负着浙江省行政区域下辖杭州、宁波、温州、绍兴、湖州、嘉兴、金华、衢州、舟山、台州、丽水11个城市的供电任务,供区面积33966平方公里,2013年供区内人口5498万人。目前已开展智能电网建设项目20项左右。

(二)智能配电网建设内容

配电网直接面向用户,是保证供电质量、提高电网运行效率、创新用户服务的关键环节。但我国配电网的发展明显地滞后于发电、输电,在供电质量方面与国际先进水平还有一定的

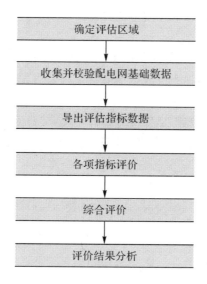

```
┌─────────────────────────┐
│      确定评估区域         │
└─────────────────────────┘
            ↓
┌─────────────────────────┐
│   收集并校验配电网基础数据  │
└─────────────────────────┘
            ↓
┌─────────────────────────┐
│     导出评估指标数据       │
└─────────────────────────┘
            ↓
┌─────────────────────────┐
│      各项指标评价         │
└─────────────────────────┘
            ↓
┌─────────────────────────┐
│       综合评价           │
└─────────────────────────┘
            ↓
┌─────────────────────────┐
│      评价结果分析         │
└─────────────────────────┘
```

图 5-47　智能配电网技术经济性评价流程

差距。目前,用户遭受的停电情况,绝大部分是由于配电系统原因造成的。配电网落后是造成电能质量恶化的主要因素,电力系统的损耗有将近一半产生在配电网,我国配电网的自动化、智能化程度以及自愈和优化运行的能力也远低于输电网。要建设智能电网,必须给予配电网足够的关注。

根据国家电网公司《智能电网典型配置方案》,智能电网配用电领域要建设的重点内容,主要包括以下几方面:

**1. 发电环节**

(1)清洁能源接入

1)在选定的城市区域,开展多种形式的分布式清洁能源发电建设。

2)用户利用太阳能、风能等分布式清洁能源,作为家庭用电的补充形式。

(2)储能系统

在选定的城市区域,应结合清洁能源接入,开展储能系统建设。

**2. 变电环节**

在选定的城市区域,根据城区规划规模和产业结构等对用电负荷进行预测,根据预测结果,新建一座或多座 110 千伏及以上智能变电站。

**3. 输电环节**

利用先进的测量、信息、通信和控制等技术,对地区电网设备复杂、种类多,并且有输变电状态分析、自诊断精细管理要求的城区选择性地开展输变电设备在线监测项目建设,对输变电设备所处环境参数(雷电、风速、温度、覆冰、污秽等)和运行状态参数(风偏、振动等)进行集中实时监测,开展状态评估,实现灾害预警,提高供电可靠性。

**4. 配电环节**

(1)配电自动化

在选定城市区域开展配网高级应用及配电自动化和调控一体化智能技术支持系统建设,建成符合集成化、多样化、智能化特征,具备系统自愈、用户互动、高效运行、定制电力和分布式电源及储能系统的灵活接入等功能的智能配电网。

（2）电能质量监测与治理

对于选定的城区中,具有对电能质量敏感的工商业企业或者对电能质量有特殊要求的居民用户,结合城区实际情况,适当开展电能质量监测与治理项目建设。

（3）微电网系统

对于选定的城市区域电力用户已经有分布式电源,又对电能质量和可靠性要求较高,用户电能部分来自自己的供电系统,需要微电网的并网模式,在这种情况下可以选择性地开展微电网系统建设。

（4）配电网优化运行智能调度系统

研究配电网高效经济运行技术,开展多能源互补配电网能量优化及智能调度技术应用。

### 5. 用电环节

（1）用电信息采集

在选定的城市区域中,根据实际要求,开展用电信息采集子项建设,通过 PLC 技术或无线技术,实现用户的用电信息采集和数据传输。

（2）需求侧管理

对于选定的城区,用户对双向互动参与热情较高,并能接受实时电价、分时电价、绿色电价等电价机制的相关试验,在引导下可以主动进行改变用电习惯的相关尝试,这种情况下,可以根据实际情况进行需求侧管理子项的建设。

（3）智能家居

对于选定的城市区域,居民用户有智能家电使用需求,并且用户量较大的情况,可以根据实际情况,采用居民自行购买智能家电、公司提供相关增值服务的形式,适当开展智能家居相关增值业务和商业模式的研究和建设,为后续智能电网智能家居的大规模应用奠定基础。

此外,对于用电环节的建设还包括电动汽车充换电站/桩、智能小区/楼宇、智能营业厅、应急指挥中心和辅助服务市场机制等内容。

### 6. 通信信息环节

（1）电力光纤到户

在选定的城市区域范围内,对于新建小区开展电力光纤到户建设,实现新建城区用户的电力光纤覆盖,以满足公司营销自动化需求和服务"三网融合"业务地开展;对于老城区,可以根据示范项目投资情况,选择性地开展电力光纤到户改造工程建设。

（2）配电地理信息系统

对供电可靠性和应急反应能力要求较高,且具有提高电力服务和管理效率的城市区域,可以有选择地开展配电地理信息系统建设。通过对配电网的空间数据进行统一管理,形成集中部署的、统一的空间数据中心,实现二维矢量图、数字高程图、航拍图、交通道路图、河流图等地图资源的统一管理和地图服务,实现配电网能量传输全过程的电网地理图形统一管理,包括电网资源、电气图、专题图、配电网运行等功能。提供基于 SOA(面向服务的架构)的公共访问接口,为涉及配电网生产、管理、经营各个环节的专业 GIS 应用提供基础服务。

（3）智能配用电一体化通信平台

对于选定的城市区域,根据实际情况可以开展智能配用电一体化通信平台子项建设,实现现场设备的互操作、自动化和网间的信息交换。

此外,对于用通信信息环节的建设还包括中压通信网和低压无线通信网建设、信息安全、可视化平台、智能停电信息综合管理和传感网一体化应用平台等内容。

**7. 其他环节**

（1）智能风光互补路灯

对于太阳能、风能资源丰富的城市区域,可以根据实际情况开展智能风光互补路灯项目建设。

（2）节能照明、太阳能垃圾处理等

**（三）智能配电网建设目标**

参考国外发达国家的智能配电网发展现状和国内几个智能配电网示范区的建设情况,结合浙江省自身的经济社会发展特点,提出适合浙江省的智能配电网建设目标。

**1. 总体目标**

建设与浙江省经济社会发展定位相匹配,各级电网协调发展,具有信息化、自动化、互动化特征的坚强、自愈、灵活、经济、兼容、集成的智能配电网。即配电网具有强大的抵御大扰动及人为外力破坏的能力;实现自动故障诊断、故障隔离和自我恢复;实现资源的合理配置,降低电网损耗,提高能源利用效率;优化资产的利用,降低投资成本和运行维护成本;支持可再生能源、分布式发电和微网标准化的接入,能够与发电侧(分布式电源)及用户高效交互与互动;实现电网信息的高度集成和共享,采用统一的平台和模型,实现标准化、规范化和精益化的管理。

**2. 具体目标**

一个中心:以"绿色城市"为中心,建设以"智慧城市"为愿景的智能配电网综合区。

两个支撑:坚强网架支撑,体现"主动配电网"这一先进的配网模式;一体化智能电力通信平台支撑(智能配用电一体化通信平台和网络)。

三类特征:三化融合(信息化、自动化、互动化有机融合);三流协同(电力流、信息流、业务流高效协同);三系一体(管理体系、服务体系、能效体系高度集成)。

四项原则:可引领示范(智能电网综合水平引领未来国网公司系统配网水平,向社会广泛传播智能电网理念和建设成果);可持续发展(应用科学适用的管理机制和商业模式,提升经济和社会效益,实现智能电网可持续发展);可整体推进(整合发输变配用电各环节,综合各项智能化项目,整体系统地推进智能配网建设);可全面推广(智能配网建设模式和成果具有可操作性和复制性,可在全省、国网系统乃至全国电力系统推广)。

五大提升:规模(可扩大至覆盖全省配电网范围);指标(提高供电可靠率、电压合格率、线损率、设备平均寿命、设备平均负载率、同比节约电量、高峰转移负荷等指标);效益(社会效益、经济效益);技术(智能配用电环节的相关技术);管理(智能电网建设运行管理)。

**四、浙江智能配电网的建设模式**

**（一）各类供区配置方案分析**

根据上文所提及的智能配电网典型配置方案,由于全省 A+、A、B、C、D 等各类供电分区对用电可靠性要求、配电自动化、分布式电源接入情况的差异,不同供电区域的配电智能化的建设方案也存在很大的差异性。本章节将对不同供电分区的配电智能化建设方案进行探讨。

**1. A+、A 类供电分区**

浙江省 A+、A 类:主要为杭州、宁波的城市核心区以及各主要地级市的城市核心区,占总供区面积的 4.23%。

(1) 发电环节

1)清洁能源接入

A+、A 类区域均位于发达城市市中心区域,土地资源较为宝贵,不具备大规模清洁能源接入的条件。在 A+、A 区域,应开展多种形式的分布式清洁能源发电建设,对于距离大规模清洁能源发电基地较近的城市核心区域,则可适当开展大规模清洁能源项目的开发。

2)储能系统

建设储能系统,一方面可以降低有功、无功出力变化对电网的扰动;另一方面可以增强对电网的调频调峰能力。

(2) 电网结构环节

A+和 A 类供区,用户对可靠性要求较高,需大力推进中压配电网"三双"接线模式。

(3) 变电环节

1)智能变电站

与传统变电站相比,智能变电站结构设计紧凑、二次设备集中,布局更加合理,占地面积小,电磁干扰小,节能环保,设备使用寿命长,可以提高运行维护水平及安全可靠性,节约社会资源。

2)输电设备在线监测

利用先进的测量、信息、通信和控制等技术,对 A+和 A 类供区电网设备复杂、种类多,并且有输变电状态分析、自诊断精细管理要求的城区选择性地开展输变电设备在线监测项目建设。

3)配电自动化

通过配电自动化项目建设使城市电网网架更坚强,结构更合理,运行更科学,抵御自然灾害和人为破坏的能力更强大,满足电网发展的需要。

根据国网公司配电网规划设计导则,A+、A 类区域,馈线自动化宜采用集中式或者智能分布式,具备网络重构和自愈能力。

(4) 配电环节

1) 电能质量监测与治理

对于 A+、A 类地区,结合城区实际情况,适当开展电能质量监测与治理项目建设。

2) 微电网系统

在 A+和 A 类供区有条件地开展微电网系统建设。

3) 配电网优化运行智能调度系统

(5) 用电环节

A+、A 类区域对于用电环节的建设应包括用电信息采集、智能家居、电动汽车充电站/桩、智能小区/楼宇、智能营业厅、需求侧管理等方面。

（6）通信信息环节

A＋、A类区域对于用通信信息环节的建设还包括配电地理信息系统、智能配用电一体化通信平台、信息安全、可视化平台、智能停电信息综合管理和传感网一体化应用平台等内容。

（7）其他环节

智能风光互补路灯、节能照明、太阳能垃圾处理等。

**2. B、C、D类供区**

由于浙江各地市区经济发展相对较为均衡，特别是省政府近年来对"新农村"、城镇化的投资力度加大，城乡差异逐渐减少，社会经济发展较为平均。同时考虑国家电网公司对 B、C、D 类地区供电可靠性、综合电压等指标的要求，提出适合本省 B、C、D 类供电区域的智能配电网建设模式。

（1）发电环节

为建设"绿色浙江"的目标，近年来光伏、风电等清洁能源发电基地大部分均存在于 C、D 类供电区域范围内，所以要在 C、D 类供电区域内加大对清洁能源和大规模储能系统的开发应用和接入。

（2）变电环节

智能变电站。

（3）配电环节

1）配电自动化

根据国网公司配电网规划设计导则，B、C 类区域，馈线自动化宜采用集中式或者就地重合器式；D 类供电区域馈线自动化可根据实际需求采用就地重合器式或者故障指示器式。

2）用电信息采集

3）输电设备在线检测

（4）用电环节

A＋、A 类区域对于用电环节的建设应包括电动汽车充电站/桩、智能小区/楼宇和需求侧管理等方面。

**（二）各类供电区域的智能配电网建设模式**

根据上述浙江省智能配电网配置方案分析，结合浙江省不同供电区域的发展现状，本节对浙江省智能配电网规划建设时序进行初步探讨，分别研究其在 2015—2020 年、2020—2025 年、2025—2030 年三个时间段内的规划目标和建设内容。

**1. A＋、A 类区域建设方案**

A＋、A 类区域对电能质量、供电可靠性要求较高，其配电网智能化程度较高，配电自动化应用广泛，建设投入较大，相应功能配置完善。在建设过程中，其智能配电网建设在省内也属于超前水平，其在未来不同时间段的建设内容如下。

（1）第一阶段（2015—2020 年）

完成区域内智能配电网的整体规划，制定详细的发展路线图。

（2）第二阶段（2021—2025 年）

全面开展区域内智能配电网建设工作，到 2025 年，A＋、A 类区域全面建成智能配电网，整体达到实用水平。

（3）第三阶段（2026—2030年）

规范、完善区域内智能配电网建设，评估建设绩效，提升智能电网的综合水平。

通过上述三阶段的建设，建成与城市发展定位相匹配，具有信息化、自动化、互动化特征的坚强、自愈、灵活、经济、兼容、集成的城市电网。使得电网具有强大的抵御大扰动及人为外力破坏的能力；实现自动故障诊断、故障隔离和自我恢复；实现资源的合理配置，降低电网损耗，提高能源利用效率；优化资产的利用，降低投资成本和运行维护成本；支持可再生能源、分布式发电和微网标准化的接入，能够与发电侧及用户高效交互与互动；实现电网信息的高度集成和共享，采用统一的平台和模型，实现标准化、规范化和精益化的管理。

**2. B、C、D类区域建设方案**

B、C、D区域对电能质量、供电可靠性要求相对较低，其配电网建设还存在一定的问题，智能配电网建设还处在起步阶段，配电自动化应用较少。鉴于B、C、D区域的智能化要求较低，智能配电网的很多配置在区域内应用较少。其在未来不同时间段的建设内容如下：

（1）第一阶段（2015—2020年）

完成区域内智能配电网的整体规划，制定详细的发展路线图。消化吸收现有智能配电网的相关技术研究成果，加快对新技术、新设备的研发进度。本阶段的主要任务是开展区域内智能配电网的试点工程，研究其推广应用模式，为智能配电网的建设奠定基础。

（2）第二阶段（2021—2025年）

在区域内推广智能配电网，扩大智能配电网应用范围，构建区域内智能配电网的标准模式。

（3）第三阶段（2026—2030年）

进一步推广智能配电网的建设，彻底实现该区域模式下的智能配电网建设。

通过上述三阶段的建设，使得B、C、D区域内电网具备一定的自动化水平，实现自动故障诊断、故障隔离和自我恢复；实现资源的合理配置，降低电网损耗，提高能源利用效率；大量接入分布式发电，推广户用微电网的应用；实现电动汽车充电站/桩、智能小区/楼宇在区域内的广泛应用，建成智能、完善、科学、可持续的智能配电网。

# 参考文献

[1] 浙江省国土资源厅,浙江省统计局. 关于浙江省第二次土地调查主要数据成果的公报 [EB/OL]. http：//www. zj. stats. gov. cn/zwgk/wjtg/201406/t20140619_139565. html. 2014. 06.

[2] 浙江统计局,国家统计局浙江调查总队. 2014 年浙江省国民经济和社会发展统计公报 [EB/OL].浙江日报. 2015. 02.

[3] 省民政厅区划处，2014 年浙江省行政区划统计表 [EB/OL]. 浙江省民政厅官网. 2015. 01.

[4] 浙江省人民政府,浙江气候-春季[EB/OL]. http：//www. zj. gov. cn/col/col923/index. html. 2015. 03.

[5] 浙江省人民政府,浙江气候-夏季[EB/OL]. http：//www. zj. gov. cn/col/col923/index. html. 2015. 03.

[6] 浙江省人民政府,浙江气候-秋季[EB/OL]. http：//www. zj. gov. cn/col/col923/index. html. 2015. 03.

[7] 浙江省人民政府,浙江气候-冬季[EB/OL]. http：//www. zj. gov. cn/col/col923/index. html. 2015. 03..

[8] 浙江省人民政府,自然资源[EB/OL]. http：//www. zj. gov. cn/col/col924/index. html. 2015. 03..

[9] 人民网,浙江省海洋资源 [EB/OL]. http：//zj. people. cn. 2011. 01.

[10] 地矿科,浙江省矿产资源情况 [EB/OL]. 绍兴市国土资源局. 2012. 10.

[11] 浙江省经信委、省统计局. 2010 年浙江省能源与利用状况[EB/OL]. 浙江日报. 2011. 09

[12] 黄锦华. 浙江特高压交直流电网可持续发展研究[D]. 北京:华北电力大学,2010.

[13] 中华人民共和国国家经济贸易委员会. DL 755-2001 电力系统安全稳定导则[S]. 北京:中国电力出版社,2001. 04

[14] 李建伟,赵法起,刘凤玲. 中长期电力负荷的组合预测法[J]. 电力系统及其自动化学报,2011,23(4)：133-136.

[15] 薛冬梅. ARIMA 模型及其在时间序列分析中的应用[J]. 吉林化工学院学报,2010,20(3)：80-83.

[16] 胡晓华. Logistic 曲线参数估计及应用(英文)[J]. 数学理论与应用,2011,31(4)：32-36.

[17] 刘振亚. 全球能源互联网中国电力出版社[M]. 北京:中国电力出版社,2015. 02

[18] BP 集团. 2035 世界能源展望,2015 年版[EB/OL]. http：//www. bp. com/zh_cn/

china. html. 2015. 02

[19] BP 集团. 2015 世界能源统计年鉴[EB/OL]. http：//www. bp. com/zh_cn/china. html. 2015. 06

[20] 能源观察. 世界主要国家及我国电煤比重知多少[EB/OL]. 煤炭研究网，2014. 09

[21] 浙江省煤炭情况简介[EB/OL]. 中国煤炭资源网，2002. 08

[22] 中华石油全图[EB/OL]. http：//www. chinapetroleummap. com，2011. 10

[23] 浙江省水利厅，2014 浙江省水资源公报[Z]. http：//www. zjwater. com/. 2014. 09

[24] 浙江省经信委与省统计局，2013 年浙江省能源生产与利用情况[Z]. 2014. 09

[25] 国务院办公厅，能源发展战略行动计划(2014～2020)[Z]. 2014. 06

[26] 浙江省发改委与浙江省能源局. 浙江省创建国家清洁能源示范省实施方案[Z]. 2014. 12

[27] 英国英国丁铎尔气候变化研究中心，2014 全球碳计划报告[EB/OL]. http：//cdiac. ornl. gov. 2015. 07.

[28] 马德功. 碳交易对减少 PM2.5 和雾霾有及其重要的意义[EB/OL]. 能源网-中国能源报. 2014. 09

[29] 国务院. 大气污染防治行动计划[Z]. 国发(2013)37 号. 2013. 09

[30] 浙江省人民政府. 浙江省大气污染防治行动计划[Z]. 浙政发〔2013〕59 号. 2013. 12

[31] 国家电网公司. 国家电网公司风电场接入电网技术规定[S]. 国家电网发展[2009] 327 号. 2009. 12

[32] GBT_19963-2011 风电场接入电力系统技术规定[S]。中国质检出版社. 2012. 5

[33] Hansen A D, Iov F, S? rensen P, Cutululis N, Jauch C, Blaabjerg F. Dynamic wind turbine models in power system simulation tool DIgSILENT[R]. Ris? National Laboratory Roskilde，December 2007.

[34] 国家能源局. 全国海上风电开发建设方案（2014-2016）[EB/OL]. http：//wenku. baidu. com/link? url = DvLe9wM0WyiF9foNhlGHrX90rWOt86TTY-WVtNgaTdtoySOAQRs53m5MF7CxjXfadplHlOHyLqlj3AoRvQlrT3XBXdgbsFKWBpH-077JPC3. 2014. 12

[35] Hong M，Xin H，Xu Q，Sun L，Zheng T，Gan D. Stability boundary investigation of large-scale offshore DFIG wind farm connected to weak grid[C]. International Conference on Wind energy Grid-Adaptive Technologies 2014，Jeju，Korea，October 20-22，2014.

[36] Kamwa I，Trudel G，Gerin-Lajoie L. Robust design and coordination of multiple damping controllers using nonlinear constrained optimization[J]. IEEE Transactions on Power Systems，2000，15(3)：1084 - 1092.

[37] Kundur P. Power system stability and control[M]. 北京：中国电力出版社，2002.

[38] 李兴源. 高压直流输电系统的运行和控制[M]. 北京：科学出版社，1998.

[39] Denis L H A，Andersson G. Power stability analysis of multi-infeed HVDC systems [J]. IEEE Transactions on Power Delivery，1998，13(3)：923-931.

[40] 洪潮，饶宏. 多馈入直流系统的量化分析指标及其应用[J]. 南方电网技术，2008，2

(4):37-41.

[41] 最大信息熵原理[EB/OL]. http：//www. docin. com/p-270225956. html. 2011. 10

[42] Mohammad-Djafari A. A Matlab Program to Calculate the Maximum Entropy Distributions[C]//Maximum entropy and Bayesian methods：MaxEnt proceedings. Kluwer Academic Publishers，Printed in the Netherlands，1991，221-233.

[43] Arabali A，Ghofrani M，Etezadi-Amoli M，Fadali M S，Moeini-Aghtaie M. A Multi-Objective Transmission Expansion Planning Framework in Deregulated Power Systems With Wind Generation [J]. IEEE Transactions on Power Systems，2014，29 (6)：3003 - 3011.

[44] Bian Q，Xin H，Wang Z，Gan D，Wong K P. Distributionally Robust Solution to the Reserve Scheduling Problem With Partial Information of Wind Power [J]. IEEE Transactions on Power Systems，2015，30 (5)：2822-2823.

[45] 刘振亚. 全球能源互联网[M]. 北京：中国电力出版社. 2015.

[46] 丁华杰，宋永华，胡泽春，吴金城，范晓旭. 基于风电场功率特性的日前风电预测误差概率分布研究 [J]. 中国电机工程学报，2013，(34)：136-144＋22.

[47] Zymiler S，Kuhn D，Rustem B. Distributionally robust joint chance constraints with second-order moment information [J]. Mathematical Programming，2013a，137(1-2)：167-198.

[48] Wang Q，Guan Y，Wang J. A Chance-Constrained Two-Stage Stochastic Program for Unit Commitment With Uncertain Wind Power Output[J]. IEEE Transactions on Power Systems，2012，27 (1)：206-215.

[49] Boyd S，Vandenberghe L. Convex Optimization[M]. Cambridge University Press，2004，3.

[50] 韦化，吴阿琴，白晓清. 一种求解机组组合问题的内点半定规划方法 [J]. 中国电机工程学报，2008，(01)：35-40.

[51] Liu Y，Xin H，Wang Z，Yang T. Power control strategy for photovoltaic system based on the Newton quadratic interpolation[J]. IET Renewable Power Generation，2014,8(6)：611-620.

[52] 浙江省统计局. 浙江统计年鉴[Z]. 北京：中国统计出版社，2006-2015.

[53] 国家电网-浙江省电力公司. 国网浙江电力生产运行数据[EB/OL]. http：//www. zj. sgcc. com. cn/ html/main/col8/column_8_1. html. 2005～2014.

[54] 国网浙江省电力公司经济技术研究院. 2014 年浙江电网发展诊断分析报告[R]. 2014. 6.

[55] 国网浙江省电力公司经济技术研究院. 浙江省电力供需平衡及电网调峰形势分析报告[R]. 2015. 5.

[56] 国网浙江省电力公司. 浙江省电网"十三五"发展规划研究报告[R]. 2015. 2.

[57] Kundur P. Power system stability and control[M]. McGraw-Hill Professional，1994，7.

[58] 傅旭，王锡凡，杜正春. 电力系统电压稳定性研究现状及其展望 [J]. 电力自动化设

备，2005，25（2）：1-9.

[59] Franken B，Andersson G. Analysis of HVDC converters connected to weak AC systems[J]. IEEE Transactions on Power Systems，1990，5（1）：235-242.

[60] 周双喜，朱凌志，郭锡玖. 电力系统电压稳定性及其控制[M]. 中国电力出版社出版. 2004，

[61] CIGR? Working Group. IEEE guide for planning DC links terminating at AC locations having low short-circuit capacities，part I：AC/DC system interaction phenomena[R]. France：CIGRE，1997.

[62] 徐政. 交直流电力系统动态行为分析[M]. 机械工业出版，2004，2（0）：

[63] Abe S，Fukunaga Y，Isono A，Kondo B. Power system voltage stability[J]. IEEE Transactions on Power Apparatus and Systems，1982，PAS-101（10）：3830-3840.

[64] 徐政. 联于弱交流系统的直流输电特性研究之一——直流输电的输送能力 [J]. 电网技术，1997，21（1）：12-16.

[65] Davies J B. Systems with multiple DC infeed[J]. ELEC- TRA，2007，（233）：14-19.

[66] 王鹏飞，张英敏，李兴源等. 基于无功有效短路比的交直流交互影响分析[J]. 电力系统保护与控制，2012，40（6）：74-78.

[67] 邵瑶，汤涌. 多馈入直流系统交互作用因子的影响因素分析 [J]. 电网技术，2013，37（3）：794-799.

[68] 陈修宇. 多馈入直流系统电压相互作用及其影响[D]. 北京：华北电力大学，2012.

[69] 李召兄. 直流多落点系统量化指标的研究[D]. 北京：华北电力大学，2010.

[70] 郭小江，郭剑波，王成山. 考虑直流输电系统外特性影响的多直流馈入短路比实用计算方法 [J]. 中国电机工程学报，2015，35（9）：2143-2151.

[71] 林伟芳，汤涌，卜广全. 多馈入交直流系统短路比的定义和应用 [J]. 中国电机工程学报，2008，28（31）：1-8.

[72] 林伟芳，汤涌，卜广全. 多馈入交直流系统电压稳定性研究 [J]. 电网技术，2008，32（11）：7-12.

[73] 王鹏飞，张英敏，陈虎等. 直流输电系统临界短路比的研究 [J]. 华东电力，2011，39（11）：1780-1783.

[74] 黄弘扬，徐政，许烽. 多馈入直流输电系统短路比指标的有效性分析 [J]. 电力自动化设备，2012，32（11）：46-50.

[75] 陈修宇，韩民晓，刘崇茹等. 含整流站接入的多馈入直流系统强度评估 [J]. 中国电机工程学报，2012，32（1）：101-107＋12.

[76] 井艳清，尹成竹，王淼等. 整流站与逆变站临近的多直流系统短路比分析 [J]. 电力系统及其自动化学报，2014，26（6）：25-29.

[77] 贺洋，李兴源，徐梅梅等. 多馈入直流和交流交互作用现象的研究综述 [J]. 现代电力，2009，26（3）：7-12.

[78] 国网浙江省电力公司经济技术研究院. 各级电网协调配置方案及评价方法研究[R]. 2015.1.

[79] 浙江省电力设计院. 500 千伏电网典型网架研究[R].2013.11.

［80］国家电网-浙江省电力公司.新型城镇化和美丽乡村的电网发展及建设规范研究报告［R］.2015

［81］国家电网-浙江省电力公司.基于高可靠性的配电网接线模型研究及应用技术报告［R］.2015

［82］国家电网-浙江省电力公司.浙江省电网"十三五"发展规划研究报告［R］.2015

［83］庄雷明,张建华,刘自发等.中压配电网接线模式分析［J］.电网与清洁能源,2010,26(6)：33-37.

［84］但刚,赵云龙.城市中压配电网接线方式及配电自动化探讨［J］.华北电力技术,2007,(1)：18-21.

［85］邹祖冰,蔡丽娟,杨华.城市中压配电网接线方式探讨与配网自动化［J］.华北电力技术,2003,(8)：15-17.

［86］王伟,麻秀范,钟晖等.系列化中压配电网接线模式研究［J］.华北电力技术,2005,(5)：46-49.

［87］中华人民共和国国家电网公司.Q/GDW 156-2006 城市电力网规划设计导则［S］.北京:中国电力出版社,2006.

［88］国家能源局.DL/T 836-2012 供电系统用户供电可靠性评价规程［S］.北京:中国电力出版社,2012.

［89］IEEE Standard 1366,IEEE guide for electric power distribution reliability indices［S］.

［90］宋云亭,张东霞,吴俊玲等.国内外城市配电网供电可靠性对比分析［J］.电网技术,2008(23)：13-18

［91］The System Development Sub-Committee of the Chief Engineers? Conference System Design and Development Committee. Theapplication of engineering recommendation P2/5 security of supply［R］. London,1979.

［92］张谦,杨晓梅,王晓晖.英国供电安全工程建议 ER P2/6 剖析［J］.电网技术,2008,32(18)：96-102.

［93］国家能源局.DL/T 256-2012 城市电网供电安全标准［S］.北京:中国电力出版社,2012.

［94］中华人民共和国国家电网公司.Q/GDW 1738-2012 配电网规划设计技术导则［S］.北京:中国电力出版社,2012.

［95］国网浙江省电力公司营销部,国网浙江省电力公司经济技术研究院.新型产业园区服务(建设)快速响应机制研究报告［R］.2015

［96］胡学浩.智能电网——未来电网的发展态势［J］.电网技术,2009,33(14)：1-5.

［97］马其燕,秦立军.智能配电网关键技术［J］.现代电力,2010,27(2)：39-44.

［98］孙洪斌,张英杰.智能配电网体系设计与研究［J］.中国农村水利水电,2012,(2)：131-134

［99］.张文亮,刘壮志,王明俊等.智能电网的研究进展及发展趋势［J］.电网技术,2009,33(13)：1-11.

［100］.常康,薛峰,杨卫东.中国智能电网基本特征及其技术进展评述［J］.电力系统自动化,2009,33(17)：10-15

# 关键词索引

**图书在版编目（CIP）数据**

高受电比例下浙江电网的供电安全 / 徐谦主编.
—杭州：浙江大学出版社，2015.12
ISBN 978-7-308-15158-0

Ⅰ．①高… Ⅱ．①徐… Ⅲ．①电网－供电－电力安全
—浙江省 Ⅳ．①F426.61

中国版本图书馆 CIP 数据核字（2015）第 223854 号

**高受电比例下浙江电网的供电安全**

徐　谦　主编

| | |
|---|---|
| 责任编辑 | 杜希武 |
| 责任校对 | 余梦洁　王文舟　丁佳雯 |
| 封面设计 | 刘依群 |
| 出版发行 | 浙江大学出版社 |
| | （杭州市天目山路 148 号　邮政编码 310007） |
| | （网址：http://www.zjupress.com） |
| 排　　版 | 杭州好友排版工作室 |
| 印　　刷 | 杭州杭新印务有限公司 |
| 开　　本 | 787mm×1092mm　1/16 |
| 印　　张 | 16.25 |
| 字　　数 | 405 千 |
| 版 印 次 | 2015 年 12 月第 1 版　2015 年 12 月第 1 次印刷 |
| 书　　号 | ISBN 978-7-308-15158-0 |
| 定　　价 | 69.00 元 |

# 目　录

# 第 1 章 赣江流域概况

## 1.1 自然概况

赣江是鄱阳湖水系的第一大河,也是长江八大支流之一。流域位于长江中下游南岸,地理位置在东经113°30′~116°40′,北纬24°29′~29°11′。流域东部与抚河分界,东南部以武夷山脉与福建省为界,南部连广东,西部接湖南,西北部与修河支流潦河为界,北部通鄱阳在湖口连长江。全流域东西窄、南北长,形状略似斜长方形。

赣江流域地形特征是四周边缘与主要支流之间多山,山间与河侧盆地发育,中部为丘陵与盆地的复合体,下游尾闾则以冲积平原为主。流域地形结构是山地约占50%、丘陵约占30%,平原约占20%。流域东部边缘的武夷山脉层峦叠嶂,主峰八卦脑高达1 300余 m,大致呈东北—西南走向。流域南端为九连山区,位于江西省龙南、全南、寻乌、安远等县与广东省和平、连平等县之间,主峰黄牛石海拔1 430 m。流域西南为大庾岭山地,为章江与广东浈水的分水岭,主峰圣公殿海拔1 230 m。流域西部的诸广山、万洋山连绵250余 km,合称诸广山区,为罗霄山脉的主要组成部分,呈南北走向,主峰仙人脑海拔2 120 m,流域西北以九岭山脉的黄岗山与修河流域上游分界,以九岭山脉余脉每一修河支流潦河流域分界,黄岗山为东北—西南走向,最高峰仙枯坛海拔1 414 m。

流域内部山区有九华山区,位于于都盆地以东,于都、会昌、瑞金之间,地处贡水及其支流梅江之间,为一宽广山地。于山山脉一部分位于赣县、兴国、于都等县,处于梅江与平江之间,另一部分位于安远、会昌、于都等县,地处贡水与桃江之间,为一狭长山脉,长200余 km,山峰海拔400~1 000 m,贡水穿切本山地,形成峡山峡谷。雄全山地位于桃江上游,全南、定南、龙南、安远等县及广东省南雄县地区,主峰在南雄、全南两县交界处,海拔1 154 m。崇余山地位于崇义、上犹,赣县、南康间,西接诸广山区,南迄赣县盆地,呈东东北—西西南走向,为上犹江与章江的分水岭,主峰在崇义与大余交界处,海拔1 360 m。遂犹山地位于遂川、上犹、赣县、万安间。西接诸广山地,东连东固山地,呈东东北—西西南走向,赣江干流穿过该山地,形成著名的十八滩。最高峰位于上犹与遂川两县交界处,海拔1 179 m。武功山脉位于宜春、安福间,为禾水与袁水的分水岭,大致为东北—西南走向,东向延伸很远,经峡江、万年至德兴,最高峰海拔1 628 m。赣江干流在峡江附近穿切该山地,形成最后一段峡谷。

流域内各山地间常有红色砂岩所构成的红色盆地,河流行经红色盆地时,两岸开阔,多为较大冲积平原,赣江流域主要盆地分布如下:宁都、石城、瑞金盆地位于流域东南部,为面积较小的三个不相连续的盆地。于都盆地以于都为中心,向北北东—南南西方向延伸,长约60 km,最宽处达30 km,两端渐窄,大体呈立方锤形状。始信盆地自信丰古坡附近起向西偏南延长,经南雄至始兴与曲江接壤,长达200 km,宽30~70 km。赣县盆地以赣州市为中心,东北自兴国起,西南抵大余县城,长约 160 km,宽约 20 km。吉泰盆地,位于流域中部,自遂川县城以东约 5 km 处起,向东北伸延,至峡江老县城南止,约呈椭圆形,沿赣江两岸分布,长 150 余 km,宽 40~60 km,为流域内最大盆地。

自新干以下至鄱阳湖滨,沿岸为赣江下游大片冲积平原,其余则为面积较小的平原,散布在各个盆地、山谷中及沿河两岸。

## 1.2　水系概况

赣江发源于石城县洋地乡石寮崬(赣源崬),位于东经 116°22′,北纬 25°57′。河口为永修县吴城镇望江亭,位于东经 116°01′,北纬 29°11′。主河道长 823 km,流域面积 82 809 km²,约占全省总面积的 50%,其中外洲水文站以上流域面积 80 948 km²。流域内山地占 50%,丘陵占 30%,平原占 20%。赣江流域水系发达,其中流域面积 1 000 km² 以上一级支流 15 条,具体见表 1-1。

表 1-1　赣江流域主要支流(大于 1 000 km²)基本情况

| 序号 | 支流名称 | 流域面积<br>(km²) | 河道总长<br>(km) | 流经县(市、区) |
|---|---|---|---|---|
| 1 | 澄江 | 1 010 | 88 | 瑞金市、会昌县、于都县 |
| 2 | 湘水 | 2 029 | 105 | 寻乌县、会昌县 |
| 3 | 濂水 | 2 339 | 133 | 安远县、会昌县、于都县 |
| 4 | 梅江 | 7 099 | 208 | 宁都县、瑞金市、于都县 |
| 5 | 桃江 | 7 864 | 305 | 全南县、龙南县、信丰县、赣县 |
| 6 | 平江 | 2 851 | 148 | 宁都县、兴国县、赣县 |
| 7 | 章江 | 7 700 | 235 | 崇义县、大余县、南康市、赣州市开发区 |
| 8 | 遂川江 | 2 882 | 176 | 井冈山市、遂川县、万安县 |
| 9 | 蜀水 | 1 301 | 152 | 井冈山市、遂川县、泰和县 |
| 10 | 孤江 | 3 086 | 162 | 兴国县、永丰县、吉水县、吉安县、青原区 |
| 11 | 禾水 | 9 103 | 256 | 莲花县、永新县、吉安县、吉州区 |
| 12 | 乌江 | 3 883 | 171 | 乐安县、永丰县、吉水县 |
| 13 | 袁河 | 6 262 | 279 | 宜春市、新余市、芦溪县、新余市经济开发区、<br>分宜县、渝水区、袁州区、樟树市 |
| 14 | 消江 | 1 213 | 87.5 | 高安市、樟树市、丰城市 |
| 15 | 锦江 | 7 886 | 307 | 万载县、上高县、高安市、新建县 |

赣江干流自南向北,流经瑞金、会昌、于都、赣县、赣州、万安、泰和、吉安、吉水、峡江、新干、樟树、丰城、南昌市等县(市、区),在南昌市八一桥以下分 4 支注入鄱阳湖。赣州市

以上为上游,贡水为主河道,习惯上称为东源,流域面积 27 095 km²,河长 312 km。贡水主流在会昌县以上又称绵江,源起于石城县南端石寮崇,向西南进入瑞金市境内,流经日东水库、壬田乡、瑞金市区,至会昌县城。上游河段,河道多弯曲,水浅流急,流经变质岩区,山岭峻峭。在会昌县与湘水汇合后为贡水,向西北流至会昌县庄埠乡下洛坝与濂江汇合。贡水继续朝西北流至于都县西郊龙舌嘴与梅江汇合。向西流经适宜筑高坝的峡山圩,下至赣县江口接纳平江。过江口西南流,于赣县茅店左岸接纳桃江。再西流至赣州市八景台与章江汇合成赣江。赣江上游属山区性河流,多深涧溪流,落差较大,水力资源丰富。沿途汇入主要支流有湘水、濂江、梅江、平江、桃江、章江。

　　赣江自赣州市至新干县为中游,河段长 303 km,东西两岸均有较大的支流汇入,东岸有孤江、乌江,西岸有遂川江、蜀水及禾水。干流水流一般较为平缓,河床中多为粗、细砂及红砾石岩,部分穿切山丘间的河段则多急流险滩。赣州至万安的 90 余 km,流经变质岩山区,河床深邃,水急滩险,有著名的"十八险滩"之称,素为舟师所忌。自万安县城南 2 km 处建有大型水电站以来,险滩均被淹没,已不复存在。出吉安后赣江穿流于低丘之间,江中偶有浅滩,其中有段河谷格外束狭,遂称"峡江"。

　　赣江在新干县以下称为下游。新干至吴城干流长 208 km,东岸无较大支流汇入,西岸有袁河、锦江汇入。江水流经辽阔的冲积平原,地势平坦,河面宽阔,两岸傍河筑有堤防。赣江在南昌市以下,绕扬子洲分为左右两股汊道。左股分为西支、北支,右股分为中支、南支,四支又各有分汊注入鄱阳湖。各支入湖水道,港汊纵横,洲湖交错,其中以西支为主流,经新建县联圩、铁河至吴城望江亭入湖。

# 1.3　气候特征

## 1.3.1　气象条件

　　赣江流域地处低纬度,属亚热带季风湿润气候区。由于流域东、南、西三面高,向中间倾斜,加上流域内部武功山、于山等山地和丘陵的存在,形成复杂的地势,对流域气候特征起一定制约作用。总的气候特点是:春夏之交多梅雨,秋冬季节降雨较少,春寒、夏热、秋旱、冬冷,四季变化分明,春秋季短,冬夏季长,结冰期短,无霜期长。冬季本流域受西伯利亚冷高压影响,冷空气南下时,遇南岭等山脉阻挡,往往在地面呈半静止锋型天气,常产生浅薄气旋,故有时阴雨连绵,但降雨量不大;当强冷空气自北方侵入,气压梯度大,风力强劲,气温骤降,地面多呈冷锋天气,俗称寒潮。寒潮南下时,赣江下游平原由于无地形阻滞,影响较大;而赣中、赣南由于受丘陵、山地阻挡,强度逐渐减弱,影响较小;当大陆性高压单独控制时,天气晴朗,白天气候温和,入夜寒冷,晨有低雾或严霜出现。

　　夏季本流域一般处于太平洋副热带高压西北侧,孟加拉湾及南海大量暖湿气流源源不断输送到本流域,因而水汽充沛,此时冷空气仍频频南下,往往与西暖湿气流交绥,形成大范围降雨或暴雨。

　　春、秋季为气候转换季节,春季往往寒暖交替,天气多变,常有阴雨和低温天气出现。盛夏与伏秋季节,本流域一般受太平洋副热带高压控制,天气炎热而干旱。但有时受台风影响,出现台风雨或台风暴雨,有时也出现地区性的对流性不稳定的雷阵雨,但历时短,范围不大。

### 1.3.2　降水

赣江流域降水量充沛,流域内多年平均降水量为 1 400~1 800 mm,降水量年内分配极不均匀。据赣江流域各代表站统计,4~6 月多年平均降水量占全年降水量的 41%~51%。流域内总的降雨趋势是边缘山区大于盆地,东部大于西部,下游大于中、上游。

赣江流域暴雨频繁,根据流域内雨量站的历年实测暴雨统计,最大日暴雨量多出现在 4~9 月,5~6 月以锋面雨的形式出现使大暴雨更集中,7~9 月主要是受台风影响产生暴雨。

### 1.3.3　蒸发、气温等

流域内各站实测多年平均蒸发量为 1 294~1 765 mm,多年平均气温为 17.2~19.3 ℃,极端最高气温 41.6 ℃(宜春站 1953 年 8 月 16 日),极端最低气温−14.3 ℃(丰城站 1991 年 12 月 29 日),多年平均相对湿度 76%~82%,最小相对湿度为 6%(峡江站 1978 年 11 月 28 日),多年平均风速为 1.1~2.9 m/s,最大风速 20 m/s(吉安站 1965 年 5 月 9 日),相应风向为南(S)风。多年平均日照小时数 1 628~1 875 h,多年平均无霜期 252~285 d。

# 1.4　水文特征

### 1.4.1　水文测站

赣江流域的水文测站绝大部分是中华人民共和国成立后设立的,中华人民共和国成立前设立的水文测站只有吉安水文站及南昌和峡江水位观测站,但仅有几年不连续的观测资料,中华人民共和国成立后在赣江流域先后设立了大量的雨量、水位、水文观测站。据统计,到目前为止雨量站已达 623 个、水位站 28 个、水文站 71 个。赣江干流水文分析计算中主要的水文、水位站见表 1-2,表内水文测站均为国家基本网点站,各站的水位、流量、泥沙、降水量等水文资料均按照有关规程、规范的要求进行观测和整编,其资料质量可靠。

表 1-2　赣江干流主要水文测站一览

| 站名 | 所在河流 | 站别 | 控制流域面积(km²) | 观测项目 | 设站时间(年-月) |
|---|---|---|---|---|---|
| 峡山 | 赣江干流 | 水文 | 15 975 | 水位、流量、降水、泥沙 | 1953-03 |
| 赣州 | 赣江干流 | 水位 | 27 074 | 水位 | 1929 |
| 棉津 | 赣江干流 | 水文 | 36 818 | 水位、流量、降水、泥沙 | 1953-03 |
| 万安 | 赣江干流 | 水文 | 36 900 | 水位、流量、降水、泥沙 | 1979-03 |
| 栋背 | 赣江干流 | 水文 | 40 231 | 水位、流量、降水、蒸发 | 1957-01 |
| 吉安 | 赣江干流 | 水文 | 56 223 | 水位、流量、降水、泥沙 | 1930-03 |

续表 1-2

| 站名 | 所在河流 | 站别 | 控制流域面积（km²） | 观测项目 | 设站时间（年-月） |
|---|---|---|---|---|---|
| 峡江 | 赣江干流 | 水文 | 62 724 | 水位、流量、降水、泥沙 | 1957-03 |
| 石上 | 赣江干流 | 水文 | 72 760 | 水位、流量、降水、泥沙 | 1955-04 |
| 樟树 | 赣江干流 | 水文 | 71 324 | 水位、流量、降水、泥沙 | 1930 |
| 外洲 | 赣江干流 | 水文 | 80 948 | 水位、流量、降水、泥沙 | 1949-10 |
| 南昌 | 赣江干流 | 水位 |  | 水位 | 1928 |

## 1.4.2 径流

### 1.4.2.1 径流的地区变化及组成

赣江流域径流在地区上的分布与降水量的地区分布基本一致。流域的周边山区为径流的高值区，多年平均径流深大于 1 200 mm，从周边山区向流域中部的吉泰盆地递减，在吉太盆地形成低值区，多年平均径流深小于 700 mm。从表 1-3 可知，干流各站多年平均径流量随流域面积的增长而增加，大体上与流域面积的一次方成正比，支流控制站亦符合上述规律。

表 1-3　赣江流域主要测站年径流参数统计

| 站名 | 所在河流 | 集水面积（km²） | 资料起讫年份 | 多年平均流量（m³/s） | $C_v$ | $C_s/C_v$ | 径流模数 [L/(s·km²)] | 径流深（mm） |
|---|---|---|---|---|---|---|---|---|
| 峡山 | 赣江干流 | 15 975 | 1957~2009 | 430 | 0.35 | 2.0 | 26.9 | 848.9 |
| 栋背 | 赣江干流 | 40 231 | 1953~2009 | 1 060 | 0.34 | 2.0 | 26.3 | 830.9 |
| 吉安 | 赣江干流 | 56 223 | 1953~2009 | 1 490 | 0.33 | 2.0 | 26.5 | 835.8 |
| 峡江 | 赣江干流 | 62 724 | 1953~2009 | 1 640 | 0.32 | 2.0 | 26.1 | 824.5 |
| 石上 | 赣江干流 | 72 760 | 1953~2009 | 1 880 | 0.31 | 2.0 | 25.8 | 814.8 |
| 外洲 | 赣江干流 | 80 948 | 1950~2009 | 2 150 | 0.29 | 2.0 | 26.6 | 837.6 |
| 坝上 | 章江 | 7 657 | 1953~2009 | 198 | 0.35 | 2.0 | 25.9 | 815.5 |
| 居龙滩 | 桃江 | 7 791 | 1957~2009 | 194 | 0.37 | 2.0 | 24.9 | 785.3 |
| 翰林桥 | 平江 | 2 689 | 1957~2009 | 73.5 | 0.34 | 2.0 | 27.3 | 862.0 |
| 林坑 | 蜀水 | 994 | 1957~2009 | 28.3 | 0.35 | 2.0 | 28.5 | 897.9 |
| 上沙兰 | 禾水 | 5 257 | 1957~2009 | 141 | 0.28 | 2.0 | 26.8 | 845.8 |
| 赛塘 | 泸水 | 3 073 | 1957~2009 | 81.1 | 0.29 | 2.0 | 26.4 | 832.3 |
| 新田 | 乌江 | 3 496 | 1959~2009 | 101 | 0.31 | 2.0 | 28.9 | 911.1 |
| 贾村 | 锦江 | 5 752 | 1954~2006 | 163 | 0.34 | 2.5 | 28.3 | 893.7 |

#### 1.4.2.2 径流的年内、年际变化

赣江流域主要测站多年平均径流年内分配不均,最大月径流多出现在 6 月,最小月径流多出现在 12 月,连续最大 4 个月均在 4~7 月,占年径流的 53%~61%。

径流的年际变化可用平均流量的变差系数 $C_v$ 值来说明。由表 1-3 可知,赣江干流各站的 $C_v$ 值随流域面积的增长而减小,即上游径流年际变化较大,中、下游径流年际变化相对较小,且较为稳定。

#### 1.4.2.3 枯水径流

根据赣江干流主要测站的实测流量资料分析,赣江干流最枯流量一般出现在 12 月至翌年 2 月,以 12 月至翌年 1 月出现年最枯流量的年数最多。

### 1.4.3 洪水

#### 1.4.3.1 暴雨特性

赣江流域是江西省的多雨区之一,气候受季风影响,主要的降水时期为每年的 4~9 月,3 月和 10 月也偶尔会发生暴雨。暴雨类型既有锋面雨,又有台风雨,其水汽的主要来源是太平洋西部的南海和印度洋的孟加拉湾。一般每年从 4 月开始,降水量逐渐增加;至 5 月、6 月,西南暖湿气流与西北南下的冷空气持续交绥于长江流域中下游一带,冷暖空气强烈的辐合上升运动,形成大范围的暴雨区。赣江流域正处在这一大范围的锋面雨区中,此时期(5~6 月),本流域降水量剧增,不仅降水时间长,而且降水强度大。因此,锋面雨是赣江流域的主要暴雨类型。7~9 月,本流域常受台风影响,此时期,既有锋面雨出现,也有台风雨产生。暴雨历时一般为 4~5 d,最长可达 7 d,最短的仅 2 d。锋面雨历时较长,台风雨历时较短。从暴雨出现的时间统计,绝大多数的暴雨出现在 4~8 月,以 5 月、6 月出现次数最多,此时期正值江南梅雨期,冷暖气团交绥于江淮流域,形成持续性梅雨天气。

#### 1.4.3.2 洪水特性

赣江为雨洪式河流,洪水由暴雨形成,因此洪水季节与暴雨季节相一致。一般每年自 4 月起,本流域开始出现洪水,但峰量不大;5 月、6 月为本流域出现洪水的主要季节,尤其是 6 月,往往由大强度暴雨产生峰高量大的大量级洪水;7~9 月由于受台风影响,也会出现短历时的中等洪水,3 月和 10 月偶尔也会发生中等洪水。因此,本流域 4~6 月洪水由锋面雨形成,往往峰高量大,7~9 月洪水一般由台风雨形成,洪水过程一般较尖瘦。一次洪水过程一般为 7~10 d;长的可达 15 d,如 1964 年和 1968 年洪水;最短的仅为 5 d,如 1996 年洪水和 2002 年秋汛洪水。峰型与降水历时、强度有关,多数呈单峰肥胖型,一次洪水总量主要集中在 7 d 之内。

#### 1.4.3.3 洪水地区组成

赣江纵贯江西省全境,流域分布范围广,纬度跨度大,其流域常见的有"九岭山南麓""雪山地区""井冈山地区"和"武夷山北麓"四大暴雨中心,暴雨地区组成复杂,因此洪水地区组成也较复杂。赣江流域洪水地区组成大致可分为三种类型:第一种为中上游来水为主,下游相应,如 1961 年、1962 年、1968 年、1992 年、1994 年和 1998 年洪水;第二种为中上游相继发生大洪水,下游来水较小,如 1959 年、1964 年、1973 年和 2002 年洪水;第三种为洪水主要来源于中下游,上游来水较小,如 1982 年洪水。第一种是较为常见的洪水,

第二种类型洪水发生概率较小,第三种类型洪水很少发生。

# 1.5　社会经济概况

## 1.5.1　行政区划、人口及经济

赣江流域范围按行政区划分属赣州市的瑞金市、南康市、赣县、信丰县、大余县、上犹县、崇义县、安远县、龙南县、定南县、全南县、宁都县、于都县、兴国县、会昌县、寻乌县、石城县,吉安市的井冈山市、吉安县、吉水县、峡江县、新干县、永丰县、泰和县、遂川县、万安县、安福县、永新县,南昌市的南昌县、新建区,萍乡市的莲花县、芦溪县,宜春市的袁州区、丰城市、樟树市、高安市、万载县、上高县、宜丰县,新余市的渝水区、分宜县以及抚州市的乐安县、宜黄县和广昌县等 47 个县(市、区)。另外,湖南、福建和广东省也有很小一部分。

据 2007 年末的统计数据,流域内(省内,本次规划范围内)共有人口 2 068.58 万,其中城镇人口 885.76 万,乡村人口 1 182.82 万;耕地面积 1 968.32 万亩,其中水田 1 823.51 万亩,旱地 144.81 万亩,有效灌溉面积 1 000.71 万亩;国内生产总值 2 695.46 亿元,工业增加值 1 002.03 亿元,粮食总产量 876.85 万 t,其中谷物产量 839.97 万 t。

## 1.5.2　水力资源

江西省境内水力资源丰富,全省理论蕴藏量 6 845.6 MW,装机 0.5 MW 及以上的技术可开发的水电站 972 座,总装机容量 5 779.7 MW。根据 2004 年江西省水力资源复查成果,赣江流域水力理论蕴藏量为 3 607.8 MW,占全省水力资源蕴藏量的 52.7%。其中,装机 0.5 MW 及以上技术可开发电站 432 座,装机容量 3 102.7 MW,占全省技术可开发电站(0.5 MW 及以上)装机容量的 53.6%,年发电量 111.8 亿 kW·h,占全省水电年发电量52.81%;经济可开发电站 361 座,总装机 2 460 MW,年发电量 91.45 亿 kW·h。

## 1.5.3　旅游资源

赣江流域源远流长,历史悠久,人文荟萃,自然风光秀丽,佳山胜水奇岩异洞众多,历史古迹、革命旧址棋布,旅游资源丰富。

流域上游有赣州市的通天岩、郁孤台、八境台和宋代古城墙、宋代舍利塔、唐宋七里镇窑址,还有大余县梅岭和灵岩古寺,宁都县的翠徽峰,会昌县的汉仙岩,瑞金市的罗汉岩、云石山,于都县的罗田岩,上犹县的上犹江水库风景区,龙南县的小武当山、关西围等。此外,红色故都瑞金,以及兴国、宁都等苏区,具有大量革命文物和遗迹遗址。

中下游有我国著名的井冈山风景名胜区、龙潭风景区和龙江书院名胜区,还有泰和县的老营盘、澄江、武功山风景区,吉安市的白鹭洲、青原山、螺子山公园,吉安县宋代吉州窑、永和古镇、文天祥纪念馆、文山公园,吉水县的燕坊古村、西晋古墓、解缙墓,永丰县沙洒乡西阳宫,乐安县的流坑古镇、千年樟树林,萍乡市的武功山,宜春市的宜春台,上高县崇福寺,高安市七星堆大型古墓葬群、大观楼、碧落堂、凤凰池,宜丰县黄檗山古寺和洞山古寺,南昌市的滕王阁、天香园、八一起义纪念馆、梅岭风景区等。此外,革命老根据地井冈山及遂川、永新、莲花、吉安等县(市)也有大量革命历史文物和胜迹。

## 1.5.4　自然灾害

赣江流域地处低纬度,属亚热带季风湿润气候区。由于流域东、南、西三面高,向中间倾斜,加上流域内武功山、于山等山地和丘陵的存在,形成复杂的地势,对气候特性起到一定的制约作用。总体来看,自然灾害以洪、涝以及旱灾居多。

赣江流域雨水充沛,河流众多,雨季来临,江河水涨,每年都有不同程度的洪水发生。大洪水会形成严重灾情,如山洪暴发,洪水骤至,猝不及防,局部地区也难免泛滥成灾。自公元 381 年以来,共发生全流域性洪水 130 余次,平均 12 年一次。中华人民共和国成立后,受洪灾严重的年份有 1961 年、1962 年、1964 年、1968 年、1982 年、1994 年、1995 年、1998 年、2002 年、2010 年等,平均 3.5 年一次。

另外,流域旱灾具有空间广泛性和时间上的多发性,一次旱情往往殃及数十县,所谓水灾一线,旱灾一片。据不完全统计,公元 454 年以来,有记载的流域性旱灾共发生约 100 余次,平均 15 年一次。其中,极旱级旱灾有 30 余次,约占全部旱灾的 35%。这些旱灾中,连续干旱的年份机遇也较多,连续 2 年流域性旱灾有 20 余次,连续三年流域性旱灾有 10 余次,平均分别为 4.6 年一次和 7.8 年一次。

# 第 2 章　赣江流域规划修编

## 2.1　原规划简介

中华人民共和国成立以来,在党和政府领导下,江西省有关部门以及规划设计单位对赣江流域进行过大量调查、勘测和规划设计等工作,曾先后编制了《赣江流域普查报告》《赣江流域规划要点报告》《赣江水利电力开发综合规划报告》。20 世纪 80 年代至 90 年代初,在总结以往相关规划的基础上,江西省专门成立了赣江流域规划委员会,全面开展赣江流域规划工作,并于 1990 年编制完成了《江西省赣江流域规划报告》及重要支流规划报告(为与新规划区分,将这些规划报告简称为原规划)。在这些规划的指导下,经过多年来的建设与实践,赣江流域治理与开发取得了巨大成就。流域防洪能力得到了显著提高,水资源利用与保护取得了长足进步,水能开发、水运交通等得到了明显发展,流域水资源综合管理水平有了很大的提高。

原规划批准实施以来,经过近二十年流域的综合开发,赣江流域已基本形成了防洪、治涝、灌溉、供水、水能开发利用、水土保持等水工程体系。

### 2.1.1　防洪

赣江流域已基本形成了以堤防、水库、分蓄洪区及非工程措施等组成的综合防洪体系。期间,进行了干流中下游重点堤防的加高加固,赣东大堤已全线达标,流域内也已形成了总长 2 737.0 km 的堤防体系,防洪能力有了较大提高;结合兴利于 1993 年兴建完工了万安水利枢纽工程,其下游的峡江水利枢纽工程也于 2010 年 9 月破土动工,原规划的峡山水库已经开工建设,但由于其淹没损失较大,现已改为低方案开发(水库正常蓄水位 109.80 m,本报告中除另有说明外,涉及高程均为黄海高程系统);进行了前所未有的城市防洪工程建设,干支流沿岸各设区市主城区均已建有堤防保护,且基本达到设计防洪标准,各县级城市重点区域也相继实施了防洪工程建设。但由于受地区经济财力的限制及城市规模的不断扩大,大多数城市未形成完整封闭的防洪保护圈,尚不能满足城市规划发展的需要,亟待进行后续建设;为保障赣东大堤的安全,原规划中在泉港设置了泉港分蓄洪区,该工程由泉港分洪闸、粮洲堤、肖江堤和分蓄洪区四部分组成,粮洲堤、肖江堤及分洪闸经过改建后目前已达标,但分蓄洪区内安全建设还未实施,致使其分洪功能无法得到应有发挥;实施了大规模的病险水库除险加固工程建设,流域内大、中型及部分重点小型病险水库基本上都进行了除险加固,但已经完成或正在进行除险加固的水库仅占流域内全部病险水库的很小一部分,仍有大量小型水库待除险;建成了一批水闸工程,但已建水闸中特别是一些中小型水闸工程,由于年久失修,普遍存在消能防冲设施缺乏或者不健全、启闭设施及电气设备简陋等问题;开展了山洪灾害防治试点,对山洪灾害防治措施进行了有益的探索,部分县(市、区)局部山洪灾害特别严重的区域也编制了防灾预案。但由于投入不足、管理薄弱等,目前流域内山洪灾害总体防御能力较低,部分山洪灾害严重威胁区甚至无任何防灾措施;流域防汛指挥系统正逐步完善,防洪非工程措施进一步得到加强,但如洪水预警预报等还有待加强。

### 2.1.2　灌溉、供水

流域内现已建成各类供水设施共 532 036 座(处),总供水能力 134.44 亿 m³。其中,蓄水工程 113 552 座,现状供水能力 65.33 亿 m³;引水工程 39 356 座,现状供水能力 44.71 亿 m³;提水工程 10 839 座,现状供水能力 19.85 亿 m³;水井 368 282 眼,现状供水能力 5.09 亿 m³;截至 2007 年,流域内已建有赣抚平原、药湖、袁惠渠、章江、白云山、南车、袁北、锦北 8 座 30 万亩以上大型灌区,以及 40 座 5 万~30 万亩、77 座 1 万~5 万亩中型灌区和 8 035 座万亩以下小型灌区,有效灌溉面积 1 000.71 万亩。但由于流域内大多数灌区兴建年代久远,渠系工程老化失修、灌溉水利用系数普遍偏低,部分地区尤其是吉泰盆地地区工程性缺水严重,水资源供需矛盾依然突出;自 20 世纪 90 年代以来,全省先后实施了农村饮水解困工程和农村饮水安全工程建设,期间建成了一大批集中式供水工程,配合农民用水户协会参与工程运行管理,农村饮水安全状况得到了很大改善。但据最新调查统计,赣江流域内 1 182.82 万农村人口中尚有不安全饮水人口 501.36 万,完全解决农村饮水不安全问题仍任重道远;另外,流域内水资源开发利用率及工业水重复利用率还不高,一定程度上制约了流域经济社会的发展。

### 2.1.3　治涝

赣江流域易涝区主要分布在干、支流的中下游,原规划本着"高水导排、低水提排、围洼蓄渍"的原则,重点针对下游的流湖、药湖及清丰山溪涝区(清丰山溪流域不在本次规划范围内)提出了诸多规划措施,随着鄱阳湖二期防洪建设工程及大型泵站更新改造工程的实施,以上涝区兴建了大批排涝设施,治涝状况得到明显改善。截至 2007 年底,流域内已建电排站 64 座(不含城市部分),总装机容量 32 627 kW,导托沟渠 6 条,总导托面积 393.97 km²,尚有易涝面积 178.3 万亩。然而,由于绝大多数治涝工程修建时间较早,经过长时间的运行,原有设备及排涝渠系已严重老化、淤塞,致使其正常作用无法发挥。

### 2.1.4　水资源保护

新修订的《中华人民共和国水法》实施后,水利部相继出台了水功能区管理办法、入河排污口监督管理办法等一系列与水资源保护有关的法规和规范性文件,制定了水资源保护及水污染防治规划,流域内已初步建立起以水功能区管理为基础的水资源保护管理体系,饮用水水源地保护、入河排污口管理逐步规范化,水污染治理也取得了一定成效,流域水环境监测网络基本建成。然而,随着流域经济社会的发展,废物水排放量有逐年增加的趋势,未经处理或处理未达标的废污水直接排入水体,加之面源污染仍未得到有效控制,导致干流局部水域、部分支流河段和湖泊出现一定程度的污染。

### 2.1.5　航运

原规划近期确定通过兴建干流上的万安、泰和、石虎塘、峡江、永太、龙头山梯级以及配合部分河段的疏浚、整治、炸礁等工程措施,使赣州至湖口段河道达到三级航道标准。原规划批准实施以来,期间于 2008 年 12 月动工兴建石虎塘航电枢纽工程,预计 2012 年前建成。其下游的峡江水利枢纽工程目前也已破土动工,泰和、永太、龙头山三级目前仍未实施,已建的万安水库由于其淹没问题一直没有得到解决,目前仍维持初期运行,其回水仅到赣州市下游 35 km 的小湖洲尾,枯水航道水深只有 1.0 m,渠化航道作用受到一定限制。对于原规划远期安排实施的赣粤运河,目前广东境内北江、南雄、韶关段相关配套工程已基本建成,但江西境内赣州市以上河段除桃江上的居龙滩枢纽已建成外,其他所涉及的航运梯级均还未实施。截至 2007 年,赣州市小湖洲尾至万安水库坝址段基本达到三级航道标准,万安至吉安段为六级航道,吉安至樟树段于 2003 年进行了整治,现达到五级航道标准,樟树至南昌段经 2000 年及 2005 年的航道整治,现已达到三级航道标准,可通航 1 000 t 级船舶。支流桃江信丰至江口段目前仅达到七级航道标准。

### 2.1.6　水力发电

原规划近期工程推荐中的枢纽有干流上的泰和、石虎塘、峡江以及桃江上的夏寒、湘水上的羊子寨、濂水上的石版坑、梅江上的龙下、平江上的称钩潭、上犹江上的罗边、营前水上的龙潭、思顺水上的思顺、章江上的峡口、乌江上的洞口、蜀水上的谷中、禾水上的南车和湖陂、袁河上的山口岩以及锦河上的关王亭和高村梯级。其中,石虎塘航电枢纽于 2008 年 12 月动工兴建,目前其工程主体已基本建成,下游的峡江水利枢纽工程也已动工兴建;夏寒梯级现已调整为居龙滩梯级,该梯级现已建成;峡口和南车水库已建成;山口岩水库目前已动工兴建;谷中水库曾于 1970 年动工兴建,且已完成引水隧洞开挖和混凝土衬砌,右岸台地土坝也已填筑了一部分,但后续停工至今;其他原规划推荐的近期工程至今均未实施。截至 2007 年底,赣江流域已建水电站 1 064 座,总装机容量 1 594.41 MW,占全省水电技术可开发装机容量的 27.59%,占赣江流域水电技术可开发装机容量的51.39%;年发电量 55.47 亿 kW·h,占全省水电技术可开发年发电量的 26.20%,占赣江流域水电技术可开发年发电量的 49.62%。

### 2.1.7　水土保持

原规划实施以来,随着全流域及重点小流域水土保持治理工作的不断推进,以及滑坡泥石流预警系统和水土保持监测网络体系的初步建立,流域内治理赶不上破坏的被动局面得到了改变,在防风固沙、涵养水源和保护农田等方面取得了一定的社会效益和经济效益,但治理形势依然严峻。根据最新的土壤侵蚀遥感调查成果,赣江流域现有水土流失总面积 15 523.44 km²,占土地总面积的 20.0%。水力侵蚀面积 15 523.44 km²(含崩岗 34 977处,崩岗面积 140.60 km²),其中:轻度流失面积为 5 801.17 km²,占 37.4%;中度流失面积为 4 824.20 km²,占 31.1%;强度流失面积为 3 475.63 km²,占 22.4%;极强度流失面积为929.74 km²,占 6.0%;剧烈流失面积为 492.70 km²,占 3.1%。另外,开发建设项目造成的人为水土流失问题依然突出,每年都造成新的水土流失。

### 2.1.8　流域管理及公共服务

随着《中华人民共和国水法》《中华人民共和国防洪法》《中华人民共和国水土保持法》《中华人民共和国水污染防治法》等涉水法律法规的颁布实施,流域依法管水取得了长足的进展。农民用水户协会等公众参与平台逐步建立,流域管理机制和手段更加灵活多样,取水许可、防洪管理等方面的管理水平逐步提高,水行政执法监督不断强化,流域水事秩序良好,防汛抗旱、水资源综合利用、水生态与环境保护、工程建设与运行等方面的水行政管理工作也逐步走向制度化和规范化。随着经济社会的不断发展,人性化、精细化、制度化的管理已是大势所趋,这就对流域的管理提出了更高的要求。从目前来看,水资源市场化配置、公众参与机制等还需积极培植和完善,执法监督能力还需进一步加强,流域水行政事务管理还需进一步规范,信息现代化水平和科技支撑能力尚待进一步提高。

## 2.2　原规划评价

原赣江流域规划是20世纪80年代至90年代初编制的,从目前实施的情况来看,原规划对综合利用规划的指导思想、规划原则和规划任务是正确的,治理开发的总体方案也是基本合理的,这在一定时期内为指导赣江流域开发治理和保护起到了至关重要的作用。但是,限于当时的客观条件和认识水平,原规划在某些方面还存在一定的不足。主要表现在以下几个方面:

(1)在原规划的治理开发方案中,注重水能资源的开发和利用,主张建筑高坝大库,对水资源的开发利用考虑得较多,而对水环境、水资源保护以及水利建设对生态与环境的影响估计不够,对开发建设与生态保护的关系研究较少。

(2)原规划对水库淹没移民的困难程度及由此引起的环境和社会问题认识不足,在一些条件不是很好的地区规划高坝大库,引起诸多争议,影响了规划方案的实施。

(3)在水资源开发利用规划中,原规划研究水资源开源多,研究水资源的节约和保护少,缺少建立节水型社会的理念;供水规划方面,注重供水工程规划,没有充分考虑水资源的承载能力,缺乏对城市供水的深入研究,对保障城乡人畜饮水安全问题研究得也不够;灌溉规划方面,注重灌溉水源工程的选择和骨干渠系的布置,对灌区工程续建配套与节水改造挖潜研究不够。

(4)在防洪规划中,原规划主要偏重于干流的防洪工程布局和工程安排,对流域内中小河流治理、县城防洪、山洪灾害防治、病险水库及水闸等方面没有涉及。

(5)原规划考虑水利行业自身多,统筹国民经济不同领域(航运、渔业、城市建设)少,与经济社会发展规划、专业规划协调少。

(6)原规划没有对流域治理开发相关政策和流域管理体制进行研究,对流域有序开发问题没有提出足够的规划意见。

# 2.3　赣江流域规划修编的必要性

流域规划是流域进行治理、开发、保护等建设活动的重要指导性文件与依据。原赣江流域规划实施以来的近 20 年，区域经济社会发生了巨大的变化，流域的水资源状况和工程设施条件等治理开发环境也发生了重大变化，流域治理开发面临许多新情况、新条件、新要求与新挑战。全面建设小康社会、加快推进社会主义现代化，建立完善的流域防洪减灾体系、水资源供给和保障体系、水资源与生态环境保护体系、流域综合管理体系，要求流域治理与开发要有新目标、新方案与新举措；贯彻落实科学发展观、构建社会主义和谐社会，要求流域治理与开发要有新思路；水资源短缺、水环境污染等矛盾和问题日益突出，要求流域治理与开发要有新措施。在新的历史条件下，客观准确地反映流域面临的新形势、新变化、新要求，充分体现科学发展观与国家新时期的治水方针，与时俱进地对赣江流域规划进行修编是非常必要和十分迫切的。

## 2.3.1　落实科学发展观和贯彻新时期治水方针的需要

党的十六大以来，中共中央提出了科学发展观和构建社会主义和谐社会的战略思想，要求在发展过程中要坚持人与自然和谐相处，统筹兼顾区域发展，使发展速度、规模和质量始终控制在资源和环境承载能力范围之内。2010 年 12 月 31 日，中共中央国务院首次以一号文件的形式下发了《关于加快水利改革发展的决定》，将水利的改革发展提升到前所未有的高度，明确提出把水利作为国家基础设施建设的优先领域，把农田水利作为农村基础设施建设的重点任务，把严格水资源管理作为加快转变经济发展方式的战略举措，注重科学治水、依法治水，大力发展民生水利，不断深化水利改革，加快建设节水型社会，促进水利可持续发展。《关于加快水利改革发展的决定》指出，到 2020 年，基本建成防洪抗旱减灾体系，水资源合理配置和高效利用体系，水资源保护与河湖健康保障体系以及有利于水利科学发展的制度体系。

新的水利发展目标对流域规划与流域治理开发提出了更高更新的要求，为全面贯彻落实国家新时期治水方针与水利改革发展目标任务，适应当前新形势下的水利发展需要，迫切需要对流域规划的目标、任务、治理开发理念、治理开发方案与措施等进行全面的调整与修订，提出适应新形势下的流域治理开发方案、构架与措施，以使流域规划更好地指导流域治理开发建设的各项工作。

## 2.3.2　适应区域经济快速可持续发展的需要

原赣江流域规划实施以来，流域内的治理与开发取得了巨大成就。初步形成了以堤防工程为基础、分蓄洪区和水库等相配套的防洪工程体系，重要防护对象的防洪能力基本达到规划标准；初步建立了区域灌溉、供水、水力发电、航运等水资源综合利用体系，人们生活、生产用水得到有效保障；初步形成了水生态与环境保护体系，水土流失得到有效控制；流域规划中治理开发工程的实施，为区域经济社会发展起到了重要的支撑与保障作用。

　　然而,近年来随着全省工业化、城镇化的快速推进,经济社会的快速发展与资源环境的矛盾日益尖锐,水源资源需求不断增加,节能减排任务更加艰巨,环境保护压力日益突出,工程性缺水、水质恶化趋势问题更加突出。实现经济社会又好又快发展,必须高度重视水资源的可持续利用。通过开展赣江流域规划修编,重新审视流域水资源条件和水环境承载能力,强化水资源的综合治理、优化配置和高效利用,更好地促进经济增长方式转变,建设资源节约型和环境友好型社会,更好地满足区域经济社会发展对水资源的需求,促进人民安居乐业、社会和谐稳定。

### 2.3.3　扎实推进社会主义新农村建设的需要

　　江西为农业大省,赣江流域内的赣抚平原、吉泰盆地、赣县盆地等是粮食主产区,保障粮食安全是事关经济社会全局的头等大事。《关于加快水利发展改革的决定》指出,农田水利建设滞后仍然是影响农业稳定发展和国家粮食安全的最大硬伤,水利设施薄弱仍然是国家基础设施的明显短板;要突出加强农田水利等薄弱环节建设,加快扭转农业主要"靠天吃饭"的局面。推进社会主义新农村建设,必须改善农民的生产、生活与生存条件,大兴农田水利基础建设,加快解决农村饮水安全问题,积极推进小水电代燃料工程建设,改善农村水环境与生态环境。通过修编流域规划,将更加注重农业灌溉、农村供水、小水电等农民群众直接受益的工程建设,统筹城乡发展,为新农村建设提供可靠的水利支撑。

### 2.3.4　服务鄱阳湖生态经济区建设的需要

　　鄱阳湖生态经济区是以江西鄱阳湖为核心,以鄱阳湖城市圈为依托,以保护生态、发展经济为主要目标,把区域建设成为生态文明与经济社会发展协调统一、人与自然和谐相处的生态经济示范区。国务院已于 2009 年 12 月 12 日正式批复《鄱阳湖生态经济区规划》,鄱阳湖生态经济区建设已正式上升为国家战略,鄱阳湖地区既肩负着保护鄱阳湖"一湖清水"的重大使命,又承载着引领经济社会又好又快发展的重要功能。鄱阳湖生态经济区的战略定位为:保护生态,发展经济,以人为本,统筹兼顾,把区域建设成为生态优良、经济发达、城乡协调、生活富裕、生态文明与经济文明高度统一、人与自然和谐的生态经济区,成为江西的生态文明示范区,城乡协调的先行区,新型产业的集聚区,江西崛起的带动区,改革开放的前沿区,成为全国大湖流域综合开发示范区、长江中下游水生态安全保障区,加快中部崛起重要带动区和国际生态经济合作重要平台。

　　赣江为鄱阳湖水系的最大河流,流域面积与水量占鄱阳湖水系的近 50%,赣江中下游区域是鄱阳湖生态经济区的重要组成部分,赣江流域的治理开发对鄱阳湖生态经济的建设起重要的作用。在赣江流域规划修编中,将遵循《鄱阳湖生态经济区规划》,把构建安全可靠的生态环境保护体系、调配有效的水利保障体系,确保防洪安全、饮水安全、粮食安全和生态安全作为规划的重要目标和任务,大力推进基本农田整治和农田水利设施建设,完善灌溉排涝系统;强化水土保持、湿地保护、水生态与水环境保护,保障河流健康。

### 2.3.5　科学治水、依法管水的需要

　　流域综合规划既是流域水资源治理保护和开发建设的总体部署,也是政府规范流域

水事活动、实施流域管理与水资源管理的重要依据。目前,流域规划滞后于其他有关方面的规划,赣江部分中小河流尚未开展流域规划,流域水资源管理还存在不少薄弱环节,特别是一些地方水资源过度开发、水能资源无序开发,严重影响流域水资源综合效益的发挥,造成对流域生态与环境的破坏。解决好这些问题,需要编制全面系统、科学合理的流域综合规划,统筹协调流域经济社会活动中的各种矛盾和错综复杂的利益关系,把流域各项水事活动切实纳入法制轨道,真正做到科学治水、依法管水。

　　综上所述,为深入贯彻科学发展观和新时期治水理念,修订完善以往规划成果的不足,满足新形势与新条件下的流域治理开发需要,适应经济社会发展对不断增长的防洪保安、水资源供给与保护、水生态环境保护的需求,开展赣江流域综合规划修编是非常必要与紧迫的。通过对赣江流域综合规划的修编,可以让以人为本,全面、协调、可持续的科学发展观及人与自然和谐相处的理念得到充分体现,可以更好地协调水资源的治理、开发、保护、配置、节约和利用关系,以使水资源的可持续利用保障与支撑流域经济社会的可持续发展。

# 第 3 章　赣江流域总体规划

## 3.1　规划指导思想、原则、依据

### 3.1.1　规划指导思想

以习近平新时代中国特色社会主义思想为指导，以建设生态文明、维护河流健康、促进人与自然和谐相处为主线，着力于提高流域防洪减灾、水资源综合利用与保护能力，提升水利社会管理等公共服务水平，对赣江流域的治理、开发和保护进行战略性、全局性、前瞻性的规划和部署，以水安全和水资源的可持续利用支撑流域内经济社会又好又快的发展。

### 3.1.2　规划原则

（1）以人为本的原则。保障防洪安全是流域规划中的重要任务，在流域防洪体系规划中，要按照以人为本、人水和谐的原则安排好流域防洪工程措施和非工程措施；优先安排城市生活、农村人畜供水；按照不断提高人民生活水平和质量的要求，着力解决好与人民切身利益密切相关的水问题。

（2）人与自然和谐、建立资源节约环境友好型社会的原则。在开发中落实保护，在保护中促进开发，处理好经济社会发展与水生态和环境保护的关系，合理分析水环境对经济社会发展的承载能力，统筹考虑流域、区域、城乡水利协调发展，协调涉水部门规划（交通、电力、生态环境、卫生、城建、旅游、农业、农村、林业、民政、扶贫、少数民族），适应国民经济和社会发展规划（省、市、县）要求，保障流域社会、经济、环境的可持续发展。

（3）水资源综合利用、合理开发的原则。规划修编应以防洪减灾为重点，统筹考虑供水、灌溉、水力发电、航运等部门的需要，优先安排城乡生活用水，努力满足人民群众对生活、生产、生态用水安全的需求，充分发挥水资源的综合效益（经济、社会、生态），并注意协调水资源开发与生态环境保护的关系。

（4）统一规划、全面发展、分期实施的原则。在规划中正确处理干支流的关系，注意协调区域（上下游、左右岸）、各专业规划、保护与开发之间的关系，处理好当前利益与长期利益的关系，应为长远发展留有余地和创造条件。

（5）因地制宜、突出重点、兼顾一般、统筹发展的原则。规划修编中针对各区域不同特点和发展要求，分清轻重缓急，解决好与人民利益密切相关的突出问题。按照统筹城乡发展、统筹区域发展的要求，对中小河流开发规划研究、现状防洪工程联合调度、解决农村人口饮水安全、山洪灾害防御、病险水库除险加固等，制订具有针对性和切实可行的规划方案。统筹考虑城乡水利发展，既要大力加强农村水利基础设施建设，也要认真研究城市化进程中对水利的要求，加强城市防洪、排涝和供水等水利建设的研究，构建城乡协调、重点突出、各具特色的流域水利发展体系。

(6)新建工程与已建工程配套挖潜、加固改造并重的原则。几十年来,赣江流域水利事业发展虽然取得了长足进步,但仍存在工程建设不够、已建工程不完善及老化失修等现象。在流域规划修编中,既要注重水利工程建设体系的研究,推荐新的水利工程建设项目,更应重视对已建工程的配套完善、挖潜、加固改造工作的研究,使已建工程发挥应有的作用。

(7)工程措施与非工程措施相结合的原则。工程措施在水资源利用及防御水旱灾害过程中有着重要作用,但受多方面因素影响,工程措施有一定的局限性,为弥补工程措施不足,采取非工程措施是非常必要的,尤其是在防御洪涝灾害时更为重要。

### 3.1.3　规划编制依据

(1)中央一系列水利方针、政策,治水新思路;
(2)国家相关的法律法规;
(3)江西省制订颁发的相关实施办法和条例;
(4)相关规程、规范;
(5)有关流域及专业规划;
(6)流域内各设区市、县(市、区)相关发展规划及设计文件;
(7)《赣江流域综合规划》工程规划设计合同;
(8)《赣江流域综合规划项目任务书》(水规计〔2011〕314 号);
(9)省、市、县经济和社会发展对流域治理开发的相关要求;
(10)其他已批复的相关设计文件。

# 3.2　规划范围、规划水平年

本次规划范围为赣江干流外洲水文站以上流域,因外洲水文站位于南昌市城区,为保持南昌市城区在赣江流域规划的完整性,本次规划范围包括南昌市城区,规划范围总面积 80 196 km²。各行政区面积详见表 3-1。

表 3-1　赣江流域规划范围内涉及各县(市、区)面积

| 设区市<br>行政区 | 县(市、区)<br>行政区 | 流域内面积<br>(km²) | 各县流域面积占本县<br>国土面积比例(%) | 备注 |
|---|---|---|---|---|
| 赣州市 | 赣州市小计 | 35 672 | | |
| | 赣州市辖区 | 479 | 100 | |
| | 瑞金市 | 2 448 | 100 | |
| | 南康市 | 1 845 | 100 | |
| | 赣县 | 2 993 | 100 | |
| | 信丰县 | 2 840 | 98.7 | |

续表 3-1

| 设区市<br>行政区 | 县(市、区)<br>行政区 | 流域内面积<br>（km²） | 各县流域面积占本县<br>国土面积比例（%） | 备注 |
|---|---|---|---|---|
| 赣州市 | 大余县 | 1 368 | 100 | |
| | 上犹县 | 1 544 | 100 | |
| | 崇义县 | 2 197 | 100 | |
| | 安远县 | 1 744 | 73.4 | |
| | 龙南县 | 1 641 | 100 | |
| | 定南县 | 397 | 30.2 | |
| | 全南县 | 1 521 | 100 | |
| | 宁都县 | 4 053 | 100 | |
| | 于都县 | 2 893 | 100 | |
| | 兴国县 | 3 214 | 100 | |
| | 会昌县 | 2 722 | 100 | |
| | 寻乌县 | 191 | 8.3 | |
| | 石城县 | 1 582 | 100 | |
| 吉安市 | 吉安市小计 | 25 271 | | |
| | 吉安市辖区 | 1 383 | 100 | |
| | 井冈山市 | 1 270 | 100 | |
| | 吉安县 | 2 111 | 100 | |
| | 吉水县 | 2 475 | 100 | |
| | 峡江县 | 1 288 | 100 | |
| | 新干县 | 1 248 | 100 | |
| | 永丰县 | 2 695 | 100 | |
| | 泰和县 | 2 665 | 100 | |
| | 遂川县 | 3 102 | 100 | |
| | 万安县 | 2 046 | 100 | |
| | 安福县 | 2 793 | 100 | |
| | 永新县 | 2 195 | 100 | |
| 萍乡市 | 萍乡市小计 | 1 697 | | |
| | 莲花县 | 969 | 91.2 | |
| | 芦溪县 | 728 | 75.6 | |

**续表 3-1**

| 设区市<br>行政区 | 县(市、区)<br>行政区 | 流域内面积<br>（km²） | 各县流域面积占本县<br>国土面积比例(%) | 备注 |
|---|---|---|---|---|
| 新余市 | 新余市小计 | 3 164 | | |
| | 渝水区 | 1 776 | 100 | |
| | 分宜县 | 1 388 | 100 | |
| 宜春市 | 宜春市小计 | 11 254 | | |
| | 袁州区 | 2 391 | 94.4 | |
| | 丰城市 | 572 | 20.1 | |
| | 樟树市 | 987 | 76.7 | |
| | 高安市 | 2 343 | 96.1 | |
| | 万载县 | 1 676 | 97.8 | |
| | 上高县 | 1 350 | 100 | |
| | 宜丰县 | 1 935 | 100 | |
| 抚州市 | 抚州市小计 | 1 455 | | |
| | 乐安县 | 1 398 | 57.9 | |
| | 宜黄县 | 29 | 1.5 | |
| | 广昌县 | 28 | 1.7 | |
| 南昌市 | 南昌市小计 | 1 683 | | |
| | 南昌市城区 | 548 | 88.8 | |
| | 南昌县 | 221 | 12.0 | |
| | 新建县 | 914 | 39.1 | |
| 合计 | | 80 196 | | |

规划水平年：本次规划现状基准年为 2007 年，近期规划水平年为 2020 年，远期规划水平年为 2030 年，重点为近期规划水平年。

## 3.3　经济社会发展对赣江规划开发与保护的要求

当前和今后一段时期，是我国加快转变经济发展方式，提高发展的全面性、协调性和可持续性，同步推进工业化、城镇化和农业现代化时期，也是实现中部崛起、实施鄱阳湖生态经济区和海西经济区战略、推进经济结构调整、加快实现现代化的关键时期。随着工业化、城镇化的深入发展以及全球气候变化的影响加大，我国水利面临的形势更趋严峻，增强防灾减灾能力要求越来越迫切，强化水资源节约保护工作越来越繁重，加快扭转农业主要"靠天吃饭"局面任务越来越艰巨。2003 年、2006 年江西省大部分地区发生的特大干旱以及 1998 年、2010 年遭受的洪涝灾害,再次警示着我们加快水利建设刻不容缓。水利是现代农业建设不可或缺的首要条件,是经济社会发展不可替代的基础支撑,是生态环境改善不可分割的保障系统,具有很强的公益性、基础性和战略性。水利发展不仅关系到防洪安全、供水安全、粮食安全,而且关系到经济安全、生态安全、国家安全,关系到经济社会发展全局。这些给赣江流域治理、开发、保护与管理提出了更高的要求,赣江流域规划面临着新的形势和任务。

### 3.3.1　防洪保安日显重要

受特殊地理位置的作用,赣江流域是洪涝灾害频发区与重灾区,洪涝灾害制约着区域经济社会发展。经过历年的防洪建设,赣江流域以堤防为主、结合水库与分蓄洪区的防洪工程体系已具一定规模,但现状防洪体系仍不完善,防洪能力低下。干支流沿岸堤防防洪标准普遍偏低;大多城镇只有部分堤防达标,且没有形成完整的防洪保护圈;防洪工程建设缺乏相应的资金投入,工程建设严重滞后;万安水库运行多年受移民淹迁不到位影响未能发挥设计防洪效益。随着经济社会的发展、生活水平的提高以及财富的积聚,防洪压力越来越大,对防洪减灾的要求也越来越高。此外,极端天气引起的流域上游山洪、泥石流灾害频发,对当地人民生命财产造成极大威胁;山洪灾害防治与中小河流治理的要求也越来越高。因此,进一步完善防洪体系,保障防洪安全仍是今后赣江治理开发与保护的首要任务。

### 3.3.2　供水安全与粮食生产安全面临挑战

随着流域经济的快速发展、城市群的崛起、人口的集中、人民生活水平的不断提高,供水安全和粮食安全已是水利发展不可回避的现实问题,社会的稳定和发展,离不开清洁的水源、充足的水量和充裕的粮食,而这一切均需要水利的支撑。

赣江流域水资源时空分布不均,已建水源工程径流调节能力差,农田水利基础设施薄弱,抗旱能力不足,水资源开发利用程度与利用效率低下,加上现有设施老化失修,工程型缺水、季节性缺水普遍存在,部分区域存在资源型和水质型缺水。至 2007 年底,流域内约有 965.8 万亩农田没有灌溉设施或配套设施不全,且现有灌溉面积中大多数灌溉保证率不高,流域内部分农村的人畜饮水安全问题尚未得到解决,萍乡、新余等城镇缺水矛盾日益显现。如 1963 年、1978 年和 2003 年等特大干旱年重现,全流域农业生产将面临巨大威胁并遭遇重大损失。赣江流域供水安全与粮食生产安全面临严峻挑战。

### 3.3.3　水资源与生态环境保护任重道远

现状赣江水质状况总体较好,主要是因为中上游经济规模较小,排污少,加之水量丰富,自净能力较强。但随着工业化、城镇化进程的加快,排污量日渐增加,部分河段,特别是城市河段水污染加剧,水质逐年下降。此外,农田径流、水土流失、畜禽养殖、农村污水等非点源污染,更加剧了污染治理的难度。江河、湖泊、湿地生态系统保护,水土流失和水环境治理,以及生态建设与人居环境的美化和改善,都需要水利提供支撑和保障。因此,要实现河流健康、人水和谐,流域水资源保护的任务十分艰巨。

### 3.3.4　提高水运综合运输能力要求迫切

赣江赣州以下干流河段是江西省主要航道,经鄱阳湖入长江,是区域综合运输体系的重要组成部分,对区域经济发展具有积极作用和影响。航运与其他运输方式相比,具有运量大、耗能小、占地少、污染小、投资省等优势。现状赣江干流通航河段航道等级为Ⅲ~Ⅴ级,根据《江西省内河航运规划》所确定的目标,规划期内要使赣江干流达到Ⅲ级航道标准。因此,在赣江流域治理开发与保护中,要切实贯彻水资源综合利用的方针,妥善处理防洪、发电、供水与航运的关系,结合水利建设及航道整治改善航道条件,提高区域综合运输能力。

### 3.3.5　流域管理协调机制亟待完善

随着流域经济社会的发展、流域环境条件的改变以及认识水平的提高,流域管理面临新的任务和挑战:一是全面建设节水防污型社会的要求,迫切需要实行最严格的水资源管理制度,严守水资源管理“三条红线”,严格实行用水总量控制,坚决遏制用水浪费,严格控制入河排污总量;二是流域干支流梯级水库综合效益的发挥与不利影响的消除,需加强水库群的统一调度与管理。三是全球气候变化引发洪涝和干旱等极端气候现象增加,突发性水污染事件也时有发生等,需要加强应急管理,提高社会服务水平。面对新挑战,必须综合运用法律、行政、市场和技术等手段,加强流域管理,提高依法行政能力和社会服务水平,进一步做好统筹规划、行政审批、科学调度、执法监督、指导协调等工作,保障流域治理开发与保护活动的顺利进行,并充分发挥工程的综合效益,为促进经济社会的持续发展和生态环境的有效保护提供有力支撑。

## 3.4　规划目标

### 3.4.1　总体目标

建立和完善流域防洪减灾、水资源供给和保障、水资源保护与生态环境修复、流域综合管理四大体系,加强工程措施和非工程措施建设,不断提高流域防洪减灾能力,合理开发利用水资源,有效遏制水生态环境的恶化趋势,全面强化流域综合管理,保障防洪安全、供水安全和生态安全,以水资源可持续利用支撑流域经济社会的可持续发展。

#### 3.4.1.1　2020 年以前

完善流域综合防洪减灾体系,基本建成以堤防工程为主、结合防洪水库与分蓄洪区等综合措施组成的防洪工程体系。加高加固堤防工程,建成峡江防洪水库,整治疏浚河道,使南昌市区域防洪标准达 200 年一遇,赣州、吉安、宜春、新余等设区市城区防洪标准达到50 年一遇,瑞金、南康、樟树、丰城、高安等县(市)防洪标准达到 20 年一遇,沿河重要乡镇防洪标准达到 10 年一遇,其他重要与一般圩堤全面达标。全面开展中小河流治理,提高山洪灾害防御能力。通过新建和扩(改)建排涝泵站,完善沟渠配套工程,提高重要城镇和圩区的排涝能力,使重要城镇的排涝能力达 10~20 年一遇年最大 1 d 暴雨不致灾,万亩以上圩区达 5~10 年一遇年最大 1 d 暴雨 1~3 d 内排至耐淹水深。通过防洪治涝工程建设,使重要防洪保护区在标准洪水下基本不发生灾害,遇超标准洪水,有对策措施,最大限度地减少人员伤亡和财产损失,保持社会稳定;山丘区在发生山洪灾害时尽量避免发生群死群伤事件;在遇设计标准内暴雨时,涝区能正常生产;维持干支流河势和河岸基本稳定。

基本实现水资源合理开发利用,不断提高流域水资源利用效率和效益,水资源开发利用率控制在 25%左右,多年平均用水总量控制在 160.4 亿 $m^3$,万元 GDP 用水量降低至 170 $m^3$ 以下,万元工业增加值用水量降低至 130 $m^3$ 以下,基本建成流域水资源配置体系。加强节水型社会建设,保证城乡人民生产生活用水的数量和质量,城镇供水保证率提高至 95%以上,解决农村饮水不安全问题,使农村自来水普及率达到 60%以上。完成大型灌区及重点中型灌区的配套更新改造,推进其他中型灌区的配套更新改造,新建一批灌区和水源工程,灌溉率达到 70%左右,积极发展节水灌溉,满足农业生产和生态用水需求,灌溉水利用系数从现状的 0.40~0.45 提高至 0.48~0.67。加快农村水电建设,合理开发流域水力资源,实现水能资源开发科学有序,增加清洁能源供给,提高农村水电电气化水平,为社会主义新农村建设提供能源支撑。以赣江干流高等级航道为骨架,以南昌、赣州等主要港口为中心,建成石虎塘等航电枢纽工程,初步形成以赣江干流为骨干航道、干支衔接、沟通长江的现代化水运体系,赣江干流航道达三级标准。

改善水生态环境,基本控制污染物的排放,有效遏制水资源及水生态环境的恶化趋势。赣江干流及主要支流水功能区达标率达到 80%,保持水生态与水环境呈良性循环发展状态。水生生物、自然保护区、风景名胜区等得到有效保护;流域水土流失得到有效遏制。

全面加强以统筹规划、科学调度、行政审批、执法监督、指导协调为主要特征的流域涉水事务管理,初步实现涉水管理现代化和控制性水利水电工程的统一调度,全面提高科技支撑能力与水利信息化水平。

### 3.4.1.2　2021~2030 年

治理开发与保护并重、更加侧重保护。通过完善工程措施和非工程措施,进一步提高流域防洪减灾能力,有效开发利用水资源,维系优良水生态环境,健全流域生态功能与服务功能。

进一步完善综合防洪减灾体系。发挥已建水库的削峰滞峰作用,实现万安水库按设计规模运行,通过以万安水库、峡江水库为骨干的控制性水利枢纽工程与泉港分蓄洪区的联合调度,进一步提高赣江中下游的防洪能力。继续实施圩堤加高加固建设,完善以新城区为主要防护对象的城市防洪体系,进一步提高重要城镇的防洪能力。进一步完善山洪灾害防治体系建设,显著提高山丘区防洪能力。继续实施河道整治建设,有效控制河势和岸线的稳定,稳固河岸堤防。

基本实现水资源的高效利用。初步建成节水型社会,水资源开发利用率控制在 30%左右,多年平均用水总量控制在 173.1 亿 $m^3$,万元 GDP 用水量降低至 100 $m^3$ 以下,万元工业增加值用水量降低至 75 $m^3$ 以下,基本建成流域和区域水资源合理配置与高效利用保障体系,满足人民生活水平提高、经济社会发展和生态环境保护的用水需求。继续完善已建灌区的续建配套与节水改造,新建一批中小型灌区,增加有效灌溉面积,使灌溉水利用系数提高至 0.52~0.71,灌溉保证率达到 85% 左右;进一步合理开发水能资源,完善航道、港口建设,延伸水运服务范围。

初步实现水资源与水生态环境健康发展。赣江干流及主要支流水功能区达标率达到 95%,水体能够可持续地满足人类需求,不致对人类健康和经济社会发展的安全构成威胁或损害,全面建设"人水和谐"的水生态环境;建立完善的水土保持和水环境监测网络,现有水土流失得到基本治理。

基本形成完善的流域涉水管理法律法规体系;基本建成流域水量、水质、水生态环境综合监测系统;水利管理全面走上法制化、规范化的轨道。

## 3.4.2　规划任务

1990 年编制的《江西省赣江流域规划报告》确定赣江流域治理开发任务为防洪、水能开发、灌溉、航运、供水、治涝、水土保持等。在该规划的指导下,赣江流域开发治理取得了较大成就,建成了一大批水库、圩堤、泵站等各类水利工程,初步形成了一定规模(较为完善)的防洪、治涝、灌溉、供水、发电、水土保持等水利工程体系,对解决流域水旱灾害、水资源供给、水土保持与水环境保护等问题起到了重要的作用,为区域经济社会发展作出了重要贡献。然而,流域内目前仍然存在防洪减灾体系薄弱,农村水利基础设施薄弱,水资源短缺问题突出,水环境与水生态变差趋势明显,水土流失依然严重等诸多问题,严重影响流域服务功能的发挥并制约区域经济社会的发展。

随着经济社会的发展、环保意识的增强以及"节水优先、空间均衡、系统治理、两手发力"治水方针的提出,本次规划需对流域经济社会发展现状与发展趋势、现状防洪能力与防洪需求、水资源特性与供需状况、生态环境保护需求等进行全面的分析,处理好需要与可能的关系,在注重保护生态环境的基础上,合理配置水资源,充分发挥河流的服务功能,既要保障和支撑区域经济社会发展,又要维护河流健康,促进其生态功能和服务功能的可持续发挥。

根据流域治理开发与保护现状、存在的问题和经济社会发展需要,按照维护健康河流、促进人水和谐的基本规划宗旨,拟定赣江流域治理开发与保护的主要任务是防洪、灌溉、供水、治涝、水资源和水生态环境保护、岸线利用、航运、水力发电、水土保持等。

### 3.4.2.1　防洪减灾

赣江流域为洪灾多发区,防洪减灾是流域规划的首要任务。现状流域防洪体系尚不完善,实际抗洪能力偏低。本次规划以现状防洪工程为基础上,通过堤防与防洪水库建设、分蓄洪区安全建设、病险水库除险加固、山洪灾害防治、河道整治以及防洪非工程措施等,健全与完善流域防洪减灾体系。规划重点研究新的经济社会发展形势与生产力布局条件下的区域防洪形势和对策,研究水情特点与河道演变规律,研究重要城镇、重要防护区域与保护对象的防洪形势与需求,研究山洪灾害的成因及其分布,分析、复核和调整现有防洪工程体系布局与防洪能力,研究防洪工程体系总体构架与布局;采用综合措施提高区域治涝能力;研究水库群调度、洪水风险管理,进一步完善防洪非工程措施。

#### 3.4.2.2 水资源综合利用

研究区域经济社会发展对水资源的需求,分析流域水资源及其开发利用状况与特点,研究区域水资源与水环境的承载能力,统筹协调灌溉、供水、水力发电、航运等涉水部门的利益和矛盾,合理配置、高效利用与节约保护水资源;分析水资源短缺的成因与地区分布,研究已建水源工程挖潜增效的途径与措施,规划新建水源工程,着重研究农村水利基础设施的规划与完善,为保障供水安全、粮食安全,为全面建设小康社会,为区域经济社会协调可持续发展提供可靠的水资源支撑和保障。

#### 3.4.2.3 水资源保护与水土保持

在江西省水环境功能区划的基础上,进一步完善赣江流域水功能区划,分析研究规划河段、湖泊水域水体纳污能力及污染物限制排污总量,确立水功能区限制纳污红线,提出水质保护要求与河道基流等控制性指标;同时,结合入河排污口的监测调查成果,提出限制排污的意见;分析研究水生态与环境的主要制约因素、开发利用限定条件及控制因素,拟定水生态与环境保护方案。

进一步调查、分析水土流失成因、规律和发展趋势,划分水土流失类型分区,完善重点预防保护区、重点监督区和重点治理区的划分,针对不同水土流失类型区特点,进行水土流失综合防治规划,提出工程分期实施意见。

#### 3.4.2.4 流域水利管理

根据流域治理开发和保护的规划方案,从维护河流健康、实现人水和谐、保障水资源可持续利用、发挥政府对涉水涉河事务社会管理的职能和提高公共服务水平的要求出发,研究提出制定水管理法规、政策要求和建议;研究建立用水总量控制、用水效率控制和水功能区限制纳污水资源管理"三项制度"的政策措施,划定用水总量、用水效率和水功能区限制纳污"三条红线";研究提高水利社会管理和公共服务能力的措施,研究水利管理信息采集、传输、分析、处理方案,提出水利现代化管理规划方案与对策。

# 3.5 流域规划水资源与水生态总体布局

## 3.5.1 水资源综合利用体系总体布局

水资源综合利用体系包括供水、灌溉、水力发电和航运等。赣江流域水资源开发利用应按照"用水总量与效率控制""三生用水兼顾"和"综合利用"的原则,在全面加强节约与保护的基础上,对现有设施充分挖掘其潜能,安排灌溉、供水等骨干水源工程建设,合理开发水能资源,大力发展内河航运,不断提高流域水资源综合利用效率,合理配置生活、生产及生态用水。应加强节水型社会建设,实行用水总量和用水效率控制,将水资源开发利用率严格限制在控制指标范围内。在枯水年应实行干流及主要支流控制性水利水电工程水资源的统一调度,增加中下游干流枯期流量,提高中下游干流供水和灌溉保证率,改善航道通航条件。

(1)做好水资源的合理配置。在保障河道内生态环境用水和强化节水的基础上,合理配置生活、生产和河道外生态环境用水,满足区域经济社会发展对水资源的需求。赣江流域水资源供需矛盾主要出现在干旱季节,缺水类型多为工程型缺水,重点加强枯水年与枯水季的水资源配置与工程调度,合理协调各部门、各行业、上下游及左右岸的用水需求;加强水源工程建设,增强水资源调控能力。

(2)加强城乡供水体系建设。加快城市供水水源建设,按安全、可靠的原则,改扩建与新建一批蓄、引、提供水水源工程,提高城市供水能力。针对部分城市(如新余等城市)的河道地表水饮用水源水质得不到保障的情况,加快实施替代水源工程,保障城市供水安全。加快城市备用水源建设,以正常水源与备用水源相结合的原则,建立多水源供水体系,健全应急供水机制,大力提高应急供水能力。解决农村安全饮水问题,建立乡村安全、方便、可靠的生活供水体系;平原丘陵区依托丰富水源建设集中供水工程,山区建设分散供水工程,普及自来水供应,保障人畜饮水安全,改善农村生活条件。遇干旱年份时,优先满足城乡居民生活用水;在水源条件有限的地区,必要时改变已有水库功能,将一些以发电为主的水库改为以供水、灌溉为主的水库。

(3)强化灌溉基础设施工程建设。大力开展农田水利基本建设,加快对现有灌区的续建配套与节水改造,实施灌区末级渠系与田间工程建设,发展节水灌溉,推广渠道防渗、喷灌滴灌等节水技术,提高灌溉用水效率与灌溉保证率;结合耕地与水源条件新建一批灌区,增加农田有效灌溉面积。加强灌溉水源工程建设,结合当地地形与水源条件,因地制宜地兴建小塘坝、小泵站、小水渠、小水池等"五小水利"设施,建设贡潭、龙下、寒山等中小型灌溉水源水库、陂坝、泵站,提高径流调控能力与供水能力,扭转农田灌溉"靠天吃饭"的被动局面,满足国家粮食生产安全需求。

(4)合理开发水能资源。在高度重视水库淹没及生态环境保护、合理承担其他开发任务的基础上,积极推进水能资源合理有序开发;对淹没损失过大、技术经济指标较差而难以开发的梯级或河段,规划优化、调整其开发方案,促使河段水能资源尽早得到开发利用。加强控制性水利水电工程的统一调度,统筹兼顾经济效益、社会效益和生态环境效益;加快小水电开发与农村电气化建设、小水电代燃料生态保护工程建设,促进社会主义新农村建设。

(5)加快航运发展。进一步加强赣江航道建设,逐步建成以赣江干流为主轴、干支流衔接和江河直达的航道网,建成赣江国家高等级航道,全面提高赣江航运的现代化水平。

## 3.5.2  水资源与水生态环境保护体系总体布局

水资源与水生态环境保护体系包括水资源保护、水生态环境保护与修复和水土保持等。赣江流域水生态环境总体良好,但有逐步变差的趋势。为贯彻水资源可持续利用的方针,按照"在保护中促进开发,在开发中落实保护"的原则,开发与保护并重,正确处理好治理、开发与保护的关系,以水资源承载能力、水环境承载能力和水生态系统承受能力为基础,合理把握开发利用的红线和水生态环境保护的底线,加强水资源保护,强化水生态环境保护及修复,加强水土保持,维护优良的水生态环境。

(1)强化水资源保护。以水功能区划为基础,以入河排污控制量为控制目标,加快点源和面源污染治理;加强干流主要河段和主要支流综合治理,强化重要水源地保护,严格沿江城镇污水达标排放,控制点源污染,严禁污水直接排放。强化湖泊和水库富营养化治理,逐步使水功能区入河污染物控制在纳污能力范围内,促使水环境呈良性发展。以河道生态需水为控制目标,合理控制水资源开发利用程度,加强水利水电工程的调度运行管理,严格执行生态基流控制标准,防止河道断流,发挥水体天然自净能力,保护河流水体生物群落,维护河流水生态系统功能正常。

(2)加强水生态环境的保护及修复。以生态环境优先保护区域与保护对象为基础,合理规划流域治理开发方案;强化生境、湿地保护与修复,加强自然保护区建设,保护好河流水体生物群落,确保水生生物的多样性和完整性。

(3)推进水土保持。大力开展生态屏障建设、坡耕地改造,增强蓄水保土能力;强化预防保护区的预防保护,维护优良生态;加强重点监督区的监督管理,有效遏制人为水土流失;实施水土流失重点治理区的综合治理,加快生态建设步伐。

(4)加强水环境监测。重点加强水源地水质监测、水土流失监测和重要生态敏感区生态监测,建立完善的信息系统及监控机制,掌握水生态环境发展演变趋势。

# 第4章　流域水资源评价与配置

## 4.1　流域水资源评价

　　赣江流域属中亚热带湿润季风气候区,气候温和,雨量丰沛,四季分明,阳光充足,春雨、梅雨明显,夏秋间晴热干燥,冬季阴冷,但霜冻期较短。流域多年平均降水量1 580.8 mm,中游西部山区的罗霄山脉一带为高值区,可达1 800.0 mm以上,最大值为2 137.0 mm。上中游的赣州盆地、吉泰盆地及下游尾闾为低值区,降水量小于1 400.0 mm。降水量的年内变化,从1月起逐月增加,至5~6月达到全年最大,占17%~19%。自7月以后逐月减小。历年4~6月为主雨季节,是长江流域汛期开始时间最早的河流之一。赣江流域多年平均水面蒸发量以中游西部山区为最小,约800.0 mm,干流河谷较大,约为1 200.0 mm。赣江的多年平均径流深地区分布与降水量的分布类似,以下游尾闾平原地带最小,仅400.0 mm,其次为中游吉泰盆地和上游赣州盆地,约为600 mm,中游西部罗霄山脉最大,可达1 200 mm以上。流域洪水由暴雨形成,每年4~6月进入梅雨季,暴雨最为集中,常出现静止锋型、形成历时长、笼罩面广的降水过程;7~9月常出现台风型暴雨。这两种不同成因的暴雨都可形成灾害性洪水,特别是赣江上游为典型的扇形水系,汇流迅速集中,更易形成洪灾。赣江下游控制站外洲站多年平均流量2 125 m³/s,实测最大流量20 400 m³/s(1982年6年20日),最小流量172 m³/s(1963年11月3日)。

### 4.1.1　流域水资源数量评价

#### 4.1.1.1　地表水资源量

　　地表水资源量是指河流、湖泊、冰川等地表水体中由当地降水形成的、可以逐年更新的动态水量,可用天然河川径流量表示。本次评价通过实测径流还原计算和天然径流量系列一致性分析与处理,提出系列一致性较好、反映近期下垫面条件下的天然年径流系列,作为评价地表水资源量的依据。

　　赣江流域水文站网布设完善,观测项目齐全,建有外洲等81处水文站、757处配套雨量站、116处水质监测站。观测项目有降雨、蒸发、水位、流量、泥沙、水质等。

　　本次规划选定外洲水文站作为控制站,选取外洲水文站1956~2007年实测逐月径流系列资料,对测站以上农业耗水量、大中型水库(有资料)蓄变量、大中型城市工业及生活用水耗水量(只统计地表水部分)按历年逐月进行还原,求得水文站逐月天然径流系列资料,通过频率分析,选取典型年,计算赣江流域地表水资源量。

　　赣江流域(外洲水文站以上)多年平均地表水资源量(省内)为702.89亿m³,不同保证率地表水资源量:平水年($P=50\%$)为684.24亿m³、偏枯年($P=75\%$)为560.98亿m³、枯水年($P=90\%$)为463.97亿m³、特枯水年($P=95\%$)为411.48亿m³。

#### 4.1.1.2　地下水资源量

本次规划所指的地下水资源量仅限于与大气降水和地表水体有直接水力联系的浅层地下水,即埋藏相对较浅、由潜水及与当地潜水具有较密切水力联系的弱承压水组成的地下水。

根据《江西省水资源及其开发利用调查评价报告》,赣江流域(外洲水文站以上)地下水类型区为山丘区,按照河川基流量还原水量的方法,计算出赣江流域的多年平均地下水资源量为188.42亿 m³。

地下水动态的影响因素主要有气象、水文、地质、人为等,地下水资源是一种可恢复的资源,具有较大的调蓄能力,且更新周期长,资源量比较稳定。本次规划赣江流域地下水资源量采用《江西省水资源及其开发利用调查评价报告》最终成果,为188.42亿 m³。

#### 4.1.1.3　水资源总量

流域水资源总量是指当地降水形成的地表产水量和地下产水量,即地表径流量与降水入渗补给量之和。

赣江流域地下水类型区为山丘区,山丘区河床切割较深,水文站测得的逐日平均流量过程线既包括地表径流,又包括河川基流,所以山丘区地表水与地下水资源量的重复计算量与地下水资源量相等。

赣江流域(外洲水文站以上)多年平均地表水资源量(省内)为702.89亿 m³,不同保证率地表水资源平水年($P=50\%$)为684.24亿 m³、偏枯年($P=75\%$)为560.98亿 m³、枯水年($P=90\%$)为463.97亿 m³,特枯水年($P=95\%$)为411.48亿 m³。各三级区水资源总量特征值见表4-1。

表 4-1　赣江流域各三级区水资源总量特征值

| 三级区名称 | 不同频率水资源总量(亿 m³) | | | | | | |
|---|---|---|---|---|---|---|---|
| | 多年平均 | $C_v$ | $C_s/C_v$ | 50% | 75% | 90% | 95% |
| 赣江上游 | 331.57 | 0.30 | 2 | 321.68 | 260.25 | 212.20 | 186.54 |
| 赣江中游 | 203.04 | 0.28 | 2 | 197.77 | 162.40 | 134.82 | 119.39 |
| 赣江下游 | 168.28 | 0.26 | 2 | 164.79 | 138.33 | 116.95 | 105.55 |
| 合计 | 702.89 | | | 684.24 | 560.98 | 463.97 | 411.48 |

### 4.1.2　流域水资源质量评价

据2005年江西省水文局排污口调查统计,赣江流域共有主要排污口671处,年入河废污水量共6.19亿 m³,全流域COD入河量为171 156.2 t/年、氨氮为26 053.2 t/年。

根据江西省2007年1~12月《江西省水资源质量公报》进行分析,赣江流域水质总体较好,河流水质以Ⅱ、Ⅲ类为主。汛期4~6月水质总体良好,污染河段主要为赣江南昌段和南昌县叶楼段,主要超标项目为氨氮、溶解氧和粪大肠菌群;非汛期主要污染河段为贡水峡山段、平江兴国段、章水赣州段、赣江永丰段、袁河新余段、赣江南昌滨江宾馆段,主要超标项目为氨氮、溶解氧和生化需氧量。

# 4.2　水资源开发利用及其影响评价

## 4.2.1　水资源开发利用现状

### 4.2.1.1　现有水利设施

供水设施以水源分类包括:地表水源工程、地下水源工程和其他水源工程等供水工程。

地表水源工程指以水库、塘坝、河道、湖泊等地表水体作为水源的供水工程,分为蓄水工程、引水工程和提水工程。蓄水工程指水库和塘坝,不包括鱼池、藕塘及非灌溉用的涝池或坑塘,其中塘坝指蓄水量不足 10 万 $m^3$ 的蓄水工程。在统计各类地表水源工程时,按大、中、小型规模分别进行。赣江流域地下水丰富且埋深较浅,现状开采的地下水多为浅层地下水和弱承压水,因此地下水源工程统计中均按浅层地下水源工程处理。在统计流域内各种取水方式水井总量的基础上,对配套机电水井(地下水供水工程中安装了机电设备的水井)的数量进行单独统计。其他水源工程包括集雨工程(用人工收集储存屋顶、场院、道路等场所产生径流的微型蓄水工程)、污水处理再利用等供水工程。在调查的基准年间,赣江流域集雨工程建设及污水处理再利用水平较低,因此本次规划暂不考虑其他水源工程。

全流域现有各类大中小型供水设施共 532 029 座(处)。其中,蓄水工程 113 552 座,大型水库 10 座、中型水库 102 座(仅为发电没有其他供水任务的水库未计)、小型水库 3 909 座、塘坝 109 531 座;引水工程 39 356 座,其中大型 3 座、中型 10 座、小型 39 343 座;提水工程 10 839 座,其中中型 10 座、小型 10 829 座;地下水生产井 368 282 眼,其中配套机电水井 27 935 眼。

### 4.2.1.2　供水能力

供水能力是指现状条件下相应供水保证率的可供水量,与取水水源的来水状况、取水水源和供水对象的相对位置关系、供水对象的需水特性(用水结构、用水时间和用水量)、供水工程的规模和运行调度方式等因素有关。供水工程的现状供水能力用近期实际年最大供水量代替;供水工程的设计供水能力主要按有关设计资料和统计资料确定,对于无资料的小型以下工程,一般用经验参数、库容系数或水量利用系数等进行估算,塘坝工程一般采用复蓄指数法进行估算。

全流域现有各类大中小型供水设施 532 029 座(处),现状供水能力 134.44 亿 $m^3$ 。蓄水工程现状供水能力 65.33 亿 $m^3$ ,占全流域水利设施现状供水能力的 48.59%,其中大中型水库总库容 64.98 亿 $m^3$ ,兴利库容 36.04 亿 $m^3$ ,现状供水能力 22.29 亿 $m^3$ ;小型水库、塘坝总库容 36.74 亿 $m^3$ ,现状供水能力 43.04 亿 $m^3$ 。引水工程总的引水流量 1 845.39 $m^3/s$ ,现状供水能力 44.71 亿 $m^3$ ,占全流域水利设施现状供水能力的 32.86%。提水工程总的提水流量 672.95 $m^3/s$ ,现状供水能力 19.85 亿 $m^3$ ,占全流域水利设施现状供水能力的 14.77%。地下水生产井现状供水能力 5.09 亿 $m^3$ ,占全流域水利设施现状供水能力 3.78%。

### 4.2.1.3　供水量

供水量指各种水源工程为用户提供的包括输水损失在内的毛供水量,按取水水源分为地表水源供水量、地下水源供水量和其他水源供水量。地表水源供水量包括蓄水工程供水量、引水工程供水量和提水工程供水量(为避免重复统计,凡从水库、塘坝中引水或提水的,均属蓄水工程供水量;凡从河道或湖泊中自流引水的,无论有闸或无闸,均属引水工程供水量;凡利用扬水泵从河道或湖泊中直接取水的,属提水工程供水量);地下水源供水量为水井工程的开采水量;其他水源供水量为污水处理再利用水量和集雨工程的集水量。赣江流域集雨工程建设及污水处理再利用水平较低,本次规划不考虑其他水源工程的供水情况。

流域内除部分大型水利工程有实测供水资料外,绝大部分工程没有实测资料。本次供水量调查,对无实测资料的供水量主要根据灌溉面积、工业产值,参照其他条件相近的实际毛灌溉定额或毛取水定额等资料进行估算。

可供水量是指不同水平年不同来水情况下,考虑来水和用水条件,通过各项工程设施,在合理开发利用的前提下,能满足一定的水质要求,可供各部门使用的水量。

流域内可供水量计算按照以下原则:引、提水工程(含地下水井)供水能力中的供水量为可供水量,即不含余水;大中型水库取供水能力即供水量加余水量之和为可供水量,其中余水量指年末或调节期末水库的存蓄水量;小型水库及塘坝主要根据其有效库容和复蓄指数来估算其可供水量;工业和城镇生活、农村人畜供水量,按"总量控制,定额管理"的原则确定其供水量。

赣江流域 2007 年供水量 133.77 亿 m³,其中蓄水工程供水 65.15 亿 m³,引水工程供水 44.00 亿 m³,提水工程供水 19.77 亿 m³,地下水井提水 4.85 亿 m³。

现状年不同保证率可供水量为:平水年($P = 50\%$)139.42 亿 m³,偏枯年($P = 75\%$)137.22 亿 m³,枯水年($P = 90\%$)129.36 亿 m³。

#### 4.2.1.4 用水量

1.农林牧渔用水量

现状流域农业灌溉用水量可根据有效灌溉面积、综合亩净灌溉定额,并考虑灌溉水利用系数进行计算。流域现有有效灌溉面积 1 000.71 万亩,灌溉水利用系数约为 0.45。从赣江流域栋背、峡江、外洲等多个水文站的降雨分析来看,赣江流域 2007 年降雨径流属偏枯年份;各地降水量及来水量分布的差异较大,其对应的频率一般在 $P = 65\% \sim 80\%$,平均保证率接近于 $P = 75\%$;但年内分布不均,灌溉主用水期降水较少,来水偏枯。全流域 2007 年综合亩净灌溉定额为 400 m³/亩,现状平水年($P = 50\%$)为 393 m³/亩、偏枯年($P = 75\%$)为 425 m³/亩、枯水年为($P = 90\%$)461 m³/亩。

经分析计算,赣江流域 2007 年农业灌溉用水量 88.95 亿 m³,现状不同保证率农业灌溉用水量:平水年 87.32 亿 m³、偏枯年 94.58 亿 m³、枯水年 102.60 亿 m³。赣江流域 2007 年农林牧渔业用水量 94.03 亿 m³,现状不同保证率农林牧渔业用水量:平水年 92.40 亿 m³、偏枯年 99.66 亿 m³、枯水年 107.69 亿 m³。

2.工业用水量

赣江流域现有采矿、冶炼、化肥、机电、电子、化工、食品、陶瓷、建材等现代化工业,2007 年工业增加值 1 002.03 亿元(不含火电),火电装机容量 555 万 kW。

工业用水计算涉及工业发展、布局、工业结构、技术水平及节水等技术经济问题,包括一般工业和电力(火电)工业用水计算。经分析计算,2007年赣江流域工业用水量为22.23亿 m³。

3.建筑业及第三产业用水量

建筑业及第三产业用水量计算方法与一般工业用水量计算方法相同,通过工业增加值用水定额法计算。赣江流域2007年建筑业及第三产业增加值分别为349.27亿元和934.39亿元。经分析计算,赣江流域2007年建筑业及第三产业用水量分别为0.96亿 m³和3.14亿 m³。

4.生活用水量

赣江流域2007年城市供水人口885.76万人,根据流域内各城镇居民生活用水情况,确定现状城市居民生活用水定额,计算城市生活用水量。经分析计算,赣江流域2007年城镇居民生活用水量5.84亿 m³。

农村用水量包括农村居民生活用水和牲畜饮水,通过农村人口和牲畜头数,结合居民生活用水定额和牲畜用水定额,计算农村用水量。

赣江流域2007年农村人口1 182.82万人,牲畜925.15万头。经分析计算,流域农村生活用水量为6.70亿 m³。

5.城镇生态用水量

城镇生态用水量包括公园绿地用水和城区内的河湖补水,生态用水参照城镇供水人口及城市生活用水进行估算。经分析计算,赣江流域2007年城镇生态用水量为0.87亿 m³。

6.总用水量

经分析计算,赣江流域2007年总用水量为133.77亿 m³,详见表4-2。

表4-2 赣江流域2007用水量调查统计成果 （单位:亿 m³）

| 序号 | 用水分类 | | | 用水量 |
|---|---|---|---|---|
| 1 | 生产用水 | 第一产业 | 农田灌溉用水 | 88.95 |
| 2 | | | 林牧渔用水量 | 5.08 |
| 3 | | 第二产业 | 一般工业用水 | 20.98 |
| 4 | | | 火电工业用水 | 1.25 |
| 5 | | | 建筑业用水 | 0.96 |
| 6 | | 第三产业 | 第三产业用水 | 3.14 |
| 7 | | 小计 | | 124.71 |
| 8 | 生活用水 | 城镇居民生活用水 | | 5.84 |
| 9 | | 农村居民生活用水 | | 5.18 |
| 10 | | 牲畜用水 | | 1.52 |
| 11 | | 合计 | | 12.54 |
| 12 | 生态用水 | 城镇生态环境用水 | | 0.87 |
| 13 | 合计 | | | 133.77 |

### 4.2.2　水资源开发、利用现状对环境的影响

从赣江流域整体来看,现状流域水资源开发利用程度较低,仅20%左右。河道外用水量占天然径流量的比例相对较小,河道外用水对河流生态环境的影响有限。目前赣江流域水资源开发、利用对环境的影响主要有以下几个方面:

(1)枯水期生态环境恶化。流域内工农业生产用水高峰季节为7~9月,期间用水量占全年用水量的60%~70%,而同期的来水量仅占全年来水量的20%左右,这种来水与用水时间上的不同步,导致各类用水矛盾加剧。在缺少有效统一调度的情况下,各类用水势必会相互挤占,工业用水挤占农业用水,农业用水挤占生活用水,生活用水挤占生态环境用水,影响河流健康生命。

(2)部分河段水质恶化,污染河段数量有增加的趋势。流域内农药化肥的大量施用以及废污水乱排乱放造成部分河段水质变差,根据《江西省水资源公报》(2007年),赣江流域污染河段主要分布于贡水峡山段、平江兴国段、章江赣州段、赣江永丰段、袁河新余段、赣江南昌段、赣江南昌县叶楼段等7个河段,主要超标项目为氨氮、溶解氧和粪大肠菌群和生化需氧量等。

### 4.2.3　水资源综合评价

赣江流域多年平均地表水资源量为702.89亿 m³,地下水资源量为188.42亿 m³,地表水和地下水重复计算量为188.42亿 m³,水资源总量为702.89亿 m³。

流域内现建有蓄、引、提工程及地下水生产井等各类水利设施532 036座。2007年全流域供水量为133.77亿 m³,现状平水年($P=50\%$)可供水量为139.42亿 m³,偏枯年($P=75\%$)可供水量为137.22亿 m³,枯水年($P=90\%$)可供水量为129.36亿 m³。

2007年全流域总用水量为133.77亿 m³,其中农林牧渔用水量为94.03亿 m³、工业用水量为22.23亿 m³、建筑业及第三产业用水量为4.10亿 m³、城镇居民生活用水量为5.84亿 m³、农村人畜用水量为6.07亿 m³、城镇生态用水量为0.87亿 m³。

赣江流域现状水资源开发利用程度较低,利用率为19.1%。现状条件下,在平水年($P=50\%$),流域现有水利设施可满足流域总体的用水要求;在偏枯年($P=75\%$),流域各用水部门总需水量为139.40亿 m³,各水利工程可供水量为137.22亿 m³,缺水量为2.18亿 m³,缺水率为1.56%,缺水并不严重;遇特枯水年($P=90\%$)流域各用水部门总需水量为147.42亿 m³,各水利工程可供水量只有129.36亿 m³,缺水18.06亿 m³,缺水率为12.25%,缺水较严重。赣江流域现状不同保证率供需平衡分析结果见表4-3。

表 4-3　赣江流域现状不同保证率供需平衡分析结果

| 保证率(%) | 50 | 75 | 90 |
|---|---|---|---|
| 需水量(亿 m³) | 132.13 | 139.40 | 147.42 |
| 可供水量(亿 m³) | 139.42 | 137.22 | 129.36 |
| 余水量(亿 m³) | 7.12 | | |
| 缺水量(亿 m³) | | 2.18 | 18.06 |

　　2007 年赣江流域入河废污水量共 6.19 亿 m³，COD 入河量为 171 156.2 t/年、氨氮入河量为 26 053.2 t/年。赣江流域水质总体较好，河流水质以Ⅱ、Ⅲ类为主。

　　赣江流域水资源较丰富，但流域内水资源年际、年内变化幅度大，存在"水多成洪涝、水少遇干旱"的现状。来水与用水时间上不一致，用水高峰在 7~10 月，而此时正是降水较少的季节。许多灌区的灌溉设施大多在 20 世纪五六十年代修建，老化损坏严重，灌溉渠系渗漏损失大，灌溉水利用系数偏低。流域内许多供水设施实际供水能力往往仅为最大供水能力的 70%左右，工程型缺水仍较严重。

　　随着流域经济的持续增长、人口的不断增加、城镇化和工业化进程的加快，对水资源的需求将不断增长，水资源开发利用与环境保护的矛盾将日益突出。在进行水资源开发利用时应注重合理开源、有效保护、推行节水减污政策，加强流域内水资源管理，协调各部门用水之间的矛盾，加强工业废水排放的监管，实现水资源的可持续利用。

# 4.3　需水量预测

## 4.3.1　农林牧渔需水量

　　参照《江西省农田灌溉规划》中赣江流域内各县灌溉规划成果，预测 2020 年流域内有效灌溉面积 1381.92 万亩，2030 年流域内有效灌溉面积 1 542.39 万亩。综合亩净灌溉定额采用江西省水资源规划成果。灌溉水利用系数：2020 年为 0.59，2030 年为 0.65。

　　经分析计算，赣江流域农业灌溉需水量：2020 平水年为 86.81 亿 m³、偏枯年为 94.20 亿 m³、枯水年为 101.87 亿 m³；2030 平水年为 88.79 亿 m³、偏枯年为 96.43 亿 m³、枯水年为 104.07 亿 m³，详见表 4-4。

表 4-4　灌溉需水量预测成果表　　　　　　　　（单位：亿 m³）

| 年份 | 位置 | 全年灌溉需水量 | | | 7~10 月灌溉需水量 | | |
|------|------|--------|--------|--------|--------|--------|--------|
| | | $P=50\%$ | $P=75\%$ | $P=90\%$ | $P=50\%$ | $P=75\%$ | $P=90\%$ |
| 2007 | 上游 | 26.38 | 28.38 | 31.01 | 17.02 | 21.20 | 18.60 |
| | 中游 | 23.75 | 25.79 | 27.90 | 16.92 | 17.08 | 20.57 |
| | 下游 | 37.18 | 40.41 | 43.69 | 26.23 | 26.49 | 26.16 |
| | 全流域 | 87.32 | 94.58 | 102.60 | 60.18 | 64.78 | 65.34 |
| 2020 | 上游 | 25.97 | 27.96 | 30.39 | 16.95 | 21.10 | 20.71 |
| | 中游 | 25.20 | 27.43 | 29.61 | 16.92 | 18.00 | 19.42 |
| | 下游 | 35.64 | 38.81 | 41.87 | 25.18 | 25.41 | 25.10 |
| | 全流域 | 86.81 | 94.20 | 101.87 | 59.05 | 64.51 | 65.23 |
| 2030 | 上游 | 27.86 | 30.01 | 32.51 | 18.33 | 22.80 | 23.99 |
| | 中游 | 26.02 | 28.38 | 30.58 | 18.29 | 20.22 | 20.04 |
| | 下游 | 34.90 | 38.04 | 40.98 | 26.96 | 27.19 | 26.86 |
| | 全流域 | 88.79 | 96.43 | 104.07 | 63.58 | 70.21 | 70.88 |

赣江流域灌溉主用水期为 7~10 月,期间灌溉用水达到全年的高峰。结合 7~10 月间流域来水条件,分析期间农业灌溉用水情况,计算流域 7~10 月的灌溉需水量。经分析计算,全流域 7~10 月农业灌溉需水量:2020 平水年 59.05 亿 m³、偏枯年 64.51 亿 m³、枯水年 65.23 亿 m³;2030 平水年 63.58 亿 m³、偏枯年 70.21 亿 m³、枯水年 70.88 亿 m³。2020 年和 2030 年林牧渔业生产用水量分别为 3.24 亿 m³、3.54 亿 m³。

### 4.3.2　工业需水量

赣江流域工业需水量包括一般工业需水量和火电厂发电需水量,其中一般工业需水量采用万元增加值用水定额法预测,火电厂发电需水量采用单位电量用水定额法预测。

规划至 2020 年,流域内一般工业增加值为 3 146.11 亿元(不含火电),火电装机容量 836 万 kW。万元工业增加值用水定额采用江西省水资源综合规划的成果。2020 年万元工业增加值用水定额为 118~150 m³,2030 年万元工业增加值用水定额为 65~96 m³。

火电循环机组单位装机容量用水定额为 40 m³/万 kW;至 2030 年,一般工业总产值 5 739.02 亿元,火电装机容量 1 070 万 kW,万元工业增加值用水定额采用水资源综合规划中 2020 年各地市的成果,循环机组单位装机容量用水定额为 30 m³/万 kW。

经分析计算,赣江流域工业需水量:2020 年为 40.81 亿 m³,其中一般工业为 39.14 亿 m³,火电工业为 1.67 亿 m³;2030 年为 43.33 亿 m³,其中一般工业为 41.72 亿 m³,火电工业为 1.61 亿 m³。详见表 4-5。

### 4.3.3　建筑业及第三产业需水量

建筑业及第三产业需水预测方法与一般工业需水预测方法相同,采用万元增加值用水定额法预测。

赣江流域建筑业 2020 年和 2030 年分别为 1 096.62 亿元、2 003.64 亿元,万元增加值用水定额采用江西省水资源综合规划的成果。2020 年建筑业万元增加值用水定额为 14.26~23.89 m³,2030 年建筑业万元增加值用水定额为 9.35~15.77 m³。经分析计算,全流域建筑业需水量 2020 年 2.89 亿 m³,2030 年 3.48 亿 m³。详见表 4-5。

赣江流域第三产业产值 2020 年和 2030 年分别为 3 421.67 亿元、6 544.58 亿元,万元增加值用水定额采用江西省水资源综合规划成果。2020 年第三产业万元增加值用水定额为 17.76~27.53 m³,2030 年第三产业万元增加值用水定额为 12.52~19.55 m³。经分析计算,全流域第三产业需水量 2020 年 8.25 亿 m³,2030 年 10.86 亿 m³,详见表 4-5。

### 4.3.4　生活需水量

赣江流域城镇居民生活需水量根据流域内各城市不同水平年调查和预测用水人口及相应水平年的居民生活用水定额来计算。

2020 年和 2030 年城镇人口分别为 1 205.21 万人和 1 404.7 万人,2020 年和 2030 年城镇居民生活用水定额采用《江西省城市生活用水定额》(DB36/T 419—2003)为分析基础资料,根据城市大小及水资源条件等进行预测。2020 年城镇居民生活用水定额为 155 ~195 L/(人·d),2030 年城镇居民生活用水定额为 165~215 L/(人·d)。经分析计算,全流域城镇居民生活需水量 2020 年为 8.45 亿 m³、2030 年为 10.39 亿 m³。

赣江流域 2020 年和 2030 年农村总人口分别为 1 060.28 万人和 976.01 万人,用水定额采用《村镇供水工程技术规范》(SL 310—2004)为分析基础资料,根据供水条件进行预测。2020 年农村居民生活用水定额为 130 L/(人·d),牲畜用水定额为 45 L/(人·d);2030 年农村居民生活用水定额为 140 L/(人·d),牲畜用水定额为 45 L/(人·d)。2020 年和 2030 年流域牲畜总数分别为 2 275.62 万头和 2 345.94 万头,牲畜用水定额为 45 L/(头·d)。

经分析计算,赣江流域农村生活需水量(含牲畜用水)2020 年为 8.94 亿 m³、2030 年为 9.07 亿 m³,详见表 4-5。

表 4-5　赣江流域分类用水需水量预测结果　　　(单位:亿 m³)

| 用水分类 | 2020 年需水量 | | | 2030 年需水量 | | |
|---|---|---|---|---|---|---|
| | $P=50\%$ | $P=75\%$ | $P=90\%$ | $P=50\%$ | $P=75\%$ | $P=90\%$ |
| 农业灌溉 | 86.81 | 94.20 | 101.87 | 88.79 | 96.43 | 104.07 |
| 林牧渔业 | 3.24 | 3.24 | 3.24 | 3.54 | 3.54 | 3.54 |
| 一般工业 | 39.14 | 39.14 | 39.14 | 41.72 | 41.72 | 41.72 |
| 火电工业 | 1.67 | 1.67 | 1.67 | 1.61 | 1.61 | 1.61 |
| 建筑业 | 2.89 | 2.89 | 2.89 | 3.48 | 3.48 | 3.48 |
| 第三产业 | 8.25 | 8.25 | 8.25 | 10.86 | 10.86 | 10.86 |
| 城镇居民生活 | 8.45 | 8.45 | 8.45 | 10.39 | 10.39 | 10.39 |
| 农村生活 | 8.94 | 8.94 | 8.94 | 9.07 | 9.07 | 9.07 |
| 城市生态 | 1.34 | 1.34 | 1.34 | 1.69 | 1.69 | 1.69 |
| 合计 | 160.73 | 168.12 | 175.79 | 171.15 | 178.79 | 186.43 |

## 4.3.5　城镇生态需水量

城镇生态需水包括公园绿地用水和城区内的河湖补水,按城镇居民生活用水量的 15%进行估算。经分析计算,赣江流域城镇生态需水量 2020 年为 1.34 亿 m³、2030 年为 1.69 亿 m³,详见表 4-5。

## 4.3.6　需水总量

经分析计算,赣江流域 2020 年需水总量平水年为 160.73 亿 m³、偏枯年为 168.12 亿 m³、枯水年为 175.79 亿 m³;2030 年平水年为 171.14 亿 m³、偏枯年为 178.79 亿 m³、枯水年为 186.43 亿 m³,详见表 4-6。

表 4-6　赣江流域各分区需水量预测结果　　　　（单位:亿 m³）

| 年份 | 位置 | 全年需水总量 | | |
|---|---|---|---|---|
| | | $P=50\%$ | $P=75\%$ | $P=90\%$ |
| 2020 | 上游 | 45.93 | 47.91 | 50.35 |
| | 中游 | 35.83 | 38.07 | 40.24 |
| | 下游 | 78.97 | 82.13 | 85.20 |
| | 全流域 | 160.73 | 168.11 | 175.79 |
| 2030 | 上游 | 49.86 | 52.01 | 54.51 |
| | 中游 | 37.84 | 40.19 | 42.39 |
| | 下游 | 83.44 | 86.58 | 89.52 |
| | 全流域 | 171.14 | 178.79 | 186.43 |

# 4.4　水资源供需平衡分析与配置

## 4.4.1　现状水资源供需平衡分析

赣江流域现状水资源开发利用程度较低,利用率为 19.1%。从各个三级区来看,现状条件下,在平水年($P=50\%$),赣江中游区(栋背—峡江)和赣江下游区(峡江—外洲)用水基本能够满足,赣江上游区(栋背以上)略有缺水;在偏枯年($P=75\%$)时,除了赣江中游区(栋背—峡江)用水能满足外,赣江上游区(栋背以上)和赣江下游区(峡江—外洲)现有的水利设施供水不足;在遇特枯水年($P=90\%$)时,全流域都缺水。现状条件下,遇特枯水年($P=90\%$)流域各用水部门总需水量为 147.41 亿 m³,各水利工程可供水量仅有129.36 亿 m³,缺水 18.06 亿 m³,缺水率为 12.25%。赣江流域各三级区现状不同保证率供需平衡分析结果见表 4-7。

表 4-7　赣江流域现状不同保证率供需平衡分析结果　　　（单位:亿 m³）

| 位置 | 需水量 | | | 可供水量 | | | 余缺水量 | | |
|---|---|---|---|---|---|---|---|---|---|
| | $P=50\%$ | $P=75\%$ | $P=90\%$ | $P=50\%$ | $P=75\%$ | $P=90\%$ | $P=50\%$ | $P=75\%$ | $P=90\%$ |
| 上游 | 40.50 | 42.49 | 45.12 | 39.99 | 40.08 | 39.27 | -0.51 | -2.41 | -5.85 |
| 中游 | 30.62 | 32.66 | 34.77 | 34.44 | 33.89 | 31.31 | 3.82 | 1.23 | -3.47 |
| 下游 | 61.01 | 64.24 | 67.52 | 64.99 | 63.25 | 58.79 | 3.98 | -0.99 | -8.74 |
| 全流域 | 132.13 | 139.39 | 147.41 | 139.42 | 137.22 | 129.36 | 7.28 | -2.18 | -18.06 |

## 4.4.2　水资源配置

水资源配置是指在流域或特定的区域范围内,遵循高效、公平和可持续的原则,通过各种工程措施与非工程措施,考虑市场经济的规律和资源配置准则,通过合理抑制需求、有效增加供水、积极保护生态环境等手段和措施,对多种可利用的水源在区域间和各用水部门间进行的调配。

水资源配置在多次供需反馈并协调平衡的基础上,一般进行二至三次水资源供需分析。一次供需分析是考虑人口的自然增长、经济的发展、城市化程度和人民生活水平的提高,按供水预测的"无新建水源工程的方案",即在现状水资源开发利用格局和发挥现有供水工程潜力的情况下,进行水资源供需分析。若一次供需分析有缺口,则在此基础上进行二次供需分析,即新建水源工程进行水资源供需分析。若二次供需分析仍有较大缺口,应考虑强化节水、污水处理再利用、挖潜配套以及合理提高水价、调整产业结构、合理抑制需求和保护生态环境等措施,并进行三次供需分析。

河道外水资源供需平衡分析是以各项工程设施供水量与各项需水量(农业灌溉、工业、城乡生活等)进行水量平衡分析。赣江流域水资源总量较为丰富,但年内分布不均,枯水期供需水矛盾突出。随着流域经济的持续增长、人口的不断增加、城镇化和工业化进程的加快,对水资源的需求将不断增长,水资源开发利用与环境保护的矛盾将日益突出。在进行水资源供需配置时须遵循如下基本原则:全面节约、有效保护、合理开源,实现水资源的可持续利用;推行节水减污政策,促进经济增长方式的转变。

按照水资源一次平衡思想,在现状供水条件与各规划水平年正常需水增长情况下,进行赣江流域水资源系统的水资源配置计算,得出现状水资源开发利用格局和发挥现有供水工程潜力情况下的水资源供需平衡结果。表4-8反映了赣江流域规划水平年一次供需平衡分析。

表 4-8　赣江流域规划水平年一次供需平衡分析结果　　(单位:亿 $m^3$)

| 年份 | 位置 | 需水量 | | | 可供水量 | | | 余缺水量 | | |
|---|---|---|---|---|---|---|---|---|---|---|
| | | $P=50\%$ | $P=75\%$ | $P=90\%$ | $P=50\%$ | $P=75\%$ | $P=90\%$ | $P=50\%$ | $P=75\%$ | $P=90\%$ |
| 2020 | 上游 | 45.93 | 47.91 | 50.35 | 41.20 | 41.61 | 40.69 | −4.73 | −6.31 | −9.66 |
| | 中游 | 35.83 | 38.07 | 40.24 | 37.99 | 37.00 | 33.07 | 2.15 | −1.07 | −7.17 |
| | 下游 | 78.97 | 82.13 | 85.20 | 66.47 | 64.54 | 59.86 | −12.51 | −17.60 | −25.34 |
| | 全流域 | 160.73 | 168.11 | 175.79 | 145.66 | 143.15 | 133.62 | −15.09 | −24.98 | −42.17 |
| 2030 | 上游 | 49.86 | 52.01 | 54.51 | 40.90 | 41.25 | 40.36 | −8.96 | −10.76 | −14.14 |
| | 中游 | 37.84 | 40.19 | 42.39 | 37.37 | 36.49 | 33.57 | −0.47 | −3.71 | −8.82 |
| | 下游 | 83.44 | 86.58 | 89.52 | 65.67 | 63.87 | 59.35 | −17.76 | −22.71 | −30.17 |
| | 全流域 | 171.14 | 178.78 | 186.42 | 143.94 | 141.61 | 133.28 | −27.19 | −37.18 | −53.13 |

根据供需平衡分析结果,在无新增供水工程的情况下,除 2020 年中游在 50% 年份能

够保证用水外,2020 年和 2030 年流域各分区在不同保证率来水情况下都存在缺水情况,缺水较多,尤其是在枯水年缺水程度比较严重。

2020 年特枯水年($P=90\%$)流域各用水部门总需水 175.79 亿 $m^3$,各水利工程可供水量仅有 133.62 亿 $m^3$,缺水 42.17 亿 $m^3$,缺水率为 23.98%;2030 年特枯水年($P=90\%$)流域各用水部门总需水 186.42 亿 $m^3$,各水利工程可供水量 133.28 亿 $m^3$,缺水 53.14 亿 $m^3$,缺水率为 28.50%。

流域缺水主要集中体现在流域的主供水期 7~10 月,对于工业、生活、河道外生态等用水行业来说,该时段用水与全年用水水平基本持平,但对于农业而言,该时期为农业灌溉用水高峰期,而流域降水量相对较少,供需矛盾比较突出。

现状条件下,遇特枯水年($P=90\%$)全年缺水量为 18.06 亿 $m^3$,其中 7~10 月缺水量为 15.59 亿 $m^3$,占全年缺水量的 86.4%;2020 年特枯水年($P=90\%$)全年缺水量为 41.16 亿 $m^3$,其中 7~10 月缺水量为 23.05 亿 $m^3$,占全年缺水量的 54.7%;2030 年特枯水年($P=90\%$)全年缺水量为 53.13 亿 $m^3$,其中 7~10 月缺水量为 31.69 亿 $m^3$,占全年缺水量的 59.6%,详见表 4-9。

**表 4-9　赣江流域 7~10 月水资源供需平衡分析结果**　　　　（单位:亿 $m^3$）

| 水平年 | 2007 年 | | | 2020 年 | | | 2030 年 | | |
|---|---|---|---|---|---|---|---|---|---|
| 保证率 | 50% | 75% | 90% | 50% | 75% | 90% | 50% | 75% | 90% |
| 需水量 | 75.12 | 79.72 | 80.28 | 83.69 | 89.15 | 89.87 | 91.03 | 97.66 | 98.33 |
| 可供水量 | 69.71 | 68.61 | 64.68 | 72.83 | 71.57 | 66.82 | 71.97 | 70.80 | 66.64 |
| 缺水量 | 5.41 | 11.11 | 15.60 | 10.86 | 17.58 | 23.05 | 19.06 | 26.86 | 31.69 |

赣江流域水资源总量较丰富,水资源开发利用程度整体较低,且水资源时空分布不均匀,枯水期普遍存在缺水情况,其中流域中下游地区农业灌溉缺水情况相对较突出,枯水期灌溉用水比较紧张。因此,需要新建工程来解决用水矛盾。

为适应社会经济发展对水资源利用的需求,在规划期内,对现有灌溉面积进行节水改造,农业用水量有较大的降低。同时,规划兴建灌溉供水等地表水水源工程,规划在 2020 年前,建成山口岩、东谷、峡江等水利枢纽工程,同时建成东谷、峡江等大型灌区;2030 年之前建成永丰、洞口等水库。规划实施后,可以大大提高供水能力。赣江流域规划实施后的供水能力见规划水平年供水预测成果。

在此基础上,进行第二次供需平衡分析,表 4-10 反映了赣江流域用水的二次供需平衡结果。从二次供需平衡结果来看,在 2020 年,遇到丰水年($P=50\%$)和偏枯水年($P=75\%$)时,全流域用水量基本能够满足;遇到特枯水年份($P=90\%$),全流域缺水,其中下游缺水量较大。

表 4-10  赣江流域规划水平年二次供需平衡分析结果　　　　（单位：亿 m³）

| 年份 | 位置 | 需水量 | | | 可供水量 | | | 余缺水量 | | |
|---|---|---|---|---|---|---|---|---|---|---|
| | | $P=50\%$ | $P=75\%$ | $P=90\%$ | $P=50\%$ | $P=75\%$ | $P=90\%$ | $P=50\%$ | $P=75\%$ | $P=90\%$ |
| 2020 | 上游 | 45.93 | 47.91 | 50.35 | 49.62 | 50.04 | 49.15 | 3.69 | 2.12 | −1.20 |
| | 中游 | 35.83 | 38.07 | 40.24 | 43.92 | 43.00 | 39.15 | 8.09 | 4.94 | −1.09 |
| | 下游 | 78.97 | 82.13 | 85.20 | 86.56 | 84.67 | 80.03 | 7.58 | 2.54 | −5.17 |
| | 全流域 | 160.73 | 168.11 | 175.79 | 180.10 | 177.71 | 168.33 | 19.36 | 9.60 | −7.46 |
| 2030 | 上游 | 49.86 | 52.01 | 54.51 | 52.44 | 52.70 | 51.77 | 2.58 | 0.70 | −2.73 |
| | 中游 | 37.84 | 40.19 | 42.39 | 45.79 | 44.95 | 42.07 | 7.96 | 4.76 | −0.31 |
| | 下游 | 83.44 | 86.58 | 89.52 | 92.61 | 90.87 | 86.42 | 9.18 | 4.29 | −3.10 |
| | 全流域 | 171.14 | 178.78 | 186.42 | 190.84 | 188.52 | 180.26 | 19.72 | 9.75 | −6.15 |

在 2020 年和 2030 年,遇特枯水年份($P=90\%$)时,农业灌溉用水已无法保证,农业用水应该采取非充分灌溉策略,节约用水,以保证正常的生活用水,并应采取各种抗旱措施,启用应急水源。其中,流域下游缺水量较大。赣江下游区(峡江—外洲)主要的用水区域有新余市渝水区、分宜县,宜春市的袁州区、高安市、丰城市以及南昌市市辖区等。区域内地广人多,工业发达,用水量较大。同时,由于水资源条件较好,用水定额偏高,节水潜力较大,故应考虑强化节水、污水处理再利用、挖潜配套以及合理提高水价、调整产业结构、合理抑制需求和保护生态环境等措施,并进行三次供需分析,结果见表 4-11。

表 4-11  赣江流域规划水平年三次供需平衡分析结果　　　　（单位：亿 m³）

| 年份 | 位置 | 需水量 | | | 可供水量 | | | 余缺水量 | | |
|---|---|---|---|---|---|---|---|---|---|---|
| | | $P=50\%$ | $P=75\%$ | $P=90\%$ | $P=50\%$ | $P=75\%$ | $P=90\%$ | $P=50\%$ | $P=75\%$ | $P=90\%$ |
| 2020 | 上游 | 45.76 | 47.74 | 49.41 | 49.62 | 50.04 | 49.15 | 3.86 | 2.29 | −0.26 |
| | 中游 | 35.78 | 38.01 | 39.16 | 43.92 | 43.00 | 39.15 | 8.14 | 4.99 | −0.01 |
| | 下游 | 76.81 | 79.38 | 80.98 | 86.56 | 84.67 | 80.03 | 9.75 | 5.29 | −0.95 |
| | 全流域 | 158.35 | 165.13 | 169.55 | 180.10 | 177.71 | 168.33 | 21.75 | 12.57 | −1.22 |
| 2030 | 上游 | 49.31 | 51.46 | 52.01 | 52.44 | 52.70 | 51.77 | 3.13 | 1.24 | −0.23 |
| | 中游 | 37.62 | 39.98 | 42.44 | 45.79 | 44.95 | 42.07 | 8.17 | 4.97 | −0.37 |
| | 下游 | 80.43 | 82.98 | 87.20 | 92.61 | 90.87 | 86.42 | 12.18 | 7.89 | −0.78 |
| | 全流域 | 167.36 | 174.42 | 181.65 | 190.84 | 188.52 | 180.26 | 23.48 | 14.10 | −1.38 |

随着流域经济的持续增长、人口的不断增加、城镇化和工业化进程的加快,对水资源的需求将不断增长,水资源开发利用与环境保护的矛盾将日益突出。在进行水资源供需配置时须遵循如下基本原则:全面节约、有效保护、合理开源,实现水资源的可持续利用;推行节水减污政策,促进经济增长方式的转变。

依据城乡居民生活的发展水平,对现有供水工程进行改扩建,新建部分集中式供水工程,加大供水工程的供水能力,加强城市和工业节水工作,通过循环用水,提高用水的重复利用率;注重生产生活环境的改善,合理安排生态环境用水,保持河道外生态环境用水的增长;强化水资源统一管理,改革水资源管理体制,实现城市与农村、水量与水质、地表水和地下水、供水与需水的水资源统一管理。

### 4.4.3 节水潜力及节水指标

赣江流域要节水,首要就应考虑农业节水。根据现状用水量分析,2007 年流域在不同来水年份,农业灌溉需水量为 87.48 亿～103.80 亿 $m^3$,全区综合亩毛灌溉定额分别为 872 $m^3$/亩($P = 50\%$)、945 $m^3$/亩($P = 75\%$)、1 025 $m^3$/亩($P = 90\%$),而灌区现状灌溉水利用系数仅 0.43 左右(与全国的平均水平接近,而发达国家一般可达到 0.7～0.8),如提高渠系水利用系数 0.01,则可节约用水达 2.0 亿 $m^3$ 左右。可见,农业灌溉有着巨大的节水潜力。为此,规划到 2020 年,灌溉水利用系数应达到 0.59;到 2030 年,灌溉水利用系数应达到 0.65。

当然,工业用水同样迫切需要节约用水。随着各区域以工业为主导产业的战略实施,在赣江流域,今后工业用水量占流域总用水量的比重将直线上升。而工业现状用水水平不容乐观,据全国《节水型社会建设"十一五"规划》,我国 2005 年单位工业增加值用水量为 169 $m^3$,是发达国家的 5～10 倍。而江西省工业用水的效率和效益更低,根据有关调查统计资料,2007 年全省工业万元增加值用水量,高用水工业平均约为 260 $m^3$,一般工业平均为 99 $m^3$,火电业为 32 $m^3$/(万 kW·h);工业万元增加值平均用水定额为 177 $m^3$(不含火电,下同)。工业用水重复利用率约为 60%。工业用水有着成倍下降的节水潜力。因此,工业节水同样不容忽视!鉴于江西省工业基础较薄弱,加上近年来工业发展速度较快,工业节水在短时期内难以达到国家的总体要求,需要一个循序渐进的过程。因此,预测至 2020 年,各用水区域均应使工业万元增加用水指标控制在 120 $m^3$ 左右;2030 年,各用水区域均应使工业万元增加用水指标控制在 65 $m^3$ 左右。

# 第 5 章 防洪减灾

## 5.1 防洪规划

### 5.1.1 洪水灾害与防洪现状

#### 5.1.1.1 洪水灾害

赣江流域洪水发生较为频繁,据调查资料,历史上大洪水有 1876 年、1899 年、1915 年、1922 年和 1924 年,其中 1915 年是赣江上中游 1812 年以来的一次特大洪水。中华人民共和国成立后出现较大洪水的有 1961 年、1962 年、1964 年、1968 年、1982 年、1994 年、1995 年、1998 年、2002 年、2010 年,上游以 1964 年最大,中游以 1968 年最大,下游以 1962 年最大。

1876 年 6 月中旬至 7 月初,赣江中下游发生大洪水,吉安城外街市一概冲没。新干、清江、丰城堤多决,樟树冲去屋宇不可胜计。南昌 6 月 13 日至 7 月 3 日洪水方才退去。6 月 21 日,惠民、广润、章江三门吊桥被淹没,大有圩堤冲决,洪水冲入街市,哭声四起,淹毙者不可胜计。22 日,顺化门外桥闸、青云闸、鱼尾闸均崩,洪水冲入贤士湖,下流远近百数十里成巨壑。惠民、广润、章江三门外沿河屋宇冲去二百余家,唯滕王阁独存。南新两邑署亦在水中,以艇进出。23 日惠外子城崩,东湖周围数十里一望弥漫。皇殿侧、前后贡院、状元桥、百花洲及北湖一带各巷高墙俱倾,路为之塞。

1915 年,赣江发生全流域大洪水。该场洪水东起闽赣,西达粤桂,面积广被,时程相连,为跨流域特大洪水,号称"华南大水"。7 月 1 日起,天降霪雨,迄无晴日,7 日赣州大水进城,9 日水位高达 106.17 m,流量 17 700 m³/s,城垣崩决,城上行舟,居民登楼,城内外之屋倾倒十之七八,呼号乞救之声,惨不忍睹。赣江中游棉津站洪峰流量为 21 000 m³/s,吉安站洪峰流量为 22 500 m³/s。自瑞金至赣江中游峡江,干支流均以这次洪水为百年来最大洪水。

1924 年,赣江中下游发生大水。吉安入夏阴雨弥月,五月又大雨兼旬,泸水、禾水、富水水势涨高数丈,遍地皆成泽国,圩堤庐舍,冲塌甚多,人民身在水中,奔避无所,哀声震天。水退后田地半成沙洲,早稻绝收。水过新干,压过 1915 年水迹,丰城决堤 30 余处,淹田 3 万余亩,倒屋 400 余栋。至六月初,南昌江水暴发三丈余,调查外洲流量达 24 700 m³/s,市汊以上长湖挡决口六十余丈,富有、大有两圩倾塌甚多,赣江西岸打缆洲,淹田倒屋不计其数,为 1876 年后之大灾。

1961 年赣江上游洪水频繁,6 月初,全省第一次暴雨过程刚过,8 日起一次更大暴雨过程降临,赣江水位急剧上升,14 日 11 时左右,丰城市县城水位 30.32 m,作为赣东大堤组成部分的丰城旧城墙,在西门横巷口发生直径 0.4 m 的漏洞,水位 30.55 m 时墙崩成决口,因抢救不及时,导致决口由最初仅数米扩大到 205 m,城墙塌陷,洪水冲过丰城县城,进洪流量最大达 1 300 ~ 1 500 m³/s。洪水经丰城平原泄入清丰山溪排洪道,直到 19 日下午 5 时 40 分止,进洪历时 124 h。丰城大街冲成两段。该次洪水,仅丰城市受灾大队就413 个,损失粮食 1 亿斤(1 斤 = 500 g,全书同)损毁房屋 527 栋,粮、油、药库、商店等直接经济损失达 1 707 万元,淹死 171 人,粮食减产 4 020 kg,铁路中断 9 d,公路中断 28 d。

1962 年 5 月下旬至 7 月初,赣江流域接连出现三次大的降雨过程,形成三次洪水叠加,酿成特大洪水。5 月 29 日,赣江第一次洪峰过新干,丰城扒开县境万石圩分洪。6 月11 ~ 20 日,赣江出现第二次洪峰,18 日 20 时,泉港闸外水位 32.42 m,开闸分洪,最大进洪流量 1 600 m³/s,削减闸外水位 0.41 m。19 日 17 时,新干水位 38.92 m,为有记录以来最高水位。20 日 8 时 15 分赣东大堤新干县张家渡段决口。同日 18 时 15 分,南昌县万家洲堤段溃决,决口扩大到 530 m。23 时,漳溪段漫决,溃口 85 m。6 月 29 日,赣江出现第三次洪峰,4 时吉安水位 54.05 m,超过前次 1.01 m。禾埠堤决,洪水直灌吉安市区,沿江城区水深 3 m,经济损失严重。30 日新干出现更高水位 39.28 m,张家渡水位达 36.60 m,超过 20 日决口时水位 0.36 m,决口两端包头冲毁并扩大至 158 m,晏公堤内水位急剧上升。30 日下午,泉港闸再次分洪,削减闸外水位 0.28 m,而晏公堤水位已超过堤顶,虽经数千名干部群众抢筑子堤,终因水位上升迅速,于下午 4 时 30 分在闸头杜家村前决口,接着机场附近也相继决口。三次大水造成赣东大堤出险 330 余处,赣江沿岸堤决 5 处,扒口3 处,冲毁各类农田水利工程 112 586 座,铁路中断行车 10 d,受淹农田 774.21 万亩,损失粮食 20 亿斤。

1964 年 6 月 8 ~ 11 日,赣江上游地区连降大到暴雨,14、15 两日又连降暴雨和特大暴雨。致使赣南各县山洪暴发,河水猛涨,瑞金、会昌、于都、龙南、大余、南康等县城先后进水,最高水深达 4 m。赣江中上游连续出现 4 次洪峰,万安以上超过 1962 年最高洪水位。16 日赣州水位站水位达 102.63 m,超过警戒水位 5.51 m,比 1961 年高 1.07 m,为中华人民共和国成立以来最高洪水位。同日,章江坝上站洪峰水位达 102.41 m,超过警戒水位3.79 m。该次洪水造成赣州市老城区赣江路、中山路、解放路下段、濂溪路、章贡路、八镜路、大公路下段均进水被淹,赣州市受淹面积 7.6 km²,淹没房屋 1 900 多间,倒塌 410 余间,沿江两岸村镇及农田也遭受了较大的洪涝损失。

1968 年 6 月 14 ~ 18 日,赣南、赣中连降大雨。6 月 19 日,贡水赣州站水位达101.37 m,超警戒水位 4.25 m;6 月 26 日,章江坝上站水位达 102.72 m,超警戒水位 4.10m,致使赣州市老城区沿江街道进水,赣江路水深 2 ~ 3 m。24 日又一次降雨过程,赣州、吉安、抚州地区两场暴雨形成一场复式洪水过程。26 ~ 28 日,新干、樟树、丰城、南昌等县(市)水位分别达 39.81 m、34.19 m、30.97 m 及 24.32 m,均出现创记录最高洪水位。由于 1963 年以来,泉港不分洪,29 日 8 时,洪峰流量已过泉港 34 h,水位下降 0.45 m。粮洲堤因防守麻痹,泡泉发展至溃堤,当时内水位差 4.91 m,决口迅速扩大到 170 m,造成分洪区不应有的损失。此次洪水全省受灾人口 245 万,淹没农田 306.78 万亩,其中千亩以上14 条,万亩以上 6 条。

1982 年,赣江下游发生特大洪水,6 月 14 日起,赣江中下游河流水位急剧上涨。19 ~ 20日赣江樟树至南昌水位超过有记录以来最高水位。樟树、丰城、外洲最高水位分别达 34.72m、34.56 m、25.60 m,超过各站有记录以来最高水位 0.47 ~ 0.59 m,20 日 14 时南昌八一桥水位24.80 m,超过1968年最高水位0.48 m,外洲站流量20 400 m³/s。19~20日,赣江中游出现大洪峰,赣东大堤吃紧,丰城部分堤段水近堤顶。这场洪水造成全省59个县(市)、600余万人受灾,死亡208人,淹没农田722.22万亩,约30万亩冲成沙地,粮食减产20亿斤,冲毁水利工程17 133座,冲毁公路1 350 km,大小桥梁2 758座,毁屋10余万间。

1994年6月6~23日,出现了持续低温阴雨天气,赣江上游发生大范围降雨过程,万安坝址以上面雨量达336.5 mm。6月中旬,连续10 d普降大到暴雨,上游的上犹江、油罗口、长冈等大型水库开闸泄洪。13~17日,上犹江水库以上面雨量达320.9 mm,17日15时30分,入库洪峰流量达2 920 m³/s,使水库最高水位超设计洪水位1.03 m。由于洪水涨势凶猛,上犹江水库在17日18时至18日10时,连续17 h下泄流量超过2 000 m³/s,致使章江水位猛涨。18日21时,章江坝上站水位达102.79 m,超警戒水位4.17 m,此水位仅次于1961年和2002年,列中华人民共和国成立以来第三位。19日凌晨2时,贡水赣州站亦达最高水位101.21 m,超警戒水位4.09 m,造成赣州市老城区进水受淹,沿江城镇、村庄及农田遭受严重的洪涝灾害。赣州市受淹人口6.5万,倒塌房屋613栋共3 020间,淹没农田5万亩,毁坏耕地30亩。另外,此次洪水还造成吉安市9.7万人受灾,损毁房屋2 720间,死亡2人,直接经济损失1.02亿元。

1995年6月3~9日,赣江上游普降大到暴雨,尤其是15~17日连降暴雨,部分地区出现大暴雨,万安坝址以上面雨量达159.7 mm。18日,贡水赣州站水位达102.10 m,超警戒水位2.91 m。致使赣州市老城区进水,沿江村镇均遭较为严重的洪水侵袭,受灾人口5.3万,倒塌房屋83间,直接经济损失1.05亿元。

受"厄尔尼诺"现象的影响,1998年江西省天气异常,全省年平均降水量2 042 mm,比历年均值多25%,且时空分布极不均匀。1~3月,全省平均降水量比历年同期均值多83%,3月上旬发生了罕见的早汛。之后,6月中旬开始赣江流域接连发生2次大范围集中强降雨过程,致使信江、抚河、饶河、修河、赣江下游、鄱阳湖和长江九江段均发生了超历史记录的特大洪水。6月26日,外洲水文站洪峰水位25.07 m,洪峰流量17 200 m³/s,湖口站最大出湖流量31 900 m³/s;7月31日,湖口站最高水位22.59 m。该次洪水共造成长江流域1 080.7 hm²农作物受灾,251.5万 hm²绝收,10 169.2万人受灾,2 140人死亡,350万间房屋倒塌,732万间房屋损坏,175.7万头大牲畜死亡,直接经济损失1 450.9亿元。

2002年10月28~30日,流域普降大到暴雨,局部地区出现大暴雨,自28日8时至30日14时,赣州市城区降雨量就达160.9 mm,坝上、赣州、居龙滩等站,3 d暴雨量均达200 mm以上,尤其是10月29日,坝上、赣州、居龙滩等站1 d降雨量分别为136.1 mm、121.9 mm、132.5 mm。由于连续降雨,致使江河水位猛涨,10月31日,贡水赣州站最高水位为102.06 m,超警戒水位4.94 m;同日章江坝上站水位最高达102.99 m,超警戒水位4.37 m。赣州市城区部分地区进水,多处地方积水内涝,沟道严重堵塞,造成内涝灾害。

从2010年6月中旬开始,江西省各地连日来普降大到暴雨,局部出现特大暴雨,受其影响,赣江及其主要支流河流水位暴涨,出现自1998年以来首次超警戒洪水,其中赣江部分地区洪峰流量超1998年,防汛形势极为严峻。6月21日,赣江干流水位全线超警戒,当日11时,赣江吉安站洪峰水位超警戒2.64 m,南昌站超警戒0.43 m,赣江支流乌江、蜀水、禾河、泸水、同江等全线实测水位创下有水文记录历史以来的最高值,且洪水持续时间长,其中吉安、峡江、新干等站分别达到 228 h、218 h、186 h,超有记录的 1964 年洪水 (215 h);6 月 22 日 10 时,赣江干流外洲水文站洪峰水位 24.23 m,超过警戒水位 0.73 m, 洪峰流量高出历史最高记录 1 000 m³/s,为超历史记录的特大洪水,14 时,赣江樟树水文 站洪峰水位超警戒 0.6 m。22 日晚,赣江南昌站洪峰水位超警戒 0.9 m。受省内主要河 流入湖流量剧增影响,鄱阳湖水位快速上涨,平均每天上涨 0.5 m。据灾后统计,本次洪 水共造成流域内 50 多个县(市、区),近 800 个乡镇约 760 万人受灾,受淹城市 13 个,倒塌 房屋 4.9 万间,死亡人口 33,转移人口 60 余万,直接经济损失 143 亿元。

### 5.1.1.2　防洪现状及存在的问题

　　经过历年的防洪工程建设,赣江流域建成了大量的圩堤、水库等防洪工程,这些工程 为保护洪泛区人民的生命财产和工农业生产的安全发挥了积极作用。但随着国民经济发 展对防洪要求的不断提高,现有的防洪工程建设仍难以满足社会经济发展的需求,还存在 着很多问题急需解决。

　　(1)流域内防洪工程体系尚不完善,在 1990 年编制的《江西省赣江流域规划报告》中 提出了峡山、万安、峡江三座控制性防洪工程。其中,峡山水库(高方案)由于淹没损失较 大,目前已改为低方案开发(水库正常蓄水位 109.80 m,工程目前已动工兴建);万安水库 由于库区移民尚未妥善安置,目前一直维持初期运行(该水库设计正常蓄水位 98.11 m, 现按 94.11 m 运行),大大地削弱了它对下游的防洪功能;峡江水利枢纽工程目前也已动 工兴建,但正常蓄水位由原规划的 48.11 m 降低到 2007 的 46 m,对其防洪功能有一定 影响。

　　(2)经过多年的建设,赣江流域已基本形成了以堤防为主的防洪工程体系。赣江流 域已建大小圩堤 522 座(不含城防堤),堤线总长 2 737.01 km。目前已建堤防中除赣东 大堤等个别堤防基本达到其设计防洪标准外,其他堤防普遍存在堤身矮小、险工险段多等 问题,实际防洪能力不能满足其相应的设计标准,难以满足社会经济发展的要求。

　　(3)赣江干流主要城市有赣州市、吉安市和南昌市,县城有万安、泰和、吉水、新干、樟 树、丰城等,支流上主要城市有宜春市和新余市。其中,赣州市城区受万安回水顶托,上无 防洪控制性工程,城市防洪完全依赖沿江河堤,已建城市防洪堤除章江右岸赣州大桥至西 津门段、章江左岸赣州大桥至毛家岭及章江水轮泵站黄金大桥段、贡水左岸自东河大桥至 北门的古城墙基本达到 50 年一遇标准外,其他堤防现状防洪能力仅为 10 年一遇左右;吉 安市现有的城市堤防工程中赣江西堤、东门堤目前基本可以抵御 50 年一遇洪水,禾埠堤 能抵御 30 年一遇洪水,其他堤防只能抵御 10~20 年一遇洪水,防洪标准明显偏低;宜春 市目前已建成袁河左岸化成岩拦河坝至桔园新村段、烟草公司至袁山大道东端段、袁河右 岸 320 国道桥至市武装部段、宜春大桥至酒厂段、温汤河两岸沙陂公路桥至温汤河入袁河 河口段共 5 段防洪墙,总长 10.28 km,防洪标准不足 50 年一遇。受投入财力限制,加上 城市总体规划布局做了较大调整,现状城区袁河上下游端及温汤河上游端保护范围与新 规划的城市范围相差较大,且未形成封闭圈,南庙河、新坊河两岸基本无防洪设施;新余市 现有防洪设施较少,仅在袁河干支流沿岸修建了几段不连续的防洪土堤,未形成封闭保护 圈,袁河沿岸局部地方(郊区夏家、送桥)防洪能力不足 10 年一遇,其余地段(新钢建筑公 司及预制件厂、新余发电厂)防洪能力分别不足 20 年一遇、50 年一遇。另外,孔目江两岸大部分地段防洪标准不足 5 年一遇;南昌市整个城区以赣江为界分为昌南和昌北两大区域,昌南城区已建堤防 31.85 km(含赣东大堤部分),昌北城区已建堤防 8.43 km,目前昌南主城区整体防洪标准约为 100 年一遇,昌北除部分堤段未达到 100 年一遇标准外,其他均已基本达到 100 年一遇防洪标准。

赣江干流沿岸的县城中除万安县城基本未设防洪工程外,其他县城均建有堤防保护(樟树和丰城两市主城区均在赣东大堤内)。其中,泰和县和吉水县已建堤防有澄江堤和文峰堤,现状重要堤段堤顶高程达到 10 年一遇标准,但由于已建堤防均为土堤,险工险段多,实际防洪能力不足 10 年一遇;赣江支流乌江右岸的永丰县建有金家堤保护,保护城区段现状防洪标准基本达到 10 年一遇,但存在迎流顶冲险段。另外,随着近些年来城市建设规模的不断扩大,部分县城现有堤防已不能满足城市规划的要求,亟待进行后续建设。

(4)为保障赣东大堤的安全,原规划中在泉港设置了泉港分蓄洪区。该工程于 1957 年动工兴建,1958 年 3 月建成,工程由进洪闸和粮洲堤组成。由于进洪闸身稳定设计标准的提高,原闸稳定应力已不满足要求,且粮洲堤有 4 处总长为 1.7 km 的堤基管涌险段。对此,于 2001 年对原分洪闸和粮洲堤进行了改建和加高加固,目前粮洲堤已达到 50 年一遇设计洪水标准。另外,泉港分蓄洪区内原有低矮圩堤,自 1969 年开始大量围堤,先后围堤 41 座,至今堤顶高程普遍达到 32.08 m,个别达到 33.58 m,致使分洪困难。加之目前分洪区内圩堤尚未按要求设置出进洪口门,分蓄洪区内部安全建设也未实施,使其分洪功能无法得到应有发挥。

(5)随着近些年水库除险加固工程的逐步实施,流域内大、中型病库及部分重点小型病险水库基本上都进行了除险加固,但已经完成或正在进行除险加固的水库仅占流域内全部病险水库的很小一部分,仍有大量水库待除险。根据统计,赣江流域现有各类病险水库 2 647 座,由于不同程度地存在诸如设计标准低、大坝坝基渗漏严重、建筑物裂缝漏水、溢洪道冲损严重以及蚁害等问题,致使其应有的各种效益无法发挥,而且年年都是防汛的心腹之患,给各级领导和人民群众背上了沉重的包袱。

(6)流域内水闸大多数建于 20 世纪 50～70 年代,之后建设速度有所减缓。据 2008 年水闸安全状况普查数据统计,截至 2008 年底,赣江流域(外洲水文站以上)共有小(1)型以上规模的水闸 391 座,其中大(2)型水闸 5 座,中型水闸 75 座,小(1)型水闸 311 座。已建水闸中特别是一些中小型水闸工程,不少是"大跃进"的产物,建设程序不规范,缺乏必要的总体规划和前期工作基础,设计不规范,大多为"三边工程",且工程施工质量较差。

(7)赣江流域中小河流众多,大多数中小河流,特别是河流沿岸的县城、重要集镇和粮食生产基地防洪设施少、标准低,甚至很多仍处于不设防状态,遇到常遇洪水可能造成较大的洪涝灾害。另外,一些中小河流水土流失严重,加之不合理的采砂以及拦河设障、向河道倾倒垃圾、违章建筑侵占河道等,致使河道萎缩严重,行洪能力逐步降低,对所在地区城乡的防洪安全构成严重威胁。

赣江流域中小河流众多,200 km² 以上的中小河流共有 113 条。在这些中小河流沿岸分布着众多县城和乡镇。由于一直以来缺少相应的投入,县城尤其是乡镇防洪工程建设严重滞后,大部分乡镇至今仍未设防。已设防的县城和乡镇,以堤防工程为主,但堤防的设计标准低,且基本没有形成独立完整的防洪体系,常遭洪水侵袭;未设防的县城和乡镇,洪水灾害发生更为频繁。

(8)江西省是全国山洪灾害多发省份,灾害易发区分布范围广。在贯彻以防为主方针的基础上,开展了全省山洪灾害防治工程建设,取得了显著成效,处在全国前列。目前赣江流域范围内山洪灾害严重威胁区已建立了山洪灾害监测、预警、预报系统,但由于投入不足、管理薄弱等原因,现状流域内山洪灾害总体防御能力还不高,仍需进一步完善。

(9)防洪非工程措施是流域防洪体系的重要组成部分。经过多年来尤其是1998年后全省防汛指挥网络系统等工程的建设,流域内防洪非工程措施得到进一步加强,但在完善相关政策法规、提高洪水预警预报水平、水库联合防洪调度系统建立以及超标准洪水防御对策和调度运用方案等方面还有大量的工作要做。

## 5.1.2　防洪规划原则、方案及布局

### 5.1.2.1　防洪规划原则

(1)防洪规划拟订的防洪目标、防洪标准、防洪工程布局,要与流域内经济社会发展规划、国土规划、土地利用规划、城市总体规划以及流域综合治理开发规划相协调。

(2)防洪规划应贯彻"全面规划、统筹兼顾、标本兼治、综合治理"的原则,根据河流的洪水与洪灾特点,流域防洪规划应对上中下游、干支流洪水治理做出全面规划,并以中下游地区为规划重点。同时,要根据防洪保护范围内社会经济的重要性,制定相应的防洪标准,做到确保重点,兼顾一般。要分析研究上中下游、干支流的洪水规律及相互间的联系,统筹安排洪水治理措施,坚持工程措施和非工程措施相结合,采用多种措施进行综合治理,突出防洪工程体系的整体作用。

(3)治理中下游洪水要坚持"蓄泄兼顾、以泄为主"的方针,建设好干支流控制性工程。另外,加高加固干支流重要堤防,进行干流河道治理,提高流域整体防洪保安能力及河道行洪能力。堤防应根据其所保护对象的重要性分类规划,确定其合理的防洪标准。

### 5.1.2.2　防洪规划方案及布局

赣江干流防洪保护对象主要有赣州市、吉安市、南昌市、赣抚平原(赣东大堤保护区),以及万安县、泰和县、吉安县、吉水县、新干县、樟树市等沿岸重要县城,支流上主要防洪保护对象为宜春市和新余市,以及沿河城镇和农田。根据流域的实际情况,本次规划赣江流域主要采取堤库结合、分蓄洪区建设及河道整治等综合防洪工程措施。

近期2020年前完成流域内万亩以上圩堤的加高加固,开展干支流沿岸重要城镇防洪治涝工程以及中小河流治理工程建设,对泉港分蓄洪区进行分洪工程建设及区内安全建设,并建成峡江水利枢纽工程。到2020年,使流域内万亩以上重点圩堤和干支流沿岸重要城镇达到《防洪标准》(GB 50201—2014)中要求的防洪标准,同时结合峡江水库的建成运行及泉港分蓄洪区的运用,使赣东大堤的防洪标准达到100年一遇,南昌市的防洪标准达到200年一遇。远期2030年,完成万安水库按98.11 m运行的后续工作,并结合万安水库和峡江水利枢纽的联合调度,在泉港分蓄洪区配合运用的情况下,使南昌市的防洪标准达到300年一遇,赣东大堤及赣江中下游沿岸城镇及其他堤防的防洪标准也得到进一步提高。

另外,通过对流域内现有2 647座病险水库和80座大中型病险水闸进行除险加固,以及瑞金、会昌、于都、全南、信丰等35个县(市、区)的山洪灾害预警工程和干支流重点河段河道治理等工程建设,全面提高流域的防洪保安能力。

## 5.1.3 城市防洪规划

赣江流域现有南昌、赣州、吉安、宜春和新余5个设区市以及全南、龙南、信丰、安远、会昌、瑞金、于都、南康、赣县、崇义、上犹、石城、宁都、兴国、万安、遂川、泰和等35个县级城市,其中赣州市、万安县、泰和县、吉安市、吉水县、峡江县、新干县、樟树市、丰城市、南昌市依次分布于赣江干流沿岸。

### 5.1.3.1 南昌市

#### 1.城市概况

南昌市是江西省省会,城区面积330 km$^2$。城区2007人口224.25万人,至2020年,城区规划人口将达到255万人,2030年将达到275万人。

根据《南昌市城市总体规划文本(2001~2020年)》,规划的中心城范围为:东起瑶湖,西至长陵、麦园;北起北二环路,南至昌南大道,由昌南、昌北两城组成。赣江以东为昌南城区,具体划分为五个片区:旧城中心片区、城东片区、城南片区、朝阳片区和瑶湖片区;赣江以西为昌北城区,包括红谷滩中心区、红角洲片区和蛟桥片区。本次城市防洪治涝规划范围与上述规划中心城区范围一致。

#### 2.防洪治涝工程现状及存在问题

南昌市主要受赣江和抚河洪水威胁,鄱阳湖湖盆高水位对赣江(南昌段)洪水有明显顶托作用。瀛上河及清丰山溪洪水对南昌市威胁也很大。目前,南昌市昌南城区现有防外洪(赣江洪水)的防洪工程主要有上滨江路堤(生米大桥至新洲闸段)、沿江路防洪墙、下滨江路堤(新八一桥至赣江铁桥)、富大有堤、朝阳洲堤、胡惠元堤、红旗联圩等。其中,上滨江路堤堤线长8.34 km,堤顶高程25.96~24.08 m,现状防洪能力低于100年一遇;沿江路防洪墙全长约1.158 km,目前除滕王阁段和南昌客运港段(总长约422 m)正在实施外,其余堤段基本达到规划标准要求;下滨江路堤是"一江两岸"路堤工程之一,基本达到100年一遇防洪标准;富大有堤已按100年一遇洪水标准进行了建设,滨江路朝阳洲堤至新洲闸段路堤建设项目虽已实施,但堤顶欠高,除险加固措施没有跟上,如抛石固脚、填塘固基、堤身堤基防渗及护岸护坡等措施有待进一步实施,另有原安东乐堤段未达规划标准要求,并且存在堤顶欠高、堤基堤身渗漏及边坡不满足要求等问题;朝阳洲堤和胡惠元堤为城南隔堤,基本以规划标准按路堤结合型式得到实施(两堤合称昌南大道);瑶湖西堤为瑶湖西岸防内涝堤防,土堤,堤顶宽度3~5 m,堤身高度3~4 m,平均边坡不足1:2.5,随着其近年来区域重要性的不断提高,现有红旗联圩的防洪标准明显不能满足其防洪保安要求。红旗联圩是江西省重点圩堤,保护面积396 km$^2$。圩堤工程设计标准为:湖盆地区圩堤防御相应湖口22.5 m(吴淞)洪水位,尾闾区圩堤防御各河20年一遇洪水位,相应设计水位为20.77~21.05 m,设计堤顶高程22.31~22.77 m,经一期工程建设及除险加固处理,圩堤防洪能力基本达到20年一遇标准。

昌北城区是近年来新开发和发展的城区,乌沙河中下游地区与白水湖地区为开发相对较早的城区,区内防洪治涝设施较为完善,初步形成了相对独立的防洪保护圈;九龙湖地区和幸福河中下游地区为近期规划将要开发的新城区,区域内已建成以农田与村庄为主要保护对象且具一定规模的防洪治涝工程设施,但工程设施防洪治涝标准低,不能适应区域发展要求。乌沙河地区基本形成了红谷滩新区、青岚区、龙潭区3个相对独立的防洪保护圈。红谷滩新区的防洪保护圈由沿赣江左岸的沿江大堤与沿乌沙河右岸的丰和联圩组成。沿江大堤堤线总长17.7 km。全段堤防可分成三段,上段为生米大桥以上段,长约3.0 km,该堤段已达抗御100年一遇洪水要求。中段为生米大桥至赣江铁桥段,全长约13.2 km;该段中的生米大桥至南昌大桥段为喻家湾改线段,已达规划的100年一遇标准;而南昌大桥以下至赣江铁桥段,堤防型式为衡重式浆砌石挡墙上设防浪墙,防浪墙墙顶设计高程为100年一遇洪水位以上0.4 m左右,与相应一级堤防加超高的设计堤顶高程相比,该堤段还存在一定的差距。下段为赣江铁桥以下段,长1.5 km,该段亦称青港路堤,现状堤顶高程为22.4~22.6 m,与100年一遇堤顶高程相比相差较大,尚未达规划防洪标准要求。丰和联圩为沿乌沙河右岸保护昌北红谷滩新区(原牛行、凤凰、红谷滩、红角洲区)的堤防,由原乌沙河堤、铁臂前圩、双目圩、前进圩、跃进圩、丰收圩等圩堤组成,全长11.7 km,现状防洪能力仅2~5年一遇。青岚防护圈由青岚水左岸的李家圩进行防护,全长2.7 km,现状堤顶高程24.65~24.38 m,防洪能力20年一遇。龙潭防护圈由龙潭水左岸的团结圩进行防护,全长3.15 km,现状堤顶高程25.13~24.82 m,防洪能力20年一遇。白水湖地区基本形成了由前港堤(沿前港河左岸)、南岸堤(沿赣江左岸)、双西路堤(临赣江)和建丰堤(临下庄湖)组成的防洪保护圈。建丰堤(长1.639 km)现状防洪能力50年一遇,南岸堤(长1.98 km)和双西路(长1.639 km)现状防洪能力10年一遇。九龙湖地区生米大桥上游侧的安丰水流域为沿江大堤保护区域,现状基本达100年一遇防洪标准要求;九龙湖地区沿赣江左岸的汝池圩现状防洪能力3~5年一遇。昌北幸福河中下游地区已建防洪工程主要有幸福河堤以及沿赣江西河左岸的双西路堤幸福河口段、瓜洲圩、汝罗湖圩等。幸福河堤位于幸福河左岸,现状防洪能力5~8年一遇;双西路堤幸福河口段位于幸福河出口,现状防洪能力约8年一遇;瓜洲圩位于赣江西河左岸,现状防洪能力5~8年一遇;汝罗湖圩位于赣江西河左岸的汝罗湖水出口处,现状防洪能力约5年一遇。

南昌市昌南城区共划分为四个治涝片:象湖片、城东艾溪湖片、青山湖片、瑶湖片。昌南城区治涝工程设施主要有电排站6座,防内涝圩堤2座,鱼尾小闸、将军渡闸等多座自排闸,城区排水管网和排渍道等,分四片排水:象湖治涝片即抚河路东侧高地以西及朝阳洲地区,雨水通过自排或电排站提排至象湖和抚支故道后排入赣江;城东艾溪湖治涝片即赣抚平原五干渠以东与梧岗、罗家集至尤口一线自然高地以西区域,雨水汇入艾溪湖、南塘湖后排入赣江;青山湖治涝片即五干渠以西与抚河路高地以东所夹区域(主要为老城区),流域内雨水通过各排水管网及下水道,由城南排渍道,东、西排污渠汇入青山湖后(雨期)排入赣江,非雨期时则由东西排污渠直接排入赣江;瑶湖治涝区即梧岗、罗家集至尤口一线自然高地以东区域,片内雨水汇入瑶湖,或经过下港闸、钱岗闸自排入赣江。现有6座电排站分别为:新洲电排站、青山湖电排站、吴公庙电排站、鱼尾电排站、西河滩电排站和朝阳电排站,总装机容量20 185 kW。现有防内涝圩堤分别是象湖西堤和艾溪湖西堤,总长14.97 km。昌北城区乌沙河中下游区域可分成前湖、省庄、丰和、凤凰、丰收等多个治涝区,现状各治涝区均建有电排站,已建电排站主要有前湖电排站、丰和电排站、凤凰电排站及丰收电排站,总装机容量 4 770 kW;白水湖地区治涝设施主要有 2008 年兴建的双港电排站,装机容量为 2 000 kW,现状该区域治涝基本满足要求;九龙湖地区现状为农田,现有治涝设施主要有安丰水的安丰电排站及斗门电排站,总装机容量 310 kW;幸福河中下游地区现有电排站主要有狮子脑电排站、下庄湖电排站、汝罗湖电排站、瓜洲圩电排站共 4 座,总装机规模 1 585 kW。昌北城区还建有众多涵闸,乌沙河中下游地区、白水湖地区、九龙湖地区和幸福河中下游地区内均建有水闸,但大多存在建设运行年代久远、老化失修,水闸泄流能力小,运行安全隐患多等问题。另外,昌北城区目前已建有 4 条导托排洪渠,分别是位于白水湖地区的邓家坊导排渠和位于幸福河中下游地区的八一庄导托渠、三通导托渠、东导托渠,渠道总长 13.0 km。

昌南城区老城区经过历年建设,防洪设施较完备,仅在局部堤段存在堤顶欠高、堤身渗漏等问题;瑶湖片区为新城区,包括南昌航空城、光伏产业城、LED 城、大学城等生产区及约 20 万人规模的居住中心,目前该片区属于红旗联圩保护范围,现状防洪能力仅 20 年一遇,明显不能满足区域防洪保安要求;昌南城区的治涝设施标准偏低,电排装机规模不够;部分排水涵闸修建时间较早,设备老化,部分区域缺乏治涝设施(如南塘湖治涝区),瑶湖片区治涝依赖于红旗联圩现有治涝工程体系,工程治涝标准低,排涝装机分散,设计排涝装机只能满足一般农田的治涝要求。昌北城区防洪治涝工程体系有待完善,已有的防洪治涝工程设计标准明显偏低,圩堤堤身单薄低矮,部分堤段工程质量较差,没有护坡,容易产生渗漏及渗透破坏。昌北城区现有治涝工程主要有排涝站(闸),部分站(闸)标准低、规模小,不能满足区域治涝要求。九龙湖地区、幸福河中下游地区现有防洪治涝设施保护对象为农田与农村,防洪治涝标准低,现状堤防防洪能力为 5~8 年一遇,电排站排水能力 3~5 年一遇。昌北地区成为城市建设用地后,现状防洪治涝能力、防洪治涝标准、防洪治涝工程布局等均不能满足经济社会发展与城市建设要求。

3. 防洪治涝工程规划

昌南城区规划方案为,将昌南中心城区分成老城区和瑶湖片区两片区,分别对两片区规划相互独立的防洪保护圈进行防护,防洪标准为 100 年一遇。老城区的防洪保护圈为现已基本形成的原防洪保护圈,主要防洪工程是对现有圩堤按设计标准进行加高加固和完善,以使其达到防洪标准要求,昌南城区规划需加高加固的堤防有上滨江路堤(朝阳洲堤至新洲闸段)、沿江防洪墙(滕王阁段和南昌客运港段)、富大有堤(安乐堤段)等工程设施。瑶湖片区为新建城区,规划需按 I 类堤防标准加高加固红旗联圩,全长 81.95 km,加高加固谢埠街至罗家镇连接段 700 m。

昌北城区根据区域地形及水系状况划分为乌沙河区域、白水湖区域、幸福河中下游地区、九龙湖地区和桑海经济技术开发区共五个区域进行防护。乌沙河区域分别设置红谷滩新、长陵区、下罗区、龙潭区 4 个防洪保护圈进行防护。规划工程措施有:对乌沙河干、支流河道进行整治,对阻水壅水严重的跨河建筑物进行改扩建;按防洪标准要求新建或加高加固乌沙河两岸圩堤(丰和联圩和长陵圩)以及下罗水的李家圩、龙潭水的团结圩;兴建乌沙河电排站和改扩建六孔闸(乌沙河闸);将孔目湖、黄家湖、前湖、马栏圩开辟为调蓄区,兴建相应的控制闸用于调节蓄水容积。白水湖区采用大防护圈方案,把规划保护区域内的白水湖和李家洲作为一个整体进行防护,将后港河来水当作内涝水处理。规划工程措施有:南岸堤(长1 980 m)、双西路堤(长1 274 m)加高加固,双港闸改扩建等。幸福河中下游地区保护范围为:幸福河左岸的筒车湖(平原)区、下庄湖(平原)区以及赣江西河左岸的瓜洲、汝罗湖等地区。规划防洪治涝工程包括:幸福河改线3.76 km;幸福河中游段(筒车湖段)整治5.56 km;加高加固及新建幸福河堤9.85 km;兴建郭台橡胶拦河坝和雷公脑拦河控制闸;整治三通导排渠和八一庄导排渠,整治长度为6.18 km。九龙湖地区需防洪保护的区域为九龙湖片区和安丰片区。九龙湖片区规划新建防洪堤4.72 km;河滩疏浚及整治4.72 km,滩涂整治面积3 200亩,滩面控制填高为23 m;安丰片区受沿江大堤(已达100年一遇标准)保护,该片区防洪问题基本解决。桑海经济技术开发区地处修水潦河支流凤嘴水、仙姑坛水上,所在河流流域汇水面积小,区域地形为低丘岗地,地势相对较高,该区域的防洪建设主要结合城市建设进行水系整治。

#### 5.1.3.2 赣州市

1. 城市概况

赣州市位于江西省南部赣江上游,介于东经113°54′,北纬24°29′~27°09′,是一座具有2 200多年历史的国家级历史文化名城,也是内地通向东南沿海的重要通道之一。赣州市城区地处章贡两江汇合口附近的章贡赣三江两岸,以章贡两江为界,分为河套区和河套外。至2004年,城区人口为56.48万人,城市建成区面积为49.4 km²。至2020年,城区规划人口将达到75万人,2030年将达到90万人。

2. 防洪治涝现状及存在的问题

赣州城区地处万安水库末端、章贡两江汇合地带,城区三面临水。受万安水库回水顶托,上游无防洪控制性水库工程,城市防洪完全依赖于沿江河堤。现有能防御50年一遇洪水的堤防有章江右岸武龙大桥至西津门的滨江防洪堤,全长7.28 km;贡江左岸自东河大桥至北门的古城墙,全长3.60 km;章江左岸武龙大桥至毛家岭的南桥堤,全长4.37 km;高楼堤武龙大桥至高楼段,全长4.50 km。防洪20年一遇洪水的堤防主要有菜园坝堤桃源洞河出口至东林寺段2.21 km。此外,章江左岸下欧塘至黄金大桥段建有黄金堤,全长1.58 km,由于建设年代较早,现状防洪能力不足50年一遇。除古城墙外,其余5条堤防大部分为1998年以后兴建或在原有基础上加高加固的。古城墙建于宋代,城墙沿章贡两汇河岸分布,现存长度3.60 km,其中东河大桥至北门附近2.654 km要承担防洪任务,由于年久失修,墙体断裂严重,多处出现渗漏水,每遇洪水,城墙稳定性就受到威胁,沿江一带城区居民长期生活在洪水威胁之下。

目前,赣州市城区尚未建立完整的独立防洪保护圈。桃源洞河右岸赣州第二医院附近高地至桃源洞河出口段长0.69 km、贡水右岸东林寺至螺溪村附近段长9.35 km和七里镇上坊村至桃源洞河出口段长2.63 km的堤段还未建成,桃源洞河出口至东林寺附近2.21 km堤段也只能防御20年一遇标准的洪水,致使水东片尚未形成封闭的独立防护区;章江南片章江右岸潭口镇窑下村至塔脚下沿岸及贡水左岸东河大桥至摩角上沿岸还未建防洪工程设施,仅由古城墙和滨江防洪堤不能满足章江南片的防洪要求;章江北片章江新区高楼至黄金大桥3.68 km及杨梅渡大桥上游约400 m处至赣州精选厂附近5.06 km的堤段未实施,目前仍靠天然台地防洪,另外黄金堤部分堤段险情严重,堤顶高度不够。虽然现城区部分堤防达到防御 50 年一遇洪水标准,但由于没有形成完整的独立保护圈,整个赣州市城区的防洪标准仍然偏低。

赣州市为解决城区低洼地区的排涝问题,已建成一些排涝工程,电排站主要有水叉口、水没洞、南河、西河(在建)、岭头上(在建)、建春和老观庙共 7 座,总装机容量3 183 kW。已建成的排水闸水东虎岗排水闸,孔口 1.7 m×1.7 m,设计流量 6.37 m³/s。地下排水管有北门排水管网,自大新开路经八境路排入章江,全长 1.615 km;东河大桥上出水口,由两条下水道在东河大桥附近汇合后入贡水,总长 4.023 km;水叉口出水口,自健康路达龙港,经大公路、蕨菜塘边、水叉口排入贡江,全长 1.073 km。赣州城区已建的排涝站装机规模小,排涝范围仅限河套老城区和章江新区部分区域,不能满足整个城区的排涝要求。且部分电排站排涝标准低,排涝设施管理机构不健全。

### 3. 防洪治涝规划

根据赣州市城区规划范围、建设现状、地形特点、河流水系、总体规划,结合万安水库运行情况及其迁防要求,为建立赣州市城区完整的防洪治涝工程体系,规划拟分为水东片、章江南片、章江北片和水西片共 4 个片进行防护,各片防洪标准均按 50 年一遇设计,治涝标准均为 20 年一遇最大 24 h 暴雨 1 d 排至不淹重要建筑物高程。各片区防洪治涝规划方案如下:

水东片位于贡水、赣江右岸,新建或加高加固防护堤为七里堤(全长 2.63 km)、菜园坝堤(全长 0.84 km)、水东堤(全长 9.20 km),堤线总长 12.67 km。规划拟在螺溪、虎岗、罗汉口、岗上、沿坳、下坊等处附近低洼地分别布置自排与电排相结合的排涝站,总装机容量规模为 2 370 kW。

章江南片以田头水为界,分为河西和河东 2 个独立的防护分区进行防洪治涝工程布置。河西区位于田头水左岸、章江右岸,规划建设潭口堤,堤线自窑下附近高地起,沿章江右岸顺流而下,至田头水出口沿田头水逆流而上止于新圳口附近高地,全长约 6.21 km,结构为均质土堤。河东区位于田头水和章江右岸、贡水左岸,城市总体规划中属创新区、峰山片区、河套老城区和沙河片区,规划在创新区内建设坞埠堤、芦萁坑堤、博罗堤、当塘堤和社背堤,在峰山片区内建设吉埠堤,在河套老城区内建设磨脚上堤,堤线总长26.83 km。治涝规划方面,在河西区伍屋附近低洼地布置自排与电排相结合的伍屋电排站;在创新区下坞埠、栏兰水出口、博罗、当塘水出口和社背等处附近低洼地布置自排与电排相结合的排涝站;在峰山片区大塘面附近低洼地新建自排与电排相结合的大塘面排涝站;在河套老城区东河大桥、柑子园、石子塘等地低洼处分别布置自排与电排相结合的排涝站。章江南片总装机容量规模为 5 990 kW。

章江北片位于章江、赣江左岸,在城市总体规划中,章江北片规划有西城片区、章江新区、水西湖边片区。防洪规划建设内容主要有:加高加固西城片区的黄金堤,全长1.58 km;续建高楼堤高楼至黄金大桥段,长 3.68 km;新建蟠龙堤,全长 5.02 km;新建花园堤,全长 5.06 km。治涝方面,规划在西城片区的蟠龙、杨梅渡等处,章江新区的沙角、长塘等处,水西湖边片区的花园处附近低洼地布置自排与电排相结合的排涝站。章江北片总装机容量规模为 3 510 kW。

水西片位于赣江左岸,区域地面高程普遍在 50 年一遇洪水位以上,规划仅对埠渡口至刘家坊河出口长约 4.00 km 的河岸进行护岸处理,不进行治涝工程设施布置。

#### 5.1.3.3　吉安市

**1. 城市概况**

吉安市中心城区位于赣江中游,江西腹部,吉泰盆地中心,赣江和禾水交汇处。城区东、西、南三面环山,地势东南高西北低。赣江由南向北贯穿本市,将市区分为东、西两岸,西岸偏南部有禾河自西向东汇入。中心城区现状建成区用地规模41.75 km²,现状人口30.03万人,至2020年,城区规划人口将达到65万人,2030年将达到80万人。

《吉安市城市总体规划(2007~2020)》将整个城区自然划分为三大片区,即河西片区(吉州区)、河东片区(青原区)、河南片区(墩厚镇及高新技术产业园区)。

**2. 防洪治涝现状及存在的问题**

吉安市中心城区防洪治涝分为河东、河西、河南三大片区分片防护。

防洪工程河西片区现有堤防工程赣江西堤(7.3 km)、东门堤(0.964 km)、禾埠堤(7.3 km)和曲濑连圩(10.2 km);河东片区现有河东堤、梅林堤;河南片区现有高塘堤(7.4 km)、敦厚堤(7.3 km)和永和堤(22.191 km)。治涝工程河西片区有习溪桥排涝站;河东片区建有弦上排涝站;河南片区原有排涝站老化失修已基本报废,导托渠7 km也已年久淤塞。

吉安市现有的城市堤防工程中赣江西堤、东门堤目前基本可以抵御50年一遇洪水,禾埠堤能抵御30年一遇洪水,其他堤防只能抵御10~20年一遇洪水,防洪标准偏低,河东片区井冈山大桥上游段现状无任何防洪设施。

吉安市现状治涝体系主要由电排站、排涝涵闸及导托区工程组成。由于原有设施建设时间较早,经过多年的运行,目前多数排涝站存在机组老化失修、装机容量不足等问题,有的甚至已经基本报废。另外,原有排涝涵闸及导托渠损坏、淤积严重,无法发挥其应有作用。

**3. 防洪工程布置**

(1)河西片:对禾埠堤堤身进行扩建,堤顶宽设计5 m,在堤顶增设防浪墙,远期达到抵御100年一遇洪水;延长赣江西堤,即兴建城北防洪堤;同时整治螺湖水。

(2)河东片:完建河东堤,加固处理梅林堤。

(3)河南片:在现有防洪堤基础上进行加高、加固,护坡护岸,堤基防渗处理,以形成完整、封闭的防护圈。

**4. 治涝工程布置**

(1)河西片区:赣江大桥以上,由庐陵大厦经天华山坡脚开排洪渠至易家,全长8.63 km,南区兴建邹家排涝站;赣江大桥以下,整治螺湖水,兴建庐陵堤;曲濑联圩堤片,新建阳家排涝站,改建新屋下排涝闸与兴建排涝站,新建厦门排涝站和楼下排涝闸。

(2)河东片区:对河东圩区片内涝进行综合治理,高排区开挖导托渠自排,低排区结合城市排水布置排水渠、穿堤涵闸,兴建排涝站汛期抽排;扩建、改造,完善梅林片排水系统。

(3)河南片区:拆除小湖闸,异址新建小湖排涝站和通仙排涝站,拆除重建12座排涝涵,重建8座灌溉涵(电灌站);新、扩建敦厚、高塘堤片原有排涝工程。

#### 5.1.3.4　宜春市

##### 1. 城市概况

宜春市位于江西省西北部,地处东经 113°54′ ~ 116°27′,北纬 27°33′ ~ 29°06′。宜春市城区位于宜春市的西南部,距省会南昌市约 224 km。城区坐落在袁河中上游两岸的低丘陵区,袁河自西向东呈带状延伸,两岸地形自河岸向两边纵深逐步抬升,沿河两岸地势平坦。

宜春市城市规划区由中心城市规划区(141 km²)、宜春经济技术开发区(约 8 km²)、温汤镇规划区(约 25 km²)三部分组成,规划区总面积约为 174 km²。城区现有人口 30 万人,至 2020 年,城区规划人口将达到 50 万人,2030 年将达到 65 万人。

##### 2. 防洪治涝现状及存在的问题

自 1998 年以来,宜春市加大了城市防洪工程建设的力度,已建成了袁河左岸化成岩拦河坝至桔园新村段(1.71 km)防洪墙、烟草公司至袁山大道东端段(2.25 km)防洪墙,袁河右岸 320 国道桥至市武装部段(2.56 km)防洪墙,宜春大桥至酒厂段(1.18 km)防洪墙,温汤河两岸沙陂公路桥至温汤河入袁河河口段(2.58 km)防洪墙,总长 10.28 km。受投入财力限制,加上城市总体规划布局做了较大调整,现状城市防洪、治涝体系仍然难以满足城市防洪安全的要求,具体表现在:城区袁河上下游端及温汤河上游端保护范围与新规划的城市范围相差较大,且未形成封闭圈,南庙河、新坊河两岸基本无防洪设施;部分建设年份较早的防洪堤、防洪墙存在质量及防洪标准不够的问题;宜春市城市防洪已按照库堤结合、分期提高防洪标准的方案在实施,其重要防洪设施——四方井水库有待建设。

现状宜春城区排水主要由袁河、温汤河承担。袁河左岸顺河方向,在距河岸约 15 m 处,上自锦绣山庄下至袁山大道末,已建有一条雨污水合流的截流管;袁河右岸顺河方向,沿河岸上自上水汊,经跨温汤河的导虹管,下至状元洲橡胶坝下游约 100 m 处,亦建有一条雨污水合流的截流管。因老城区排水管管径过小且年久失修,水流不畅;各沟、渠、涵至袁河、温汤河出口绝大多数无节制设施;排水汇集区无必要的动力排涝实施。遇袁河水位高时,排水口出流不畅,甚至倒灌,形成涝水与洪水同步。

##### 3. 防洪治涝工程规划

根据《江西省宜春市城市防洪规划报告》,考虑四方井水库对宜春城区的防洪作用,按规划范围内袁河、温汤河、南庙河、新坊河等河流分布,将规划保护范围划分为五片。五片分别为:袁河以北 I 片,袁河以南、温汤河以西 II 片,袁河以南、温汤河以东、南庙河以西 III 片,袁河以南、南庙河以东、新坊河以西 IV 片,袁河以南、新坊河以东 V 片。规划方案为:维持南庙河现状河道分布及河势的前提下,对河岸进行治理,并兴建相应的防洪工程。防洪工程主要包括:新建 6 段防洪堤总长 4.50 km,新建 15 段防洪墙总长 28.56 km。

本次治涝规划在新的城市总体规划基础上,以中心城区治涝规划为主体,分中心城区和周边城市控制区两大块进行,充分利用宜春城区大多数区域地形较高的特点,本着以自排为主、自排与提排相结合、雨水与污水分开排的原则,依地形、道路、河道将中心城区划分成 17 个各自独立的排水区,按地形、河道将中心城以外的城市控制区划分为 9 个独立的排水区。

治涝工程设施位置主要根据现状排水渠出口位置、城市总体规划排水口布置及现状城区地形等进行选择。排涝闸站布置位置分别为亭子下、郭家、钓鱼台、庙背、湛郎桥、造纸厂、厚田、河背桥等。城区内排水渠位置按城市总体规划排水管网布置位置拟定。本次规划共新建、改建排水渠 13 条,拟兴建电排闸 8 座站,总装机容量 3 225 kW,排涝设计标准 10 年一遇 1 d 暴雨 1 d 排完。

#### 5.1.3.5　新余市

**1. 城市概况**

新余市位于江西省的中西部,地理位置为东径 114°29′~115°24′,北纬 27°33′~28°05′。东邻樟树市、新干县,南连吉安、峡江、安福,北接上高、高安,西靠宜春市。新余市主城区位于新余市中部,地貌主要为低丘、岗地、阶地及冲积平原。袁河近东西向,由西向东蜿转流过城区南边,城区以东冲积平原呈扇形敞开。城区现有人口 31 万,至 2020 年,城区规划人口将达到 60 万人,2030 年将达到 75 万人。

根据新余市城市总体规划(规划纲要),城区规划控制区范围将突破现行行政区划界线,北至上海—瑞丽国道主干线,南至袁河以南袁惠渠,东至水西镇收费站,西至仰天岗森林公园,总面积约为 120 km²。规划城市发展控制在袁河以北,主要由西向东发展,城市以"二横四纵加外环"道路系统为城市骨架展开,根据自然分隔因素,城市按城北区、城东区、城西区和老城区四个功能区进行布局。规划期内城市建设总方针为:完善提高北区,紧凑开发东区,配套建设西区,积极改造老区,严格控制边区。

**2. 防洪治涝现状及存在的问题**

已建的城市防洪工程主要包括兼有防洪作用的江口水库、狮子口水库,城区孔目江两岸的小型堤防工程等。自 1998 年后,城市防洪工程正式开工兴建,城市防洪工程(第一期、第二期)已建成 2.4 km,城市防洪第三期工程正在紧张的建设之中,到 2003 年底已建成 1.5 km。城区袁河沿岸局部地方(郊区夏家、送桥)防洪能力不足 10 年一遇,其余地段(新钢建筑公司及预制件厂、新余发电厂)防洪能力分别不足 20 年一遇、50 年一遇。孔目江两岸大部分地段防洪标准不足五年一遇。城区内排水工程设施甚少,沿河出口无任何排涝设施,现状城区内排水仅依靠自然形成的排水沟渠及街道两侧的排水沟。由于排水沟渠过流能力有限,且出口无防洪控制设施,若遇较大降雨或汛期河道涨水,城区内局部低洼地即形成内涝。

**3. 防洪治涝工程规划**

选择大范围分三片保护结合孔目江出口河道截弯取直方案。防洪工程设施由东片、南片和西片相对独立的防洪工程设施构成。东片为孔目江以东范围,为高新技术经济开发区,防洪工程设施规划拟沿孔目江左岸再沿袁河北岸新建一条防洪堤(墙),堤长 10.2 km,设防标准 50 年一遇。南片袁河以南至袁惠渠,为仙来开发区,防洪工程设施规划拟沿河新建一条防洪堤,堤长 18.0 km,设防标准 50 年一遇。西片为主城区片,范围包括现状城区,防洪工程设施规划拟沿袁河北岸,再沿孔目江右岸新建一条防洪堤(墙),并加高加固现有防洪堤,防洪堤(墙)长 19.2 km,设防标准为 50 年一遇。

新余市治涝规划方案是在防洪规划方案基础上拟定。按城区地形地质条件及河流分布共划分为 13 个排水治涝区。分别在东片设东陂、西家渡 2 个治涝区,在南片设洋津、航桥、张家、新屋、何家 5 个治涝区,在西片设电厂、新钢南、新钢北、观下、廖家江、贯早 6 个治涝区。总排涝面积 77.81 km²。排涝各区在河道水位较低时,积水可通过沟、渠涵闸自流排入河道。在河道水位较高、自排受河水顶托时,关闭防洪闸,设有排涝站的由排涝站将区间积水排入河道,未设排涝站的待水位降低时抢排。治涝规划工程设施主要包括 11 座排涝站、15 座排水闸、15 条排水渠等。

### 5.1.3.6　瑞金市

1.城市概况

瑞金市位于江西省南部,赣州地区东部,武夷山脉西麓,赣江东源贡水上游,界于东经 115°42′~116°22′、北纬 25°30′~26°20′。地处赣闽二省交汇处,东与福建省长汀县交界,南连会昌,西邻于都、赣州,北接宁都、石城。全市南北长约 85 km,东西宽约 64 km,国土面积 2 448 km²。城区现有人口 11 万人,至 2020 年,城区规划人口将达到 22 万人,2030 年将达到 25 万人。

2.防洪治涝现状及存在的问题

城区已建约 1 km 的防洪墙,防洪墙多以浆砌块石砌筑,但墙基、护岸墙坡度均不规范,且高度较低。另外,目前城区基本无治涝工程设施。历年洪水调查结果表明,大部分洪水尚未达到 20 年一遇的标准时,城区面积就已被淹没 50%~98%。瑞金市城区警戒水位 189.19 m(市水文站断面),而 20 年一遇洪水相应水位为 193.53 m,比警戒水位高 4.34 m。目前已建成的 1 km 左右的防洪墙,均是依地面高程而建,并未按设计洪水高程实施。城区治涝更是无从谈起,由于修路、建房等有关单位在基建时未与水利部门协商,致使大部分下水道、排水、排污沟排泄不畅,街道之间内涝严重,使本来只需要部分城区治涝变成了全城性治涝。

3.防洪治涝规划

根据瑞金市城市建筑物现状、地形特点、河流水系分布及城市总体规划,本次拟采用以下措施:主城区河岸修筑浆砌石防洪墙,以减少工程占地,主城区上下游城郊位置修筑土堤,以降低工程投资。按照地形将整个城区划分为五个防洪区:城中片区、城南片区、城东片区、城西工业组团、城北教育组团。

(1)城中片区:规划新建防洪堤 6.28 km,其中土堤 2.89 km,浆砌石防洪墙 2.59 km,钢筋混凝土防洪墙 0.8 km。

(2)城东片区:新建防洪堤 7.95 km,其中浆砌石防洪墙 0.56 km,土堤 6.29 km,钢筋混凝土防洪墙 1.10 km。

(3)城南片区:新建防洪堤 3.52 km,其中浆砌石防洪墙 1.64 km,钢筋混凝土防洪墙 0.8 km,土堤 1.08 km。

(4)城北区教育组团:左、右岸新建 319 国道以北至云集桥头段堤防,全长 16.25 km,其中土堤长 8.39 km,浆砌石防洪墙 4.98 km,钢筋混凝土防洪墙 2.88 km。

(5)城西工业组团:新建赣龙铁路以西至厦蓉高速九堡段防洪堤,全长 16.28 km。

瑞金市城市排涝分 4 个区:

(1)城中排涝区:规划新建 4 座排涝站,地点分别在塔下寺、下坊(大塘边)、农业局、上龙尾。

(2)城东排涝区:新建 3 座排涝站,地点分别在瑞金宾馆、弯子街、合江口。

(3)城南排涝区:新建 2 座排涝站,地点分别在红都大桥南岸上游约 100 m 处的井岗山小学和南岗。

（4）城北排涝区：新建4座排涝站，地点分别在合溪、桔林、新院、下陂坞。

### 5.1.3.7　会昌县

#### 1. 城市概况

会昌县位于江西省东南部，地处赣江一级支流、贡水上游的武夷山脉西麓与南岭余脉末端，界于东径115°29′~116°02′，北纬25°09′~25°55′，县境呈长条形，南北长85 km，东西宽56 km，总面积2 722 km²。会昌县东邻福建武平，南接寻乌，西邻安远，北交于都、瑞金。城区现有人口8.40万人，至2020年，城区规划人口将达到10万人，2030年将达到15万人。

#### 2. 防洪治涝现状及存在的问题

会昌县城防洪工程主要设施有老城区防洪墙、水西防洪墙。其中，老城区防洪墙建于公元大德元年，原是用于军事防御的城墙，大青砖结构，平均墙高4 m，墙顶宽3.0 m，总长度3 320 m，包围整个老城区，除城南墙已拆约150 m外，其余一直留建于1965年10月间，砂土结构，平均堤高2.0 m，堤顶宽0.8 m，堤底宽2~3 m，沿河保岸总长度3.0 km。另外，城区沿河两岸低洼处均未修建防洪堤，遇洪水时常受淹。

会昌县县城治涝工程经过历年建设，虽已形成了较为完整的自排体系，但目前未建电排站等治涝设施。部分高地只作为平原自排区处理而没有按圩区治理，还未形成封闭圈，遇到强降雨容易河水泛滥，导致内水受河水顶托，不能及时排除内水，河水倒灌形成涝灾。

#### 3. 防洪治涝规划

防洪工程根据城市总规划确定的范围，控制面积10 km²，建城面积6 km²，用围堰的方案，按地理位置划分为4个防洪治理区，即老城区、水东区、岚山区、南外区。老城区是县城市中心，三面环水，防洪压力大，本次规划拟加固现有城墙，并对已拆除的防洪墙进行重新修建，长度约400 m；水东区位于湘、绵江汇合处的上游，根据县城总体规划，水东区为工业区，该区地势较高，不存在防洪问题；岚山区由于206国道在此区域通过，为保证206国道畅通，本次规划拟在五里排至黄坊桥头修筑河堤，全长约1.05 km；南外区地形复杂，高低不平，区域的防洪规划工程为修筑河堤。

为解决城区排涝问题，本次规划拟新建排涝泵站5座，其中水东区排涝泵站2座，岚山区排涝泵站1座，老城区排涝泵站1座，南外区排涝泵站1座，总装机容量1 120 kW。另外，修建排洪沟19条共20 km，桥涵闸48座，并对城区河道进行整治，共需整治河道5条，总长180 km。

### 5.1.3.8　于都县

#### 1. 城市概况

于都县位于赣南的中部，地处贡水中下游，东连瑞金市、会昌县，南接安远县，西邻赣县，北靠兴国、宁都县。县城贡江镇是全县的政治、经济、文化中心，也是连接赣南东部和北部的交通枢纽。城区现有人口15.24万人，至2020年，城区规划人口将达到26万人，2030年将达到30万。

#### 2. 防洪治涝现状及存在的问题

于都县城目前未设防洪设施，除贡水北岸老城区还保留有宋绍兴十五年（1145年）修建的青砖砌筑缺残古城墙近600 m外，无其他防洪工程，古城墙因年代久远，墙体断裂毁坏严重，很多地方渗漏水，险工险段多，防洪标准低，仅能抵御5年一遇左右洪水。另外，由于县城以上无防洪控制性水利工程,当遇较大洪水时,无法拦蓄一部分洪水,削减洪峰流量,降低洪峰水位。

于都县城区的雨、污水主要由各道路、街道旁的排水沟汇入 5 条排水干道和 1 条水溪后,直接排入贡江。目前尚未建设电排站、排水闸、导排沟等治涝工程。5 条排水干道出水口的高程均在 115 ~ 116 m,贡水水位较高时,对城区雨、污水排放影响较大,水流倒灌比较严重。马子口河自鹅公丘至小溪口,自北向南经城区 1.85 km,河口高程约 114.5 m,较大洪水时,受贡江洪水倒灌顶托影响严重。现有城区各排水沟渠,排水干道布局不够合理,设计标准偏低,存在排水不畅、堵塞等现象,暴雨洪水时,低洼地区积水较为严重。另外,现有排水干道出水口均无闸门控制,均受贡江洪水倒灌影响。

3. 防洪治涝工程规划

根据于都县城的建设现状、地形特点、河流水系、城市规划,为建立独立、完整的防洪工程体系,防洪工程主要为古城墙改造:老城区保留的宋绍兴十五年(1145 年)修建的青砖砌筑缺残古城墙 593.5 m,需进行修补、加固处理。包括在临水面增设混凝土防洪墙、内墙加固、墙体加厚加高、顶墙贴砖,增设墙垛等,城墙临水面增设的贴坡混凝土防洪墙,城墙(包括墙垛)内外侧均用仿宋砖护砌,以保持古代风貌。另需新建古田区贡江防洪墙和马子口河两岸防洪墙、水南区防洪墙,防洪标准均要求达到 20 年一遇,建筑物型式为钢筋混凝土防洪墙。

根据各治涝片的水系走向,并结合城区规划的排水系统,在各排水分区内的适当位置建立电排站并相应布置排水渠道。本次规划新建红旗排涝站、桥头排涝站、上坝排涝站、小溪口排涝站和垅里排涝站 5 座电排站,总装机容量 675 kW。

### 5.1.3.9 赣县

1. 城市概况

赣县位于江西省南部,赣江上游,介于东经 114°22′ ~ 115°22′,北纬 25°26′ ~ 26°17′。县境东接于都、安远,南连信丰,西邻南康和赣州,北靠万安、兴国,国土面积 2 993 km²。城区现有人口 9.80 万人,至 2020 年,城区规划人口将达到 20 万人,2030 年将达到 25 万人。

2. 防洪治涝现状及存在的问题

赣县县城梅林镇沿江河堤基本为自然江岸。1957 年章贡村修建了一座长约 160 m 的防洪土堤,梅林镇曾修建了一座长为 20 m 的观音堤,但都因为圩堤堤身矮小,老化失修,防洪标准很低,难以抗御较大洪水。

赣县城区大部分地势低洼,地面坡降平缓,虽已形成了较为完整的自排体系,但目前未建电排站等治涝设施。由于沿岸河堤未封闭,内河出口未设闸控制,河水位上涨时,常因外水倒灌形成涝灾。

3. 防洪治涝工程规划

根据赣县城市发展规划沿贡水北岸布置为沿江大道,因此防洪堤采用路堤结合的方式,堤线和沿江大道相同,即上游于梅林镇金村岭排上,下游至上坊村与规划的赣州市水东 V 区防洪堤相连,全长 5.6 km。防洪堤顶宽为 25 m,高为 4 ~ 8 m,采用土方填筑,抛石固堤,浆砌石护坡。

根据县城总体规划,分别在百亩璠、马口、红专和大水田新建 4 座电排站,采用堤后式泵站,分自排和电排两个系统。自排是在贡水水位较低时,利用自排系统将涝水自流排出,而当贡水水位较高,涝水不能通过自排系统排出时,则启用电排系统。

### 5.1.3.10　万安县

#### 1. 城市概况

万安县城位于吉泰盆地南缘,中心城区坐落于赣江东岸,地势东南高、西北低,地面高程在 72~80 m。现有人口 5.6 万人,规划城区面积 18.8 km²,是国家重点工程——万安水利枢纽工程所在地。至 2020 年,城区规划人口将达到 9 万人,2030 年将达到 12 万人。

县城的总体规划范围:东、南以万安水库右岸、左岸灌区渠道为界,东南边毗接万安水库大坝,西临赣江一级支流遂川江出口,北为五丰乡丘陵岗地。规划总体布局是二区、三片,沿江伸展的机构形态,划分为 5 个小区,即赣江左岸河西区,赣江右岸古城区、东南区,赣江右岸新城区和新兴工业园区。

#### 2. 防洪治涝现状及存在的问题

县城城区尚未形成完整的防洪体系,现有抗洪能力不足 5 年一遇。有些堤段堤基土质差,险情多;堤身填筑标准低,全线堤顶高程不够,断面单薄,年久失修,抵御洪水能力差。乱采河砂、乱占河道行洪区建房现象严重,导致河道行洪能力下降,加大洪灾损失。此外,受万安水库泄水影响,赣江河岸与堤防迎流顶冲,造成河岸崩塌,堤防破坏;老县城古环城河地势低,南门口至北门桥段被回填作为城市用地,东湖洲淤积严重,易造成城区严重内涝;目前,城市排水不成系统,部分城区尚无排水设施,部分沟管排水不畅,涝水基本依靠城市排水设施或依地势自流排泄,龙溪河出口无闸室控制,苏溪河出口闸室损坏,其他溪河无排涝设施;县城周边小型水库运行多年,病险逐年加重,调洪库容有限,加重了县城防洪压力。

#### 3. 防洪治涝工程规划

赣江右岸兴建赣江防洪堤(7.87 km)、龙溪河两岸筑堤设防(2.5 km),开挖撇洪渠 8.00 km,共同保护县城中心区。同时,兴建城南、城中、接官亭、苏溪排涝站、龙溪泄洪闸,完善城区排水系统,使县城再遇 10 年一遇暴雨时免受内涝之害,衬砌加固右岸河岸(1.39 km)、左岸河岸 8.00 km;在赣江左岸兴建鹭丝坑、杨家防洪堤(1.00 km),左岸护坡 8.50 km,兴建鹭丝坑、杨家泄洪闸,使县城河西区在设防标准下免受洪涝袭击。

### 5.1.3.11　泰和县

#### 1. 城市概况

泰和县位于江西省中部偏南,赣江中下游。县城发展规划区为国家南北大动脉 105 国道、京九铁路、319 国道及江西黄金水道赣江交汇区域。城区现有人口 12.21 万人,至 2020 年,城区规划人口将达到 20 万人,2030 年将达到 22 万人。

#### 2. 防洪治涝现状及存在的问题

城区现有防洪设施主要是赣江防洪堤,以及主要截住山洪的东岗、上田高排渠。赣江防洪堤自上田、三溪两组起经 818 仓库、县皮革厂、县盐业公司、泰和中学,到江前村为止,全长 10.9 km,堤顶高程为 65.13~63.10 m,堤顶宽 3~4 m,大堤防洪能力达到 20 年一遇的标准。上田、东岗高排渠位于县城西北面,将暴雨过后经山坡汇流而下的山洪水截住,并通过排洪渠将洪水沿山脚排至赣江。城区其他主要排涝设施有东门排涝站,城区 1#、2#

排涝沟,中心排涝沟。

城区的排水分为澄江生活区和文田工业区。澄江生活区排水体制全部为雨污合流、重力自流方式,排水区以工农兵大道为分界线分成南北两大分区,雨污水随地势沿道路边沟分别排至澄江河和排涝沟,最终流入赣江。文田工业区除泰和大道采用雨污分流外,其余区域采用雨污合流制,雨污水随地势汇集到文沿路南部的沟渠最终排入赣江。

现状存在主要问题包括:现有防洪堤大部分为粉质黏土堆筑,边坡、堤顶宽度不够,抗洪能力低;第 $1^{\#}$、$2^{\#}$ 排涝沟多年未清淤,淤塞相当严重,已经不具备排涝作用;由于年久失修,东门排涝站进水前池淤塞严重,机组老化,不能满足排涝要求。

3. 防洪治涝工程规划

澄江防洪堤西起三溪头,沿现有堤线直至桩号 8 + 070 处。桩号 8 + 070 以后对老堤线裁弯取直,沿江布设堤线,绕城南面而过至澄江镇郊区江前村山脚下,全长 11.14 km。泰和大桥以下堤段,堤顶布设 1.2 m 高的防浪墙,堤内建造 40 m 宽的滨江大道。对现有上田、东岗高排渠采取加宽、清淤、修坡等处理,在东岗高排渠出口修建 1 座泄闸以防止外河涨水时河水倒灌。完善官溪村至黄家坝已开挖好的纵向低排渠,并结合城市排水管网布设横向低排渠,将县城内涝水排入纵向低排渠,并在低排渠末端设置东门(桩号 9 + 000)、黄家坝(桩号 10 + 200)排涝站。

### 5.1.3.12 吉水县

1. 城市概况

吉水县城文峰镇地处赣江中游,毗邻青原区,西临赣江,南靠乌江,处两江交汇口,城区现有人口 9.98 万人。县城分成老城区与城北新区,地势东南高西北低,105 国道与京九铁路穿城而过。老城区地面高程在 47 m 左右,但人民广场及鉴湖附近地面高程较低,在 46 m 左右,局部低于 46 m,在新城区未开发地段地面高程较低,在 45 m 左右,开发地段地面高程已填高至 49～50 m。

根据《吉水县城市总体规划(2005～2020 年)》,规划城区范围确定为东以大东山—太平山—文峰山一线为界,南以葛山村(赣江东岸)—县界(赣江西岸)为界,西以阁上村—东溪村—古塘村一线为界,北至双元村(赣江西岸)—文峰镇界(赣江东岸)。

2. 防洪治涝现状及存在的问题

吉水县城现有的防洪堤是在 1963～1985 年陆续修建的,主要保护县城北区,防洪堤主要由南堤、西堤、北堤三堤段组成,全长 4.05 km。其中,南堤为乌江防洪堤,堤顶高程为 51.05～51.84 m,属土堤;西堤为赣江大堤,属混合式防洪堤,堤顶高程为 51.38～51.69 m;北堤属土堤,堤身单薄,堤顶高程为 48.35～51.05 m。1968 年,在赣江县城段小江口处建小江口涵闸,为浆砌石条石拱形结构,在北堤建泄洪涵洞,钢筋混凝土圆形结构,将老城墙堤段的南门和西门两座古城门改建为两座防洪闸。1969 年冬为解决县城内涝,在小江口泄洪闸旁建机电排涝站 1 座,安装 55 kW 电动机 2 台、排涝流量 2.28 m³/s。2004 年,根据《吉水县城防洪工程初步设计报告》的要求在县城北堤处修建城北排洪渠,排洪面积 14.2 km²,设计排洪流量 80.0 m³/s。与此同时,城北新区目前基本没有堤防挡水。

在现有的 4.05 km 防洪堤中,北堤前段有缺口,不能形成完整的防洪体系。有些堤段堤基土质差,堤身填筑标准低,汛期常见渗漏及管涌现象,全线堤顶高程达不到设计要求,防洪堤建设年限长,防洪标准低,加上年久失修,无法抵御洪水的袭击。有些临近河岸的单位和个人在建房时将建筑垃圾或生活垃圾倒入河道,缩窄行洪断面,导致河床淤高。吉水县城东侧高,西侧低,小雨、中雨可依地势排除内涝和积水。现状城市排水体系为雨污合流制,雨污水基本就近排入自然水体或农田,现状排水未成体系。部分城区尚无排水设施,部分沟管排水不畅,造成积水现象。现有的小江口排涝站,由于排涝渠污泥杂物淤塞严重,缩小排涝渠过水断面,加上设备陈旧,运行受阻,致使涝水不能及时排出。

3. 防洪治涝工程规划

1) 近期

(1) 为使堤线顺直,将防洪堤起点设于南门大桥桥头,裁弯取直和按 20 年一遇标准新建南门大桥桥头至实验小学以南老堤拐弯处 0.22 km 防洪堤,并与老堤相接。

(2) 按 20 年一遇标准加高加固实验小学以南老堤拐弯处至老林业局段原有 2.18 km 堤防。

(3) 按 20 年一遇标准新建老林业局至赣江大桥经朱山桥向东延伸至 105 国道的防洪堤,堤线长 4.665 km(其中排洪渠以北约 1 km 城北新区地面高程已填高至 49 ~ 50 m,本次该段不再考虑)。

(4) 按 20 年一遇标准新建赣江西岸起于双溪村,经吉水县船厂、金滩镇以及杨家白鹭向西,止于陈家岭上附近丘岗的城西堤,全长 6.10 km(含峡江库区防护中的金滩堤以及本次在金滩抬田区基础上拟规划新建的从双溪村至金滩镇段堤防。其中城西堤金滩镇以下段虽已在峡江库区防护中考虑,但其设计标准仅为 10 年一遇,由于该段保护区域在吉水县城区规划范围中,本次规划拟将该段堤防防洪标准上调至 20 年一遇)。

(5) 按 20 年一遇标准在赣江右岸水南背抬田区基础上新建自南门大桥至墨潭机修所的城南堤,全长 3.51 km。

2) 远期

主城区主要通过在近期主城区已建或规划新建堤防的基础上增设防洪墙工程,使其远期防洪标准达到 50 年一遇。

### 5.1.3.13 峡江县巴邱镇

1. 城市概况

峡江县巴邱镇位于赣江中游左岸,下辖晏家、坳上、何家、北门、蒋沙、泗汾、洲上、油陂庙 8 个村民委员会和东门、南门、西门三个居委会,全镇总土地面积 110.43 km²,总人口 4.0 万人,其中巴邱镇城区人口 2.86 万人,正在建设的峡江水利枢纽工程坝址位于巴邱镇上游约 4 km 处。峡江县建县后,巴邱镇一直是全县的政治、经济、文化及商贸中心。规划城区面积 9.28 km²,其中城市建设用地 5.98 km²。

根据《峡江县城市总体规划(2009 ~ 2030)(规划纲要)》,巴邱镇规划城市发展目标为:与水边镇同等重要的一级城镇,是全县的政治、经济、文化和交通枢纽副中心,至 2030 年规划人口 5 万人,成为工业、旅游业、服务业等多产业发展的综合型城镇。巴邱镇总体规划采用旧城区改建与新区开发结合的形式进行,采取"东拓、北进"的形式开发巴邱镇新城区,整个城区规划为城北、城中、城西和城南四个居住组团,巴邱镇防洪堤的自身防洪标准确定为 20 年一遇,待峡江水利枢纽工建成运行后其防洪标准将得到进一步提高。

2. 防洪治涝现状及存在的问题

巴邱镇城区地势低洼,多数地面高程为 40 ~ 42 m,少数地面高程为 39 ~ 40 m 或高于 42 m,极少数的地面高程为 38 ~ 39 m。目前,巴邱镇无防洪工程设施,仍是一个不设防城镇。赣江发生 2 年一遇洪水即会侵袭巴邱镇城区,造成一定的洪灾损失,若赣江发生 5 年一遇洪水,巴邱镇大部分城区将被洪水淹没,城镇内人民的生命财产安全得不到保障。洪水灾害严重地影响和制约着巴邱镇城区的社会经济发展。

3. 防洪治涝工程规划

巴邱镇位于赣江左岸,防洪主要是防御赣江洪水。根据《峡江县城市总体规划(2009 ~ 2030)(规划纲要)》中巴邱城区建设范围,结合巴邱城区地形和水系等条件,防洪堤自峡江水文站下游 100 m 的山脊高地开始,自南向北沿赣江左岸而下,到峡江二中转为东北向,至赣江大桥转为西北向与赣江大桥桥头公路路基圆滑相接,堤线长 4.824 km,设计水位 42.21 ~ 42.34 m,防洪墙段顶高程为 43.70 m,防洪土堤段顶高程为 43.80 m。城北区在建设时采取抬高城区用地高程措施解决防洪问题。根据巴邱镇城区的地形情况,滨江和刘家排涝片均采取导排与电排相结合的形式解决城区内涝水问题。2 个排涝片导托渠(含导排涵)渠线总长 2.35 km,导排总面积 9.24 km²。各排涝片除采取高水导排外其他地势低洼地区采用电排,2 个排涝片各设置 1 座电排站,排涝总面积 3.40 km²,总装机容量 930 kW。

### 5.1.3.14 新干县

1. 城市概况

新干县位于江西省中部,赣江中游。其县城位于新干县中西部,三面环山,右临赣江,沂江、湄湘河依次从南北向穿越城区,湄湘河和溧江由东向西穿城而过。县城主要地形为丘陵,总体为北东、南东高,中间及西部低,大致是由东向西倾斜。新干县城规划总面积 22.0 km²,已建城区面积约 9.3 km²。城区现有人口 7.64 万人,至 2020 年,城区规划人口将达到 12 万人,2030 年将达到 14 万人。

县城的总体规划范围:南至金川河北岸,东以京九铁路为界,西到赣粤高速公路挂线,北至城北工业区天然小溪,面积为 36.62 km²。

2. 防洪治涝现状及存在的问题

沿县城赣江东岸及湄湘河南北两岸设防,以抵御赣江、湄湘河洪水;县城以湄湘河为中心轴线,把县城分成南北两个防洪圈,圩堤(墙)总长 4.64 km,其中北防圈堤长 3.73 km,南防圈堤长 0.91 km,堤顶高程 41.5 m。北防洪圈建有城北、城中 2 座排涝站,南防洪圈内建有城南排涝站。3 座排涝站总装机容量 4 × 155 kW,防洪闸 6 座,排洪渠 3 条,长 1.1 km。

县城沿赣江现有不连续堤防约 20.0 km,防洪堤堤顶宽度窄,边坡不满足要求,堤身和堤基存在渗漏险情,护坡固岸冲刷严重;现状沂江、湄湘河和溧江两侧基本没有堤防。湄湘河河面宽窄无序,河道过流能力小,堤防防洪标准低,尤其是在赣江洪水期间,内洪内涝严重;现状城区排涝依靠城中、城南、城北、凰山及灌溪五座排涝泵站,但装机规模小,渗漏严重,排涝能力不足。

3. 防洪治涝工程规划

新建加固堤线长 26.65 km,修建堤顶混凝土防汛公路 26.65 km;湄湘河与赣江汇合口处,新建交通桥 1 座;进行湄湘河河道整治;拆除重建、新建 8 座电排站,其中原址拆除重建 3 座,即灌溪电排站、城中电排站、城南电排站,异址拆除重建 2 座,即新城北电排站、新凰山电排站,新建 3 座,即城东电排一站、城东电排二站、东湖电排站;新建城东和城中 2 座拦河坝,控制湄湘河河道景观水位;完善必要的工程管理措施。

### 5.1.3.15　樟树市

#### 1.城市概况

樟树市位于江西省中部,地理位置东经 115°06′~115°42′,北纬 27°49′~28°09′。樟树市属赣江下游清丰山溪地区,地形以平原低丘为主,全市地势平坦,东南高,西北低,地面高程一般为 36~27.5 m。樟树市市区是樟树市政府所在地,是古今中外著名的药都,是樟树经济、文化、科技和信息中心。

城区现有人口 14.67 万人,至 2020 年,城区规划人口将达到 20 万人,2030 年将达到 25 万人。

根据樟树市城市总体规划,城市布局根据自然风貌,结合城市现状综合分析考虑,城市发展规划分区为:中心老城区、北区、东南区、东区、南区、西区、盐化工业区、新基山工业区和张家山区。

#### 2.防洪治涝现状及存在的问题

樟树市城区已建的防洪工程有赣东大堤、晏公堤、赣西肖江堤、草溪堤和芗溪河堤。赣江大堤樟树段经历年加高加固,基本上达到 50 年一遇的防洪标准。晏公堤目前约达到 20 年一遇的防洪标准。赣西肖江堤防洪能力约 10 年一遇。草溪堤和芗溪河西堤防洪能力只有 3~5 年一遇。综合分析,樟树市城区的总体防洪能力只有 3~20 年一遇的防洪标准。赣江东岸的主城区,西面有赣东大堤,西南面有晏公堤,东南是一高地,形成自然的防洪屏障,东面是芗溪河西堤,北面的草溪从汇合口到黄龙潭只有一段低矮小堤,草溪河其余河段无防洪设施,因此樟树城区已建防洪工程没有形成一个独立完整的防洪保护圈。草溪河基本无圩堤防护,下游受芗水改道影响,洪水下泄受阻,上游河道建有许多建筑物,阻水严重,近年来洪灾时有发生,草溪河治理迫在眉睫。

樟树市城区地势低洼,草溪河蜿蜒曲折从市中心流过,降水量稍大就形成涝灾,目前城区仅有一座黎园自流排水闸,无电排设施。现状城区的排涝能力很低,涝灾几乎年年发生,只是涝灾损失程度不同而已。

#### 3.防洪治涝工程规划

樟树段赣东大堤及晏公堤隔堤为赣东大堤一部分,已由水利审批实施,不纳入本次规划。草溪排水干渠左岸堤长 11.293 km,堤顶高程按 20 年一遇、50 年一遇洪水位加安全超高 1 m 确定。草溪排水干渠右岸堤长 14.303 km,堤顶高程按 10 年一遇及 20 年一遇洪水位加安全超高 1 m 确定。芗溪河西堤长 11.9 km,堤顶高程按 10 年一遇、20 年一遇洪水位加安全超高 1 m 确定。连接排水新干渠左、右岸原设计新建的交通桥、人行桥,其桥梁高程要按 50 年一遇洪水和安全超高确定。

城区治涝分为南、北两片的防洪、治涝方案。该方案利用草溪河的改道,把城区和郊区分割成为北区和南区的实际情况,可以划分 9 个排水区:盐矿区,导排面积为 10.7 km²、曲水、邹坊、西堡等 3 个排水区,排水面积为 15.1 km²;机场护场沟排水区,在老城区的正南面,导排面积 5.4 km²;程坊、黄家脑、黄龙潭、湖坪等 4 个排水区,均在南区防洪保护区内,排水面积为 26.6 km²。北区规划的电排站有曲水电排站、邹坊电排站、西堡电排站,总装机容量 1 550 kW;南区规划的电排站有程坊电排站、黄家脑电排站、黄龙潭电排站和湖坪电排站,总装机容量 1 085 kW。

#### 5.1.3.16 丰城市

**1. 城市概况**

丰城市城区位于江西省中部、鄱阳湖平原南部、赣江下游右岸、清丰山溪排洪干道左岸,为丰城大联圩所保护。城区现有人口 26 万人,至 2020 年,城区规划人口将达到 40 万人,2030 年将达到 50 万人。

**2. 防洪治涝现状及存在的问题**

丰城市城市防洪主要由赣东大堤、丰城大联圩、赣西百岁联圩组成,赣东大堤在丰城市境内全长 43.88 km,丰城大联圩全长 49.03 km,百岁堤长约 10.05 km。除赣东大堤达到标准(2007 年通过水利厅验收)外,其他圩堤由于建设年代较早,存在不少安全隐患,如堤顶宽度不够、堤身边坡坡度太陡、堤身低矮单薄,未形成封闭圈,防洪能力低,部分堤段防洪高度达不到规划要求等诸多安全隐患。另外,蓄滞洪区安全建设滞后,清丰山溪规划的 4 座蓄滞洪区基本未进行建设。

**3. 防洪治涝工程规划**

根据丰城市的实际情况以及城市总体发展规划,本次规划防洪标准为:赣东大堤 50 年一遇,清丰山溪 20 年一遇,赣西新城区片 20 年一遇,主要措施如下:加高加固丰城大联圩、赣西堤,清丰山溪鸦丰、石滩、陈埠和白土 4 座蓄滞洪区圩堤,对穿堤建筑物进行接长加固和改建。根据丰城市城区的治涝工程设施情况,本次规划治涝标准:城区排涝按 10 年一遇、1 日暴雨 1 日排干,城郊按 10 年一遇、3 日暴雨 3 日排干,分丰城大联圩片、赣西片 2 个片区进行排涝,规划采用以下措施:丰城大联圩片对丰城平原排渍干道、丰产沟排渍渠、北湖倒虹管排水渠、三汊港排水渠进行整治,新增永固电排站 1 座,扩建电排站 7 座,并对规划后的 9 座电排站排水渠进行拓宽和清淤整治,加大过水断面。赣西片规划建设城西排涝干道、皮湖支渠和程下程支渠,兴建赣西排水闸和赣西排涝泵站。

赣江支流上分布的其他县级城市防洪规划详见各支流规划报告,其主要内容汇列于表 5-1。

### 5.1.4 防洪水库规划

为提高赣江干流中下游两岸大片农田及沿江城镇的防洪标准,尤其是提高南昌市、吉安市、赣州市 3 个设区市和赣抚平原的防洪标准,原规划及《江西省赣江流域防洪规划报告》中在干流梯级枢纽中,选择了峡山、万安、峡江 3 座控制性工程分别设置了防洪库容。从目前 3 座枢纽的建设情况来看,峡山水库已经开工建设,但由于原规划的峡山高方案淹没损失较大,现已改为低方案开发(水库正常蓄水位 109.80 m);万安水库由于库区移民尚未妥善安置,目前仍维持初期水位运行(该水库设计正常蓄水位 98.11 m,现按 94.11 m 运行),大大地削弱了其对下游的防洪作用;峡山水利枢纽工程目前也已动工兴建,但正常蓄水位由原规划的 48.11 m 降低到现在的 46 m。鉴于此,本次干流防洪水库规划重点研究万安水库达最终设计规模(正常蓄水位和防洪高水位 98.11 m)运行,与下游在建峡江水利枢纽的联合调度对流域中下游整体防洪的影响。

表 5-1　赣江流域主要支流涉及县城防洪治涝工程规划汇总

| 序号 | 县级城市 | 所在水系 | 现状防洪能力 | 规划城区面积（km²） | 城市防护区人口（万人） | 设计防洪标准 | 主要工程措施 | 投资（万元） |
|---|---|---|---|---|---|---|---|---|
| 1 | 石城县 | 梅江一级支流琴江 | <5 年一遇 | 7.3 | 12 | 近期 20 年一遇，远期可根据具体情况进一步提高 | 新建城北西两岸堤防工程，加固梅仙堤福堤防工程和温仙堤防工程，规划堤线总长 6.1 km；新建排涝站 4 处，撤洪渠 3 处 | 8 574 |
| 2 | 宁都县 | 梅江 | <5 年一遇 | 14.8 | 25 | 近期 20 年一遇，远期可根据具体情况进一步提高 | 规划溪北堤防工程，城北堤防工程和城南堤防工程，全长 6.7 km，规划新建龙边须、城桥背水口塔 3 座排涝站 | 11 279 |
| 3 | 兴国县 | 平江 | <5 年一遇 | 20.2 | 25 | 近期 20 年一遇，远期可根据具体情况进一步提高 | 新建和加固高加固河堤 11.47 km，规划塘坝河堤 12.50 km；对现有 13 座建筑物进行拆除重建，并新建杨村河、秀水河、灵山河和塘背水 4 座自排闸；新建和改造 4 座排涝泵站 | 10 700 |
| 4 | 安远县 | 濂江 | <20 年一遇 | 10.8 | 12 | 近期 20 年一遇，远期可根据具体情况进一步提高 | 规划新建欣山防洪堤和古田防洪堤，堤防总长 9 km；新建 3 座自排闸和 2 座排涝站 | 9 247 |
| 5 | 龙南县 | 桃江 | 10～20 年一遇 | 17.0 | 10 | 近期 20 年一遇，远期可根据具体情况进一步提高 | 新建防洪堤 21.33 km（其中桃江 10.54 km、濂江 4.37 km），加固防洪堤 642 m，濂江 0.77 km；规划在三江汇合处设置水闸，老城区内建设城市防洪排涝设施 | 20 500 |
| 6 | 全南县 | 桃江 | <5 年一遇 | 6.7 | 8 | 近期 20 年一遇，远期可根据具体情况进一步提高 | 规划防洪工程总长 6.791 km，左岸含大桥至小幕河口长 2.015 km，小幕河口至东风电站高地长 3 012 km；右岸自南海大桥至东风电站高地长 1.764 km | 3 353 |

续表 5-1

| 序号 | 县级城市 | 所在水系 | 现状防洪能力 | 规划城区面积（km²） | 城市防护区人口（万人） | 设计防洪标准 | 主要工程措施 | 投资（万元） |
|---|---|---|---|---|---|---|---|---|
| 7 | 信丰县 | 桃江 | 10~20年一遇 | 19.0 | 20 | 近期20年一遇，远期可根据具体情况进一步提高 | 规划堤线总长16.3 km，近期加高加固堤防主要有城防E段河堤、磨下河堤、西河出口左岸河堤、西河出口左岸河堤等，新建有城南防洪堤、竹林居村左岸河堤、山塘村右岸河堤等，远期建设包括二水厂河堤、山塘村右岸河堤，更新改造排涝泵站3座约300 kW，河道治理6.0 km | 27 500 |
| 8 | 南康市 | 章江 | <10年一遇 | 21.0 | 35 | 近期20年一遇，远期50年一遇 | 近期按20年一遇洪水设防标准，加高加固河堤8条，长76.6 km，新建排洪涵闸46座，新建排涝站3站；远期（2021~2030年）达到50年一遇洪水设防标准，全长76.6 km | 29 368 |
| 9 | 大余县 | 章江 | 5~20年一遇 | 12.5 | 12 | 章江50年一遇，北门河及五里山门河河道近期20年一遇 | 整治章江左、右岸堤线，总长4.4 km；兴建牡丹亭公园内河堤，城南工业区至南安镇新华村新安段防洪工程；改造北门河段防洪堤；对城区河道进行疏浚、整治 | 10 300 |
| 10 | 上犹县 | 章江一级支流上犹江 | <10年一遇 | 8.7 | 10 | 近期20年一遇，远期可根据具体情况进一步提高 | 对老城区、水南区、各田区、南河区和黄埠工业园区分别进行堤防保护，建立各自独立的防洪工程体系；规划防洪堤8条，堤距全长40.15 km；规划排涝站7座，自排闸12座，撤洪渠2条 | 18 223 |
| 11 | 乐安县 | 乌江一级支流鳌溪河 | <5年一遇 | | 10 | 近期20年一遇，远期可根据具体情况进一步提高 | 规划拟新建鳌溪河左、右岸供水公司至东英角桥段堤防，全长5.2 km，新建城东和城西电排站，总装机容量620 kW | 5 438 |

续表 5-1

| 序号 | 县级城市 | 所在水系 | 现状防洪能力 | 规划城区面积(km²) | 城市防护区人口(万人) | 设计防洪标准 | 主要工程措施 | 投资(万元) |
|---|---|---|---|---|---|---|---|---|
| 12 | 遂川县 | 遂川江 | <5年一遇 | 10.1 | 15 | 近期20年一遇,远期可根据具体情况进一步提高 | 规划布置城南防洪堤和城北防洪堤,堤线全长16.19 km;改建排涝渠2条,新建排涝渠1条,新建排涝站3座,布设自排涵闸10座 | 7 291 |
| 13 | 井冈山市 | 禾水一级支流牛吼江 | <5年一遇 | 8.0 | 10 | 近期20年一遇,远期可根据具体情况进一步提高 | 规划拿山河城区段防洪堤,兴建城北、城西、城东3条高排洪渠,兴建2条低排渠,全长5.4 m;栗江河口左岸修建护堤,长3.14 km | 8 883 |
| 14 | 莲花县 | 禾水 | <5年一遇 | 8.4 | 10 | 近期20年一遇,远期可根据具体情况进一步提高 | 东连江右岸区新建防洪堤线11.45 km,东连江左岸区新建防洪堤线5.93 km;新建防洪闸7座,排涝站11.25 km,改造排水沟长5.62 km,排涝站7座,进水闸2座 | 24 200 |
| 15 | 永新县 | 禾水 | 10~30年一遇 | 24.4 | 16 | 近期20~30年一遇,远期可根据具体情况进一步提高 | 规划禾水河左岸防洪堤,堤线总长13.9 km,禾水东岸和南岸防洪堤,堤线长6.8 km,溶江防洪堤,堤线长2.2 km;规划清溪、清障禾水左岸城区排洪渠;新建3座排涝站 | 9 116 |
| 16 | 吉安县 | 禾水 | <10年一遇 | 14.7 | 18 | 近期20年一遇,远期可根据具体情况进一步提高 | 河道整治疏浚长度21 km;防洪堤加固:①新建堤防长5.1 km,提身加固整治长11.6 km;②护坡长度3.5 km;③泡泉处理长度1.0 km;④加固水闸、涵洞10座,护岸长4.5 km | 13 483 |

续表 5-1

| 序号 | 县级城市 | 所在水系 | 现状防洪能力 | 规划城区面积（km²） | 城市防护区人口（万人） | 设计防洪标准 | 主要工程措施 | 投资（万元） |
|---|---|---|---|---|---|---|---|---|
| 17 | 安福县 | 禾水一级支流沪水 | <5 年一遇 | 10.5 | 15 | 近期 20~30 年一遇，远期可根据具体情况进一步提高 | 规划县城防洪堤为沪水河北岸及南岸洪堤，北岸防洪堤修全长 4.5 km，南岸防洪堤修全长 6.05 km。新建排洪渠 1 条，长 2.13 km；布设排涝站 3 座 | 4 651 |
| 18 | 永丰县 | 乌江 | <10 年一遇 | 10.3 | 15 | 近期 20 年一遇，远期可根据具体情况进一步提高 | 新建或加固加高城东堤，全长 5.01 km；新建或加高加固城南防洪堤，全长 4.07 km；加固城西防洪堤，全长 9.4 km；新建徐家、潘家和胡家 3 座排涝站 | 7 927 |
| 19 | 芦溪县 | 袁河 | <5 年一遇 | 6.8 | 10 | 近期 20 年一遇，远期可根据具体情况进一步提高 | 在袁河干流及其支流上新建防洪墙 15.2 km；对城区袁河干流、高坑河及潭口河河道进行清淤，高坑河改造宗濂桥和老石桥；规划新建排涝站 4 个，相应排水渠 4 条，总长 8.31 km，排水闸（涵）共 4 座 | 5 915 |
| 20 | 万载县 | 锦江 | <5 年一遇 | 10.4 | 15 | 近期 20 年一遇，远期可根据具体情况进一步提高 | 规划拟在锦江南田至多江段裁弯取直，长 1.28 km，新建和加固锦江龙河左右岸防洪墙共 5.29 km，改造或新建 6 条排水渠，新建 2 座排涝站 | 10 725 |

续表 5-1

| 序号 | 县级城市 | 所在水系 | 现状防洪能力 | 规划城区面积(km²) | 城市防护区人口(万人) | 设计防洪标准 | 主要工程措施 | 投资(万元) |
|---|---|---|---|---|---|---|---|---|
| 21 | 宜丰县 | 锦江一级支流宜丰河 | <5年一遇 | 10.0 | 13 | 近期20年一遇,远期可根据具体情况进一步提高 | 拟新建和加固2段总长8.41 km的防洪墙;新建2条导洪渠,改造或新建19条排水渠、涵洞及城市原有排水管网 | 12 154 |
| 22 | 上高县 | 锦江 | <10年一遇 | 17.4 | 15 | 近期20年一遇,远期可根据具体情况进一步提高 | 新建2段防洪堤总长2.46 km,加高加固6段防洪堤总长13.87 km,新建或加固2段防洪墙总长6 312 m;兴建17条排洪渠、改造6座、新建1座排水涵洞,改造3座、新建1座排涝站 | 15 011 |
| 23 | 高安市 | 锦江 | <10年一遇 | 24.0 | 20 | 近期20年一遇,远期可根据具体情况进一步提高 | 加高加固筠安堤、连绵堤、南甫堤和城北防洪墙,对筠堤建筑物进行接长加固和改建;新建团结电排站,扩建薄子口、东门、红星和湾头4座电排站,新建薄子口分口、红星和团结排水涵闸各1座,新开挖城南截水沟7.82 km | 24 650 |

#### 5.1.4.1 万安水库

万安水库位于赣江中游上段,坝址在万安县城以上约 2 km 处,是一座以发电为主,兼顾防洪、航运、灌溉等综合利用的水利枢纽。该工程于 1980 年复工兴建,1992 年 12 月有 4 台机组投入运用,1993 年 5 月下闸蓄水,主体工程完建,按初期水位 94.11 m 运用。目前,第 5 号机组也已投入运行。

该枢纽坝址控制集水面积 36 900 km²,对于中上游来水有较好的控制作用,水库正常蓄水位 98.11 m,总库容 22.14 亿 m³,电站装机容量 50 万 kW,拟定防洪高水位和汛前限制水位分别为 98.11 m 和 88.11 m(死水位),有效库容 10.2 亿 m³,预留为防洪库容。由于库区淹迁问题,目前水库按初期运用水位蓄水运行,其运行水位为:死水位 83.11 m,正常蓄水位 94.11 m,防洪限制水位 83.11 m,防洪高水位 91.71 m,相应防洪库容 5.1 亿 m³。

枢纽布置采用土坝,重力式混凝土坝,河床式厂房布置方案,由大坝、电站厂房、船闸、灌溉渠首等建筑物组成。万安水库枢纽大坝已按 98.11 m 方案建成,98.11 m 方案水库水面面积 140 km²,水库回水长度 100 km 左右。水库淹没涉及万安县、赣县、赣州市的 20 个乡(镇),100 个村。水库自 1993 年 6 月开始蓄水发电以来,已按初期 94.11 m 方案运行至今,水库 94.11 m 以下淹没处理工作已完成,而 94.11～98.11 m 区间水库淹没处理及移民工作尚未完成。

为最大限度地降低水库淹没对赣州市国民经济和生态环境的影响,减少土地淹没和人口迁移数量,降低工程投资,对库区末端有条件防护的旧城区、城南区、近郊(水东、水南)及远郊吉埠采取防护工程措施。采取防护工程措施后万安水库按最终规模运行时,94.11～98.11 m 区间需迁移人口 34 311,拆迁房屋 217.24 万 m²,永久征收土地 3.2 万亩(其中耕地 2.25 万亩),淹没二级公路 2.50 km,乡村公路 94.74 km,机耕道 129.57 km,公路桥梁 44 座,码头 55 个,10 kV 输电线路 169.41 km,低压线路 200.67 km,通信线路 133.29 km。

万安水库本次规划依据入库流量和坝址至防洪控制断面的区间流量指示水库的蓄水与泄洪,采用对下游补偿的调洪方式拟定洪水调度运行原则。

#### 5.1.4.2 峡江水利枢纽

峡江水利枢纽工程位于赣江中游峡江县老县城巴邱镇上游峡谷河段,距峡江老县城巴邱镇约 6 km,是一座以防洪、发电、航运为主,兼有灌溉、供水等综合利用功能的水利枢纽工程。

水库正常蓄水位 46.0 m,死水位 44.0 m,防洪高水位 49.0 m,设计洪水位 49.0 m,校核洪水位 49.0 m;防洪库容 6.0 亿 m³,调节库容 2.14 亿 m³,水库总库容 11.87 亿 m³;电站安装 9 台水轮发电机组,装机容量 360 MW。

枢纽主要建筑物由混凝土泄水闸、混凝土重力坝、河床式厂房、船闸、左右岸灌溉进水口等组成。

峡江水利枢纽工程依据坝前水位结合上游来水流量和坝址至防洪控制断面区间流量指示,并采用对下游补偿的调洪方式进行洪水调度。

为减少水库淹没损失和影响,拟对库区人口密集、耕地集中,具有防护条件的临时淹没区或浅水淹没区,以及同江河区采取防护工程措施。同时,对其他部分浅水淹没区、临时淹没区的耕地采取抬田工程措施进行防护。

采取新建或加固堤防及抬田工程措施后,水库淹没及防护工程压占共需搬迁人口23 447,拆迁房屋面积135.2 万 $m^2$,征用耕地33 053.8 亩。

工程建成运行后,可使南昌市主城区的防洪标准由100 年一遇提高到200 年一遇,赣东大堤保护区及南昌市可独立防护的小片区防洪标准由50 年一遇提高到100 年一遇。

工程静态总投资939 806.11 万元,其中:枢纽工程326 515.33 万元,水库淹没处理补偿费346 535.07 万元,防护工程247 647.02 万元,建设及施工场地征用费4 862.16 万元,水土保持工程8 411.61 万元,环境保护工程5 834.92 万元。建设期融资利息54 266.21 万元,工程总投资994 072.32 万元。

## 5.1.5　分蓄洪区规划

江西省现有分蓄洪区有依据长江中下游防洪总体规划要求而兴建的鄱阳湖区的康山、珠湖、黄湖、方洲斜塘等4 座分蓄洪区,以及保障赣东大堤和南昌市防洪堤安全的泉港分蓄洪区、保障梁家渡大桥和抚西大堤防洪安全而利用抚河故道分洪的箭江口分洪闸和重点保护浙赣铁路、重要建筑物、21 座万亩以上圩堤的清丰山溪分蓄洪区。对于赣江流域而言,本次规划仅涉及泉港分蓄洪区。

泉港分蓄洪工程位于赣江下游西岸樟树、丰城和高安三市境内。该工程于1957 年动工兴建,1958 年3 月建成。工程由泉港分洪闸、粮洲堤、肖江堤和分蓄洪区四部分组成。该分洪工程是利用泉港分洪闸和分蓄洪区适时分洪,是保障赣东大堤和南昌市防洪堤安全的重要设施。

### 5.1.5.1　基本情况

粮洲堤是泉港分蓄洪工程的重要组成部分,该堤始于樟树市的赣西堤和肖江堤的尾部,止于泉港闸,全长4.63 km。现状堤顶高程36.4 ~ 35.91 km,堤顶宽8.0 m,内外边坡为1:4 和1:3,防洪标准约为50 年一遇。

樟树市的肖江堤,原防御肖江和赣江洪水,保护浙赣铁路和圩内农田,1958 年随着泉港分蓄洪工程的兴建对其进行了加高加固,现已成为分蓄洪区的南缘圩堤。

泉港分洪闸位于丰城市泉港镇上游肖江出口处,为钢筋混凝土开敞式水闸,共设5 孔,孔口尺寸10 m×6 m(宽×高),闸底板高程21.22 m。分洪闸经改建后,设计防洪标准为100 年一遇,设计最大分洪流量为2 000 $m^3$/s,设计最大水头5.13 m。赣江发生50 年一遇洪水(洪峰流量为22 800 $m^3$/s)时,泉港分洪闸闸外赣江相应水位为32.13 m;赣江发生100 年一遇洪水(洪峰流量为24 800 $m^3$/s)时,泉港分洪闸闸外赣江相应水位为32.67 m。

泉港分蓄洪区总面积151 $km^2$,当设计分洪水位为32.13 m(相应赣江50 年一遇洪峰流量)时总容积6.93 亿 $m^3$;当设计分洪水位为32.67 m(相应赣江100 年一遇洪峰流量)时总容积7.80 亿 $m^3$。

泉港分蓄洪工程目前正常运用状态是赣江发生100 年一遇洪水时,开启泉港分洪闸分洪,以降低赣江洪水位,使赣东大堤保护区的防洪标准由50 年一遇提高到100 年一遇。

### 5.1.5.2　分蓄洪区分洪调度规则

兴建泉港分蓄洪区的主要目的就是在赣江下游干流洪水流量超过其河道安全泄量情况下,适时开闸分洪,以降低赣江下游洪水位,从而保障赣东大堤和南昌市防洪堤的安全,据此确定泉港分蓄洪区的分洪调度规则。

#### 5.1.5.3　分蓄洪区内部安全建设规划

根据国家防总、水利部国汛〔1989〕27 号文《关于贯彻国务院批转水利部关于蓄滞洪区安全与建设指导纲要的通知》,国汛〔1990〕1 号文"关于做好蓄滞洪区安全建设与管理工作的通知",国家防总《关于滞洪区工作的意见》等有关文件结合本蓄洪区的特点进行规划。

规划的原则是:全面规划,突出重点,因地制宜,"平战"结合,分期实施。到 2020 年达到群众生命安全有保障,尽量减少群众财产损失。

根据分蓄洪区的情况,转移安置方式应以分洪前安全转移为主,安全楼安置为辅,分洪后对尚未及时转移的群众用救生船继续转移。到 2020 年,区内受淹人口 12.28 万人,规划转移人口 10.29 万人,安全楼安置人口 1.77 万人。

分蓄洪区内部安全建设规划内容是:安全避水设施(安全楼、转移公路和桥涵)、通信报警设施和救生船、救生树、安全医院、食品物资供应站等附属设施。

经计算,泉港分洪工程续建配套主要工程量为:土方 92.07 万 m³,石方 2.88 万 m³,混凝土与钢筋混凝土 3.25 万 m³。工程总投资 54 250 万元。

### 5.1.6　中小河流治理规划

赣江是江西省内第一大河流,其干支流自南向北,流经 47 个县(市),流域面积 200～3 000 km² 以上的中小河流共有 113 条。这些河流源短流急,洪水暴涨暴落。由于大多中小河流,特别是河流沿岸的县城、重要集镇和粮食生产基地防洪设施少、标准低,甚至很多仍处不设防状态,遇到常遇洪水可能造成较大的洪涝灾害。另外,一些中小河流水土流失严重,加之不合理的采砂以及拦河设障、向河道倾倒垃圾、违章建筑侵占河道等,致使河道萎缩严重,行洪能力逐步降低,对所在地区城乡的防洪安全构成严重威胁。

中小河流治理的重点是保障河流沿岸易发洪涝灾害的县城、重要集镇及万亩以上基本农田等防洪保护对象的防洪安全。山丘区河流以县城、重要集镇河段为重点,浅丘区河流以沿河人口和农田较集中的河段为重点,平原盆地区河流以洪涝排泄出口河段和河道淤积卡口河段为重点。

中小河流治理以河道整治、河势治导、河道疏浚和清淤、堤防护岸、除涝等工程措施为主。根据不同河流的特点,因地制宜、经济合理地采取工程措施和非工程措施,提高治理标准。由于防洪规划章节中城市防洪规划和堤防工程规划前已述及,为避免重复,本次中小河流治理规划项目中不含县城和万亩以上堤防工程。

根据江西省中小河流治理规划,经统计,本次赣江流域(外洲水文站以上)中小河流治理规划共涉及中小河流 102 条,治理工程项目共计 358 项,乡镇防洪工程 321 项,农田防护工程 6 项,河道整治工程 7 项,其他工程 24 项。规划共治理河道总长度达 1 641.58 km,河道护滩清障、清淤 2 734.61 万 m³,洪涝结合河道疏浚清淤 732.19 万 m³,新建堤防护岸 2 445.51 km,加固堤防护岸 724.76 km,新建穿堤建筑物 1 127 座,其他防洪建筑物 426 处,工程总 100.05 亿元。

江西省赣江流域中小河流治理项目汇总见表 5-2。

**表5-2 江西省赣江流域中小河流治理项目汇总**

| 涉及县(市,区) | 项目个数(项) | 建设项目类型 | | | | 主要建设内容 | | | | | | | 总投资(万元) |
|---|---|---|---|---|---|---|---|---|---|---|---|---|---|
| | | 乡镇防洪工程(个) | 农田防护工程(个) | 河道整治(个) | 其他工程(个) | 河道整治、护滩、清淤长度(km) | 清障、清淤方量(万m³) | 洪涝结合河道清淤疏浚(万m³) | 堤防、护岸加固(km) | 新建穿堤建筑物(座) | 新建堤防、护岸(km) | 其他(处) | |
| 全流域合计 | 358 | 321 | 6 | 7 | 24 | 1 641.58 | 2 734.61 | 732.19 | 724.76 | 1 127 | 2 445.51 | 426 | 1 000 542 |
| 赣州市合计 | 114 | 113 | 1 | | | 345.27 | 449.53 | 76.40 | 202.26 | 466 | 635.53 | 128 | 260 951 |
| 全南县 | 5 | 5 | | | | 12.03 | 35.50 | | 1.86 | 15 | 24.80 | | 9 791 |
| 龙南县 | 5 | 5 | | | | 8.73 | 25.18 | | 10.40 | 26 | 33.30 | | 14 330 |
| 寻乌县 | 1 | 1 | | | | 1.50 | 2.50 | | 0.70 | 1 | 2.90 | | 1 130 |
| 安远县 | 8 | 8 | | | | 4.48 | 6.42 | | 11.48 | 21 | 42.00 | 6 | 16 194 |
| 信丰县 | 10 | 10 | | | | 52.50 | 127.00 | | 10.10 | 21 | 40.40 | | 18 435 |
| 大余县 | 2 | 2 | | | | 16.10 | | | | | 16.90 | | 5 890 |
| 会昌县 | 9 | 9 | | | | 21.20 | 36.40 | | 25.60 | 49 | 36.10 | | 15 514 |
| 南康市 | 5 | 5 | | | | 12.60 | 6.90 | | 26.20 | 19 | 16.45 | | 12 900 |
| 崇义县 | 8 | 8 | | | | 30.35 | 13.83 | | 4.40 | 14 | 62.89 | 1 | 21 745 |
| 上犹县 | 4 | 4 | | | | 16.80 | 19.95 | 9.60 | 3.95 | 17 | 19.20 | 5 | 8 161 |
| 赣县 | 14 | 14 | | | | 26.20 | 89.54 | 66.80 | 0.80 | 77 | 128.56 | 31 | 38 110 |
| 瑞金市 | 7 | 7 | | | | 4.50 | 4.00 | | 2.40 | 50 | 47.90 | | 18 254 |
| 于都县 | 11 | 11 | | | | 48.00 | 18.75 | | 12.20 | 16 | 59.44 | 3 | 25 223 |
| 石城县 | 2 | 2 | | | | 3.89 | 24.50 | | 3.50 | 8 | 5.59 | | 3 206 |
| 兴国县 | 7 | 7 | | | | 86.39 | 39.06 | | 43.00 | 21 | 7.70 | | 12 747 |
| 宁都县 | 16 | 15 | 1 | | | | | | 45.67 | 111 | 91.40 | 82 | 39 321 |

续表 5-2

| 涉及县（市、区） | 建设项目类型 | | | | | 主要建设内容 | | | | | | | 总投资（万元） |
| --- | --- | --- | --- | --- | --- | --- | --- | --- | --- | --- | --- | --- | --- |
| | 项目个数（项） | 乡镇防洪工程（个） | 农田防护工程（个） | 河道整治（个） | 其他工程（个） | 河道整治、护滩、清淤长度（km） | 清障、清淤方量（万m³） | 洪涝结合河道清淤疏浚（万m³） | 堤防、护岸加固（km） | 新建穿堤建筑物（座） | 新建堤防、护岸（km） | 其他（处） | |
| 吉安市合计 | 153 | 128 | 2 | 4 | 19 | 716.12 | 1 301.59 | 540.40 | 311.35 | 427 | 911.77 | 140 | 402 183 |
| 遂川县 | 14 | 14 | | | | 23.30 | 49.38 | 8.80 | 27.90 | 49 | 73.40 | | 31 317 |
| 万安县 | 7 | 6 | | | 1 | 30.50 | 74.70 | 11.80 | 33.91 | 29 | 26.17 | 4 | 19 920 |
| 井冈山市 | 19 | 19 | | | | 102.50 | 236.13 | | 48.20 | 50 | 91.79 | | 42 387 |
| 泰和县 | 19 | 13 | 1 | 2 | 3 | 19.53 | 100.02 | | 25.14 | 42 | 56.01 | | 28 526 |
| 永新县 | 9 | 7 | | 1 | 1 | 70.00 | 52.60 | | 4.70 | | 55.60 | | 21 360 |
| 吉安县 | 12 | 12 | | | | 90.68 | 69.02 | 11.20 | 12.84 | 7 | 80.85 | 6 | 30 389 |
| 青原区 | 7 | 7 | | | | 90.00 | 103.00 | | 18.00 | | 47.00 | 13 | 18 840 |
| 吉州区 | 7 | 5 | | 1 | | 66.00 | 15.00 | 55.00 | 27.70 | 10 | 32.40 | | 15 680 |
| 吉水县 | 7 | 6 | | | 1 | 30.60 | 35.88 | | 2.50 | 2 | 29.80 | | 11 776 |
| 永丰县 | 10 | 9 | | | 1 | 15.75 | 11.03 | | 23.11 | 7 | 56.63 | 11 | 21 505 |
| 安福县 | 21 | 19 | | | 2 | 102.10 | 323.80 | 119.30 | 7.55 | 169 | 168.35 | 89 | 51 487 |
| 峡江县 | 8 | 8 | | | | 29.60 | 180.53 | | 4.20 | 15 | 68.08 | 8 | 22 782 |
| 新干县 | 13 | 3 | 1 | | 9 | 45.56 | 50.50 | 334.30 | 75.60 | 47 | 125.70 | 9 | 86 213 |
| 萍乡市 | 12 | 9 | | 3 | | 67.75 | 24.26 | | 0.50 | | 112.95 | | 41 555 |
| 莲花县 | 5 | 2 | | 3 | | 23.75 | | | | | 33.75 | | 13 854 |

续表5-2

| 涉及县(市、区) | 建设项目类型 | | | | | 主要建设内容 | | | | | | | 总投资(万元) |
|---|---|---|---|---|---|---|---|---|---|---|---|---|---|
| | 项目个数(项) | 乡镇防洪工程(个) | 农田防护工程(个) | 河道整治(个) | 其他工程(个) | 河道整治、护滩清淤长度(km) | 清障、清淤方量(万m³) | 洪游结合河道清淤疏浚(万m³) | 堤防、护岸加固(km) | 新建穿堤建筑物(座) | 新建堤防、护岸(km) | 其他(处) | |
| 芦溪县 | 7 | 7 | | | | 44.00 | 24.26 | | 0.50 | | 79.20 | | 27 701 |
| 抚州市合计 | 2 | 2 | | | | 11.40 | 42.00 | | 6.40 | 3 | 4.00 | 21 | 4 910 |
| 乐安县 | 2 | 2 | | | | 11.40 | 42.00 | | 6.40 | 3 | 4.00 | 21 | 4 910 |
| 新余市合计 | 13 | 11 | 1 | | 1 | 37.11 | 60.24 | 6.74 | 19.00 | 50 | 192.22 | 86 | 73 552 |
| 渝水区 | 7 | 5 | 1 | | 1 | 19.57 | 27.67 | 6.74 | 2.91 | 33 | 146.71 | 81 | 53 927 |
| 孔目江生态经济区 | 2 | 2 | | | | 3.50 | 6.30 | | 10.40 | 7 | 6.20 | 5 | 5 817 |
| 分宜县 | 4 | 4 | | | | 14.04 | 26.27 | | 5.69 | 10 | 39.31 | | 13 809 |
| 宜春市合计 | 62 | 56 | 2 | | 4 | 442.93 | 762.69 | 108.65 | 161.25 | 178 | 589.04 | 51 | 212 074 |
| 袁州区 | 25 | 25 | | | | 162.54 | 285.68 | | 27.30 | 3 | 198.58 | | 75 790 |
| 樟树市 | 7 | 6 | 1 | | | 94.93 | 173.30 | | 24.66 | 4 | 107.20 | 24 | 29 584 |
| 万载县 | 9 | 9 | | | | 54.30 | 31.97 | 4.08 | 29.80 | 26 | 81.30 | | 25 150 |
| 丰城市 | 4 | | | | 4 | 46.60 | 80.00 | 104.57 | 19.54 | 23 | 14.88 | | 18 091 |
| 上高县 | 5 | 5 | | | | 30.18 | 45.00 | | 2.80 | 8 | 50.49 | 17 | 14 958 |
| 宜丰县 | 4 | 4 | | | | 32.00 | 103.30 | | 8.50 | 18 | 32.10 | | 11 795 |
| 高安市 | 8 | 7 | 1 | | | 22.38 | 43.44 | | 48.65 | 96 | 104.49 | 10 | 36 706 |
| 南昌市合计 | 2 | 2 | | | | 21.00 | 94.30 | | 24.00 | 3 | | | 5 317 |
| 新建县 | 2 | 2 | | | | 21.00 | 94.30 | | 24.00 | 3 | | | 5 317 |

## 5.1.7　山洪灾害防治规划

### 5.1.7.1　山洪灾害现状

赣江流域上游由于溪沟发育,地面、河道、溪沟坡降大、水流汇集迅速,这些区域又是暴雨多发区。一旦山洪暴发,洪水历时短、流速大、来势凶猛,往往造成毁灭性灾害,同时还伴随滑坡、泥石流,摧毁农田与村庄,损失严重。根据《江西省山洪灾害防治规划》等相关资料统计,自 1954 年以来,赣江流域发生较大山洪灾害 302 次,其中溪河洪水已累计造成 150 多人死亡,近 60 万人受灾,95 428 间房屋被损毁,直接经济损失 24.18 亿元;发生泥石流 58 次,累计损毁房屋 459 间,威胁人口 635 万,直接经济损失 4 320 万元;滑坡已累计损毁房屋 1 057 间,威胁人口 2.30 万,直接或间接经济损失 1.24 亿元。

### 5.1.7.2　山洪灾害防治的原则

坚持人与自然和协共处的原则;坚持"以防为主,防治结合""以非工程措施为主,非工程措施与工程措施相结合"的原则;贯彻"全面规划、统筹兼顾、标本兼治、综合治理"的原则;坚持"突出重点、兼顾一般"的原则;规划应遵循国家有关法律、法规及批准的有关规定,充分利用已有资料和成果。

### 5.1.7.3　目标与任务

1. 规划目标

通过分析本流域的山洪灾害现状、形成原因与特点,因地制宜地提出防治山洪灾害的对策措施,协调人与自然的关系,减少或减缓致灾因素向不利方向演变的趋势,建立和完善防灾减灾体系,提高抗御山洪灾害的能力,减少山洪灾害导致的人员伤亡,促进和保障本流域山丘区人口、资源、环境和经济的协调发展。

近期(2020 年)规划目标:初步建成山洪灾害重点防治区以监测、通信、预警及相关政策法规等非工程措施为主与工程措施相结合的防灾减灾体系。

远期(2030 年)规划目标:建成山洪灾害重点防治区非工程措施与工程措施相结合的综合防灾减灾体系。一般山洪灾害防治区初步建立以非工程措施为主的防灾减灾体系。

2. 规划任务

在广泛收集资料的基础上,结合对赣江流域内已发生山洪灾害的调查,分析研究流域山洪灾害发生的特点、规律;根据流域山洪灾害分布的特点,划分重点防治区和一般防治区,编制流域山洪灾害风险图;通过对不同类型的山洪灾害成因分析及典型区域规划,提出相应的非工程措施与工程措施相结合的综合防治对策。逐步完善防灾减灾体系,达到提高防御山洪灾害能力的目的。

### 5.1.7.4　山洪灾害防治规划

1. 规划总体布局

以小流域为单位,因地制宜地制定以非工程措施为主,工程措施与非工程措施相结合的综合防治方案。非工程措施是防御和减少山洪灾害的重要保障,强调以预防为主,通过预报、预测事先获知信息,提前做出决策,实施躲灾避灾方案,主要包括监测系统、通信系统、预警系统、避灾躲灾转移、防灾预案、政策法规建设等;工程措施是实现标本兼治,改善生态环境,增强抵御山洪灾害的能力。

**2. 规划措施**

非工程措施主要包括：健全和完善有关法律法规并严格执行；编制山洪灾害防治预案，建立各级组织机构，建立各地抢险救灾工作机制、救灾方案及救灾补偿措施等；加强宣传教育，增强群众防灾避灾意识；建立山丘区监测、通信、预警系统；编制山洪灾害风险图，根据风险图调整山洪灾害易发区土地利用结构；加强河道管理力度；防止水土流失；搬迁避让、躲灾转移措施；加强山洪易发区的土地利用规划和管理。

工程措施主要有拦挡工程、排导工程、疏通工程以及生物工程。

**3. 工程投资**

赣江流域山洪灾害防治规划工程总投资 76.57 亿元，具体工程项目及工程投资详见表 5-3。

山洪灾害防治工作是一项复杂的系统工程，规划工程分期实施计划的制订要坚持"以防为主，防治结合""以非工程措施为主，非工程措施与工程措施相结合"的原则，实行统一规划，分期实施，确保重点，兼顾一般，采取因地制宜的防治措施，按轻重缓急要求，逐步完善防灾减灾体系。

**1）近期**

山洪灾害防治近期规划目标：开展山洪沟治理及山坡水土保持等工程建设，初步建成山洪灾害重点防治区以监测、通信、预警及相关政策法规等非工程措施为主与工程措施相结合的防灾减灾体系。规划在近期初步建成山洪灾害重点防治区乡镇山洪灾害防治组织领导指挥机构和山洪监测、通信、预警系统，落实紧急防洪预案，制定相关地方性政策法规，逐步实现避灾躲灾转移工程。近期工程总投资 45.94 亿元。

**2）远期**

远期规划目标应在近期的基础上，继续实施流域内山洪沟治理及山坡水土保持等工程建设，山洪重点防治区建成非工程措施与工程措施相结合的综合防灾减灾体系，一般山洪灾害防治区初步建立以非工程措施为主的防灾减灾体系。远期工程总投资 30.63 亿元。

## 5.1.8　山洪灾害防治规划

在保障防洪工程实施的各种措施中，非工程措施的作用是不可缺少而且十分重要的。防洪非工程措施是赣江流域防洪体系的重要组成部分，落实各项非工程措施，对于完善防洪体系建设、充分发挥防洪工程的功能、保障各类防洪保护对象的防洪安全、减轻洪涝灾害损失具有重要作用。

防洪非工程措施涉及立法、政策、行政管理、经济、技术等方面，赣江流域防洪非工程措施主要包括政策法规建设、防汛调度指挥系统建设、洪泛区管理、河道清障、超标准洪水防御对策及调度运用、防洪投入机制与洪水保险、洪灾救济等。

### 5.1.8.1　政策法规建设

在市场经济条件下，在依法治水的大环境中，政策法规建设作为防洪非工程措施中的重要组成部分越来越举足轻重。根据流域防洪建设的需要，在《中华人民共和国水法》《中华人民共和国防洪法》等法律法规的大框架下，在江西省制定的一系列地方性政策和

表 5-3　江西省赣江流域山洪灾害防治规划投资估算汇总

| 序号 | 工程类别 | 规　模 | | 总投资 | 备注 |
| | | 单位 | 数量 | （万元） | |
|---|---|---|---|---|---|
| A | 非工程措施 | | | 190 733.42 | |
| 一 | 监测系统 | | | 35 008.31 | |
| 1 | 雨量站网建设 | 站 | 310 | 1 229.93 | |
| 2 | 气象监测 | 个 | 525 | 15 752.95 | |
| 3 | 水文监测 | 个 | 435 | 17 429.88 | |
| 4 | 滑坡、泥石流监测 | | | 595.55 | |
| 二 | 通信系统 | | | 5 621.47 | |
| 1 | 省、市、县网络通信服务平台 | | | 1 197.62 | |
| 2 | 监测站至县级专业部门通信 | | | 2 194.84 | |
| 3 | 警报传输及信息反馈通信网 | | | 2 229.01 | |
| 三 | 预警系统 | | | 65 767.43 | |
| 1 | 预警信息管理系统 | | | 8 461.40 | |
| 2 | 预警信息广播系统 | | | 57 306.03 | |
| 四 | 避灾躲灾转移 | | | 67 845.39 | |
| 五 | 管理设施建设 | | | 11 265.57 | |
| 六 | 培训基地建设 | | | 5 225.25 | |
| B | 工程措施 | | | 574 958.30 | |
| 一 | 山坡水土保持 | | | 107 278.25 | |
| 二 | 山洪沟治理 | | | 346 520.05 | |
| 1 | 滚水坝 | 座 | 981 | 65 554.66 | |
| 2 | 整修河堤 | km | 564.4 | 68 879.48 | |
| 3 | 新建河堤 | km | 426.3 | 70 918.92 | |
| 4 | 排洪渠 | km | 2 402.4 | 50 471.20 | |
| 5 | 河道疏浚、清障 | km | 1 639.8 | 20 504.91 | |
| 6 | 护岸 | km | 1 296.9 | 46 668.74 | |
| 7 | 绿化 | km | 188 | 1 499.76 | |
| 8 | 其他 | | | 22 022.39 | |
| 三 | 病险水库除险加固 | 座 | 1 015 | 117 610.00 | |
| 四 | 泥石流沟治理 | | | 970.00 | |
| 五 | 滑坡治理 | | | 2 580.00 | |
| | 总计 | | | 765 691.72 | |

法规的指导下,完善流域防洪政策法规建设。应加强防汛调度有关法规、洪水保险政策法规、涉河工程建设与管理相关法规、洪泛区及退田还湖的单双退圩区管理相关政策法规、河道采砂管理法规等的建设,并加强防洪法规的舆论宣传和教育,普及防洪相关知识。政策法规的建设从流域具体情况出发主要着重于以下几个方面:切实抓好《江西省实施〈防洪法〉办法》《江西省蓄滞洪区运用受灾补偿办法》《江西省河道管理范围内建设项目管理办法》《江西省河道工程修建维护管理费计收、使用与管理办法》的贯彻落实。

### 5.1.8.2　防汛调度指挥系统建设

流域洪水灾害频繁,防洪减灾任务十分繁重。要切实搞好流域的防洪减灾工作,除加强水利工程建设、提高防洪标准外,建立起符合流域实际、技术先进、运行可靠的防汛指挥系统,及时准确地采集、传递、接收和处理各种防汛减灾信息,以提高防汛决策水平、提高防洪工程效益、减轻洪涝灾害损失,保证人民生命财产安全是十分必要的。在全省防汛通信网络的基础上,进一步完善相关功能,建设由信息采集、通信预警、计算机网络、决策支持系统组成的高效、可靠、先进、实用的防汛调度指挥系统;加强水文基础设施建设,完善流域水文站网布局,提高水文测报能力;加强对赣江干流重点河段的河势监测、重要险工险情监测,加强水文气象预报研究,准确预报洪峰、洪量、洪水位、流速、洪水到达时间、洪水历时等洪水特征值,密切配合防洪工程,进行洪水调度;积极探索流域产汇流变化规律,建立实时分析计算赣江流域洪水的演进模型,为防洪调度决策提供科学依据。

1. 信息采集系统规划

系统建设目标将实现实时、完整地完成信息的收集、处理与存储;准确、快捷地传输、接收信息;建立各接点相通的报汛网;实现雨水情信息自记、自动采传、固态存储;实现与全省防洪计算机网络、决策支持系统联网。建设任务包括雨量、水位、流量观测设施改造,信息传输包括超短波数传网、短波数传网、程控电话数传、分中心建设等。

2. 信息通信系统规划

卫星通信方式具有通信可靠,质量高,误码少,容量大,地域不限,增距不增资等优点。根据流域技术经济条件和地形地域情况,拟在大型及重点中型水库和边远山区重要水文站、集合转发点和信息分中心设置卫星平台。

3. 通信预警系统规划

规划目标是建成一个以防办为调度信息中心,覆盖全流域的高效可靠、先进实用的防汛通信系统。为防汛指挥命令的下达提供通信保障,为组建计算机广域网提供信道。

4. 计算机网络系统规划

利用先进的计算机技术和网络通信技术建立一个以江西省防办为中心,全流域赣州、吉安、宜春、南昌等地市防办为中心,联接县及各测站,与省水文局、气象局相连的高效综合的计算机广域网。建成具有先进、实用、安全、统一的防汛计算机网络系统。

5. 决策支持系统规划

建立决策支持系统的主要任务有两项:一是完成接收有关部门和下级防汛组织报送的各类信息,并对其检错、分类、格式话后存入综合数据库;另一个是利用一系列软件,对各类信息进行处理、加工,成果以文本、数据、图表、声、象等方式直观形象地表现出来,为防汛抗旱各主要工作环节服务。根据所承担的任务,系统在逻辑上可划分为信息接收处理、气象产品、汛情监视、洪水预报、洪水调度、灾情评估、防汛抗旱管理、会商、信息服务、办公自动化等 10 个子系数。

### 5.1.8.3 洪泛区管理

通过绘制不同量级洪水风险图,明确洪泛区范围,对洪泛区(包括单双退圩区)进行管理。通过政府颁布法令或条例,对洪泛区进行管理。一方面,对洪泛区利用的不合理现状进行限制或调整,如国家采用调整税率的政策,对不合理开发洪泛区采用较高税率,给予限制;对进行迁移、防水或其他减少洪灾损失的措施,予以贷款或减免税收甚至进行补助以资鼓励。另一方面,对洪泛区的土地利用和生产结构进行规划、改革,达到合理开发,防止无限侵占洪泛区,以减少洪灾损失。

### 5.1.8.4 超标准洪水防御

防御超标准洪水的调度原则是充分发挥河道的泄洪作用和各防洪工程的防洪作用,全力加强抗洪抢险工作,在确保重点地区、重点防洪工程安全的前提下,相关时段内可视情况提高个别防洪工程或部分堤段的防洪运行标准,必要时临时扩大分洪范围,以保障重点区域的防洪安全。

应编制赣江流域超标准洪水防御预案,针对流域内可能发生的超标准洪水,提出在现有防洪工程体系下最大限度地减少洪灾损失的防御方案、对策和措施,包括应确保的重点区域、水库超蓄调度、临时分蓄洪区运用调度,以及不同量级洪水的洪泛区范围,群众安全转移的路线、方式、次序及安置等。

### 5.1.8.5 救灾与洪水保险

洪水保险是一项复杂的系统工程,是防洪非工程措施的一个重要组成部分,必须通过政府发动、社会推动,加大现行保险体制改革力度,进行救灾与实行洪水保险。依靠社会筹措资金、国家拨款或国际援助进行救济。凡参加洪水保险者定期缴纳保险费,在遭受洪水灾害后按规定得到赔偿,以迅速恢复生产和保障正常生活。

# 5.2 治涝规划

## 5.2.1 涝区概况与致涝成因分析

赣江流域的易涝区主要分布在干、支流的中下游地区,在未治理的天然情况下大部分为洪泛区。在近几十年的水利建设中,干、支流沿河两岸修建了大量的防洪堤,使洪水灾害得到了一定程度的控制。但是,由于外河洪水和当地降雨经常是同时发生的,且中下游地区堤内地面高程较低,涝水不易自流排出,形成易涝区。

20 世纪 90 年代初,江西省政府组织编制了《江西省赣江流域规划报告》,其中报告治涝规划部分,重点对流湖、药湖和清丰山溪三个涝区进行了规划。本次规划修编,清丰山溪作为直接入湖河流不纳入赣江流域。经过近二十年的实施运行,上述涝区范围内已基本形成了较为完善的排涝工程体系,治涝状况明显好转。

### 5.2.1.1 涝区概况

本次规划赣江流域范围内共涉及大小圩区 535 处,总集雨面积 5 122 km²。其中,10

万亩以上 3 处,5 万~10 万亩 5 处,1 万~5 万亩 51 处,1 万亩以下 476 处。

据 2007 年统计资料,规划范围内共有易涝面积 273.1 万亩,其中保护耕地面积 5 万亩以上圩区易涝面积 88.6 万亩,占全部易涝面积的 32.4%;保护耕地面积 1 万~5 万亩圩区易涝面积 74.3 万亩,占全部易涝面积的 27.2%;万亩以下圩区占 40.4%。规划区域内已建成的排涝设施大多采用"高水导排、低水提排、围洼蓄涝"的原则,尽可能发挥导排沟、渠的撇洪和洼地蓄涝作用,以减少排涝装机。至 2007 年底,流域内已建电排站 64 座(不含城市部分),总装机容量 32 627 kW,导托沟渠 6 条,总导托面积 393.97 km²。规划区域已有治涝面积 94.8 万亩,占全部易涝面积的 34.7%。由于排涝标准偏低、排涝设备陈旧老化、导托沟渠年久失修等,涝灾仍时有发生。截至 2007 末,规划区域还有易涝面积 178.3 万亩。

#### 5.2.1.2　致涝成因分析

赣江流域涝灾年年都有,只是灾害程度不同,其特点是涝灾与洪灾相伴,通常大水年是洪灾年,也是涝灾年。

赣江以赣州市和新干县两地为界,分为上、中、下游三段。赣州以上为上游河段,上游属山区性河流,河道多弯曲,水浅流急,山岭峻峭,河槽较深,洪水涨落迅速,内涝问题不突出。赣州至新干为中游,干流水流一般较为平缓,部分穿切山丘间的河段则多急流险滩。出吉安后赣江穿流于低丘之间,江中偶有浅滩。赣江中游区主要为吉泰盆地,地势较低,遇外河高水,涝水不能及时排出,时有涝灾发生。赣江在新干以下称为下游,自新干至鄱阳湖滨,沿岸为赣江下游大片冲积平原,地势平坦,河面宽阔,两岸傍河筑有堤防。每年汛期外河水位常常高于圩内地面高程,圩内涝水与外河洪水遭遇,不能及时排除,常积涝成灾。

涝区现有排涝设施大多建于 20 世纪 70 年代,运行时间长,随着时间的推移,排涝设备逐渐老化,涵闸损坏,排水渠系淤塞严重,加之重建轻管现象严重,工程运行管理不善,影响工程效益的正常发挥。此外,由于涝区经济的不断发展,圩区内耕地的过量开垦,内湖面积逐渐减少甚至消失,致使蓄涝区面积减小,调蓄能力降低,加重了排涝负担,现有排涝设施已经远远不能满足区内工农业生产发展的需要。每遇大水,涝灾时有发生。

### 5.2.2　主要涝区治涝标准拟定

治涝标准是指涝区发生一定重现期的暴雨时作物不受涝的标准,包含了暴雨雨型、降雨天数、排涝天数、作物耐淹水深和耐淹历时及设计水位等因素。

依据赣江流域雨量资料统计分析、水文资料暴雨洪水分析,规划区域内的暴雨有如下特点:各年最大连续降雨日数以连续降雨三四天的为多,连续降雨 3 d 的出现次数更多;年最大 1 d 降雨日包含在年最大 3 d 降雨日的情况居多,且多数分布在连续降雨的第 1 d 或第 2 d;最大 1 d 降雨量常占该次连续降雨量的 50% 以上;年最大一次洪水主要由年最大 3 d 降雨量造成,而一次洪水过程中的最大洪峰流量主要由年最大 1 d 降雨量造成,因此选用年最大 1 d 降雨量作为推求涝区内导托渠设计流量的依据;而一次洪水过程则取决于连续三日降雨量,故选用年最大 3 d 降雨量作为计算涝区排涝水量的依据。

规划范围各圩区内主要种植水稻,据部分试验及调查资料,水稻各生长期最小的耐淹水深为 50 mm,耐淹历时为 3 d,故选用排水天数与降雨天数相同也为 3 d。

参照《江河流域规划编制规范》(SL 201—97)、《水利水电工程水利动能设计规范》《灌溉与排水工程设计规范》等相关规程规范,结合各涝区面积大小、保护对象重要程度及工农业生产发展的需要等实际情况,并与以往相关治涝规划成果相结合,经综合分析,规划水平年各排涝区治涝标准为:保护面积万亩以上或区内有重要设施的排涝区,其治涝标准为 10 年一遇 3 d 暴雨 3 d 末排至农作物耐淹水深(50 mm);保护面积万亩以下排涝区,其治涝标准为 5 年一遇 3 d 暴雨 3 d 末排至农作物耐淹水深(50 mm)。

### 5.2.3　治涝工程规划

治涝工程规划本着统筹兼顾、因地制宜、综合治理的原则,以排为主,滞、蓄、截相结合,"高水高排、低水低排、围洼蓄涝"。在条件较好的地区,争取自排,并充分利用现有港汊、鱼塘、洼地等容积蓄涝,以削减排涝洪峰,尽可能减小电排装机。规划根据各排涝区的地形条件、排水范围、排水系统现状等实际情况,因地制宜地采取不同的工程措施,做到导、排、提、蓄相结合。规划优先考虑对现有老化失修、带病运行的排涝设施进行更新改造,在此基础上,新建扩建部分排涝工程设施,以逐步提高其排涝标准,解决涝区的渍涝问题。

赣江上游属山区性河流,河道纵坡较陡,河槽较深,洪水涨落迅速,内涝问题不突出。现有电排站等排涝设施较少,本次规划主要对现有自排闸等进行改造,部分重点保护区考虑新增电排装机,以提高其排涝标准。中下游进入吉泰盆地和滨湖冲积平原区,河道纵坡变缓,洪水历时延长至 10 ~ 20 d,圩区内大多地势平坦,外洪内涝,涝灾较多。现状排涝能力远远不足,考虑适当增加电排装机,电排与自排、导排等相结合,增强排涝能力,提高排涝标准。

在诸涝区中,赣东大堤保护范围,新干以上段大部分与龙溪河左岸堤保护范围交叉重合,新干以下段与丰城大联圩保护范围交叉重合。且新干以下涝水均不排往赣江,新干及以上范围内赣江两岸水利设施均为灌溉之用。因此,本次规划对赣东大堤涝区仅进行排涝演算,不进行排涝设施规划。

规划至 2030 年,新增治涝面积 151.8 万亩。规划新建电排站 188 座,改造电排站 35 座,新增电排装机容量 67 146 kW,改造电排装机容量 14 680 kW;新建导托渠 73.5 km,改造导托渠 86.8 km;新建涵闸 288 座,改造涵闸 177 座。主要工程量:土石方 670.7 万 m³,砌石 65.3 万 m³,混凝土及钢筋混凝土 386.3 万 m³,钢筋钢材 22 644 t,工程总投资 9.43 亿元。其中,至 2020 年,规划新建电排站 110 座,改造电排站 35 座,新增电排装机容量 45 946 kW,改造电排装机容量 14 680 kW;新建涵闸 140 座,改造涵闸 150 座。主要工程量:土石方 506 万 m³,砌石 52.5 万 m³,混凝土及钢筋混凝土 372.7 万 m³,钢筋钢材 12 878 t,工程总投资 5.85 亿元。详见表 5-4。

表 5-4　赣江流域治涝工程规划

| 县（市、区） | 排涝分区（座数） | 易涝面积（万亩） | | | 电排装机容量（kW） | | | 导托渠长度（km） | | 自排闸数量（座） | | 主要工程量 | | | | 总投资（万元） |
|---|---|---|---|---|---|---|---|---|---|---|---|---|---|---|---|---|
| | | 总易涝面积 | 已治涝 | 规划治涝 | 现有 | 新增 | 规划达到 | 现有 | 规划新建 | 现有 | 规划新建 | 土石方（万 m³） | 砌石（万 m³） | 混凝土及钢筋混凝土（万 m³） | 钢筋钢材（t） | |
| 全流域合计 | 535 | 273.1 | 94.8 | 151.8 | 32 627 | 67 146 | 99 773 | 144.3 | 73.5 | 335 | 288 | 670.7 | 65.3 | 386.3 | 22 644 | 94 256 |
| 5 万亩以上 | 8 | 88.6 | 33.0 | 50.2 | 16 600 | 18 975 | 35 575 | 117.9 | | 100 | 58 | 44.9 | 10.6 | 7.8 | 5 859 | 24 842 |
| 南昌县、樟树等 | 赣东大堤 | 9.14 | 8.25 | 0.36 | 2 890 | | 2 890 | | | 21 | | | | | | |
| 樟树、丰城市等 | 粮洲堤 | 5.77 | 5.64 | | 3 100 | | 3 100 | | | | | | | | | |
| 新干 | 三湖联圩 | 6.63 | 6.57 | | 3 100 | | 3 100 | | | 21 | | | | | | |
| 樟树 | 赣西肖江堤 | 8.24 | 0.95 | 7.29 | 3 805 | | 3 805 | | | 16 | | | | | | |
| 渝水区 | 袁河南联圩 | 11.99 | 3.98 | 7.55 | | 4 870 | 4 870 | | | | | 9.74 | 2.44 | 1.70 | 1 364 | 6 331 |
| 丰城市 | 药湖南联圩 | 6.17 | 1.73 | 3.45 | 1 710 | 3 420 | 5 130 | 106 | | 7 | 33 | 10.80 | 2.37 | 1.86 | 1 026 | 4 545 |
| 高安市 | 筲箕堤 | | | | 1 290 | 2 625 | 3 915 | | | 33 | | 5.25 | 1.31 | 0.92 | 1 051 | 3 413 |
| 新建县 | 流湖大堤 | 40.68 | 5.83 | 31.59 | 705 | 8 060 | 8 765 | 11.9 | | 2 | 25 | 19.12 | 4.53 | 3.32 | 2 418 | 10 553 |
| 1 万~5 万亩 | 51 | 74.32 | 21.4 | 40.1 | 15 532 | 23 027 | 38 559 | 26.4 | 58.64 | 205 | 55 | 407.4 | 42.9 | 365.8 | 7 568 | 34 979 |
| 赣州市 | 8 | 8.25 | 3.7 | 3.6 | 2 748 | 2 030 | 4 778 | | | 47 | 3 | 7.3 | 1.8 | 1.3 | 1 018 | 4 426 |
| 兴国县 | 塘头河堤 | 1.70 | 0.77 | 0.83 | 378 | 550 | 928 | | | 7 | | 1.10 | 0.28 | 0.19 | 154.0 | 715 |
| 兴国县 | 杨凤河堤 | 0.96 | 0.43 | 0.43 | | 465 | 465 | | | | | 0.93 | 0.23 | 0.16 | 130.2 | 605 |
| 兴国县 | 程垱河堤 | 0.89 | 0.40 | 0.39 | | 465 | 465 | | | | | 0.93 | 0.23 | 0.16 | 130.2 | 605 |

续表 5-4

| 县(市、区) | 排涝分区(座数) | 易涝面积(万亩) 总易涝面积 | 已治涝 | 规划治涝 | 电排装机容量(kW) 现有 | 新增 | 规划达到 | 导托渠长度(km) 现有 | 规划新建 | 自排闸数量(座) 现有 | 规划新建 | 主要工程量 土石方(万m³) | 砌石(万m³) | 混凝土及钢筋混凝土(万m³) | 钢筋钢材(t) | 总投资(万元) |
|---|---|---|---|---|---|---|---|---|---|---|---|---|---|---|---|---|
| 宁都县 | 洋溪口堤 | 0.89 | 0.40 | 0.32 | | 110 | 110 | | | 1 | 3 | 0.58 | 0.12 | 0.10 | 81.8 | 152 |
| 大余县 | 官坪里元龙堤 | 0.94 | 0.42 | 0.47 | | 220 | 220 | | | 13 | | 0.44 | 0.11 | 0.08 | 61.6 | 286 |
| 大余县 | 长江南丰堤 | 1.04 | 0.47 | 0.45 | | 220 | 220 | | | 16 | | 0.44 | 0.11 | 0.08 | 61.6 | 286 |
| 南康市 | 上㳇江三江圩 | 0.89 | 0.40 | 0.32 | 1 170 | | 1 170 | | | 6 | | 1.40 | 0.35 | 0.25 | 196.6 | 878 |
| 南康市 | 章水潭口圩 | 0.94 | 0.42 | 0.35 | 1 200 | | 1 200 | | | 4 | | 1.44 | 0.36 | 0.25 | 201.6 | 900 |
| 吉安市 | 19 | 27.24 | 7.9 | 16.2 | 3 460 | 13 287 | 16 747 | | 32.21 | 53 | 11 | 379.7 | 36.7 | 360.7 | 3 407 | 18 019 |
| 吉州区 | 曲濑长乐联圩 | 1.17 | 0.53 | 0.56 | 110 | 275 | 385 | | | | 2 | 0.79 | 0.18 | 0.14 | 111.0 | 364 |
| 青原区 | 芳洲堤 | 0.96 | 0.43 | 0.31 | | 550 | 550 | | | | | 1.10 | 0.28 | 0.19 | 154.0 | 715 |
| 新干县 | 沂江联圩 | 0.85 | 0.39 | 0.44 | | 465 | 465 | | | | | 0.93 | 0.23 | 0.16 | 130.2 | 605 |
| 永丰县 | 七都堤 | 0.65 | 0.03 | 0.18 | | 110 | 110 | | | 3 | | 0.17 | 0.02 | 0.04 | 43.6 | 143 |
| 永丰县 | 八江堤 | 0.89 | 0.04 | 0.25 | | 155 | 155 | | | | | 0.23 | 0.03 | 0.05 | 61.4 | 202 |
| 永丰县 | 金家圩堤 | 0.67 | 0.03 | 0.19 | | 110 | 110 | | | 3 | | 0.17 | 0.02 | 0.04 | 43.6 | 143 |
| 吉安县 | 永和堤 | 2.72 | 1.23 | 1.16 | 100 | | 100 | | | 8 | | 0.12 | 0.03 | 0.02 | 16.8 | 75 |
| 吉安县 | 横江堤 | 1.96 | 0.89 | 0.95 | | 110 | 110 | | | 39 | | 0.22 | 0.06 | 0.04 | 30.8 | 143 |
| 吉水县 | 同赣隔堤 | 5.41 | | 5.41 | | 5 400 | 5 400 | | 11.4 | | | 219.82 | 0.96 | 6.25 | 775.7 | 8 397 |
| 泰和县 | 万合堤 | 1.25 | 0.57 | 0.52 | | 2 190 | 2 190 | | | | | 6.57 | 3.10 | 0.63 | 433.0 | 889 |
| 泰和县 | 永昌堤 | 0.91 | 0.41 | 0.47 | | 465 | 465 | | | | | 0.93 | 0.23 | 0.16 | 130.2 | 605 |

续表 5-4

| 县(市、区) | 排涝分区(座数) | 易涝面积(万亩) | | | 电排装机容量(kW) | | | 导托渠长度(km) | | 自排闸数量(座) | | 主要工程量 | | | | 总投资(万元) |
|---|---|---|---|---|---|---|---|---|---|---|---|---|---|---|---|---|
| | | 总易涝面积 | 已治涝 | 规划治涝 | 现有 | 新增 | 规划达到 | 现有 | 规划新建 | 现有 | 规划新建 | 土石方(万m³) | 砌石(万m³) | 混凝土及钢筋混凝土(万m³) | 钢筋钢材(t) | |
| 泰和县 | 黄塘堤 | 1.57 | 0.71 | 0.65 | | 620 | 620 | | | | | 1.24 | 0.31 | 0.22 | 173.6 | 806 |
| 泰和县 | 马市堤 | 1.40 | 0.64 | 0.65 | | 530 | 530 | | | | | 1.06 | 0.27 | 0.19 | 148.4 | 689 |
| 泰和县 | 金滩堤 | 1.47 | | 1.47 | | 982 | 982 | | 7.06 | | | 35.92 | 9.50 | 129.51 | 331.0 | 1 277 |
| 泰和县 | 沿溪堤 | 1.01 | | 1.01 | | 860 | 860 | | 13.75 | | | 107.07 | 20.60 | 222.38 | 267.0 | 1 118 |
| 峡江县 | 仁和圩堤 | 1.23 | 0.56 | 0.55 | 3 250 | | 3 250 | | | | | 1.30 | 0.49 | 0.34 | 273.0 | 1 219 |
| 遂川县 | 枚江圩 | 1.17 | 0.53 | 0.56 | | 465 | 465 | | | | | 0.93 | 0.23 | 0.16 | 130.2 | 605 |
| 万安县 | 峦头联圩 | 1.06 | 0.48 | 0.43 | | | | | | | 6 | 0.72 | 0.12 | 0.12 | 102.0 | 18 |
| 永新县 | 高桥楼堤 | 0.89 | 0.40 | 0.45 | | | | | | | 3 | 0.36 | 0.06 | 0.06 | 51.0 | 9 |
| 新余市 | 1 | 0.89 | 0.4 | 0.4 | 1 065 | | 1 065 | | | 3 | | 1.3 | 0.3 | 0.2 | 178.9 | 799 |
| 渝水区 | 袁河北堤 | 0.89 | 0.40 | 0.41 | 1 065 | | 1 065 | | | 3 | | 1.28 | 0.32 | 0.22 | 178.9 | 799 |
| 萍乡市 | 袁河堤 | 0.89 | 0.4 | 0.3 | | 575 | 575 | | | | 16 | 3.1 | 0.6 | 0.5 | 433 | 796 |
| 芦溪县 | 袁河圩堤 | 0.89 | 0.40 | 0.27 | | 575 | 575 | | | | 16 | 3.07 | 0.61 | 0.52 | 433 | 796 |
| 宜春市 | 20 | 34.63 | 8.4 | 18.2 | 7 019 | 6 670 | 13 689 | 26.4 | 26.43 | 100 | 25 | 14.9 | 3.2 | 2.8 | 2 314 | 9 987 |
| 丰城市 | 万石联圩 | 1.04 | 0.47 | 0.48 | 694 | | 694 | | | | | 0.83 | 0.21 | 0.15 | 116.6 | 521 |
| 丰城市 | 罗湖堤 | 1.40 | 0.64 | 0.42 | | 550 | 550 | | | | | 1.10 | 0.28 | 0.19 | 154.0 | 715 |
| 丰城市 | 官港堤 | 2.71 | 0.26 | 0.78 | 1 395 | 210 | 1 605 | | | 6 | 1 | 0.32 | 0.04 | 0.07 | 63.0 | 276 |
| 樟树市 | 蒙河左岸堤 | 1.85 | 0.84 | 0.97 | 275 | 605 | 880 | | | 13 | | 1.21 | 0.30 | 0.21 | 169.4 | 787 |
| 樟树市 | 蒙河右岸堤 | 2.78 | 1.26 | 1.36 | 440 | | 440 | | | 15 | | 0.53 | 0.13 | 0.09 | 73.9 | 330 |
| 樟树市 | 蒙河黄岗堤 | 2.02 | 0.91 | 0.89 | | 1 240 | 1 240 | | | 5 | | 2.48 | 0.62 | 0.43 | 347.2 | 1 612 |
| 樟树市 | 长兰马青堤 | 2.23 | 1.01 | 1.10 | 2 945 | 210 | 3 155 | | | 8 | | 0.42 | 0.11 | 0.07 | 58.8 | 273 |
| 樟树市 | 长公堤 | 1.40 | 0.64 | 0.57 | 160 | 660 | 820 | | | | | 1.32 | 0.33 | 0.23 | 184.8 | 858 |
| 樟树市 | 龙溪河左岸堤 | 2.19 | 0.99 | 1.03 | 225 | 930 | 1 155 | | | | | 1.86 | 0.47 | 0.33 | 260.4 | 1 209 |

续表 5-4

| 县(市、区) | 排涝分区(座数) | 易涝面积(万亩) | | | 电排装机容量(kW) | | | 导托渠长度(km) | | 自排闸数量(座) | | 主要工程量 | | | | 总投资(万元) |
|---|---|---|---|---|---|---|---|---|---|---|---|---|---|---|---|---|
| | | 总易涝面积 | 已治涝 | 规划治涝 | 现有 | 新增 | 规划达到 | 现有 | 规划新建 | 现有 | 规划新建 | 土石方(万m³) | 砌石(万m³) | 混凝土及钢筋混凝土(万m³) | 钢筋钢材(t) | |
| 高安市 | 万安堤 | 1.92 | 0.22 | 1.70 | | 465 | 465 | 5.4 | 5.43 | 4 | 5 | 0.70 | 0.09 | 0.16 | 139.5 | 620 |
| 高安市 | 华阳堤 | 1.09 | 0.10 | | 520 | | 520 | | | 5 | | 0.62 | 0.16 | 0.11 | 87.4 | 390 |
| 高安市 | 高沙堤 | 1.05 | 0.10 | 0.28 | 310 | 110 | 420 | | | 3 | | 0.17 | 0.02 | 0.04 | 33.0 | 143 |
| 高安市 | 希岭堤 | 0.92 | 0.09 | 0.83 | | | | | | 2 | 3 | 0.36 | 0.06 | 0.06 | 51.0 | 9 |
| 高安市 | 龙湾堤 | 1.01 | 0.10 | 0.88 | | | | | | 6 | 4 | 0.48 | 0.08 | 0.08 | 68.0 | 12 |
| 高安市 | 游坪堤 | 2.48 | 0.23 | 1.66 | | 365 | 365 | | | 3 | 3 | 0.55 | 0.07 | 0.13 | 109.5 | 484 |
| 高安市 | 锦江堤 | 3.25 | 0.31 | 0.64 | | 155 | 155 | | | 23 | 1 | 0.23 | 0.03 | 0.05 | 46.5 | 205 |
| 高安市 | 湖背圩 | 1.74 | 0.16 | 1.14 | | 155 | 155 | 16.5 | 16.5 | 5 | 3 | 0.23 | 0.03 | 0.05 | 46.5 | 211 |
| 上高县 | 光明堤 | 0.99 | 0.04 | 0.95 | | 220 | 220 | | | | 2 | 0.33 | 0.04 | 0.08 | 66.0 | 292 |
| 万载县 | 罗城堤 | 0.99 | 0.00 | 0.99 | 55 | 330 | 385 | | | 2 | 1 | 0.50 | 0.07 | 0.12 | 99.0 | 432 |
| 宜丰县 | 石市堤 | 1.57 | 0.04 | 1.53 | | 465 | 465 | | | | 2 | 0.70 | 0.09 | 0.16 | 139.5 | 611 |
| 南昌市 | 2 | 2.42 | 0.6 | 1.4 | 1 240 | 465 | 1 705 | | | 2 | | 1.3 | 0.2 | 0.3 | 217.6 | 953.3 |
| 新建县 | 洄栏圩 | 0.89 | 0.40 | 0.28 | 465 | 465 | 465 | | | | | 0.56 | 0.14 | 0.10 | 78.1 | 349 |
| 新建县 | 港北圩 | 1.53 | 0.21 | 1.16 | 775 | 465 | 1 240 | | | 2 | | 0.70 | 0.09 | 0.16 | 139.5 | 605 |
| 1 万亩以下 | 476 | 110.16 | 40.4 | 61.4 | 495 | 25 144 | 25 639 | | 14.86 | 30 | 175 | 218.3 | 11.8 | 12.7 | 9 218 | 34 436 |
| 赣州市 | 288 | 51 | 23.08 | 23.95 | | 6 815 | 6 815 | | | | 82 | 23.5 | 5.05 | 4.03 | 3 302 | 9 106 |
| 吉安市 | 101 | 31.56 | 10.98 | 17.41 | | 12 274 | 12 274 | | 14.86 | | 44 | 184 | 4.87 | 6.43 | 4 026 | 17 312 |
| 新余市 | 8 | 2.95 | 1.34 | 0.95 | | 660 | 660 | | | | 6 | 2.0 | 0.45 | 0.35 | 287 | 876 |
| 萍乡市 | 18 | 3.51 | 1.59 | 1.71 | | 155 | 155 | | | | 4 | 0.8 | 0.16 | 0.13 | 111 | 214 |
| 宜春市 | 56 | 19.77 | 3.26 | 16.18 | 495 | 4 310 | 4 805 | | | 30 | 39 | 6.6 | 1.04 | 1.43 | 1 212 | 5 720 |
| 南昌市 | 5 | 1.37 | 0.14 | 1.23 | | 930 | 930 | | | | | 1.4 | 0.19 | 0.33 | 279 | 1 209 |

# 5.3　河道整治及岸线利用规划

## 5.3.1　河道现状

赣江是江西省第一大河流,纵贯江西南北,干流全长766 km,按河谷地形和河道特征划分为上、中、下游三段。

赣州市以上为上游段,又称贡水,长312 km,河宽70~500 m,主河道纵比降0.46‰。上游段属山区性河流,河流自东向西流,河道弯曲曲折,水流湍急,流经变质岩区,山岭峻峭,河道狭窄,多深洞溪,常有壅洪现象;进入冲积地带,两岸地表风化剧烈,冲浸日剧,沙质河床渐宽浅,一般河宽200~400 m,土质河岸易崩塌。

赣州市至新干县城金川镇段为中游,长约303 km,河宽180~1 000 m,主河道纵比降0.20‰。中游河段水流渐平缓,河道逐渐由弯曲转向顺直,少迂回曲折,沿程丘陵起伏,河谷台地发育,河床较稳定,部分穿切山丘间的河段多急流险滩。其中,赣州至万安水库大坝段约88 km,河宽一般为400~600 m,流经变质岩山区,河谷深切,多石礁,水急滩险,著名的十八滩,即在此。随着1992年万安水库的建成,该段大部成为万安水库库区,水深流缓,十八滩淹没在水面以下,该河段的面貌已与天然河道情况完全迥异,呈现人工湖泊状况。万安大坝以下至泰和县城(澄江镇)60 km为天然河道,由若干个顺直河道(弯曲系数小于1.1)和微弯河道(弯曲系数为1.2~1.6)相间组成。泰和县城下游泰和铁路大桥至泰和县万合镇石虎塘枢纽大坝长约20 km,为石虎塘水库库区。石虎塘大坝至吉州区长约40 km,为天然河道,由若干个顺直河道和微弯河道相间组成。吉州区井冈山大桥至峡江水库大坝长约55 km,为峡江水库库区,峡江水库正常蓄水位为46.0 m,以不淹吉安市城区为控制。峡江水库大坝至新干县县城金川镇河段长33 km,为天然河道,由若干个顺直河道和微弯河道相间组成。

新干县城以下为赣江下游段,河长208 km,主河道纵比降0.09‰。河流弯曲系数1.28,河道较顺直,行进辽阔冲积平原,两岸地势平坦,阡陌纵横,河网交错,河面宽阔,洲滩、边滩发育,两岸筑有堤防,束缚水流。南昌市八一桥以下,赣江一再分汊,形成4支汊,每条支汊均由若干个顺直河道和微弯河道相间组成,没有蜿蜒的弯道出现,河道两岸建有堤防,并有护岸、护坡等人工建筑,束缚水流。

## 5.3.2　河道演变

赣江干流河道总体而言比较稳定,常见的河道演变现象是中下游部分河道主流摆动、心滩与边滩消涨变化。据《江西省水利志》记载:1485年前赣江主流在永泰附近西折,于横里纳袁河,过临江府于荷湖馆下樟树。铜锣江为临近赣江东岸的一条小港,于樟树上首入赣江。1485年赣水北冲,夺铜锣江水道,形成新河道,较原河道缩短6.9 km。此后在永泰下分为两支,于荷湖馆复合为一。1770年上下横河口筑堤,赣江左支堵断,原西折的赣江水道成为袁河的尾闾河道,袁河出口也由横里改在荷湖馆下注入赣江,赣江主河道即由永泰直趋樟树,形成现今的赣江河道。

　　另据《南昌县志》记载,清同治年间在南昌港河段内存在许多洲滩,洲滩不断淤长合并,有的沙洲浅滩靠岸转变为河漫滩,有的河漫滩被冲失。对比分析南昌港河段不同年代的河道变迁图可知,1926～1953年间,相对较为独立的七朗庙洲、万家洲与河道左岸边滩发展合并形成了红角洲,该时期的红谷滩还是独立的江心洲。裘家洲不断缩小下移,1953年洲尾接近八一桥位处。赣江在扬子洲头分为东河、西河,西河口逐渐淤积,江面逐渐变小,在入口处形成一江心洲滩;而东河原有多个江心洲滩消失并入扬子洲,江面逐渐展宽。这一时期,从外洲水文站到扬子洲头,主河道(深泓线)还较为顺直。1953年以后,红角洲逐渐与边滩并合,至1960年已形成巨大的边滩,滩头迫使水流方向转向右岸,造成对右岸的冲刷,河流深泓线也向右岸偏移。裘家洲不断淤长扩大,并与新洲合并,主流偏向左岸,由此在八一桥上游一侧形成S形深泓线。扬子洲头随上游河势的变化而摆动,逐渐与相邻沙洲合并和扩大,使扬子洲头日益变得“肥大”。同时西河入口处形成的淤积体逐渐瓦解,而东河却在渐渐淤积变浅。至1976年前后,西河变得更为通畅,东河却有明显的淤积体出现。

　　赣江河道数百年来,除了樟树永泰以下段河道主流摆动和尾闾段心滩、边滩发育与消涨外,没有较大的河道演变现象。近期梯级开发、水利工程建设、采砂活动等,对部分河段的河势造成了一定影响。

　　1992年建成的万安水库,位于万安县城以上约2 km处,是一座以发电为主的大(1)型水库。坝址上距赣州市约90 km,下距南昌市约320 km。工程建成后使万安大坝以上近90 km险滩密布的山区河道,变成了水深流缓的人工湖泊。2008年开工建设的石虎塘水库,位于泰和县城赣江公路桥下游约26 km,是一座以航运、发电为主的大(2)型水库。石虎塘库区属赣江中游浅丘宽谷河段,两岸阶地发育,低岗和河谷冲积平原相间。工程建成后使上游(库区)形成一段长约38 km的有一定水深、流速缓慢的人工河道(湖泊)。2010年开工建设的峡江水库,位于峡江县老县城(巴邱镇)上游峡谷河段,是一座以防洪、发电、航运为主的水利枢纽工程。水库的建成运用对河道的影响,除对上游库区河道的淹没影响外,更重要的是水库蓄水后,将会改变河道水流和泥沙的状况,原来多年形成的平衡状态被打破,在以后的很长一段时间内,坝下游长距离河道将会由于粗化冲刷和交换冲刷,从坝下开始,向下游逐渐延展、深度不同的冲刷—淤积;再经过一段较长的时间,随着库内泥沙的输送平衡,河道又会从坝下开始,逐渐回淤,达到一个新的平衡。

　　另外,21世纪初随着地区经济建设的快速发展,建筑砂、石需求量大增,各种采砂船蜂拥进入赣江,进行采砂活动。由于管理不到位,部分河段形成滥采乱挖的混乱局面,对河势稳定造成一定的影响。

　　总体而言,赣江干流河道演变及变化趋势不大,平面形态基本稳定,干流梯级枢纽的建设和投入运行,会造成局部河段的冲淤变化,下游尾闾河段表现为洲滩的消涨,但对赣江干流河道的整体河势影响不大。

## 5.3.3　河道整治

### 5.3.3.1　河道整治现状

　　赣江干流河道总的河势虽较稳定,但在一定的水流泥沙条件和河床边界条件相互作用下,局部河段主流线有摆动,河岸对水流约束作用差,冲淤、崩岸对堤防、城镇、工厂等危害较大。中华人民共和国成立后,赣江流域以防洪保安为主要目标,开展了较大规模的兴修圩堤、清障扩卡、平垸行洪、护坡护岸等防洪工程。

中华人民共和国初期,赣江接连遭遇 1949 年、1951 年、1954 年、1961 年、1962 等多个大水年,洪灾严重。赣东大堤多处决口,尤其是 1954 年的长江、鄱阳湖大水,赣江尾闾河道几乎所有圩堤决堤。灾后沿江各地进行复堤堵口、联圩并圩,控制河势。

1958 年,赣抚平原综合开发水利工程开工建设,将赣江由原有 46 条一、二、三级支汊入湖的状况,先后通过堵塞西河左岸的高棠河、三汊河、铁河等港汊建成赣西联圩;堵塞西河东岸北支以北的杨家港、大塘河、芦洲港等港汊建成廿四联圩;堵塞西河右岸北支以南的黄渡河、北支中支间的塘头河等港汊建成南新联圩;堵塞东河左岸的马嘶港、杨家嘴、赤港河、窑夹子河、太子河等港汊,建成蒋巷联圩;堵塞东河右岸的罐子口河以及赣江与原抚河(现抚河故道)间 30 余条支汊全部堵塞,建成红旗联圩。

20 世纪 60 年代以后,赣江两岸城镇工业建设加快,沿江防洪堤的修建和加固及外洲水文站下游余水洲两座防洪高水位丁坝的修建,使赣江中下游河道洪水岸线日趋稳定。

20 世纪 90 年代,南昌大桥建成后,引桥上下游(红谷滩)形成一定范围静水回流区或死水区。1996~2002 年,南昌市建成沿江大堤,并实施了喻家湾改线工程,围填红谷滩。围滩后,干流河道减少行洪滩地(约 5 km²),扩宽河槽(约 300 m),主流摆幅减小,红谷滩尾逐渐停止下延。

另外,赣江部分河段河谷深切,多石礁,水急滩险;局部游荡性河段河槽宽浅,对水流约束作用差,易形成碍航浅滩。为了发展赣江航运,对部分河段进行了疏通整治。中华人民共和国成立后,对会昌县境内的白鹅峡(会昌峡)段河道进行人工除礁和建筑丁坝,疏通河道,稳定河势,机木帆船从会昌码头顺水而下直通赣州市。20 世纪 80 年代,对赣州市至万安段间的十八滩进行炸礁整治,使河道能通航 20~50 t 轮驳船,航道枯水深达 0.7 m;对万安至南昌市间弯曲段、沙洲进行整治,拓宽狭窄段河道断面,使河道常年通航 50~100 t 轮驳船,航道枯水深达 0.9~1.0 m。

经过几十年的整治,赣江干流在提高两岸防洪标准和航运等级的同时,河道也得到了局部的治理。目前,赣江干流河道的总体河势基本稳定,但局部河段仍然存在岸坡不稳定、河势变化较大,不能适应两岸经济快速发展的需要,存在的问题主要表现在以下几个方面:

(1)由于以往的河道治理大部分是以防洪保安和航运为主要目标,主要集中在堤防顶冲段和对河势控制有重要作用的岸边节点的控制上,河道尚未进行全面系统的治理,部分河段河势不稳定,不仅导致主流顶冲部位的改变,且易引起新的崩岸险情。赣江干流仍有 100 余千米长的崩岸急需整治,崩岸现象时有发生。

(2)已有的护岸工程标准普遍偏低,且在水流的长期冲刷作用下,水下石方流失严重。为继续发挥现有护岸工程对河势的控制作用,需对现有护岸工程进行全面的加固。

(3)随着干流万安水库正常蓄水位的抬高,石虎塘、峡江等梯级建成蓄水运行,库区河道受淹,水位抬高,上游流速减小,淤积影响河床变化。坝下游河段面临长期、长距离的清水冲刷新形势,受弯道环流和迎流顶冲段流速变化等因素的影响,河道冲淤平衡格局被打破,进入冲刷调整状态,对现有的河势稳定、防洪安全和护岸工程稳定造成威胁,河道需要进行防护治理。

### 5.3.3.2　河道整治规划

　　赣江河道整治既是赣江防洪体系的重要组成部分,又是发展航运和合理利用岸线资源的重要措施,是赣江流域沿江地区经济社会发展的一项综合性的基础设施建设。经过多年的治理,赣江干流河道总体河势基本稳定,且目前沿江两岸工矿企业、工程设施和重要港口等已与现有河势格局基本相适应。因此,赣江干流河道整治的关键是控制河势,以稳定现有河势为主,控制河道平面形态的两岸岸线和江心洲的位置,对局部河势变化较大的河段,不能满足沿岸经济发展的要求,进行相应的河势调整。

　　根据赣江干流河道不同河型的演变特点及存在的问题,结合两岸经济发展的需求变化,确定赣江干流河道治理总体目标是:结合防洪工程措施,控制和改善河势,稳定岸线,保障防护工程安全,扩大泄洪能力,改善航运条件,为沿江地区社会经济发展创造有利条件。

　　赣江干流上游段为山区性河流,河道弯曲曲折,两岸多为基岩,河床变形强度小,土质河岸宽浅,易崩塌,上游无防洪控制性水库工程,基本为天然河道。部分地区水土流失严重,河道输沙量较大,部分河段易淤积。规划在正确处理好上游段的平面布置、断面设计和迎水面防护之间的关系的基础上,对河道的岸线、堤线进行上下游、左右岸统筹布置,以沿岸经济发达、人口密集的城市、乡镇圩镇河段为主要控制点,对易垮塌、易冲刷或一旦决口损失较大的河段进行重点整治。目前,沿岸城区、乡镇河段防护工程年久失修,河堤残缺,部分河段淤积严重,河道两岸存在极大安全隐患。规划按设计防洪标准,保持原河道中心线,在瑞金市、会昌县、于都县、赣县、赣州市城区段及壬田、谢坊、珠兰等圩镇段,总体上顺天然河岸大趋势走向,对于局部内凹或外凸河岸,适当外移或内置,留有适当空地,布置堤线,控制水流主线,改善水流条件,稳定河势。在冲刷严重、有崩塌险情的土质河岸段进行护岸整治,对会昌县岚山区化工厂—西河桥头等段采用砌石守护,避免砌石护岸下部基础淘空。对淤积严重影响行洪安全的会昌县、于都县城区等河段,进行清障疏浚。同时,在复杂地段、商业、居住中心地段,对河岸进行砌护。

　　赣江干流出赣州市城区以后,进入中游地区。中游干流上建有(在建)万安、石虎塘、峡江等梯级,河道呈库区河段与坝下天然河道相间分布。库区内河道受淹,天然河道变为人工河道(湖泊),具有天然河道和水库的两重特性。库区河道整治重点在于水库回水变动区的整治,汛期受回水影响的河段发生累积性泥沙淤积,河床有所抬升,原河床边界对水流的控制作用减弱,中、洪水易出槽,局部河段河势发生变化,河道向单一、规顺、微弯方向发展。规划统筹考虑河道岸线、堤线上下游、左右岸情况,对沿岸地势平坦、不能满足防洪标准的窑头联圩等段,采取以防护工程为主、结合河道疏浚,进行除险加固,并新建部分护岸工程,控制河道平面流态,稳定河势。

　　由于建坝后下游河道水沙条件的改变,坝下游河段一般会发生冲刷。规划针对建坝引起的下游河道变化,结合水库设计下泄流量,重点对坝下游沿岸经济较发达的万安、峡江老县城(巴邱镇)河段进行整治,以控导工程为主,在加固已有堤线、护岸工程的基础上,新建部分护岸工程,固滩护岸,抵御水流冲刷。同时对新干县界埠乡、沂江乡境内易引发崩岸的土质河段,利用护滩工程,控导河势,约束洪水对河势下挫作用。

　　赣江干流过新干县城,进入下游地区,流经广阔的冲积平原,河势进一步放缓,河道宽窄相间、江心洲发育,局部河段深泓摆动、洲滩冲淤,两岸有堤防约束水流,河道比较顺直。沿岸经济发展较快,地方发展格局与现有河势息息相关,历年来的护岸工程对维持河势稳定发挥了重要的作用。但随着上游水库蓄水运行后,下游河段面临长期、长距离的清水冲刷新形势,局部河势变化、主流线摆动、水流顶冲点上提或下挫、冲刷坑平面摆动及冲深等,使部分护岸工程受到冲刷,对河势的控制力下降,部分原来没有护岸的河岸受迎流顶冲而发生崩岸,出现新的险工险段,引起河势变化调整。

赣江下游干流右岸建有赣东大堤,经过多年的除险加固,现已达50年一遇防洪标准,且随着峡江水库的蓄水运行,其防洪标准将达100年一遇,对干流右岸的河势控制较好。规划对下游干流左岸的三湖联圩、万石联圩等堤段进行除险加固,继续发挥其对河势的控制作用;对新干县、樟树市、丰城市境内多段崩岸段进行治理,维护河势和岸坡的稳定。

赣江干流河道整治以防洪保安、航运发展为主要目的,以河势控制工程为主,规划整治岸线总长190.4 km,具体情况见表5-5。

表5-5  赣江干流河道整治规划情况

| 序号 | 所在县（市、区） | 治理河段 | 整治岸线（km） | 序号 | 所在县（市、区） | 治理河段 | 整治岸线（km） |
|---|---|---|---|---|---|---|---|
| 1 | 赣州市 | 城区段 | 5.7 | 16 | 万安县 | 城区段 | 7.7 |
| 2 | 瑞金市 | 城区段 | 6.5 | 17 | 万安县 | 窑头联圩段 | 19.0 |
| 3 | 瑞金市 | 壬田圩镇段 | 2.3 | 18 | 泰和县 | 城区段 | 10.2 |
| 4 | 瑞金市 | 谢坊圩镇段 | 1.2 | 19 | 吉安县 | 永和堤段 | 20.5 |
| 5 | 会昌县 | 城区段 | 5.4 | 20 | 青原区 | 芳洲堤段 | 3.5 |
| 6 | 会昌县 | 珠兰圩镇段 | 1.8 | 21 | 吉水县 | 城区段 | 5.9 |
| 7 | 会昌县 | 庄口圩镇段 | 2.1 | 22 | 峡江县 | 老县城段 | 5.0 |
| 8 | 会昌县 | 白鹅圩镇段 | 3.2 | 23 | 峡江县 | 仁和堤段 | 13.4 |
| 9 | 于都县 | 城区段 | 6.3 | 24 | 新干县 | 沂江乡段 | 7.5 |
| 10 | 于都县 | 梓山镇段 | 5.2 | 25 | 新干县 | 界埠乡段 | 3.0 |
| 11 | 于都县 | 罗坳镇跃州堤段 | 2.0 | 26 | 新干、樟树 | 三湖联圩段 | 12.3 |
| 12 | 于都县 | 罗江乡前村堤段 | 3.3 | 27 | 丰城市 | 泉港镇万石联圩段 | 10.2 |
| 13 | 赣县 | 城区段 | 6.4 | 28 | 丰城市 | 曲江镇罗湖堤 | 3.4 |
| 14 | 赣县 | 储潭乡圩镇段 | 1.1 | 29 | 南昌市 | 城区段 | 8.0 |
| 15 | 吉安市 | 吉安市城区段 | 8.4 | 合计 | | | 190.5 |

## 5.3.4  岸线利用规划

### 5.3.4.1  岸线利用现状及存在的问题

河道岸线是有限的宝贵资源,既具有行洪、调节水流等自然属性,同时具有开发利用价值的资源属性,流域防洪、供水、航运及河流生态等关系密切。赣江河网密布,水系发育,岸线资源较为丰富,干流两岸岸线资源 212 km²。

赣江岸线开发利用活动由来已久,为满足防洪、排涝、灌溉、城建、航运、取水、交通等需要,进行了永久和临时占用岸线资源的建筑和构筑。随着沿岸地区经济的不断发展,城市化的进程加快,土地资源逐渐紧缺,蕴蓄着巨大经济效益的河道岸线资源也越来越受到重视,并逐渐被开发利用,亲水活动和临水建筑物也日益增多,部分城市河段码头、取排水口、工厂、休闲娱乐场所沿江设置,岸线开发利用程度较高,甚至出现二次开发利用情况。且近年来,随着城市及道路交通设施建设对砂石需求量的不断增加,江西省水运行业又有新的发展,以采、运、堆放砂石为主的岸线开发利用活动越来越多,砂场码头占用的岸线资源也越来越多。

赣江干流岸线资源开发利用程度不断提高,岸线资源的经济效益得到有效的发挥。但与此同时,由于缺乏科学的综合利用规划指导,加上部门间和行业间缺乏统一协调,岸线利用管理不到位,造成岸线开发利用过程中存在许多问题,主要表现在以下几个方面:

(1)总体开发利用率不高且不平衡性严重。

赣江岸线开发利用率整体上不高,但大中城市的局部河段开发利用率已达很高标准,特别是南昌市城区河段,几乎只能在已开发的河段进行二次(重)开发。

南昌市城区河段两岸总长 35.4 km,其中可利用河段长 29.72 km,河滩太窄、无利用价值的河段长 5.68 km,河段可利用率(可用河段长/全长)为 84%,现已利用河段长 25.13 km,已利用率(已利用段长/可利用段长)为 85%。部分中小城镇(如丰城、樟树、新干、峡江、泰和、万安)尚有一定程度的利用,而一些传统的航运集镇(如生米、市汊、小港、拖船)的岸线利用就下降到很低的程度,广大农村河段利用比例很低,甚至没有得到开发利用。

(2)开发无序、缺少规划指导。

现有的开发利用主要是城市市政休闲旅游(公园)建设,其次是砂石采运、堆放。随着航运情况的变化,客运基本停运,货运以砂石运输为主。一旦河道采砂的政策发生变化,货运及堆栈设置都会发生较大变化。

开发利用缺少科学的综合利用规划指导,特别是结合赣粤运河建设的赣江综合开发利用规划的指导。不少码头占用岸线仅仅为挖沙堆放沙石,并未报建,对防洪是否会造成较大影响,也未进行过防洪影响评价。

(3)缺乏管理依据。

目前,在南昌市等地使用岸线堆放砂石的单位,要向港航管理处交付一定费用,但付费的依据、标准并不明确。而建桥施工,港航部门无权监管。沿江各县城区的供水大都自赣江河道内取水,取水口上下游的保护范围和规定常不明确。

(4)管理权限不明。

对位于岸线区域的管理事项,管理部门不明确,管理权责尚无相应规定划分。在城区河段,岸线范围的划分(外缘控制线的确定)不是水行政主管部门所能确定的,尚待当地政府协调、确定。

### 5.3.4.2 岸线规划

1. 岸线控制规划

岸线控制线是指沿河流水流方向或湖泊沿岸周边划定的岸线利用和管理控制线,分为临水控制线和外缘控制线。其中,临水控制线是指为保障河道防洪安全和河流健康生命基本要求,在河岸的临水一侧顺水流方向或湖泊沿岸周边临水一侧划定的控制线;外缘控制线是指河(湖)堤防工程保护范围的外边缘线或为设计洪水位与岸边的交界线。

临水控制线的确定:当河道滩槽关系明显,滩面高程在平滩水位附近时,可以滩地外缘线为岸线临水控制线;当河道滩槽关系不明显时,以平滩水位与岸边的交线为岸线临水控制线,再根据控制站 $Q_P = 50\% \sim 70\%$(保证率为 $50\% \sim 70\%$ 的中枯水流量)相应水位,作为调整的参考。已建、在建水库库区采用水库正常蓄水位,确定河道的临水控制线。

外缘控制线的确定:已建有堤防工程的河段,可采用堤身内坡脚外一定距离为外缘控制线(2、3级堤防为50 m,一般圩堤为5~30 m。南昌市等城区立式护岸部分为墙身内坡脚外0~30 m)。在无堤防的河道,采用河道设计洪水位($P = 10\%$)与岸边的交界线作为外缘控制线。

根据上述原则,划定赣江干流临水控制线总长 1 479.25 km,外缘控制线总长 1 473.78 km。其中左岸临水控制线长755.3 km,外缘控制线长 755.8 km;右岸临水控制线长 723.95 km,外缘控制线长 717.98 km。规划详情见表5-6和表5-7。

**表5-6　赣江干流河道岸线规划统计(按行政区)**

| 县(市、区) | 功能区(个) | 临水控制线(km) | 外缘控制线(km) | 岸线(km²) |
|---|---|---|---|---|
| 瑞金市 | 4 | 105.63 | 104.96 | 2.64 |
| 会昌县 | 4 | 111.7 | 110.85 | 3.37 |
| 于都县 | 5 | 137.13 | 135 | 5.8 |
| 赣县 | 5 | 150.83 | 152.11 | 4.8 |
| 章贡区 | 3 | 83.23 | 82.58 | 1.85 |
| 万安县 | 5 | 211.36 | 207.57 | 21.37 |
| 泰和县 | 7 | 103.78 | 108.9 | 17.88 |
| 吉安县 | 1 | 25.64 | 21.98 | 5.32 |
| 青原区 | 3 | 36.15 | 34.01 | 10.36 |
| 吉州区 | 2 | 18.85 | 22.84 | 2.25 |
| 吉水县 | 4 | 91.36 | 91.34 | 4.79 |
| 峡江县 | 5 | 84.08 | 85.86 | 23.8 |
| 新干县 | 4 | 64.54 | 63.79 | 20.46 |
| 樟树市 | 5 | 74.25 | 68.33 | 23.7 |
| 丰城市 | 7 | 98.12 | 101.42 | 36.71 |
| 新建县 | 1 | 27.88 | 30.93 | 6.53 |
| 南昌县 | 1 | 43.94 | 40.13 | 17.76 |
| 昌南区 | 1 | 3.01 | 3.27 | 1.22 |
| 昌北区 | 2 | 7.77 | 7.91 | 1.39 |
| 合计 | 69 | 1 479.25 | 1 473.78 | 212 |

表 5-7 赣江干流河道岸线规划统计(按功能区)

| 功能区 | 功能区(个) | 临水控制线(km) | 外缘控制线(km) | 岸线(km²) |
|---|---|---|---|---|
| 岸线保护区 | 21 | 440.56 | 445.7 | 31.83 |
| 岸线保留区 | 25 | 691.09 | 678.31 | 106.36 |
| 控制利用区 | 1 | 3.43 | 3.27 | 0.65 |
| 开发利用区 | 22 | 344.17 | 346.5 | 73.16 |
| 合计 | 69 | 1 479.25 | 1 473.78 | 212 |

**2. 岸线规划**

岸线是指河道临水控制线与外缘控制线间的带状区域。根据其自然和经济社会属性以及不同功能特点,对岸线进行功能分区,参照《全国河道(湖泊)岸线利用管理规划技术细则》的相关规定,将岸线功能区分为岸线保护区、岸线保留区、岸线控制利用区和岸线开发利用区四类。

岸线保护区:指对流域防洪安全、水资源保护、水生态环境保护、珍稀濒危物种保护等至关重要而不能进行有碍上述任何一项保护任务而进行开发利用的岸线区域岸段。岸线保护区禁止一切有碍防洪安全、供水安全和流域生态环境安全等的开发利用行为。

岸线保留区:指规划期内暂时不开发利用或者尚不具备开发利用条件的岸线区域,区内一般规划有防洪保留区、水资源保护区、供水水源地等。岸线保留区在规划期内禁止有碍防洪安全、供水安全和流域生态环境安全等的开发利用活动。

岸线控制利用区:指现状河势不太稳定,存在较大洪水风险,有一定的生态保护或特定功能要求,开发利用活动对防洪安全、供水安全、河势稳定和河流生态环境等方面可能会产生影响的岸线区域岸段。岸线控制利用区要加强对开发利用活动的指导和管理,有控制、有条件地进行适度开发。

岸线开发利用区:指河势基本稳定,无特殊生态保护要求或特定功能要求,开发利用活动对防洪安全、供水安全及河势影响较小的岸线区域。岸线开发利用区在符合基本建设程序条件下,可按照岸线利用规划的总体布局进行合理有序的开发利用。

根据岸线功能区的分类、定义和划分原则及基本要求,结合赣江沿岸各地的岸线利用现状和发展需求,将赣江干流岸线划分为 69 个功能区,岸线资源 212 km²。其中,岸线水源保护区 21 个,岸线 31.83 km²;岸线保留区 25 个,岸线 106.36 km²;岸线控制利用区 1 个,岸线 0.65 km²;岸线开发利用区 22 个,岸线 73.16 km²。各功能区详情见表 5-8。

## 5.3.5 河道采砂规划

### 5.3.5.1 采砂现状

赣江是江西省五大河流的第一大河,也是长江的主要支流之一,不仅承载着丰富的淡水资源,也承载着大量的砂石资源。

表 5-8　赣江干流河道岸线规划成果

| 序号 | 名称 | 行政区 | 河道岸别 | 功能区类别 | 临水控制线<br>（km） | 外缘控制线<br>（km） | 岸线<br>（km²） |
|---|---|---|---|---|---|---|---|
| 1 | 象湖 | 瑞金市 | 左岸 | 开发利用区 | 3.9 | 3.87 | 0.08 |
| 2 | 泽潭 | 瑞金市 | 左岸 | 岸线保留区 | 43.95 | 43.67 | 1.31 |
| 3 | 凉舟 | 会昌县 | 左岸 | 岸线保留区 | 11 | 10.69 | 0.51 |
| 4 | 文武坝 | 会昌县 | 左岸 | 开发利用区 | 6.22 | 6.37 | 0.29 |
| 5 | 白鹅 | 会昌县 | 左岸 | 岸线保留区 | 43.46 | 43.12 | 1.53 |
| 6 | 梓山 | 于都县 | 左岸 | 岸线保留区 | 69.21 | 67.65 | 3.07 |
| 7 | 大田 | 赣县 | 左岸 | 岸线保留区 | 24.42 | 23.91 | 1.71 |
| 8 | 城南 | 章贡区 | 左岸 | 开发利用区 | 31.79 | 31.95 | 0.62 |
| 9 | 水西 | 章贡区 | 左岸 | 开发利用区 | 31.93 | 31.73 | 0.63 |
| 10 | 五云 | 赣县 | 左岸 | 水源保护区 | 46.27 | 47.18 | 0.17 |
| 11 | 沙坪 | 万安县 | 左岸 | 水源保护区 | 64.82 | 64.11 | 0.11 |
| 12 | 罗塘韶口 | 万安县 | 左岸 | 开发利用区 | 35.6 | 30.6 | 10.28 |
| 13 | 马市 | 泰和县 | 左岸 | 开发利用区 | 10.84 | 11.02 | 2.79 |
| 14 | 澄江 | 泰和县 | 左岸 | 水源保护区 | 17.2 | 22.31 | 7.41 |
| 15 | 沿溪 | 泰和县 | 左岸 | 开发利用区 | 18.56 | 18.14 | 1.18 |
| 16 | 凤岗澂溪 | 泰和县 | 左岸 | 岸线保留区 | 6.51 | 6.66 | 0.71 |
| 17 | 永和 | 吉安县 | 左岸 | 岸线保留区 | 25.64 | 21.98 | 5.32 |
| 18 | 古南 | 吉州区 | 左岸 | 水源保护区 | 5.41 | 5.52 | 0.54 |
| 19 | 白鹭 | 吉州区 | 左岸 | 开发利用区 | 13.44 | 17.32 | 1.71 |
| 20 | 金滩盘谷 | 吉水县 | 左岸 | 水源保护区 | 38.74 | 39.03 | 2.17 |
| 21 | 罗田 | 峡江县 | 左岸 | 水源保护区 | 10.88 | 10.91 | 0.28 |
| 22 | 蒋沙 | 峡江县 | 左岸 | 水源保护区 | 2.79 | 3.36 | 0.17 |
| 23 | 巴邱 | 峡江县 | 左岸 | 开发利用区 | 6.63 | 6.62 | 0.25 |
| 24 | 仁和 | 峡江县 | 左岸 | 岸线保留区 | 27.65 | 28.94 | 14.04 |
| 25 | 三湖 | 新干县 | 左岸 | 岸线保留区 | 29.28 | 26.32 | 11.6 |
| 26 | 临江 | 樟树市 | 左岸 | 岸线保留区 | 30.45 | 26.55 | 10.29 |
| 27 | 洲上 | 樟树市 | 左岸 | 岸线保留区 | 8.59 | 8.63 | 1.26 |
| 28 | 泉港 | 丰城市 | 左岸 | 防洪保护区 | 1.11 | 1.13 | 0.17 |
| 29 | 曲江 | 丰城市 | 左岸 | 岸线保留区 | 30.14 | 30.1 | 8.87 |
| 30 | 曲江码头 | 丰城市 | 左岸 | 开发利用区 | 1.18 | 1.44 | 0.22 |

续表 5-8

| 序号 | 名称 | 行政区 | 河道岸别 | 功能区类别 | 临水控制线（km） | 外缘控制线（km） | 岸线（km²） |
|---|---|---|---|---|---|---|---|
| 31 | 同田 | 丰城市 | 左岸 | 岸线保留区 | 22.04 | 26.13 | 5.62 |
| 32 | 厚田生米 | 新建县 | 左岸 | 开发利用区 | 27.88 | 30.93 | 6.53 |
| 33 | 周陈港区 | 昌北区 | 左岸 | 开发利用区 | 4.34 | 4.64 | 0.74 |
| 34 | 市民公园 | 昌北区 | 左岸 | 控制利用区 | 3.43 | 3.27 | 0.65 |
| 左岸 34 个功能区合计 | | | | | 755.3 | 755.8 | 102.83 |
| 1 | 沙洲坝 | 瑞金市 | 右岸 | 开发利用区 | 3.92 | 3.88 | 0.09 |
| 2 | 武阳 | 瑞金市 | 右岸 | 岸线保留区 | 53.86 | 53.54 | 1.16 |
| 3 | 庄口 | 会昌县 | 右岸 | 岸线保留区 | 51.02 | 50.67 | 1.04 |
| 4 | 黄麟 | 于都县 | 右岸 | 岸线保留区 | 28.51 | 28.3 | 0.67 |
| 5 | 罗坳 | 于都县 | 右岸 | 岸线保留区 | 29.32 | 29.03 | 1.7 |
| 6 | 长口 | 于都县 | 右岸 | 水源保护区 | 4.55 | 4.54 | 0.19 |
| 7 | 贡江 | 于都县 | 右岸 | 开发利用区 | 5.54 | 5.48 | 0.17 |
| 8 | 江口 | 赣县 | 右岸 | 岸线保留区 | 17.62 | 17.25 | 1.83 |
| 9 | 茅店 | 赣县 | 右岸 | 水源保护区 | 6.64 | 6.87 | 0.58 |
| 10 | 水东 | 章贡区 | 右岸 | 水源保护区 | 19.51 | 18.9 | 0.6 |
| 11 | 储潭 | 赣县 | 右岸 | 水源保护区 | 55.88 | 56.9 | 0.51 |
| 12 | 武术 | 万安县 | 右岸 | 水源保护区 | 70.01 | 70.18 | 0.09 |
| 13 | 万安 | 万安县 | 右岸 | 水源保护区 | 4.8 | 5.04 | 0.9 |
| 14 | 芙蓉 | 万安县 | 右岸 | 开发利用区 | 36.13 | 37.64 | 9.99 |
| 15 | 塘洲 | 泰和县 | 右岸 | 水源保护区 | 22.33 | 21.4 | 3.92 |
| 16 | 万合 | 泰和县 | 右岸 | 岸线保留区 | 20.87 | 21.15 | 0.44 |
| 17 | 沙湖 | 泰和县 | 右岸 | 岸线保留区 | 7.47 | 8.22 | 1.43 |
| 18 | 富滩值夏 | 青原区 | 右岸 | 岸线保留区 | 20.43 | 19.87 | 6.85 |
| 19 | 青原 | 青原区 | 右岸 | 水源保护区 | 6.11 | 5.01 | 2.14 |
| 20 | 河东 | 青原区 | 右岸 | 开发利用区 | 9.61 | 9.13 | 1.37 |
| 21 | 文峰 | 吉水县 | 右岸 | 水源保护区 | 4.99 | 4.99 | 0.04 |
| 22 | 醪桥 | 吉水县 | 右岸 | 开发利用区 | 9.99 | 10 | 0.07 |
| 23 | 水田 | 吉水县 | 右岸 | 水源保护区 | 37.64 | 37.32 | 2.51 |
| 24 | 水边福民 | 峡江县 | 右岸 | 岸线保留区 | 36.13 | 36.03 | 9.06 |
| 25 | 沂江 | 新干县 | 右岸 | 开发利用区 | 9.61 | 12.51 | 2.86 |

续表 5-8

| 序号 | 名称 | 行政区 | 河道岸别 | 功能区类别 | 临水控制线（km） | 外缘控制线（km） | 岸线（km²） |
|---|---|---|---|---|---|---|---|
| 26 | 金川 | 新干县 | 右岸 | 水源保护区 | 7.58 | 8.18 | 2.24 |
| 27 | 大洋洲 | 新干县 | 右岸 | 岸线保留区 | 18.07 | 16.78 | 3.76 |
| 28 | 永泰 | 樟树市 | 右岸 | 岸线保留区 | 18.81 | 16.87 | 6.48 |
| 29 | 樟树 | 樟树市 | 右岸 | 水源保护区 | 5.02 | 4.9 | 1.06 |
| 30 | 码头 | 樟树市 | 右岸 | 开发利用区 | 11.38 | 11.38 | 4.61 |
| 31 | 拖船 | 丰城市 | 右岸 | 开发利用区 | 18.73 | 18.45 | 9.7 |
| 32 | 剑光 | 丰城市 | 右岸 | 水源保护区 | 8.28 | 7.92 | 6.03 |
| 33 | 小港 | 丰城市 | 右岸 | 岸线保留区 | 16.64 | 16.25 | 6.1 |
| 34 | 岗上东新 | 南昌县 | 右岸 | 开发利用区 | 43.94 | 40.13 | 17.76 |
| 35 | 东新港区 | 昌南区 | 右岸 | 开发利用区 | 3.01 | 3.27 | 1.22 |
| 右岸 35 个功能区合计 | | | | | 723.95 | 717.98 | 109.17 |
| 赣江干流 69 个功能区合计 | | | | | 1 479.25 | 1 473.78 | 212 |

赣江河道机械采砂始于 20 世纪 90 年代初,随着经济的快速发展,建筑砂石需求量不断增加,采砂规模也逐渐扩大。2002 年赣江完成了《赣江中下游干流河道应急采砂规划(2002～2005 年)》,实施开采的可采区 28 个,年度控制开采总量 760 万 t。2006 年完成了第二期《赣江中下游干流河道应急采砂规划(2006～2008 年)》,设置可采区 50 个,保留区 5 个,年度控制开采总量 2 089 万 t,但超范围、超量、超时开采较突出。2009 年又完成了第三期《赣江中下游干流河道采砂规划(2009～2013 年)》,设置可采区 57 个,保留区 5 个,年度控制开采总量 1 604 万 t。

随着经济的快速发展,建筑砂石需求量不断增加,赣江沿岸采砂规模也逐渐扩大,下游河道曾一度出现无序开采、滥采乱挖现象。在江西省委、省政府和各级政府高度重视下,水行政主管部门及航道、海事、公安等部门密切协作,使采砂管理工作由"无序"到"基本有序"、由"乱"到"治"、由"薄弱"到"日趋增强"、由"遏制"到"基本可控",采砂管理秩序总体处于可控状态。但赣江中下游河道采砂管理点多、面广、线长,情况复杂,一直以来是江西省采砂管理的重点和难点地区。且在可观的经济利益驱驶下,非法采砂活动屡禁不止,并呈多样化和复杂性,河道内滥采乱挖、擅自划定采砂范围、谁占谁采的无序非法开采活动时有发生,引发了一系列采砂纠纷问题,对赣江河势、防洪安全、社会稳定等产生严重影响。

### 5.3.5.2　采砂规划

采砂规划是一项控制性和引导性的专项规划,以维护河道安全为主要目的。赣江干流河道采砂规划应符合《中华人民共和国水法》《防洪法》《江西省河道采砂管理办法》《江西省河道管理条例》等相关法律法规、条例和政策规章,坚持以维护河道河势稳定,保障防洪、通航、供水和水环境安全的原则,统筹兼顾整体与局部、干流与支流、上下游、左右岸、需要与可能、近期与远景,合理划定禁采区、可采区、保留区,并制定相应控制开采指标。

1. 禁采区划定

必须服从河势控制,确保防洪、通航、供水安全,水生态环境保护和维护临河过河设施正常运用的要求。下列区域应当列为禁采区:

(1)河道防洪工程、河道整治工程、水库枢纽、水文观测设施、航道设施、涵闸以及取水、排水、水电站等水工程安全保护范围。

(2)河道顶冲段、险工、险段、护堤地、规划保留区。

(3)桥梁、码头、通信电缆、过河管道、隧道等工程设施安全保护范围。

(4)鱼类主要产卵场、洄游通道、越冬港等水域。

(5)生活饮用水水源保护区、自然保护区、国际重要湿地、国家和省重点保护的野生动物栖息地以及直接影响水生态保护的区域。

(6)界线不清或者存在重大权属争议的水域。

(7)影响航运的水域。

(8)依法应当禁止采砂的其他区域等。

2. 可采区划定

在河道演变基本规律与泥沙补给分析研究的基础上,充分考虑采砂需求与采砂管理要求,对河势稳定、防洪安全、通航安全、生态与环境和涉河工程正常运行等基本无不利影响或影响较小的区域,可规划为可采区。

3. 保留区划定

河道管理范围内采砂具有不确定性,需要对采砂可行性进行进一步论证的区域。据分析,赣江河势变化不大,属相对稳定的河流,为此将禁采区和可采区之外的区域规划为保留区。

4. 采砂控制指标

(1)规划河段年度控制采砂总量:应综合考虑泥沙补给、砂石储量等因素确定。

(2)可采区规划范围和年度控制实施范围:可采区范围的规划布置及其平面控制点坐标的确定,应采用最新的河道地形图。可采区年度控制实施范围的大小,应结合可采区所处规划河段的具体情况分析确定。

(3)采砂控制高程:应在河道演变、泥沙补给以及采砂影响分析的基础上确定。

(4)控制采砂量:应考虑年度控制实施的可采区范围大小、采砂控制高程以及泥沙补给条件综合分析确定。

(5)可采区的禁采期:在分析不同时期采砂的相关影响的基础上确定,主要考虑主汛期以及水位超过防洪警戒水位的时段,珍稀水生动物和重要鱼类资源保护要求的时段,以及对水环境有较大影响的时段。

(6)可采期:根据各采区的情况,确定可采区允许采砂的时期。

(7)采砂机具类型和数量、采砂作业方式:根据可采区范围、年度控制开采量等情况,确定可采区的采砂机具的类型和数量及采砂作业方式原则性要求。

（8）弃料的处理方式：对可采区的弃料，明确提出处理意见以及采砂后河道平整要求。

（9）堆砂场设置要求：需要在河道管理范围内设置堆砂场时，应从河道行洪、岸坡稳定、环境保护等方面的影响综合考虑，提出堆砂场的数量、分布、范围、堆放时限及堆放要求等。

### 5.3.5.3　采砂管理

河道采砂管理贯彻执行《江西省河道采砂管理办法》的规定和要求，落实采砂管理实行地方人民政府行政领导负责制，河道采砂实行许可制度，实行规划统一制度。赣江沿江各县辖河段的可采区应明确提出年度实施的管理要求，制定实施办法，完善采砂管理的措施，要实行采砂管理分片负责制，明确责任范围和责任人，实行奖励制度和责任追究制度，做到奖罚分明。对实施招标或者拍卖的可采区，严格按国家有关规定进行，做到公开、公平、公正。严格拍卖程序、严格投标资质、严格中标和经营，规范河道采砂秩序，稳定砂石市场，合理开发利用砂石资源。可采区开发前应设立采区安全告示牌，在此范围内不宜游泳及其他活动等安全提示；并在采区作业边界设置明显标志。严格控制开采总量，不得超范围、超深、超量、超功率、超船只数开采，确保河势稳定和防洪安全。

赣江沿江各县水行政主管部门要按水利部提出的"四个专门"（专门的机构、人员、装备、经费）的要求，建议争取尽早成立专门的机构，积极争取落实编制和专职人员，保障采砂管理队伍建设和稳定。为切实维护好河道安全创造良好条件，确保河道采砂始终处于可控状态。对此必须加强采砂管理设施建设（采砂管理执法基地、执法码头和执法装备等），满足河道采砂管理工作的实际需要。鉴于采砂管理工作的重要性、特殊性和加强采砂管理工作的紧迫性，建议当地政府切实加大采砂管理设施建设投入，并专列河道采砂管理经费支出预算，保证资金投入渠道。

采砂管理应根据不同河段的特点，沿江各市、县、区应强化采砂动态监测管理措施，加强对禁采区、保留区和可采区以及各种采砂船的监督管理，严格执行定点、定时、定船、定量、定功率的采砂管理规定。为了确保监管到位，应对区域采砂作业实行动态监测管理：建立采砂船集中停靠登记管理制度，划定集中停靠点和过驳船的作业点，严禁采砂船在禁采区内滞留；检查采砂区内采砂船数量、船名、船号是否与审批的一致，采砂船的采砂时间是否超过审批的采砂期，严格控制区域滞留采砂船数量和采区候载运砂船数量；检查采砂船采砂设备和采砂技术人员配置是否符合要求，限制采砂船功率和采区船只数量；建立可采区现场监管实行 24 h 旁站式管理制度，实行河道采砂全过程的旁站监理，严格控制采砂活动，确保各项规定落到实处；监督采砂船是否按规定缴纳砂石资源费等。

# 第 6 章　水资源综合利用

## 6.1　灌溉规划

### 6.1.1　灌区现状及存在的问题

赣江流域从南向北纵贯江西省,按行政区划分属南昌市、萍乡市、新余市、赣州市、吉安市、宜春市和抚州市的 47 个县(市、区)。统计资料显示,2007 年末赣江流域总人口 2 068.58 万,其中乡村人口 1 182.82 万;耕地面积 1 968.32 万亩,其中水田 1 823.51 万亩,旱地 144.81 万亩,人均耕地 1.67 亩;设计灌溉面积 1 407.59 万亩,有效灌溉面积 1 000.71 万亩,实际灌溉面积 947.30 万亩,旱涝保收面积 817.93 万亩。流域内以种植粮食为主,经济作物为辅。粮食作物以水稻为主,经济作物种类丰富,有棉、油、果、蔗、麻、茶、烟、茶等。

流域内现有 30 万亩以上灌区 9 处,5 万~30 万亩灌区 37 处,1 万~5 万亩灌区 76 处,0.02 万~1 万亩灌区 7 945 处。这些灌区担负着江西省赣江流域地区农业高产、稳产的灌溉任务,在农业生产、农村经济发展、全面建设小康社会中具有十分重要的地位和作用。

但由于赣江流域灌区大多兴建年代久远,渠系工程老化失修、普遍带病运行,运行安全问题突出,限于当时兴建的经济条件和技术、生产水平,工程建设标准低,渠道断面不足,渠系不配套,整体渠系水利用系数、灌溉水利用系数偏低,加之灌区工程建设普遍资金投入不足,当地经济基础相对薄弱,地方财政较困难,灌区问题工程往往得不到及时维护,欠账太多,导致抗旱、涝灾害能力明显下降等,难以充分发挥灌区整体效益,成为制约赣江流域粮食生产安全及农村经济发展的主要矛盾。

灌区现有工程设施包括灌区渠首水源工程、渠道及渠系建筑物工程、田间工程和排水工程等。从工程设施的运行情况看,除部分工程设施运行正常或基本正常外,大多不同程度地存在一些险工险段及隐患。灌区工程存在的问题主要有以下几个方面:

(1)渠首泥沙淤积。目前各灌区经过多年运行,各渠首均存在程度不等的泥沙淤积、阻塞问题,由于引水工程的筑坝拦截,引水进渠的同时,在渠首坝前造成泥沙淤积,致使上游沙洲逐年升高或下移,阻塞渠首进水口门,减小渠首取水流量。

(2)渠道淤塞、渗漏严重。由于流域内大多灌区所处区域地质条件复杂,经长期运行,渠道老化破损、淤积严重,滑坡塌方险段较多,过水断面萎缩,输水能力锐减,大多数干支渠道为土质渠道,透水性强,渗漏严重,沿程输水损失较大,渠系水利用系数不高,渠道防渗衬砌少,渠道完好率较低,难以满足设计灌溉供水要求。

(3)渠系建筑物老化、损坏严重。渠系建筑物经多年运行,大多进入老年期,自然老化、带病运行安全问题突出,工程不完善、不配套,年久失修破损严重,跑水、阻水、漏水现象普遍,水闸设施陈旧、启闭设备坏损严重、效能降低,安全隐患多,造成输水能力下降或无法输水,灌区有效灌溉面积长期达不到设计水平,部分农田水引不进、排不出、灌不上,严重影响了渠系工程的正常运行,同时也增加了灌区管理的工作量和难度。

(4)部分排水沟渠淤塞、排水不畅。信江流域各灌区现有排水系统多利用天然河道或泄水道,经过适当疏挖整治而成,为自流排水系统。灌区内排水系统主要是排除降雨形成的涝水和部分灌溉余水,部分傍山渠道还兼顾汛期边山洪水泄洪排泄通道。本次规划主要对灌区内排水不畅沟溪进行疏挖或护砌整治,以完善灌区排水系统。

(5)田间工程配套不足。国家对灌区长期实行的投资政策为灌溉系统骨干工程部分由国家投资,斗、农渠以下甚至支渠以下由群众负担,致使灌区田间工程长期配套不全,以致出现"重骨干、轻田间"的偏见,既影响了骨干工程效益的发挥,也造成了田间用水浪费严重。

(6)部分灌区工程水源不足。目前,随着灌区灌溉面积的逐步恢复完善,工业与生活用水需求的进一步增加,部分灌区水资源供需日趋不平衡,须采取新建灌溉水源、进行节水配套改造等措施。

(7)运行管理不善。管理体制不顺,亟待进一步健全和完善;管理经费不足,缺少工程维护费用,通常仅能进行一般的岁修养护,难以根治工程隐患或险情,影响工程的正常使用;缺乏必需的工程管理设施,如量水设施、观测设施、自动化管理设施、交通通信设施及有关办公设施等,且现有管理设施陈旧落后,不适应当前工程管理的需要;用水管理存在薄弱环节。灌区未能实行计划用水和田间合理用水,表现在渠道上泛开管口,随意取水、用水,渠道长流水,田间大水漫灌等方面,造成水资源浪费严重;现行水费制度亟待进一步完善,确定合理水价,完善水费征收办法,逐步实行按方收费,按成本收费,以实现灌区良性运行机制。

## 6.1.2　灌溉设计标准及灌溉定额

### 6.1.2.1　灌溉设计标准

1. 灌溉设计保证率

灌溉设计保证率以水稻为主的灌区取 85% ~90%,以旱作物为主的灌区取 75% ~80%。赣江流域属丰水地区,作物种类以双季稻为主,流域灌溉设计保证率采用 85%。

2. 渠系水利用系数

渠系水利用系数近期(2020 年及前)30 万亩以上大型灌区取 0.50,1 万 ~30 万亩中型灌区取 0.60,万亩以下小型灌区取 0.70;远期(2021 ~2030 年)30 万亩以上大型灌区取 0.55,1 万 ~30 万亩中型灌区取 0.65,万亩以下小型灌区取 0.75。

3. 田间水利用系数

田间水利用系数以水稻为主灌区取 0.95,以旱作物为主灌区取 0.90。

### 6.1.2.2　灌溉定额

赣江流域多以种植水稻为主,但也有个别区域的主要作物为其他作物,由于流域内各种地形条件错综复杂,降水量在年内、年际和不同地域上的分配极不均匀,所以在同一年内,各地各类作物的灌溉定额有明显差异。

根据赣江流域各地降雨和水文蒸发资料,并结合当地实际,确定赣江流域综合灌溉净定额,具体见表 6-1。

表 6-1 赣江流域综合净灌溉定额成果

| 频率(%) | 综合净灌溉定额(m³/亩) | | |
| --- | --- | --- | --- |
| | 基准年(2007 年) | 近期(2020 年) | 远期(2030 年) |
| 50 | 393 | 418 | 437 |
| 75 | 425 | 453 | 475 |
| 90 | 461 | 490 | 512 |

## 6.1.3 灌溉规划目标

为保障粮食安全,全面实现《全国新增 1 000 亿斤粮食生产能力规划 2009～2020 年)》《国家粮食安全中长期规划纲要(2008～2020 年)》对江西省粮食生产提出的目标,必须进一步大力发展农田灌溉事业,提高农田灌溉保证率及灌溉用水效率。即此提出江西省赣江流域农田灌溉的规划目标。

规划至水平年 2030 年,通过对赣江流域现有 7 753 座灌区和 200 亩以下灌溉片骨干工程、末级渠系、田间工程的加固配套以及 1 030 座新灌区的建设,基本完成赣江流域农田灌溉工程建设和改造任务,形成较为完善的农田灌排体系,使赣江流域农田灌溉工程的灌溉保证率达到 85%左右,灌区灌溉水利用系数由现状的 0.45 逐步提高到 0.52～0.71,灌溉率达 78%左右,使赣江流域有效灌溉面积从现状的 1 000.71 万亩逐步恢复或增至 1 542.39 万亩,农业综合生产能力得到大幅提升,有力保障流域内"三农"发展和粮食安全,进一步增强农业发展后劲,促进流域经济社会的可持续、稳定和协调发展。

其中,2020 年及以前规划完成 7 753 座(包括 9 座大型、100 座中型灌区及 7 611 座小型灌区)现有灌区续建配套节水改造及 5 座(包括 2 座大型灌区及 3 座中型灌区)新灌区建设。通过灌区续建配套节水改造与建设,使灌区灌溉水利用系数 2020 年达到 0.48～0.67,灌溉率达到 70%左右,即有效灌溉面积由现状的 1 000.71 万亩增加至 1 381.92 万亩,并改善灌溉面积 610.86 万亩。其中,现有灌区恢复灌溉面积 343.34 万亩,改善灌溉面积 560.65 万亩;新建灌区新增灌溉面积 37.87 万亩,改善灌溉面积 50.21 万亩。

2021～2030 年期间规划完成 200 亩以下现有灌溉片续建配套节水改造及 976 座(均为小型灌区)新灌区建设。通过灌溉(片)区续建配套改造与建设,使灌(片)区灌溉水利用系数 2030 年达到 0.52～0.71,灌溉率达到 78%左右,有效灌溉面积增加 160.47 万亩,即至 2030 年达到 1 542.39 万亩,并改善灌溉面积 206.20 万亩。其中,现有灌区恢复灌溉面积 43.89 万亩,改善灌溉面积 107.12 万亩;新建灌区新增灌溉面积 116.58 万亩,改善灌溉面积 99.08 万亩。

## 6.1.4 农田灌溉工程规划

现状的农业灌溉条件,仍然影响赣江流域粮食的生产安全,制约着当地农村经济的发展。本次灌溉规划,根据赣江流域实际情况,按照全面、协调、可持续发展和经济社会发展对农田灌溉的要求,对赣江流域农田灌溉进行全面规划,重点加强现有灌区(片)续建配套与节水改造建设,加强小型灌区的联并与配套,形成较完善的农田灌排体系,扩大灌溉面积,使灌区及灌溉工程的灌溉保证率、灌溉水利用系数等指标和参数达到规划要求和区域有关发展目标。

规划在农业区划的基础上,进行流域的灌溉规划,针对山区丘陵、平原区的水土资源条件,在充分发挥现有灌溉工程效益的基础上,因地制宜地研究充分利用当地径流和从外水系调水进行灌溉的可行性和合理性。规划的重点为干流中下游两岸和支流的浅丘平原地带,并研究适合本地区自然条件及经济发展水平的农业种植结构和耕作制度,以及相应的灌溉定额,加强灌区管理,节约用水,合理开发利用水资源,有步骤、有重点地提出流域内不同水平年的灌溉发展规划。

### 6.1.4.1　灌溉水源工程建设规划

赣江流域现状灌溉缺水主要属工程性缺水。为有效解决缺水问题,缓解水资源供需矛盾,本次规划除对现有水源工程进行除险加固、挖潜配套与节水改造外,根据灌区发展与需水预测需要,还须规划一批径流控制条件较好、经济指标优、见效快的骨干水源工程与小型水源工程。

#### 1. 已建水源工程除险加固改造规划

经过历年水利建设,赣江流域已形成蓄引提门类齐全、大小规模不一、数量众多的水源工程体系,水源工程已具相当规模。据统计,赣江流域现有各类大中小型供水设施532 036座(处),现状供水能力134.44亿 $m^3$。其中,水库4 021座,总库容92.14亿 $m^3$,兴利库容36.04亿 $m^3$,现状供水能力54.61亿 $m^3$;塘坝工程10.95万座,总蓄水容积9.58亿 $m^3$,现状供水能力10.72亿 $m^3$;引水工程39 356处,引水流量1 845.39 $m^3/s$,现状供水能力44.71亿 $m^3$;提水工程10 839处,提水流量672.95 $m^3/s$,现状供水能力19.85亿 $m^3$;水井368 282处,现状供水能力5.09亿 $m^3$。

这些水源工程的建成,在江西省农业灌溉、供水、保护生态等方面发挥了巨大的效益,为流域内粮食安全、农民脱贫致富、促进经济社会可持续发展,提高人民生活水平、保障社会稳定等做出了巨大贡献,对当地国民经济建设和发展起着举足轻重的作用。

由于这些水源工程大多建设年代早,运行时间长,运行维护投入少,大部分工程出现病、险、老化失修、不配套、工程效益不能正常发挥等现象。尤其是蓄水水库工程,大多水库建于20世纪50~70年代,水库经过长期运行,部分老化失修,病险严重。

本次规划仅对灌溉10万 $m^3$ 以下蓄水补充水源工程及各类渠首引水和提水工程进行除险加固(由于10万 $m^3$ 以上蓄水水源工程已在"防洪规划"章节中安排,本章节不再纳入)。根据灌溉水源具体情况与灌溉需要,规划拟对43 055座水源工程(包括30 584座山塘、8 399座陂坝、4 072座提灌站)进行除险加固改造,工程总投资约19.36亿元。其中,2020年及前安排21 061座(包括14 556座山塘、3 382座陂坝、3 123座提灌站),工程总投资约9.59亿元;2021~2030年间安排21 994座(包括16 028座山塘、5 017座陂坝、949座提灌站),工程总投资约9.77亿元。

赣江流域农田灌区改扩建及除险加固地表水灌溉水源工程规划详见表6-2。

表 6-2　赣江流域农田灌区改扩建及除险加固地表水灌溉水源工程规划

| 县(市、区)名称 | 所在地市 | 蓄水工程 | | 引水工程 | | 提水工程 | | 合计 | | 水平年 |
|---|---|---|---|---|---|---|---|---|---|---|
| | | 数量(座) | 投资(万元) | 数量(座) | 投资(万元) | 数量(座) | 投资(万元) | 数量(座) | 投资(万元) | |
| 流域总计 | | 30 584 | 95 458.98 | 8 399 | 58 212.03 | 4 072 | 39 948.19 | 43 055 | 193 619.20 | — |
| 2020 年及前小计 | | 14 556 | 45 783.77 | 3 382 | 20 419.22 | 3 123 | 29 692.29 | 21 061 | 95 895.28 | — |
| 2021～2030 年小计 | | 16 028 | 49 675.21 | 5 017 | 37 792.81 | 949 | 10 255.90 | 21 994 | 97 723.92 | — |
| 赣州市辖区 | 赣州市 | 387 | 1 327.17 | 34 | 221.16 | 36 | 497.54 | 457 | 2 045.87 | 2020 |
| 瑞金市 | 赣州市 | 308 | 2 690.25 | 367 | 2 049.21 | 22 | 198.55 | 697 | 4 938.01 | 2020 |
| 南康市 | 赣州市 | 354 | 3 348.11 | 16 | 249.33 | 192 | 1 273.07 | 562 | 4 870.51 | 2020 |
| 赣县 | 赣州市 | 277 | 186.84 | 330 | 263.85 | 273 | 194.91 | 880 | 645.60 | 2020 |
| 信丰县 | 赣州市 | 4 377 | 5 812.09 | 110 | 508.86 | 746 | 2 926.69 | 5 233 | 9 247.64 | 2020 |
| 大余县 | 赣州市 | 54 | 647.46 | 136 | 1 803.23 | 42 | 832.34 | 232 | 3 283.03 | 2020 |
| 上犹县 | 赣州市 | 34 | 97.06 | 174 | 1 679.44 | 5 | 8.30 | 213 | 1 784.80 | 2020 |
| 崇义县 | 赣州市 | 61 | 206.37 | 608 | 5 443.74 | | 0.00 | 669 | 5 650.11 | 2030 |
| 安远县 | 赣州市 | | 0.00 | 10 | 175.96 | | 0.00 | 10 | 175.96 | 2030 |
| 龙南县 | 赣州市 | 1 326 | 49.60 | 67 | 93.00 | 13 | 49.10 | 1 406 | 191.70 | 2030 |
| 定南县 | 赣州市 | 149 | 293.42 | 29 | 93.64 | | 0.00 | 178 | 387.06 | 2030 |
| 全南县 | 赣州市 | 25 | 76.79 | 569 | 3 606.75 | 9 | 954.11 | 603 | 4 637.65 | 2030 |
| 宁都县 | 赣州市 | 123 | 541.70 | 463 | 3 420.61 | 131 | 2 719.47 | 717 | 6 681.78 | 2020 |
| 于都县 | 赣州市 | 6 858 | 11 360.71 | 299 | 5 777.58 | 68 | 1 727.33 | 7 225 | 18 865.62 | 2030 |
| 兴国县 | 赣州市 | 450 | 1 437.81 | 286 | 4 074.39 | 353 | 2 163.21 | 1 089 | 7 675.41 | 2020 |
| 会昌县 | 赣州市 | 1 915 | 4 238.86 | 266 | 3 663.03 | 72 | 1 214.23 | 2 253 | 9 116.12 | 2030 |
| 寻乌县 | 赣州市 | 45 | 159.02 | 28 | 502.36 | 0 | 0.00 | 73 | 661.38 | 2030 |
| 石城县 | 赣州市 | 704 | 1 901.37 | 402 | 1 465.68 | 34 | 432.28 | 1 140 | 3 799.33 | 2030 |
| 吉安市辖区 | 吉安市 | 144 | 397.65 | 35 | 72.31 | 115 | 1 212.11 | 294 | 1 682.07 | 2020 |
| 安福县 | 吉安市 | 26 | 56.29 | 41 | 237.15 | 3 | 31.29 | 70 | 324.73 | 2020 |
| 吉安县 | 吉安市 | 132 | 1 274.85 | 7 | 80.65 | 6 | 88.02 | 145 | 1 443.52 | 2020 |
| 吉水县 | 吉安市 | 1 005 | 1 871.15 | 230 | 657.65 | 216 | 912.09 | 1 451 | 3 440.89 | 2020 |
| 井冈山市 | 吉安市 | 29 | 130.43 | 180 | 661.24 | 1 | 20.09 | 210 | 811.76 | 2020 |

**续表 6-2**

| 县(市、区)名称 | 所在地市 | 蓄水工程 | | 引水工程 | | 提水工程 | | 合计 | | 水平年 |
|---|---|---|---|---|---|---|---|---|---|---|
| | | 数量(座) | 投资(万元) | 数量(座) | 投资(万元) | 数量(座) | 投资(万元) | 数量(座) | 投资(万元) | |
| 遂川县 | 吉安市 | 20 | 177.70 | 148 | 2 866.99 | 11 | 140.85 | 179 | 3 185.54 | 2030 |
| 泰和县 | 吉安市 | 313 | 2 699.58 | 26 | 1 674.62 | 3 | 45.80 | 342 | 4 420.00 | 2030 |
| 万安县 | 吉安市 | 585 | 6 421.87 | 135 | 1 137.84 | 29 | 409.09 | 749 | 7 968.80 | 2030 |
| 峡江县 | 吉安市 | 804 | 6 162.83 | 220 | 1 211.37 | 49 | 254.53 | 1 073 | 7 628.73 | 2030 |
| 新干县 | 吉安市 | 20 | 536.96 | 74 | 917.89 | 42 | 555.20 | 136 | 2 010.05 | 2030 |
| 永丰县 | 吉安市 | 1 064 | 4 669.95 | 1 024 | 2 915.43 | 91 | 951.20 | 2 179 | 8 536.58 | 2030 |
| 永新县 | 吉安市 | 134 | 826.14 | 116 | 668.70 | 34 | 546.12 | 284 | 2 040.96 | 2020 |
| 莲花县 | 萍乡市 | 444 | 2 308.73 | 524 | 1 310.45 | 18 | 53.58 | 986 | 3 672.76 | 2020 |
| 芦溪县 | 萍乡市 | 123 | 102.15 | 55 | 78.18 | 6 | 112.60 | 184 | 292.93 | 2030 |
| 乐安市 | 抚州市 | 249 | 1 889.80 | 61 | 903.40 | | 0.00 | 310 | 2 793.20 | 2030 |
| 宜黄县 | 抚州市 | 3 | 20.68 | | 0.00 | | 0.00 | 3 | 20.68 | 2020 |
| 广昌县 | 抚州市 | | 0.00 | 1 | 38.02 | | 0.00 | 1 | 38.02 | 2020 |
| 宜春市辖区 | 宜春市 | 3 988 | 6 155.57 | 67 | 738.33 | 1 | 5.55 | 4 056 | 6 899.45 | 2020 |
| 丰城市 | 宜春市 | 268 | 2 962.92 | 3 | 24.32 | 201 | 3 527.96 | 472 | 6 515.20 | 2020 |
| 樟树市 | 宜春市 | 584 | 3 813.89 | 8 | 46.94 | 104 | 5 052.04 | 696 | 8 912.87 | 2020 |
| 高安市 | 宜春市 | 652 | 8 278.46 | 66 | 830.98 | 403 | 4 967.81 | 1 121 | 14 077.25 | 2020 |
| 上高县 | 宜春市 | 620 | 2 211.20 | 96 | 627.60 | 61 | 596.36 | 777 | 3 435.16 | 2030 |
| 宜丰县 | 宜春市 | 470 | 2 883.93 | 437 | 2 254.14 | 63 | 672.02 | 970 | 5 810.09 | 2030 |
| 万载县 | 宜春市 | 90 | 436.68 | 146 | 499.64 | 37 | 294.48 | 273 | 1 230.80 | 2030 |
| 渝水区 | 新余市 | 620 | 804.33 | 188 | 782.40 | 204 | 2 342.75 | 1 012 | 3 929.48 | 2020 |
| 分宜县 | 新余市 | 341 | 2 477.05 | 223 | 1 643.71 | 154 | 1 088.53 | 718 | 5 209.29 | 2030 |
| 南昌市辖区 | 南昌市 | 163 | 794.19 | | 0.00 | 17 | 118.80 | 180 | 912.99 | 2020 |
| 新建县 | 南昌市 | 246 | 719.37 | 94 | 240.26 | 207 | 758.19 | 547 | 1 717.82 | 2030 |

**2. 新建灌溉水源工程规划**

目前,赣江流域部分区域灌溉水源与灌溉设施缺乏,仍主要通过降雨或零星分布的小型水源工程解决灌溉问题,灌溉供水保证率低,部分灌区已建水源工程径流控制调节能力较差,现状水资源开发利用程度较低,工程性缺水问题突出,灌溉水源工程建设任务繁重。

灌溉水源工程包括地表水水源工程与地下水水源工程,地表水水源工程又分为蓄水工程、引水工程和提水工程。根据本次灌区规划与水土资源平衡结果,按规划目标与任务

(灌溉面积与灌溉保证率)要求,结合流域(区域)水源情况,本次规划重点进行地表水灌溉水源总体规划与布局。

1)蓄水水源工程规划

规划新建蓄水工程,增加对径流的调节能力,是增加灌溉水源、提高灌溉保证率的重要措施。根据灌区规划灌溉需要,结合水源条件,在以往有关规划等前期工作成果基础上,本次共规划水库工程 18 座,其中大型水库 4 座(东谷、峡江、山口岩、白梅)、中型水库 8 座(龙洲、太阳陂、龙下、贡潭、岭下、寒山、月形、南山)、小型水库 6 座,水库总库容约 17.63 亿 $m^3$,兴利库容约 6.05 亿 $m^3$。其中,东谷水库(已建,本次作为东谷新建大型灌区灌溉水源工程列入)总库容 1.214 亿 $m^3$,兴利库容 0.74 亿 $m^3$;峡江水库(在建,详述见防洪规划章节防洪水库工程中峡江水库介绍)总库容 11.78 亿 $m^3$,兴利库容 2.14 亿 $m^3$;山口岩水库(在建)总库容 1.048 亿 $m^3$,兴利库容 0.699 5 亿 $m^3$;白梅水库总库容 1.25 亿 $m^3$,兴利库容 0.936 亿 $m^3$;龙洲水库总库容 0.853 亿 $m^3$,兴利库容 0.591 亿 $m^3$;太阳陂水库总库容 0.135 亿 $m^3$,兴利库容 0.041 4 亿 $m^3$;龙下水库总库容 0.238 亿 $m^3$,兴利库容 0.161 亿 $m^3$;贡潭水库总库容 0.333 8 亿 $m^3$,兴利库容 0.256 亿 $m^3$;岭下水库总库容 0.124 4 亿 $m^3$,兴利库容 0.097 2 亿 $m^3$;寒山水库总库容 0.117 2 亿 $m^3$,兴利库容 0.068 亿 $m^3$;月形水库总库容 0.286 亿 $m^3$,兴利库容 0.186 亿 $m^3$;南山水库总库容 0.121 亿 $m^3$,兴利库容 0.102 亿 $m^3$。规划山塘工程 1 776 座,总蓄水容积 0.712 5 亿 $m^3$。

2)引水水源工程规划

本次规划新建的引水工程主要为陂坝工程,根据灌区规划及原小农水规划成果,本次规划新建陂坝 724 座,总引水流量 75.53 $m^3/s$。

3)提水水源工程规划

根据灌区需要,本次共规划小型提水工程 662 座,总装机容量 12 855 kW,提水流量 108.71 $m^3/s$。

赣江流域农田灌区新建地表水灌溉水源工程统计详见表 6-3。

表 6-3　赣江流域农田灌区新建地表水灌溉水源工程统计

| 县(市、区)名称 | 所在地市 | 蓄水工程 | | | | 引水工程 | | 提水工程 | | | 水平年 |
| | | 水库 | | 山塘 | | | | | | | |
| | | 数量(座) | 总库容(万 $m^3$) | 数量(座) | 蓄水容积(万 $m^3$) | 数量(座) | 引水流量($m^3/s$) | 数量(座) | 装机容量(kW) | 提水流量($m^3/s$) | |
| 流域总计 | | 18 | 176 334 | 1 776 | 7 124.7 | 724 | 75.53 | 662 | 12 855 | 108.71 | — |
| 2020 年及以前小计 | | 12 | 175 904 | 818 | 3 822.7 | 201 | 9.39 | 277 | 3 936 | 32.43 | — |
| 2021~2030 年小计 | | 6 | 430 | 958 | 3 302.0 | 523 | 66.14 | 385 | 8 919 | 76.28 | — |
| 赣州市辖区 | 赣州市 | | | 1 | 5.5 | | | 3 | 66 | 0.21 | 2020 |
| 瑞金市 | 赣州市 | 1 | 3 338 | 31 | 92.5 | 4 | 0.17 | | | | 2020 |
| 南康市 | 赣州市 | | | 28 | 100.8 | 2 | 0.07 | 2 | 34 | 0.11 | 2020 |

续表6-3

| 县(市、区)名称 | 所在地市 | 蓄水工程 | | | | 引水工程 | | 提水工程 | | | 水平年 |
| | | 水库 | | 山塘 | | | | | | | |
| | | 数量(座) | 总库容(万 m³) | 数量(座) | 蓄水容积(万 m³) | 数量(座) | 引水流量(m³/s) | 数量(座) | 装机容量(kW) | 提水流量(m³/s) | |
| 赣县 | 赣州市 | | | 37 | 166.5 | 6 | 0.57 | 4 | 80 | 0.37 | 2020 |
| 信丰县 | 赣州市 | | | 200 | 380.0 | 9 | 0.97 | 52 | 348 | 2.96 | 2030 |
| 大余县 | 赣州市 | | | 23 | 57.5 | 5 | 0.42 | 3 | 51 | 0.32 | 2030 |
| 上犹县 | 赣州市 | | | 16 | 102.4 | 2 | 0.12 | | | | 2030 |
| 崇义县 | 赣州市 | | | 18 | 64.8 | 3 | 0.16 | 1 | 22 | 0.12 | 2020 |
| 安远县 | 赣州市 | | | 28 | 151.7 | 2 | 0.18 | 2 | 30 | 0.26 | 2030 |
| 龙南县 | 赣州市 | | | 130 | 300.5 | 3 | 0.37 | 19 | 333 | 2.83 | 2030 |
| 定南县 | 赣州市 | | | 19 | 91.2 | 1 | 0.07 | | | | 2020 |
| 全南县 | 赣州市 | | | 14 | 21.0 | | | 1 | 30 | 0.13 | 2030 |
| 宁都县 | 赣州市 | 1 | 2 380 | 27 | 155.4 | 1 | 0.08 | | | | 2020 |
| 于都县 | 赣州市 | 1 | 1 244 | 33 | 103.5 | 9 | 0.34 | 1 | 17 | 0.14 | 2020 |
| 兴国县 | 赣州市 | | | 28 | 144.4 | 3 | 1.91 | 3 | 45 | 0.38 | 2030 |
| 会昌县 | 赣州市 | 1 | 1 350 | 15 | 82.6 | 4 | 0.08 | 5 | 110 | 0.94 | 2020 |
| 寻乌县 | 赣州市 | | | 11 | 50.6 | 1 | 0.06 | | | | 2030 |
| 石城县 | 赣州市 | | | 27 | 186.3 | 3 | 0.26 | 2 | 60 | 0.51 | 2030 |
| 吉安市辖区 | 吉安市 | 2 | 90 | 19 | 105.8 | 5 | 0.47 | 68 | 1 543 | 13.11 | 2030 |
| 安福县 | 吉安市 | 1 | 12 140 | 11 | 66.0 | 25 | 2.25 | 1 | 17 | 0.14 | 2020 |
| 吉安县 | 吉安市 | 1 | 8 530 | 48 | 216.0 | 2 | 0.34 | | | | 2020 |
| 吉水县 | 吉安市 | | | 46 | 83.9 | 13 | 0.98 | 3 | 45 | 0.38 | 2030 |
| 井冈山市 | 吉安市 | | | 16 | 89.6 | 2 | 0.17 | 1 | 30 | 0.15 | 2020 |
| 遂川县 | 吉安市 | | | 28 | 123.2 | 3 | 0.24 | 4 | 140 | 1.19 | 2030 |
| 泰和县 | 吉安市 | | | 32 | 115.2 | 6 | 0.67 | 2 | 80 | 0.43 | 2020 |
| 万安县 | 吉安市 | | | 17 | 78.1 | 8 | 1.23 | 4 | 55 | 0.47 | 2030 |
| 峡江县 | 吉安市 | 1 | 118 700 | 6 | 45.0 | 102 | 0.60 | 57 | 855 | 7.27 | 2020 |
| 新干县 | 吉安市 | | | 11 | 85.8 | 4 | 0.35 | | | | 2030 |
| 永丰县 | 吉安市 | | | 32 | 153.6 | 7 | 0.52 | 2 | 220 | 1.87 | 2030 |
| 永新县 | 吉安市 | | | 62 | 217.0 | 12 | 0.84 | 1 | 55 | 0.45 | 2020 |

续表 6-3

| 县(市、区)名称 | 所在地市 | 蓄水工程 | | | | 引水工程 | | 提水工程 | | | 水平年 |
| | | 水库 | | 山塘 | | | | | | | |
| | | 数量(座) | 总库容(万 m³) | 数量(座) | 蓄水容积(万 m³) | 数量(座) | 引水流量(m³/s) | 数量(座) | 装机容量(kW) | 提水流量(m³/s) | |
| 莲花县 | 萍乡市 | 1 | 1 172 | 15 | 87.0 | 1 | 0.06 | | | | 2020 |
| 芦溪县 | 萍乡市 | 1 | 10 480 | 19 | 49.4 | 2 | 0.09 | | | | 2020 |
| 乐安县 | 抚州市 | | | 55 | 407.5 | 40 | 1.17 | 3 | 60 | 0.51 | 2030 |
| 宜黄县 | 抚州市 | | | 6 | 33.0 | | | | | | 2020 |
| 广昌县 | 抚州市 | | | 2 | 9.4 | | | | | | 2030 |
| 宜春市辖区 | 宜春市 | | | 183 | 489.6 | 400 | 55.72 | 192 | 3 472 | 29.51 | 2030 |
| 丰城市 | 宜春市 | 4 | 340 | 6 | 42.0 | | | 1 | 22 | 0.18 | 2030 |
| 樟树市 | 宜春市 | | | 27 | 29.8 | 6 | 0.66 | 2 | 60 | 0.51 | 2030 |
| 高安市 | 宜春市 | 1 | 1 210 | 26 | 86.5 | 5 | 1.15 | 1 | 12 | 0.10 | 2020 |
| 上高县 | 宜春市 | | | 31 | 210.8 | 7 | 0.79 | 3 | 51 | 0.62 | 2020 |
| 宜丰县 | 宜春市 | | | 23 | 149.5 | 2 | 0.16 | 2 | 30 | 0.32 | 2020 |
| 万载县 | 宜春市 | | | 35 | 192.5 | 3 | 0.27 | 1 | 22 | 0.14 | 2030 |
| 渝水区 | 新余市 | 1 | 12 500 | 29 | 157.9 | 1 | 0.01 | 16 | 915 | 7.78 | 2020 |
| 分宜县 | 新余市 | 1 | 2 860 | 188 | 752.0 | 3 | 0.63 | 172 | 1 452 | 12.34 | 2020 |
| 南昌市辖区 | 南昌市 | | | 97 | 685.0 | 1 | 0.09 | 5 | 110 | 0.94 | 2020 |
| 新建县 | 南昌市 | | | 11 | 60.5 | 6 | 0.24 | 18 | 2 008 | 17.07 | 2030 |
| 南昌县 | 南昌市 | | | 9 | 45.9 | | | 5 | 375 | 3.95 | 2030 |

#### 6.1.4.2　已建灌区续建配套与节水改造工程

经过历年的灌溉水利工程建设,赣江流域现已建成 200 亩以上灌区 8 067 座,全流域总设计灌溉面积 1 407.59 万亩,有效灌溉面积 1 000.71 万亩。其中,30 万亩以上大型灌区 9 座,流域范围内设计灌溉面积 302.60 万亩,有效灌溉面积 200.15 万亩;5 万～30 万亩中型灌区 37 座,设计灌溉面积 247.82 万亩,有效灌溉面积 169.11 万亩;1 万～5 万亩中型灌区 76 座,设计灌溉面积 124.56 万亩,有效灌溉面积 83.70 万亩;0.02 万～1 万亩小型灌区 7 945 座,设计灌溉面积 532.59 万亩,有效灌溉面积 392.74 万亩;200 亩以下灌溉片设计灌溉面积 200.02 万亩,有效灌溉面积 155.01 万亩。已建灌区(片)为江西省粮食生产与农业丰收发挥了重要作用。

赣江流域灌区大多兴建于 20 世纪中叶,工程经历年续建配套、加固整治建设,目前已形成较为完整的灌溉工程体系。但限于当时的经济条件和技术、生产水平,以及建设资金不足、原设计标准低、工程质量难以保证、尾工量大,加上工程运行期长,年久失修,自然老化和人为因素的影响等,各灌区渠道工程普遍存在渠堤身单薄、过水断面不足、冲刷塌方、渗漏严重的问题,部分灌区干渠尚未全部挖通、干支渠配套未完善,留有尾工,部分灌区傍山、过山渠段山体滑坡导致渠道阻塞;渠首及渠系建筑物多存在工程老化,出现渗漏、失稳现象,设备老化损坏严重。这些问题严重威胁灌区工程的正常运行,影响灌区效益的正常发挥,成为灌区工程的重点险段、"卡脖子"工程,急需进行全面规划,综合治理。

已建灌区改造与配套规划任务主要为:在对原工程布局、渠系建筑物及排水工程的合理性进行复核的基础上,重点对影响灌区安全运行的病险和"卡脖子"工程、渗漏严重的渠段、渠系建筑物进行配套改造与除险加固;在田间工程方面,对田间灌排渠沟、田间道路等工程进行完善配套与加固处理,对农渠与农沟间田块进行土地平整。规划的工程措施主要如下:

### 1. 沟渠整治工程

由于各灌区工程建设年代较早,沟渠土方工程绝大多数是采取群众运动方式完成施工,限于当时的施工条件和技术水平差等因素,沟渠断面普遍未达到设计标准,或沟渠过水断面不足,输水能力低,或沟渠堤身单薄,影响正常输水,威胁渠堤安全。部分灌区由于当时资金不足等,干支沟渠尚未完全施工完毕,渠道工程留有较大尾工。为保证沟渠的正常输水能力,合理分配流量,满足灌溉要求,保障沟渠的正常运行安全发挥灌溉工程的正常效益,针对各灌区沟渠工程存在的具体问题,需相应采取沟渠清淤、断面扩挖整修、渠堤加高培厚等整治工程措施。

对沟渠过水断面未达到设计标准的,按设计标准对其进行扩挖整修,要求整修后边坡顺畅,沟渠断面和渠底纵坡达到设计要求;对淤积严重的渠段采取疏浚清淤;对渠(沟)堤堤身断面单薄瘦小、渠(沟)堤堤顶高度不够的渠段,采取加高培厚渠堤堤身,以满足稳定要求;对部分灌区干支沟渠尚未全部实施的渠段,继续按沟渠设计要求规划续建完成;对存在塌方滑坡渠(沟)段进行护坡处理,护坡形式根据沟渠塌方滑坡情况,一般采用混凝土或浆砌石或干砌石等进行护坡;为提高渠系水利用系数,对砂砾层、填方地段以及岩溶发育地段等存在渗漏渠段,采取混凝土预制块衬护、土工膜结合混凝土预制块衬护等措施进行防渗处理。

### 2. 渠系建筑物加固配套改造工程

规划对灌区现有建筑物布局基本维持现状,原则上不另新建。针对各渠系建筑物存在的问题,视损坏程度采取不同的工程处理措施:对渠系建筑物不配套的进行完善,对建设年代早、运用时间长,进入老年期自然老化、年久失修破损严重、带病运行安全问题多或功能丧失或布局不合理的建筑物一律拆除重建,对规模不够、阻水严重的予以改扩建,对一般性跑水、漏水的予以加固补强,对水闸设施陈旧、启闭设备坏损严重、效能锐减的视不同情况进行更新改造或拆除新建,对建筑物强度和耐久性无大安全问题的仅做一般性加固处理,对干支渠上分水口无闸控制、水量浪费严重的予以增建,对有的涵闸需延伸接长的按原规模进行加固接长处理等。

### 3. 田间工程

田间工程包括末级固定渠道(斗农渠)及以下控制范围内的田间灌排渠系及建筑物

(如分水涵和路涵等)、田间道路、土地平整和农田护林带等项目。从田间工程现状看,灌区内虽已基本形成一定的田间灌排渠系,并进行了部分田间配套工程建设,但问题仍较多,与灌区园田化建设标准差距较大,与田间工程设计要求相距较远,尚不能达到山、水、田、林、路的综合治理的要求,也难以适应农业现代化发展的需要。根据灌区内不同的地理环境、自然条件地形要素等,结合区内的社会、经济现状,在农田基本建设规划的基础上,因地制宜地提出田间工程规划的要求和标准。使渠系配套完整,控制量测自如,科学合理配水,桥、涵、闸基本配套,渠沟成网,道路相通,田成方块,排灌分家,灌排自如;平整土地,耕地格田化,适应机械化耕作要求。

本次规划分别对赣江流域9座大型灌区,32座5万~30万亩和68座1万~5万亩中型灌区,7 611座0.02万~1万亩小型灌区及200亩以下灌溉片进行续建配套与节水改造工程建设,规划需工程总投资152.90亿元。其中,大型灌区42.60亿元,5万~30万亩中型灌区26.84亿元,1万~5万亩中型灌区14.19亿元,0.02万~1万亩小型灌区52.97亿元,200亩以下灌溉片16.30亿元。

计划分两个阶段对流域内现有的7 720座灌区及200亩以下灌溉片实施续建配套与节水改造,其中9座大型、100座中型及7 611座小型灌区安排在近期(2020年及前)实施,工程总投资136.60亿元;200亩以下灌溉片安排在远期(2021~2030年)实施,工程总投资16.30亿元。

### 6.1.4.3　新建灌区规划

本次规划拟新建灌区981座,规划灌溉面积341.63万亩,规划工程总投资约37.48亿元。其中,新建30万亩以上大型灌区2座(东谷、峡江灌区),规划灌溉面积66.15万亩,新增灌溉面积29.49万亩,规划工程总投资约10.43亿元。其中,东谷灌区分布于吉安市的吉州区、安福、吉安、吉水共三县一区,规划灌溉面积33.20万亩,新增灌溉面积17.80万亩,规划工程总投资约6.00亿元;峡江灌区分布于吉安市的峡江县、新干县和宜春市的樟树市,规划灌溉面积32.95万亩,新增灌溉面积11.69万亩,规划工程总投资约4.43亿元。新建5万~30万亩中型灌区2座(山口岩、白梅灌区),规划灌溉面积16.38万亩,新增灌溉面积7.38万亩,规划工程总投资约3.08亿元。其中,山口岩灌区位于萍乡市芦溪县,规划灌溉面积10.12万亩,新增灌溉面积0.30万亩,规划工程总投资约1.11亿元;白梅灌区位于新余市渝水区,规划灌溉面积6.26万亩,新增灌溉面积2.53万亩,规划工程总投资约1.97亿元。新建1万~5万亩中型灌区1座,为吉安市青原区的丹村果业基地灌区,规划灌溉面积1.00万亩,新增灌溉面积1.00万亩,规划工程总投资约0.41亿元。规划拟建小型灌区976座,分布于赣州、吉安、萍乡、抚州、宜春、新余、南昌7市的47个县(市、区),规划灌溉面积258.10万亩,新增灌溉面积116.58万亩,规划工程总投资约23.57亿元。

计划分两个阶段实施981座新灌区的工程建设,其中2座大型灌区和3座中型灌区安排在近期(2020年及前)实施,工程总投资13.91亿元;976座小型灌区安排在远期(2021~2030年)实施,工程总投资23.57亿元。

赣江流域农田灌区规划情况详见表6-4。

表6-4 赣江流域农田灌区规划情况

| 序号 | 灌区名称 | 所在县 | 规划灌溉面积（万亩） | 现状灌溉面积（万亩） | 新增灌溉面积（万亩） | 改善灌溉面积（万亩） | 投资（万元） | 水平年 |
|---|---|---|---|---|---|---|---|---|
| | 流域总计（981座） | | 341.63 | 187.18 | 154.45 | 149.29 | 374 827.46 | — |
| | 2020年及以前小计（5座） | | 83.53 | 45.66 | 37.87 | 50.21 | 139 146.29 | — |
| | 2021～2030年小计（976座） | | 258.10 | 141.52 | 116.58 | 99.08 | 235 681.17 | — |
| （一） | 大型灌区（2座） | | 66.15 | 36.66 | 29.49 | 36.66 | 104 271.00 | |
| 1 | 东谷灌区 | 吉安市辖区、安福吉安县、吉水县 | 33.20 | 15.40 | 17.80 | 15.40 | 60 000.00 | 2020 |
| 2 | 峡江灌区 | 峡江县、新干县樟树市 | 32.95 | 21.26 | 11.69 | 21.26 | 44 271.00 | 2020 |
| （二） | 5万～30万亩中型灌区（2座） | | 16.38 | 9.00 | 7.38 | 13.55 | 30 815.28 | |
| 3 | 山口岩灌区 | 芦溪县 | 10.12 | 9.82 | 0.30 | 9.82 | 11 132.00 | 2020 |
| 4 | 白梅灌区 | 渝水区 | 6.26 | 3.73 | 2.53 | 3.73 | 19 683.28 | 2020 |
| （三） | 1万～5万亩中型灌区（1座） | | 1.00 | | 1.00 | | 4 060.01 | |
| 5 | 丹村果业基地灌区 | 吉安市辖区 | 1.00 | | 1.00 | | 4 060.01 | 2020 |
| （四） | 小型灌区（976座） | | | | | | | |
| 6 | 小型灌区（3座） | 赣州市辖区 | 0.33 | 0.17 | 0.16 | 0.12 | 315.15 | 2030 |
| 7 | 小型灌区（23座） | 瑞金市 | 8.97 | 5.20 | 3.77 | 3.64 | 8 117.85 | 2030 |
| 8 | 小型灌区（19座） | 南康市 | 6.65 | 3.72 | 2.93 | 2.60 | 6 284.25 | 2030 |
| 9 | 小型灌区（32座） | 赣县 | 6.72 | 3.49 | 3.23 | 2.44 | 6 249.60 | 2030 |
| 10 | 小型灌区（22座） | 信丰县 | 7.70 | 3.93 | 3.77 | 2.75 | 7 084.00 | 2030 |
| 11 | 小型灌区（27座） | 大余县 | 3.78 | 2.12 | 1.66 | 1.48 | 3 647.70 | 2030 |
| 12 | 小型灌区（14座） | 上犹县 | 4.76 | 2.33 | 2.43 | 1.63 | 4 688.60 | 2030 |
| 13 | 小型灌区（15座） | 崇义县 | 4.20 | 2.44 | 1.76 | 1.71 | 3 969.00 | 2030 |
| 14 | 小型灌区（24座） | 安远县 | 3.12 | 1.65 | 1.47 | 1.16 | 2 870.40 | 2030 |
| 15 | 小型灌区（11座） | 龙南县 | 2.53 | 1.52 | 1.01 | 1.06 | 2 352.90 | 2030 |
| 16 | 小型灌区（11座） | 定南县 | 1.87 | 1.05 | 0.82 | 0.74 | 1 692.35 | 2030 |
| 17 | 小型灌区（13座） | 全南县 | 1.95 | 1.09 | 0.86 | 0.76 | 1 764.75 | 2030 |
| 18 | 小型灌区（20座） | 宁都县 | 8.40 | 4.28 | 4.12 | 3.00 | 7 576.80 | 2030 |
| 19 | 小型灌区（27座） | 于都县 | 7.02 | 3.65 | 3.37 | 2.56 | 6 528.60 | 2030 |
| 20 | 小型灌区（25座） | 兴国县 | 7.75 | 4.34 | 3.41 | 3.04 | 7 595.00 | 2030 |
| 21 | 小型灌区（22座） | 会昌县 | 3.74 | 2.21 | 1.53 | 1.55 | 3 403.40 | 2030 |

续表 6-4

| 序号 | 灌区名称 | 所在县 | 规划灌溉面积（万亩） | 现状灌溉面积（万亩） | 新增灌溉面积（万亩） | 改善灌溉面积（万亩） | 投资（万元） | 水平年 |
|---|---|---|---|---|---|---|---|---|
| 22 | 小型灌区（8 座） | 寻乌县 | 0.96 | 0.53 | 0.43 | 0.37 | 868.80 | 2030 |
| 23 | 小型灌区（23 座） | 石城县 | 3.68 | 1.95 | 1.73 | 1.37 | 3 422.40 | 2030 |
| 24 | 小型灌区（17 座） | 吉安市辖区 | 2.38 | 1.33 | 1.05 | 0.93 | 2 332.40 | 2030 |
| 25 | 小型灌区（26 座） | 安福县 | 9.88 | 5.63 | 4.25 | 3.94 | 8 842.60 | 2030 |
| 26 | 小型灌区（45 座） | 吉安县 | 14.40 | 7.92 | 6.48 | 5.54 | 12 312.00 | 2030 |
| 27 | 小型灌区（21 座） | 吉水县 | 6.93 | 3.74 | 3.19 | 2.62 | 6 237.00 | 2030 |
| 28 | 小型灌区（12 座） | 井冈山市 | 1.56 | 0.87 | 0.69 | 0.61 | 1 411.80 | 2030 |
| 29 | 小型灌区（25 座） | 遂川县 | 8.75 | 4.46 | 4.29 | 3.12 | 7 936.25 | 2030 |
| 30 | 小型灌区（36 座） | 泰和县 | 11.16 | 6.03 | 5.13 | 4.22 | 9 988.20 | 2030 |
| 31 | 小型灌区（22 座） | 万安县 | 8.14 | 4.72 | 3.42 | 3.30 | 7 391.12 | 2030 |
| 32 | 小型灌区（12 座） | 峡江县 | 2.88 | 1.58 | 1.30 | 1.11 | 2 736.00 | 2030 |
| 33 | 小型灌区（13 座） | 新干县 | 3.77 | 2.11 | 1.66 | 1.48 | 3 411.85 | 2030 |
| 34 | 小型灌区（29 座） | 永丰县 | 11.31 | 6.33 | 4.98 | 4.43 | 9 670.05 | 2030 |
| 35 | 小型灌区（46 座） | 永新县 | 14.72 | 7.65 | 7.07 | 5.36 | 12 732.80 | 2030 |
| 36 | 小型灌区（13 座） | 莲花县 | 2.60 | 1.46 | 1.14 | 1.02 | 2 392.00 | 2030 |
| 37 | 小型灌区（15 座） | 芦溪县 | 2.70 | 1.51 | 1.19 | 1.06 | 2 443.50 | 2030 |
| 38 | 小型灌区（57 座） | 乐安县 | 6.27 | 3.57 | 2.70 | 2.50 | 6 175.95 | 2030 |
| 39 | 小型灌区（6 座） | 宜黄县 | 0.54 | 0.29 | 0.25 | 0.20 | 494.10 | 2030 |
| 40 | 小型灌区（2 座） | 广昌县 | 0.24 | 0.13 | 0.11 | 0.09 | 217.20 | 2030 |
| 41 | 小型灌区（26 座） | 宜春市辖区 | 6.24 | 3.56 | 2.68 | 2.49 | 5 990.40 | 2030 |
| 42 | 小型灌区（5 座） | 丰城市 | 0.55 | 0.32 | 0.23 | 0.22 | 506.00 | 2030 |
| 43 | 小型灌区（22 座） | 樟树市 | 6.38 | 3.76 | 2.62 | 2.63 | 6 188.60 | 2030 |
| 44 | 小型灌区（25 座） | 高安市 | 10.50 | 5.46 | 5.04 | 3.82 | 9 030.00 | 2030 |
| 45 | 小型灌区（26 座） | 上高县 | 6.76 | 3.79 | 2.97 | 2.65 | 6 117.80 | 2030 |
| 46 | 小型灌区（19 座） | 宜丰县 | 5.13 | 2.87 | 2.26 | 2.01 | 4 642.65 | 2030 |
| 47 | 小型灌区（33 座） | 万载县 | 7.59 | 4.25 | 3.34 | 2.98 | 6 944.85 | 2030 |
| 48 | 小型灌区（31 座） | 渝水区 | 10.85 | 6.29 | 4.56 | 4.40 | 10 090.50 | 2030 |
| 49 | 小型灌区（23 座） | 分宜县 | 5.98 | 3.05 | 2.93 | 2.14 | 5 621.20 | 2030 |
| 50 | 小型灌区（3 座） | 南昌市辖区 | 0.48 | 0.25 | 0.23 | 0.18 | 465.60 | 2030 |
| 51 | 小型灌区（25 座） | 新建县 | 5.00 | 2.75 | 2.25 | 1.93 | 4 650.00 | 2030 |
| 52 | 小型灌区（2 座） | 南昌县 | 0.28 | 0.17 | 0.11 | 0.12 | 277.20 | 2030 |

### 6.1.5　农田灌溉效益分析

农田灌溉规划实施后,可使全流域新增(或恢复)农田灌溉面积 541.68 万亩,改善灌溉面积 817.06 万亩,农田灌溉率将由现状的 51% 提高到 78% 左右,全流域灌溉水利用系数由现状的 0.43 提高到 0.65 左右。随着项目的实施,区内人民生活、生产条件将得到很大改善,人民生活水平将有显著提高,不仅社会经济效益显著,而且生态环境效益明显,对保障国家粮食安全、用水安全、经济安全、生态环境安全和农业可持续发展有重要作用,对促进社会和谐稳定,夺取全面建设小康社会新胜利具有重要意义。

农田灌溉规划效益情况详见表 6-5。

**表 6-5　农田灌溉规划效益情况**

| 水平年 | 灌溉面积(万亩) | | | | | | | | 灌溉水利用系数 | | | |
| | 合计 | | 大型灌区 | | 中型灌区 | | 小型灌区(灌溉片) | | 大型灌区 | 中型灌区 | 小型灌区 | 综合 |
| | 新增或恢复 | 改善 | 新增或恢复 | 改善 | 新增或恢复 | 改善 | 新增或恢复 | 改善 | | | | |
| 合计 | 541.68 | 817.06 | 131.94 | 177.35 | 117.67 | 171.63 | 292.07 | 468.08 | | | | |
| 2020 | 381.21 | 610.86 | 131.94 | 177.35 | 117.67 | 171.63 | 131.60 | 261.88 | 0.48 | 0.57 | 0.67 | 0.59 |
| 2030 | 160.47 | 206.20 | | | | | 160.47 | 206.20 | 0.52 | 0.62 | 0.71 | 0.65 |

### 6.1.6　果林灌溉工程规划

#### 6.1.6.1　果林灌区现状

赣江流域果林灌区主要分布在流域南部的赣州市,流域西北部的新余市也有少量果林灌区。目前,全流域有果林灌区设计灌溉面积 116.15 万亩,有效灌溉面积 53.70 万亩。其中,200 亩以上果林灌区设计灌溉面积 91.53 万亩,有效灌溉面积 38.83 万亩;200 亩以下果林灌溉片设计灌溉面积 24.63 万亩,有效灌溉面积 14.87 万亩。

#### 6.1.6.2　果林灌区规划

果林灌区主要为在低山丘陵上发展起来的灌区,不占用农田耕地面积,故本次果林灌区规划单独进行叙述。果林灌区规划主要包括水源工程、骨干渠系工程、田间工程(包括末级渠系工程)除险加固改造与续建配套建设,补充性水源工程建设,以及新建一批果林灌区。

1. 已建水源工程除险加固改造规划

与农田灌溉水源工程除险加固改造相同,本次规划仅对果林灌区 10 万 $m^3$。

以下蓄水补充水源工程及各类渠首引水和提水工程进行除险加固。根据灌溉水源具体情况与灌溉需要,规划拟对 4 994 座水源工程(包括 4 586 座山塘、14 座陂坝、394 座提灌站)进行除险加固改造,工程总投资约 2.87 亿元。其中,2020 年及以前安排 4 709 座

（包括 4 396 座山塘、313 座提灌站），工程总投资约 1.31 亿元；2021~2030 年间安排 285
座（包括 190 座山塘、14 座陂坝、81 座提灌站），工程总投资约 1.56 亿元。

赣江流域果林灌区改扩建及除险加固地表水灌溉水源工程规划详见表 6-6。

表 6-6　赣江流域果林灌区改扩建及除险加固地表水灌溉水源工程规划

| 县（市、区）名称 | 所在地市 | 蓄水工程 | | 引水工程 | | 提水工程 | | 合计 | | 水平年 |
|---|---|---|---|---|---|---|---|---|---|---|
| | | 数量（座） | 投资（万元） | 数量（座） | 投资（万元） | 数量（座） | 投资（万元） | 数量（座） | 投资（万元） | |
| 流域总计 | | 4 586 | 10 859.17 | 14 | 10.18 | 394 | 17 815.58 | 4 994 | 28 684.93 | — |
| 2020 年及以前小计 | | 4 396 | 7 840.92 | | | 313 | 5 242.90 | 4 709 | 13 083.82 | — |
| 2021~2030 年小计 | | 190 | 3 018.25 | 14 | 10.18 | 81 | 12 572.68 | 285 | 15 601.11 | — |
| 赣州市辖区 | 赣州市 | | | | | 3 | 35.84 | 3 | 35.84 | 2020 |
| 南康市 | 赣州市 | | | | | 19 | 5 603.87 | 19 | 5 603.87 | 2030 |
| 赣县 | 赣州市 | 5 | 8.42 | 14 | 10.18 | 26 | 330.88 | 45 | 349.48 | 2030 |
| 信丰县 | 赣州市 | 3 755 | 4 375.20 | | | | | 3 755 | 4 375.20 | 2020 |
| 上犹县 | 赣州市 | 6 | 2 350.07 | | | 19 | 5 147.98 | 25 | 7 498.05 | 2030 |
| 崇义县 | 赣州市 | 5 | 177.45 | | | 17 | 1 489.95 | 22 | 1 667.40 | 2030 |
| 定南县 | 赣州市 | 9 | 73.31 | | | | | 9 | 73.31 | 2030 |
| 全南县 | 赣州市 | | | | | 23 | 566.91 | 23 | 566.91 | 2020 |
| 宁都县 | 赣州市 | | | | | 192 | 1 321.05 | 192 | 1 321.05 | 2020 |
| 于都县 | 赣州市 | 641 | 3 465.72 | | | 82 | 2 981.26 | 723 | 6 446.98 | 2020 |
| 寻乌县 | 赣州市 | 165 | 409.00 | | | | | 165 | 409.00 | 2030 |
| 石城县 | 赣州市 | | | | | 13 | 337.84 | 13 | 337.84 | 2020 |

**2. 新建灌溉水源工程规划**

根据果林灌区及流域（区域）水源情况，本次规划重点进行地表水灌溉水源总体规划
与布局。

规划新建山塘工程 132 座，总蓄水容积 544.7 万 $m^3$；新建引水陂坝工程 57 座，总引
水流量 5.96 $m^3/s$；新建小型提水工程 90 座，总装机容量 2 429 kW，提水流量 18.31 $m^3/s$。

赣江流域果林灌区新建地表水灌溉水源工程安排详见表 6-7。

表 6-7　赣江流域果林灌区新建地表水灌溉水源工程

| 县（市、区）名称 | 所在地市 | 蓄水工程 | | 引水工程 | | 提水工程 | | | 水平年 |
|---|---|---|---|---|---|---|---|---|---|
| | | 数量（座） | 蓄水容积（万 m³） | 数量（座） | 引水流量（m³/s） | 数量（座） | 装机容量（kW） | 提水流量（m³/s） | |
| 流域总计 | | 8 941 | 2 968.3 | 656 | 7.75 | 831 | 15 280.0 | 106.72 | |
| 2020 年及以前小计 | | 3 145 | 1 345.3 | 178 | 2.79 | 364 | 7 439.0 | 89.48 | |
| 2021～2030 年小计 | | 5 796 | 1 623.0 | 478 | 4.96 | 467 | 7 841.0 | 17.24 | |
| 瑞金市 | 赣州市 | 593 | 296.0 | | | 7 | 480.0 | 0.79 | 2030 |
| 信丰县 | 赣州市 | 318 | 512.0 | | | 250 | 2 308.0 | 3.74 | 2020 |
| 安远县 | 赣州市 | 148 | 223.6 | | | | | | 2020 |
| 龙南县 | 赣州市 | | | | | 144 | 3 213.0 | 5.77 | 2030 |
| 于都县 | 赣州市 | 2 663 | 510.5 | 176 | 2.60 | 111 | 5 065.0 | 85.02 | 2020 |
| 会昌县 | 赣州市 | 5 180 | 1 214.3 | 475 | 4.60 | 310 | 3 818.0 | 6.98 | 2030 |
| 吉安市辖区 | 吉安市 | 23 | 112.7 | 3 | 0.36 | 6 | 330.0 | 3.70 | 2030 |
| 渝水区 | 新余市 | 16 | 99.2 | 2 | 0.19 | 3 | 66.0 | 0.72 | 2020 |

3. 已建果林灌区续建配套与节水改造规划

本次规划对赣江流域全部果林灌区进行续建配套与节水改造规划,规划骨干渠道整治 1 232.11 km,骨干渠系建筑物改造 1 344 座,骨干排水沟整治 123.60 km,末级渠道整治 9 280.11 km,末级渠系建筑物改造 100 座,灌区园田化面积 81.32 万亩,工程总投资约 10.63 亿元。

赣江流域已建果林灌区续建配套与节水改造规划情况见表 6-8。

4. 新灌区建设规划

本次规划新建果林灌区 178 座(均为小型果林灌区),规划灌溉面积 56.08 万亩,规划工程总投资约 2.46 亿元。

计划分两个阶段实施 178 座新灌区的工程建设。其中,近期(2020 年及以前)安排 74 座,工程总投资约 0.97 亿元;远期(2021～2030 年)安排 104 座,工程总投资约 1.49 亿元,详见表 6-9。

## 6.1.7　灌溉非工程措施规划

要充分发挥灌溉工程效益,为流域内社会经济发展服务,就必须坚持工程措施和非工程措施并举,进一步提高管理水平,因此灌溉非工程措施也是灌区的重要建设内容。灌溉非工程措施建设主要包括灌区量水设施、通信调度、信息化等建设内容。

表 6-8　赣江流域已建果林灌区续建配套改造规划

| 序号 | 县（市、区）名称 | 骨干工程 | | | | 田间工程 | | | | 总投资（万元） | 效益（万亩） | | 水平年 |
|---|---|---|---|---|---|---|---|---|---|---|---|---|---|
| | | 渠道整治（km） | 渠系建筑物（座） | 排水沟整治（km） | 投资（万元） | 面积（万亩） | 末级渠道整治（km） | 建筑物（座） | 投资（万元） | | 新增灌溉面积 | 改善灌溉面积 | |
| | 流域总计 | 1 232.11 | 1 344 | 123.60 | 17 838.86 | 81.32 | 9 280.11 | 100 | 88 481.65 | 106 320.52 | 62.46 | 41.56 | — |
| | 2020 年及以前小计 | 420.27 | 523 | 123.60 | 12 483.69 | 52.04 | 7 481.18 | 100 | 38 942.50 | 51 426.20 | 36.45 | 28.80 | — |
| | 2020~2030 年小计 | 811.84 | 821 | | 5 355.17 | 29.28 | 1 798.93 | | 49 539.15 | 54 894.32 | 26.01 | 12.76 | — |
| 1 | 赣州市辖区 | | | | | 0.11 | 29.50 | | 168.84 | 168.84 | 0.06 | 0.03 | 2020 |
| 2 | 瑞金市 | | | | | 1.37 | 7.00 | | 313.92 | 313.92 | 0.41 | 1.00 | 2020 |
| 3 | 南康市 | | | | | 5.61 | 1 282.48 | | 2 650.51 | 2 650.51 | 5.74 | 0.68 | 2020 |
| 4 | 赣县 | 220.80 | 100 | | 9 368.38 | 10.08 | 103.70 | | 2 485.38 | 11 853.76 | 1.90 | 11.95 | 2020 |
| 5 | 信丰县 | 670.84 | | | 1 713.00 | 23.93 | 1 220.35 | | 47 087.49 | 48 800.49 | 22.40 | 9.43 | 2030 |
| 6 | 大余县 | 11.30 | 10 | | 236.87 | 0.48 | 32.80 | | 196.81 | 433.68 | 0.02 | 0.47 | 2030 |
| 7 | 上犹县 | | | | | 9.32 | 2 376.06 | | 6 193.00 | 6 193.00 | 6.70 | 5.32 | 2020 |
| 8 | 崇义县 | | | | | 1.68 | 384.08 | | 1 029.50 | 1 029.50 | 0.86 | 1.54 | 2030 |
| 9 | 安远县 | | | | | 4.26 | 1 589.44 | | 7 312.66 | 7 312.66 | 2.28 | 2.97 | 2020 |
| 10 | 定南县 | | | | | 0.28 | 74.05 | | 352.44 | 352.44 | 0.22 | 0.07 | 2030 |
| 11 | 全南县 | 85.80 | 151 | | 576.90 | 0.66 | 44.00 | | 130.98 | 707.88 | 0.29 | 0.46 | 2030 |
| 12 | 宁都县 | 199.47 | 423 | | 2 566.75 | 9.08 | 1 293.50 | | 11 007.19 | 13 573.94 | 7.19 | 4.04 | 2020 |
| 13 | 于都县 | | | 123.60 | 548.56 | 4.21 | 799.50 | | 2 326.38 | 2 874.95 | 2.08 | 1.89 | 2020 |
| 14 | 寻乌县 | | 660 | | 2 358.69 | 1.11 | | | | 2 358.69 | 1.10 | 0.49 | 2030 |
| 15 | 石城县 | 43.90 | | | 469.71 | 1.14 | 43.65 | | 741.93 | 1 211.64 | 1.13 | 0.30 | 2030 |
| 16 | 分宜县 | | | | | 8.00 | | 100 | 6 484.62 | 6 484.62 | 10.09 | 0.91 | 2020 |

表6-9　赣江流域果林灌区规划表

| 序号 | 灌区名称 | 所在县 | 规划灌溉面积（万亩） | 现状灌溉面积（万亩） | 新增灌溉面积（万亩） | 改善灌溉面积（万亩） | 投资（万元） | 水平年 |
|---|---|---|---|---|---|---|---|---|
| | 流域总计(178座) | | 56.08 | | 56.08 | | 24 598.22 | — |
| | 2020年及以前小计(74座) | | 13.87 | | 13.87 | | 9 733.70 | — |
| | 2021~2030年小计(104座) | | 42.21 | | 42.21 | | 14 864.52 | — |
| 1 | 果林灌区(30座) | 龙南县 | 4.54 | | 4.54 | | 6 274.20 | 2020 |
| 2 | 果林灌区(78座) | 会昌县 | 25.34 | | 25.34 | | 7 553.97 | 2030 |
| 3 | 果林灌区(26座) | 于都县 | 16.87 | | 16.87 | | 7 310.55 | 2030 |
| 4 | 果林灌区(30座) | 瑞金市 | 6.37 | | 6.37 | | 689.43 | 2020 |
| 5 | 果林灌区(8座) | 吉安市辖区 | 1.01 | | 1.01 | | 203.78 | 2020 |
| 6 | 果林灌区(6座) | 渝水区 | 1.95 | | 1.95 | | 2 566.29 | 2020 |

### 6.1.7.1　量水设施建设规划

灌区量水设施是灌区实行计划用水和农田合理灌溉的重要管理设施,也是灌区实行水费制度改革,实现"按方收费",推行灌区高效节水管理的重要保障,在灌区的运行管理特别是用水管理和生产管理中占有重要地位。

目前,除赣抚平原、章江、南车、袁惠渠、袁北、锦北灌区量水设施已在大型灌区续建配套与节水改造工程中配置外,赣江流域其他灌区内普遍缺乏量水、测水设施,给灌区的用水管理等带来了诸多不便,也在一定程度上制约了灌区水费制度的改革。为加强灌区的用水管理,实行计划用水,合理用水,为发展"两高一优"农业和节水农业创造有利条件,也为灌区的水费征收管理工作提供有效手段,需进行灌区量水设施的配套建设。

量水设施的布置以尽量结合渠系建筑物改造统一考虑,同时做到精确可靠,既经济实用,又易于管理。

### 6.1.7.2　通信调度规划

灌区一般采用通信分有线和无线通信,目前,赣江流域各灌区内有线和无线通信虽然发展迅速,但灌区工程通信仍相当落后,现有通信调度设施不能满足灌区的通信调度要求。

根据灌区通信调度的要求,规划拟在各灌区现有通信调度的基础上,建设一个灌溉、防汛通信调度专网,并与全省防汛通信专网连接。

### 6.1.7.3　信息化建设规划

目前,赣江流域内各灌区信息化程度普遍较低,在运用管理如工程管理、行政管理、水资源管理等方面主要靠大量的人力资源来进行,效率低下。为提高流域内各灌区现代化水平,进一步提高灌区用水效率和效益,根据水利部"农水灌字〔2002〕09号"关于加快水利信息化建设的指示精神,按照"科学规划,分步实施,因地制宜,高效可靠"的原则,应在已实施的信息化项目的基础上,进一步充实、完善信息化建设。

## 6.1.8　近年来的抗旱经验

干旱灾害是赣江流域主要自然灾害之一,一般每年6月底7月上旬前后便进入晴热少雨的干旱期,7~8月在单一干热气团控制下,月降水量一般只有100 mm或小于100 mm,而同期蒸发量可达200 mm以上,干旱延续时间一般是20~30 d,最长在40~50 d以上。9~10月降水量一般在100 mm以下,也少于蒸发量。若该时期影响流域的台风雨偏少,则将发生伏旱甚至连续秋旱,干旱可一直延续到10月。

"水灾一条线,旱灾一大片",旱灾的发生往往涉及范围较大,影响范围亦已由以农业为主扩展到工业、城市、生态等领域。工农业争水、城乡争水、国民经济挤占生态用水现象越来越严重,给城乡居民生活和工农业生产造成不同程度的影响,严重制约流域社会经济的正常运行。随着经济社会的快速发展、城市化进程的加快和社会主义新农村建设、人民生活水平不断的提高,对水资源的需求量也在不断增加,同时由于全球气候变暖导致极端气候事件发生频率增加,干旱灾害的发生会更趋频繁,干旱对农业以外的其他社会经济领域造成的影响日益突显出来,旱灾造成的影响和损失更加严重。

中华人民共和国成立以来,为了减少干旱灾害给国民经济和人民生活造成的巨大损失,在党和政府的高度重视下,省、市、县各级政府在抗旱方面投入了巨大的人力、物力和财力,取得了巨大成就,也积累了一些宝贵的经验。如抗旱工程措施方面有:修建蓄、引、提、抗旱等水利设施;人工增雨作业;调整种植结构,发展耐旱作物等避灾农业;在农业灌溉中采用控水灌溉、滴灌、喷灌、畦灌、渗灌等节水灌溉技术。抗旱非工程措施方面包括:建立了乡镇抗旱服务组织,加强了基层的抗旱能力;制定了相关的法律、法规、条例及制度,为抗旱工作起到了法律支撑的作用;建立了旱情监测站网,加强了信息采集与监测能力,为科学抗旱决策提供了技术支撑。

## 6.1.9　特枯年抗旱对策

据资料记载,中华人民共和国成立以来,全省出现大旱或特大旱的年份有1961年、1963年、1966年、1971年、1978年、1991年、2003年、2004年、2007年等。其中,1961年、1963年、1978年、1991年、2003年、2004年、2007年等年份发生了全省性的大面积旱灾。

由江西省长系列气象资料统计可知,即便是在大旱或特大旱年份,即使是春、夏连旱,4~6月降水量仍能可以基本满足春夏作物的生长需水,甚至早稻的灌溉用水也能得到基本保证,即使出现缺水也是局部的,其影响范围也较为有限。因此,在江西省出现大面积严重旱灾的季节主要是秋季(7~10月),其次是冬季。可见,在赣江流域,在合理运用现有水利设施的条件下,对于春夏作物,其灌溉用水基本能得到满足。因此,制定特枯水年抗旱对策,主要是针对夏季作物和越冬作物。

赣江流域的夏秋季作物主要有晚稻、甘蔗、棉花、大豆、薯类、蔬菜、林果等,主要的冬季作物和越冬作物有绿肥、油菜、小麦、蔬菜等。

对于夏秋作物,由于流域7~9月处于高温少雨期,田间水量蒸发很大,水面日蒸发量一般为6~8 mm,有时达10 mm;而降雨量很少,有的年份在7~10月甚至出现连续40多天滴雨不下。因此,无论是晚稻还是旱作物,在该生长期均需进行大量灌溉补水。而晚稻的灌溉需水量一般为旱作物的 3 ~ 4 倍。

冬季作物均为旱作物,旱作物耐干旱的能力也较强。同时,由于冬季气温较低,蒸发量较小,作物生长需水量较少,灌溉用水也较少。

制定特枯水年抗旱对策,主要从以下几方面进行考虑:

(1)当地政府应建立旱灾预警、预报机制,并定期和不定期地对可能出现的旱灾进行中长期预报和短期预报。

(2)加强对水利工程的管理,定期报告蓄水工程的蓄水量情况:每年 6 月底前,在各月底报告一次,7 ~ 9 月须每旬报告一次。

(3)结合旱情预报和水雨情预报,研究制定下一步的抗旱措施;特别需要关注和分析的是 7 月上、中旬的蓄水量报告,结合中期天气形势预报,应及时发布旱情报告,引导农民调整秋季作物播种品种,做好相应的抗旱准备。

(4)加强河流、水库抗旱用水调度,确保城乡居民生活用水及基本农田的灌溉用水。

(5)实施必要的防大旱工程建设:根据地形和地下水分析情况,在条件许可的地方开挖灌溉井;在林果地和种植其他高效经济作物的丘陵坡地,建设雨水集蓄工程;根据水源情况和农田分布情况,购置适量的抗旱水泵,并进行相应的电力布设。

(6)加强乡镇抗旱组织建设,提高基层抗旱能力。

(7)建立适应本流域实际情况的地方法规,用以指导抗旱工作。同时,建立健全抗旱的管理体制及运行机制。

(8)建设旱情监测系统及决策咨询系统,结合现有监测网络,形成一个覆盖全省的旱情信息采集、传输、数据存储和查询服务体系,促进和提高旱情信息的自动化监测和管理水平。为抗旱减灾决策、水资源合理配置、节水型社会建设等提供科学依据。

# 6.2　供水规划

赣江流域供水规划分赣江流域城市供水规划和赣江流域农村供水规划。城市指建制市和县级城镇。农村指县城以下的乡镇和农村。城市供水规划以城市(建制市或县级城镇)为单元,农村供水规划以县为单元。

## 6.2.1　供水现状评价与存在的问题

现状城市供水主要由城市公共水厂供水和自建设施供水组成,用水主要由居民生活、工业、建筑业、第三产业及生态用水等组成。据调查统计,赣江流域现状(2007 年)城市供水总人口 610.28 万,供水总规模 990.6 万 $m^3/d$。其中,公共水厂 72 座,设计供水规模为 381.6 万 $m^3/d$,自建设施供水规模为 609 万 $m^3/d$。公共水厂主要为城市居民提供生活用水,自建设施主要为工业提供生产用水。2007 年赣江流域城市总用水量 293 205 万 $m^3$。其中,城市居民生活(包括建筑业)用水量为 43 895 万 $m^3$、工业用水量(包括火电)为 222 248 万 $m^3$、第三产业用水量为 26 195 万 $m^3$、生态年用水量为 8 670 万 $m^3$。

现状城市供水以地表水为主,除特枯年外,供水水质、水量基本能满足要求。但随着城市人口的增长和经济的持续发展,城镇用水量将加大,水资源供需矛盾不可避免,尤其是干旱季节,城市供水形势更为严峻。此外,由于部分城市的污水未经处理排放,流经城市的河流近岸水体污染严重,城市居民生活用水受到水质恶化的威胁。

目前,赣江流域城市供水设施完备,但生产设备较陈旧,供水管道老化现象严重,管网损失率较大。在工业用水方面,由于用水工艺落后,运行管理不科学,工业用水重复利用率低,工业万元产值用水量相对较高,工业用水存在严重浪费现象。在城镇生活用水方面,由于水价不尽合理,存在用水浪费现象。

现状农村供水设施分集中式供水设施和分散式供水设施,用水主要由农村居民(包括乡镇)生活用水和农村牲畜用水组成。据调查统计,2007 年赣江流域农村居民生活总供水量 41 410 万 m³,农村牲畜总用水量 11 559 万 m³。其中,集中式提供水量 17 986 万 m³,供水人口 480.99 万;分散式提供水量 34 983 万 m³,供水人口 937.22 万,集中式供水量仅占农村居民生活供水量的 33.96%。农村饮水不安全人口 501.36 万。

赣江流域农村人口数量大,居住分散。目前仅有少部分的农村居民由集中式供水工程供水,还有不少农村居民靠压水井、大口井直接取其地下水,或从河流、水库、山塘、渠道、小溪等直接取地表水饮用。由于赣江流域水资源时空分布极不均匀,丰枯水量相差悬殊。丰水期水量虽有保证,但相当一部分水源水质不符合国家生活饮用水卫生标准,加上农药、化肥的施用量不断增加,部分饮用水源污染加重。由于地质和地层构造等原因,部分地区地下水的砷含量、氟含量、氯化物含量以及溶解性总固体含量超标。赣江流域部分地区未经处理的地下水和地表水存在着被污染、高砷、高氟、味道苦涩等水质问题。

## 6.2.2 规划任务和目标

### 6.2.2.1 规划任务

赣江流域供水规划的主要任务是对赣江流域供、用水现状进行调查与分析,根据国民经济发展目标和城市化建设要求,进行规划近期水平年(2020 年)和远期水平年(2030 年)需水分析,针对目前及今后可能存在的问题,立足于水资源的合理开发与配置,提出解决赣江流域水资源供需平衡的基本思路和措施,保障社会经济可持续发展。

### 6.2.2.2 规划目标

1. 总体目标

通过实施开源、挖潜、节流、水资源保护、改革水管理体制和水资源统一规划与管理等工程措施和非工程措施,尽可能提高水资源可利用程度,保证近期和远期达到与社会经济共同可持续发展相适应的水资源供需平衡。

2. 城市供水规划目标

到 2020 年,城市集中式饮用水水源地得到有效保护,初步建立城市应急水源保障机制,使城市饮用水安全得到有效保障,满足城市发展对城市饮用水安全的要求;2020 年到 2030 年,进一步加强对城市集中式饮用水水源地的保护,增大供水规模,提高供水保证率,加强应急水源储备,使城市饮用水安全得到保障。

3. 农村供水规划目标

统筹城乡供水,提高农村供水标准。2020 年以前,全部解决农村饮用水水质不达标和血吸虫病疫区人口饮水问题,消除氟、砷超标和苦咸水等严重污染水现象,改善农村无供水设施、用水极不方便、季节性缺水等用水条件,使 60% 以上农村人口普及自来水供应;2020~2030 年,进一步改善农村用水条件,扩大集中式供水人口,减少分散式供水人口,同时加强对饮用水源地的保护,到 2030 年,使 85% 以上农村人口普及自来水供应。

### 6.2.3　供需预测与平衡

#### 6.2.3.1　城市可供水量

赣江流域城市可供水量主要包括公共水厂可供水量和自建设施可供水量。据调查统计,2007 年公共水厂可供水量为 139 289 万 $m^3$,自建设施可供水量为 222 285 万 $m^3$。

#### 6.2.3.2　农村可供水量

赣江流域农村可供水量主要包括集中式供水工程可供水量和分散式供水工程可供水量。据调查统计,2007 年集中式供水工程可供水量为 16 293 万 $m^3$,分散式供水工程可供水量为 40 231 万 $m^3$。

#### 6.2.3.3　城市需水预测

城市需水预测分居民生活、工业、第三产业、生态四类进行。

1. 居民生活需水量预测

影响城市生活需水量除人口增长的因素外,还与城市设施的完善和生活水平的提高密切相关,城市生活需水量预测采用定额法计算。

城市人口:城市人口预测时,主要考虑自然增长率和城市化率两个因素。

用水定额:根据对各城市现状用水定额的调查分析和建设部用水规范标准,同时考虑城市设施的完善、生活用水水平提高,并以水资源综合规划成果为参考,预测各城市不同水平年的用水定额。

根据各城市不同水平年调查和预测用水人口以及相应水平年的居民生活用水定额,计算城市居民生活需水量。经分析计算,江西省赣江流域城市 2020 年、2030 年居民生活总毛需水量分别为 84 168 万 $m^3$、107 424 万 $m^3$。

2. 工业需水预测

现状工业用水量分析表明,除产品产量或产值外,影响工业需水量变化的因素很多,如工业结构、工艺技术水平、用水管理、节水水平等。根据江西省赣江流域城市实际情况,工业需水量按定额法预测,一般工业需水量按其产值与一般工业用水定额乘积计算。

工业产值:各水平年的工业产值预测,以现状 2007 年为基础,根据江西省国民经济和社会发展第十一个五年规划纲要,参考江西省水资源综合规划成果进行预测。

按各城市预测的工业增加值和用水定额分别计算各水平年的工业用水量,经分析计算,赣江流域工业毛需水量 2020 年 408 112 万 $m^3$、2030 年 432 925 万 $m^3$。

3. 第三产业需水量

第三产业需水预测方法与一般工业需水预测方法相同。经分析计算,赣江流域第三产业毛需水量 2020 年 82 912 万 $m^3$、2030 年 106 068 万 $m^3$。

4. 生态需水量预测

城市生态需水包括公园绿地用水和城区内的河湖补水,生态用水参照城市供水人口及城市居民生活用水进行估算。经分析计算,赣江流域城市生态需水量 2020 年为 12 625 万 $m^3$、2030 年为 16 117 万 $m^3$。

5. 城市总需水量预测

经分析计算,赣江流域城市总需水量 2020 年为 587 817 万 $m^3$、2030 年为 662 534 万 $m^3$。

#### 6.2.3.4　农村需水预测

农村需水预测分居民生活需水预测和牲畜需水预测。

1. 农村居民生活需水量预测

农村人口(包括乡镇):农村人口预测时,主要考虑自然增长率和城市化率两个因素。随着城市化率的提高,农村人口总体呈下降趋势。

用水定额:不同水平年农村生活用水定额参照《村镇供水工程技术规范》(SL 310—2004)确定。

2. 牲畜需水量预测

牲畜头数:以各地市上报资料为基础,以水资源综合规划成果为控制,参照农村人口进行预测。

用水定额:不同水平年牲畜用水定额以现状为基础,参照《村镇供水工程技术规范》(SL 310—2004)确定。

经分析计算,赣江流域 2020 年农村需水量 87 915 万 $m^3$,其中农村居民生活需水量为 54 271 万 $m^3$,牲畜需水量为 33 644 万 $m^3$;赣江流域 2030 年农村需水量为 105 809 万 $m^3$,其中农村居民生活需水量为 63 431 万 $m^3$,牲畜需水量为 42 378 万 $m^3$。

#### 6.2.3.5　供需平衡分析

1. 城市供需平衡分析

根据现状(2007 年)可供水量和规划水平年 2020 年、2030 年需水量预测分析成果,进行供需平衡分析:基准年 2007 年,赣江流域各城市可供水量均大于需水量,基本满足城市居民生活和经济社会发展要求;到近期规划水平年 2020 年,赣江流域各城市可供水量均小于需水量,流域共需增加供水量 226 243 万 $m^3$。到远期规划水平年 2030 年,赣江流域各城市需水量缺口继续加大,赣江流域共需增加供水量 300 960 万 $m^3$。

2. 农村供需平衡分析

基准年 2007 年,赣江流域各县农村可供水量均大于需水量,基本满足农村用水要求。到近期规划水平年 2020 年,赣江流域农村集中式供水工程可供水量小于需水量,需增加集中式供水工程,供水量为 31 391 万 $m^3$。到远期规划水平年 2030 年,赣江流域农村集中式供水工程需继续增加,增加供水量 49 285 万 $m^3$。

### 6.2.4　供水工程规划

#### 6.2.4.1　城市供水工程规划

根据供需平衡分析结果,赣江流域城市供水近期水平年(2020 年)规划对现有的 31 座水厂进行改扩建,增加供水规模 144.2 万 $m^3/d$,新建水厂 56 座,增加供水规模 690.7 万 $m^3/d$;远期水平年(2030 年)规划改扩建水厂 33 座,增加供水规模 147.2 万 $m^3/d$,新建水厂 93 座,增加供水规模 778.5 万 $m^3/d$。

赣江流域各城市供水设施建设改造规划具体见表 6-10。

#### 6.2.4.2　农村供水工程规划

农村供水规划首先解决农村饮水不安全人口饮用水问题,2020 年前解决 501.36 万人的饮水安全问题。

根据供需平衡分析,对农村集中式供水工程进行规划,近期规划水平年 2020 年赣江流域规划改造集中式供水工程 3 271 处,新建集中式供水工程 13 892 处,增加供水量 32 631 万 $m^3$,使 756.64 万人饮用自来水。远期规划水平年 2030 年赣江流域规划改造集中式供水工程 4 373 处,新建集中式供水工程 18 336 处,增加供水量 43 124 万 $m^3/d$,使 1 005.93 万人饮用自来水。农村集中式供水工程规划见表 6-11。

### 6.2.5　供水应急保障措施

#### 6.2.5.1　城市供水应急保障措施

城市供水是保障生产和居民生活的基本条件和重要物质基础,供水的安全性对于保障公众健康、生命安全和社会稳定具有极为重要的作用。目前,流域内各城市饮用水水源较为单一,如遇上连续干旱年、特殊干旱年及突发污染事故的发生,风险程度高。因此,建立应急备用水源工程,是提高政府应对涉及公共危机的水源地突发事件的能力,维护社会稳定,保障公众生命健康和财产安全,促进社会全面、协调、可持续发展的必要措施。

建立完善的应急备用水源保障体系,应工程措施与非工程措施并举,两者相互结合、相互补充。城市应急供水保障措施主要包括以下几方面:

(1)建立完善的应急监测体系,对应急备用水源工程及其水源水质进行监测,确保一旦遇到非常供水时期,应急备用水源工程的安全运行。

(2)组成以市长为首的供水应急指挥领导小组和有关专家组,一旦遇到供水非常时期,应立刻开展供水危机处理工作,分析应急监测得到的信息,选择应急供水的具体方案。

(3)在应急供水时期,启动应急备用水源,结合原有的城市自来水管网供水系统形成统一的城市应急供水网络。

(4)在应急供水时期,实行控制性供水,建立应急供水秩序。应急供水的优先级别为:首先满足生活用水,其次是副食品生产用水,再次是重点工业用水,最后是农业用水。

(5)应该采用隔离防护、生态修复、控制污染源等方法,对应急水源地进行保护。

#### 6.2.5.2　农村供水应急保障措施

保障农村居民饮水安全,事关农村居民的身体健康和正常生活,是全面建设社会主义新农村的基础条件。为了保证农村因干旱造成农村人畜饮水困难得到有序解决,必须坚持"以防为主,防重于抗,抗重于救"的防旱、抗旱方针,贯彻落实行政首长负责制,全面部署,统一指挥,统一调度,工程措施与非工程措施并举。针对农村人口分布面广,且较为分散的特点,采取的应急供水措施如下:

(1)对水库水源进行保护,预留应急水源。应急时从水库中提水解决农村饮水困难。

(2)对不能找到水源解决农村人畜饮水困难的村,采取用车辆送水,并实行定点供水。

表 6-10 赣江流域各城市供水设施建设改造规划

| 序号 | 区域名称（市、县） | 水平年 | 水厂扩建改造 | | 新建水厂 | | 增供水规模（万 m³/d） | 年增加供水量（万 m³） |
|---|---|---|---|---|---|---|---|---|
| | | | 数量（个） | 增供水规模（万 m³/d） | 数量（个） | 供水规模（万 m³/d） | | |
| | 流域合计 | 2020 | 31 | 144.2 | 56 | 690.7 | 834.9 | 252 106 |
| | | 2030 | 33 | 147.2 | 93 | 778.5 | 925.7 | 337 881 |
| 1 | 南昌市区 | 2020 | 2 | 20 | 5 | 170 | 190 | 69 350 |
| | | 2030 | 2 | 20 | 7 | 203 | 223 | 81 395 |
| 2 | 莲花县 | 2020 | 1 | 2 | 1 | 4 | 6 | 2 190 |
| | | 2030 | 1 | 2 | 2 | 6 | 8 | 2 920 |
| 3 | 芦溪县 | 2020 | 1 | 5 | 2 | 16 | 21 | 7 665 |
| | | 2030 | 1 | 5 | 4 | 27 | 32 | 11 680 |
| 4 | 新余市区 | 2020 | 2 | 20 | 3 | 72 | 92 | 33 580 |
| | | 2030 | 2 | 20 | 5 | 109 | 129 | 47 085 |
| 5 | 分宜县 | 2020 | 1 | 5 | 2 | 12 | 17 | 6 205 |
| | | 2030 | 1 | 5 | 3 | 20 | 25 | 9 125 |
| 6 | 赣州市区 | 2020 | 1 | 10 | 4 | 25 | 35 | 12 775 |
| | | 2030 | 1 | 10 | 6 | 36 | 46 | 16 790 |
| 7 | 赣县 | 2020 | | | 1 | 7 | 7 | 2 555 |
| | | 2030 | | | 2 | 10 | 10 | 3 650 |
| 8 | 信丰县 | 2020 | 1 | 2 | 2 | 11 | 13 | 4 745 |
| | | 2030 | 1 | 2 | 3 | 13 | 15 | 5 475 |

续表 6-10

| 序号 | 区域名称（市、县） | 水平年 | 水厂扩建改造 | | 新建水厂 | | | 增供水规模（万 m³/d） | 年增加供水量（万 m³） |
|---|---|---|---|---|---|---|---|---|---|
| | | | 数量（个） | 增供水规模（万 m³/d） | 数量（个） | 供水规模（万 m³/d） | | | |
| 9 | 大余县 | 2020 | 1 | 5 | 1 | 7 | 12 | 4 380 |
| | | 2030 | 1 | 5 | 2 | 10 | 15 | 5 475 |
| 10 | 上犹县 | 2020 | | | 1 | 5 | 5 | 1 825 |
| | | 2030 | | | 1 | 5 | 5 | 1 825 |
| 11 | 崇义县 | 2020 | | | 1 | 8 | 8 | 2 920 |
| | | 2030 | | | 2 | 10 | 10 | 3 650 |
| 12 | 安远县 | 2020 | | | 1 | 5 | 5 | 1 825 |
| | | 2030 | | | 1 | 5 | 5 | 1 825 |
| 13 | 龙南县 | 2020 | | | 1 | 7 | 7 | 2 555 |
| | | 2030 | | | 1 | 7 | 7 | 2 555 |
| 14 | 全南县 | 2020 | | | 1 | 5 | 5 | 1 825 |
| | | 2030 | | | 1 | 5 | 5 | 1 825 |
| 15 | 宁都县 | 2020 | 1 | 3 | 1 | 6 | 9 | 3 285 |
| | | 2030 | 1 | 3 | 2 | 9 | 12 | 4 380 |
| 16 | 于都县 | 2020 | 1 | 5 | 1 | 9 | 14 | 5 110 |
| | | 2030 | 1 | 5 | 2 | 12 | 17 | 6 205 |
| 17 | 兴国县 | 2020 | | | 1 | 9 | 9 | 3 285 |
| | | 2030 | | | 2 | 11 | 11 | 4 015 |

续表 6-10

| 序号 | 区域名称(市、县) | 水平年 | 水厂扩建改造 数量(个) | 水厂扩建改造 增供水规模(万 m³/d) | 新建水厂 数量(个) | 新建水厂 供水规模(万 m³/d) | 增供水规模(万 m³/d) | 年增加供水量(万 m³) |
|---|---|---|---|---|---|---|---|---|
| 18 | 会昌县 | 2020 | | | 1 | 5 | 5 | 1 825 |
| | | 2030 | | | 2 | 7 | 7 | 2 555 |
| 19 | 石城县 | 2020 | | | 1 | 4 | 4 | 1 460 |
| | | 2030 | | | 1 | 4 | 4 | 1 460 |
| 20 | 瑞金市 | 2020 | | | 1 | 11 | 11 | 4 015 |
| | | 2030 | | | 2 | 13 | 13 | 4 745 |
| 21 | 南康市 | 2020 | 1 | 5 | 1 | 8 | 13 | 4 745 |
| | | 2030 | 1 | 5 | 2 | 11 | 16 | 5 840 |
| 22 | 宜春市区 | 2020 | 1 | 5 | 2 | 12 | 17 | 6 205 |
| | | 2030 | 1 | 5 | 4 | 21 | 26 | 9 490 |
| 23 | 丰城市 | 2020 | 3 | 14.5 | 1 | 10 | 24.5 | 8 943 |
| | | 2030 | 3 | 14.5 | 2 | 30 | 44.5 | 16 243 |
| 24 | 樟树市 | 2020 | 1 | 5 | 1 | 4 | 9 | 3 285 |
| | | 2030 | 1 | 5 | 2 | 12 | 17 | 6 205 |
| 25 | 高安市 | 2020 | 1 | 5 | 1 | 8 | 13 | 4 745 |
| | | 2030 | 1 | 5 | 2 | 12 | 17 | 6 205 |
| 26 | 万载县 | 2020 | | | 1 | 7 | 7 | 2 555 |
| | | 2030 | | | 2 | 10 | 10 | 3 650 |

续表6-10

| 序号 | 区域名称（市、县） | 水平年 | 水厂扩建改造 | | 新建水厂 | | 增供水规模（万 m³/d） | 年增加供水量（万 m³） |
|---|---|---|---|---|---|---|---|---|
| | | | 数量（个） | 增供水规模（万 m³/d） | 数量（个） | 供水规模（万 m³/d） | | |
| 27 | 上高县 | 2020 | 1 | 4 | 1 | 11 | 15 | 5 475 |
| | | 2030 | 1 | 4 | 1 | 11 | 15 | 5 475 |
| 28 | 宜丰县 | 2020 | 1 | 1.2 | 1 | 4 | 5.2 | 1 898 |
| | | 2030 | 1 | 1.2 | 2 | 9 | 10.2 | 3 723 |
| 29 | 吉安市区 | 2020 | 2 | 10 | 2 | 13 | 23 | 8 395 |
| | | 2030 | 2 | 10 | 3 | 25 | 35 | 12 775 |
| 30 | 井冈山市 | 2020 | | | 1 | 4 | 4 | 1 460 |
| | | 2030 | | | 2 | 7 | 7 | 2 555 |
| 31 | 吉安县 | 2020 | 1 | 3.5 | 1 | 10 | 13.5 | 4 928 |
| | | 2030 | 1 | 3.5 | 2 | 30 | 33.5 | 12 228 |
| 32 | 吉水县 | 2020 | 3 | 8 | 1 | 2 | 8 | 2 920 |
| | | 2030 | 3 | 8 | 1 | 2 | 10 | 3 650 |
| 33 | 峡江县 | 2020 | | | 1 | 5 | 5 | 1 825 |
| | | 2030 | | | 1 | 5 | 5 | 1 825 |
| 34 | 新干县 | 2020 | | | 1 | 7 | 7 | 2 555 |
| | | 2030 | | | 2 | 9 | 9 | 3 285 |
| 35 | 永丰县 | 2020 | | | 1 | 8.5 | 8.5 | 3 103 |
| | | 2030 | | | 2 | 14.5 | 14.5 | 5 293 |

续表 6-10

| 序号 | 区域名称(市、县) | 水平年 | 水厂扩建改造 数量(个) | 水厂扩建改造 增供水规模(万 m³/d) | 新建水厂 数量(个) | 新建水厂 供水规模(万 m³/d) | 增供水规模(万 m³/d) | 年增加供水量(万 m³) |
|---|---|---|---|---|---|---|---|---|
| 36 | 泰和县 | 2020 | 1 | 5 | 1 | 5 | 10 | 3 650 |
|  |  | 2030 | 1 | 5 | 2 | 8 | 13 | 4 745 |
| 37 | 遂川县 | 2020 |  |  | 1 | 7 | 7 | 2 555 |
|  |  | 2030 |  |  | 2 | 10 | 10 | 3 650 |
| 38 | 万安县 | 2020 |  |  | 1 | 3 | 3 | 1 095 |
|  |  | 2030 |  |  | 2 | 5 | 5 | 1 825 |
| 39 | 安福县 | 2020 |  |  | 1 | 8 | 8 | 2 920 |
|  |  | 2030 |  |  | 2 | 11 | 11 | 4 015 |
| 40 | 永新县 | 2020 | 3 | 1 | 2 | 7 | 8 | 2 920 |
|  |  | 2030 | 5 | 4 | 2 | 7 | 11 | 4 015 |
| 41 | 乐安县 | 2020 |  |  | 2 | 7 | 7 | 2 555 |
|  |  | 2030 |  |  | 2 | 7 | 7 | 2 555 |

表 6-11 江西省赣江流域农村集中式供水工程规划

| 序号 | 县(市) | 2007年 农村总人口(万人) | 2007年 农饮不安全人口(万人) | 2007年 集中式供水人口(万人) | 2020年 规划解决人口(万人) | 2020年 改造供水处数(处) | 2020年 新建供水处数(处) | 2020年 增加供水量(万 m³) | 2030年 规划解决人口(万人) | 2030年 改造供水处数(处) | 2030年 新建供水处数(处) | 2030年 增加供水量(万 m³) |
|---|---|---|---|---|---|---|---|---|---|---|---|---|
| | 流域合计 | 1 418.21 | 501.36 | 480.99 | 745.00 | 3 271 | 13 892 | 32 631 | 984.57 | 4 373 | 18 336 | 43 124 |
| 1 | 南昌县 | 7.66 | 2.74 | 2.95 | 4.65 | 17 | 74 | 204 | 6.75 | 23 | 109 | 296 |
| 2 | 新建县 | 21.44 | 8.60 | 7.12 | 12.99 | 39 | 203 | 569 | 18.87 | 53 | 299 | 827 |

续表 6-11

| 序号 | 县(市) | 2007年 | | | 2020年 | | | | 2030年 | | | |
|---|---|---|---|---|---|---|---|---|---|---|---|---|
| | | 农村总人口(万人) | 农饮不安全人口(万人) | 集中式供水人口(万人) | 规划解决人口(万人) | 改造供水处数(处) | 新建供水处数(处) | 增加供水量(万m³) | 规划解决人口(万人) | 改造供水处数(处) | 新建供水处数(处) | 增加供水量(万m³) |
| 3 | 莲花县 | 20.47 | 6.39 | 6.67 | 9.82 | 52 | 207 | 430 | 12.63 | 70 | 264 | 553 |
| 4 | 芦溪县 | 18.61 | 6.14 | 6.07 | 9.19 | 47 | 191 | 403 | 11.72 | 62 | 241 | 513 |
| 5 | 新余市区 | 50.24 | 13.83 | 20.13 | 25.47 | 124 | 398 | 1 116 | 31.49 | 165 | 481 | 1 379 |
| 6 | 分宜县 | 24.33 | 5.84 | 9.46 | 13.21 | 69 | 254 | 579 | 17.57 | 92 | 338 | 770 |
| 7 | 赣州市区 | 23.64 | 4.76 | 9.60 | 8.96 | 54 | 116 | 392 | 10.48 | 73 | 127 | 459 |
| 8 | 赣县 | 46.23 | 16.66 | 18.60 | 22.45 | 114 | 347 | 983 | 29.05 | 153 | 444 | 1 272 |
| 9 | 信丰县 | 55.60 | 13.39 | 20.38 | 30.02 | 128 | 501 | 1 315 | 42.29 | 170 | 716 | 1 852 |
| 10 | 大余县 | 22.19 | 5.20 | 8.20 | 11.30 | 59 | 215 | 495 | 14.93 | 79 | 283 | 654 |
| 11 | 上犹县 | 23.90 | 7.62 | 7.61 | 12.28 | 56 | 247 | 538 | 16.31 | 75 | 327 | 714 |
| 12 | 崇义县 | 15.73 | 6.29 | 4.76 | 7.98 | 36 | 169 | 350 | 10.02 | 49 | 209 | 439 |
| 13 | 安远县 | 21.88 | 6.24 | 6.46 | 10.98 | 49 | 231 | 481 | 13.59 | 65 | 281 | 595 |
| 14 | 龙南县 | 19.96 | 11.79 | 6.66 | 12.74 | 45 | 247 | 558 | 16.98 | 61 | 329 | 744 |
| 15 | 定南县 | 4.55 | 1.84 | 1.30 | 2.78 | 10 | 65 | 122 | 4.04 | 14 | 95 | 177 |
| 16 | 全南县 | 15.04 | 5.42 | 4.63 | 7.32 | 32 | 141 | 321 | 9.06 | 43 | 171 | 397 |
| 17 | 宁都县 | 60.49 | 27.22 | 19.87 | 31.43 | 140 | 603 | 1 377 | 41.83 | 187 | 801 | 1 832 |

续表 6-11

| 序号 | 县（市） | 2007 年 | | | 2020 年 | | | | 2030 年 | | | |
|---|---|---|---|---|---|---|---|---|---|---|---|---|
| | | 农村总人口（万人） | 农饮不安全人口（万人） | 集中式供水人口（万人） | 规划解决人口（万人） | 改造供水处数（处） | 新建供水处数（处） | 增加供水量（万 m³） | 规划解决人口（万人） | 改造供水处数（处） | 新建供水处数（处） | 增加供水量（万 m³） |
| 18 | 于都县 | 77.52 | 24.55 | 24.52 | 40.63 | 158 | 719 | 1 780 | 56.18 | 211 | 1 002 | 2 461 |
| 19 | 兴国县 | 60.83 | 20.68 | 18.56 | 30.98 | 136 | 621 | 1 357 | 42.92 | 181 | 868 | 1 880 |
| 20 | 会昌县 | 35.61 | 18.75 | 11.04 | 20.92 | 81 | 434 | 916 | 26.35 | 108 | 541 | 1 154 |
| 21 | 寻乌县 | 2.02 | 0.89 | 0.58 | 1.23 | 4 | 26 | 54 | 1.79 | 5 | 39 | 78 |
| 22 | 石城县 | 24.07 | 6.40 | 7.55 | 12.26 | 56 | 248 | 537 | 15.45 | 74 | 309 | 677 |
| 23 | 瑞金市 | 48.91 | 17.65 | 15.68 | 25.71 | 107 | 481 | 1 126 | 36.41 | 143 | 690 | 1 595 |
| 24 | 南康市 | 59.09 | 15.92 | 19.36 | 30.71 | 129 | 558 | 1 345 | 42.43 | 173 | 776 | 1 858 |
| 25 | 宜春市区 | 69.62 | 29.39 | 28.14 | 36.29 | 163 | 540 | 1 590 | 45.44 | 218 | 662 | 1 990 |
| 26 | 丰城市 | 30.88 | 6.47 | 11.87 | 13.85 | 74 | 216 | 607 | 14.43 | 99 | 204 | 632 |
| 27 | 樟树市 | 24.39 | 12.39 | 11.43 | 15.30 | 73 | 253 | 670 | 18.60 | 97 | 300 | 815 |
| 28 | 高安市 | 64.19 | 22.65 | 20.46 | 36.99 | 147 | 740 | 1 620 | 52.75 | 196 | 1 068 | 2 310 |
| 29 | 万载县 | 41.59 | 16.98 | 13.23 | 23.29 | 103 | 505 | 1 020 | 29.79 | 138 | 639 | 1 305 |
| 30 | 上高县 | 25.10 | 13.12 | 8.01 | 13.57 | 60 | 282 | 594 | 17.42 | 80 | 359 | 763 |
| 31 | 宜丰县 | 19.49 | 8.64 | 6.34 | 10.69 | 45 | 208 | 468 | 14.07 | 60 | 274 | 616 |
| 32 | 吉安市区 | 24.02 | 7.56 | 9.64 | 7.89 | 54 | 96 | 346 | 8.33 | 73 | 85 | 365 |

续表6-11

| 序号 | 县(市) | 2007年 | | | 2020年 | | | | 2030年 | | | |
|---|---|---|---|---|---|---|---|---|---|---|---|---|
| | | 农村总人口（万人） | 农饮不安全人口（万人） | 集中式供水人口（万人） | 规划解决人口（万人） | 改造供水处数（处） | 新建供水处数（处） | 增加供水量（万m³） | 规划解决人口（万人） | 改造供水处数（处） | 新建供水处数（处） | 增加供水量（万m³） |
| 33 | 井冈山市 | 12.19 | 5.02 | 4.27 | 5.23 | 27 | 84 | 229 | 6.44 | 36 | 101 | 282 |
| 34 | 吉安县 | 35.11 | 8.74 | 11.89 | 18.66 | 75 | 320 | 817 | 25.08 | 100 | 431 | 1 099 |
| 35 | 吉水县 | 39.31 | 14.07 | 13.17 | 22.95 | 93 | 452 | 1 005 | 31.05 | 125 | 612 | 1 360 |
| 36 | 峡江县 | 12.78 | 7.91 | 4.03 | 8.36 | 28 | 172 | 366 | 8.72 | 38 | 170 | 382 |
| 37 | 新干县 | 23.40 | 9.59 | 7.31 | 11.83 | 51 | 228 | 518 | 15.75 | 69 | 303 | 690 |
| 38 | 永丰县 | 35.75 | 10.75 | 10.75 | 18.18 | 82 | 385 | 796 | 24.98 | 110 | 532 | 1 094 |
| 39 | 泰和县 | 39.96 | 11.49 | 12.36 | 20.12 | 94 | 420 | 881 | 27.95 | 126 | 588 | 1 224 |
| 40 | 遂川县 | 46.75 | 15.40 | 14.89 | 25.77 | 108 | 517 | 1 129 | 35.14 | 144 | 708 | 1 539 |
| 41 | 万安县 | 24.45 | 9.29 | 7.64 | 13.03 | 53 | 250 | 571 | 16.57 | 71 | 315 | 726 |
| 42 | 安福县 | 31.20 | 13.79 | 9.06 | 16.40 | 62 | 313 | 718 | 21.53 | 82 | 410 | 943 |
| 43 | 永新县 | 39.50 | 16.40 | 12.97 | 21.04 | 95 | 419 | 922 | 29.16 | 126 | 586 | 1 277 |
| 44 | 乐安县 | 18.02 | 6.73 | 5.63 | 9.25 | 42 | 189 | 405 | 11.80 | 56 | 239 | 517 |
| 45 | 宜黄县 | 0.22 | 0.11 | 0.06 | 0.13 | | 3.0 | 5.7 | 0.18 | | 4 | 7.9 |
| 46 | 广昌县 | 0.28 | 0.06 | 0.08 | 0.17 | | 4.0 | 7.4 | 0.25 | | 6 | 11.0 |

（3）对农村集中供水工程，因旱造成水量不足的，将按照先保证生活、后保证生产的原则，实行分时段、阶梯水价等措施，促使村民节约用水。

# 6.3　航运规划

## 6.3.1　航运现状和存在的问题

### 6.3.1.1　干流航道概况

赣州—万安，长 95 km，万安枢纽低水位时回水在赣州市下游的小湖洲尾，距赣州约 35 km，航道仍然处于天然状态，泥沙淤积，枯水航道水深只有 1.0 m，靠日常疏浚维护通航，航道维护等级为六级，可常年通航 100 t 级的船舶。从小湖洲尾至万安大坝的常年回水区长度约 60 km，基本达到三级航道标准。赣州—万安段现状基本达到三级航道标准，目前该段分布有万安船闸 1 座、跨河桥梁 5 座。

万安—吉安，长 112 km，六级航道，为坝下受万安电站影响最大的航段，由于电站下泄流量的不均匀，船舶只能借助高水行船，且非常不安全。2008 年 12 月开工建设的石虎塘航电枢纽位于该段，其船闸按照三级标准设计，工程建成后可渠化上游 38 km 航道。另外，该段分布有跨河桥梁 3 座。

吉安—樟树，长 149 km，于 2003 年进行了五级航道整治，通航 300 t 级船舶。2009 年 9 月开工建设的峡江水利枢纽工程位于该段，其船闸按照三级标准设计，工程建成后可渠化上游 77 km 航道。另外，该段分布有跨河桥梁 6 座。

樟树—南昌，长 94 km，经过 2000 年、2005 年的航道整治，已达到三级航道标准，可常年通航 1 000 t 级船舶。

南昌—湖口，长 156 km，该段航道曾于 1992 年、2002 年分别按四级、三级航道进行了整治，目前已达到三级航道标准，是江西省内河运输最为繁忙的河段。

### 6.3.1.2　支流航道概况

1. 桃江

桃江发源于赣粤交界的九连山脉南端饭池嶂东麓，流经全南、龙南、信丰、赣县，于信丰江口汇入赣江（贡江），全长 262 km，流域面积 7 751 km²。龙南—龙下 14.4 km 为上游，河道蜿蜒于山谷之中，两岸为高山，河床均为石质，险滩毗邻，比降大。龙下—信丰 79.5 km 为中游，河床以沙卵石为主，河宽 150～300 m。信丰—江口 97.5 km 为下游，河床以礁石和沙卵石相间，河宽 70～200 m，两岸丘陵台地相间。桃江航道龙南—信丰 93.9 km 为等外航道；信丰—江口 97.5 km 为七级航道标准。

2. 袁河

袁河是赣江的主要支流，发源于萍乡市的武功山金顶峰北麓，自西向东流经萍乡、宜春、分宜、新余、新干、樟树等县（市、区），于樟树市上游 5 km 的荷湖馆汇入赣江，全长 273 km，流域面积 6 486 km²，占赣江流域面积的 7.8%。

袁河自江口以下河谷开阔，两岸为冲积平原，比降平缓、河道弯曲，一遇暴雨，洪水泛滥成灾。中华人民共和国成立以来，修建了不少水利工程，由于在发展水电、水利工程的同时缺乏综合利用、全面规划的指导,自 1957 年以后,在袁河上修建的数座拦河坝,均无过船设施,加上江口电站在电网中担任调峰任务,其下泄流量变化无常,每年 7 月至次年 3 月航道水深在 0.3 m 左右,每年仅 4~6 月可以通航。区域内无险滩,中洪水期可通航 30~100 t 驳船,未设任何助航标志,仍处于天然通航状态。

### 6.3.1.3　港口现状

截至 2007 年,赣江(赣州—湖口)共有港口 19 个。2007 年完成货物吞吐量 9 072 万 t,旅客发送量 99 万人。货物吞吐量达 500 万 t 以上的港口有南昌港、蛤蟆石、星子、吴城、湖口港,100 万 t 以上的港口有赣州、吉安港等。到 2007 年底,沿江共有码头泊位 528 个,其中 100 t 级以下泊位 265 个,100~300 t 级泊位 161 个,300~500 t 级泊位 38 个,500~1 000 t 级泊位 54 个,1 000 t 级泊位 10 个。仓库堆场总面积 344 605 m²,油库总容积 157 360 m³,港区铁路专用线总长度 3 148 m,其中装卸线总长度 1 253 m。2010 年完成货物吞吐量 14 443 万 t。

#### 1.南昌港

南昌港位于赣江下游,是全省水陆交通枢纽。全港现有码头 47 座、生产性码头泊位 101 个,其中 1 000 t 级泊位 2 个,500 t 级泊位 32 个,300 t 级泊位 15 个,100 t 级及以下泊位 51 个,码头岸线总长 3 968 m,库场面积 15.72 万 m²,油库容积 91 000 m³,候船室 2 162 m²,各类装卸机械 44 台,另有不少利用自然岸坡进行装卸的砂石码头,2007 年货物吞吐量 2 110 万 t,旅客发送量 4.22 万人。2010 年货物吞吐量 1 083 万 t。

#### 2.吉安港

吉安港位于赣江中游,现有码头 42 座、码头泊位 55 个,其中 100 t 级以下泊位 40 个,100~300 t 级泊位 14 个,500 t 级泊位 1 个,码头岸线总长 1 329 m。有仓库面积 6 000 m²,堆场面积 53 350 m²,油库容积 10 400 m³,各类装卸机械 47 台,最大起重能力 5 t。2007 年全港货物吞吐量 152.11 万 t。2010 年货物吞吐量 914 万 t。

#### 3.赣州港

赣州港位于赣江上游,赣州港现有生产性码头 99 座、泊位 153 个,最大靠泊能力 500 t 级。其中 500 t 级泊位 9 个、300 t 级泊位 7 个、100 t 级泊位 3 个、100 t 级以下泊位 134 个,码头岸线总长度 4 556 m,库场面积 20 900 m²,2007 年完成客运量 7 万人次,吞吐量 169 万 t。2010 年货物吞吐量 633 万 t。

### 6.3.1.4　运输概况

#### 1.赣江货运量情况

2007 年全江货运量达 8 500 万 t,其中上水 537.2 万 t、下水 7 962.8 万 t,2010 年全江完成货运量 14 832.3 万 t,其中上水 4 974.3 万 t、下水 9 858 万 t,“十一五”以来赣江货运量年均增长速度 4%。赣江依托其优越的航运条件,在沿江产业带和腹地经济发展、矿产资源开发中发挥了重要的作用。

赣江高等级航道运输货流主要集中在通航条件最好和运输最旺盛的南昌以下河段。

#### 2.运输船舶情况

随着航运市场的持续升温,江西省内河货船运力保持快速增长势头,全省运输船舶净载重吨位由 2007 年的 134.4 万 t 增长到 2010 年的 176.7 万 t,年均增长率达到 10%。与此同时,船舶大型化趋势明显,全省货运船舶平均吨位由 2005 年的 266 t 增长到 2009 年的 460.6 t,其中赣江下游已出现 3 000 t 级以上运输船舶。

目前,赣江内河货运船舶的主要运输方式有机动船、分节驳顶推船队和少量机动驳顶推船队。机动货船是江西省内河船舶的主体。载重吨位从十几吨到数千吨,包括干散货船、油船、集装箱船及少量化学品船、散装水泥船等。500~1 000 t 级机动货船主要运营于南昌以下的赣江和鄱阳湖区。而 300 t 级、500 t 级机动驳主要为赣江南昌以上段沿线在中洪水期运营的船舶。

#### 6.3.1.5　存在的问题

(1)高等级航道达标里程少、通航条件普遍较差。赣江是江西省南北向的重要水上运输大通道,但规划的 606 km 高等级航道范围内,目前仅有樟树至南昌 94 km 航段达到规划的三级航道标准;南昌至湖口的 156 km 航段现为三级航道标准,仍未达到规划的二级航道标准,赣江高等级航道达标率仅为 25%;而赣江其他 356 km 航道中,除万安枢纽渠化了 60 km 库区航道外,其他航道的通航条件普遍较差,目前只能通航 100~300 t 级船舶,严重不适应沿江经济及水运发展的需求。

(2)赣江干流的中上游河段多为山区河流,航道滩多、水浅、流急,必须采取航道整治与梯级渠化措施才能根本改善航道条件和实现航道规划目标。此外,建设资金不足依然是制约赣江高等级航道建设及水运发展的重要因素。未来一段时期,赣江高等级航道的建设任务仍很重,而且工程建设成本上升很快,必须采取及时有效的资金筹措和应对措施。

(3)赣江港口岸线规划滞后,缺乏河流岸线总体规划方案,港口基础设施简陋,港口岸线及陆域资源得不到保证,难以满足现代物流发展的需要。

### 6.3.2　航运规划

#### 6.3.2.1　货运量预测

随着江西省经济社会的持续发展和鄱阳湖生态经济区建设的全面推进,江西省与周边地区间的经济合作和物资交流将进一步加强,长江、赣江的水运优势和江海直达运输功能作用进一步凸显。综合分析未来一定时期赣江流域的产业布局、经济社会发展对赣江水运的发展需求,预测赣江 2020 年货运量将达到 1.75 亿 t,2030 年货运量将达到 2.46 亿 t。

#### 6.3.2.2　船舶发展规划

随着国家节能减排工作和长江水系船型标准化工作的深入推进,以及赣江航道条件的持续改善,江西省内河运输船舶特别是赣江运输船舶的大型化、标准化趋势将进一步发展,内河机动单船继续发展,集装箱船、散装水泥船、液体化工船等专业化船舶比例将逐步提高。

根据运输船舶的发展趋势和赣江航道的通航条件,预计近期赣江高等级航道仍将以机动驳为主,其中南昌以下至湖口段航道,随着船舶的大型化,将以 2 000 t 级机动驳为主;樟树至南昌段航道,将以 1 000 t 级机动驳为主;樟树以上航段,在三湖航电枢纽未建成前,通航船舶将以 100~300 t 机动驳为主。在批量大、运距长、货源稳定的航线上,分节驳顶推船队运输具有优势,但赣江航道以矿建材料运输为主,兼杂货、液体散货等,存在着航线不固定、批量较小且批次较多的问题,另外很多内河港口基本上未配备港作拖轮等问题,不能很好地满足顶推船队的作业要求。因此,近期赣江水上运输仍以机动驳为主,分节驳顶推船队发展的必要性和可能性均不大。

### 6.3.2.3 航运规划目标和任务

**1.目标和任务**

赣江高等级航道是江西省南北向的重要水上运输大通道,并通过长江沟通重庆、武汉等我国中、西部地区和江苏、浙江、上海等东部沿海地区。赣江高等级航道流经赣州、南昌、九江等重要工业城市,与京九铁路共同构筑和支撑着江西省最重要的城市密集带和产业集聚区,成为沿线经济发展和生产力布局的重要依托,在全省综合运输体系中具有重要地位。综合考虑赣江航道的发展现状、水运需求、梯级建设进程及航道建设条件等因素,拟订赣江流域航运规划目标如下:

2020年目标:万安—峡江180 km航段和樟树—南昌75 km航段达到规划的三级标准,南昌—湖口175 km航段达到规划的二级标准,高等级航道达标率为81%,重点建设南昌港及新干、樟树和吉安等赣江中下游港口,主要港口基本实现机械化,全线基本建成千吨级航道标准的水运大通道,运输船舶基本实现现代化,建成与港航相配套的支持保障系统,适应经济社会发展的需求。

2030年目标:随着赣江茅店枢纽以及桃江高良坑、五洋等枢纽的兴建,千吨级航道逐渐往上延伸,最终实现赣粤运河通航。

**2.航道规划**

根据国务院批准的《全国内河航道与港口布局规划》和江西省人民政府批准的《江西省内河航运发展规划》,赣江高等级航道的规划标准为:赣州—南昌450 km为三级航道、南昌—湖口156 km为二级航道。按照上述规划要求,结合赣江航道条件、经济发展需求等,提出赣江高等级航道的建设标准:南昌—湖口建设二级航道175 km,航道主尺度为2.8 m×75 m×550 m(水深×宽度×转弯半径,下同),通航保证率为98%;南昌—赣州431 km按照三级航道标准建设,航道主尺度为2.2 m×60 m×480 m,通航保证率为95%;枢纽船闸有效尺度均为180 m×23 m×3.5 m(闸室长×宽×槛上水深)。

近期结合赣江干流的水资源综合梯级开发,并辅以必要的航道整治措施,使赣江干流航道606 km全线达到规划的三级标准,南昌—湖口175 km航段达到规划的二级标准。

赣江干流梯级的开发任务以防洪、发电、航运为主,干流中游赣州以下规划6座梯级,由上至下依次为万安、井冈山、石虎塘、峡江、三湖、龙头山。

**3.港口规划**

随着赣江航道条件的改善,赣江航运将有较大发展,港口是内河航运的重要组成部分,为适应航运发展的需求,沿江港口在发展的同时,其功能将重新进行调整。根据沿江各港口的地理位置,在综合运输网中的地位,依托城市和集疏运条件,以及基础设施状况等因素,把沿江港口按主要港口、区域性重要港口和其他港口三个层次进行布局规划。

南昌港位于赣江下游,鄱阳湖之滨,历来是赣江第一大港。南昌是全省政治、经济、文化中心,浙赣铁路和京九铁路的交汇点,有2条国家高速公路在此交汇,是全国铁路主枢纽和公路主枢纽,是全省综合交通运输大枢纽,未来将发展成全省物流中心,南昌港依托省域中心城市,其发展前景十分广阔,应重点建设成全国内河主要港口。赣州港和吉安港分别位于赣江的上游和中游,是赣江沿线 2 个依托设区市城市的港口。赣州是江西省南部经济文化中心,是赣、粤、闽、湘边际地区重要中心城市,是未来赣龙铁路和赣韶铁路与京九铁路的交汇点,有 2 条国家高速公路在此交汇,未来将发展成为江西省南部的重要水陆交通枢纽,其腹地将达闽、湘、粤等边境地区,未来会有很好发展前景。吉安是江西省赣中南地区的中心城市,重要的商贸中心和旅游城市,有 2 条国家高速公路在此交汇,该地区是江西省重要的木材和粮食产地,电力和建材工业也迅速发展。吉安港依托地域中心城市和较广的腹地,未来也有较好的发展前景。樟树港位于赣江中、下游,是浙赣铁路和赣江的交汇处,有 1 条国家高速公路和 1 条地方加密高速公路在此交汇,原是赣江重要的水陆中转港口。京九铁路通车后,其地位受到影响。但樟树市历来是宜春地区在赣江的主要港口,是我国中药材的主要集散地之一,是江西省重要的粮食加工基地,并有丰富的盐矿资源,樟树港依托县域城市,又有较好的区位和集疏运条件,有一定的发展前景。

　　以上 3 个港口均为区域性重要港口,应按重要港口进行规划,赣州港远景还可能发展为江西省南部地区的主枢纽港。其他港口包括万安、泰和、吉水、峡江、新干、丰城、南昌县、新建区、吴城、庐山市和湖口等,依托县域城镇,是赣江航运体系的重要基础,在地方经济发展中有重要作用,都按其他港口进行规划。其中,丰城是江西省重要的煤炭和电力生产基地。泰和所处的吉泰盆地是重要的粮食和木材产地,近来建材工业发展很快。蛤蟆石港所依托的濂溪区已发展为水泥和化纤重要基地,湖口港未来可能成为江西省内河船舶进出长江的编组站。这些港口都有较好的发展潜能,这次虽按其他港口进行规划,但远景都有可能发展成为区域性重要港口。

## 6.3.3　赣粤运河规划

　　赣粤运河是已纳入国家规划建设的赣粤水路运输大动脉,按照设想,赣粤运河北连长江,南接珠江。它北起九江鄱阳湖口,穿越鄱阳湖、赣江干流,经南昌、吉安、万安、赣州入桃江,越分水岭到达广东境内浈水,顺流而下,经南雄、韶关、穿珠江三角洲南达广州珠江出海,全长 1 237 km,其中江西境内长 759 km,约占全长的 61%。

　　开凿赣粤运河可沟通长江、珠江水系,是赣州和江西全省水运融入泛珠三角经济和交通一体化发展的重要前提条件。由于珠三角地区与内陆多数省份有着密切的经济来往,货物流量大,赣粤运河将成为沟通南北、贯穿东西的水上要道。

### 6.3.3.1　航道现状

　　赣江干流(赣州至吴城)枯水期航道水深一般较小,为 0.7~1.5 m,且多浅滩碍航。

　　支流桃江:赣粤运河利用桃江河段为信丰至江口,河道滩礁密布,且有险滩十八处,俗称"桃江十八滩"。枯水水深 0.7~1.5 m,航宽 15~20 m,最小弯曲半径 130 m,常年可通 5~8 t 机帆船,大水时可通 15~20 t 机帆船。

　　西河:赣粤运河所利用河段为信丰至梨坑。流量小,河道曲折多弯,为常年不通航河流。

### 6.3.3.2　运河开发布置

1. 赣粤运河梯级规划

赣粤运河的主要工程措施采用梯级渠化,其梯级开发位置见表6-12。

表 6-12  赣粤运河梯级开发布置

| 省名 | 河名 | 序号 | 梯级名称 | 距湖口里程(km) | 正常通航水位(m) | 备注 |
|---|---|---|---|---|---|---|
| 江西省 | 赣江 | 1 | 龙头山 | 210 | 24 | |
| | | 2 | 三湖 | 264 | 32 | |
| | | 3 | 峡江 | 324 | 46 | 在建 |
| | | 4 | 石虎塘 | 423 | 56.5 | 在建 |
| | | 5 | 井冈山 | 461 | 68 | |
| | | 6 | 万安 | 505 | 98.11 | 已建 |
| | | 7 | 茅店 | 601 | 104 | |
| | 桃江 | 8 | 大田 | 622 | 113 | |
| | | 9 | 居龙滩 | 640 | 122 | 已建 |
| | | 10 | 高良坑 | 654 | 131 | |
| | | 11 | 五洋 | 683 | 141 | |
| | 西河 | 12 | 茶亭 | 694 | 146 | |
| | | 13 | 邬家岭 | 704 | 153 | |
| | | 14 | 大阿 | 726 | 168 | |
| | | 15 | 仓下 | 732 | 183 | |
| | | 16 | 下九里 | 739 | 197 | |
| 广东省 | 浈水 | 17 | 孔江 | 748 | 195 | 已建 |
| | | 18 | 乌径上 | 757 | 172 | |
| | | 19 | 黄牛绳 | 767 | 162 | |
| | | 20 | 弱过村 | 779 | 152 | |
| | | 21 | 大平山 | 801 | 140 | |
| | | 22 | 佛头岭 | 818 | 130 | |
| | | 23 | 长坑坝 | 833 | 120 | |
| | | 24 | 金银潭 | 861 | 110 | |
| | | 25 | 干家滩 | 878 | 100 | |
| | 北江 | 26 | 石鼓塘 | 923 | 86 | |
| | | 27 | 老蟹山 | 938 | 60 | |
| | | 28 | 王母峡 | 968 | 52 | |
| | | 29 | 城关 | 1 001 | 42 | |
| | | 30 | 猫儿石 | 1 037 | 32 | |
| | | 31 | 育仔峡 | 1 060 | 24 | |
| | | 32 | 飞来峡 | 1 113 | 16 | |

**2. 越岭段运河开发布置**

越岭段自信丰县内的五洋梯级进入西河,经茶亭、邬家岭、大阿、仓下、下九里,越过赣粤边界,与广东浈水上游孔江水库相接,至南雄长坑坝水库,全长 213 km,本次规划根据实测 1∶10 000 地形图、河道纵断面图进行推荐线路的布置。分水岭两侧仍然进行梯级渠化,然后挖开分水岭,用渠道把各侧最高一级连接起来。

采用船闸过坝方案,跨越分水岭需要解决航运用水补给问题。

### 6.3.3.3  越岭段航运用水补给

#### 1.航运需水量

按越岭段梯级布置,分水岭段江西省境内选船闸设计水头最大的一级仓下梯级,水头 15 m,按双向过闸的单级船闸计算过闸用水量。得出 2020 年航运用水量 6.833 亿 m³,2030 年航运用水量 8.794 亿 m³。

#### 2.水源分析

原规划提出了兴建极富水库向分水岭采用明渠供水的方案。该方案须兴建极富水库及观音桥水库,目前这两座蓄水工程均未兴建,观音桥水库规模较小,极富水库为大(2)型水库,坝址位于桃江干流信丰县极富乡对腊村枫坑水文站下游 210 m 处,集雨面积 3 679 km²。目前,在极富坝址已兴建了桃江枢纽,以发电为主要开发目标,兼有灌溉效益,水库正常蓄水位 174 m,总库容 3 710 万 m³,装机容量 2.5 万 MW,年发电量约 1 亿 kW·h。

就现状情况看,原规划的极富梯级正常蓄水位 197.11 m,总库容 7.62 亿 m³,调节库容 3.56 亿 m³,防洪库容 0.86 亿 m³,工程以发电、防洪、航运供水为主要开发目标,须淹没极富以上桃江两岸大片农田及村庄,涉及信丰、龙南、全南三县 4 个乡镇,迁移人口约 2.6 万人,淹没耕地约 2.9 万亩,实施难度很大。

#### 3.供水方案

本次规划修编结合桃江干流开发治理现状,对解决赣粤运河越岭(江西)段的航运需水问题,拟采用自邬家岭梯级逐级向上抽水的供水方案。

### 6.3.3.4  规划实施安排

赣粤运河的实施,将沟通长江、珠江两大水系,联系我国内河航运最为发达的两大水系,形成长江以南地区南北向的水上运输大通道,对于加强我国南北地区经济发展,促进经济交往,特别是促进泛珠三角区域经济的合作,具有深远的意义。

赣粤运河的组成部分赣江、北江目前尚未全部实现三级航道标准,近期对运河的资金投入还受到较大程度的制约,全线贯通还存在一定的困难。从远近结合、分期实施的角度出发,并考虑为长远发展留有余地,赣粤运河规划为远景通航,通航标准为三级。近期应加快赣江航道的建设,远期桃江的航道建设,为赣粤运河的全线贯通逐步创造条件。

# 6.4  水力发电规划

## 6.4.1  水力资源及开发利用现状

赣江流域水力资源丰富,全流域水能理论蕴藏量为 3 607.8 MW,其中技术可开发装机容量 3 102.7 MW(0.5 MW 及以上),年发电量 111.8 亿 kW·h。截至 2007 年底,赣江流域已建水电站装机容量 1 594.41 MW,占赣江流域水电技术可开发装机容量的 51.39%;年发电量 55.47 亿 kW·h,占赣江流域水电技术可开发年发电量的 49.62%。

## 6.4.2　水力资源开发利用评价

赣江流域的水力资源相对较丰富,全流域水力资源蕴藏量为 3 607.8 MW。经过几十年的发展,已初具规模,流域内已建电站总装机容量 1 594.41 MW,水能资源开发利用率为 44.19%,仍有较大的开发潜力。

从赣江流域水力资源开发的整体看,有许多有利因素:流域内工农业发展水平较高,矿产资源丰富,新兴工业不断建立,需电迫切;其他能源相对不多,水力资源却较丰富,具有点多面广的特点,同时水能资源还是绿色再生能源。中、小型水电站分布面广、数量多、投资小,见效快,可调动各级办电积极性,规模较大的电站相对数量不多,但电能占优势,并且这些水电电源点都具有很大的防洪、灌溉、航运等水利综合利用效益,如赣江干流上的井冈山、峡江等电源点与万安水库联合调度,有利于进行径流电力补偿调节。

水能资源的开发、水电工程的建设是流域经济社会发展的基础产业,是农村电气化建设和社会主义新农村建设的主力军。流域内水能资源的开发利用和建设,已经为流域内广大地区,尤其是边远山区、老区和贫困地区的社会经济和人民生活水平的提高,对构建社会主义和谐社会和社会主义新农村,推动社会全面进步和保护生态环境,实现人与自然和谐发展发挥了重要的作用。

但原规划也存在一定的不足之处。在原规划的治理开发方案中,注重水能资源的开发和利用,主张建筑高坝大库,水资源的开发利用考虑得较多,而对水环境、水资源保护以及水利建设对生态与环境的影响估计不够,对开发建设与生态保护的关系研究较少。随着火电等新兴能源项目的建设、移民淹没补偿标准的不断提高、人们环保意识的增强,以及旅游景区建设等诸多因素的制约,原规划的一些梯级实施起来难度很大。从目前工程运行的实际情况来看,部分工程已经对当地的生态环境产生了一定影响。其中,引水式电站的兴建及电站调峰发电对环境的影响较大,枯水季节常造成下游河段流量锐减,致使电站下游群众生产生活受到影响。本次规划在分析研究原规划思路、工程布局、已建工程效果与影响等方面的基础上,按照新时期的治水思路、以人为本及人水和谐的规划理念,对流域内水电开发进行重新调整,并提出近、远期开发目标,以适应新的经济社会发展环境下流域治理开发与保护的要求。

## 6.4.3　水电开发规划

### 6.4.3.1　干流梯级开发方案

赣江干流梯级开发方案的拟定,是在 1990 年编制的《江西省赣江流域规划报告》和有关河段开发方案论证报告以及河道梯级开发现状基础上,根据区域经济社会发展和流域综合治理对河道梯级开发的需要,遵循人水和谐、合理开发利用水资源和水力资源以及梯级综合利用效益最优的原则,在满足工程技术经济指标可行、水库淹没可控,不存在制约工程实施的环境不利因素等条件下,进行河段梯级开发方案的拟订。

在原规划中,并列推荐方案Ⅰ和方案Ⅴ为赣江干流梯级开发方案。

方案Ⅰ:峡山(158.11)(括号内数据为正常蓄水位,单位为 m,下同)—茅店(104.11)—万安(98.11)—泰和(67.11)—石虎塘(56.11)—峡江(48.11)—永太(32.11)—龙头山(24.11);

方案Ⅴ:以梅江寒信(158.11)、贡水白鹅(158.11)—白口塘(126.11)—峡山(115.11)替代方案Ⅰ中的峡山(158.11),峡山以下梯级与方案Ⅰ相同。

原国家计委、水利部对原规划干流梯级开发方案的相关审批意见为:"峡山高坝方案具有较大的调节库容,能够充分利用水资源,增加枯水期流量,提高综合利用效益。主要问题是移民数量多,迁移安置难度大,对有关地区以至江西省的社会、环境都会有很大影响,需慎重对待,目前还难作出抉择"。同意"将峡山高、低两方案并列推荐"。

在原规划中,为充分利用水资源,发挥工程的防洪作用,增加发电效益,各方案均规划了高坝大库的龙头梯级。受地形的作用,各梯级均存在较大的水库淹没;流域内地少人多,水库移民安置难度极大,从而制约着规划梯级的开发实施。至规划后的近 20 年间,规划中的龙头梯级均未得到实施。

为尽早开发河段水能资源,服务地方经济建设,同时受河段行政管理的影响,针对方案Ⅴ中的白鹅、寒信、峡山等梯级仍存在着较大的水库淹没,按规划的梯级规模近期无法实施等状况,当地政府委托有关咨询单位对部分河段进行了河段近期开发方案的论证工作,开展论证的河段如下:

(1)贡水会昌县河段,针对白鹅(158.11)方案库区影响河段,论证后推荐的近期开发方案为:白鹅(136.5)—石灰山(142)—禾坑口(148)—营脑岗(154)—老虎头(160);

(2)梅江于都寒信及以上河段,针对寒信(158.11)方案影响河段,论证后推荐寒信(135)—留金坝(146.5)—上长洲(154.5)—阳都(161)为河段开发方案;

(3)贡水于都河段及梅江寒信以下河段,推荐的方案为峡山(109.5)—跃洲(117.5)—澄江(128.5)方案。

上述三个河段论证报告均得到江西省水利厅的审查批准,批复意见明确各推荐方案均为近期开发方案,远期开发应服从流域规划修编要求。上述论证推荐的梯级开发方案均为低梯级径流式开发,开发任务主要为水力发电,目前大部分梯级已开工建设或已建成。此外,现状峡山以下干流河段已建与在建的梯级有万安、井冈山、石虎塘、峡江、新干和龙头山六梯级。

目前,赣江干流梯级开发条件与环境发生了较大的变化。由于梯级开发中的防洪、供水、发电等效益均存在一定的替代措施,而水库淹没的土地资源是人们赖以生存的基本条件与生产资料,属国家严格控制与管理的对象,水库淹没已成为影响与制约梯级开发的重要因素和主要矛盾,任何可能产生较大水库淹没的梯级开发方案都将影响到工程的可实施性。以峡山(158.11)高坝方案为例,水库淹没面积达 595 km$^2$,淹没耕地 27 万亩、果园 5.4 万亩、鱼塘 1.73 万亩,将淹没于都盆地和于都县城,现状淹没区涉及赣龙铁路、厦榕高速等重要基础设施,影响人口达 50 万人以上。与赣江中下游水资源综合利用对工程开发的需求相比,巨大的水库淹没与移民安置难度将在今后相当长一段时间内使得工程无法实施。因此,水库淹没是梯级规划考虑的重要因素。

　　根据赣江干流河段开发任务与条件的变化以及河段功能区划要求,为尽早开发利用水资源与水力资源,满足赣江中下游防洪、水资源综合利用需求,服务区域经济社会建设,在原规划以及近期完成的有关河段开发方案论证与其他前期工作成果基础上,依据梯级的技术经济指标,并考虑梯级在规划期内具有较好的可实施性等因素,本规划提出赣江干流(包括原峡山高方案影响河段)规划期内的梯级开发方案为:老虎头(160,已建)—营脑岗(154,已建)—禾坑口(148,已建)—白鹅(136.5,已建)—澄江(128.5)—跃洲(117.8,已建)—峡山(109.8,已建)—茅店(104.1)—万安(98.11,已建)—井冈山(67.5,在建)—石虎塘(57,已建)—峡江(46,已建)—新干(32,在建)—龙头山(24,在建)。各梯级枢纽的主要技术经济指标详见表6-13。

　　上述规划方案中,峡山以上梯级采用了有关论证推荐的成果,各梯级均为以水力发电为主的低水头梯级,梯级开发主要在控制水库淹没、保护河道生态环境条件下,开发利用河道水力资源。峡山以下井冈山梯级坝址由原规划的泰和梯级坝址位置上移至万安县窑头村附近,正常蓄水位抬高至67.5 m;峡江坝址上移约4 km,正常蓄水位降低了2.61 m。除此之外,其他梯级均采用了原规划成果。目前,干流上未建的梯级有澄江、茅店,在建的有龙头山、新干、井冈山,除澄江梯级外,各梯级均为以航运、水力发电为主的航电梯级,梯级开发任务主要在满足航运要求、控制水库淹没条件下,充分利用河段水能资源。除峡江枢纽外各梯级的正常蓄水位以与上游梯级基本衔接、水库淹没可控等进行拟定。在峡江水利枢纽正常蓄水位46 m的情况下,按水面衔接,峡江水利枢纽和石虎塘航电枢纽之间存在10 km的非衔接航道;按水深衔接,两者之间存在13.5 km的非衔接航道。对于此河段水位未衔接的问题,通过保持石虎塘航电枢纽下泄187 $m^3$/s的基流,加上船闸运行的流量(14 $m^3$/s),同时对非衔接河段采取航道整治工程措施,能够使石虎塘航电枢纽下游非衔接河段达到Ⅲ级航道标准。

　　茅店梯级主要开发任务为航运和发电,为赣粤运河赣江干流上最后一级,但工程涉及饮用水源保护区(一、二级)水域和陆域,考虑到工程的重要性,下阶段应对茅店梯级坝址进行优化调整,以进一步协调其与饮用水源保护区的关系,同时要求注意采取措施保障施工期和运行期的水质安全。

### 6.4.3.2　支流水电开发规划

　　赣江支流水电开发方案的拟定,应严格控制开发强度,以提高当地人民群众生活水平、加快区域经济发展和改善生态环境为目的,以绿色发展理念为指导,合理布局小水电项目,与当地水资源承载能力相适宜。对国家级自然保护区及其他具有特殊保护价值的地区,原则上禁止开发小水电;在部分生态脆弱地区和重要生态保护区,严格限制新建小水电;原则上限制建设以单一发电为目的的跨流域调水或长距离引水的小水电。

　　支流水电开发要高度重视小水电开发对生态环境的影响,对生态环境造成不利影响的小水电工程,严格进行环境影响评价后综合论证是否适宜开发;同时,对小水电应报批的洪水影响评价、取水许可等水行政许可管理,应加强审批管理。

表6-13　赣江干流主要枢纽技术经济指标

| 项目 | 单位 | 老虎头 | 营脑岗 | 禾坑口 | 白鹅 | 澄江 | 跃洲 | 峡山 | 茅店 | 万安 | 井冈山 | 石虎塘 | 峡江 | 新干 | 龙头山 |
|---|---|---|---|---|---|---|---|---|---|---|---|---|---|---|---|
| 建设地点 | | 会昌县 | 会昌县 | 会昌县 | 会昌县 | 于都县 | 于都县 | 于都县 | 赣县 | 万安 | 万安 | 泰和 | 峡江 | 新干 | 丰城 |
| 控制流域面积 | km² | 3 899 | 3 989 | 4 064 | 6 685 | 6 759 | 14 978 | 16 013 | 26 863 | 36 964 | 40 481 | 43 770 | 62 710 | 64 776 | 72 810 |
| 开发任务 | | 水电 | 水电 | 水电 | 水电 | 水电 | 水电、改善水环境 | 水电 | 航运发电 | 发电防洪航运等 | 航运发电 | 航运发电 | 防洪发电灌溉等 | 航运发电 | 航运发电 |
| 正常蓄水位 | m(黄海) | 160 | 154 | 148 | 136.5 | 128.5 | 117.8 | 109.8 | 104.1 | 100(吴淞) | 67.5 | 56.5 | 46 | 32 | 24 |
| 死水位 | m | 159.5 | 153.5 | 147.5 | 135.1 | | | | | 90(吴淞) | 67.1 | 56.2 | 44 | 32 | 24 |
| 防洪限制水位 | m | | | | | | | | | 90(吴淞) | | | | | |
| 正常蓄水位库容 | 亿m³ | 0.218 | 0.151 | 0.091 | 0.057 2 | 0.077 | 0.401 | 0.291 | 0.88 | 16.16 | 2.055 | 1.668 | 7.02 | 5.29 | 3.28 |
| 兴利库容 | 亿m³ | 0.04 | 0.02 | 0.02 | 0.01 | | | | 0.40 | 10.19 | 0.12 | 0.10 | 2.14 | | |
| 防洪库容 | 亿m³ | | | | | | | | | 10.19 | | | 6.00 | | |
| 保证出力 | MW | 1.075 | 0.973 | 0.95 | 2.108 | 1 | 2.78 | 3.72 | 9.03 | 108 | 20.7 | 22.75 | 44.09 | 22.4 | 14 |
| 装机容量 | MW | 8 | 7 | 16 | 21 | 6.8 | 36 | 35.1 | 70 | 500 | 133 | 120 | 360 | 112 | 60 |
| 多年平均发电量 | 亿kW·h | 0.30 | 0.26 | 0.56 | 0.63 | 0.30 | 1.17 | 1.18 | 2.54 | 16.93 | 5.07 | 5.27 | 11.44 | 5.29 | 3.28 |
| 坝型 | | 闸坝 | 闸坝 | 闸坝 | 闸坝 | 闸坝 | 闸坝 | 闸坝 | 闸坝 | 重力坝 | 闸坝 | 闸坝 | 闸坝 | 闸坝 | 闸坝 |
| 最大坝(闸)高 | m | | 15.2 | 16.7 | 11.0 | | | | 28.7 | 58.0 | 25.0 | 25.0 | 30.5 | 29.8 | 24.5 |
| 厂房型式 | | 河床式 | 河床式 | 河床式 | 河床式 | 河床式 | 河床式 | 河床式 | 河床式 | 河床式 | 河床式 | 河床式 | 河床式 | 河床式 | 河床式 |
| 通航标准 | (t) | | | | | | | | 1 000 | 1 000 | 1 000 | 1 000 | 1 000 | 1 000 | 1 000 |
| 总工程量　土石方 | 万m³ | 3.23 | 3.40 | 4.06 | 5.15 | 13.20 | 11.60 | 13.20 | 201.27 | 253.00 | 508.02 | 380.48 | 2 115.72 | 361.71 | 203.21 |
| 总工程量　混凝土 | 万m³ | 2.66 | 2.92 | 3.54 | 3.69 | 3.44 | 9.11 | 5.49 | 57.69 | 145.00 | 67.58 | 78.13 | 111.24 | 78.04 | 94.24 |
| 总工程量　钢筋、钢材 | 万t | 0.15 | 0.13 | 0.16 | 0.19 | 0.14 | 0.32 | 0.22 | 2.22 | 6.40 | 3.42 | 2.81 | 4.18 | 2.39 | 2.53 |
| 淹没　排地 | 万亩 | 0.01 | 0.05 | 0.03 | 0.02 | 0.01 | 0.06 | 0.07 | 0.12 | 7.20 | 0.10 | 0.30 | 2.94 | | 0.39 |
| 损失　人口 | 万人 | 0.01 | 0.03 | 0.02 | 0.01 | 0.01 | 0.06 | 0.02 | 0.02 | 10.16 | 0.11 | 0.06 | 2.50 | | |
| 规划与建设状况 | | 已建 | 已建 | 已建 | 已建 | 规划 | 已建 | 已建 | 可研 | 已建 | 在建 | 已建 | 已建 | 在建 | 在建 |

# 6.5 重要枢纽规划

本次规划修编中的重要枢纽是指流域内具有防洪、灌溉、供水、航运、发电等开发任务,且规模较大或对地区(区域)经济社会发展意义重大的水利枢纽工程。根据上述原则,并结合流域内各地对水资源开发利用的实际需求,本次选定干流上规划的茅店、井冈山、新干、龙头山枢纽以及支流上规划新建的四方井和白梅水利枢纽工程。

## 6.5.1 茅店水电站工程

茅店枢纽工程地处贡水、桃江汇合口下游的贡水干流上,坝址位于赣县茅店镇,地理位置在东经115°02′42″,北纬25°54′03″,下距赣州市约14 km,控制流域面积26 863 km²,是上衔峡山枢纽、下连万安库区的一座水电、航运梯级电站。

根据《防洪标准》(GB 50201—2014)及《水利水电工程等级划分及洪水》(SL 252—2017),本工程按水库总库容属二等工程,按电站装机容量属三等工程。泄水闸、非溢流重力坝、河床式厂房、船闸(挡水部分)、土坝等建筑物的级别为2级,相应的设计洪水标准采用50年一遇,校核洪水标准采用300年一遇。

水库正常蓄水位为104.10 m,设计洪水位为108.80 m($P=2\%$),校核洪水位为110.67 m($P=0.33\%$),总库容为2.56亿 m³,电站装机容量为72 MW,船闸设计最大吨位1 000 t。枢纽主要建筑物呈"一"字形布置,从左至右依次为左岸土坝段、门库坝段、船闸、泄水闸、连接坝段、河床式发电厂房、右岸土坝段等。

枢纽不承担下游的防洪任务,电站为径流式电站。水库调度运用规则为:当入库流量小于等于防洪与兴利运行分界流量时,水库蓄水至正常蓄水位运行;当入库流量大于防洪与兴利运行分界流量且小于等于闸门全开敞泄起始流量时,水库降低水位运行,减少库区淹没;当入库流量大于闸门全开敞泄起始流量时,泄洪闸门全部开启,敞泄洪水,以保闸坝安全,且使河道基本恢复天然状况,但应控制其下泄流量小于本次洪水的洪峰流量。

库区淹没涉及赣县3个镇11个村,在采取防护措施后,淹没土地总面积20 875亩,其中耕地706亩(水田650亩、旱地56亩)、园地32亩、林地1 004亩、养殖水面87亩、宅基地4.4亩、交通运输用地23亩、其他草地212亩、河流水面18 806亩。工程总投资为14.98亿元。

## 6.5.2 井冈山枢纽工程

井冈山枢纽位于江西省吉安市万安县境内,在万安水电站下游35.8 km处,窑头镇下游约0.5 km赣江干流的河段上,坝址集雨面积40 481 km²,多年平均流量1 060 m³/s。

枢纽正常蓄水位67.50 m,电站装机容量为133 MW,根据《水利水电工程等级划分及洪水标准》(SL 252—2017)的规定,本工程为Ⅱ等大(2)型工程,主要建筑物等级为3级,次要建筑物等级为4级。作为反调节水库释放万安水电站所担负的航运基荷,充分发挥万安水电站的容量效益。

枢纽建筑物由泄水闸坝、河床式厂房、船闸、左岸土石坝、右岸连接土石坝、右岸防护土石坝等组成。泄水闸坝布置在主河槽中,为开敞式闸坝。河床式厂房电站装机容量为133 MW,为低水头径流式电站。船闸布置在左岸,通航建筑物由船闸及上、下游引航道等组成。通航建筑物采用 3 级双线船闸,近期先建一线,预留一线;闸室有效尺度为 180 m × 23.0 m × 3.5 m。上游最高通航水位为 67.50 m,下游最高通航水位为 65.61 m;上游最低通航水位为 66 m,下游最低通航水位为 56.2 m。

本枢纽不承担下游的防洪任务,水库为上游万安水电站的反调节水库,建成后可释放万安水电站的航运基荷,根据反调节的要求水库设置了日调节库容。电站运行时按照航运、发电等要求与万安水库联合调度,在枯水期尽可能维持在较高水位运行,以利多发电。在主汛期设置最低临时运行水位,采取预泄调度运行方式进行洪水调度,以减少库区淹没。

井冈山电站建设征地涉及万安县的窑头、百嘉、韶口、潞田、罗塘、五丰、芙蓉 7 个集镇。水库蓄水将造成万安县窑头镇内涝,规划采取堤防 + 泵站方式进行保护;同时,为减小枢纽建设对耕地的淹没影响,对部分工程条件好、淹没深度浅的耕地采取抬田工程措施进行防护,共抬田 7 641 亩。建设征地范围内总人口 1 178 人,其中农村部分 1 082 人,集镇部分 96 人;淹淹没房屋 13.5 万 m²;淹没耕地 9 878 亩、园地 240 亩、林地 5 642 亩,其他用地 13 亩,草地 2 502 亩。工程总投资 32.02 亿元。

### 6.5.3　新干航电枢纽工程

新干航电枢纽位于樟树市永太镇下游约 1 km 的赣江干流上,为峡江水利枢纽的下一级梯级,距峡江坝址约 57 km,坝址以上集水面积 64 776 km²。

枢纽正常蓄水位 32.00 m,为低水头河床径流式水电站,电站装机容量为 112 MW,年发电量 5.29 亿 kW·h,水库总库容 6.14 亿 m³。根据《水利水电工程等级划分及洪水标准》(SL 252—2017)及《水闸设计规范》(SL 265—2016)的规定,本工程为Ⅱ等大(2)型工程,因大坝挡水高度小于 15 m,上、下游水位差小于 10 m,失事后造成损失不大,故确定水工建筑物级别降低一级,即主要建筑物等级为 3 级,次要建筑物等级为 4 级。

枢纽建筑物由左、右岸土坝,混凝土非溢流坝,船闸,泄水闸坝,河床式厂房等组成。泄水闸布置在主河槽中,为开敞式闸坝,采用平底闸型式。河床式厂房位于枢纽右岸,左侧与泄水闸相邻,右侧接连接坝段。7 台贯流式灯泡机组,总装机容量 11.2 万 kW。左岸土坝选用碾压砂卵石土石坝型,坝段长 350 m。右岸土石挡水坝段长 68 m,考虑交通要求,坝顶宽取 9.0 m,坝顶下游侧设浆砌石排水沟。枢纽右岸结合厂区布置及厂房上游清污机平台交通要求,采用混凝土连接坝段与厂房及土坝连接,左侧接厂房清污平台,右侧接右岸土坝。船闸轴线与坝轴线垂直正交,紧临泄水闸左侧布置,上闸首位于坝轴线处,为枢纽挡水建筑物的组成部分,设计通航吨位为 1 000 t,上、下游闸首均设人字门。

枢纽不承担下游的防洪任务,电站为径流式电站,未设置调节库容。电站运行要求在枯水期需维持正常蓄水位 32.00 m,来多少水发多少电,如果来水流量超过发电流量,通过开闸泄水,以使库水位维持在正常蓄水位不变。在洪水期,闸门全开,使其恢复天然状态泄洪,以减少对库区防洪安全的影响。

水库淹没范围涉及新干县三湖镇、界埠镇、大洋洲镇、金川镇、沂江乡和峡江县仁和镇等 8 个乡(镇),库区蓄水将造成部分圩堤防护区内耕地内涝,规划采取堤防 + 泵站方式进行保护。同时,为减小枢纽建设对耕地的淹没影响,对部分工程条件好、淹没深度浅的耕地采取抬田工程措施进行防护。采取工程防护后,库区无淹没影响人口,工程建设永久征用耕地 1 969 亩,园地 383 亩,林地 1 195 亩,其他草地 2 858 亩,水域及水利设施用地 64 672 亩,交通运输用地 5.75 亩,特殊用地(宗教用地)0.82 亩。工程总投资 38.75 亿元。

## 6.5.4　龙头山航电枢纽工程

龙头山航电枢纽是赣江流域梯级开发中的最下游一个梯级工程,位于丰城市下游龙头山附近,上距丰城市约 7.7 km,坝址集雨面积 72 810 km², 多年平均流量 1 860 m³/s。

枢纽正常蓄水位 24.00 m,为低水头河床径流式水电站,水库没有调节功能,电站装机容量为 60 MW,年发电量 3.28 亿 kW·h。根据上述设计参数,按照《水利水电工程等级划分及洪水标准》(SL 252—2017)的规定,龙头山水电站工程为Ⅲ等中型工程,挡水和泄水建筑物按 3 级建筑物设计。本工程设计洪水标准为 50 年一遇,校核洪水标准为 300 年一遇。

枢纽主要建筑物由泄水闸坝、非溢流坝、土坝、河床式厂房、船闸和鱼道等组成。泄水闸坝布置在河床中间,设计断面采用平底宽顶堰,采用底流消能;在船闸与溢流坝间及厂房与左岸岸坡间布置非溢流坝;船闸与右岸岸坡采用均质土坝连接,中间设 10 m 宽非溢流坝。河床式厂房布置在右岸,厂房内装设 6 台单机容量 10 MW 的灯泡贯流式水轮发电机组。船闸布置于左岸,按Ⅲ级标准设计,设计通航吨位为 1 000 t。

枢纽不承担下游的防洪任务,电站为径流式电站,未设置调节库容,电站运行要求在枯水期需维持正常蓄水位 24.00 m,来多少水发多少电,如果来水流量超过发电流量,通过开闸泄水,以使库水位维持在正常蓄水位不变。在洪水期,闸门全开,使其恢复天然状态泄洪,以减少对库区防洪安全的影响。

枢纽正常蓄水位为 24.00 m,水库受赣江两岸堤防约束,淹没影响基本集中在河道内,不涉及人口与房屋淹没;库区淹没影响耕地 3 865 亩,其中水田 883 亩,旱地 2 982 亩;受库区蓄水影响的专项设施有 10 kV 输电线路 1km,汽渡和人渡码头各一座。工程总投资 16.91 亿元。

## 6.5.5　四方井水利枢纽工程

四方井水利枢纽工程位于赣江流域袁河支流温汤河下游,地处宜春市袁州区湖田镇坪田村,坝址位于温汤河干流与仙巩水支流交汇口下游 1.6 km 斫洲里河谷处,坝址距宜春市中心城 7 km,坝址以上控制流域面积约 173 km²,正常蓄水位 153.00 m,总库容 1.179 8 亿 m³,是一座以防洪、供水为主,兼顾发电等综合效益的大(2)型水利枢纽工程。

水库正常蓄水位 153.00 m,防洪限制水位为 152.00 m,设计洪水位为 153.85 m,校核洪水位为 154.30 m,兴利库容为 0.999 3 亿 m³,防洪库容为 0.129 0 亿 m³,总库容为 1.179 8 亿 m³,电站总装机容量 1 200 kW,水库向宜春市年平均日供水量 30.9 万 t。根据《防洪标准》(GB 50201—2014)及《水利水电工程等级划分及洪水标准》(SL 252—2017),为Ⅱ等工程;水库供水对象为宜春市,属江西省地级市,中等城市,为Ⅲ等工程;本工程建成后将作为今后宜春市城市居民饮用水主要水源地。本工程枢纽永久建筑物:混凝土重力坝和供水发电坝段为 2 级建筑物,相应洪水标准重现期:设计 100 年,校核 1 000 年;土石坝为 2 级建筑物,相应洪水标准重现期:设计 100 年,校核 2 000 年;消能设施设计洪水标准重现期 50 年。

枢纽主要由重力坝、非溢流坝段、溢流坝段组成。主河床布置混凝土重力坝,河床建基面底高程 91.00 m,坝顶高程 155.60 m,最大坝高 64.60 m。大坝从左到右布置左岸非溢流坝段、溢流坝段,供水发电取水口坝段、灌溉闸段、非溢流坝段,坝轴线总长 348.30 m。

水库洪水调度运行方式为:当流域内发生洪水且库水位在防洪高水位以下时,水库控制下泄流量,使下游防洪控制断面的流量小于或等于该断面的安全泄量,以达到御洪抗灾的目的;当库水位达到防洪高水位时,水库泄洪转为以保坝为主,开闸敞泄,以确保大坝安全。

库区淹没涉及宜春市温汤镇军背、下巩、大布、昌坑 4 个村;湖田镇坪田村。水库淹没人口 3 928 人,淹没房屋 32.2 万 m²;淹没土地 9 570 亩,其中淹没耕地 4 505 亩(水田 4 136 亩,旱地 369 亩),林地 3 127 亩,工程估算总投资 13.95 亿元。

## 6.5.6　白梅水利枢纽工程

白梅水利枢纽工程位于赣江流域袁河支流孔目江上游,地处新余市孔目江生态经济区、分宜县境内,坝址位于孔目江干流新余市孔目江生态经济区欧里镇皇华行政村江背自然村下游 300 m 峡谷河段,坝址距新余市 15 km,坝址以上控制流域面积约 116 km²,引流面积约 30 km²,水库总集雨面积 146 km²,是一座具有供水、防洪、灌溉等综合效益的大(2)型水利枢纽工程。

水库正常蓄水位 86.00 m,死水位 73.00 m,灌溉运用限制水位 76.00 m;防洪高水位 87.35 m,设计洪水位 87.35 m,校核洪水位 87.48 m;水库防洪库容 0.184 亿 m³,兴利调节库容 0.936 亿 m³,水库总库容 1.25 亿 m³。

根据《防洪标准》(GB 50201—2014)及《水利水电工程等级划分及洪水标准》(SL 252—2017),本工程属 Ⅱ 等工程。本工程枢纽永久建筑物:混凝土重力坝、供水及灌溉取水口坝段为 2 级建筑物,相应洪水标准重现期:设计 100 年,校核 1 000 年;土石坝为 2 级建筑物,相应洪水标准重现期:设计 100 年,校核 2000 年。

大坝采用混凝土重力坝方案,从左到右布置左岸非溢流坝段,溢流坝段,右岸非溢流坝段,坝轴线总长 149.66 m,坝顶高程 88.70 m,最大坝高 30.10 m。供水、灌溉取水口及管线位于右岸非溢流坝段中。

淹没区和由于水库建成后形成孤岛或断绝交通的影响范围,涉及新余市的分宜县和渝水区共 2 个县区的 3 个乡(镇)11 个行政村。淹没人口 4 773 人,淹没房屋 28.62 万 m²,淹没耕地 6 181 亩,林地 2 140 亩,工程总投资 16.99 亿元。

# 第7章　水资源与水环境生态保护

## 7.1　水资源保护规划

### 7.1.1　规划目标

在划定的水功能区基础上,以国家资源和环境保护政策为依据,综合考虑地方政府和有关规划的要求,结合流域社会经济发展水平,河流水质现状和纳污量大小,拟定规划水平年、不同水功能区水资源保护目标。其规划目标如下:

近期目标:至2020年,赣江干流及主要支流水功能区达标率达到80%,保持水生态与水环境呈良性循环发展状态。

远期目标:至2030年,赣江干流及主要支流水功能区达标率达到95%,水体能够可持续地满足人类需求,不致对人类健康和经济社会发展的安全构成威胁或损害,全面建设"人水和谐"的水生态环境。

### 7.1.2　水功能区划

根据《江西省水(环境)功能区划》和赣江流域的实际情况,划分范围河段总长4 770.5 km,共149个一级水功能区,其中保护区8个,河长198.5 km,占总区划河长的4.16%;开发利用区59个,河长701 km,占总区划河长的14.69%;保留区81个,河长3 867.5 km,占总区划河长的81.07%;缓冲区1个,河长3.5 km。

在59个开发利用区中,共划分二级功能区99个,其中饮用水源区49个,河长219 km,水库面积12.94 km²;工业用水区44个,河长435.5 km,景观娱乐用水区5个,河长42.5 km,水库面积54.23 km²;过渡区1个,河长4 km。

赣江流域各河流水功能区划统计成果见表7-1和表7-2。

表7-1　赣江流域一级水功能区划统计

| 序号 | 河流湖库 | 一级水功能区 | 个数 | 长度(km) | 面积(km²) |
|---|---|---|---|---|---|
| 1 | 赣江干流 | | | | |
| | | 保护区 | 2 | 33 | |
| | | 保留区 | 16 | 447.3 | 118.48 |
| | | 开发利用区 | 12 | 156.8 | |
| 2 | 赣江上犹江 | | | | |
| | | 保留区 | 5 | 264 | 27.34 |

续表7-1

| 序号 | 河流湖库 | 一级水功能区 | 个数 | 长度(km) | 面积(km²) |
|---|---|---|---|---|---|
|  |  | 开发利用区 | 3 | 28 | 0.73 |
|  |  | 缓冲区 | 1 | 3.5 |  |
| 3 | 赣江遂川江 |  |  |  |  |
|  |  | 保留区 | 3 | 228.5 |  |
|  |  | 开发利用区 | 2 | 26.7 |  |
| 4 | 赣江贡水 |  |  |  |  |
|  |  | 开发利用区 | 2 | 40.4 |  |
|  |  | 保留区 | 3 | 187 |  |
| 5 | 赣江孤江 |  |  |  |  |
|  |  | 保留区 | 2 | 144 |  |
| 6 | 赣江禾水 |  |  |  |  |
|  |  | 保留区 | 10 | 540.5 |  |
|  |  | 保护区 | 1 | 19 |  |
|  |  | 开发利用区 | 6 | 63 |  |
| 7 | 赣江锦河 |  |  |  |  |
|  |  | 保护区 | 1 | 19 |  |
|  |  | 保留区 | 7 | 304.5 |  |
|  |  | 开发利用区 | 6 | 49 | 1.65 |
| 8 | 赣江濂水 |  |  |  |  |
|  |  | 保留区 | 2 | 136 |  |
|  |  | 开发利用区 | 2 | 10.6 |  |
| 9 | 赣江梅江 |  |  |  |  |
|  |  | 保留区 | 2 | 207.5 |  |
|  |  | 开发利用区 | 1 | 14.5 |  |
| 10 | 赣江绵水 |  |  |  |  |
|  |  | 保护区 | 1 | 53 |  |
|  |  | 保留区 | 1 | 43 |  |
|  |  | 开发利用区 | 3 | 30 | 0.41 |
| 11 | 赣江南昌湾里乌井水库 |  |  |  |  |
|  |  | 开发利用区 | 1 |  | 0.27 |

续表 7-1

| 序号 | 河流湖库 | 一级水功能区 | 个数 | 长度(km) | 面积(km²) |
|---|---|---|---|---|---|
| 12 | 赣江平江 | | | | |
| | | 保留区 | 3 | 186 | |
| | | 开发利用区 | 2 | 13.5 | |
| 13 | 赣江琴江 | | | | |
| | | 保留区 | 2 | 125.5 | |
| | | 开发利用区 | 1 | 13 | 14 |
| 14 | 赣江蜀水 | | | | |
| | | 保护区 | 1 | 17 | |
| | | 保留区 | 1 | 113 | |
| | | 开发利用区 | 1 | | 0.6 |
| 15 | 赣江桃江 | | | | |
| | | 保留区 | 5 | 291 | |
| | | 开发利用区 | 4 | 49.7 | 0.6 |
| 16 | 赣江乌江 | | | | |
| | | 保留区 | 5 | 165.5 | |
| | | 开发利用区 | 3 | 45 | |
| 17 | 赣江湘水 | | | | |
| | | 保留区 | 1 | 92 | |
| | | 开发利用区 | 2 | 5 | 3.86 |
| 18 | 赣江萧江 | 保留区 | 1 | 90 | |
| 19 | 赣江袁河 | | | | |
| | | 保留区 | 10 | 204.7 | |
| | | 开发利用区 | 5 | 86.5 | |
| | | 保护区 | 1 | 25 | |
| 20 | 赣江章江 | | | | |
| | | 保留区 | 2 | 97.5 | |
| | | 开发利用区 | 3 | 69.3 | |
| | | 保护区 | 1 | 32.5 | |
| | 总计 | | 149 | 4 770.5 | 153.94 |

表 7-2　赣江流域二级水功能区划统计

| 序号 | 河流湖库 | 二级水功能区 | 个数 | 长度（km） | 面积（km²） |
|---|---|---|---|---|---|
| 1 | 赣江干流 | | | | |
| | | 饮用水源区 | 13 | 58.9 | |
| | | 工业用水区 | 10 | 93.9 | |
| | | 过渡区 | 1 | 4 | |
| 2 | 赣江上犹江 | | | | |
| | | 工业用水区 | 2 | 21.5 | |
| | | 饮用水源区 | 1 | 6.5 | 0.73 |
| 3 | 赣江遂川江 | | | | |
| | | 工业用水区 | 2 | 22.5 | |
| | | 饮用水源区 | 1 | 4.2 | |
| 4 | 赣江贡水 | | | | |
| | | 饮用水源区 | 2 | 8.4 | |
| | | 工业用水区 | 2 | 32 | |
| 5 | 赣江禾水 | | | | |
| | | 工业用水区 | 3 | 41.8 | |
| | | 饮用水源区 | 5 | 21.2 | |
| 6 | 赣江锦河 | | | | |
| | | 饮用水源区 | 4 | 8.4 | 1.65 |
| | | 工业用水区 | 4 | 37.6 | |
| | | 景观娱乐用水区 | 1 | 3 | |
| 7 | 赣江濂水 | | | | |
| | | 工业用水区 | 1 | 6.3 | |
| | | 饮用水源区 | 1 | 4.3 | |
| 8 | 赣江梅江 | | | | |
| | | 工业用水区 | 1 | 10.3 | |
| | | 饮用水源保护区 | 1 | 4.2 | |
| 9 | 赣江绵水 | | | | |
| | | 工业用水区 | 2 | 30 | |
| | | 饮用水源保护区 | 1 | | 0.41 |
| 10 | 赣江南昌湾里乌井水库 | | | | |

续表 7-2

| 序号 | 河流湖库 | 二级水功能区 | 个数 | 长度（km） | 面积（km²） |
|---|---|---|---|---|---|
| | | 饮用水源保护区 | 1 | | 0.27 |
| 11 | 赣江平江 | | | | |
| | | 饮用水源保护区 | 1 | 4.5 | |
| | | 工业用水区 | 2 | 9 | |
| 12 | 赣江琴江 | | | | |
| | | 饮用水源保护区 | 1 | 4.2 | |
| | | 工业用水区 | 1 | 8.8 | |
| 13 | 赣江蜀水 | | | | |
| | | 饮用水源保护区 | 1 | | 0.6 |
| 14 | 赣江桃江 | | | | |
| | | 饮用水源保护区 | 4 | 12.6 | 0.6 |
| | | 工业用水区 | 3 | 37.1 | |
| 15 | 赣江乌江 | | | | |
| | | 饮用水源保护区 | 3 | 21.4 | |
| | | 工业用水区 | 3 | 23.6 | |
| 16 | 赣江湘水 | 饮用水源保护区 | 1 | | 3.86 |
| | | 工业用水区 | 1 | 5 | |
| 17 | 赣江袁河 | | | | |
| | | 饮用水源保护区 | 4 | 18.5 | |
| | | 工业用水区 | 4 | 34.3 | |
| | | 景观娱乐用水区 | 3 | 33.7 | 54.23 |
| 18 | 赣江章江 | | | | |
| | | 饮用水源保护区 | 4 | 41.7 | 4.82 |
| | | 工业用水区 | 3 | 21.8 | |
| | | 景观娱乐用水区 | 1 | 5.8 | |
| | 总计 | | 99 | 701 | 67.17 |

### 7.1.3　污染源及水质情况

赣江流域开发利用区 59 个,河长 701 km,赣江流域干支流沿岸分布着赣州、吉安、南昌等 5 个设区市及万安、泰和、吉水、新干、樟树、丰城等 37 个县级城市。工业类别主要有造纸、采矿、冶炼、金属制品、化纤、医药等。由于工业和城镇生活污水部分直接排入赣江,对江河水质影响较大。

据 2005 年江西省水文局排污口调查统计,赣江流域共有主要排污口 671 处,年入河废污水量共 6.19 亿 m³,全流域 COD 入河量为 171 156.2 t/年、氨氮为 26 053.2 t/年,随着人口和社会经济的发展,预计到 2020 年 COD 入河量将增长为 309 909.35 t/年、氨氮将增长为 31 292.43 t/年, 2030 年 COD 入河量将增长为 359 235.09 t/年、氨氮将增长为 36 275.79 t/年。

根据 2009 年《江西省水资源质量公报》分析,赣江流域水质总体较好,河流水质以Ⅱ、Ⅲ类为主。汛期 4 ～ 6 月水质总体良好,污染河段主要为平江兴国段和袁河新余段,主要超标项目为氨氮;非汛期主要污染河段为赣江南昌段、平江兴国段、乌江永丰段和袁河新余段,主要超标项目为氨氮、粪大肠菌群、溶解氧和总磷。

水污染原因有:流域废污水排放量增长过快,且部分大型企业废污水治理严重滞后;产业结构不尽合理;水事法规不健全,流域和区域水资源保护监督管理不力。

### 7.1.4　纳污能力及限制排污总量方案

#### 7.1.4.1　水功能区纳污能力分析

水功能区纳污能力是指在满足水域功能要求的前提下,按划定的水功能区水质目标值、设计水量、排污口位置及排污方式下的功能区水体所能容纳的最大污染物量。现状纳污能力计算的设计水量,一般采用最近 10 年最枯月平均流量(水量)或 90% 保证率最枯月平均流量(水量);集中式饮用水水源地采用 95% 保证率最枯月平均流量(水量)。

赣江流域水功能区划水域的纳污能力 COD 为 300 764.05 t/年、氨氮 30 910.57 t/年。部分功能区所处河段,受水利工程调蓄的影响,纳污能力会有所提高,但总体而言,赣江流域规划水平年的纳污能力变化幅度并不明显。

纳污能力较大的功能区主要分布在赣江干流的新干、樟树、万安、峡江、泰和、吉水及支流袁河宜春段等开发利用区。

#### 7.1.4.2　入河污染负荷的控制

为保证水质满足功能区要求,同时给部分经济落后地区预留发展空间,本次规划入河控制量按以下原则确定:

(1)对于规划水平年污染物入河量小于纳污能力的水功能区,采用小于纳污能力的入河控制量进行控制。

(2)对于规划水平年污染物入河量大于纳污能力的水功能区:①2030 水平年统一采用规划纳污能力作为入河控制量;②饮用水源区必须实现零排放;③保护区原则上不得有排污,原有居民仅少量生活污水且不影响功能区水质的,可予以保留;④对开发利用区各水功能二级区,应综合考虑功能区水质状况、功能区达标计划和当地社会经济状况等因素确定 2020 水平年入河控制量。

赣江流域水功能区 2020 年污染物限制排污总量 COD 为 207 568.14 t/年、氨氮为 27 212.18 t/年,分别占纳污能力的 69.01% 和 88.04%;2030 年污染物入河控制量为 COD 201 846.97 t/年、氨氮为 26 037.02 t/年,分别占纳污能力的 67.11% 和 84.23%。入河控制量前三位的功能区主要是赣江新干工业用水区、赣江峡江工业用水区和贡水赣州工业用水区。

## 7.1.5　对策与措施

### 7.1.5.1　水资源保护措施

加强对保护区和保留区的监督管理。加强对保护区和保留区的水质常规监督监测,确保各功能区的功能达标,满足流域内经济社会发展的需要。

调整产业结构,推行清洁生产。进行区域产业结构调整,优化资源配置,发展排污量少、不污染或轻污染的工程项目,加快对采矿、造纸、医药、化工等重污染行业的调整,对污染严重、治理无望的企业或设备限期淘汰。推行清洁生产的经济政策,建立有利于清洁生产的投融资机制。并积极落实节水减污、清洁生产措施。在经济发展指导思想上将传统生产模式转变为协调发展模式,变粗放型生产为集约型生产。发展适合流域内资源特点的特色经济。鼓励发展旅游业和第三产业、合理开发利用当地的水电资源、矿产资源等。

淘汰不符合产业政策的污染企业。按照国家规定禁止新建并坚决关闭"十五小"和"新五小"(小水泥、小火电、小玻璃、小炼油、小钢铁)企业;加大执法力度,防止关闭的"十五小"企业(特别是小造纸)死灰复燃。按照国务院颁布的《促进产业结构调整暂行规定》(国发〔2005〕40 号),有计划地分批淘汰落后生产能力的产业。

加紧污水处理工程建设。到 2010 年前,各城市污水处理集中率应达到 60% 以上,加快流域沿途各县(区)的污水处理厂建设,确保水质达到水功能区要求。

实施排污口整治工程。根据水功能区要求,结合污水处理设施和堤防建设,对城市现有取、排水口进行优化调整并实施整治。"十一五"期间对不符合饮用水源区保护要求的排污口、码头、垃圾堆场应进行彻底清理。

建设城市生活垃圾处理场,集中处理生活垃圾,避免垃圾扩散污染水质。

调整农业结构,加强农业基础设施建设,改善农业生产条件,因地制宜大力发展生态农业、高效农业和特色农业。

保护森林植被,加强水土流失治理,结合运用生物措施、工程措施,全面改善生态环境。重点建设天然林保护工程、宜林荒山造林、退耕还林(草)工程和小流域综合治理工程。

完善地方水资源保护的政策法规体系。根据水质保护的要求,制定赣江流域综合利用的水质保护条例,流域内的相关县、市、区应制定相应的地方性法规。

地方各级水行政主管部门均应建立专门的水资源保护管理机构,应加强有关法规的学习和人员培训,提高依法行政的水平。

加强对赣江流域取水、排污及水功能区的监督管理,严格行政审批,控制新的污染发生。同时建立水污染事故应急处理程序,增强水资源保护执法快速反应能力。要进一步重视舆论监督和宣传工作,发挥社会和舆论的监督作用。

### 7.1.5.2　水质监测规划

1. 规划目的

监测规划是水资源保护规划的重要组成部分,是规划方案有效实施和规划目标顺利实现的必要保障。完善监测网络,通过控制断面及控制点的监测,了解规划水域的排污状况和水质变化趋势,有效地实施水资源保护的监督和管理,使监测为水资源统一管理和保护服务。

2. 监测范围

监测范围为规划范围内的所有河流、湖泊和水库。监测的重点是一级水功能区划中的开发利用区。

3. 断面(测点)布设

1)断面(测点)设置技术要求

必须符合《水环境监测规范》(SL 219—2013)的要求。

尽量利用现有的监测断面(测点)。

应尽量靠近已有水文站,以便取得相应水量资料计算污染物量。

应考虑交通方便,提高监测时效性。

应根据水功能区划的具体情况,设置监测断面(测点),并能反映功能区内的水质状况。

对于河段较短的功能区,可设置 1 个监测断面,断面应设在能控制功能区内水质最不利情况的地方;对于河段较长的功能区,可设置 2 个或多个监测断面,断面应设在能控制功能区内水质状况的地方。

对于分左右岸划分的功能区,可设置监测点而无须设置监测断面,监测点设置原则及方法与监测断面设置原则相同。

2)监测断面(测点)

根据以上技术要求,江西省水文局规划在现有 127 个监测断面(测点)的基础上增加 190 个,共计 317 个。

新增站点中,水质站 13 个、水功能区监测断面 62 个、饮用水源地监测断面 49 个、入河排污口测点 66 个。

赣江流域监测站点规划情况见表 7-3。

表 7-3　赣江流域监测站点规划情况　　　　　　　　　　（单位:个）

| 分区 | 站点数量 | | | | | 分阶段实施数量 | | |
|---|---|---|---|---|---|---|---|---|
| 水资源三级区 | 规划站点总数 | 水资源质量 | 水功能区 | 饮用水源地 | 入河排污口 | 现有 | 近期 | 远期 |
| 赣江栋背以上区 | 74 | 6 | 17 | 19 | 32 | 58 | 40 | 34 |
| 赣江栋背至峡江区 | 50 | 3 | 17 | 13 | 17 | 30 | 30 | 20 |
| 赣江峡江以下区 | 66 | 4 | 28 | 17 | 17 | 39 | 36 | 30 |
| 合计 | 190 | 13 | 62 | 49 | 66 | 127 | 106 | 84 |

4.监测项目

1）确定原则

监测项目要根据水体水质现状、水体使用功能（用途）和监控目标（监测目的）而定。如渔业用水区按渔业水质标准或对应地表水标准规定项目进行监测等。

所选择监测项目必须要有相应的国家或行业颁布的标准分析方法。

高锰酸盐指数（或化学需氧量）和氨氮为必测项目。

2）监测项目确定

根据以上原则，各功能区监测项目见表7-4。

表7-4　各功能区监测项目

| 监测区域 | | 监测项目 |
|---|---|---|
| 保护区 | | 水温、pH值、溶解氧、氨氮、高锰酸盐指数、化学需氧量、生化需氧量、氰化物、总砷、挥发性酚、六价铬、总汞、铜、锌、镉、铅、总磷、石油类、硫化物、阴离子表面活性剂、硒、氟化物、粪大肠杆菌（湖库增加总氮、叶绿素、透明度） |
| 保留区 | | |
| 开发利用区 | 过渡区 | |
| | 工业用水区 | |
| | 饮用水源区 | 水温、pH值、溶解氧、氨氮、高锰酸盐指数、化学需氧量、生化需氧量、氰化物、总砷、挥发性酚、六价铬、总汞、铜、锌、镉、铅、总磷、石油类、硫化物、阴离子表面活性剂、硒、氟化物、粪大肠杆菌、铁、锰、氯化物、硫酸盐、硝酸盐（湖库增加总氮、叶绿素、透明度） |
| | 景观娱乐用水区 | 水温、pH值、溶解氧、氨氮、高锰酸盐指数、化学需氧量、生化需氧量、氰化物、总砷、挥发性酚、六价铬、总汞、铜、锌、镉、铅、总磷、石油类、硫化物、阴离子表面活性剂、硒、氟化物、粪大肠杆菌（湖库增加总氮、叶绿素、透明度） |

5.水环境监测能力与信息系统建设

赣江流域现有监测中心9个（见表7-5），其中专属赣江流域的2个，分别为新余分中心和吉安分中心，与其他流域共有的7个。为持续改善上述水环境监测中心的监测能力，根据《水文基础设施建设及技术装备标准》（SL 276—2002）的要求，更新或增加部分分析实验室仪器设备，以提高水环境监测中心的监测能力。本次投资计算中，与其他流域共有的7个监测中心按比例分摊。

**7.1.5.3　水源地保护工程**

对流域内水源地采取排污口整治、引水减污、疏浚清淤等措施，保证水源地水质。具体工程投资见表7-6。

表 7-5　赣江流域监测能力与信息系统投资

| 序号 | 监测中心名称 | 所在位置 | | 监测能力投资（万元） | | | | 信息系统投资（万元） | | | | | |
| --- | --- | --- | --- | --- | --- | --- | --- | --- | --- | --- | --- | --- | --- |
| | | 水资源三级区 | 设区市 | 实验室建设投资 | | 仪器设备投资 | | 硬件投资 | | 软件投资 | | 网络通信系统投资 | |
| | | | | 2020 | 2030 | 2020 | 2030 | 2020 | 2030 | 2020 | 2030 | 2020 | 2030 |
| 1 | 江西省中心 | 赣江峡江以下区 | 南昌市 | 27.75 | 27.25 | 183.75 | 215.00 | 5.00 | 6.25 | 5.00 | 6.25 | 93.25 | 231.50 |
| 2 | 赣州分中心 | 赣江栋背以上区 | 赣州市 | | | | | | | | | | |
| | | 赣江栋背至峡江区 | 赣州市 | | | | | | | | | | |
| 3 | 吉安分中心 | 赣江栋背以上区 | 吉安市 | | | | | | | | | | |
| | | 赣江栋背至峡江区 | 吉安市 | 59.00 | 84.00 | 245.00 | 430.00 | 15.00 | 20.00 | 15.00 | 20.00 | 191.00 | 761.00 |
| | | 赣江峡江区 | 吉安市 | | | | | | | | | | |
| 4 | 宜春分中心 | 赣江峡江以下区 | 宜春市 | 21.33 | 16.33 | 67.00 | 143.33 | 5.00 | 6.67 | 5.00 | 6.67 | 217.67 | 468.67 |
| 5 | 九江分中心 | 赣江峡江以下区 | 九江市 | 5.50 | 16.17 | 40.17 | 71.67 | 2.50 | 3.33 | 2.50 | 3.33 | 122.83 | 204.67 |
| 6 | 抚州分中心 | 赣江栋背至峡江区 | 抚州市 | 18.33 | 25.33 | 67.00 | 143.33 | 5.00 | 6.67 | 5.00 | 6.67 | 1662.33 | 411.00 |
| 7 | 鄱阳湖分中心 | 赣江峡江以下区 | 南昌市 | 34.67 | 47.11 | 53.56 | 95.56 | 3.33 | 4.44 | 3.33 | 4.44 | 118.67 | 232.89 |
| | | 赣江峡江以下区 | 九江市 | | | | | | | | | | |
| 8 | 萍乡分中心 | 赣江栋背至峡江区 | 萍乡市 | 0 | 89.33 | 134.00 | 286.67 | 10.00 | 13.33 | 10.00 | 13.33 | 488.00 | 684.67 |
| | | 赣江峡江以下区 | 萍乡市 | | | | | | | | | | |
| 9 | 新余分中心 | 赣江峡江以下区 | 新余市 | 0 | 134.00 | 201.00 | 430.00 | 15.00 | 20.00 | 15.00 | 20.00 | 552.00 | 1022.00 |

表 7-6 赣江流域水源地入河排污口整治、引水减污、疏浚清淤工程投资

| 水平年 | 设区市 | 水功能二级区 | 人河排污口整治 | | | 引水减污 | | | 疏浚清淤 | | |
|---|---|---|---|---|---|---|---|---|---|---|---|
| | | | 工程名称 | 整治内容 | 投资（万元） | 工程名称 | 引水量（万 m³） | 投资（万元） | 工程名称 | 工程量（万 m³） | 投资（万元） |
| 2020 | 南昌市 | 赣江南昌县一新建饮用水源区 | 人河排污口整治 | 改建 | 350 | | | | | | |
| 2030 | 南昌市 | 赣江南昌县一新建饮用水源区 | 人河排污口整治 | 搬迁 | 450 | | | | | | |
| 2020 | 南昌市 | 赣江南昌饮用水源区 | 人河排污口整治 | 改建 | 400 | | | | | | |
| 2030 | 南昌市 | 赣江南昌饮用水源区 | 人河排污口整治 | 搬迁 | 550 | | | | | | |
| 2020 | 南昌市 | 赣江北支南昌饮用水源区 | | | | | | | 水功能区疏浚清淤 | 15 | 300 |
| 2030 | 南昌市 | 赣江北支南昌饮用水源区 | | | | | | | 水功能区疏浚清淤 | 20 | 400 |
| 2020 | 南昌市 | 赣江南支南昌饮用水源区 | | | | | | | 水功能区疏浚清淤 | 10 | 200 |
| 2030 | 南昌市 | 赣江南支南昌饮用水源区 | | | | | | | 水功能区疏浚清淤 | 15 | 300 |

续表 7-6

| 水平年 | 设区市 | 水功能二级区 | 入河排污口整治 | | | 引水减污 | | | 疏浚清淤 | | |
|---|---|---|---|---|---|---|---|---|---|---|---|
| | | | 工程名称 | 整治内容 | 投资（万元） | 工程名称 | 引水量（万 m³） | 投资（万元） | 工程名称 | 工程量（万 m³） | 投资（万元） |
| 2020 | 南昌市 | 南昌湾里乌井水库饮用水源区 | 入河排污口整治 | 改建 | 300 | | | | | | |
| 2030 | | | 入河排污口整治 | 搬迁 | 330 | | | | | | |
| 2020 | 赣州市 | 贡水赣州饮用水源区 | | | | 引水减污工程 | 200 | 300 | | | |
| 2030 | | | | | | 引水减污工程 | 300 | 450 | | | |
| 2020 | 赣州市 | 濂水安远饮用水源区 | 入河排污口整治 | 改建 | 250 | | | | | | |
| 2030 | | | 入河排污口整治 | 搬迁 | 300 | | | | | | |
| 2020 | 赣州市 | 平江兴国饮用水源区 | 入河排污口整治 | 改建 | 245 | | | | | | |
| 2030 | | | 入河排污口整治 | 搬迁 | 280 | | | | | | |

续表 7-6

| 水平年 | 设区市 | 水功能二级区 | 入河排污口整治 | | | 引水减污 | | | 疏浚清淤 | | |
|---|---|---|---|---|---|---|---|---|---|---|---|
| | | | 工程名称 | 整治内容 | 投资（万元） | 工程名称 | 引水量（万m³） | 投资（万元） | 工程名称 | 工程量（万m³） | 投资（万元） |
| 2020 | 赣州市 | 桃江龙南饮用水源区 | 入河排污口整治 | 改建 | 350 | | | | | | |
| 2030 | | | 入河排污口整治 | 搬迁 | 375 | | | | | | |
| 2020 | 赣州市 | 章江赣州饮用水源区 | 入河排污口整治 | 改建 | 400 | | | | | | |
| 2030 | | | 入河排污口整治 | 搬迁 | 450 | | | | | | |
| 2020 | 吉安市 | 遂川江遂川饮用水源区 | | | | 引水减污工程 | 80 | 120 | | | |
| 2030 | | | | | | 引水减污工程 | 100 | 150 | | | |
| 2020 | 吉安市 | 赣江吉安饮用水源区 | 入河排污口整治 | 改建 | 350 | | | | | | |
| 2030 | | | 入河排污口整治 | 搬迁 | 450 | | | | | | |

续表 7-6

| 水平年 | 设区市 | 水功能二级区 | 入河排污口整治 | | | 引水减污 | | | 疏浚清淤 | | |
|---|---|---|---|---|---|---|---|---|---|---|---|
| | | | 工程名称 | 整治内容 | 投资(万元) | 工程名称 | 引水量(万 m³) | 投资(万元) | 工程名称 | 工程量(万 m³) | 投资(万元) |
| 2020 | 吉安市 | 赣江吉水上饮用水源区 | 入河排污口整治 | 改建 | 150 | | | | | | |
| 2030 | | | 入河排污口整治 | 搬迁 | 200 | | | | | | |
| 2020 | 吉安市 | 禾水永新饮用水源区 | | | | | | | 水功能区疏浚清淤 | 8 | 160 |
| 2030 | | | | | | | | | 水功能区疏浚清淤 | 10 | 200 |
| 2020 | 吉安市 | 乌江永丰饮用水源区 | 入河排污口整治 | 改建 | 175 | | | | | | |
| 2030 | | | 入河排污口整治 | 搬迁 | 220 | | | | | | |
| 2020 | 宜春市 | 袁河宜春饮用水源区 | 入河排污口整治 | 改建 | 300 | | | | | | |
| 2030 | | | 入河排污口整治 | 搬迁 | 400 | | | | | | |
| 2020 | 宜春市 | 锦河万载饮用水源区 | 入河排污口整治 | 改建 | 180 | | | | | | |
| 2030 | | | 入河排污口整治 | 搬迁 | 250 | | | | | | |

续表 7-6

| 水平年 | 设区市 | 水功能二级区 | 入河排污口整治 | | | 引水减污 | | | 疏浚清淤 | | |
|---|---|---|---|---|---|---|---|---|---|---|---|
| | | | 工程名称 | 整治内容 | 投资（万元） | 工程名称 | 引水量（万 m³） | 投资（万元） | 工程名称 | 工程量（万 m³） | 投资（万元） |
| 2020 | 宜春市 | 锦河上高饮用水源区 | | | | 引水减污工程 | 60 | 100 | | | |
| 2030 | | | | | | 引水减污工程 | 80 | 120 | | | |
| 2020 | 宜春市 | 赣江樟树饮用水源区 | 入河排污口整治 | 改建 | 250 | | | | | | |
| 2030 | | | 入河排污口整治 | 搬迁 | 300 | | | | | | |
| 2020 | 新余市 | 袁河江口水库新余饮用水源区 | 入河排污口整治 | 改建 | 300 | | | | | | |
| 2030 | | | 入河排污口整治 | 搬迁 | 450 | | | | | | |
| 2020 | 新余市 | 袁河孔目江新余饮用水源区 | | | | | | | 水功能区疏浚清淤 | 5 | 120 |
| 2030 | | | | | | | | | 水功能区疏浚清淤 | 7 | 150 |
| 2020 | 萍乡市 | 袁河芦溪饮用水源区 | 入河排污口整治 | 改建 | 180 | | | | | | |
| 2030 | | | 入河排污口整治 | 搬迁 | 225 | | | | | | |

#### 7.1.5.4　面源污染治理

在加强点源污染控制的基础上,必须加大面源污染的治理和控制力度。加快区域水土保持措施工作进度,逐步调整农业产业结构,积极发展节水灌溉农业,指导农民科学施用化肥农药,把面源污染的治理、控制纳入水污染防治与水资源保护的监控体系,具体工程见表7-7。

表 7-7　赣江流域面源污染治理投资

| 水资源三级区 | 设区市 | 水平年 | 耕地治理 | | 湖库治理 | | 合计（万元） |
|---|---|---|---|---|---|---|---|
| | | | 治理面积（万亩） | 治理投资（万元） | 治理面积（hm²） | 治理投资（万元） | |
| 赣江栋背以上 | 赣州市 | 2020 | 140.4 | 5.61 | | | 5.61 |
| | | 2030 | 210.6 | 8.42 | | | 8.42 |
| | 吉安市 | 2020 | 16.4 | 0.66 | | | 0.66 |
| | | 2030 | 24.7 | 0.99 | | | 0.99 |
| | 抚州市 | 2020 | | | | | 0 |
| | | 2030 | | | | | 0 |
| 赣江栋背至峡江 | 吉安市 | 2020 | 76.5 | 3.06 | | | 3.06 |
| | | 2030 | 114.7 | 4.59 | | | 4.59 |
| | 抚州市 | 2020 | 6.1 | 0.24 | | | 0.24 |
| | | 2030 | 9.2 | 0.37 | | | 0.37 |
| | 萍乡市 | 2020 | 3.9 | 0.16 | | | 0.16 |
| | | 2030 | 5.9 | 0.23 | | | 0.23 |
| | 宜春市 | 2020 | | | | | 0 |
| | | 2030 | | | | | 0 |
| | 新余市 | 2020 | | | | | 0 |
| | | 2030 | | | | | 0 |
| 赣江峡江以下 | 萍乡市 | 2020 | 2.9 | 0.12 | | | 0.12 |
| | | 2030 | 4.4 | 0.18 | | | 0.18 |
| | 宜春市 | 2020 | 45.7 | 1.83 | | | 1.83 |
| | | 2030 | 68.6 | 2.74 | | | 2.74 |
| | 新余市 | 2020 | 12.4 | 0.49 | | | 0.49 |
| | | 2030 | 18.5 | 0.74 | | | 0.74 |
| | 吉安市 | 2020 | 9.0 | 0.36 | | | 0.36 |
| | | 2030 | 13.5 | 0.54 | | | 0.54 |
| | 南昌市 | 2020 | 3.5 | 0.14 | 180 | 450 | 450.14 |
| | | 2030 | 5.2 | 0.21 | 200 | 500 | 500.21 |
| | 九江市 | 2020 | | | 540 | 1 350 | 1 350.00 |
| | | 2030 | | | 600 | 1 500 | 1 500.00 |
| 合计 | | 2020 | 316.8 | 12.67 | 720 | 1 800 | 1 812.67 |
| | | 2030 | 475.3 | 19.01 | 800 | 2 000 | 2 019.01 |

## 7.1.6    投资估算

### 7.1.6.1    编制说明

本估算包括入河排污口整治工程、引水减污工程、疏浚清淤工程、水环境监测能力与信息系统建设和面源污染治理等 5 个方面。具体内容如下：

（1）南昌市、赣州市、吉安市、新余市、吉安市、宜春市、萍乡市 15 个水源地入河排污口整治工程。

（2）赣州市、吉安市、宜春市 3 个水源地的引水减污工程；

（3）南昌市、吉安市、新余市 4 个水源地的疏浚清淤工程；

（4）完善和改进水环境监测中心的监测能力建设；

（5）面源污染治理

### 7.1.6.2    编制依据

（1）《水文设施工程概算定额》。

（2）水利部水总〔2006〕116 号《水利建筑工程概算定额》。

（3）水利部水总〔2006〕140 号《水利工程概算补充定额（水文设施工程专项）》。

（4）水利部水国科〔2002〕297 号《水文基础设施建设及技术装备标准》（SL 276—2002）。

（5）国家发展计划委员会、建设部价格〔2002〕10 号《工程勘察设计收费标准》。

（6）仪器设备采用市场调研价。

### 7.1.6.3    总投资估算

赣江流域水资源保护规划总体投资估算为 27 470.01 万元，其中引水减污工程 1 240.00 万元，疏浚清淤工程 1 830.00 万元，排污口整治工程 9 410.00 万元，水环境监测能力与信息系统建设 11 158.33 万元，面源污染治理 3 831.68 万元。2020 年投资 12 018.14 万元，2030 年投资 15 451.87 万元，详见表7-8。

表 7-8    赣江流域水资源保护总投资估算表    （单位：万元）

| 序号 | 建设项目 | 总投资 | 分期实施 | | 备注 |
| --- | --- | --- | --- | --- | --- |
| | | | 2020 年 | 2030 年 | |
| 1 | 排污口整治 | 9 410.00 | 4 180 | 5 230 | |
| 2 | 引水减污工程 | 1 240.00 | 520.00 | 720.00 | 宜春市、吉安市、赣州市水源地 |
| 3 | 疏浚清淤工程 | 1 830.00 | 780.00 | 1 050.00 | 南昌市、吉安市、新余市水源地 |
| 4 | 水环境监测能力与信息系统建设 | 11 158.33 | 4 725.47 | 6 432.86 | 9 个水环境监测中心 |
| 5 | 面源污染治理 | 3 831.68 | 1 812.67 | 2 019.01 | |
| | 合计 | 27 470.01 | 12 018.14 | 15 451.87 | |

# 7.2　水生态保护规划

## 7.2.1　水生态现状及存在的问题

### 7.2.1.1　水生动植物

赣江流域天然渔业资源丰富,鱼类资源无论是种类还是数量都在江西省占据重要位置。从种类数目而言,赣江有鱼类约 118 种,隶属 11 目 22 科 74 属,其中以鲤科鱼类为主,占总种数的 58.5%,其次为鲶科 9.3%,鳅科 5.9%,鲴科 5.1%,鳀科、银鱼科、鮎科、塘鳢科、鰕鱼科、斗鱼科和鳢科等各占 1.7%,其余 11 科共占 9.3%,超出江西省鱼类种类数的一半。

赣江流域水系发育,溪流众多,池塘、水库星罗棋布,流域内天然水体,一般含氧充足,有机物和营养盐含量丰富;除鱼类资源外,软体动物、水生维管束植物及虾、蟹等种类繁多。据调查,分布较多的瓣鳃纲动物有:背瘤丽蚌、园背角无齿蚌、椭园背角元齿蚌、球形无齿蚌、褶纹冠蚌、三角帆蚌、黄蚬、湖蛤等。腹足纲有湖螺、乌螺、椎实螺等。虾类有沼虾、长臂虾、米虾等。

主要水生植物群落类型有:满江红群落、水龙群落、水马齿群落、萤蔺群落、戟叶蓼群落、凤眼莲群落、苔菜群落、紫背浮萍群落、莲群落、辣蓼群落、田字萍群落、眼子菜群落、圆叶节节菜群落、轮叶狐尾藻群落、牛筋草群落等。此外,还有一些稀疏分布的群落,如分布在河滩低洼处的牛毛毡群落和箭叶蓼、水蓼群落以及萤蔺、刚毛荸荠群落,分布在上游河边的野芋、慈姑群落和菖蒲群落等。

### 7.2.1.2　湿地

赣江流域内分布的湿地类型主要有湖泊湿地、河流湿地和沼泽湿地,但是重点湿地不多。根据林业部门提供的资料,规划范围内有重点保护湿地 2 处,即泸溪锅底潭湿地自然保护区、吉安县君山湖鸟类自然保护区。该 2 处保护区为县级湿地类型自然保护区,总面积 8 838 hm²,详见表 7-9。

表 7-9　湿地类型自然保护区调查结果

| 序号 | 保护区名称 | 级别 | 行政区域 | 主要保护对象 | 保护区总面积(hm²) | 主要湿地类型 | 批建时间 |
|---|---|---|---|---|---|---|---|
| 1 | 芦溪锅底潭湿地自然保护区 | 县级 | 芦溪县 | 小天鹅、鸿雁、中华小鳾等 | 7 508 | 湖泊湿地 | 2005 年 12 月 |
| 2 | 君山湖鸟类自然保护区 | 县级 | 吉安县敦厚镇 | 鸟类 | 1 330 | 湖泊湿地 | 2000 年 |

除湿地保护区外,赣江流域还有 1 个国家级湿地公园,即孔目江国家湿地公园,位于新余市,为河流湿地,面积 15.03 km²,批准时间为 2007 年。

### 7.2.1.3　风景名胜区及森林公园

本次赣江流域规划范围内有省级以上风景名胜区 17 个,其中国家级 5 个、省级 12

个。风景名胜区面积共 1 595.7 km²,约占流域面积的 1.99%。赣江流域重点风景名胜区情况统计见表 7-10。

表 7-10　赣江流域重点风景名胜区情况统计

| 序号 | 名称 | 所在县(市、区)名称 | 级别 | 类型 | 面积(km²) |
|---|---|---|---|---|---|
| 1 | 井冈山风景名胜区 | 井冈山市 | 国家级 | 文化景观、山岳型 | 214 |
| 2 | 仙女湖风景名胜区 | 新余市 | 国家级 | 湖泊型 | 179 |
| 3 | 武功山风景名胜区 | 安福县、萍乡市、宜春市 | 国家级 | 山岳型 | 260 |
| 4 | 梅岭—滕王阁风景名胜区 | 南昌市 | 国家级 | 多功能城郊型 | 150 |
| 5 | 三百山风景名胜区 | 安远县 | 国家级 | 山岳型 | 200 |
| 6 | 青原山风景名胜区 | 吉安市 | 省级 | 文化景观型 | 30 |
| 7 | 汉仙岩风景名胜区 | 会昌县 | 省级 | 山岳型 | 48 |
| 8 | 梅关–丫山风景名胜区 | 大余县 | 省级 | 文化景观型 | 55 |
| 9 | 通天岩风景名胜区 | 赣州市 | 省级 | 城郊型 | 5.6 |
| 10 | 翠微峰风景名胜区 | 宁都县 | 省级 | 山岳型 | 16.1 |
| 11 | 罗汉岩风景名胜区 | 瑞金市 | 省级 | 山岳型 | 6 |
| 12 | 小武当风景名胜区 | 龙南县 | 省级 | 文化景观型 | 13.5 |
| 13 | 玉笥山风景名胜区 | 峡江县 | 省级 | 文化景观型 | 47.5 |
| 14 | 陡水湖风景名胜区 | 上犹县 | 省级 | 湖泊型 | 120 |
| 15 | 聂都风景名胜区 | 崇义县 | 省级 | 山岳型 | 135 |
| 16 | 白水仙–泉江风景名胜区 | 遂川县 | 省级 | 文化景观型 | 65 |
| 17 | 玉壶山风景名胜区 | 莲花县 | 省级 | 文化景观型 | 51 |

赣江流域规划范围内有省级以上森林公园 47 个,其中国家级 16 个、省级 31 个。森林公园面积共约 2 619.9 km²,约占流域面积的 3.16%。赣江流域森林公园情况统计见表 7-11。

表 7-11　赣江流域森林公园情况统计

| 序号 | 公园名称 | 批复面积（hm²） | 所在位置 |
|---|---|---|---|
| 一 | 国家级 | | |
| 1 | 南昌市湾里区梅岭国家森林公园 | 15 000 | 南昌市湾里区 |
| 2 | 安远三百山国家森林公园 | 3 330 | 安远县三百山镇凤山乡 |
| 3 | 宜春市明月山国家森林公园 | 7 842 | 宜春市洪江乡 |
| 4 | 宁都翠微峰国家森林公园 | 7 866.67 | 宁都县梅江镇、石上镇、安福乡 |
| 5 | 泰和国家森林公园 | 3 000 | 泰和县桥头镇 |
| 6 | 大余梅关国家森林公园 | 5 300 | 大余县南安镇、浮江乡、黄龙镇 |
| 7 | 永丰国家森林公园 | 7 600 | 永丰县恩江镇、潭城乡、陶塘乡、沙溪镇、中村乡、龙冈畲族乡、上溪乡 |
| 8 | 樟树阁皂山国家森林公园 | 6 860 | 樟树市阁山镇 |
| 9 | 安福武功山国家森林公园 | 24 190 | 安福县泰山乡 |
| 10 | 崇义阳岭国家森林公园 | 6 889.8 | 崇义县横水镇 |
| 11 | 上犹五指峰国家森林公园 | 24 533 | 上犹县五指峰乡五指峰林场 |
| 12 | 赣州陡水湖国家森林公园 | 22 666.67 | 江西省上犹县陡水镇 |
| 13 | 万安国家森林公园 | 16 333 | 万安县芙蓉镇 |
| 14 | 永新三湾国家森林公园 | 15 513.3 | 永新县三湾乡 |
| 15 | 龙南九连山国家森林公园 | 20 063 | 龙南县九连山营林林场、九连山自然保护区 |
| 16 | 峰山国家级森林公园 | 20 735.2 | 赣州市章贡区沙石镇 |
| 二 | 省级 | | |
| 1 | 安远龙泉山省级森林公园 | 353.33 | 安远县欣山镇 |
| 2 | 上高县省级森林公园 | 160 | 上高县科技工业园 |
| 3 | 宜丰县省级森林公园 | 2 805.07 | 宜丰县新昌镇、官山 |
| 4 | 吉安市青原山省级森林公园 | 450 | 吉安市青原区河东青原山 |
| 5 | 峡江玉笥山省级森林公园 | 900 | 峡江县水边镇、福民乡 |
| 6 | 赣县水鸡嵊省级森林公园 | 7 666.67 | 赣县韩坊乡小坪管理区 |
| 7 | 龙南武当山省级森林公园 | 533.2 | 龙南县武当镇横岗村 |
| 8 | 瑞金罗汉岩省级森林公园 | 500 | 瑞金市壬田镇 |
| 9 | 会昌会昌山省级森林公园 | 333.32 | 会昌县文武坝镇 |
| 10 | 新建象山省级森林公园 | 1 674 | 新建县象山镇 |
| 11 | 新余市渝水区仰天岗省级森林公园 | 666.67 | 新余市渝水区城北街道办事处 |

续表 7-11

| 序号 | 公园名称 | 批复面积<br>（hm²） | 所在位置 |
|---|---|---|---|
| 12 | 兴国均福山省级森林公园 | 1 488 | 兴国县崇贤乡 |
| 13 | 新建梦山省级森林公园 | 2 666.67 | 新建县(石埠)红林林场 |
| 14 | 南康南山省级森林公园 | 536.67 | 南康市东山桥头 |
| 15 | 莲花玉壶山省级森林公园 | 393.33 | 莲花县琴亭镇 |
| 16 | 吉安县吉安省级森林公园 | 100 | 吉安县敦厚镇 |
| 17 | 于都罗田岩省级森林公园 | 900 | 于都县贡江镇 |
| 18 | 寻乌黄畲山省级森林公园 | 600 | 寻乌县三标乡 |
| 19 | 信丰金盘山省级森林公园 | 2 000 | 信丰县古陂镇 |
| 20 | 吉水大东山省级森林公园 | 4 000 | 吉水县文峰镇 |
| 21 | 泰和玉华山省级森林公园 | 666.7 | 泰和县澄江镇 |
| 22 | 遂川神山寺省级森林公园 | 970 | 遂川县泉江镇 |
| 23 | 万载江西省九龙庙森林公园 | 4 950 | 万载县九龙、罗城、仙源、官元山、马步等乡镇 |
| 24 | 寻乌江西省东江源<br>桠髻钵山森林公园 | 2 980 | 寻乌县富寨林场 |
| 25 | 吉安市青原区江西省<br>白云山森林公园 | 7 200 | 吉安市青原区白云山 |
| 26 | 新余市仙女湖区江西省<br>太宝峰森林公园 | 2 038 | 新余市仙女湖区东坑<br>林场、东坑村、易家桥村 |
| 27 | 于都江西省屏山森林公园 | 4 528.6 | 于都县靖石乡、屏山、<br>龙王山、盘古山镇、小溪乡 |
| 28 | 江西省兴农沙漠生态森林公园 | 232 | 南昌县岗上镇兴农村 |
| 29 | 石城西华山省级森林公园 | 175.33 | 石城县琴江镇 |
| 30 | 江西省三尖峰森林公园 | 630.8 | 芦溪县西南南坑林场坪村分场 |
| 31 | 江西省寒山森林公园 | 1 168 | 莲花县荷塘乡 |

#### 7.2.1.4　自然保护区

赣江流域内有自然保护区共 89 处,其中国家级自然保护区 7 处、省级自然保护区 11 处、市县级自然保护区 71 处,总面积约 3 853.44 km²,约占流域面积的 4.81%。赣江流域自然保护区情况统计见表 7-12。

**表 7-12　赣江流域自然保护区情况统计**

| 序号 | 名称 | 性质 | 所在县 | 级别 | 类型 | 主要保护对象 | 面积（hm²） | 存在问题 | 批建时间 |
|---|---|---|---|---|---|---|---|---|---|
| 1 | 九连山国家级自然保护区 | 已建 | 龙南 | 国家级 | 森林生态 | 森林生态系统及野生动植物 | 13 411.60 | 自有权属林地少，基础设施有待进一步完善 | 2003 年 |
| 2 | 井冈山国家级自然保护区 | 已建 | 井冈山 | 国家级 | 森林生态 | 森林生态系统及野生动植物 | 20 700.00 | 下属林场职工近 6 000 人，负担过重，基础设施有待进一步完善 | 2000 年 |
| 3 | 齐云山省级自然保护区 | 已建 | 崇义 | 国家级 | 森林生态 | 森林生态系统及野生动植物 | 17 105.00 | 缺乏资金投入，基础设施落后 | 2004 年 |
| 4 | 赣江倒刺鲃自然保护区 | 新建 | 赣州市 | 国家级 | 野生动物 | 倒刺鲃 | 2 000.00 | | 在建 |
| 5 | 袁河上游特有鱼类国家级水产种质资源保护区 | 已建 | 宜春 | 国家级 | 野生动物 | | | | 2010 年 |
| 6 | 桃江刺鲃国家级水产种质资源保护区 | 已建 | 赣县 | 国家级 | 野生动物 | 刺鲃 | 1 167.00 | | 2009 年 |
| 7 | 潋水特有鱼类国家级水产种质资源保护区 | 已建 | 兴国县 | 国家级 | 野生动物 | 兴国红鲤 | 1 030.00 | | 2009 年 |
| 8 | 上犹县栉鰕鲏自然保护区 | 新建 | 上犹 | 省级 | 野生动物 | 栉鰕鲏 | 3 500.00 | | 在建 |
| 9 | 阳岭省级自然保护区 | 已建 | 崇义 | 省级 | 森林生态 | 森林生态系统及野生动植物 | 1 880.00 | 缺乏资金投入，基础设施落后 | 1997 年 |

续表 7-12

| 序号 | 名称 | 性质 | 所在县 | 级别 | 类型 | 主要保护对象 | 面积（hm²） | 存在问题 | 批建时间 |
|---|---|---|---|---|---|---|---|---|---|
| 10 | 石城赣江源省级自然保护区 | 已建 | 石城 | 省级 | 森林生态 | 森林生态系统及野生动植物（水源涵养林） | 15 826.00 | 缺乏资金投入，基础设施落后 | 2004 年 |
| 11 | 鲥鱼自然保护区 | | 吉水、新干县 | 省级 | 野生动物 | 鲥鱼及产卵地 | 1 560.00 | | |
| 12 | 鲥鱼及"四大家鱼"产卵场自然保护区 | 新建 | 吉水、峡江、新干 | 省级 | 野生动物 | 鲥鱼、"四大家鱼" | 1 560.00 | | 在建 |
| 13 | 水浆省级自然保护区 | 已建 | 永丰 | 省级 | 森林生态 | 森林生态系统及野生动植物 | 2 000.00 | 缺乏资金投入，基础设施落后 | 1997 年 |
| 14 | 羊狮幕省级自然保护区 | 已建 | 芦溪 | 省级 | 森林生态 | 森林生态系统及野生动植物 | 7 006.00 | 缺乏资金投入，基础设施落后 | 2004 年 |
| 15 | 三十把省级自然保护区 | 已建 | 万载 | 省级 | 森林生态 | 森林生态系统及野生动植物 | 2 100.00 | 缺乏资金投入，基础设施落后 | 2001 年 |
| 16 | 官山省级自然保护区 | 新建 | 宜丰、铜鼓 | 省级 | 野生动物 | 白颈长尾雉、黄腹角雉、猕猴等野生动物 | 11 500.60 | 自有权属林地少，基础设施有待进一步完善 | 2005 年 |
| 17 | 老虎脑省级自然保护区 | 已建 | 乐安 | 省级 | 野生动物 | 华南虎及其栖息地 | 22 000.00 | 缺乏资金投入，基础设施落后 | 2004 年 |
| 18 | 萍乡市黄尾密鲴自然保护区 | 新建 | 萍乡市 | 省级 | 野生动物 | 黄尾密鲴 | 2 400.00 | | 在建 |
| 19 | 陡水湖市级自然保护区 | 已建 | 上犹 | 市级 | 森林生态 | 森林生态系统及野生动植物（水源涵养林） | 22 600.00 | 缺乏资金投入，基础设施落后 | 2002 年 |
| 20 | 井冈山大鲵自然保护区 | 新建 | 井冈山 | 市级 | 野生动物 | 大鲵 | 12 500.00 | | 在建 |

续表 7-12

| 序号 | 名称 | 性质 | 所在县 | 级别 | 类型 | 主要保护对象 | 面积（hm²） | 存在问题 | 批建时间 |
|---|---|---|---|---|---|---|---|---|---|
| 21 | 玉京山自然保护区 | 新建 | 宜春 | 市级 | 森林生态 | 森林生态系统及野生动植物 | 2 049.00 | 缺乏资金投入,基础设施落后 | 2007 年 |
| 22 | 赣江源县级自然保护区 | 已建 | 瑞金市 | 县级 | 森林生态 | 森林生态系统及野生动植物 | 19 219.00 | | 2005 年 |
| 23 | 金盆山县级自然保护区 | 已建 | 信丰 | 县级 | 森林生态 | 森林生态系统及野生动植物 | 2 000.00 | 缺乏资金投入,基础设施落后 | 1982 年 |
| 24 | 三江口县级自然保护区 | 已建 | 大余 | 县级 | 森林生态 | 森林生态系统及野生动植物 | 2 227.00 | 缺乏资金投入,基础设施落后 | 1996 年 |
| 25 | 五指峰县级自然保护区 | 已建 | 上犹 | 县级 | 森林生态 | 森林生态系统及野生动植物 | 3 000.00 | 缺乏资金投入,基础设施落后 | 1992 年 |
| 26 | 阳岭扩大区县级自然保护区 | 已建 | 崇义 | 县级 | 森林生态 | 森林生态系统及野生动植物 | 5 220.00 | 缺乏资金投入,基础设施落后 | 1999 年 |
| 27 | 章江源县级自然保护区 | 已建 | 崇义 | 县级 | 森林生态 | 森林生态系统及野生动植物(水源涵养林) | 10 452.00 | 缺乏资金投入,基础设施落后 | 2004 年 |
| 28 | 三百山县级自然保护区 | 已建 | 安远 | 县级 | 森林生态 | 森林生态系统及野生动植物 | 15 500.00 | 缺乏资金投入,基础设施落后 | 1992 年 |
| 29 | 九龙嶂县级自然保护区 | 已建 | 安远 | 县级 | 森林生态 | 森林生态系统及野生动植物 | 6 000.00 | 缺乏资金投入,基础设施落后 | 1996 年 |
| 30 | 蔡坊县级自然保护区 | 已建 | 安远 | 县级 | 森林生态 | 森林生态系统及野生动植物 | 8 500.00 | 缺乏资金投入,基础设施落后 | 1996 年 |

**续表 7-12**

| 序号 | 名称 | 性质 | 所在县 | 级别 | 类型 | 主要保护对象 | 面积（hm²） | 存在问题 | 批建时间 |
|---|---|---|---|---|---|---|---|---|---|
| 31 | 金盆山县级自然保护区 | 已建 | 龙南 | 县级 | 森林生态 | 森林生态系统及野生动植物 | 3 041.00 | 缺乏资金投入，基础设施落后 | 2000 年 |
| 32 | 三县崇县级自然保护区 | 已建 | 龙南 | 县级 | 森林生态 | 森林生态系统及野生动植物 | 2 468.00 | 缺乏资金投入，基础设施落后 | 2000 年 |
| 33 | 西梅山县级自然保护区 | 已建 | 龙南 | 县级 | 森林生态 | 森林生态系统及野生动植物 | 1 793.00 | 缺乏资金投入，基础设施落后 | 2000 年 |
| 34 | 夹湖县级自然保护区 | 已建 | 龙南 | 县级 | 森林生态 | 森林生态系统及野生动植物 | 4 498.00 | 缺乏资金投入，基础设施落后 | 2000 年 |
| 35 | 黄坑县级自然保护区 | 已建 | 龙南 | 县级 | 森林生态 | 森林生态系统及野生动植物 | 2 716.00 | 缺乏资金投入，基础设施落后 | 2000 年 |
| 36 | 棋棠山县级自然保护区 | 已建 | 龙南 | 县级 | 森林生态 | 森林生态系统及野生动植物 | 2 133.00 | 缺乏资金投入，基础设施落后 | 2000 年 |
| 37 | 云台山县级自然保护区 | 已建 | 定南 | 县级 | 森林生态 | 森林生态系统及野生动植物 | 10 234.00 | 缺乏资金投入，基础设施落后 | 1999 年 |
| 38 | 桃江源县级自然保护区 | 已建 | 全南 | 县级 | 森林生态 | 森林生态系统及水源涵养林 | 15 427.00 | 缺乏资金投入，基础设施落后 | 2006 年 |
| 39 | 莲花山县级自然保护区 | 已建 | 宁都 | 县级 | 森林生态 | 森林生态系统及野生动植物 | 288.47 | 缺乏资金投入，基础设施落后 | 1982 年 |
| 40 | 凌华山县级自然保护区 | 已建 | 宁都 | 县级 | 森林生态 | 森林生态系统及野生动植物 | 768.00 | 缺乏资金投入，基础设施落后 | 1993 年 |

续表 7-12

| 序号 | 名称 | 性质 | 所在县 | 级别 | 类型 | 主要保护对象 | 面积（hm²） | 存在问题 | 批建时间 |
|---|---|---|---|---|---|---|---|---|---|
| 41 | 寻乌项山甑县级自然保护区 | 已建 | 寻乌 | 县级 | 森林生态 | 森林生态系统及水源涵养林 | 1 200.00 | 缺乏资金投入,基础设施落后 | 2003 年 |
| 42 | 寻乌阳天障县级自然保护区 | 已建 | 寻乌 | 县级 | 森林生态 | 森林生态系统及水源涵养林 | 635.00 | 缺乏资金投入,基础设施落后 | 2003 年 |
| 43 | 张天堂县级自然保护区 | 已建 | 寻乌 | 县级 | 森林生态 | 森林生态系统及水源涵养林 | 789.00 | 缺乏资金投入,基础设施落后 | 2003 年 |
| 44 | 河坑县级自然保护区 | 已建 | 吉安 | 县级 | 森林生态 | 森林生态系统及野生动植物 | 4 367.00 | 缺乏资金投入,基础设施落后 | 2000 年 |
| 45 | 罗口县级自然保护区 | 已建 | 吉安 | 县级 | 森林生态 | 森林生态系统及野生动植物 | 2 420.00 | 缺乏资金投入,基础设施落后 | 2000 年 |
| 46 | 樟坑县级自然保护区 | 已建 | 吉安 | 县级 | 森林生态 | 森林生态系统及野生动植物 | 2 345.00 | 缺乏资金投入,基础设施落后 | 2000 年 |
| 47 | 银湾桥县级自然保护区 | 已建 | 吉安 | 县级 | 森林生态 | 森林生态系统及野生动植物 | 973.00 | 缺乏资金投入,基础设施落后 | 2000 年 |
| 48 | 江口县级自然保护区 | 已建 | 吉安 | 县级 | 森林生态 | 森林生态系统及野生动植物 | 1 052.00 | 缺乏资金投入,基础设施落后 | 2000 年 |
| 49 | 福华山县级自然保护区 | 已建 | 吉安 | 县级 | 森林生态 | 森林生态系统及野生动植物 | 827.00 | 缺乏资金投入,基础设施落后 | 2000 年 |
| 50 | 娑罗山县级自然保护区 | 已建 | 吉安 | 县级 | 森林生态 | 森林生态系统及野生动植物 | 340.00 | 缺乏资金投入,基础设施落后 | 2000 年 |

续表 7-12

| 序号 | 名称 | 性质 | 所在县 | 级别 | 类型 | 主要保护对象 | 面积（hm²） | 存在问题 | 批建时间 |
|---|---|---|---|---|---|---|---|---|---|
| 51 | 大桥县级自然保护区 | 已建 | 吉安 | 县级 | 森林生态 | 森林生态系统及野生动植物 | 1 380.00 | 缺乏资金投入,基础设施落后 | 2000 年 |
| 52 | 天河三分岭县级自然保护区 | 已建 | 吉安 | 县级 | 森林生态 | 森林生态系统及野生动植物 | 3 300.00 | 缺乏资金投入,基础设施落后 | 2000 年 |
| 53 | 君山湖鸟类县级自然保护区 | 已建 | 吉安 | 县级 | 湿地生态 | 湿地生态系统及野生动植物 | 1 330.00 | 缺乏资金投入,基础设施落后 | 2000 年 |
| 54 | 油田、新源县级自然保护区 | 已建 | 吉安 | 县级 | 森林生态 | 森林生态系统及野生动植物 | 660.00 | 缺乏资金投入,基础设施落后 | 2000 年 |
| 55 | 南风面县级自然保护区 | 已建 | 遂川 | 县级 | 森林生态 | 森林生态系统及野生动植物 | 9 200.00 | 缺乏资金投入,基础设施落后 | 2002 年 |
| 56 | 大湾里县级自然保护区 | 已建 | 遂川 | 县级 | 森林生态 | 森林生态系统及野生动植物 | 2 700.00 | 缺乏资金投入,基础设施落后 | 2002 年 |
| 57 | 黄草河县级自然保护区 | 已建 | 遂川 | 县级 | 森林生态 | 森林生态系统及野生动植物 | 1 111.00 | 缺乏资金投入,基础设施落后 | 2002 年 |
| 58 | 白水仙县级自然保护区 | 已建 | 遂川 | 县级 | 森林生态 | 森林生态系统及野生动植物 | 2 000.00 | 缺乏资金投入,基础设施落后 | 2002 年 |
| 59 | 高坪夏候鸟迁徙停留地县级自然保护区 | 已建 | 遂川 | 县级 | 野生动物 | 候鸟及森林生态系统 | 15 000.00 | 缺乏资金投入,基础设施落后 | 2002 年 |
| 60 | 五指峰县级自然保护区 | 已建 | 遂川 | 县级 | 森林生态 | 森林生态系统及野生动植物 | 570.80 | 缺乏资金投入,基础设施落后 | 2002 年 |

续表 7-12

| 序号 | 名称 | 性质 | 所在县 | 级别 | 类型 | 主要保护对象 | 面积（hm²） | 存在问题 | 批建时间 |
|---|---|---|---|---|---|---|---|---|---|
| 61 | 大坝里县级自然保护区 | 已建 | 遂川 | 县级 | 森林生态 | 森林生态系统及野生动植物 | 1 609.00 | 缺乏资金投入，基础设施落后 | 2003 年 |
| 62 | 月明自然保护区 | 已建 | 万安 | 县级 | 森林生态 | 森林生态系统及野生动植物 | 2 000.00 | 缺乏资金投入，基础设施落后 | 2006 年 |
| 63 | 南坪水源涵养林基地县级自然保护区 | 已建 | 安福 | 县级 | 森林生态 | 水源涵养林 | 2 200.00 | 缺乏资金投入，基础设施落后 | 1989 年 |
| 64 | 三天门县级自然保护区 | 已建 | 安福 | 县级 | 森林生态 | 森林生态系统及野生动植物 | 521.00 | 缺乏资金投入，基础设施落后 | 1997 年 |
| 65 | 明月山县级自然保护区 | 已建 | 安福 | 县级 | 森林生态 | 森林生态系统及野生动植物 | 1 138.00 | 缺乏资金投入，基础设施落后 | 1997 年 |
| 66 | 社上珍珠台县级自然保护区 | 已建 | 安福 | 县级 | 森林生态 | 森林生态系统及野生动植物 | 155.00 | 缺乏资金投入，基础设施落后 | 1997 年 |
| 67 | 桃花洞县级自然保护区 | 已建 | 安福 | 县级 | 森林生态 | 森林生态系统及野生动植物 | 331.00 | 缺乏资金投入，基础设施落后 | 1997 年 |
| 68 | 铁丝岭县级自然保护区 | 已建 | 安福 | 县级 | 森林生态 | 森林生态系统及野生动植物 | 1 501.00 | 缺乏资金投入，基础设施落后 | 1997 年 |
| 69 | 太源坑县级自然保护区 | 已建 | 安福 | 县级 | 森林生态 | 森林生态系统及野生动植物 | 435.00 | 缺乏资金投入，基础设施落后 | 1997 年 |
| 70 | 猫牛岩县级自然保护区 | 已建 | 安福 | 县级 | 森林生态 | 森林生态系统及野生动植物 | 349.00 | 缺乏资金投入，基础设施落后 | 1997 年 |

续表 7-12

| 序号 | 名称 | 性质 | 所在县 | 级别 | 类型 | 主要保护对象 | 面积（hm²） | 存在问题 | 批建时间 |
|---|---|---|---|---|---|---|---|---|---|
| 71 | 深远山县级自然保护区 | 已建 | 永新 | 县级 | 森林生态 | 森林生态系统及野生动植物 | 10 500.00 | 缺乏资金投入,基础设施落后 | 2000 年 |
| 72 | 白虎岭县级自然保护区 | 已建 | 南昌县 | 县级 | 森林生态 | 森林生态系统及野生动植物 | 1 249.00 | 缺乏资金投入,基础设施落后 | 1999 年 |
| 73 | 高天岩县级自然保护区 | 已建 | 莲花 | 县级 | 森林生态 | 森林生态系统及野生动植物 | 7 267.00 | 缺乏资金投入,基础设施落后 | 1999 年 |
| 74 | 锅底潭县级自然保护区 | 已建 | 芦溪 | 县级 | 湿地生态 | 湿地生态系统及越冬候鸟 | 3 618.00 | 缺乏资金投入,基础设施落后 | 2002 年 |
| 75 | 店下自然保护区 | 新建 | 樟树 | 县级 | 森林生态 | 森林生态系统及野生动植物 | 2 883.00 | 缺乏资金投入,基础设施落后 | 2006 年 |
| 76 | 枫窝里县级自然保护区 | 已建 | 高安 | 县级 | 森林生态 | 森林生态系统及野生动植物 | 386.67 | 缺乏资金投入,基础设施落后 | 1995 年 |
| 77 | 鸡冠石县级自然保护区 | 已建 | 万载 | 县级 | 森林生态 | 森林生态系统及野生动植物 | 1 459.00 | 缺乏资金投入,基础设施落后 | 1999 年 |
| 78 | 竹山洞县级自然保护区 | 已建 | 万载 | 县级 | 森林生态 | 森林生态系统及野生动植物（喀斯特地形） | 342.00 | 缺乏资金投入,基础设施落后 | 1999 年 |
| 79 | 九龙县级自然保护区 | 已建 | 万载 | 县级 | 森林生态 | 森林生态系统及野生动植物 | 2 061.30 | 缺乏资金投入,基础设施落后 | 1999 年 |
| 80 | 南屏县级自然保护区 | 已建 | 宜丰 | 县级 | 森林生态 | 森林生态系统及野生动植物 | 54.67 | 缺乏资金投入,基础设施落后 | 1996 年 |

续表 7-12

| 序号 | 名称 | 性质 | 所在县 | 级别 | 类型 | 主要保护对象 | 面积（hm²） | 存在问题 | 批建时间 |
|---|---|---|---|---|---|---|---|---|---|
| 81 | 洞山县级自然保护区 | 已建 | 宜丰 | 县级 | 森林生态 | 森林生态系统及野生动植物 | 300.00 | 缺乏资金投入，基础设施落后 | 1996 年 |
| 82 | 大西坑县级自然保护区 | 已建 | 宜丰 | 县级 | 森林生态 | 森林生态系统及野生动植物 | 600.00 | 缺乏资金投入，基础设施落后 | 1996 年 |
| 83 | 大岗山县级自然保护区 | 已建 | 分宜 | 县级 | 森林生态 | 森林生态系统及野生动植物 | 1 200.00 | 缺乏资金投入，基础设施落后 | 2005 年 |
| 84 | 石门寨县级自然保护区 | 已建 | 分宜 | 县级 | 野生动物 | 野生动植物及人文景观 | 971.00 | | 2005 年 |
| 85 | 梦山县级自然保护区 | 已建 | 新建 | 县级 | 森林生态 | 森林生态系统及野生动植物 | 4 500.00 | 缺乏资金投入，基础设施落后 | 1998 年 |
| 86 | 象山县级自然保护区 | 已建 | 新建 | 县级 | 森林生态 | 森林生态系统及白鹭等鸟类 | 800.00 | 缺乏资金投入，基础设施落后 | 1998 年 |
| 87 | 岭背县级自然保护区 | 已建 | 新建 | 县级 | 森林生态 | 森林生态系统及野生动植物 | 2 000.00 | 缺乏资金投入，基础设施落后 | 1998 年 |
| 88 | 白云山－螺滩自然保护区 | 新建 | 青原区 | 县级 | 森林生态 | 森林生态系统及野生动植物 | 1 333.30 | 缺乏资金投入，基础设施落后 | 2007 年 |
| 89 | 玉笥山自然保护区 | 新建 | 峡江 | 县级 | 森林生态 | 森林生态系统及野生动植物 | 2 000.00 | 缺乏资金投入，基础设施落后 | 2007 年 |

## 7.2.1.5　存在的主要水生态问题

目前，赣江流域水生态方面存在的主要问题是部分河段及支流枯水期流量较小，水体污染有加重趋势;水土流失尚未得到有效控制;天然湿地减少,保护性的重点湿地较少;自然保护区面积占国土面积的比例小,分布不均,建设不够规范等;流域内水坝的修建,使原来连续的河流生态系统被分隔成不连续的环境单元,造成生境破碎;流域水环境监测能力有待加强。随着经济社会的快速发展,赣江流域水生态问题存在进一步恶化的趋势。

### 7.2.2　规划目标

#### 7.2.2.1　**水生生物**

保护流域内珍稀和特有鱼类生境,减缓水资源开发利用的不利影响,避免遭到灭绝性破坏。

#### 7.2.2.2　**湿地**

保护湿地水资源及其生物多样性,维护湿地生态系统的特性和基本功能,重点保护好具有重要意义的湿地和湿地资源。实行保护和恢复并举,对现有生态环境较好的湿地,在完善保护措施体系的同时,重点加强湿地保护区的建设;对生态环境恶化和生态功能退化的湿地,要加大投入力度,采取综合治理、恢复和修复等措施,逐步恢复湿地的原有结构和功能,遏制保护区及周边社区人口增加、最大限度地降低工农业生产和经济发展对湿地的威胁,实现湿地资源的可持续利用。

#### 7.2.2.3　**风景名胜区**

重点保护风景名胜区中的重要涉水景观,以及可能对水景观产生直接影响的上、下游部分水域或支流。重点涉水景观保护目标包括水质目标、水量目标以及自然生态资源完整性目标。

保护涉水风景名胜区内主要河流水质状况,治理上游污染源,保持景区内良好的水质现状,防止水质污染影响景观的美学价值和观赏价值;保持湖库型景观的水位要求,必要时采取补水、调节各水期水量的工程措施,维持景观的美学价值。

#### 7.2.2.4　**自然保护区**

自然保护区内重要的河流、河段,应加强其上游的水污染治理,保障必要的生态水量,维持自然保护区的良性循环。水资源开发活动应遵守在自然保护区的核心区和缓冲区内不得建设任何生产措施,在自然保护区的实验区内,不得建设污染环境、破坏资源或景观的生产设施。

### 7.2.3　规划目标保护范围

#### 7.2.3.1　**水生生物**

流域水生生物保护范围主要包括:具有代表性流域自然生态系统的典型水域;自然生态系统已遭破坏,但有可能恢复和更新的地区;主要鱼类生活、栖息、繁殖区;鱼类为主的水生生物物种多样性较丰富的河段;有较强管理能力的地区。

#### 7.2.3.2　**湿地**

流域湿地重点保护范围包括现有各类湿地自然保护区及其河岸生态环境,以及其他自然保护区、国家风景名胜区等生态敏感区内的河流、沼泽和湖泊湿地。

#### 7.2.3.3　风景名胜区

风景名胜区保护范围主要包括景区内的所有水域,包括干流、溪流以及小型湖泊,防止景区水体受污染影响景区水质。

#### 7.2.3.4　自然保护区

自然保护区保护范围主要包括流域内各级自然保护区所涉及的河段。

### 7.2.4　水生态保护和恢复措施

#### 7.2.4.1　水量保护措施

水量保护的主要目的是保证水资源开发利用不对涉水自然保护区、风景名胜区、湿地等涉及河段产生减水、断流、淹没等影响。对水生生物的水量保护措施主要是严格执行生态下泄量,保障其基础生境。主要措施如下。

1. 蓄水、引水保障水量补给

规划修建水利枢纽工程时,应该保障引水河流水量的补给,同时不应严重损害景区的景观及下游生态环境。对于景区核心景观为涉水的,为维持正常景观流量,保护水景观和饮用水资源。

目前,流域内在支流已建引水式电站498座(赣江流域已建装机容量1.5 MW以上引流式电站详见表7-13),规划新建电站118座。已建引流式电站大部分未考虑下游生态环境用水要求,坝下常年形成严重减水及脱水河段,生态环境遭到破坏。建议通过适当改造落实生态流量下泄措施,以减少下游脱水河段生态损失。

表 7-13　赣江流域已建装机容量在 1.5 MW 以上引流式电站统计

| 序号 | 赣江流域水电站基本情况表 | 所在县（市） | 集水面积（km²） | 水库库容（万 m³） | 装机容量（MW） | 年发电量（万 kW·h） | 静态总投资（万元） |
|---|---|---|---|---|---|---|---|
| 1 | 寒山二级 | 莲花县 | 49.2 | | 1.5 | 418 | 462.8 |
| 2 | 河江二级 | 莲花县 | 27.6 | 1 090 | 1.5 | 480 | 750 |
| 3 | 河连山 | 信丰县 | 16.8 | 187 | 1.6 | 650 | 960 |
| 4 | 化成岩 | 袁州区 | 1 890 | 80 | 1.6 | 500 | 553 |
| 5 | 黄公略一级 | 青原区 | 30 | 4.1 | 1.5 | 360 | 608 |
| 6 | 宝田 | 万安县 | 240 | 385 | 2.5 | 1 000 | 1 103 |
| 7 | 洞上 | 宜丰县 | 35.9 | 62.1 | 2.5 | 600 | 636.9 |
| 8 | 合江三级 | 泰和县 | 54.3 | 97 | 2.4 | 700 | 895 |
| 9 | 芦源 | 万安县 | 50 | 1 816 | 2.65 | 790 | 872 |
| 10 | 潭口二级 | 万载县 | 56.6 | 0 | 2.52 | 905 | 998.5 |
| 11 | 白云山二级 | 青原区 | 471 | 1 180 | 6.4 | 2 600 | 2 863 |
| 12 | 白云山一级 | 青原区 | 464 | 11 400 | 13 | 3 830 | 4 216 |
| 13 | 桃江 | 信丰县 | 3 679 | 3 710 | 25 | 7 438 | 8 184.8 |

　　规划新建引流式电站时应先调查清楚周边生境,综合考虑引流受河段生态、饮水及景观等多方面要求,严格落实生态流量及其他环境保护措施。

　　2. 保证最小生态环境需水量

　　河道最小生态流量是指维持河床基本形态,保障河道输水能力,防止河道断流、保持水体一定的自净能力的最小流量,是维系河流的最基本环境功能不受破坏,必须在河道中常年流动着的最小水量阈值。

　　对于部分自然保护区内已建的水利枢纽,要保证下游生态基流,以维持河道内外生物良好的生境。如果自然保护区是为了保护水生生物和鱼类而设置的,那么该河段不应建设影响鱼类洄游通道和产卵场的水利设施,保证水生生物有足够的生存空间和天然生境。上游已建的水利工程应保证生态下泄流量,如增加小机组常年担任基荷,使下游生态环境用水得到保证。

　　按照历史流量法则中的 Tennant 法,河道最小生态流量取多年平均流量的 10% 进行确定。峡江以环境评价批复为准,相关成果详见本书流域总体规划章节。

　　3. 限制部分河段水资源开发利用

　　涉水自然保护区内的河段内不应新建水电开发区及其他影响河流原生态的工程,保护河流的天然性。新建的鱼类保护区,也不应在此新建水利枢纽工程,保证该河段的原生生境,下游新建的水利工程不应对该河段产生影响。

　　对于不涉水的自然保护区和景观,附近河段的水资源开发应以不淹没自然保护区和景观范围,不对保护区产生扰动即可。

### 7.2.4.2　水质保护措施

　　制定水质保护措施的目的主要是对现状水质较好的河段保障现状水质,对现状水质较差的则改善水质,从水体感官度、质量状况等方面保障水质;对涉水景观保证不由于水质污染而导致景观的美学、观赏价值受到破坏;对自然保护区保证不由于水质污染而导致主要保护对象栖息地及生境受到破坏;对湿地保证水污染不影响湿地生态环境。

### 7.2.4.3　生态保护措施

　　制定生态保护措施目的在于保护鱼类资源、生物多样性、湿地面积等不因水资源开发利用而锐减,保护风景名胜区完整性和自然保护区内动、植物生境等。主要包括如下措施。

　　1. 鱼类资源保护措施

　　1)保护鱼类产卵场及周边环境

　　赣江流域渔业资源丰富,有不少是重点保护鱼类,且分布有半洄游性、洄游性鱼类,以及三场,因此梯级开发应考虑过鱼设施。水资源开发利用过程中,应充分论证工程对鱼类资源的影响,要预先通过评价和论证,保证鱼类生存环境。

　　根据相关文献记载,赣江"四大家鱼"有 12 处产卵场,分别为赣州储潭、望前滩、良口滩、万安、百嘉下、泰和、沿溪渡、吉水、吉水小江、峡江巴邱、新干及三湖。目前,赣江干流已建有万安水利枢纽工程,万安水利枢纽以上的 4 个"四大家鱼"产卵场中的万安、良口滩和望前滩,处于万安水库淹没区,产卵环境已不复存在,只有位于淹没区尾端的储潭产卵场保存较好。水坝的修建,使原来连续的河流生态系统被分隔成不连续的环境单元,造成生境破碎。

规划对现存的赣州储潭、百嘉下、泰和、沿溪渡、吉水、吉水小江、峡江巴邱、新干及三湖等 9 处四大家鱼产卵场建立监测系统,每年通过问卷调查、走访当地渔民及渔业市场、现场网铺等方式,监测赣江鱼类资源的变化情况,并对产卵场水文、水温及水质等变化情况进行记录。

2)建设鱼类增殖站

人工增流是恢复天然渔业资源的重要手段。通过有计划地开展人工放流种苗,可以增加鱼类种群结构中低、幼龄鱼类数量,扩大群体规模,储备足够量的繁殖后备群体,补充或增加天然鱼类资源量。

今后水资源开发利用过程中,应充分论证工程对鱼类资源及其他水生生物的影响,建议干流及主要支流控制性工程建设时均应增设过鱼及增殖设施。

增殖放流站的目标和主要任务是进行鱼类的野生亲本捕捞、运输、驯养;实施人工繁殖和鱼苗培育;提供鱼种进行放流。

增殖放流站的建设应统一规划,合理布局,避免重复建设和浪费,要切实考虑流域水生态保护的要求。建议今后干流及重要支流控制性枢纽工程均应设置过鱼设施或人工增殖放流站。

由于万安水利枢纽工程建设对赣江鱼类资源影响较大,且没有修建过鱼设施,阻隔了鱼类的洄游通道。本次规划在万安县增设 1 个鱼类增殖站及放流设施。

3)河流沿线增殖放流

(1)鱼类增殖放流地点选择。

根据国务院《中国水生生物资源养护行动纲要》和农业部《水生生物增殖放流管理规定》及江西省水生生物增殖放流相关规定,增殖放流地点选择原则如下:

①拟放流水域是公共水体。其中,河流境内长度应大于 20 km、平均宽度应大于 50 m,终年不断流;湖泊、水库面积应大于 5 000 亩,以及获批的水生生物保护区、风景区。

②放流水域在实施项目后,必须实现以下功能一项以上,即稳定或恢复经济鱼类、特有鱼类种群、净化水质、渔民增收、景区观赏。

③符合《水生生物增殖放流规定》中其他相关要求。

按照上述原则,本次规划鱼类增殖放流地点选择 42 处,其中赣江干流 12 处,支流 30 处。干流增殖放流点分别为南昌市、樟树市、新干县、峡江县、吉水县、吉安市吉州区、泰和县、万安县、赣州市、赣县、于都县、会昌县。

支流增殖放流点见表 7-14。

表 7-14　赣江支流鱼类增殖放流县市

| 设区市 | 涉及县(市、区) |
|---|---|
| 1.萍乡市 | 莲花县、芦溪县 |
| 2.新余市 | 渝水区、分宜县 |
| 3.赣州市 | 信丰县、大余县、上犹县、崇义县、安远县、龙南县、全南县、兴国县、宁都县、石城县、瑞金市、南康市 |
| 4.宜春市 | 袁州区、高安市、万载县、上高县、宜丰县 |
| 5.吉安市 | 井冈山市、吉安县、永丰县、泰和县、遂川县、安福县、永新县 |
| 6.抚州市 | 乐安县 |

(2)放流鱼类种类。

①在赣江干支流及大型湖泊、水库进行经济物种(青、草、鲢、鳙、鲤、鲫、鲂及刺鲃、荷包红鲤、翘嘴鲌等地方特有物种)增殖放流。

②在水生生物保护区、风景区等区域进行珍稀、濒危物种(大鲵、胭脂鱼、棘胸蛙、中华绒螯蟹等物种)增殖放流。

2.流域重要湿地水生态保护措施

根据林业部门提供的资料,赣江流域规划范围内有重点保护湿地2处,即泸溪锅底潭湿地自然保护区、吉安县君山湖鸟类自然保护区。该2处保护区为县级湿地类型自然保护区,总面积8 838 hm²。除湿地保护区外,赣江流域还有1个国家级湿地公园,即孔目江国家湿地公园,位于新余市,为河流湿地,面积为1 503 hm²。

1)禁止围垦湿地

禁止围湖(江)造田,已退田还湖(江)的地域禁止新建居民点或者其他永久性建筑物、构筑物;退出后的旧房、旧宅基地必须拆除、退还,禁止移民返迁。

2)周围面源污染治理及垃圾收集处理

为改善湿地生态条件,拟对周边地区农村面源污染进行治理,同时建立垃圾集中收集、运输处理系统。

规划的主要治理系统包括水田低毒农药和综合生物防治技术推广工作、生物肥料推广工作、农村小型生活污水处理系统、乡村湿地恢复、固体垃圾收集处理系统等措施。

3)周边防护林建设

为改善周边环境,改善风景区景观,拟在湖区周边建设防护林,改造风景林等绿化措施。

流域重要湿地保护区生态治理措施见表7-15。

表 7-15　流域重要湿地保护区生态治理措施

| 编号 | 项目名称 | 面积（hm²） | 个数 | 备注 |
|---|---|---|---|---|
| 1 | 水田低毒农药和综合生物防治技术推广示范区 | | 4 | 泸溪县湿地周边建设 2 处、吉安县、新余市湿地周边各 1 处 |
| 2 | 生物肥料推广示范区 | | 4 | 泸溪县湿地周边建设 2 处、吉安县、新余市湿地周边各 1 处 |
| 3 | 农村小型生活污水处理系统 | | 80 | 泸溪县湿地周边农村 40 处,吉安县、新余市湿地公园周边农村各 20 处 |
| 4 | 乡村湿地恢复 | 100 | | 泸溪县湿地周边农村 40 hm²,吉安县、新余市湿地公园周边农村各 30 hm² |
| 5 | 垃圾收集站 | | 80 | 泸溪县湿地周边农村 40 处,吉安县、新余市湿地公园周边农村各 20 处 |
| 6 | 周边防护林建设 | 500 | | 泸溪县湿地周边 300 hm²,吉安县、新余市湿地公园周边农村各 100 hm² |

**3. 重要涉水风景区**

赣江流域以水景观为主的重要涉水风景名胜区有 2 个,分别为新余市仙女湖风景国家级名胜区和上犹县陡水湖风景名胜区,详见表 7-16。主要保护措施如下:

表 7-16　流域重要涉水风景区

| 序号 | 名称 | 所在县(市、区)名称 | 级别 | 类型 | 面积（km²） |
|---|---|---|---|---|---|
| 1 | 仙女湖风景名胜区 | 新余市 | 国家级 | 湖泊型 | 179 |
| 2 | 陡水湖风景名胜区 | 上犹县 | 省级 | 湖泊型 | 120 |

1）水量保证要求

重点保证风景名胜区涉水景观,以及可能对水景观产生直接影响的湖汊、支流水域水量,维持景观需求的水量、水位要求。

2）生态治理

放养滤食性鲢鱼、鳙鱼,有效控制水体中浮游植物总量,改善水质和水体景观。根据相关文献,在 30 g/m³ 水体的放养密度下,滤食性鲢鱼、鳙鱼可以有效地抑制水体中水蚤类浮游动物的孳生,并通过影响水体中营养物质水平和生物群落结构对水质进行有效改善。结合流域鱼类增殖放流活动,规划在仙女湖风景名胜区每年放养鲢鱼、鳙鱼 100 万尾,在陡水湖风景名胜区每年放养鲢鱼、鳙鱼 50 万尾。

**4. 主要水生动物自然保护区**

赣江流域主要水生动物自然保护区见表 7-17。

表 7-17　流域重要涉水自然保护区

| 序号 | 名称 | 所在地区 | 保护级别 | 保护类型 | 保护动物名称 | 面积（hm²） | 栖息地恢复面积(hm²) | 围栏长度（km） |
|---|---|---|---|---|---|---|---|---|
| 1 | 赣江倒刺鲃自然保护区 | 赣州市 | 国家级 | 野生动物 | 倒刺鲃 | 2 000.00 | 100 | 20 |
| 2 | 袁河上游特有鱼类国家级水产种质资源保护区 | 吉安 | 国家级 | 野生动物 |  |  | 100 | 20 |
| 3 | 桃江刺鲃国家级水产种质资源保护区 | 赣县 | 国家级 | 野生动物 | 刺鲃 | 1 167 | 60 | 12 |
| 4 | 濊水特有鱼类国家级水产种质资源保护区 | 兴国县 | 国家级 | 野生动物 | 兴国红鲤等 | 1 030 | 55 | 10 |
| 5 | 上犹县栉鰕鳅自然保护区 | 上犹 | 省级 | 野生动物 | 栉鰕鳅 | 3 500.00 | 170 | 25 |
| 6 | 鲥鱼自然保护区 | 吉水、新干县 | 省级 | 野生动物 | 鲥鱼及产卵地 | 1 560.00 | 80 | 15 |
| 7 | 鲥鱼及"四大家鱼"产卵场自然保护区 | 吉水、峡江、新干 | 省级 | 野生动物 | 鲥鱼、"四大家鱼" | 1 560.00 | 80 | 15 |
| 8 | 萍乡市黄尾密鲴自然保护区 | 萍乡市 | 省级 | 野生动物 | 黄尾密鲴 | 2 400.00 | 120 | 23 |
| 9 | 井冈山大鲵自然保护区 | 井冈山 | 市级 | 野生动物 | 大鲵 | 12 500.00 | 200 | 40 |

主要保护措施如下。

（1）栖息地的完善和恢复。对已退化或者破坏的草地、灌木丛和岸边水生植物带进行改造和修复，恢复各种栖息地。规划共恢复水生植被 965 $hm^2$。

（2）保护区核心区围栏。为保护保护区核心区域，减少外界影响，在保护区核心区域易受干扰地段建设围栏，共 180 km。

（3）结合鱼类增殖放流活动，外购保护区保护鱼类进行放流，增加区内保护动物的种群数量。

#### 7.2.4.4　管理措施

##### 1. 建议加强渔政管理

应加强管理，合理捕捞与保护相结合，以获得较多的资源量，做到持续利用。坚决制止只顾眼前利益，掠夺式利用，滥捕滥渔，破坏了合理的种群结构的行为。为此，应严格控制捕捞规格，使用较大网目，让更多的幼鱼个体能达到成熟繁殖，以此增加资源量；严禁使用非法渔具；在赣江及其支流划定禁渔期、禁渔区，控制常年作业，在产卵季节应严禁捕捞，实行休渔，以保证资源增殖。

同时，要加强对水域的管理，保证良好的水域生态环境。特别要加强乡镇渔政管理。制定管理条例，经常宣传，特别禁止电鱼、炸鱼和毒鱼等。

##### 2. 加强自然保护区建设

目前，流域内自然保护区面积过少，因此应认真进行调查研究，积极做好自然保护区划建工作，对流域内具有典型性、代表性和生态地位特殊、动植物物种丰富、地域相对集中的区域面积、动植物种类、水文地质等情况进行调查研究，逐步建立和完善省级或省辖市级、县级自然保护区，形成一个以自然保护区、重要湿地为主体，布局合理、类型齐全、设施先进、管理高效的自然保护网络。同时加强对已建、在建或拟建的自然保护区建设，使之尽快达到自然保护区的规范化水平。

##### 3. 建立保护机制

资源保护和合理利用管理要协调好相关部门和行业的利益，加强分工与合作。建立健全湿地保护机构，正确处理保护与经济发展的辩证关系；建立和完善水生态与环境保护和合理利用政策和法制体系；完善生态功能分区，实现资源可持续利用；加强执法力度，严格执法，通过法律和经济手段，打击破坏水生态与资源的活动，建立联合执法和执法监督体制。

建立水生态与环境补偿机制，确保生态环境的保护基金的渠道，对占用或影响生态环境的必须进行环境影响评价，对环境资源造成损失的要按规定缴纳环境补偿费。

##### 4. 加强法律法规建设

对于风景名胜区和自然保护区，围绕《风景名胜区条例》《自然保护区条例》《野生动物保护法》《野生植物保护条例》《环境保护法》等法律、法规，积极推进立法工作，不断健全和完善法规体系。

抓紧制定地方重点保护野生动物名录和因保护国家和地方重点保护野生动物受到损失的管理办法等地方法规。同时，加强执法队伍建设，提高执法能力，采取有效措施，制止乱捕乱猎、乱采滥挖野生动植物等违法活动。

协调湿地保护与区域经济发展,并通过建立和完善法制体系,依法对湿地及其资源进行保护和可持续利用,有效发挥湿地的综合效益。

5.加强保护宣传教育

野生动植物保护、景观保护、湿地保护是一项社会性、群众性和公益性很强的工作,应引起社会各界的重视,争取广大公众的参与。利用自然保护区、湿地、野生动植物繁育基地、动物园、科研宣教基地等开展多形式的宣传教育,发挥各种组织和团体的作用,宣传保护野生动植物对生态环境建设及实施可持续发展战略的重要意义,同时充分发挥舆论的监督作用,使保护工作的建设得到全社会的支持和监督。

#### 7.2.4.5　水生态与环境保护监测

1.水生生物监测

对赣江流域内水生生物种群结构及生物量变化,产卵场、繁殖地变化进行监测调查,特别对鱼类资源进行重点调查。

(1)珍稀鱼类资源监测:对流域内、保护区内珍稀物种种群数量、分布等进行监测。

(2)特有鱼类资源调查:主要对特有鱼类渔获量、渔获物组成进行监测。

(3)重要渔业资源变动监测:主要对包括受水资源影响区域单船渔获量、渔获物组成和渔获物生物学进行鉴定。

(4)产卵场与繁殖监测:对现有鱼类产卵场、繁殖地的变化情况进行监测调查。

2.湿地监测

(1)湿地自然环境监测指标:主要监测容易随时间发生变化的因子,包括湿地面积、水量、水质、水深、矿化度、年降水量、年蒸发量。

(2)湿地生物多样性监测内容:主要是对重点湿地的动物和高等植物资源进行有重点的定点监测,掌握重点物种和植物群落特征在不同年限间的数量变化情况,主要指标包括重点物种种类和数量、群落类型及其面积、群落结构和组成等。

(3)湿地开发利用和受威胁状况监测指标:主要掌握湿地进行的各种开发活动的内容、范围、强度等情况,具体指标依据当地情况而定。

(4)湿地保护管理监测指标:了解湿地管理机构的变化情况,各种湿地保护规章、条例的颁布实施情况,采取的湿地保护行动。

(5)湿地周边社会经济发展状况和湿地利用状况指标:包括监测年度湿地周边乡镇的人口、工业总产值、农业总产值、主要产业变动情况。

3.自然保护区及景观监测

采用遥感技术、样线调查、样方调查等多种方法对规划实施后陆生动植物种类及数量变化,重点对湖岸滩地鸟类、两栖和爬行类动物生境及变化进行观测。具体监测陆生植被与景观变动情况;统计植物种类、植被类型、优势种群、生物量、兽类、鸟类、两栖类和爬行类的物种及出现频率;调查植物样方、兽类、鸟类、两栖爬行类等种类、数量、分布特征等。对规划实施前后各处可能受工程影响的涉水景观的水质、水量进行观测,具体监测内容包括水质、流速、流量等。

4.水生态监测布点

规划期内,拟在重点风景名胜区、自然保护区和重要湿地建设水生态监测点 27 处,其中水生生物自然保护区及源头水保护区 13 处、重要涉水风景名胜区 2 处、重要湿地 3 处、鱼类产卵场 9 处。监测网络的建立,将使区内水生态状况得到全面监控。

## 7.2.5  投资估算

### 7.2.5.1  分项投资估算

本概算包括鱼类增殖站及沿途人工放流费用,重要湿地及水生生物保护区保护措施,水生态监测点建设、运行维护等方面。具体内容如下:

(1)水生态监测网络建设,总计投资 18 200 万元(见表 7-18),2015 年前完成全部投资。年度监测运行费用按投资费用的 5% 估算,需要 910 万元/年。

表 7-18  水生态监测网络投资估算                          (单位:万元)

| 类型 | 序号 | 名称 | 地区 | 保护级别 | 科研与监测网络投资费用 |
|---|---|---|---|---|---|
| 保护区 | 1 | 赣江倒刺鲃自然保护区 | 赣州市 | 国家级 | 2 000.00 |
| | 2 | 袁河上游特有鱼类国家级水产种质资源保护区 | 吉安 | 国家级 | 2 000.00 |
| | 3 | 潋水特有鱼类国家级水产种质资源保护区 | 兴国县 | 国家级 | 2 000.00 |
| | 4 | 桃江刺鲃国家级水产种质资源保护区 | 赣县 | 国家级 | 2 000.00 |
| | 5 | 上犹县栉虾鲵自然保护区 | 上犹 | 省级 | 1 000.00 |
| | 6 | 鲥鱼自然保护区 | 吉水、新干县 | 省级 | 1 000.00 |
| | 7 | 鲥鱼及"四大家鱼"产卵场自然保护区 | 吉水、峡江、新干 | 省级 | 1 000.00 |
| | 8 | 萍乡市黄尾密鲴自然保护区 | 萍乡市 | 省级 | 1 000.00 |
| | 9 | 石城赣江源省级自然保护区 | 石城 | 省级 | 1 000.00 |
| | 10 | 井冈山大鲵自然保护区 | 井冈山 | 市级 | 800.00 |
| | 11 | 赣江源县级自然保护区 | 瑞金市 | 县级 | 500.00 |
| | 12 | 章江源县级自然保护区 | 崇义 | 县级 | 500.00 |
| | 13 | 桃江源县级自然保护区 | 全南 | 县级 | 500.00 |
| 鱼类产卵场 | | 赣州储潭、百嘉下、泰和、沿溪渡、吉水、吉水小江、峡江巴邱、新干、三湖共 9 处 | | | 900 |

续表 7-18

| 类型 | 序号 | 名称 | 地区 | 保护级别 | 科研与监测网络投资费用 |
|---|---|---|---|---|---|
| 重要湿地 | 1 | 孔目江国家湿地公园 | 新余市 | 国家级 | 1 000 |
| | 2 | 君山湖鸟类自然保护区 | 吉安县敦厚镇 | 县级 | 500 |
| | 3 | 芦溪锅底潭湿地自然保护区 | 芦溪县 | 县级 | 500 |
| 小计 | | | | | 18 200 |
| 运行费用(万元/年) | | | | | 910 |

（2）鱼类增殖站及鱼类增殖放流投资。

①规划于 2015 年前建成万安鱼类增殖站,其投资估算见表 7-19。

表 7-19　鱼类增殖站投资估算　　　　　　（单位:万元）

| 名称 | 建设地点 | 建设费用 | | | 总费用 | 分期投资 | |
|---|---|---|---|---|---|---|---|
| | | 建设费用 | 科研设计费 | 运行费用(每年) | | 2020 年 | 2030 年 |
| 万安水库鱼类增殖站 | 万安县 | 800 | 180 | 80 | 2 180 | 1 380 | 800 |

②鱼类增殖放流费用:赣江干流 12 个县市,每个地区增殖放流费用 40 万/年,每年费用共 480 万元;支流增殖放流共 30 个地区,每个地区增殖放流费用 20 万/年,每年费用 600 万元,见表 7-20。

表 7-20　鱼类增殖放流投资估算　　　　　　（单位:万元）

| 干支流 | 年度费用 | 总投资 | 分期投资 | |
|---|---|---|---|---|
| | | | 2020 年 | 2030 年 |
| 干流 | 480 | 21 600 | 10 800 | 10 800 |
| 支流 | 600 | | | |

（3）重要涉水风景区投资估算。结合流域鱼类增殖放流活动,新余市仙女湖及上犹县陡水湖滤食性鱼类放养投资计入鱼类增殖放流投资费用中。

（4）重要涉水自然保护区投资估算。赣江流域重要涉水自然保护区投资估算见表 7-21。

表 7-21　赣江流域重要涉水自然保护区投资估算

| 序号 | 保护区名称 | 地区 | 保护级别 | 面积（hm²） | 栖息地恢复面积 面积（hm²） | 栖息地恢复面积 投资（万元） | 闸栏 长度（km） | 闸栏 投资（万元） | 总投资（万元） | 分期投资（万元）2020 年 | 分期投资（万元）2030 年 |
|---|---|---|---|---|---|---|---|---|---|---|---|
| 1 | 赣江倒刺鲃自然保护区 | 赣州市 | 国家级 | 2 000 | 100 | 800 | 20 | 300 | 1 100 | 660 | 440 |
| 2 | 袁河上游特有鱼类国家级水产种质资源保护区 | 吉安 | 国家级 | 100 | 800 | 20 | 300 | 1 100 | 660 | 440 | |
| 3 | 桃江刺鲃国家级水产种质资源保护区 | 赣县 | 国家级 | 1 167 | 60 | 480 | 12 | 180 | 660 | 396 | 264 |
| 4 | 潋水特有鱼类国家级水产种质资源保护区 | 兴国县 | 国家级 | 1 030 | 55 | 440 | 10 | 150 | 590 | 354 | 236 |
| 5 | 上犹县桠橹鲵自然保护区 | 上犹 | 省级 | 3 500 | 170 | 1 360 | 25 | 375 | 1 735 | 1 041 | 694 |
| 6 | 鲥鱼自然保护区 | 吉水、新干县 | 省级 | 1 560 | 80 | 640 | 15 | 225 | 865 | 519 | 346 |
| 7 | 鲥鱼及"四大家鱼"产卵场自然保护区 | 吉水、峡江、新干 | 省级 | 1 560 | 80 | 640 | 15 | 225 | 865 | 519 | 346 |
| 8 | 萍乡市黄尾密鲴自然保护区 | 萍乡市 | 省级 | 2 400 | 120 | 960 | 23 | 345 | 1 305 | 783 | 522 |
| 9 | 井冈山大鲵自然保护区 | 井冈山 | 市级 | 12 500 | 200 | 1 600 | 40 | 600 | 2 200 | 1 320 | 880 |
| | 合计 | | | | | | | | 10 420 | 6 252 | 4 168 |

（5）流域重要湿地保护投资估算。湿地保护区主要保护措施为周围面源污染治理及农村地区垃圾收集处理。投资估算见表7-22。

表7-22　重要湿地投资估算

| 编号 | 项目名称 | 面积（hm²） | 个数 | 总投资（万元） | 分期投资（万元） | |
|---|---|---|---|---|---|---|
| | | | | | 2020年 | 2030年 |
| 1 | 水田低毒农药和综合生物防治技术推广示范区 | | 4 | 1 000 | 600 | 400 |
| 2 | 生物肥料推广示范区 | | 4 | 800 | 480 | 320 |
| 3 | 农村小型生活污水处理系统 | | 80 | 960 | 576 | 384 |
| 4 | 乡村湿地恢复 | 100 | | 500 | 300 | 200 |
| 5 | 垃圾收集站 | | 80 | 4 000 | 2 400 | 1 600 |
| 6 | 防护林建设 | 500 | | 2 500 | 1 500 | 1 000 |
| | 合计 | | | 9 760 | 5 856 | 3 904 |

#### 7.2.5.2　总投资估算

赣江流域水资源保护规划总体投资估算为74 900万元,2020年投资46 128万元,2030年投资28 772万元,详见表7-23。

表7-23　总投资估算　　　　　　　　　　　　　　（单位:万元）

| 序号 | 费用类别 | 总投资 | 分期投资 | |
|---|---|---|---|---|
| | | | 2020年 | 2030年 |
| 1 | 水生态监测系统建设及运行 | 30 940 | 21 840 | 9 100 |
| 2 | 万安鱼类增殖站建设及运行 | 2 180 | 1 380 | 800 |
| 3 | 鱼类增殖放流 | 21 600 | 10 800 | 10 800 |
| 4 | 重要涉水自然保护区 | 10 420 | 6 252 | 4 168 |
| 5 | 重要湿地保护 | 9 760 | 5 856 | 3 904 |
| | 合计 | 74 900 | 46 128 | 28 772 |

# 7.3　水土保持生态建设规划

## 7.3.1　规划范围

赣江流域范围内主要涉及赣州市的赣县、兴国县、宁都县、于都县、瑞金市、会昌县、上犹县、信丰县、石城县、南康市、大余县、安远县（土地面积的74%）、龙南县、定南县（土地面积的29%）、寻乌县（土地面积的8%）、全南县、崇义县和市辖区;吉安市的安福县、吉安县、吉水县、峡江县、新干县、永丰县、永新县、泰和县、遂川县、万安县、井冈山市和市辖区;萍乡市的莲花县;宜春市的宜丰县、樟树市、高安市、万载县、上高县和市辖区;新余市的分宜县和市辖区;抚州市的乐安县(土地面积的 58%)等 6 个设区市的 40 余个县(市、区)。

## 7.3.2　水土流失现状

根据全国土壤侵蚀类型区划,赣江流域地处南方红壤丘陵区,土壤侵蚀类型以水力侵蚀为主,局部地区存在重力侵蚀。

根据最新的土壤侵蚀遥感调查成果,赣江流域现有水土流失总面积 15 523.44 km²,占土地总面积的 20.0%。水力侵蚀面积 15 523.44 km²(含崩岗 34 977 处,崩岗面积 140.60 km²),其中:轻度流失面积为 5 801.17 km²,占 37.4%;中度流失面积为 4 824.20 km²,占 31.1%;强度流失面积为 3 475.63 km²,占 22.4%;极强度流失面积为 929.74 km²,占 6.0%;剧烈流失面积为 492.70 km²,占 3.1%。江流域水土流失情况详见表 7-24。

## 7.3.3　规划原则和建设目标

### 7.3.3.1　规划原则

(1)坚持"规模治理、重点投入、建设一处、见效一片"的原则。开展大示范区建设,集中连片、规模治理,在更高层次上进行水土整治、资源配置、生态改善、产业开发,全面提升水土流失综合防治水平。

(2)坚持预防为主,保护优先的原则。认真贯彻《中华人民共和国水土保持法》等法律法规,加强预防监督工作,制订切实可行的预防监督实施方案,依法保护水土资源,坚决遏制人为产生新的水土流失。

(3)坚持全面规划,综合治理的原则。以小流域为单元,山、水、田、林、路、能、居统一规划、综合治理,以小型水利水保工程为重点,工程措施、植物措施与耕作措施优化配置,治坡与治沟相结合,乔、灌、草相结合,人工治理与生态修复辅助措施相结合,充分发挥生态的自然修复能力,建立多目标、多功能、高效益的水土保持综合防护体系。

(4)坚持治理与开发相结合的原则。结合地方经济发展,充分发挥区域资源优势和区位优势,搞好资源保护和开发利用,切实把水土流失治理与新农村建设、农村产业结构调整、地方经济发展、群众增收有机结合起来,实现生态效益、经济效益和社会效益相统一,为治理区经济社会可持续发展奠定基础。

(5)坚持多方筹资的原则。在中央和地方财政资金的扶持带动下,制定优惠政策,充分发挥群众及社会各行各业治理水土流失的积极性,通过承包、租赁、拍卖、股份合作制和招商引资等多种形式吸引和筹集建设资金。

### 7.3.3.2　规划目标

本次规划目标为:力争通过 23 年的努力,实施水土流失综合治理面积 14 906.75 km²,治理崩岗 30 780 处、12 372.9 hm²,开展水土保持生态修复 6 218.21 km²,使区内现有水土流失得到较好的治理,治理区植被覆盖率达到 70% 以上,拦沙效益 70% 以上;在赣江流域建成一个布局合理、功能完善的水土保持监测网络体系。

表 7-24 赣江流域水土流失情况

| 名称 | 轻度以上面积 (km²) | 各级水土流失面积(水蚀面积)(km²) | | | | | 各级水土流失占总流失面积比例(%) | | | | |
| --- | --- | --- | --- | --- | --- | --- | --- | --- | --- | --- | --- |
| | | 轻度 | 中度 | 强度 | 极强度 | 剧烈 | 轻度 | 中度 | 强度 | 极强度 | 剧烈 |
| 赣江流域 | 15 523.44 | 5 801.17 | 4 824.20 | 3 475.63 | 929.74 | 492.70 | 37.4 | 31.1 | 22.4 | 6.0 | 3.1 |
| 赣州市辖区 | 157.6 | 26.04 | 78.30 | 50.07 | 2.05 | 1.14 | 16.5 | 49.7 | 31.8 | 1.3 | 0.7 |
| 赣县 | 882.77 | 336.02 | 316.93 | 156.28 | 35.09 | 38.45 | 38.1 | 35.9 | 17.7 | 4.0 | 4.4 |
| 南康市 | 677.18 | 187.31 | 204.33 | 176.62 | 78.82 | 30.10 | 27.7 | 30.2 | 26.1 | 11.6 | 4.4 |
| 信丰县 | 622.41 | 143.80 | 162.26 | 189.75 | 108.31 | 18.29 | 23.1 | 26.1 | 30.5 | 17.4 | 2.9 |
| 大余县 | 221.51 | 75.76 | 101.52 | 22.01 | 13.53 | 8.69 | 34.2 | 45.8 | 9.9 | 6.1 | 3.9 |
| 上犹县 | 378.46 | 135.74 | 133.58 | 52.07 | 12.58 | 44.49 | 35.9 | 35.3 | 13.8 | 3.3 | 11.8 |
| 崇义县 | 262.18 | 113.28 | 82.66 | 33.43 | 18.36 | 14.45 | 43.2 | 31.5 | 12.8 | 7.0 | 5.5 |
| 安远县 | 139.31 | 35.65 | 35.43 | 55.09 | 7.15 | 5.99 | 25.6 | 25.4 | 39.5 | 5.1 | 4.3 |
| 龙南县 | 316.28 | 215.60 | 54.55 | 36.87 | 5.05 | 4.21 | 68.2 | 17.2 | 11.7 | 1.6 | 1.3 |
| 定南县 | 86.68 | 52.00 | 24.14 | 8.70 | 1.60 | 0.24 | 60.0 | 27.8 | 10.0 | 1.8 | 0.3 |
| 全南县 | 157.87 | 73.67 | 43.62 | 23.83 | 14.04 | 2.71 | 46.7 | 27.6 | 15.1 | 8.9 | 1.7 |
| 宁都县 | 979.5 | 364.23 | 294.37 | 216.21 | 79.91 | 24.78 | 37.2 | 30.1 | 22.1 | 8.2 | 2.5 |
| 于都县 | 843.82 | 303.68 | 236.19 | 173.86 | 112.82 | 17.27 | 36.0 | 28.0 | 20.6 | 13.4 | 2.0 |
| 兴国县 | 758.37 | 257.61 | 221.44 | 171.51 | 78.87 | 28.94 | 34.0 | 29.2 | 22.6 | 10.4 | 3.8 |
| 瑞金市 | 594.17 | 208.23 | 156.42 | 164.69 | 49.12 | 15.71 | 35.0 | 26.3 | 27.7 | 8.3 | 2.6 |
| 会昌县 | 566.01 | 241.37 | 164.32 | 105.72 | 41.87 | 12.73 | 42.6 | 29.0 | 18.7 | 7.4 | 2.2 |
| 寻乌县 | 29.32 | 7.47 | 9.84 | 6.32 | 1.18 | 4.51 | 25.5 | 33.6 | 21.6 | 4.0 | 15.4 |
| 石城县 | 391.59 | 102.74 | 103.90 | 97.95 | 66.24 | 20.76 | 26.2 | 26.5 | 25.0 | 16.9 | 5.3 |
| 吉安市辖区 | 13.7 | 8.60 | 3.27 | 1.83 | 0 | 0 | 62.8 | 23.9 | 13.4 | 0 | 0 |
| 井冈山市 | 84.99 | 38.72 | 19.59 | 20.54 | 4.63 | 1.51 | 45.6 | 23.0 | 24.2 | 5.4 | 1.8 |

续表 7-24

| 名称 | 轻度以上面积（km²） | 各级水土流失面积（水蚀面积）（km²） | | | | | 各级水土流失占总流失面积比例（%） | | | | |
| --- | --- | --- | --- | --- | --- | --- | --- | --- | --- | --- | --- |
| | | 轻度 | 中度 | 强度 | 极强度 | 剧烈 | 轻度 | 中度 | 强度 | 极强度 | 剧烈 |
| 吉安县 | 799.36 | 204.01 | 247.70 | 327.81 | 9.00 | 10.84 | 25.5 | 31.0 | 41.0 | 1.1 | 1.4 |
| 吉水县 | 627.77 | 232.86 | 188.05 | 195.74 | 4.80 | 6.32 | 37.1 | 30.0 | 31.2 | 0.8 | 1.0 |
| 峡江县 | 190.34 | 88.75 | 54.59 | 32.37 | 10.34 | 4.29 | 46.6 | 28.7 | 17.0 | 5.4 | 2.3 |
| 新干县 | 163.25 | 79.04 | 64.36 | 9.68 | 4.17 | 6.00 | 48.4 | 39.4 | 5.9 | 2.6 | 3.7 |
| 永丰县 | 409.38 | 122.80 | 122.85 | 148.88 | 10.71 | 4.14 | 30.0 | 30.0 | 36.4 | 2.6 | 1.0 |
| 泰和县 | 576.36 | 115.90 | 170.97 | 256.12 | 29.57 | 3.80 | 20.1 | 29.7 | 44.4 | 5.1 | 0.7 |
| 遂川县 | 444.75 | 150.95 | 174.75 | 61.39 | 17.82 | 39.84 | 33.9 | 39.3 | 13.8 | 4.0 | 9.0 |
| 万安县 | 535.76 | 156.70 | 149.78 | 207.64 | 16.84 | 4.80 | 29.2 | 28.0 | 38.8 | 3.1 | 0.9 |
| 安福县 | 236.09 | 83.30 | 80.68 | 32.11 | 6.88 | 33.12 | 35.3 | 34.2 | 13.6 | 2.9 | 14.0 |
| 永新县 | 542.34 | 240.91 | 168.63 | 73.35 | 12.11 | 47.34 | 44.4 | 31.1 | 13.5 | 2.2 | 8.7 |
| 乐安县 | 502.85 | 196.03 | 172.29 | 78.36 | 43.02 | 13.15 | 39.0 | 34.3 | 15.6 | 8.6 | 2.6 |
| 莲花县 | 176.41 | 112.38 | 34.82 | 16.05 | 3.80 | 9.36 | 63.7 | 19.7 | 9.1 | 2.2 | 5.3 |
| 宜春市辖区 | 277.66 | 173.11 | 87.39 | 14.20 | 2.96 | 0.00 | 62.3 | 31.5 | 5.1 | 1.1 | 0.0 |
| 樟树市 | 279.85 | 94.62 | 115.71 | 62.89 | 2.29 | 4.34 | 33.8 | 41.3 | 22.5 | 0.8 | 1.6 |
| 高安市 | 603.92 | 194.63 | 270.51 | 130.20 | 8.26 | 0.32 | 32.2 | 44.8 | 21.6 | 1.4 | 0.1 |
| 万载县 | 231.88 | 160.71 | 59.20 | 7.16 | 2.41 | 2.40 | 69.3 | 25.5 | 3.1 | 1.0 | 1.0 |
| 上高县 | 250.59 | 161.81 | 80.57 | 5.88 | 2.24 | 0.09 | 64.6 | 32.2 | 2.3 | 0.9 | 0 |
| 宜丰县 | 201.87 | 151.49 | 40.90 | 3.50 | 1.55 | 4.43 | 75.0 | 20.3 | 1.7 | 0.8 | 2.2 |
| 新余市辖区 | 177.52 | 67.59 | 75.95 | 24.92 | 8.83 | 0.23 | 38.1 | 42.8 | 14.0 | 5.0 | 0.1 |
| 分宜县 | 131.77 | 86.06 | 17.84 | 24.03 | 0.92 | 2.92 | 65.3 | 13.5 | 18.2 | 0.7 | 2.2 |

### 7.3.4　三区划分

依据水利部《关于划分国家级水土流失重点防治区的公告》(〔2006〕2 号文),赣江流域涉及赣州市的石城县、会昌县、瑞金市、上犹县、于都县、赣县、南康市、兴国县、宁都县和市辖区以及吉安市的泰和县、万安县属于国家级重点治理区,赣州市的寻乌县、定南县和赣州安远县属于国家级重点预防保护区。依据江西省人民政府《关于划分水土流失重点防治区的公告》(1999 年 2 月 8 日发布)和《江西省水土保持生态环境建设规划(1998 ~ 2050 年)》,赣江流域所涉及的范围中,全南县、大余县、崇义县、莲花县、宜春市辖区、上高县、宜丰县、万载县、樟树市、新余市辖区、分宜县、安福县、新干县、峡江县、井冈山市、寻乌县、定南县、安远县属江西省人民政府公告的水土保持重点预防保护区;兴国县、于都县、宁都县、瑞金市、会昌县、石城县、信丰县、赣县、龙南县、南康市、上犹县、赣州市辖区、吉水县、吉安县、吉安市辖区、永新县、泰和县、万安县、遂川县、永丰县、高安市、乐安县属江西省人民政府公告的水土保持重点治理区;赣州市辖区、定南县、龙南县、寻乌县、信丰县、赣县、兴国县、会昌县、于都县、安远县、大余县、南康、新余市辖区、宜春市辖区、樟树市、安福县属江西省人民政府公告的水土保持重点监督区(详见表 7-25)。

表 7-25　赣江流域水土流失重点防治区分布情况

| 区域名称 | 范围 | 涉及县(市、区) |
|---|---|---|
| 重点预防保护区 | 赣江流域自然植被较好、森林覆盖率较高的区域 | 全南县、大余县、崇义县、莲花县、宜春市辖区、上高县、宜丰县、万载县、樟树市、新余市辖区、分宜县、安福县、新干县、峡江县、井冈山市、寻乌县、定南县、安远县 |
| 重点治理区 | 赣江中上游水土流失严重的地区 | 兴国县、于都县、宁都县、瑞金市、会昌县、石城县、信丰县、赣县、龙南县、南康市、上犹县、赣州市辖区、吉水县、吉安县、吉安市辖区、永新县、泰和县、万安县、遂川县、永丰县、高安市、乐安县 |
| 重点监督区 | 赣江上游,赣江袁河支流 | 赣州市辖区、定南县、龙南县、寻乌县、信丰县、赣县、兴国县、会昌县、于都县、安远县、大余县、南康、新余市辖区、宜春市辖区、樟树市、安福县 |

### 7.3.5　水土保持综合治理规划

赣江流域水蚀区水土流失治理应以小流域为单元,生物措施、工程措施与耕作措施结合进行综合治理。具体措施应以侵蚀部位强度及当地自然条件而定。

(1)改造坡耕地,防治坡耕地水土流失。25°以上的坡耕地退耕还林还草;25°以下的坡耕地推行保土耕作或高标准整地种植经济果木林或坡改梯种植粮食作物或经济作物。

(2)植被条件较好,能自然恢复植被的轻、中度流失坡面以封禁为主,适当补植针阔叶树种;交通便利、临近水源、坡度平缓、立地条件好的侵蚀坡面大力发展经济林果,搞适当的规模经营;植被条件较差、中度流失坡面以水土保持林草及小型水利水保工程为主;

强度及强度以上流失区,以水土保持工程措施及小型水利水保工程为主,结合植树种草,恢复植被。

(3)沟道侵蚀治理可采用"上截、下堵、中间绿化"的方法。在侵蚀沟缘至山顶修截水沟或导流沟,在沟底修谷坊,建塘坝,营造沟底防冲林,同时在沟道周围植树种草,稳定坡面。通过工程、林草、耕作三大措施立体复合配置,实现坡水分蓄,沟水节节拦蓄,有效控制沟道侵蚀发展。

(4)采取营造薪炭林、修建沼气池、推广省柴灶等多能互补措施,推广猪—沼—果等生态模式,解决农村能源短缺问题,防止植被的人为破坏。

规划 2008~2030 年赣江流域水土流失综合治理面积 14 906.75 km²,平均每年水土流失综合治理面积 648.12 km²。其中:2008~2020 年水土流失综合治理面积 8 991.75 km²,平均每年水土流失综合治理面积 691.67 km²;2021~2030 年水土流失综合治理面积 5 915.00 km²,平均每年水土流失综合治理面积 591.50 km²(详见表7-26)。

表7-26 赣江流域(2008~2030年)水土流失综合治理任务规划 (单位:km²)

| 时段 | | 治理面积 | 平均每年治理面积 |
|---|---|---|---|
| 合计 | | 14 906.75 | 648.12 |
| 近期 | 2008~2020年 | 8 991.75 | 691.67 |
| 远期 | 2021~2030年 | 5 915.00 | 591.50 |

## 7.3.6 崩岗防治规划

崩岗侵蚀具有不同于一般水土流失类型的特殊性,即可按其发育阶段分为活动型和相对稳定型两种,而不同发育阶段的崩岗在防治措施的布设上又有不同的针对性,因此需要按照崩岗侵蚀发育阶段合理安排综合防治措施。对活动强烈、发育盛期的崩岗,重点防止其造成的危害,采取在崩口或数处崩口下游修建谷坊或拦沙坝,堤坝内外种树种草,待其自然逐步稳定;对相对稳定的崩岗,一般不实施比较大的工程措施,主要采取林草措施,辅以封禁治理措施使之绿化;对发育初期、崩口规模较小的崩岗,则采取工程措施与林草措施相结合的方法,以求尽快固定崩口。崩岗综合治理措施布局为上截、中削、下堵、内外绿化。

### 7.3.6.1 上截

在崩岗顶部修建截水沟(天沟)以及竹节水平沟等沟头防护工程,把坡面集中注入崩口的径流泥沙拦蓄并引排到安全的地方,防止径流冲入崩口,冲刷崩壁而继续扩大崩塌范围,控制崩岗溯源侵蚀。同时,要做好排水设施,排水沟最好布设在两岸,并取适当比降,排水口要做好跌水,沟底埋上柴草、芒箕、草皮等,以防止冲刷,然后将水引入溪河。

### 7.3.6.2 中削

对较陡峭的崩壁,在条件许可时实施削坡开级,从上到下修成反坡台地(外高里低)或修筑等高条带,使之成为缓坡或台阶化,减少崩塌,为崩岗的绿化创造条件。

### 7.3.6.3 下堵

在崩岗出口处修建谷坊,并配置溢洪导流工程,拦蓄泥沙、抬高侵蚀基准面,稳定崩脚。谷坊要选择在沟底比较平直、谷口狭窄、基础良好的地方修建;崩沟较长时,应修建梯级谷坊群;修建谷坊要坚持自上而下的原则,先修上游后修下游,分段控制。在崩岗下泄泥沙比较严重的情况下,可在崩岗区下游临近出口处修建拦沙坝。

#### 7.3.6.4　内外绿化

为了更好地发挥工程措施的效益,在搞好工程措施的基础上,切实搞好林草措施,做到以工程措施保林草措施,以林草措施防护工程措施,以达到共同控制沟壑侵蚀的效果。林草措施布设应根据崩岗的立地条件及不同崩岗部位,按照适地适树的原则,因地制宜,合理规划。崩岗顶部结合竹节水平沟、反坡梯地等工程措施合理布设水土保持林。崩壁修建的崩壁小台阶种植灌草,达到崩岗内部的快速郁闭。崩岗内部布设水土保持林或经济林果。水土保持林按乔、灌、草结构配置,选择适应性强,速生快长,根系发达的林草,采取多层次、高密度种植,快速恢复和重建植被。水土条件较好的台地上种植生长速度快、经济价值高的经济果木林,增加崩岗治理经济效益。

"上截、中削、下堵、内外绿化"治理措施对瓢形、条形和部分混合形崩岗较为适用,但对沟口较宽的弧形崩岗与少数条形崩岗,则宜采用挡土墙(护岸固坡)等工程措施。

规划 2008 ~ 2030 年赣江流域治理崩岗 30 780 处,完成崩岗治理面积 12 372.91 hm²;其中:2008 ~ 2020 年治理崩岗 20 287 处,完成崩岗治理面积 8 154.87 hm²;2021 ~ 2030 年治理崩岗 10 493 处,完成崩岗治理面积 4 218.04 hm²(详见表 7-27)。

表 7-27　赣江流域(2008 ~ 2030 年)崩岗治理任务规划

| 时段 | | 治理崩岗数量(处) | | 治理崩岗面积(hm²) | |
|---|---|---|---|---|---|
| | | 总数量 | 平均每年数量 | 总面积 | 平均每年治理面积 |
| 合计 | | 30 780 | 1 338 | 12 372.91 | 537.95 |
| 近期 | 2008 ~ 2020 年 | 20 287 | 1 561 | 8 154.87 | 627.3 |
| 远期 | 2021 ~ 2030 年 | 10 493 | 1 049 | 4 218.04 | 421.8 |

### 7.3.7　水土保持修复规划

#### 7.3.7.1　生态修复主要对象

依据《江西省水土保持生态修复规划》成果中赣江流域生态修复治理任务以及适宜开展生态修复轻、中度流失地的土地类型,生态修复的主要对象有疏林地、草地、灌木林地和有林地。

#### 7.3.7.2　生态修复主要措施

配合国家水土保持重点建设工程和"长治"工程国家农业综合开发水土保持项目,在轻、中度水土流失地开展生态修复,做好赣江源头及其重要水源保护区、生态功能保护区、自然保护区以及废弃矿山塌陷区的生态修复工作,使水土流失程度明显减轻,生态环境明显好转。

　　1.赣江上游山地区

赣江上游山地区涉及上犹县、大余县、崇义县、全南县、龙南县、定南县(土地面积的

29%）、安远县（土地面积的 74%）、寻乌县（土地面积的 8%）、会昌县、石城县和瑞金市。本区位于赣江源头，主要做好赣江源头水源保护区、自然保护区，以及废弃矿山塌陷区的生态修复工作。生态修复主要措施如下：

（1）对水源保护区和自然保护区采取全封形式，禁止一切人为的开发建设活动和樵采行为；其他区域采取季节性半封、轮封形式。水源保护区沿河两侧建立林草植被缓冲带，缓冲带内的耕地一律进行退耕还林还草。按照近自然原则，在自然保护区和水源保护区补植当地适宜的常绿阔叶树种和名贵珍稀树种，如南岭栲、华南栲、红楠和石楠等。其他区域现状植被为马尾松林、杉木林、灌丛和草被，生态修复需要改变当地林分质量低和植被结构单一的情况，通过补植当地适宜的阔叶树种，如木荷、枫香、马占相思、南酸枣、苦楝、樟树、胡枝子、白栎等，培育针阔混交林、阔叶混交林、乔灌草多层植被结构。同时制定相关的管护政策，切实加强水源涵养林、常绿阔叶林以及废弃矿山塌陷区的森林植被的管护、恢复工作。

（2）调整农村能源结构。营造薪炭林，推广省柴灶；开发农村小水电，推广以电代柴；发展农村沼气，以沼气代柴。以多途径、多能源形式，逐步扭转当地农村以薪柴能源为主的习惯。

（3）控制农村面源污染。一方面改变传统农业的顺坡耕作习惯，旱地尤其是坡耕地推行保土耕作或实施坡改梯，经济作物实行套种或轮作，提高土地使用率和产出率，以减轻旱地耕作造成的水土流失；另一方面，生态修复与社会主义新农村和生态清洁型小流域建设相结合，如农业推广平衡施肥、实行清洁生产，改善当地村民的居住条件和卫生条件等。通过多途径减轻水土流失和农业面源污染对水质的影响，切实保障赣江源头的水质和饮水安全。

（4）调整农村产业结构，提高当地农民收入。生态修复与林权改革相结合，保护与合理开发利用好当地的林地资源。生态修复与农村沼气发展相结合，带动种植业、果业和牧业的发展，大力推行有机农业和绿色农业，提高当地村民的生活水平。

（5）配套政策。一方面采取适度生态移民，对中、高海拔地区尤其是重要水库上游的村民，实施适度生态移民。另一方面促进农村剩余劳动力的有序流动，鼓励当地农村富余劳动力外出务工或进城从事第三产业。

2. 赣江上游丘陵区

赣江上游丘陵区涉及赣州市的市辖区、赣县、信丰县、宁都县、于都县、南康市和兴国县。本区经过长期的水土流失重点治理，农村能源结构逐步趋向合理，其中农村沼气使用率是全省最高的地区，达到 13%。本区农村经济中，种植业、牧业和果业比较发达，生态修复要以此为依托做好以下几项工作：

（1）主要结合坡面水系整治，做好疏林地、草地、灌木林地和有林地的补植、封禁和管护工作；同时做好废弃矿山塌陷区生态系统的恢复工作。通过季节性半封、轮封形式，补植当地适宜的阔叶树种，如木荷、南酸枣、苦楝、黄檀、枫香、胡枝子、白栎等，培育针阔混交林。因地制宜，乔、灌、草相结合，提高林草覆盖率，巩固水土流失治理成果，增加生物多样性，促进生态系统的良性循环。

（2）继续调整农村产业结构和能源结构。大力推广"养—沼—种"生态综合治理开发模式,发展生态农业和生态果业,农牧并重,提高当地群众收入。大力发展农村沼气,以沼气代替薪柴;营造薪炭林,推广省柴灶;发展农村小水电,以电代柴。

(3)改变传统农业的顺坡耕作习惯,旱地推行保土耕作或实行坡改梯。幼龄果园套种或轮作经济作物、裸露梯坎进行植草。通过上述途径减轻旱地和果园的水土流失。

(4)配套政策。主要结合当地城镇化建设,鼓励农村富余劳动力进城从事第三产业或外出务工,减轻农村人口对土地资源的压力。

**3. 赣江中下游丘陵Ⅰ区**

赣江中下游丘陵Ⅰ区涉及萍乡市的莲花县,吉安市的市辖区、井冈山市、遂川县、永新县、万安县、泰和县、安福县、吉安县、吉水县、永丰县、峡江县和新干县,抚州市的乐安县(土地面积的58%)。本区土地资源丰富,人少地多,农民收入低,西部地区植被保存完好,东部地区水土流失严重。本区农村能源结构仍以薪柴为主。生态修复要以治理轻中度水土流失、改变农村能源结构、提高农民收入为前提,主要治理措施如下:

(1)对井冈山自然保护区、水浆自然保护区,采取全封形式,禁止一切开发建设行为和樵采行为,制定相关的管护政策,切实做好当地常绿阔叶林、针阔混交林和大面积竹林的保护工作。其他区域主要采取季节性半封、轮封形式,做好疏林地、有林地、灌木林地和草地等地类的封禁、管护,补植当地适宜的阔叶树种,如木荷、枫香、檫树、臭椿、山苍子、油桐、胡枝子、紫穗槐等,改变单一的杉松林、灌丛和草被结构,培育针阔混交林或阔叶混交林,提高生态系统的综合效能。

(2)调整农村能源结构。本区西部充分利用当地水电资源和煤炭资源,进一步减少当地薪柴能源的使用比例,推广以电代柴、以煤代柴,保护好当地的森林植被;本区东部农村能源比较紧张,需要通过营造薪炭林,推广省柴灶,发展农村沼气替代薪柴,以电代柴等多种途径解决农村能源问题。

(3)调整农村产业结构,提高农民收入。本区西部围绕井冈山风景名胜区,全面开发绿色旅游、红色旅游、生态旅游等各种旅游资源优势,发展生态旅游、生态林业和生态农业,促进农业全面发展。本区东部在稳住粮食生产的前提下,发展特色农产品种植业和养殖业,通过兴牧促农,兴林促农,大力发展乡镇企业,带动农产品的深加工,推动农村经济全面发展。

**4. 赣江中下游丘陵Ⅱ区**

赣江中下游丘陵Ⅱ区涉及宜春市的市辖区、宜丰县、万载县、上高县、樟树市和高安市,新余市的市辖区和分宜县。本区土地资源丰富,耕地面积大,农业人口多,粮食产量高,农民收入高,农村能源结构相对合理。本区实施生态修复条件较好。生态修复主要措施如下:

(1)仙女湖生态功能保护区以及三十把自然保护区和官山自然保护区采取全封禁形式,禁止一切开发建设行为和樵采行为。同时,在仙女湖生态功能保护区滨湖地区建立林草植被缓冲带,减轻湖区周边水土流失和面源污染对饮用水源水质的影响。通过制定相关的管护措施,适当补植当地适宜的珍稀树种,如穗花杉、香果树、花榈木、凹叶厚朴、毛红椿等,切实做好水源涵养林、常绿阔叶林和天然次生阔叶林等森林植被地的保护工作。其他区域采取季节性半封、轮封形式,适当补植当地适宜的树种,如檫树、木荷、枫香、臭椿、苦楝、拟赤扬、白栎、胡枝子、紫穗槐等。通过采取针阔混交,培育复层或者多层植被结构,提高森林质量,改善生态环境。

（2）继续调整农村能源结构。煤产地可以利用煤炭替代薪柴;畜牧业比较发达和粮食资源充足地区,可以发展农村沼气替代薪柴;交通便捷地区,如市郊和县郊的村民可利用电、液化气替代薪柴;山区需营造一定面积的薪炭林,推广省柴灶来解决农村能源问题。

（3）调整农村产业结构。一般地区以农村沼气为纽带,培育和发展生态农业、生态牧业、生态林业,坚持农林牧并重,全面发展农村经济,切实提高当地农民的收入。旅游风景区通过发展生态旅游、生态农业和生态林业,建立"农家乐"等水土保持生态旅游经济模式,提高当地农民的收入。

**5. 规划治理任务**

规划 2008～2020 年赣江流域水土保持生态修复 6 218.21 km²,其中:重点治理工程 1 373.3 km²,示范工程 400.00 km²,面上治理工程 4 444.91 km²(详见表 7-28)。

表 7-28　赣江流域水土保持生态修复任务规划

| 时段 | | 工程类型 | 治理面积（km²） |
|---|---|---|---|
| 近期 | 2008～2020 年 | 重点治理工程 | 1 373.30 |
| | | 示范工程 | 400.00 |
| | | 面上治理工程 | 4 444.91 |
| 远期 | 2021～2030 年 | — | — |
| 合计 | | | 6 218.21 |

## 7.3.8　水土保持监测网络规划

### 7.3.8.1　监测站点布设

依据《江西省监测网络与信息系统建设工程可研报告》《江西省水土保持监测及信息网络规划》和《江西省水土保持监测网络建设实施方案》,赣江流域水土保持监测网络结合江西省水土保持监测网络一起建设,在充分利用后者的水土保持监测总站,赣州、宜春和吉安监测分站,兴国、信丰和泰和等 10 个监测点(4 个控制站和 6 个径流观测场)的基础上,增设瑞金、上犹、井冈山、吉水、万载、高安和新余等 20 个监测点。

赣江流域水土保持监测网络由 1 个监测总站(江西省水土保持监测总站)、3 个监测分站(赣州监测分站、宜春监测分站和吉安监测分站)和 30 个监测点(兴国、信丰、泰和、瑞金、上犹、井冈山、吉水、万载、高安和新余等)组成。

江西省水土保持监测总站布设在南昌市,赣州、宜春和吉安等监测分站站址设在各设区市政府所在地。监测总站和分站建设任务是配置数据采集及处理设备、数据管理和传输系统、水土保持数据库和应用系统等。监测点建设任务是配备相应水土流失观测和试验设施,一般布设在典型治理小流域内。

### 7.3.8.2　信息系统建设

水土保持监测网络建设在遵循先进实用、安全可靠的原则,不影响网络安全和可靠性的情况下,尽量采用标准化的技术和产品,保证网络系统具有良好的开放性和可扩充性。网络支持相同和不同系统的文本文件和二进制文件的传输;支持多任务、多进程系统的远程登陆操作;向各级水土保持监测部门的工作人员提供 E-Mail 服务,提供方便的信息查询和信息发布以及网上报送业务。

水土保持监测网络建设目标是实现 1 个水土保持监测总站和 3 个监测分站的水土保持监测信息的自动交换和共享,全面提高水土保持监测自动化的水平和工作效率,为水土保持监测信息畅通提供有效的计算机网络通信保证。

水土保持监测网络覆盖各级水土保持监测机构,是水土保持监测网络的建设基础,它支撑着各级水土保持监测机构各类应用系统的正常运行和高效服务。根据信息流程及各级节点职能,系统广域网拓扑结构采用星型连接,共分为三级节点,第一级节点为水土保持监测总站,第二级为监测分站,第三级为水土保持监测点。总站作为行政区划内监测数据汇集点,负责上报其所属监测站点的监测数据,同时上报区划内监测数据,形成一个多流向、单汇集的星型广域网拓扑结构。

### 7.3.8.3　运行管理

#### 1.机构设置及人员配备

规划监测机构具体设置为 1 个水土保持监测总站,3 个水土保持监测分站。

各级监测机构人员编制情况如下:

(1)水土保持监测总站:配备人员 8 人,其中管理人员 1～2 人,高级、中级和初级专业技术人员 5～6 人,其他人员 1～2 人。

(2)水土保持监测分站:配备人员 4～6 人(平均以 5 人计)。各分站要有能胜任本站工作的高级、中级和初级专业技术人员,最少有 1 名高级专业技术人员。

(3)监测点:工作人员可聘请水利部门相关专业技术人员,每个监测点满足工作需要按 2 人计。

#### 2.管理体制

为便于管理和开展监测工作,各级水土保持监测机构行政上受当地水行政主管部门领导,技术上和业务上接受上级水土保持监测部门指导。

1)行政管理

全区水土保持监测网络在行政上实行分级领导、分层管理的网络化管理模式,监测总站、分站隶属于相应水行政主管部门,接受水行政主管部门的领导,由当地水行政主管部门管理,在技术上和业务上接受上级水土保持监测部门的指导。监测点是指包括控制站、试验小区等设备和设施的观测场、监测点,是监测网络的数据采集终端,承担着水土流失试验观测、数据采集和技术研究的任务。各监测点在纳入整个监测网络统一管理的同时,其中观测场由监测总站直接管理,监测点由相应的上级分站管理,临时监测点由相应监测机构管理。监测站行政管理见表 7-29。

表 7-29　水土保持监测站网行政管理

| 监测站点 | 主管部门 |
|---|---|
| 水土保持监测总站 | 江西省水利厅 |
| 水土保持监测分站 | 相应的水利主管部门 |
| 水土保持监测点 | 监测总站或监测分站 |

（1）监测总站：具体负责全区监测工作的组织、指导，掌握全区各类水土流失动态变化，负责对重点防治区监测分站的管理，负责对监测数据处理和综合分析，并报送上级监测部门和业务主管部门核查、备案，为定期公告全区水土保持监测成果提供技术支撑。

（2）监测分站：对水土流失重点预防保护区、重点治理区、重点监督区的水土保持动态变化进行监测、汇总和管理监测数据，编制监测报告并上报。

（3）监测点：按有关技术规程对监测区进行长期的定位观测，整编监测数据，编报监测报告，为有关部门提供监测成果。

2）业务管理

水土保持监测网络的业务主要包括开展监测任务、上报监测结果、整（汇）编监测成果、分析水土流失动态和水土保持效益并预测其发展趋势等。同时，在水行政主管部门领导下，按照管理要求，及时、准确地为各级人民政府水土保持决策服务。

上级监测部门承担着对下一级监测部门在技术上和方法上指导的任务，下级监测部门应及时地将监测信息反馈给上一级水土保持监测部门。

为确保整个水土保持监测网络的监测任务顺利开展、监测结果整（汇）编质量、监测数据交流和共享的安全性等，监测网络内部实行如下业务管理制度：

（1）各级站点业务管理制度；

（2）结果向水行政主管部门的汇报制度；

（3）监测网站上行数据报告制度；

（4）平行站点数据交流制度；

（5）监测结果的分层次依法公告制度；

（6）网络化数据共享制度。

#### 7.3.8.4　基础设施配备

1. 监测总站、分站工作场所

参照《堤防工程管理设计规范》（SL 171—1996），监测总站需要房屋面积 400 $m^2$，每个监测分站需要房屋面积 250 $m^2$。

2. 监测点

根据监测点建设规模，每个观测场需租用土地面积 10 亩、控制站租用土地面积 2 亩、径流场租用土地面积 3 亩，租用期为 30 年。

#### 7.3.8.5　进度安排

规划 2008～2009 年完成 1 个监测总站、3 个监测分站和 30 个监测点的建设任务，初步形成覆盖全流域的水土保持监测网络体系。

### 7.3.9　投资估算

#### 7.3.9.1　投资估算

(1)国家有关水土保持工程的规程、规范、相关标准。

(2)《水土保持工程概(估)算编制规定》(水利部水总〔2003〕67号文)。

(3)《水土保持工程概算定额》(水利部水总〔2003〕67号文)。

(4)投资采用静态计算方法。

(5)其他说明。

①依据《江西省水土保持生态环境建设规划》,水土流失综合治理工程及风沙区治理工程投资按50.00万元/$km^2$计算;

②依据《江西省崩岗防治规划》,崩岗治理工程投资按10.78万元/$hm^2$计算;

③依据《江西省水土保持生态修复规划》,重点治理投资按照12.77万元/$km^2$计算,示范工程投资按照21.29万元/$km^2$计算,面上治理工程投资按照8.52万元/$km^2$计算。

④依据《江西省监测网络与信息系统建设工程可研报告》,监测总站建设投资按392.44万元/个计算,年运行费按62.78万元/个计算;监测分站建设投资按123.69万元/个计算,年运行费按19.24万元/个计算;监测点建设投资按11.72万元/个计算,年运行费按5.84万元/个计算(江西省水土保持监测总站列入鄱阳湖区计算建设投资和运行费,本规划不重复计算该部分费用)。

#### 7.3.9.2　投资估算

**1.水土保持规划投资估算**

赣江流域水土保持规划投资估算为943 363.76万元(不含水土保持监测网络运行费用5 357.16万元),其中水土流失综合治理工程投资估算为745 337.50万元,占总投资估算的79.0%;崩岗治理工程投资估算为133 379.92万元,占总投资估算的14.1%;水土保持生态修复投资估算为63 923.67万元,占总投资估算的6.8%;水土保持监测网络投资估算为722.67万元(不含水土保持监测网络运行费用5 357.16万元),占总投资估算的0.1%。各项水土保持工程投资估算详见表7-30。

表7-30　赣江流域水土保持规划投资估算总表

| 工程名称 | 投资估算(万元) | 占总投资估算比例(%) |
| --- | --- | --- |
| 水土流失综合治理工程 | 745 337.50 | 79.0 |
| 崩岗治理工程 | 133 379.92 | 14.1 |
| 水土保持生态修复 | 63 923.67 | 6.8 |
| 水土保持监测网络 | 722.67 | 0.1 |
| 合计 | 943 363.76 | 100.0 |

**2.分项工程投资估算**

1)水土流失综合治理工程

2008～2020年期间,赣江流域水土流失综合治理工程投资估算为449 587.5万元;

2021~2030 年期间,水土流失综合治理工程投资估算为 295 750.0 万元。赣江流域水土流失综合治理工程投资估算详见表 7-31。

表 7-31　赣江流域水土流失综合治理工程投资估算

| 时段 | 投资估算(万元) |
| --- | --- |
| 2008~2020 年 | 449 587.5 |
| 2021~2030 年 | 295 750.0 |
| 合计 | 745 337.5 |

2)崩岗治理工程

2008~2020 年期间,赣江流域崩岗治理工程投资估算为 87 909.49 万元;2021~2030 年期间,崩岗治理工程投资估算为 45 470.43 万元。赣江流域崩岗治理工程投资估算详见表 7-32。

表 7-32　赣江流域崩岗治理工程投资估算

| 时段 | 投资估算(万元) |
| --- | --- |
| 2008~2020 年 | 87 909.49 |
| 2021~2030 年 | 45 470.43 |
| 合计 | 133 379.92 |

3)水土保持生态修复

2008~2020 年期间,赣江流域水土保持生态修复投资估算为 63 923.67 万元。赣江流域水土保持生态修复投资估算详见表 7-33。

表 7-33　赣江流域水土保持生态修复投资估算

| 时段 | | 投资估算(万元) |
| --- | --- | --- |
| 2008~2020 年 | 重点治理工程 | 17 537.04 |
| | 示范工程 | 8 516.00 |
| | 面上治理工程 | 37 870.63 |
| | 小计 | 63 923.67 |
| 2021~2020 年 | | — |
| 合计 | | 63 923.67 |

4)水土保持监测网络

赣江流域水土保持监测网络建设安排 2008 年和 2009 年两年完成。赣江流域水土保持监测网络投资估算为 722.67 万元(不含运行费用 5 357.16 万元)。其中:监测分站投资估算为 371.07 万元,监测点投资估算为 351.60 万元,详见表 7-34。水土保持监测网络运行费用投资 5 357.16 万元,详见表 7-35。

表 7-34　赣江流域水土保持监测网络(2008～2009 年)投资估算

| 流域名称 | 投资估算(万元) | 备注 |
|---|---|---|
| 监测总站 | — | 已列入鄱阳湖水土保持监测网络<br>建设费用,不重复计入费用 |
| 监测分站 | 371.07 | |
| 监测点 | 351.60 | |
| 合计 | 722.67 | |

表 7-35　赣江流域水土保持监测网络(2008～2030 年)运行费

| 规划水平年 | 监测总站 | 监测分站 | 监测点 | 合计 |
|---|---|---|---|---|
| 2008～2020 年 | — | 750.36 | 2 277.6 | 3 027.96 |
| 2021～2030 年 | — | 577.20 | 1 752.0 | 2 329.20 |
| 合计 | — | 1 327.56 | 4 029.6 | 5 357.16 |

**注**:监测总站运行费已列入鄱阳湖区水土保持监测网络运行费用,本规划不重复计入费用。

## 7.3.10　保障措施

　　为保障规划的组织实施,需加强对规划及实施的组织领导,制定政策法规等方面的保障措施,同时提供技术保障和资金保证措施,达到治理水土流失、改造生态环境的效果。

### 7.3.10.1　组织领导

　　水土保持是一项复杂的社会系统工程,涉及的部门和领域多,需要各有关部门的密切配合,协同作战。赣江流域涉及的各级党委、政府应认真贯彻落实党和国家领导人对水土保持工作的一系列重要指示,把水土保持生态建设摆上重要议事日程,切实加强领导,健全机构,充实人员,采取有效措施,保证本规划目标的实现。根据要求,规划应纳入国民经济和社会发展计划,把水土保持生态建设与当地农村经济发展尤其是新农村建设有机结合起来,"一任抓给一任看,一代接着一代干"。要通过立法建立绿色 GDP 体系,把水土保持生态建设管理纳入各级行政领导任期目标考核范畴,借以评估各级政府工作,评估各级官员政绩,真正实现可持续发展的目标。

### 7.3.10.2　政策法规

　　要深入贯彻落实水土保持法律、法规和相关文件,同时制定水土保持配套法规,促进水土保持生态建设工作的顺利开展。要加强规章制度建设,制定优惠政策,调动广大农民转变生产方式、积极参与生态建设和环境保护的积极性。一是建立水土保持生态建设长效补偿机制;二是加强水土保持工程项目建管体制;三是建立水土流失防治公众参与、社会共管的激励机制。要加强水土保持预防监督力度,严格执法,保护、巩固治理成果。

### 7.3.10.3　技术保障

　　科技成果向现实生产力的转化,日益成为现代生产力中最活跃的因素。随着知识经济时代的到来,为保证本规划圆满实施,必须高度重视科学技术的作用,全面实施科教兴水保战略,加强水土保持科研机构和科技人才队伍的建设,加大水土保持人才培养力度;加强科学研究和科技攻关,积极开展新技术、新材料,特别是水土保持应用技术的研究,解决当前水土保持工作实践中的热点、难点和重点问题;加强高新技术研究与引用,提高水土保持工作效率,促进水土保持由传统向现代的转变;大力推广先进实用的水土保持科技成果,推进科技成果向现实生产力的转化,提高水土保持的科技含量,推动水土保持事业的发展。

### 7.3.10.4　资金保证

水土保持事业,功在当代,利在千秋。湖区水土流失的治理,任务重,难度高,所需资金额大,必须实行国家、地方、社会和群众共同投入的办法,多层次、多渠道、多方位筹集水土保持建设资金。一是要制定和完善有关政策,确保政府资金投入;二是要落实有关政策,争取社会投入;三是要增强农民的经济实力,提高群众的投入水平;四是要深化水土保持投资体制改革,提高资金使用效率。

# 第8章　流域水利管理与信息化建设

## 8.1　流域水利管理现状及存在的问题

### 8.1.1　水利管理现状

赣江流域水利管理目前实施的是省、市、县分级负责,相关部门分工协作的管理体制,管理的重点是以水利工程的运用、操作、维修和保护工作为主的工程管理。现状赣江流域一般设有针对性较强的单项工程管理机构,如圩堤、水库、排灌、灌区等工程管理局(站),上述管理单位的隶属关系主要根据工程规模大小确定,一般隶属于县级水行政主管部门。而部分规模较小的水利工程无专门管理机构,一般由乡镇水管站或县水利局代为管理。赣江流域各种资源比较丰富,涉水事务较多,有防洪治涝、供水灌溉、采砂、岸线利用、航运等众多涉水事务,目前由多部门参与管理,即"多龙管水"的管理体制。

"九五"以来,江西省水利法制体系建设日臻完善,先后出台了《江西省实施〈中华人民共和国防洪法〉办法》《江西省河道管理条例》等地方性配套法规、规章和规范性文件。江西省各级水行政主管部门以组织实施《取水许可制度实施办法》为契机切实加强水资源管理,开展取水许可年审,启动建设项目水资源论证,编发年度《江西省水资源公报》、重点城市和主要供水水源地水质旬报以及水资源质量公报,积极探索水资源管理体制改革,整治和规范河道采砂和涉河项目管理,制定了《江西省水资源费征收管理办法》《江西省长江河道采砂管理实施办法》《江西省涉河项目建设管理办法》等配套法规。加强和规范了河道管理范围内建设项目审批管理,重点清查违反有关法律法规、未经审查以及越权审查等违章涉河建设项目。积极推进水利工程产权制度改革、水利工程管理单位体制改革以及积极探索水利投融资体制改革和水价改革,逐步建立水利良性发展机制和体制。

水利建设管理逐步规范,全面推行项目法人责任制、招标投标制、建设监理制,建立多层次质量保证体系。制定了《江西省〈实施水利工程建设项目施工招标投标管理规定〉办法》《江西省水利工程建设监理实施细则》《江西省水利工程质量监督管理规定实施细则》等管理规章制度。通过整顿和规范水利建设市场秩序,加大水利建设稽查力度,推进了水利建设市场的稳步发展。

2004年7月23日,江西省政府审议通过《江西省水利工程管理体制改革实施方案》,江西省水利工程管理体制改革进入实施阶段。通过规范和推进水利工程产权改革,促进中小水利工程所有制形式多元化,经营机制多元化,投资主体多元化。通过加强河道管理范围内建设项目管理,依法行政,依法治水,确保河道管理保护和防洪安全。

### 8.1.2　存在主要问题

（1）防洪抗旱的社会管理和公共服务体系有待完善。

防洪抗旱理念还未实现由控制洪水向洪水管理、由重工程措施向工程措施和非工程措施并重、由重防洪向防洪抗旱并举的转变，缺乏有效的社会管理和经济调节机制，水利对经济社会行为如何规避洪水风险的指导工作和洪水预警、旱情等有关信息向社会的发布等工作较薄弱，洪水管理制度还不健全，防洪减灾社会化保障体系亟待完善，一些地区经济活动侵占河道和影响河道行洪的现象还时有发生。

（2）水资源管理亟待加强。

水资源多头管理未根本改变，水资源使用权益不明晰，政府对水资源的社会管理难以有效进行，水资源开发无序及部分超出水资源的承载能力（如部分地区地下水超采）、节水意识淡薄等问题不同程度地存在。

（3）水土保持和水环境保护意识需进一步提高，预防监督机制尚待健全。

近几年来水土保持投入虽有所增加，水生态环境问题日益得到重视，治理力度不断加大，但水土保持和水环境保护意识和法制观念淡薄，水土保持和水环境保护工作未列入议事日程，重效益、轻环境，重建设、轻生态，重眼前利益、轻长远利益，甚至不惜牺牲生态环境以换取一地一时发展的思想还存在。行业保护、行政干预、以言代法、以权压法的现象时有发生。加上水土保持和水环境保护预防监督机制尚不健全，监督执法工作没有完全到位，致使一些开发建设项目仍然造成严重的新的水土流失和水体污染。排污总量控制制度和排污许可制度等尚未落实，水土保持预防监督机制尚待健全。

（4）水利管理工作有待进一步加强。

水资源管理存在部门分割、地区分割、地表水与地下水分割、城市与农村分割、供水与用水排水分割、水量与水质分割的局面，涉水事务多头管理难以形成合力，水资源统一管理体制亟待进一步建立和完善。水管单位体制改革和水价改革有待深化和实施，水利投融资体制、水利建设管理体制、水利工程产权制度改革等有待进一步深化。法制建设尚待健全，应对重大水利突发事件的预案和对策尚不完善，管理装备和手段落后，水利工程运行管理措施不到位，以水资源管理、工程管理、技术管理、行业管理等为重点的水利管理，仍然是水利工作的薄弱环节，管理人员素质和管理技术与手段还不能适应水利发展的要求。

## 8.2　流域水利管理目标

赣江流域水利管理总体目标是强化流域内各级水利管理机构，明确各项管理职能，协调赣江流域涉水事务的统一管理，以保障流域防洪、治涝、航运以及工农业生活、生产、生态等用水安全；维护河流健康，促进人水和谐，实现水资源的有效保护与合理开发利用，以水资源的可持续利用支撑流域经济社会的可持续发展。

2020 年前，建立健全水行政审批制度，行政审批科学、民主、高效；初步建立水利综合执法和跨部门的联合执法机制；初步建立跨部门和跨地区的协调机制、补偿机制和公众参与机制；初步实现水质和水量信息的联合监测和采集，增强科技支撑能力，建立人才队伍保障体系。

2030 年前，初步实现涉水事务的协调、统一管理；建立高效的水行政审查、审批制度；建立完备的流域防洪、水资源统一调度管理制度；建立高效的跨部门和跨地区协调机制，公共参与机制成熟高效；建立有效的跨部门联合执法机制；实现水质、水量、水生态数据的联合监测和采集，科技支撑能力、人才队伍保障进一步提高。

# 8.3　流域水利管理措施

## 8.3.1　规划管理

规划管理是整个流域管理的重中之重，也是搞好其他管理的基础。依据《江西省水利工程条例》第七条：水利工程建设（包括新建、改建、扩建，下同）应当符合流域综合规划、防洪规划等相关规划和水功能区划的要求，依法办理环境保护、土地利用、水资源利用、水土保持、工程建设等审批或者核准手续。赣江流域综合规划经省人民政府批准后，应成为法律文件，各有关部门和单位在进行流域开发治理时，应严格遵守规划。在实施过程中，应严格实行规划同意书制度，根据水利部 2007 年 37 号令，在流域内建设的所有涉水工程，必须办理规划同意书。在赣江干流上的涉水工程须由水工程建设单位向江西省水利厅办理规划同意书，其他河流上的涉水工程，可以按江西省水利厅对管理权限的规定，由水工程建设单位向县级以上人民政府水行政主管部门办理规划同意书。对不符合规划的项目，坚决不批。对违反规划方案，违规上的工程、项目，要坚决给予制止和纠正。规划管理要维护流域规划的权威性，使流域治理开发有序进行，使有限的资源得到最有效、最充分的利用。规划管理主要由水行政主管部门负责，其主要任务是制定流域治理开发的方针、政策，审查批准流域重要的规划及工程项目，协调各地区、各部门对水资源利用的的不同要求和关系。

各涉水部门应根据法律授予的权限分工负责，并建立协商机制，应确定涉水事务以水行政主管部门为主导，相关部门配合的管理权利和责任；建立必要的信息通报制度，实现信息的互通和共享；建立不同部门共同参与的联席会议制度，及时通报情况；建立水利与环保、电力、航运等部门的协调机制；建立规划适时修编制度，综合规划 15 年左右进行修订调整，专业规划和区域规划 10 年左右进行修订调整。

逐步建立补偿机制，对流域治理开发与保护活动中出现的利益和责任进行合理共享与分摊。近期建立和完善水资源统一调度、水土保持和蓄滞洪区运用补偿机制，结合市界断面水量、水质监测，制定设区市间补偿制度；远期建立水资源保护与生态环境建设补偿机制。

## 8.3.2　水资源管理

水资源属于国家所有，对水资源依法实行取水许可制度和有偿使用制度，开发、利用、节约、保护水资源，应当全面规划、统筹兼顾、标本兼治、综合利用、讲究效益，发挥水资源的多种功能,协调生活、生产经营和生态环境用水。水资源管理包括水资源利用管理和水资源保护管理,水资源利用管理包括航运、灌溉、供水、水产等;水资源利用管理应在相关的流域或者河段规划指导下进行。水资源保护管理包括水源点的安全及水质保护、水环境保护、水土保持等。

水资源管理涉及的地区、行业、部门较多,各地区、行业、部门的利益和对水资源的要求是不同的,因此必须要有统一管理,水资源管理要明确确立"区域管理服从流域管理,行业管理服从流域管理"的原则,在水行政主管部门的统一管理下,对水资源进行科学、合理的开发利用。

水资源是基础性的自然资源和战略性的经济资源,是生态环境的控制性要素,严峻的水资源形势,必须实行最严格的水资源管理制度。明确水资源开发利用红线,严格实行用水总量控制,妥善处理好流域内人与水的关系,合理分配生产、生活、生态用水,加强流域取用水总量的管理,实现流域供需平衡;明确用水效率控制红线,坚决遏制用水浪费,处理好流域内管理主体和管理相对人之间的关系,强化水资源的节约和高效利用,科学实施严格的取水管理和定额管理;明确水功能区限制纳污红线,严格控制入河排污总量,处理好流域水资源开发与保护的关系,以水体功能为主导,加强水量、水质、水生态的监控,从水质浓度和排污总量两方面保护水体,切实保证水体功能的良好发挥。

完善水资源论证和取水许可制度,加强建设项目的水资源论证和取水许可监督管理,开展违规开工项目的执法监督;完善水资源有偿使用制度,健全水资源费征收和使用制度;在取水许可和水资源论证管理中,严格遵循流域规划各类功能区划管理目标要求,控制性指标标准不得逾越。

按照由政府主导、统一协调管理的原则,制订流域水量分配方案,水行政主管部门按照河流的分配水量,组织各市水量分配工作,向地方各级行政区域进行逐级分配,确定行政区域生活、生产可取用水水量份额或者可消耗的水量份额。

通过建立水资源总量控制与定额管理的指标体系和监测体系,建立总量控制与定额管理制度;流域内各市按照控制指标要求,将控制目标分解到市级以下行政区;按照控制指标要求建设设区市监测断面和重要节点监测设施,进行实时动态监测和管理。

灌溉及供水管理。协调和确定各地区及各部门的用水定额,使流域供水有计划进行。根据流域水资源有偿使用的原则,合理确定水费收取标准。鼓励节约用水,对超定额用水的地区和部门收取高额的水资源费。

航运管理。制定航道及航运管理条例,限制船舶有害物质的排放,保护水源不受污染。限制超载,保证航运安全。

水资源保护管理。建立、建全完善的法制和法规,并在法制和法规的指导下,对水资源保护进行管理。同时,建立一支强有力的执法管理队伍,各级人民政府应当采取有效措施,加强江河、湖泊、水库、湿地和自然植被的保护,涵养水源,防治水土流失,防止水体污染和资源枯竭,改善生态环境。

## 8.3.3　防洪调度管理

江西省防汛抗旱总指挥部是全省防洪抗旱指挥决策中心,行使全省防汛抗旱工作的组织指导、协调和监督职责,指挥各设区市防汛指挥部门的防汛抗旱工作,各设区市防汛抗旱指挥办事机构设在当地水行政主管部门,具体负责实施有关防洪管理事项。实行各级行政首长负总责的防汛抗旱指挥责任制,形成统一指挥、统一调度的防汛抗旱指挥决策中心。

在汛期,流域内的水库、闸坝和其他水利工程设施的运用,必须服从防汛抗旱总指挥部的调度指挥和监督。根据流域洪水的特点和流域防洪工程的总体布局,明确洪水调度管理的权限和责任,在保证防洪安全的同时,兼顾水资源的综合利用和生态环境保护。

防洪调度管理应做到防洪人员的统一调度管理和防洪工程的统一调度管理。防汛期间,防汛人员 24 h 随时待命,各级防汛部门之间、各级防汛人员之间应保持通信通畅。

## 8.3.4　水利工程管理

### 8.3.4.1　水利工程的建设管理

水利工程的建设管理是指对水利工程建设的项目建议书、可行性研究报告、初步设计、施工准备(包括招标投标设计)、建设实施、生产准备、竣工验收、后评价等过程的管理。

水利工程管理要以《江西省水利工程条例》《水利工程管理体制改革实施意见》《水利工程供水价格管理办法》和《关于印发小型农村水利工程管理体制改革实施意见的通知》为动力,继续深化水利工程管理体制改革和水价改革,健全基层水利管理单位,建立适应社会主义市场经济的运行机制。

水利工程建设不仅要达到规定的质量等级,而且要精品形象和管理设施配套齐全。水利工程建设单位在制订新建水利工程建设方案的同时,应制订水利工程管理方案。对没有管理方案的水利工程建设项目,有关行政主管部门不予审批或者核准。水利工程建设管理要严格执行水利工程建设与管理的有关政策法规,加强水利现代化建设市场管理,进一步规范水利工程建设程序,完善水利工程建设管理的相关法规政策。水利工程建设不能以牺牲环境为代价,要把水环境管理纳入水利工程建设管理的范畴。兴建水利工程需要移民的,由地方人民政府负责妥善安排移民的生活和生产,安置移民所需的经费列入工程建设投资计划,在建设阶段按计划完成移民安置工作。在实行项目法人责任制、建设监理制、招标投标制、合同管理制等建设管理制的同时,随着专业化、机械化程度的提高,逐步实行计算机管理、人工监理与计算机监控、计算机网络招标投标的办法。

### 8.3.4.2　水利工程的运行管理

水利工程的运行管理是指水利工程建成后从试运行到正常运行及其以后的运行过程的一切管理。必须遵循水利工程运行规定、操作规程和管理条例。各骨干水利工程管理单位要建立相关信息监控系统,使工程运行实现程序化、自动化,并要不断提高运行管理者的素质及水平。

水利工程管理实行统一管理与分级管理相结合的原则。受益和保护范围在同一行政区域内的水利工程,由市、县(区)水行政主管部门或者乡镇人民政府管理;跨行政区域的水利工程,由其共同的上一级人民政府水行政主管部门管理,也可以由主要受益的市、县(区)水行政主管部门或者乡镇人民政府管理。县级以上人民政府水行政主管部门应加强对水利工程安全的监督管理,按照水利工程管辖权限,定期对水利工程进行安全检查,对存在险情隐患的水利工程,应及时向本级人民政府报告,并采取措施排除安全隐患。

## 8.3.5　水生态与环境保护管理

制定水功能区划,满足水资源保护管理的需要,实施纳污总量控制管理,并在取排水行政审批中落实;进行水功能区勘界立碑,明确标明水功能区的主要功能、水质保护目标、管理范围及要求禁止的开发活动等;建立水功能区巡查制度,加强执法监督;加强水功能区水生态与环境监测能力建设,定期发布水功能区信息公报,确保公众知情权,拓宽公众参与水功能区监督管理的途径。

实行入河排污口调查、登记和建档制度;加强排污口的审批监督,建立入河排污口的设置、变更的申请审批制度,从申请审查、竣工验收等环节严格控制审批程序;建立入河排污口及纳污水域的常规监测、现场执法检查制度;确立入河排污口设置及变更与规划符合性审查制度,实现入河排污口的规范化管理。

加强水土保持方案的技术审查和行政审批制度化建设,对没有水行政主管部门审批的水土保持方案的建设项目,在项目立项、土地审批、环保审批上进行控制;完善水土保持设施专项验收制度,明确水土保持验收程序和法律责任;开展水土保持设施竣工验收工作,对项目实施进行后评估。

## 8.3.6　河道管理

加强法规宣传,避免越权管理和未批先建;对擅自开工和不按要求建设的违规项目依法予以查处;建立防洪影响抵押金制度,建设项目按河道主管机构批复要求进行建设,通过验收的,返还抵押金,未按批复要求实施,且现场清理不彻底,河道管理单位有权动用抵押金进行必要的处理;制定水能利用分区管理制度,落实水能禁止开发区、规划保留区、调整修复区和开发利用区管理目标。

推行岸线开发利用与河道整治相结合的管理制度,统一规划岸线功能区,充分发挥岸线的经济效益和社会效益。严格按照岸线利用分区确定的岸线保护区、岸线保留区、岸线控制利用区、岸线开发利用区的开发和保护目标,进行行政审批和执法监督。

落实以地方政府行政首长负责为核心的采砂管理责任制;建立统一规划与总量控制相结合的采砂控制制度;规范采砂船舶的准入及监管制度;制定与违法收益对应的惩罚措施;建立既能使采砂业主依法正常获利,又便于可采区正常管理的合理的砂石资源市场化配置机制,建立河道采砂论证制度,落实采砂分区管理目标,探索建立适应性采砂许可制度;加强采砂管理能力建设,提高采砂执法能力,建立采砂长效管理机制。

## 8.3.7　应急管理

建立包括水旱灾害应急管理、次生灾害应急管理、水污染事件应急管理、水利工程建设重大质量与安全事故应急管理、水事纠纷突发事件应急管理、采砂突发事件应急管理、血吸虫病突发疫情应急管理等的应急管理体系;规定应急管理调查评估机制、预测预警机制、应急响应程序、部门和个人职责、协调联动机制、应急保障机制、善后处理、责任追究和奖励制度等。

## 8.3.8　执法监督

　　制定和落实水行政执法责任制度、执法巡查制度、评议考核制度以及水政监察员行为规范制度,做到执法有章可循、管理有序。推行执法责任制,加强执法的外部监督,接受社会公众监督,同时加大内部监督和督察,对执法单位或执法人员执法工作进行全面检查,严格落实执法过错责任追究制;建立执法巡查制度,提高水政日常巡查频率,落实巡查责任制,明确巡查报表责任人,适时开展专项巡查;根据各项水行政审批的特点,建立行政审批事后监督制度。

　　按照"精简、统一、高效"的原则,积极探索将水资源、水土保持、河道、水工程、防汛、水文等涉水事务的监督执法、规费征收等职能进行精简整合,组建综合执法机构,相对集中行使行政处罚权,实行集中执法、集中收费、统一处罚的制度。实行执法队伍的统一管理,逐步建立一支职责明确、关系协调、高效廉洁、运作有力的水政监察综合执法队伍,提高水行政执法的整体效能和质量。建立跨部门联合执法机制,积极探索水利与公安、法院、国土资源、环保、交通、建设等部门联合执法的高效途径,逐步形成密切协作的跨部门联动机制。

　　加强基础执法基础设施建设,保障工作经费。建立执法基地、配备交通、通信、录音、录像、照相取证等执法装备;财政上保障正常的执法工作经费。加强执法队伍建设,扩大执法管理覆盖度;理顺执法机构内部管理关系,解决执法队伍编制问题;加强对执法人员培训,建立业务培训制度。通过多种方式广泛宣传水利政策法规,增强全社会水事法律意识和法制观念,营造良好的外部执法环境,预防违法行为的发生,减少执法阻力。

# 8.4　防灾减灾管理

　　随着经济社会的迅猛发展以及社会财富的积累,洪、涝、旱等自然灾害产生的影响与造成的损失越来越大,对灾害的防治要求也愈来愈高,除采取必要的工程措施应对外,加强对防灾减灾的管理,是重要的非工程措施之一。

　　建立以风险管理为核心的洪水管理制度。进行防洪风险评价,编制重点地区、重要防洪城市、重点水库的洪水风险图,在洪水风险评估的基础上,科学合理安排洪涝水出路,制定洪水风险区土地利用规划,制定合理的洪水风险控制目标,建立风险监督机制与规避、控制和分散风险的调控机制。完善防洪减灾社会保障制度,在加强洪水的政府补偿救济和社会救济补偿管理的同时,探索建立洪水保险制度,逐步扩大保险对象。开展洪水影响后评估、洪水影响评价技术、洪水影响监测技术等研究,加强洪水影响评价制度建设与洪水影响评价管理信息系统、监测系统建设。

　　完善防洪减灾应急管理制度。加强防洪减灾应急预案的修订工作,不断完善区域防汛抗旱应急预案,加强洪水调度管理制度建设,明确调度管理权限和规则。加强重要区域、重要防洪城市的水文测报和预警预报系统建设,加强水情监测,对洪涝灾害实行预警制度,进一步提高防汛指挥能力和防洪减灾管理水平。研究提出大洪水、超标准洪水情况

下水库群联合运用条件和调度决策机制;提出出现特大洪水、水库垮塌等突发事件的应急
管理机制。

完善各级行政首长负总责的防汛抗旱指挥责任制,形成统一指挥、统一调度的防汛抗
旱指挥网络;加强洪水预警和决策指挥体系建设,实施优化调度;加强分蓄洪区防洪方案
和安全转移预案的编制管理,建立演习制度,增强预案的可操作性;制定分蓄洪区管理办
法,发挥政策法规对滞洪区土地利用、人口控制和产业布局政策的导向作用,减少蓄洪阻
力和损失;强化涉河建设项目的洪水影响评价制度,注重多个项目对防洪的累积影响
控制。

干旱是流域内影响范围广、损失大且发生最为频繁的自然灾害。随着需水量的持续
增加以及水污染的不断加重,资源型缺水与水质型缺水矛盾日益突出。在加强水资源管
理的同时,依据防汛抗旱应急预案要求,研究制定特枯干旱期的水库群联合运用、供水顺
序、排污限制等应急调度与决策管理机制,最大限度地满足生活生产用水需求。

抗旱管理要实现从单一抗旱向全面抗旱转变,从被动抗旱向主动抗旱转变。在管理
制度上,完善各级防汛抗旱指挥部的抗旱管理职能,编制抗旱规划和抗旱预案;扩展抗旱
领域,从过去单纯的农业扩展到城市,从生产、生活扩展到生态;抗旱手段多元化,综合运
用法律、政策、行政和经济、工程技术等一切可能的手段和措施解决干旱问题;开展干旱风
险区划编制工作,强化对干旱高风险区的监测和预测管理;统筹考虑防洪与兴利需求,推
动水库动态汛限水位调度管理,在保障防洪安全的前提下,充分利用洪水资源,实现洪水
资源化。

## 8.5　信息化建设规划

水利信息化是水利现代化的重要基础,水利管理能力的提升和工程效益的充分发挥
需要先进的信息网络系统的支撑;以应用需求为导向,开发信息资源,将现代信息技术与
水利科技有机融合,形成工程措施与非工程措施共同支撑的赣江流域现代化综合水利工
程技术体系。水利信息化建设主要指项目的规划、设计、建设、运行、管理等具体实施的过
程。水利信息化建设内容主要包括三个方面:①基础信息系统工程的建设,包括相关信息
采集,信息传输、信息处理和决策支持等分系统建设;②数据库的建设;③综合管理信息系
统的建设。

赣江流域水利信息化建设的主要内容与规模包括:省、市水利信息网络建设,信息采
集系统如水雨情数据采集系统、水资源数据采集系统、水环境数据采集系统、水土保持监
测数据采集系统及工、旱、灾情数据采集系统建设,决策系统与决策支持系统建设如全省
防汛抗旱指挥系统、水资源管理决策支持系统、水土保持监测与管理信息系统、水质监测
和评价信息系统、水利政务信息系统、水利信息公众服务系统、水利工程建设和管理系统、
水利规划设计信息系统、农村水利水电及电气化管理信息系统和水利数字化图书馆等建
设,预警预报系统建设,安全体系建设等。

# 8.6　流域水利管理政策法规建设意见

近几年,以修订《中华人民共和国水法》为标志,加快了水政策法规体系建设的步伐,加大了水行政执法力度,呈现出依法治水的良好态势。在依法治水、依法管水的大背景下,水政策法规建设取得明显进展。但从流域水利发展的现状看,仍存在很多问题,其中主要原因之一是缺乏与国家一些重要法律法规相配套的政策法规,以规范水事活动的各个方面。执法队伍有待健全,执法力度不够,有法不依、执法不严的问题依然存在。

在实行流域管理中,法制建设起着重要作用,水法律的完善是使流域可持续发展制度化的重要保证。没有协调流域内跨经济领域以及跨部门的法律机制,难以实现流域水行政统一管理。由于法律具有规范性、权威性、稳定性和强制性等特点,具有协调功能、综合功能、规范作用和保证作用,一旦国家水资源和水事活动的方针、政策和基本要求上升为法律,流域管理就有了法律依据和法制保证。通过制定和实施流域水法律,可以有效地制止在流域水事活动方面地违法、越权、失职行为,追究违法行为的法律责任,保证水行政管理目标的实现。

流域管理政策法规建设,应建立建全有效的法律法规体系,促进法律法规的运用,建立和完善司法和执法程序,提高法律信息和服务。做到"有法可依、有法必依、执法必严、违法必究",一切国家机关、社会团体、企事业单位、全体公民都严格遵守法律法规,依照法律规定办事。

流域管理政策法规的建设,应围绕管理体制及水权、水价、水市场进行,建立以水权、水市场理论为基础的水资源管理体制,充分发挥市场在水资源配置中的导向作用,形成以经济手段为主的节水机制,促进节水型社会的建设,形成节水、减污、环境、水资源可利用量增加的良性循环,实现水资源的可持续利用与水环境不断改善的协调发展。

# 8.7　水利科技发展与人才队伍建设意见

流域水资源开发利用工作从20世纪50年代至今,已积累了一定的经验,拥有了一批熟悉流域情况的专业技术人员。但随着科技的日益更新,对流域规划工作的进一步加强,迫切需要加强科技人才队伍建设,提高科学技术在水利建设、管理、运用中的水平。

水利科技的发展要以新的技术理论和治水新思路为基础。要建立水利科技的创新机制,按照人与水和谐相处的原则全面建立防洪安全保障体系;要科学开发、利用水资源,优化配置水资源,充分提高水资源的利用效率;要全社会普遍树立节水意识,建立节水型社会,建立良好的水环境和生态系统;要在水利工程建设中,广泛采用先进的生产方式,提高劳动生产率;要建立统一高效的水资源管理体制,实现水利工程建设和管理的良性循环;水管理要实现自动化、信息化、科学化,并建立比较完善的水利科技推广和水利科技服务体系。

水利人才队伍建设规划要科学构建人才队伍的合理结构,优化人才队伍结构,逐步提高人才学历水平;完善人才队伍的素质培养机制,激励与管理相统一,以人为本,最大限度地调动人才积极性;加强人才队伍的科学管理,坚持人才流动政策,平等竞争与用人政策,按劳分配政策,吸引人才优抚政策。

建立科学合理、运行有效的技术人才开发管理体系和运行机制,充分利用现有人才,抓紧引进紧缺人才,结合重大项目培养人才,同时加强国际国内技术合作与交流,培养具有国际视野的专业人才团队;加强在岗干部职工培训和教育;完善人才队伍管理和考评制度,建立激励机制,促使优秀人才脱颖而出。

# 8.8　管理能力建设

建立满足流域综合管理各类业务要求的综合信息采集系统。水利系统内部信息采集系统实现对水文、水资源、水生态与环境、水土保持、河道采砂等信息的实时、定期或不定期采集和监测。近期采集站点建设规划见表 8-1,远期进一步强化水量与生态环境综合监测能力建设。气象、电力、环保等其他部门的数据信息,通过建立部门间信息交流和共享机制等途径获取。

表 8-1　赣江流域信息采集站点规划成果

| 分类 | 建设内容 | 规模 | 备注 |
|---|---|---|---|
| 水文 | 雨量站 | 15 个 | |
| | 水文(位)站 | 20 个 | |
| | 墒情监测站 | 200 个 | |
| 水资源 | 取水户取排水监测 | 20 户 | |
| | 取水总量控制断面监测 | 10 个 | |
| | 供水水源地水质监测 | 50 个 | 充分利用现有水文站 |
| | 水资源质量监测站 | 80 个 | |
| 水环境 | 断面水质监测站 | 10 个 | |
| | 水功能区监测站 | 100 个 | |
| | 入河排污口监测点 | 70 个 | |
| 水土保持 | 监测分站 | 5 个 | |
| | 地面定位监测点 | 20 个 | 充分利用现有水文站 |
| 采砂 | 采砂船舶实时监控站 | 1 个 | |

建立多层次的通信网络,各层次网络间通过公网电路、自建光纤、微波电路以及卫星实现语音、数据和图像的实时传输。同时建立包含信息汇集与存储、信息服务和支撑应用三个部分的水利数据中心。

建设水利办公业务系统、防汛抗旱指挥系统、水资源管理决策系统、规划设计管理系统、水资源保护管理系统、水土保持监测与管理系统、河道采砂实时监控与管理系统、水利工程建设与管理系统、水文自动监测系统、水利专业数字档案馆等主要业务应用系统。

从物理安全、系统安全、网络安全、数据安全和管理安全等方面建立信息安全体系;制定流域信息化管理办法,引进和培养信息化人才,落实资金,保障流域信息化顺利开展。

加强水行政执法能力建设。不断提升执法人员执法的能力和水平,建立执法人员资格认定制度,执法人员培训计划;加强内部建设,逐步实现执法行为规范化、程序化和信息化,树立新时期水行政执法队伍的良好形象;加强执法队伍保障建设,保障执法经费,积极为执法人员办理人身意外伤害保险,加强基础设施建设,完善执法队伍装备及配置。

# 8.9　公众参与

积极探索公众参与机制,落实公众和利益相关方的知情权、参与权和监督权。在流域水利管理的政策与规划等制定和实施过程中,要建立制度化的参与机制,确保利益相关方的广泛参与和各种利益群体的观点能够得到表达,建立公众反馈意见执行监督制度,为公众提供具有权威性的政策法规解读;要建立各种补偿机制,保障贫困地区和弱势群体的利益。

# 第 9 章　流域环境影响评价

## 9.1　评价范围和环境保护目标

### 9.1.1　评价范围

环境影响评价范围主要为本次规划涉及的范围和环境要素受影响的范围,环境要素受影响的范围主要包括赣江流域内涉及的赣州、吉安、萍乡、宜春、新余、抚州和南昌 7 个设区市和 47 个县(市、区)及其辐射的相关区域。

### 9.1.2　环境保护目标

(1)合理开发利用水资源量,保障水资源可持续利用。赣江流域内主要干(支)流水资源开发利用率最高控制在 30% 左右,保障河道的生态环境用水要求,维护地下水采补平衡。

(2)维护河流(湖、库)水功能,保障水质安全。规划至 2020 年,赣江流域水功能区全部达标;至 2030 年,第一类污染物实现零排放;第二类污染物按功能区要求,实行总量控制,保证水功能的持续利用,实现水环境良性循环。

(3)维护流域内生态完整性、生态系统结构和功能,维系优良生态。保护生物多样性和生态敏感区;保障河流生态环境需水;保护珍稀水生生物生境,重点保护国家级、省级保护动物,珍稀特有水生生物生境和重要鱼类;综合防治流域水土流失,新增人为水土流失基本得到控制。

(4)合理利用和保护土地资源,保障粮食安全。规划项目实现耕地占补平衡,有效控制规划实施引起的土壤潜育化、沼泽化和荒漠化等土地退化问题。

(5)保障防洪安全,改善城乡供水条件,促进流域经济社会全面可持续发展。规划到 2030 年,完善防洪减灾体系,基本解决大中城市供水问题,农村饮水安全问题;到 2030 年,进一步完善防洪减灾体系,流域内城乡一体化的供水安全保障体系日趋完善,供水水质全面达标,城镇的供水水源地安全得到有效保障。

(6)保护人文景观,提高社会接受度,降低开发风险水平,保证方案有效实施,实现流域可持续发展。

## 9.2　主要存在的环境问题

(1)生态破坏问题日趋严重。流域内人口的不断增长,人们对自然的索取越来越多,人类活动破坏动植物的生活栖息地,造成一些动植物资源枯竭或灭绝。

（2）水土流失状况严重。据统计，赣江流域现有水土流失总面积 15 523.44 km²，占土地总面积的 20.0%。水力侵蚀面积 15 523.44 km²（含崩岗 34 977 处 140.60 km²），其中：轻度流失面积 5 801.17 km²，中度流失面积 4 824.20 km²，强度流失面积 3 475.63 km²，极强度流失面积 929.74 km²，剧烈流失面积 492.70 km²。

（3）涝旱灾害频繁。特别是赣江中下游系平原低洼地区，为工业、农业、交通运输、城镇和人口密集的地区，经常遭受洪水威胁。频繁发生的洪涝干旱灾害使赣江两岸人民生命财产遭受了较大损失。

# 9.3 流域规划分析

## 9.3.1 与发展战略的符合性

赣江流域的规划任务为：防洪、灌溉、供水、治涝、水资源和水生态环境保护、岸线利用、航运、水利、发电、水土保持等。规划坚持人与自然和谐，促进生态文明建设，保障防洪安全、生活、生产、生态用水安全，以水资源的可持续利用促进经济社会的可持续发展，规划符合可持续发展战略和方针政策。

## 9.3.2 与相关规划的协调性

规划在赣江流域生态环境现状分析、治理开发与保护分区和控制断面控制性指标确定的基础上，提出流域治理开发与保护总体布局，将治理开发活动控制在水资源承载能力、水环境承受能力和水生态承受能力允许的范围之内，有利于促进"资源节约型、环境友好型"社会的建设，与国家、江西省的经济社会发展规划、《全国生态环境保护纲要》和当地的环境保护等相关规划是相协调的。

## 9.3.3 干流梯级环境制约因素分析

干流梯级方案为茅店（104）—万安（98.11）—泰和（井冈山，68）—石虎塘（57）—峡江（46）—永太（三湖，32）—龙头山（24），其中万安、石虎塘和峡江梯级已建或在建。本次拟定规划开发茅店、井冈山、永泰和龙头山梯级，这些梯级开发不同程度地存在环境制约因素，其中茅店梯级工程坝址所处水功能区为贡水赣州工业用水区，坝址处距离贡水赣州饮用水源区约 300 m，水库回水涉及该饮用水水源保护区；井冈山、永泰和龙头山梯级坝址所处水功能区均为景观娱乐用水区。赣江流域水生生物和鱼类资源丰富，梯级的开发建设可能会对其产生影响，特别是对鱼类资源产生较大的叠加影响，应深入研究其影响，并采取应对措施。

# 9.4 环境影响分析及评价

## 9.4.1 对水文水资源的影响

赣江干支流老虎头梯级及以上河段主要流域开发任务是水资源保护及水生态保护，

河流水域形态及水文情势基本没有变化;老虎头梯级及以下至龙头山梯级,规划梯级枢纽开发将使天然水位壅高,流速变缓,下泄水量年内分配发生变化;龙头山梯级以下河段,主要受上游干支流控制性水利水电工程的影响,非汛期流量增加,汛期流量有所减少,水库群汛末蓄水期下泄流量减少尤为明显。

规划梯级枢纽建成后,将使库区河道水面展宽,水深增加,坡降变缓,流速降低,河流形态及纵向连续性和横向联系性发生明显变化。

干、支流梯级水库建成运行后,大部分泥沙被淤积在水库内,水库下游泥沙将大为减少,坝下河道将产生以冲刷为主的冲淤变化。干支流控制性水利水电工程的联合运行对赣江中下游干流河段冲淤变化更为显著,对河道和河势的稳定产生一定的影响。

## 9.4.2　对水环境的影响

### 9.4.2.1　水温影响

根据各水库的调节性能初步预测,规划兴建的干流水库均为混合型水库,水体交换十分频繁,因此水库不会产生水温分层现象,库内水体温度与天然状态下相差不大,对工农业和生活用水以及水生生物生存条件基本没有影响。

### 9.4.2.2　水质影响

水资源保护规划实施后,可改善流域内江河、湖泊、水库的水质,特别对流域内水源地采取排污口整治、引水减污、疏浚清淤等措施,保证水源地水质。至 2020 年,赣江流域149 个一级水功能区全部达标;至 2030 年,第一类污染物实现零排放;第二类污染物按功能区要求,实行总量控制,保证水功能的持续利用,实现水环境良性循环。

规划的河流梯级开发后,水库中泥沙大量沉积,可使库区及下泄水中悬浮物浓度明显降低。水库蓄水使水位抬高,水体容积增加,稀释容量增加,但流速减小又不利于污染物稀释扩散,库区排污口附近局部水域污染物浓度有所增加;在支流回水末端,由于水动力条件的改变,可能发生富营养化;水库初期蓄水和运行期汛末蓄水阶段,下泄流量有明显的减少,对水质将有不利的影响。另一方面,各干支流在枯水季节通过水库的调蓄下泄作用,可以增加河流枯水期水量,提高径污比,改善河流枯水期水质。

## 9.4.3　对生态环境的影响

### 9.4.3.1　对生态完整性的影响

赣江流域是由水生生态和陆域生态构成的完整生态系统,具有生境支持、生物多样性维持,水源、水能、净化、美化环境等多种功能。规划工程主要分布在河流、湖泊及其沿岸,对高山、高原生态系统影响不大;规划实施后,流域景观生态系统的结构和功能不会发生明显变化,上游景观优势仍以森林、草灌为主,而中下游则以农田、农灌为主,流域的景观生态优势基本保持现状,而河流服务功能将增强;由于规划建设项目的淹没和占地,部分区域森林、灌草地生态系统将受影响,水域面积增大,区域植被异质度降低,生物生产力略有减少,同时生态系统具有阻抗稳定性,经过一段时间,景观生态将达到新的平衡。

### 9.4.3.2　对陆生生态系统的影响

赣江流域森林资源丰富,物种繁多,规划将水土流失治理列为重要措施之一,加强对现有林草植被的保护,大力发展水土保持林、水源涵养林,对植被产生有利影响,改善生态环境;规划工程项目建设涉及淹没、占地和移民等,对陆生植被产生不利影响;河流梯级开发使河谷两岸原有的湿地和半湿地生态系统随水位升高、水面变宽而向外扩展,对部分河谷森林、灌丛或疏林地产生叠加影响;流域森林生态系统及珍稀濒危植物主要分布在中高山或海拔较高地带,规划项目实施对其影响相对较小。

规划工程的实施使部分区域陆生生境发生变化,但变化的区域面积较小,野生动物栖息地不会发生明显变化,动物的区系分布基本维持现状。规划工程的实施,施工、淹没、移民对流域局部地区陆生动物产生一定的影响,梯级开发将产生累积影响,主要影响对象为陆生脊椎动物的鸟类、两栖类、爬行类和兽类;规划实施后,水库面积增加,为部分游禽、水禽提供了广阔的繁殖场所;两栖动物适应能力较强,在水库库岸及工程所在河谷仍有较多的栖息地;爬行类和兽类动物,垂直分布范围大,水库建成后,还可以为它们提供更多的栖息和繁殖生境。

### 9.4.3.3　对水生生态的影响

规划水工程的实施,将降低河流连通性、改变自然水文情势和水体理化条件等,从而影响水生生物多样性与资源量。流域内已建和在建工程改变了河流的纵向连续性与河湖横向连通性,规划的部分干支流水工程将进一步加大对河流连通性的阻隔影响。阻隔形成的水生生境片段化与破碎化在较长时间尺度上将降低物种生存力。水库蓄水形成的静水、缓流区域对广布性鱼类的种群增长有利,但缩小了上游适应急流环境特有鱼类的生长及繁殖的适宜生境。坝下临近江段的自然水文节律改变,将影响青、草、鲢、鳙等重要经济鱼类的繁殖。此外部分水工程调度运行造成的下泄水流气体过饱和、水温降低等理化条件的改变对坝下临近江段鱼类的生存与生长存在一定的不利影响。水工程的建设,也部分减少了急流、浅滩等多样性生境的数量。

在一些河段,洪水泛滥现象的消失使一些鱼类不能进入河汊及河滩湿地觅食和育肥,河汊中的鱼类不能进入河流产卵,河岸湿地得不到有效的水源补充,生物种群退化明显。此外,河道的渠化也对部分河段的鱼类"三场"产生不利影响。

但是水生态规划的实施,对重要的涉水自然保护区、重要湿地、重要风景名胜区和森林公园采取了水量保证、鱼类资源保护、栖息地恢复和面源污染控制等生态措施,有助于全流域水生态环境的保护。

### 9.4.3.4　对涉水自然保护区的影响

流域内自然保护区有 89 个,其中重要涉水自然保护区 9 个,此外还涉及重点湿地 3 个。由于规划工程布局充分考虑了水生态环境保护区域,同时水生态保护规划中已对涉水自然保护区从水量、水质和生态保护措施以及管理等方面提出了要求和保护措施,因此如果严格采取规避或者保护等措施,规划实施对自然保护区的影响不大。

### 9.4.3.5　对水土流失的影响

规划实施建设中工程占地、工程开挖、弃渣等施工活动,修路、建房等配套设施建设对地表的扰动和再塑,以及干扰和破坏植被,改变地形坡度和地表组成等活动都会造成区域内水土流失和生态破坏。

#### 9.4.3.6 梯级水库的综合影响叠加累计效应分析

流域梯级开发背景下,水库电站空间布局较为密集,时间间隔较短,单个水电工程对生态环境的影响会以某种形式叠加和累积。梯级水电工程对生态环境的叠加和累积影响,不仅有时间上的还有空间上的累积效应,如梯级水电站建设会对河流水文情势、水体物理特征、河流生态系统完整性等产生累积影响。

梯级工程建设的不利影响主要表现在对水生生物的影响,尤其是对洄游鱼类、半洄游鱼类和产卵场产生较大的叠加影响,梯级工程建设将使漂浮性和半浮性的鱼卵在漂流孵化过程中过早流入静水中,影响其发育。梯级工程建设有利的影响主要是促进赣江流域社会经济的发展。因此,在梯级建设的过程中要充分考虑单个项目的影响,同时要考虑多个项目的累积影响,趋利避害,使不利影响降到最低程度。

### 9.4.4 对社会环境的影响

#### 9.4.4.1 对经济社会的影响

流域规划的实施,将有助于加快流域内各地区的经济发展,并有利于保证经济社会各方面发展的可持续性。赣江流域沿江分布着省内众多的城市,防洪规划及干流规划的实施,将进一步提高赣江两岸的防洪能力,保证人民生命财产安全和经济社会发展;水土保持、灌溉、供水及水资源保护等规划的实施,有助于加强和完善农田水利基础设施建设,改善农业生产条件、农业生活质量和农村生态环境。

#### 9.4.4.2 对土地资源利用的影响

水电规划梯级开发、调水工程等的实施将淹没一定的陆地面积,耕地、林地等面积减少,水域面积大量增加,对土地利用方式、土壤环境质量造成影响。梯级枢纽及水库的修建将对当地发展灌溉措施创造有利条件,规划至 2030 水平年,使赣江流域有效灌溉面积从现状的 1 000.71 万亩逐步恢复或增至 1 542.39 万亩。灌溉条件的改变和水土保持等规划的实施可以提高灌溉保证率,增加灌溉面积,提高农牧产量,提高耕地的有效灌溉面积,同时可能导致当地水文情势、土壤环境、生物等因素发生改变。另外,筑坝建库后,水位抬高,库区两岸地下水位的上升,可能引起周围土地浸没和潜育化。

#### 9.4.4.3 水库淹没和移民

水库淹没影响涉及赣县、泰和县、万县、吉水县、峡江县、新干县、樟树市等县(市、区)。淹没区内人口密集,城镇星罗棋布,是流域人口主要集聚区,工农业生产发达。区内公路、铁路纵横交错,赣江干流为江西省最重要的水运通道,交通便利。

赣江干流茅店、泰和、三湖、龙头山四座规划梯级水库共淹没耕地 8 035.92 亩;需迁人口 1 284 人,其中城镇人口 328 人;拆迁房屋面积 7.07 万 $m^2$,其中城镇房屋面积 1.79 万 $m^2$。淹没耕地和移民压力较大。

#### 9.4.4.4 对文物古迹的影响

赣江流域存在着一定的文物古迹,土石方开挖、料场开采等施工活动可能对已知的和潜在的古墓葬等文物古迹造成损毁和破坏影响;工程占地和水库淹没对分布于库区及周边的古村落、古墓葬等文物古迹也会产生不利影响。因此,在修建电站及其他水利设施的时候应该按照相关规定,在采取相应的补救措施后,将因本工程建设而造成的文物古迹损失降到最低限度。

#### 9.4.4.5 对航运的影响

水库建成后,上下游形成了较大的落差,影响通航,给航运业的发展带来较大的阻碍。但是在一些河段,水库回水使河流水位上升,航运条件将得到改善。另外,至2020年本规划实施后,万安—峡江180 km航段和樟树—南昌75 km航段达到规划的三级标准,南昌—湖口175 km航段达到规划的二级标准。至2030年,随着赣江茅店枢纽以及桃江高良坑、立赖等枢纽的兴建,千吨级航道逐渐往上延伸,最终实现赣粤运河通航。规划的实施将较大地提高赣江的通航能力,促进赣江航运事业发展。

#### 9.4.4.6 对涉水风景名胜区的影响

流域规划范围内有省级以上风景名胜区17处,其中国家级5处,省级12处,涉水风景名胜区2处。本次赣江流域规划修编,充分考虑到重点涉水风景名胜区的景观水位要求,必要时采取补水、调节各水期水量,并规划了放养滤食性鲢鱼、鳙鱼等生态治理措施,以有效控制水体中浮游植物总量,改善水质和水体景观,维持景观的美学价值,有利于促进旅游事业的发展。

#### 9.4.4.7 对人群健康的影响

赣江流域与水库环境卫生有关的主要地方病和流行病有血吸虫病、痢疾、伤寒、肝炎、乙脑、出血热、钩端螺旋体等。规划实施后,由于增加枯水期流量,水体自净作用增强,以及具有一定的防洪效益,有利于降低本区痢疾、伤寒、肝炎等肠道传染病及出血热、钩端螺旋体等传染病的发病率。但是水库蓄水后,库区四周浅水区及灌区,如果在蚊虫繁殖季节水位稳定且有杂草,则可能增加乙脑等的发病率。

但是供水规划的实施,同时结合水资源保护规划与水生态环境保护,可保障城乡用水水量、水质安全。规划的实施,有利于完善农村基础设施建设,改善农业生产条件、居民生活质量和农村生态环境,促进当地社会经济的发展,有利于人民群众的健康水平。

# 9.5 环境保护对策措施及建议

规划的实施,有着巨大的社会经济效益和环境效益,同时会给环境带来一定的不利影响,根据以上分析,应采取以下对策措施和建议。

## 9.5.1 水资源与水环境保护措施

加强水资源的统一管理,合理配置生活、生产、生态用水,促进人水和谐,维护河流健康。协调好水资源开发利用和区域经济社会发展布局的关系,严格把经济社会发展对水资源的要求控制在水资源承载能力范围之内。

推进水资源保护协调机制建设、法制建设、水功能规范化管理与水行政执法;加强水资源规划工作;加强饮用水源地水质保护;建立和完善流域重大水污染事件应急工作机制;加强水资源保护能力建设;以水功能区管理和入河排污口管理为基础,加强监督管理。

完善水库调度运行方式,保障河流生态环境需水量。应进一步完善水库特别是控制性水利水电工程的调度运行方式,使梯级开发和水库对坝下游生态环境的负面影响控制在可承受的范围内,并逐步修复生态、改善环境。

贯彻落实水资源保护规划,加快点源、面源污染治理。一方面加强工业污染源和城市生活污染源的控制;另一方面加大库区及上游生态建设,综合治理各水库库区及以上地区水土流失,合理施用化肥、农药,逐步减少面源污染。

### 9.5.2　自然与生态环境影响对策

赣江流域为水土流失较为严重的地区之一,必须采取切实可行的水土保持措施。首先注重全流域的植物保护工作,并在一些水土流失重点地区建设工程措施拦沙,降低流域总的产沙量。平时应加强宣传教育工作,增强群众的生态保护意识,特别是加强库区及移民安置区民众的宣传教育工作。采取工程措施与植物措施相结合,对建设期和运营期可能产生的水体流失进行综合治理,使得新增的水土流失得到有效控制,项目区原有的水土流失得到基本治理,项目区原有生态环境得到恢复和改善。

工程施工、移民安置时,应尽量减少对植被的破坏,严格执行水土保持方案。水库调度时,可以采取"蓄清排洪"的方式排出库区泥沙。

水库蓄水之后地温水下泄对下游农作物的影响,可以采取分层取水,降低蓄水水位的方式缓解;水库泄洪时,尽量排出水库底层的低温缺氧水层,提高库底水温;引水灌溉时,可以让水流流经一些池塘,或设置一些晒水池,提高水温。

保护水生生物洄游通道,采用修建过鱼设施和其他保护措施来缓解大坝的阻隔效应,维持生物多样性,如建设鱼道、鱼梯、过鱼船、升鱼机等辅助措施帮助鱼类过坝。同时,依据情况考虑采取鱼类增殖放养措施来维持种群数量。

### 9.5.3　社会环境影响减免措施

对水利建设引起的淹没和移民问题,必须加强移民安置政策的宣传,确保移民切身利益得到落实,按照国家征地移民法规,合理对被征地移民进行补偿,落实有关政策,妥善进行移民安置,保证移民生产生活水平不降低。在方案比选的时候,应该把减少淹没和移民作为重要考虑因素之一。

避免或尽量少占用耕地。特别要加强保护基本农田和耕地,做好基本农田保护与调整工作,工程临时占地尽快恢复原有土地使用功能,对规划可能引起的土壤潜育化、沼泽化等土地退化问题,应采取工程措施和植物措施防治。

对流域内受到影响的文物古迹,按照文物等级及国家相关法律,影响不大的采取防护、加固措施,对受影响较大的采取迁移,复制保存及发掘等措施。

在航运方面,应在条件具备的情况下,尽量建设船闸及升船机等措施,减缓大坝对流域航运的影响。

为落实各项环保措施,对下阶段工作提出如下建议:

(1)在下阶段(项目可行性研究阶段),需对该项目编制环境影响报告书,根据项目对环境产生的不利影响,提出相应的减免或改善措施。

(2)在流域发展规划统一安排下,制定工程有关环境保护规划,做到工程建设与流域经济、社会、环境的协调发展。

# 9.6　初步环境评价结论

　　赣江流域规划实施后,在发展水利、水电,改善沿岸交通条件,促进经济发展方面,具有明显的社会经济效益和生态环境效益,不利影响是梯级大坝阻隔、水文情势改变和淹没移民对流域水生生态环境和土地资源的影响及支流梯级低温水冷害等。总之,本次规划修编,对环境的有利影响为主,不利影响也不能忽视,通过采取有效的对策措施,可以使不利影响得到有效缓解。

# 第 10 章 结论与展望

## 10.1 结 论

(1)本规划是在 1990 年编制的《江西省赣江流域规划报告》的基础上,根据流域治理开发与保护现状、存在的问题和经济社会发展需要,按照维护健康河流、促进人水和谐的基本规划宗旨,充分考虑规划区内各地区、各部门对流域开发的不同要求,确定流域开发任务为防洪、灌溉、供水、治涝、水资源和水生态环境保护、岸线利用、航运、水力发电、水土保持等。

(2)本规划将赣江流域分上游、中游、下游三个片区进行水资源供需平衡分析。通过供需水的第一次平衡(现状供水设施供水)和第二次平衡(规划对现有灌溉设施进行节水改造并兴建一批供水水源工程)结果均显示:2020 年和 2030 年流域各分区在偏枯年和枯水年来水情况下都存在不同程度的缺水情况,尤其是在枯水年缺水程度比较严重。经考虑强化节水等措施后的供需水第三次平衡分析结果显示,2020 年和 2030 年流域各分区在枯水年仍缺水,但缺水量较小,说明赣江流域在规划水平年内需兴建一批地表水供水水源工程,并对现有灌溉设施进行节水改造,且要求用水户增强节水意识,采取节水措施,以满足本流域的用水要求。

(3)本规划依据 5 个典型年型洪水,对赣江中下游防洪工程进行调洪演算。当峡江水利枢纽工程建成、万安水库达设计最终规模运行后,并配合泉港分蓄洪区的运用:可使赣东大堤和保护南昌市城区沿赣江按低标准设计的堤防由 50 年一遇提高到 100 年一遇;可使保护南昌市主城区堤防的御洪能力由 100 年一遇提高到 300 年一遇;基本上能使吉安市的防洪标准由 50 年一遇提高到 100 年一遇,或由 100 年一遇提高到 200 年一遇。

(4)赣江流域水生态环境总体良好,但有逐步变差的趋势。为贯彻水资源可持续利用的方针,按照"在保护中促进开发,在开发中落实保护"的原则,开发与保护并重,正确处理好治理、开发与保护的关系,以水资源承载能力、水环境承载能力和水生态系统承受能力为基础,合理把握开发利用的红线和水生态环境保护的底线,加强水资源保护,强化水生态环境保护及修复,加强水土保持,维护优良的水生态环境。

(5)赣江流域规划实施后,在发展水利、水电,改善沿岸交通条件,促进经济发展方面,具有明显的社会经济效益和生态环境效益,不利影响是梯级大坝阻隔、水文情势改变和淹没移民对流域水生生态环境和土地资源的影响及支流梯级低温水冷害等。总之,本次规划修编,对环境的有利影响为主,不利影响也不能忽视,通过采取有效的对策和措施,可以使不利影响得到有效缓解。

# 10.2　展　望

（1）随着赣江流域内经济的发展，各部门对交通、能源及水资源利用有了新的要求，加快赣江流域的治理开发，对流域经济发展具有重要意义。

（2）目前赣江多数支流水文测站资料稀少甚至缺乏水文观测资料，给水资源利用的研究和工程设计带来一定的困难，今后需进一步完善水文站网，对重点工程的水文观测应尽早布设相应的观测项目，积累资料，以满足工程设计的要求。同时要进一步推广应用现代化技术，建立流域水文资料数据库及预报系统。

（3）赣江主要采用堤库结合并配合泉港分蓄洪区运行的防洪工程体系。本次规划仅研究了万安水库达最终设计规模、峡江水库建成运行和泉港分蓄洪区运用对赣江中下游的防洪效果，未进行支流已建或规划的具有防洪功能水库联合调度情况下对中下游的防洪影响分析，建议今后加强对支流已建或规划的水库运行调度方案的研究，在尽可能少影响兴利效益的前提下，使其更好地发挥防洪作用。

（4）赣江干支流上多数已建水库防洪调度运行规则（方案）制订的时间较早，近十余年国家和地方财政对沿江（河）两岸堤防加高加固投资力度较大，使赣江干支流，尤其是赣江中下游沿江两岸防洪堤御洪能力有了较大的提高。随着社会经济的快速发展，各防洪保护区对防洪要求越来越高，干支流上已建水库的防洪调度运行规则已不能满足坝址下游堤防的防洪要求。因此，建议赣江干支流各大、中型已建水库需开展或修正水库的洪水调度运行方式研究工作，以适应其下游沿江（河）两岸堤防保护区的社会经济发展。

（5）本规划中拟定的万安水库达最终设计规模运行防洪调度规则与原设计时的不同。原设计采用的是依据其下游吉安站、石上站流量和相应时间涨率确定水库蓄水或泄洪、对下游进行补偿的调洪方式进行水库洪水调度；本次规划将其改成依据水库的入库流量和水库坝址至防洪控制断面区间流量，采用对下游补偿的调洪方式进行水库洪水调度。但赣江纵贯江西省全境，流域分布范围广，纬度跨度大，暴雨、洪水地区组成复杂，本规划仅采用了5个典型年组成的赣江中下游整体防洪设计洪水用于调洪演算，分析整体防洪工程对赣江中下游的防洪效果，可能该5个年型的洪水还未完全包含赣江所有类型的洪水组成，本次拟定的万安水库洪水调度规则和分析确定的洪水调度流量参数是初步成果。因此，今后需再多选几个典型年做进一步研究，完善并优化万安水库的洪水调度运行方案，以确保赣江中下游沿江两岸防洪保护区的防洪安全。

（6）本次规划的一批重点工程，大多数枢纽、库区及灌区的勘测资料只能满足规划阶段的要求，今后应根据工程设计的需要，补充大比例尺的地形测量工作，加深地勘工作，以利于下阶段工程设计顺利进行。

（7）根据分工要求，赣江流域综合规划修编工作分别由省、市、县（市、区）进行，由于工作深度不一，反映在规划工程的成果精度上存在差异，今后进行工程选点比较时，需进一步研究。

（8）赣江流域规划项目多，为保障规划的顺利实施，须从组织措施、资金保证措施、质量保证措施以及政策措施方面提供保障。通过进一步建立健全投资体制、运行机制和管理体制等,充分发挥水利、交通、电力等行业的优势,多部门通力协作,运用新思路、新方法、新技术,从根本上改变区域内水利基础设施不能适应社会经济发展的状况,促进本流域内经济社会的持续稳步发展。

(9)需建立完善水利发展机制和合理的水价形成机制,为该区域的水利发展提供保障。以政府为责任主体,逐步建立稳定的政府水利投资渠道,发挥市场对资源配置的基础性作用,积极利用国内外贷款和社会资金,形成多元化、多渠道、多层次的水利投资体系。

(10)应加强对水资源的宏观调控,实现水资源的统一管理、优化配置,保障水资源的可持续利用。进一步加强水利管理,深化水利工程管理体制改革,促进水管单位的良性发展。